A. I. ANSELM

EINFÜHRUNG IN DIE HALBLEITERTHEORIE

A. I. ANSELM

EINFÜHRUNG IN DIE HALBLEITERTHEORIE

In deutscher Sprache herausgegeben

von

Dipl.-Phys. HANS NEUMANN

Mit 90 Abbildungen und 4 Tabellen

AKADEMIE-VERLAG · BERLIN
1964

А. И. АНСЕЛЬМ

ВВЕДЕНИЕ В ТЕОРИЮ ПОЛУПРОВОДНИКОВ

Erschienen im Staatsverlag für phys.-math. Literatur
Moskau

Übersetzung aus dem Russischen
Siegfried Eichler, Staßfurt

Erschienen im Akademie-Verlag GmbH, Berlin W 8, Leipziger Straße 3—4

Lizenznummer: 202 · 100/559/64
Gesamtherstellung: VEB Druckerei „Thomas Müntzer" Bad Langensalza
Bestellnummer: 5546 · ES: 18 B 6/7

Dem Gedenken Abram Fjodorowitsch Joffés

VORWORT ZUR DEUTSCHEN AUSGABE

Es ist mir eine große Freude, daß die Übersetzung meines Buches vom Akademie-Verlag der DDR herausgegeben wird und damit auch den deutschen Physikern zugänglich wird.

Ich freue mich, auf diese Weise meinen bescheidenen Beitrag zur Festigung der Verbindungen zwischen den Wissenschaftlern unserer Länder leisten zu können.

Leningrad, Januar 1964

A. I. Anselm

VORWORT ZUR RUSSISCHEN AUSGABE

Das vorliegende Buch ist in erster Linie für Wissenschaftler bestimmt, die sich mit experimentellen Untersuchungen auf dem Gebiet der Halbleiterphysik beschäftigen. Ebenso nützlich dürfte es sich für Studenten dieses Spezialgebiets erweisen.

Bei der Abfassung des Buches wurde das Hauptaugenmerk auf die Behandlung der Schwingungen der Kristallgitter, der Gesetze der Elektronenbewegung im idealen und gestörten periodischen Feld, der Transportgleichung und der Transporterscheinungen (Stromdurchgang) gerichtet.

Für den Gebrauch des Buches muß man die Mathematik, die Quantenmechanik und die statistische Physik in dem Umfange kennen, wie es das Programm an der Physikalischen Fakultät einer Universität oder an der Physikalisch-Mechanischen Fakultät eines Polytechnischen Instituts vorschreibt. Ausreichend sind auch Kenntnisse im Rahmen des „Lehrbuches der höheren Mathematik" von W. I. Smirnow (Band I—III/1), des Buches „Grundlagen der Quantenmechanik" von D. I. Blochinzew und der „Einführung in die statistische Physik" von W. G. Lewitsch (nur in russischer Sprache, genauer Titel siehe Seite 86, Fußnote[1])). Eine genaue Kenntnis dieser Lehrbücher ist dabei nicht notwendig, es wird nur vorausgesetzt, daß sich der Leser in einem beliebigen Kapitel, auf welches verwiesen wird, zurechtfindet.

Die Besonderheit des Buches besteht darin, daß auf der Grundlage dieser geringfügigen Vorkenntnisse alle Formeln hergeleitet werden. Ich hoffe, daß das in genügend ausführlicher Weise geschehen ist, damit das Buch dem oben angegebenen Personenkreis zugänglich wird.

Einige schwierigere und weniger mit dem Haupttext in Verbindung stehende Herleitungen werden in den Anhängen am Ende des Buches gebracht.

Natürlich war ich wegen der ausführlichen Herleitung der grundlegenden Beziehungen und dem begrenzten Umfange des Buches gezwungen, von der Darlegung einiger wichtiger Fragen und von einem ausführlichen Vergleich zwischen Theorie und Experiment abzusehen. Die Fragen der Halbleiterelektronik, denen beispielsweise das ausführliche Buch „Electrons and Holes in Semiconductors" von W. Shockley gewidmet ist, wurden fast nicht berührt. Vollkommen weggelassen wurde die Optik der Halbleiter, die photoelektrischen Erscheinungen und anderes.

Bei der Arbeit an diesem Buch wurden in der Hauptsache die folgenden Quellen benutzt:

[1] H. Bethe und A. Sommerfeld, Handbuch der Physik 24/II (1933) 333.
[2] R. Peierls, Quantum Theory of Solids.
[3] F. J. Blatt, Theory of Mobility of Electrons in Solids. Solid State Physics 4 (1957).
[4] G. S. Shdanow, Grundlagen der Röntgenstrukturanalyse.[1])

Außerdem wurde Material aus den Vorlesungen über die Theorie der Halbleiter verwendet, die der Autor in den Jahren 1953—1955 am Leningrader Polytechnischen Institut gehalten hat.

Im Buche wurde für jedes Kapitel eine selbständige Numerierung der Paragraphen vorgenommen. Die Paragraphen sind in einzelne Punkte gegliedert, welche keine Überschriften haben. Die Bezeichnung (4.15) entspricht einer Formel mit der Nummer 15 im Paragraphen 4, der Hinweis (§ 3.2) dem Punkt 2 aus dem Paragraphen 3 desselben Kapitels, in welchem der Hinweis gegeben wird.

Beim Hinweis auf eine Formel oder einen Paragraphen aus einem anderen Kapitel wird die römische Ziffer dieses Kapitels oder, wenn es sich um einen Hinweis auf den Anhang handelt, der Buchstabe A hinzugefügt.

Dieses Buch ist dem ehrenden Gedenken an Abram Fjodorowitsch Joffé gewidmet, auf dessen Initiative es geschrieben wurde.

Meine aufrichtige Anerkennung spreche ich Herrn Dr. G. E. Pikus aus, der die Redaktion des Buches übernahm und eine Vielzahl von Bemerkungen machte, die zur Verbesserung des Buches beitrugen.

Alle das Buch betreffenden Bemerkungen und Wünsche, die ich mit Dankbarkeit entgegennehmen werde, bitte ich an die Adresse Leningrad D-187, Nabereshnaja Kutusowa 10, Halbleiterinstitut der Akademie der Wissenschaften der UdSSR zu senden.

10. Juli 1962

A. I. Anselm

---

[1]) G. S. Shdanow (Г. С. Жданов, Основы рентгеновасово структурного анализа, Гостехиздат), Grundlagen der Röntgenstrukturanalyse, Gostechisdat, Moskau 1940.

INHALTSVERZEICHNIS

KAPITEL I

Geometrie der Kristallgitter und Beugung von Röntgenstrahlen

§ 1. Einfache und zusammengesetzte Kristallgitter

1. Die meisten festen Halbleiter und festen Metalle besitzen Kristallstruktur, d.h., sie bestehen aus einer riesigen Zahl von regelmäßig im Raum verteilten Atomen. Unter regelmäßiger Verteilung der Atome im Raum verstehen wir die Eigenschaft der *räumlichen Periodizität* oder *Translationssymmetrie*, welche das Kristallgitter besitzt. Anders ausgedrückt: wir setzen voraus, daß drei nichtkomplanare (d.h. nicht in einer Ebene liegende) Vektoren $\mathfrak{a}_1$, $\mathfrak{a}_2$ und $\mathfrak{a}_3$ der Art existieren, daß bei Verschiebung des Kristalls um einen dieser Vektoren der Kristall mit sich selbst zur Deckung kommt. Dabei sehen wir natürlich vom Vorhandensein der Wärmebewegung der Atome und der Existenz äußerer Oberflächen des Kristalls ab. Wie man weiter unten sieht, kann die Richtung der Vektoren $\mathfrak{a}_i$ ($i = 1, 2, 3$) im Gitter auf verschiedene Weise gewählt werden. Außerdem ist offensichtlich, daß Verschiebung des Kristalls um Vielfache eines Vektors $\mathfrak{a}_i$ ebenfalls zur Deckung mit sich selbst führt. Im weiteren werden wir unter $\mathfrak{a}_i$ den kürzestmöglichen Vektor bei vorgegebener Translationsrichtung des Kristallgitters verstehen. Bei solcher Wahl der $\mathfrak{a}_i$ nennt man sie *Translations-*, *Maßstab-* oder *Grundvektoren*, mitunter auch *Translationsperioden* des Kristallgitters. Das aus den drei Vektoren $\mathfrak{a}_i$ aufgebaute Parallelepiped heißt *Elementarzelle*. Die Vektoren $\mathfrak{a}_1$, $\mathfrak{a}_2$, $\mathfrak{a}_3$ mögen in derselben Reihenfolge in die positive x-, y-, z-Richtung eines positiven Koordinatensystems weisen. Benutzt man die übliche Definition des Vektorproduktes im positiven Koordinatensystem, so läßt sich zeigen[1]), daß das Volumen der Elementarzelle gegeben ist durch

$$\Omega_0 = (\mathfrak{a}_1[\mathfrak{a}_2, \mathfrak{a}_3]) = (\mathfrak{a}_3[\mathfrak{a}_1, \mathfrak{a}_2]) = (\mathfrak{a}_2[\mathfrak{a}_3, \mathfrak{a}_1])\,.$$

2. Die Untersuchung der Geometrie der Kristallgitter beginnen wir mit der Betrachtung des linearen (eindimensionalen) Gitters, d.h. einer Menge von Teilchen, die periodisch längs einer unendlichen geraden Linie angeordnet ist. Ein solches Gitter kann man erhalten durch aufeinanderfolgende Verschiebung eines Atoms oder einer Gruppe von Atomen längs einer geraden Linie um jeweils gleiche Abschnitte a. Im Falle des linearen Gitters haben wir nur einen Translationsvektor $|\mathfrak{a}_1| = a$, und das *Volumen* der Elementarzelle, Ω_0, ist gleich der Länge a

---

[1]) W. I. Smirnow, Lehrgang der höheren Mathematik, Teil II, 5. Auflage, VEB Deutscher Verlag der Wissenschaften, Berlin 1963.

des Abschnitts. Abb. 1 zeigt drei lineare Gitter. Weiße und schwarze Punkte stellen Atome verschiedener Sorte dar. Berücksichtigt man, daß die Translationsperiode a der kleinste Abstand ist, um den man das Gitter verschieben muß, damit es mit sich selbst zusammenfällt, so sieht man, daß das Gitter a) ein Atom in der Elementarzelle $\Omega_0 = a$ enthält, während die Gitter b) und c) zwei Atome pro Elementarzelle besitzen. Man kann das anders so sagen: im Gitter a) besetzen alle Atome im Raum äquivalente Plätze, während das in der Gittern b) und c) nicht der Fall ist. Man sieht, daß im Gitter b) das Atom 1 seinen nächstliegenden Nachbarn rechts, das Atom 2 dagegen links hat. Im Gitter c) sind die nächstgelegenen Nachbarn des Atoms 1 *schwarze* Atome, des Atoms 2 dagegen *weiße* Atome. Gitter a) heißt *einfaches* oder *primitives* Gitter, die Gitter b) und c) heißen *zusammengesetzte* Gitter. Die oben gegebene Definition des einfachen Gitters ist ohne Änderung auf zwei- und dreidimensionale Gitter übertragbar.

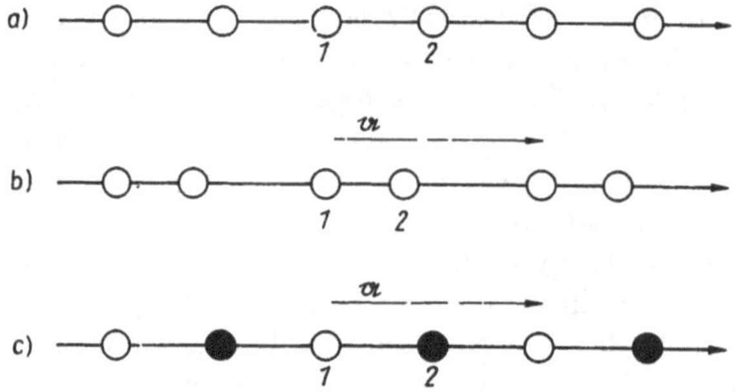

Abb. 1

In Abb. 2a ist ein einfaches ebenes Gitter dargestellt, in dem sich die Atome in den Ecken der Parallelogramme befinden. Es kann durch Parallelverschiebung des einfachen linearen Gitters (Abb. 1a) in der Ebene um gleiche Abstände gewonnen werden. Wie Abb. 2a zeigt, ist die Wahl der Grundvektoren $\mathfrak{a}_1$ und $\mathfrak{a}_2$ nicht eindeutig. Die Elementarzellen I und II enthalten jeweils ein Atom und ihr Volumen ist $\Omega_0 = |[\mathfrak{a}_1 \mathfrak{a}_2]|$, in Abb. 2a durch die gestrichelten Parallelogramme angedeutet. Am Beispiel der Elementarzelle III, die drei Atome enthält, sehen wir, daß man auch in einfachen Gittern Elementarzellen konstruieren kann, die mehr als ein Atom enthalten.

Abb. 2b zeigt ein anderes einfaches Gitter, das sich aus dem der Abb. 2a ergibt, wenn man die Schnittpunkte der Diagonalen der Parallelogramme mit einem Atom derselben Sorte besetzt. Die Elementarzelle kann jetzt so ausgewählt werden, wie das Abb. 2b zeigt. Wenn wir alle Atome, die sich auf den Schnittpunkten der Diagonalen befinden, auf gleiche Weise verschieben (siehe Abb. 2c), dann erhalten wir bereits ein zusammengesetztes Gitter mit zwei Atomen pro Elementarzelle, die wir so wählen können, wie es Abb. 2c zeigt. Dieses zusammengesetzte Gitter können wir uns vorstellen als bestehend aus zwei einfachen Gittern, die ineinander verschoben sind. Besetzen wir die Schnittpunkte der Diagonalen der Parallelogramme (Abb. 2b) mit Atomen einer anderen Sorte, so erhalten wir ein zusammengesetztes Gitter, weil in diesem Falle die Gitterpunkte nicht äquivalent sind.

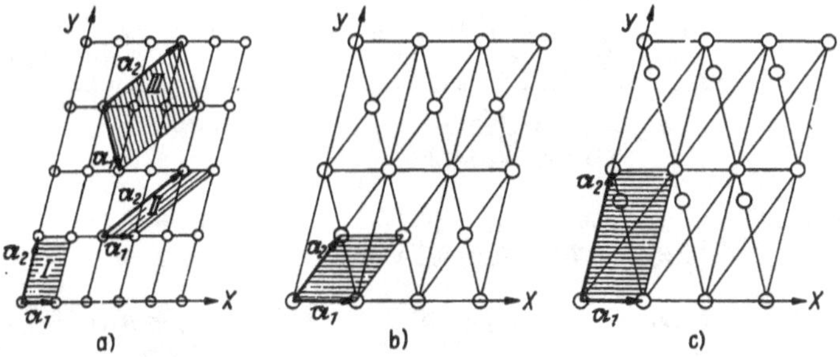

Abb. 2

In Abb. 3a ist ein ebenes Gitter hoher Symmetrie dargestellt, dessen Atome die Eckpunkte von Sechsecken einnehmen, welche die Ebene ausfüllen. Man kann sich leicht davon überzeugen, daß man es mit einem zusammengesetzten Gitter zu tun hat und daß die Elementarzelle, in der Zeichnung durch die Vektoren $\mathfrak{a}_1$ und $\mathfrak{a}_2$ dargestellt, zwei Atome enthält. Wenn zusätzlich im Zentrum jedes Sechsecks ein weiteres Atom angeordnet ist, gelangen wir zu einem einfachen Gitter (Abb. 3b).

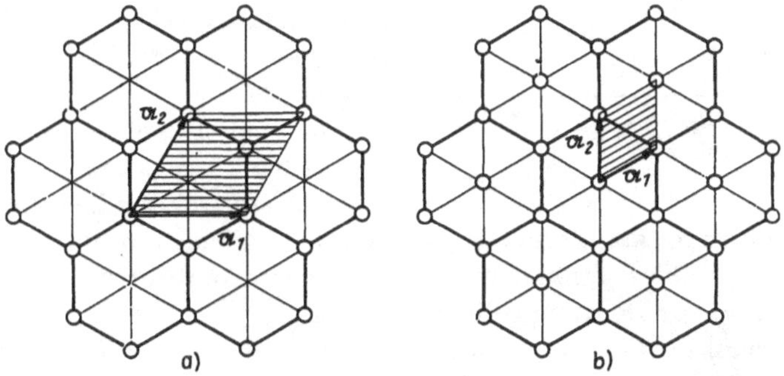

Abb. 3

3. Im Falle des dreidimensionalen Kristallgitters haben wir sowohl beim einfachen wie auch beim zusammengesetzten Gitter als Elementarzelle ein Parallelepiped, aufgebaut aus den Grundvektoren $\mathfrak{a}_1$, $\mathfrak{a}_2$ und $\mathfrak{a}_3$ (Abb. 4), das sich periodisch im Raum wiederholt. Die Klassifikation der Kristalle nach kristallographischen Systemen gründet sich auf Spezialfälle der Form des Parallelepipeds, welches die Elementarzelle bildet. Wir werden folgende Fälle unterscheiden: das gerade Parallelepiped, dessen Seitenflächen senkrecht auf der Grundfläche stehen, das rechtwinklige Parallelepiped, den Würfel usw. Bezeichnet man mit α_{12} den Winkel zwischen den Vektoren $\mathfrak{a}_1$ und $\mathfrak{a}_2$ usw. (Abb. 4), dann kann man folgende sieben Kristallsysteme bestimmen:

Bezeichnung des Systems	Winkel zwischen den Achsen	Grundvektoren	Kristallographische Bezeichnung
triklin	$\alpha_{12} \neq \alpha_{23} \neq \alpha_{13}$	$a_1 \neq a_2 \neq a_3$	*tr*
monoklin	$\alpha_{12} \neq \alpha_{23} = \alpha_{13} = 90^\circ$	$a_1 \neq a_2 \neq a_3$	*m*
rhombisch (oder orthogonal)	$\alpha_{12} = \alpha_{23} = \alpha_{31} = 90^\circ$	$a_1 \neq a_2 \neq a_3$	*o*
hexagonal	$\alpha_{12} = 120^\circ$; $\alpha_{23} = \alpha_{31} = 90^\circ$	$a_1 = a_2 \neq a_3$	*h*
rhomboedrisch (oder trigonal)	$\alpha_{12} = \alpha_{23} = \alpha_{31} \neq 90^\circ$	$a_1 = a_2 = a_3$	*rh*
tetragonal (oder quadratisch)	$\alpha_{12} = \alpha_{23} = \alpha_{31} = 90^\circ$	$a_1 = a_2 \neq a_3$	*t*
kubisch	$\alpha_{12} = \alpha_{23} = \alpha_{31} = 90^\circ$	$a_1 = a_2 = a_3$	*c*

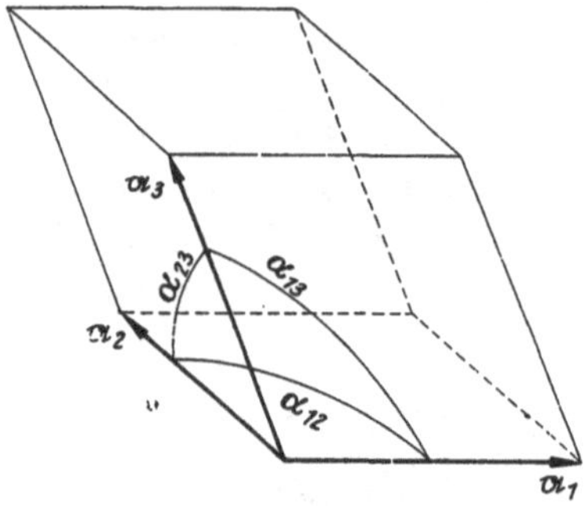

Abb. 4

Die angeführte Klassifikation der Kristalle nach Kristallsystemen ist nicht die einzig mögliche, entspricht aber den praktischen Forderungen der Kristallographie. Sie wurde aufgestellt lange vor der experimentellen Untersuchung der Lage der Atome im festen Körper auf der Grundlage des Studiums der äußeren Form idealer Einkristalle.

4. Wir gehen jetzt zur Betrachtung einfacher räumlicher Gitter über. Es sei daran erinnert, daß auch im Falle dreidimensionaler Gitter die früher angegebenen Merkmale des einfachen Gitters erhalten bleiben:

1. Die Elementarzelle kann so ausgewählt werden, daß sie nur ein Atom enthält;
2. jeder beliebige Gitterpunkt kann mit jedem anderen durch eine Translation $\mathfrak{a}_i$ $(i = 1, 2, 3)$ zur Deckung gebracht werden;
3. alle Gitterpunkte sind vollkommen äquivalent, d.h. das Bild der Anordnung der Atome, die einen beliebigen Gitterpunkt umgeben, ist gleich.

Wir werden feststellen, daß jedes dieser Merkmale allein hinreichend und notwendig für die Existenz des einfachen Gitters ist.

Wenn wir alle acht Ecken des Parallelepipeds der Elementarzelle mit Atomen besetzen, dann erhalten wir in Abhängigkeit von der Form des Epipeds sieben einfache Gitter, entsprechend den sieben früher betrachteten kristallographischen Systemen. Der französische Kristallograph Bravais (zweite Hälfte des 19. Jahrhunderts) zeigte, daß man bei Besetzung der Flächen oder der Zentren der Parallelepipede mit zusätzlichen Atomen weitere sieben einfache Gitter erhält, so daß die Gesamtzahl der einfachen Gitter für die oben beschriebenen kristallographischen Systeme 14 beträgt. Natürlich wird das Parallelepiped in diesem Falle mehr als ein Atom enthalten und folglich nicht die Elementarzelle des entsprechenden einfachen Gitters darstellen. Weiter unten werden wir an konkreten Beispielen zeigen, wie man in diesem Falle die Elementarzelle des einfachen Gitters auszuwählen hat. Betrachten wir ausführlicher die Entstehung der auf diese Weise gewonnenen 14 einfachen Gitter, die auch Bravais-Gitter heißen (Abb. 5, I—XIV). Die Elementarzelle I stellt das einfache trikline Gitter dar. Die Strukturen II und III beziehen sich auf die monokline Gruppe; dabei wurde III aus II erhalten durch zusätzliche Atome in der Grund- und Deckfläche des Parallelepipeds. Die Strukturen IV bis VII gehören zum rhombischen System; dabei wurden V, VI und VII erhalten durch zusätzliche Zentrierung der Grund- und Deckfläche, des Volumens oder aller Flächen. Struktur VIII besitzt die Symmetrie des sechsflächigen Prismas. Sie setzt sich zusammen aus drei hexagonalen Zellen, wie das in der Zeichnung gezeigt ist. Zelle IX stellt das einfache Gitter des rhomboedrischen Systems dar. Die Gitter X und XI gehören zur einfachen und raumzentrierten tetragonalen Struktur. Schließlich zeigen die Zellen XII, XIII und XIV den einfachen, raumzentrierten und flächenzentrierten Würfel.

Man kann zeigen, daß andere auf analoge Weise gewonnene Strukturen entweder keine einfachen Gitter sind oder mit einem der bekannten Bravais-Gitter zusammenfallen. Weiter unten kommen wir noch auf diese Frage zurück.

Um die Zahl der Atome zu bestimmen, die sich in einer Elementarzelle des Kristalls befinden, muß man beachten, daß jede Zelle $^1/_8$ des Atoms enthält, das in einer Ecke sitzt (wenn im Gitterpunkt 8 Zellen zusammentreffen), $^1/_4$ des Atoms, das auf einer Kante sitzt und $^1/_2$ des Atoms auf einer Fläche. Auf diese Weise läßt sich leicht bestimmen, daß die Parallelepipede I, II, IV, IX, X und XII ein Atom enthalten und deshalb Elementarzellen der einfachen Gitter sind. Die von uns konstruierten Kristallzellen III, V, VI, XI und XIII enthalten je zwei Atome, die Zelle VIII drei Atome und die Zellen VII und XIV vier Atome. Jedoch sind alle in Abb. 5 dargestellten Fälle einfache Gitter. Das bedeutet, daß bei Konstruktion unendlicher Gitter durch periodische Wiederholung der in Abb. 5 dargestellten Zellen in allen Fällen Gitter entstehen, in denen alle Atome äquivalente Plätze einnehmen.

In dem Falle, wo die Elementarzelle ein Atom enthält, ist sie Elementarzelle eines einfachen Gitters. Man kann sich leicht vorstellen, wie die Grundvektoren in den anderen Fällen gerichtet sein können. Beispielsweise können für den Würfel mit zentrierten Flächen (wenn auf die Zelle des Würfels vier Atome entfallen) die Grundvektoren des einfachen Gitters von einer Ecke des Würfels nach den Mitten der anliegenden Flächen gerichtet werden, wie das in Abb. 6a gezeigt ist. In diesem Falle ist die Elementarzelle des einfachen Gitters ein Spezialfall der rhomboedrischen Zelle IX mit den Winkeln $\alpha_{12} = \alpha_{23} = \alpha_{31} = 60°$ (siehe Abb. 4). Solche rhomboedrischen Zellen kann man so in den Raum legen, daß die Zelle des zusammengesetzten Gitters kubische Symmetrie besitzt. In raumzentrierten Zellen des Typs VI, XI und XIII kann man die Grundvektoren des einfachen Gitters aus einer beliebigen Ecke des Parallelepipeds nach den Zentren der Nachbarparallelepipede richten, wie das Abb. 6b für den raumzentrierten Würfel zeigt. Im hexagonalen Gitter VIII kann man die Grundvektoren des einfachen Gitters längs dreier Kanten des sechsflächigen Prismas richten, die in einer Ecke zusammentreffen.

Weiter oben haben wir festgestellt, daß andere Strukturen von Kristallzellen, gewonnen auf der Grundlage der angegebenen sieben Kristallsysteme, entweder zusammengesetzte Gitter sind oder aber mit einem der vierzehn BRAVAIS-Gitter

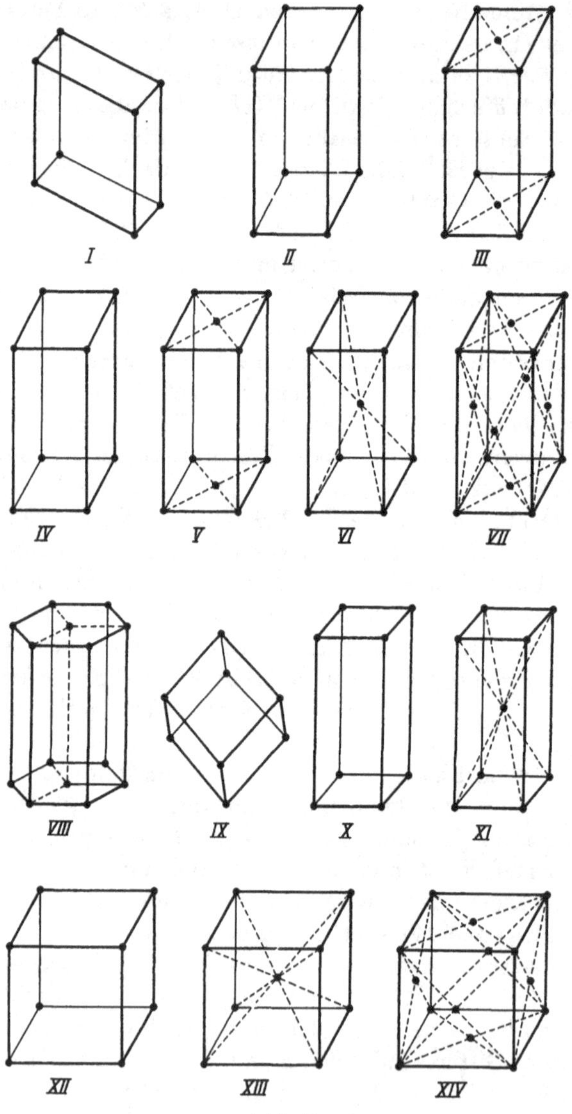

Abb. 5

zusammenfallen. Betrachtet man z.B. die flächenzentrierte Zelle I des triklinen Systems, so kann man zeigen, daß das dabei entstehende Gitter zusammengesetzt ist. Andererseits erhält man bei Zentrierung der Grund- und Deckfläche der tetragonalen Zelle X eine ebenso einfache tetragonale Struktur, nur mit um $\sqrt{2}$-mal kleinerer Seite des Grundquadrats. Eine sorgfältige Untersuchung zeigt, daß die 14 Bravais-Gitter die möglichen einfachen Gitter ausschöpfen, die auf der Grundlage der sieben kristallographischen Systeme konstruiert werden können.

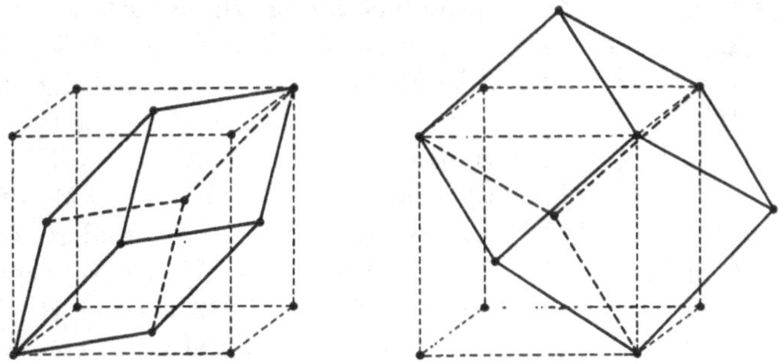

a) b)

Abb. 6

Die Einteilung in einfache und zusammengesetzte Gitter erweist sich als besonders wesentlich beim Studium der Schwingungen der Atome in Kristallen, weil nur zusammengesetzte Gitter optische Zweige in ihren Schwingungen besitzen.

Wir untersuchten eine Reihe von Fragen, die mit der Geometrie der Kristallgitter verbunden sind. Das große Gebiet der geometrischen Kristallographie[1]), in welchem systematisch die Symmetrieeigenschaften der Gitter untersucht werden, gründet sich auf die Gruppentheorie. Diese Theorie fand auch eine sehr wichtige Anwendung beim Studium der Schwingungen der Atome und des Elektronenspektrums in Kristallen. Leider sind diese Fragen sehr kompliziert und gehen über den Rahmen dieses Buches hinaus[2]).

---

[1]) A. W. Schubnikow, E. E. Flint, G. B. Boki, (А. В. Шубников, Е. Е. Флинт, Г. Б. Бокий, Основ ыкристаллографии, Изд. АНСССР), Grundlagen der Kristallographie, Verlag der Akad. der Wiss. der UdSSR, Moskau 1940.

B. Delone, N. Padurow, N. Alexandrow, (Б. Делоне, Н. Падуров, Н. Александров, Математические основы структурного анализа кристаллов и определение основного параллелепипеда повторяемости при помощи рентгеновских лучей, ГИТТЛ), Mathematische Grundlagen der Strukturanalyse von Kristallen und die Definition eines Hauptparallelepipeds der Wiederholung durch Röntgenstrahlen, GITTL, Moskau 1934.

[2]) G. J. Ljubarski, Anwendungen der Gruppentheorie in der Physik, VEB Deutscher Verlag der Wissenschaften, Berlin 1962.

H. Jones, The Theory of Brillouin Zones and Electronic States in Solids, North-Holl. Publ. Comp., Amsterdam 1960.

§ 2. Beispiele konkreter Kristallstrukturen

1. Wir diskutieren zunächst nicht die Natur der Kräfte, die die Atome in festen Körpern miteinander verbinden, sondern betrachten einige konkrete Kristallstrukturen, welche die Sätze des vorangegangenen Paragraphen illustrieren und für das weitere Studium der Theorie wichtig sind.

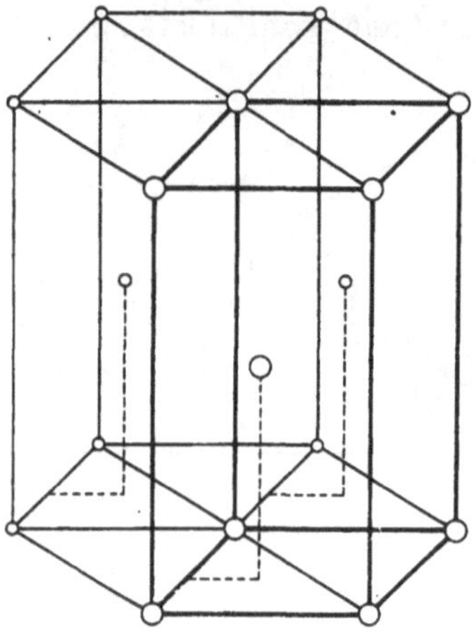

Abb. 7

Die Strukturanalyse zeigt, daß die Mehrzahl der Kristalle reiner Metalle zum kubischen oder hexagonalen System gehört. Die einwertigen Alkalimetalle Li, Na, K, Rb und Cs, das zweiwertige Ba, die Übergangsmetalle, die α-, β- und δ-Modifikation des Eisens und eine Reihe anderer Elemente kristallisieren in der Form des raumzentrierten Würfels (Abb. 5, XIII). Die Metalle Cu, Ag, Au, Al, Pb, die γ-Modifikation des Eisens, Ni, Ir, Pt und andere kristallisieren in der Form des flächenzentrierten Würfels (Abb. 5, XIV). Die Elemente Be, Mg, Zn, Cd und andere haben eine Elementarzelle hexagonaler Struktur (Abb. 5, VIII). Es wurde gefunden, daß man es im letzteren Falle mit der sogenannten hexagonal-dichtesten Packung zu tun hat. In diesem Falle enthält das sechsflächige Prisma im Volumen drei zusätzliche Atome, wie in Abb. 7 gezeigt wird. Bei hexagonal-dichtester Packung ist das Gitter nicht mehr einfach, sondern enthält zwei Atome pro Elementarzelle.

2. Wir stellen jetzt die Frage nach der Zahl der nächstgelegenen Atome, die ein vorgegebenes Atom im Kristall umgeben und sich im gleichem Abstand d von ihm befinden. Diese Zahl, genannt *Koordinationszahl*, bezeichnen wir mit z. In einem beliebigen Bravais-Gitter ist z gleich für alle Gitterpunkte. Im einfachen kubischen Gitter ist z gleich sechs und der Abstand d der Atome der Koordinationsgruppe zum Gitterpunkt ist gleich der Länge a der Würfelkante. Im kubisch-raumzentrierten Gitter ist $z = 8$ und $d = \frac{\sqrt{3}}{2} a$; im kubisch-flächenzentrierten Gitter ist $z = 12$ und $d = \frac{\sqrt{2}}{2} a$. Tatsächlich sind beispielsweise beim kubisch-flächenzentrierten Gitter die einer Ecke nächstliegenden Atome diejenigen, welche sich in den Zentren der anliegenden Flächen befinden und einen Abstand von $\frac{\sqrt{2}}{2} a$ von der Ecke haben. Es ist offensichtlich, daß im dreidimensionalen Gitter in jeder Ecke zwölf solcher Flächen zusammentreffen ($z = 12$).

3. Die Frage nach den verschiedenen dichten Packungen von Kugeln gleichen Durchmessers ist in der Strukturanalyse von Bedeutung. Bei dichtem Auslegen von Kugeln gleichen Durchmessers auf einer horizontalen Fläche liegen die Zentren der sich berührenden Kugeln in den Ecken gleichseitiger Dreiecke, deren Kantenlänge gleich dem Kugeldurchmesser ist (Abb. 8). Die zweite horizontale Schicht von Kugeln, dicht auf der ersten ausgelegt, bildet wieder ein Netz solcher Dreiecke. Die Kugelzentren der zweiten Schicht sind gegenüber den Dreiecken der ersten Schicht so angeordnet, wie es Abb. 8b (Kreise) zeigt. Die dritte horizontale Schicht von Kugeln kann verschieden gelegt werden, wie das Abb. 9 zeigt, wo ●-Atome der ersten Schicht, ○-Atome der zweiten Schicht und +-Atome der dritten Schicht angehören. In Abb. 9b liegen die Zentren der Atome der dritten Schicht über den Zentren der Atome der ersten Schicht. In diesem Falle haben wir es mit der hexagonal-dichtesten Packung zu tun. In Abb. 9b ist der Querschnitt des sechsflächigen Prismas der hexagonalen Struktur punktiert hervorgehoben. Man kann zeigen, daß die Packung 9a der kubisch-flächenzentrierten Struktur entspricht[1]) (kubisch-dichteste Packung). Man muß dabei nur beachten, daß nicht eine einzige Fläche des Würfels parallel zur horizontalen Ebene wird.

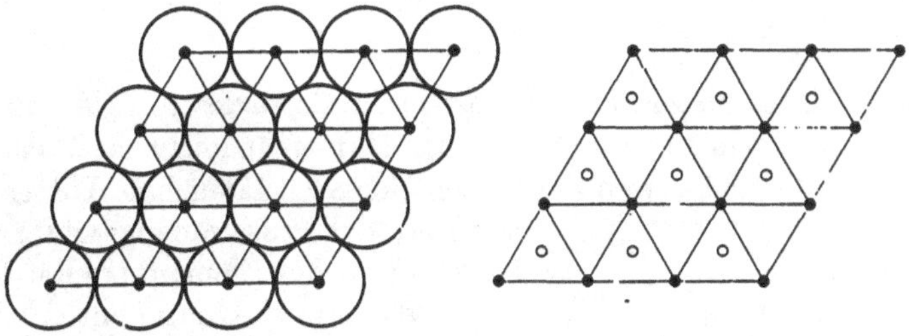

a) b)

Abb. 8

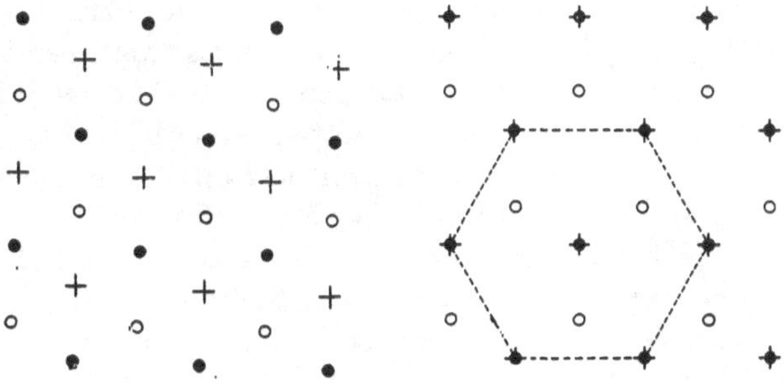

a) b)

Abb. 9

[1]) G. S. Shdanow, (Г. С. Жданов, Основы рентгеновского структурного анализа, Гостехиздат), Grundlagen der Röntgenstrukturanalyse, Gostechisdat, Moskau 1940, S. 80.

4. Die Alkalihalogenide NaCl, LiF, NaJ, KCl usw., ebenso die binären Verbindungen MgO, CaO, MgS, CaSe, BaTe u. a. kristallisieren in der Form des einfachen kubischen Gitters, dessen Gitterpunkte abwechselnd besetzt sind mit den Atomen (genauer Ionen) der Elemente der Verbindung. Dieser Kristallgittertyp trägt die Bezeichnung *Steinsalzstruktur*, benannt nach der äußerst verbreiteten

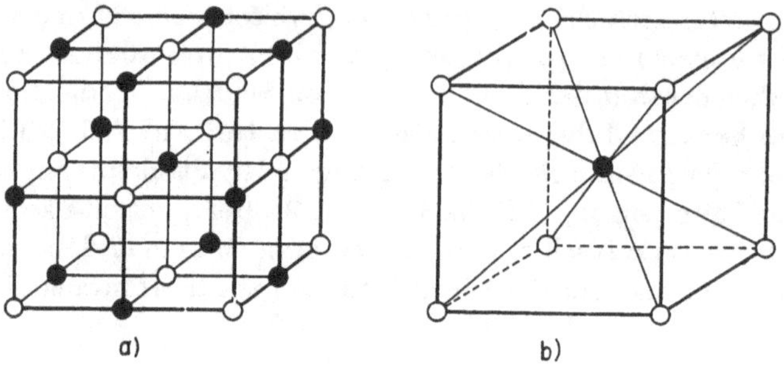

Abb. 10

Verbindung NaCl. In diesem Falle ist beispielsweise jedes Ion Na^+ umgeben von sechs Ionen Cl^- und umgekehrt (Abb. 10a). Man sieht leicht, daß das Gitter aus Na^+ (oder aus Cl^-) eine kubisch-flächenzentrierte Struktur hat. Gitter mit Steinsalzstruktur sind zusammengesetzte Gitter mit zwei Atomen in der Elementarzelle. Die Grundvektoren der zwei Atome enthaltenden Elementarzelle können im Falle der Steinsalzstruktur ebenso gewählt werden wie beim einfachen Würfel mit Flächenzentrierung (Abb. 6a).

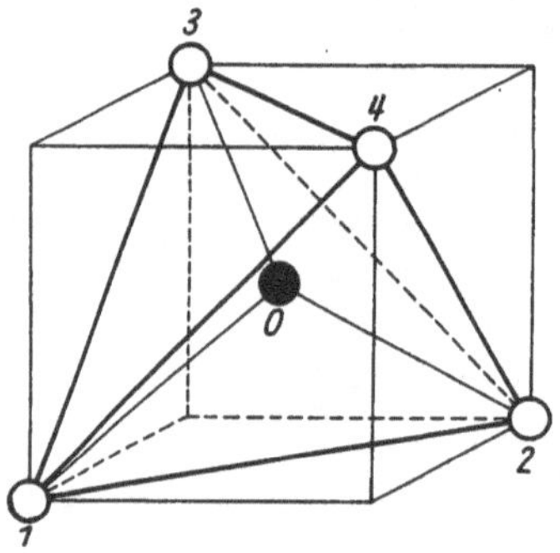

Abb. 11

Die Verbindungen CsCl, CsBr und CsJ haben kubisch-raumzentrierte Struktur. In diesem Falle ist jedes Ion Cs^+ umgeben von acht negativen Halogenionen und analog jedes Halogenion von acht Cs^+-Ionen (Abb. 10b).

5. In den letzten Jahren gewannen einige Stoffe (Ge, Si, InSb) wichtige technische Bedeutung, welche eine Kristallstruktur vom Diamanttyp haben. In einem Gitter dieser Art ist jedes im Zentrum eines gleichseitigen Tetraeders befindliche Atom umgeben von vier Atomen derselben (Ge, Si) oder einer anderen Sorte (InSb), welche sich in den Tetraederecken befinden. Abb. 11 zeigt den Gitterpunkt O des Diamantgitters mit den ihn umgebenden Atomen 1—4, gelegen in den Ecken des Tetraeders. Alles ist in einem Würfel dargestellt. Man überzeugt sich leicht davon, daß der Winkel zwischen zwei Richtungen von O aus zu den Nachbaratomen gerade 109°28′ beträgt.

Man kann im Diamantgitter eine Gruppe von 18 Atomen aussondern, die eine kubische Zelle bilden, wie sie in Abb. 12 dargestellt ist. Die Anordnung der Atome in dieser Gruppe kann man sich auf folgende Weise vorstellen. Wir teilen den flächenzentrierten Würfel in acht gleichartige Würfel auf (Abb. 13). Dann setzen wir in die Zentren von vier dieser Würfel Atome (schwarze Kreise), wie es die

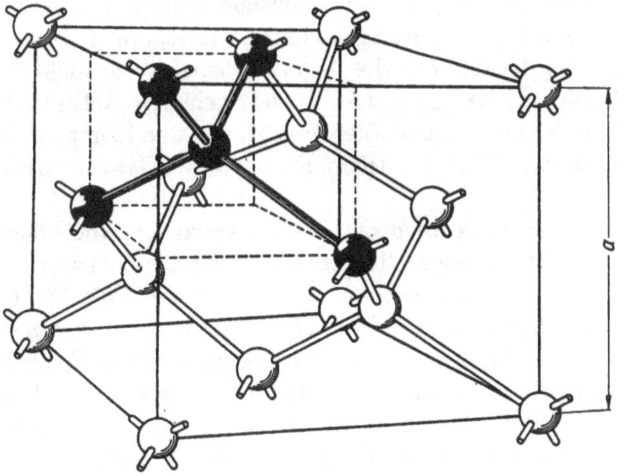

Abb. 12

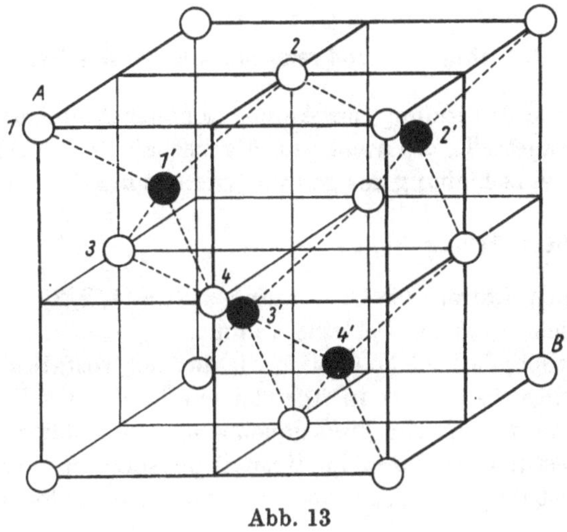

Abb. 13

Zeichung angibt. Wir erhalten das Diamantgitter der Abb. 12. Zählen wir noch die Zahl der Atome in solch einer kubischen Zelle. Aus Abb. 13 sieht man, daß sich acht Atome in den Ecken des Würfels befinden, sechs auf seinen Flächen und vier in seinem Innern. Hieraus folgt, daß die Zahl der Atome in der ganzen kubischen Zelle gleich

$$8 \cdot \frac{1}{8} + 6 \cdot \frac{1}{2} + 4 = 8$$

ist. Man darf nicht denken, daß die kubische Zelle (Abb. 12 und 13), die von uns aus dem Diamantgitter herausgenommen wurde, alle Symmetrieelemente des Würfels besitzt. So decken sich die Atome beispielsweise nicht bei Drehung um 90° um die durch das Zentrum des Würfels gehende Achse (Abb. 12 und 13). Man kann zeigen, wobei wir uns allerdings wegen der Kompliziertheit der Frage nicht aufhalten werden, daß der Diamantkristall als Ganzes kubische Symmetrie besitzt.

Das Diamantgitter kann auch aufgefaßt werden als Kombination zweier kubisch-flächenzentrierter Gitter, die gegeneinander in Richtung der Raumdiagonalen um $^1/_4$ ihrer Länge verschoben sind. Das ist in Abb. 13 gut zu sehen. Es sei zunächst ein flächenzentrierter Würfel mit den hellen Kreisen vorhanden. Bewegen wir ihn in Richtung der Raumdiagonalen AB um $^1/_4$ ihrer Länge, dann geht Atom ○1 über in Atom ●1, ○2 in ●2, ○3 in ●3 und ○4 in ●4. Da das kubisch-flächenzentrierte Gitter ein einfaches Gitter ist, kann man im Diamantgitter eine Elementarzelle suchen, die zwei Atome enthält.

Für Germanium stellen schwarze und weiße Kreise Atome einer Sorte dar, für die Verbindung InSb dagegen verschiedene Sorten (z. B. ○-Atome In und ●-Atome Sb).

§ 3. Gewöhnliches und reziprokes Gitter des Kristalls

1. Die periodische Anordnung der Atome (genauer Atomkerne) im Raum ist, wie schon oben festgestellt, die wichtigste Eigenschaft des idealen Kristalls. Das bedeutet, daß bei Verschiebung des ganzen Kristalls um den Vektor

$$\mathfrak{a}_n = n_1 \mathfrak{a}_1 + n_2 \mathfrak{a}_2 + n_3 \mathfrak{a}_3 , \tag{3.1}$$

wobei $\mathfrak{a}_i$ die Grundvektoren des Gitters und n_i ($i = 1, 2, 3$) ganze Zahlen sind, der Kristall mit sich selbst zur Deckung kommt.

Es ist offensichtlich, daß solche Größen wie das elektrostatische Potential oder die Elektronendichte, betrachtet in irgendeinem Punkt des Kristalls, räumlich oder dreidimensional periodische Funktionen sind. Tatsächlich ist ein durch den Radiusvektor $\mathfrak{r}$ bestimmter Punkt im Kristall physikalisch äquivalent mit dem Punkt $\mathfrak{r} + \mathfrak{a}_n$. Deshalb gilt z. B. für das elektrostatische Potential

$$V(\mathfrak{r}) = V(\mathfrak{r} + \mathfrak{a}_n) . \tag{3.2}$$

Für die Entwicklung der periodischen Funktion $V(\mathfrak{r})$ in eine Fourier-Reihe führen wir schiefwinklige Koordinaten ξ_1, ξ_2 und ξ_3 ein. Die Achsen dieses schiefwinkligen Koordinatensystems weisen in Richtung der Vektoren $\mathfrak{a}_1$, $\mathfrak{a}_2$ und $\mathfrak{a}_3$ (siehe Anhang I).

In diesem Falle ist $V(\mathfrak{r})$ periodisch in den Veränderlichen ξ_1, ξ_2 und ξ_3 mit den Perioden a_1, a_2 und a_3. Wir entwickeln die periodische Funktion $V(\mathfrak{r})$ in eine dreifache FOURIER-Reihe[1]), die wir uns in komplexer Form aufschreiben:

$$V(\mathfrak{r}) = \sum_{k_1=-\infty}^{+\infty} \sum_{k_2=-\infty}^{+\infty} \sum_{k_3=-\infty}^{+\infty} V_{k_1 k_2 k_3} e^{2\pi i\left(\frac{k_1 \xi_1}{a_1} + \frac{k_2 \xi_2}{a_2} + \frac{k_3 \xi_3}{a_3}\right)}, \tag{3.3}$$

wo k_1, k_2, k_3 ganze positive oder negative Zahlen sind, eingeschlossen die Null.

Geht man in (3.3) von den schiefwinkligen Koordinaten ξ_i zu rechtwinkligen Koordinaten x_i gemäß den Formeln (siehe Anhang I) über

$$\left.\begin{aligned} \xi_1 &= \alpha_{11} x_1 + \alpha_{12} x_2 + \alpha_{13} x_3 , \\ \xi_2 &= \alpha_{21} x_1 + \alpha_{22} x_2 + \alpha_{23} x_3 , \\ \xi_3 &= \alpha_{31} x_1 + \alpha_{32} x_2 + \alpha_{33} x_3 , \end{aligned}\right\} \tag{3.4}$$

wo α_{ik} die Koeffizienten sind, die von den Winkeln zwischen den Achsen des schiefwinkligen und des rechtwinkligen Koordinatensystems abhängen, so erhalten wir

$$V(\mathfrak{r}) = \sum_{b_1} \sum_{b_2} \sum_{b_3} V_{b_1 b_2 b_3} e^{2\pi i (b_1 x_1 + b_2 x_2 + b_3 x_3)} . \tag{3.5}$$

Hier sind b_1, b_2 und b_3 Koeffizienten, die von α_{ik}, k_i und a_i abhängen. Die Summation in (3.5) ist über alle verschiedenen Werte b_i auszuführen, die ganzzahligen Werten des Index k_i entsprechen. Faßt man b_1, b_2, b_3 als rechtwinklige Komponenten eines Vektors $\mathfrak{b}$ auf, so läßt sich (3.5) in der Form

$$V(\mathfrak{r}) = \sum_{\mathfrak{b}} V_{\mathfrak{b}} e^{2\pi i (\mathfrak{b}\mathfrak{r})} . \tag{3.6}$$

schreiben. Am leichtesten läßt sich $\mathfrak{b}$ aus der Periodizitätsforderung für $V(\mathfrak{r})$, (3.2), bestimmen:

$$V(\mathfrak{r} + \mathfrak{a}_n) = \sum_{\mathfrak{b}} V_{\mathfrak{b}} e^{2\pi i (\mathfrak{b}, \mathfrak{r} + \mathfrak{a}_n)} = \sum_{\mathfrak{b}} V_{\mathfrak{b}} e^{2\pi i (\mathfrak{b}, \mathfrak{r})} e^{2\pi i (\mathfrak{b}, \mathfrak{a}_n)} = V(\mathfrak{r}) .$$

Hieraus folgt, daß $e^{2\pi i (\mathfrak{b}, \mathfrak{a}_n)}$ gleich 1 sein muß, d.h. $(\mathfrak{b}, \mathfrak{a}_n) = n_1(\mathfrak{b}\, \mathfrak{a}_1) + n_2(\mathfrak{b}\, \mathfrak{a}_2) + n_3(\mathfrak{b}\, \mathfrak{a}_3)$ ist eine ganze Zahl für alle ganzzahligen Werte n_1, n_2 und n_3, was nur möglich ist, wenn

$$\mathfrak{b}\, \mathfrak{a}_1 = g_1 , \quad \mathfrak{b}\, \mathfrak{a}_2 = g_2 , \quad \mathfrak{b}\, \mathfrak{a}_3 = g_3 , \tag{3.7}$$

wobei g_1, g_2 und g_3 beliebige ganze positive oder negative Zahlen sind (einschließlich Null). Jeder Vektor wird bestimmt durch drei Komponenten, deshalb reichen die drei unabhängigen Gleichungen (3.7) zur Bestimmung des Vektors $\mathfrak{b}$ aus. Man kann zeigen, daß (siehe Anhang II)

$$\mathfrak{b} = g_1 \mathfrak{b}_1 + g_2 \mathfrak{b}_2 + g_3 \mathfrak{b}_3$$

---

1) W. I. SMIRNOW, Lehrgang der höheren Mathematik, Teil II, 5. Auflage, VEB Deutscher Verlag der Wissenschaften, Berlin 1963.
Es ist zu beachten, daß im Buch SMIRNOWS die Periode mit $2l$ bezeichnet wird, deshalb fehlt im Exponenten der Potenz der Faktor 2.

ist, wobei wir

$$\mathfrak{b}_1 = \frac{[\mathfrak{a}_2, \mathfrak{a}_3]}{\Omega_0}, \quad \mathfrak{b}_2 = \frac{[\mathfrak{a}_3, \mathfrak{a}_1]}{\Omega_0}, \quad \mathfrak{b}_3 = \frac{[\mathfrak{a}_1, \mathfrak{a}_2]}{\Omega_0} \tag{3.8}$$

haben und $\Omega_0 = (\mathfrak{a}_1[\mathfrak{a}_2, \mathfrak{a}_3])$ das Volumen der Elementarzelle ist.

Es ist leicht nachzuprüfen, daß $\mathfrak{b}\,\mathfrak{a}_n = \mathfrak{b}_g \mathfrak{a}_n =$ ganze Zahl $= n_1 g_1 + n_2 g_2 + n_3 g_3$ ist. Unmittelbar aus der Definition (3.8) der Vektoren $\mathfrak{b}_i$ folgt, daß

$$\mathfrak{a}_i \mathfrak{b}_k = \delta_{ik} = \begin{cases} 0 & \text{für} \quad i \neq k\,, \\ 1 & \text{für} \quad i = k \end{cases} \tag{3.9}$$

ist.

Andererseits kann man ausgehend von (3.9) zeigen, daß sich die Vektoren $\mathfrak{b}_k$ als Ausdrücke der Form (3.8) ergeben. Die Vektoren $\mathfrak{b}_i$ heißen *Translations-*, *Maßstab-* oder *Grundvektoren des reziproken Gitters.* Die Vektoren $\mathfrak{a}_n$ und $\mathfrak{b}_g$ heißen *Vektoren des gewöhnlichen bzw. reziproken Gitters.* Wie aus (3.8) folgt, haben die Vektoren $\mathfrak{b}_i$ die Dimension einer reziproken Länge. Das auf den Grundvektoren $\mathfrak{b}_i$ aufgebaute unendliche periodische Gitter heißt *reziprokes Gitter.* Der Raum des reziproken Gitters hat die Dimension (Länge)$^{-3}$. Das aus den Vektoren $\mathfrak{b}_i$ gebildete Parallelepiped heißt *Elementarzelle des reziproken Gitters.* Man kann zeigen[1]), daß sein Volumen gleich $(\mathfrak{b}_1[\mathfrak{b}_2\,\mathfrak{b}_3]) = \frac{1}{\Omega_0}$ ist.

Aus den Bedingungen (3.8) sieht man, daß der Vektor $\mathfrak{b}_1$ senkrecht auf den Vektoren $\mathfrak{a}_2$ und $\mathfrak{a}_3$, $\mathfrak{b}_2$ auf den Vektoren $\mathfrak{a}_1$ und $\mathfrak{a}_3$, $\mathfrak{b}_3$ auf den Vektoren $\mathfrak{a}_1$ und $\mathfrak{a}_2$ steht. Wenn das gewöhnliche Gitter zum rhombischen System gehört, so sind die Vektoren $\mathfrak{b}_1$, $\mathfrak{b}_2$, $\mathfrak{b}_3$ parallel zu den Vektoren $\mathfrak{a}_1$, $\mathfrak{a}_2$, $\mathfrak{a}_3$, und es ist $b_i = \frac{1}{a_i}$. Es ist offensichtlich, daß beim gewöhnlichen einfachen kubischen Gitter das reziproke Gitter ebenfalls einfach kubisch ist mit $b_1 = b_2 = b_3 = \frac{1}{a}$.

2. Im Falle des ebenen Atomgitters, dessen man sich in einigen Fällen der Anschaulichkeit halber bedient, haben wir an Stelle der drei Gleichungen (3.7) nur zwei:

$$\mathfrak{b}\,\mathfrak{a}_1 = g_1\,, \quad \mathfrak{b}\,\mathfrak{a}_2 = g_2\,. \tag{3.10}$$

Wir führen zwei Einheitsvektoren $\vec{\nu}_1$ und $\vec{\nu}_2$ ein, die senkrecht zu $\mathfrak{a}_1$ bzw. $\mathfrak{a}_2$ sind und in der Ebene des gewöhnlichen Gitters liegen; dann ist $(\mathfrak{a}_1 \vec{\nu}_1) = (\mathfrak{a}_2 \vec{\nu}_2) = 0$. Wir verabreden, daß die Vektoren $\vec{\nu}_1$ und $\vec{\nu}_2$ so gerichtet sind, daß sie bei Drehung im Uhrzeigersinn um $\frac{\pi}{2}$ mit $\mathfrak{a}_1$ bzw. $\mathfrak{a}_2$ zusammenfallen. Setzt man

$$\mathfrak{b} = \alpha\,\vec{\nu}_1 + \beta\,\vec{\nu}_2 \tag{3.11}$$

und setzt diesen Ausdruck in (3.10) ein, so erhalten wir

$$\mathfrak{b} = g_2\,\mathfrak{b}_1 + g_1\,\mathfrak{b}_2\,,$$

[1]) N. E. Kotschin, (Н. Е. Кочин, Векторное исчисление и начало тензорного исчисления, ГОНТИ), Vektorrechnung und die Anfänge der Tensorrechnung, 6. Auflage, GONTI, Moskau/Leningrad 1938.

wobei

$$\mathfrak{b}_1 = \frac{\vec{\nu}_1}{|(\mathfrak{a}_2 \vec{\nu}_1)|}, \quad \mathfrak{b}_2 = \frac{\vec{\nu}_2}{|(\mathfrak{a}_1 \vec{\nu}_2)|} \tag{3.12}$$

die Vektoren des reziproken ebenen Gitters sind.

Im Falle des ebenen gewöhnlichen quadratischen Gitters ($a_1 = a_2 = a$) hat das ebene reziproke Gitter ebenfalls quadratische Struktur mit $b_1 = b_2 = \frac{1}{a}$.

Die Vorstellung vom reziproken Gitter entstand unmittelbar aus der Aufgabe der Fourier-Zerlegung einer Funktion, die die Periodizität des gewöhnlichen Gitters besitzt. Im weiteren werden wir sehen, wie fruchtbar der Begriff des reziproken Gitters bei der Untersuchung der Röntgenstrahlbeugung in Kristallen, der Schwingungen der Atome in Kristallen und beim quantenmechanischen Studium der Elektronenbewegung in einem periodischen Feld verwendet wird.

3. Wir führen jetzt den wichtigen Begriff der Millerschen Indizes (hkl) ein, der sehr eng mit der Vorstellung vom reziproken Gitter verknüpft ist.

Stellen wir uns eine Fläche im Kristall vor, die durch die Zentren der Atome geht. In Abb. 14 sind vier solche Flächen gezeigt, die bezüglich der Elementarzelle des einfachen kubischen Gitters verschieden orientiert sind. Die Lage (Orientierung) der durch die Atomzentren gehenden Fläche werden wir durch die Millerschen Indizes (hkl) charakterisieren, welche wir auf folgende Art und Weise bestimmen. Es mögen die ganzen Zahlen s_1, s_2 und s_3 die Abschnitte auf den Achsen $\mathfrak{a}_1$, $\mathfrak{a}_2$ und $\mathfrak{a}_3$ in Einheiten a_1, a_2 und a_3 messen, die durch den Schnitt der Fläche mit den drei Achsen entstehen. Wir stellen das Verhältnis $\frac{1}{s_1} : \frac{1}{s_2} : \frac{1}{s_3}$ auf und drücken es durch die drei kleinstmöglichen ganzen Zahlen aus. Letztere tragen dann die Bezeichnung *Millersche Indizes* (hkl). Es ist also $h : k : l = \frac{1}{s_1} : \frac{1}{s_2} : \frac{1}{s_3}$.

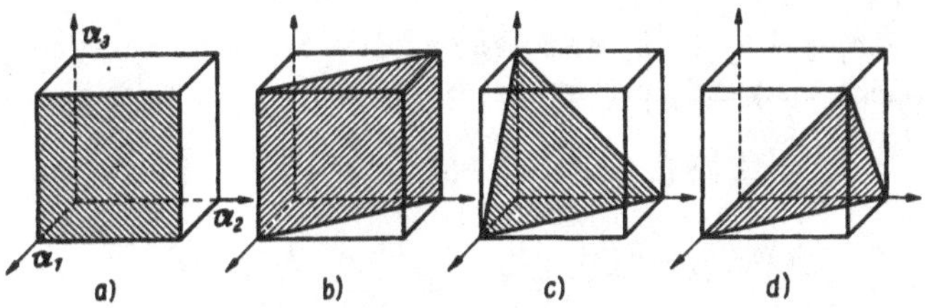

Abb. 14

In Abb. 14a sind die Achsen $\mathfrak{a}_1$, $\mathfrak{a}_2$ und $\mathfrak{a}_3$ dargestellt. Es ist offensichtlich, daß die gestrichelte Fläche in Abb. 14a die Millerschen Indizes $\frac{1}{s_1} : \frac{1}{s_2} : \frac{1}{s_3} = \frac{1}{1} : \frac{1}{\infty} : \frac{1}{\infty} = 1 : 0 : 0$, d.h. $(hkl) = (100)$ hat. Analog haben die gestrichelten Flächen in Abb. 14b, c, d die Millerschen Indizes (110), (111), $(11\bar{1})$, wo $\bar{1} = -1$ ist und dem Fall entspricht, daß die gestrichelte Fläche in Abb. 14d das Stück a auf der negativen Seite der $\mathfrak{a}_3$-Achse abschneidet. Es ist offensichtlich, daß vorgegebene MILLERsche Indizes (hkl) nicht eine einzige Fläche bestimmen, sondern eine ganze Schar paralleler Flächen. Man überzeugt sich leicht davon, daß $(\bar{h}\bar{k}\bar{l}) = (hkl)$.

Die Gesamtheit physikalisch gleichwertiger Flächen, z. B. aller sechs Würfelflächen, bezeichnet man mit dem Symbol $\{100\}$. Die Richtung einer Geraden im Kristall, die durch die Zentren der Atome geht, wird durch das Symbol $[uvw]$ gekennzeichnet, wo u, v und w die drei kleinstmöglichen ganzen Zahlen sind, deren Verhältnis $u:v:w$ gleich dem Verhältnis der Längen der Komponenten eines Vektors bezüglich der Achsen $\mathfrak{a}_1$, $\mathfrak{a}_2$ und $\mathfrak{a}_3$ (in Einheiten a_1, a_2 und a_3 gemessen) ist, welcher längs der Geraden gerichtet ist. So hat z. B. die x-Achse, die in Abb. 14a mit dem Vektor $\mathfrak{a}_1$ zusammenfällt, das Symbol [100]. Der Richtung der Raumdiagonalen des Würfels durch den Koordinatenursprung entspricht das Symbol [111]. Physikalisch äquivalente Richtungen im Kristall bezeichnet man mit dem Symbol $\langle u\, v\, w\rangle$. Im kubischen Kristall ist die Richtung $[u\, v\, w]$ senkrecht auf der Fläche $(u\, v\, w)$, was bei Kristallen mit niedrigerer Symmetrie nicht der Fall ist.

Wir wollen noch zwei wichtige Sätze beweisen. Dazu konstruieren wir im Raum des gewöhnlichen Gitters, dessen Gitterpunkte durch die Vektoren $\mathfrak{a}_i$ bestimmt werden, das reziproke Gitter, dessen Punkte durch die Vektoren $\mathfrak{b}_i$ bestimmt werden und die bezüglich der $\mathfrak{a}_i$ entsprechend den Gleichungen (3.8) orientiert sind. Natürlich bleibt der Maßstab für die Vektoren $\mathfrak{b}_i$ willkürlich, weil die die Dimension cm^{-1} haben. Wir beweisen jetzt, daß der Vektor $\mathfrak{b}_g = g_1\mathfrak{b}_1 + g_2\mathfrak{b}_2 + g_3\mathfrak{b}_3$ des reziproken Gitters senkrecht steht auf der Fläche mit den MILLERschen Indizes (hkl), wenn $g_1:g_2:g_3 = h:k:l$ ist. Es ist offensichtlich, daß die Enden der Vektoren $\frac{\mathfrak{a}_1}{h}$, $\frac{\mathfrak{a}_2}{k}$ und $\frac{\mathfrak{a}_3}{l}$ auf der Fläche (hkl) liegen, deshalb liegen die Vektoren $\left(\frac{\mathfrak{a}_1}{h} - \frac{\mathfrak{a}_2}{k}\right)$ und $\left(\frac{\mathfrak{a}_1}{h} - \frac{\mathfrak{a}_3}{l}\right)$ in der Fläche (hkl). Wir nehmen jetzt den zu $\mathfrak{b}_g$ parallelen Vektor $\mathfrak{b}_{hkl} = h\,\mathfrak{b}_1 + k\,\mathfrak{b}_2 + l\,\mathfrak{b}_3$ und zeigen, daß $\mathfrak{b}_{hkl}$ senkrecht zur Fläche (hkl) ist. Dazu braucht man sich nur davon zu überzeugen, daß die Skalarprodukte

$$\mathfrak{b}_{hkl}\left(\frac{\mathfrak{a}_1}{h} - \frac{\mathfrak{a}_2}{k}\right) = (h\,\mathfrak{b}_1 + k\,\mathfrak{b}_2 + l\,\mathfrak{b}_3)\left(\frac{\mathfrak{a}_1}{h} - \frac{\mathfrak{a}_2}{k}\right) = 0\,,$$

$$\mathfrak{b}_{hkl}\left(\frac{\mathfrak{a}_1}{h} - \frac{\mathfrak{a}_3}{l}\right) = (h\,\mathfrak{b}_1 + k\,\mathfrak{b}_2 + l\,\mathfrak{b}_3)\left(\frac{\mathfrak{a}_1}{h} - \frac{\mathfrak{a}_3}{l}\right) = 0$$

verschwinden, wie aus (3.9) folgt.

Zweitens beweisen wir, daß der Abstand d_{hkl} zwischen benachbarten Flächen der Schar (hkl) gleich $\frac{1}{b_{hkl}}$ ist. Es sei $\mathfrak{n} = \frac{\mathfrak{b}_{hkl}}{b_{hkl}}$ ein Einheitsvektor der Normalen zu den Flächen (hkl). Dann ist

$$d_{hkl} = \left(\frac{\mathfrak{a}_1}{h}\,\mathfrak{n}\right) = \frac{1}{h}\,\frac{1}{b_{hkl}}\,\mathfrak{a}_1\,(h\,\mathfrak{b}_1 + k\,\mathfrak{b}_2 + l\,\mathfrak{b}_3) = \frac{1}{b_{hkl}}\,.$$

Wir weisen noch nach, daß der Abstand zwischen Flächen (100) im kubischen Gitter gleich der Gitterkonstante a ist. Wie man leicht sieht, ist in diesem Falle

$b_{hkl} = b_{100} = b_1 = \frac{1}{a}$ und folglich $d_{100} = \frac{1}{b_{100}} = a$. Ebenso einfach kann man den Abstand zwischen Flächen (111) im kubischen Gitter berechnen:

$$b_{111} = \sqrt{b_1^2 + b_2^2 + b_3^2} = \frac{\sqrt{3}}{a}, \quad \text{d.h.} \quad d_{111} = \frac{1}{b_{111}} = \frac{a}{\sqrt{3}}.$$

§ 4. Die Formeln von LAUE und BRAGG für die Beugung von Röntgenstrahlen in Kristallen. Atom- und Strukturfaktor der Streuung

1. Wir untersuchen jetzt die LAUE-Bedingungen für die Beugung von Röntgenstrahlen im Kristall. In Abb. 15 sind zwei Atome O und A dargestellt, die durch den Translationsvektor $\mathfrak{a}_1$ voneinander getrennt sind. Das in Richtung $\mathfrak{n}$ ($n = 1$) einfallende Röntgenstrahlbündel IK wird durch die Atome in alle Richtungen gestreut. Wir betrachten ein gestreutes Bündel RS in der Richtung, die durch den Einheitsvektor $\mathfrak{n}'$ ($n' = 1$) bestimmt ist und in welcher sich die Strahlen IAR und KOS infolge Interferenz verstärken. Dazu ist notwendig, daß der Unterschied $BO + OC$ ihrer geometrischen Weglängen gerade einem ganzzahligen Vielfachen der Wellenlänge entspricht, d. h. $BO + OC = -(\mathfrak{a}_1 \mathfrak{n}) + (\mathfrak{a}_1 \mathfrak{n}') = \mathfrak{a}_1 (\mathfrak{n}' - \mathfrak{n}) = g_1 \lambda$, wo g_1 eine beliebige ganze Zahl ist. Im dreidimensionalen Gitter muß die Bedingung für Verstärkung des Strahls durch Interferenz für alle Atome des Kristalls gleichzeitig erfüllt sein, entsprechend den Translationen $\mathfrak{a}_1$, $\mathfrak{a}_2$ und $\mathfrak{a}_3$. Das gibt die Interferenzbedingungen von LAUE,

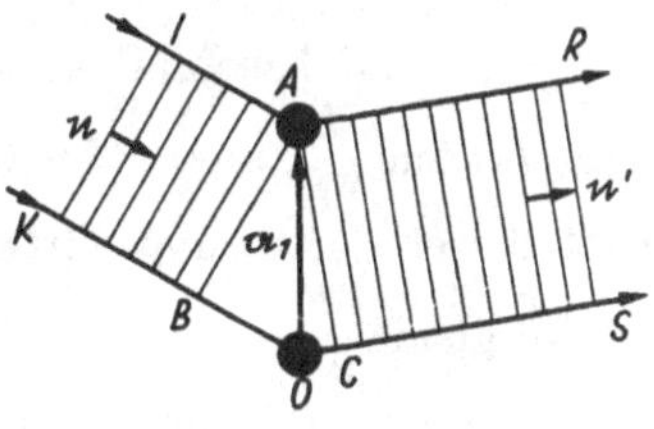

Abb. 15

$$\mathfrak{a}_1 (\mathfrak{n}' - \mathfrak{n}) = g_1 \lambda, \quad \mathfrak{a}_2 (\mathfrak{n}' - \mathfrak{n}) = g_2 \lambda, \quad \mathfrak{a}_3 (\mathfrak{n}' - \mathfrak{n}) = g_3 \lambda, \tag{4.1}$$

welche in der gebräuchlicheren Form

$$\left.\begin{aligned} &a_1 (\cos \alpha_1' - \cos \alpha_1) = g_1 \lambda, \quad a_2 (\cos \alpha_2' - \cos \alpha_2) = g_2 \lambda, \\ &a_3 (\cos \alpha_3 - \cos \alpha_3) = g_3 \lambda \end{aligned}\right\} \tag{4.2}$$

geschrieben werden können, wenn man die Winkel α_i und α_i' zwischen den Richtungen des einfallenden und gestreuten Strahls und den kristallographischen Achsen $\mathfrak{a}_i$ einführt, d.h. $\mathfrak{a}_i \mathfrak{n} = a_i \cos \alpha_i$ und $\mathfrak{a}_i \mathfrak{n}' = a_i \cos \alpha_i'$ annimmt.

Aus (4.1) folgt, daß der Vektor $\frac{\mathfrak{n}'}{\lambda} - \frac{\mathfrak{n}}{\lambda}$ ebenso wie der Vektor $\mathfrak{b}$ die Gleichung (3.7) erfüllt. Daraus folgt, daß

$$\frac{\mathfrak{n}'}{\lambda} - \frac{\mathfrak{n}}{\lambda} = \mathfrak{b}_g \tag{4.3}$$

ist, wo $\mathfrak{b}_g = g_1 \mathfrak{b}_1 + g_2 \mathfrak{b}_2 + g_3 \mathfrak{b}_3$ ein Vektor des reziproken Gitters ist. Bedingung (4.3) kann man als äquivalent zu den LAUE-Bedingungen (4.1) bzw. (4.2) auffassen.

Durch Definition führen wir den Wellenvektor $\mathfrak{k} = \frac{2\pi}{\lambda}\mathfrak{n}$ ein. Dann nimmt die Bedingung (4.3) die folgende Form an:

$$\mathfrak{k}' - \mathfrak{k} = 2\pi\, \mathfrak{b}_{\mathfrak{g}}\,. \tag{4.4}$$

Da $k' = k$ ist, so folgt aus (4.4): $\mathfrak{k}^2 = \mathfrak{k}'^2 = (2\pi\,\mathfrak{b}_{\mathfrak{g}} + \mathfrak{k})^2 = 4\pi^2\,\mathfrak{b}_{\mathfrak{g}}^2 + \mathfrak{k}^2 + 4\pi(\mathfrak{b}_{\mathfrak{g}}\,\mathfrak{k})$, woraus sich

$$\pi\,\mathfrak{b}_{\mathfrak{g}}^2 + (\mathfrak{b}_{\mathfrak{g}}\,\mathfrak{k}) = 0 \tag{4.5}$$

ergibt, was natürlich ebenfalls mit (4.1) und (4.3) äquivalent ist.

2. Wir zeigen jetzt, daß die Laue-Bedingungen in der Form (4.4) im Raum des reziproken Gitters geometrisch interpretiert werden können. In Abb. 16 ist der Anschaulichkeit halber ein ebenes reziprokes Gitter abgebildet. Wir zeichnen von einem beliebigen Gitterpunkt O des reziproken Gitters aus den Vektor $-\frac{\mathfrak{k}}{2\pi}$ ein und beschreiben mit seinem Anfangspunkt R um O einen Kreis mit dem Radius $\frac{k}{2\pi} = \frac{1}{\lambda}$ (Ewaldsche Kugel). Wenn dieser Kreis (Kugel) in unmittelbarer Nähe eines Gitterpunktes S des reziproken Gitters vorbeigeht, dann ist $\overrightarrow{RS}$ gleich $\frac{\mathfrak{k}'}{2\pi}$, wobei $\mathfrak{k}'$ der Wellenvektor des durch Interferenz verstärkten gestreuten Strahls ist. Dabei ist der Vektor $\overrightarrow{OS}$ des reziproken Gitters gleich $\mathfrak{b}_{\mathfrak{g}}$, und er erfüllt die Bedingung (4.4). Auf diese Weise kann man durch Konstruktion der Ewaldschen Kugel im Raum des reziproken Gitters graphisch alle Richtungen bestimmen, in welchen Interferenzmaxima auftreten werden.

3. Die Laueschen Interferenzbedingungen für Röntgenstrahlen (4.1)—(4.5) können in noch anderer Weise formuliert werden. Legen wir eine Gerade (Ebene) PQ senkrecht zum Vektor $\mathfrak{b}_{\mathfrak{g}} = \overrightarrow{OS}$ des reziproken Gitters (Abb. 16), dann bestimmt, wie im vorangegangenen Paragraphen gezeigt worden war, diese Ebene im gewöhnlichen Gitterraum die Atomebenen mit den Millerschen Indizes (hkl), wobei $h:k:l$ gleich $g_1 : g_2 : g_3$. Bezeichnet man den gemeinsamen Faktor von g_1, g_2 und g_3 mit n, dann haben wir $b_g = n\, b_{hkl}$. Andererseits ist der Abstand zwischen benachbarten Ebenen (hkl) gleich $d = \frac{1}{b_{hkl}} = \frac{n}{b_g}$. Wir betrachten jetzt das Dreieck ORS. Bezeichnet man den Winkel $> QRS$ mit θ, so haben wir $OS = 2\, RS \sin\theta$ oder $b_g = 2\frac{k}{2\pi}\sin\theta = \frac{2}{\lambda}\sin\theta$. Führt man in letztere Gleichung noch die Größe d ein, so erhalten wir die Formel von Bragg:

$$2\, d \sin\theta = n\lambda\,. \tag{4.6}$$

Aus Abb. 16 sieht man, daß das einfallende $(\mathfrak{k}/2\pi)$ und das gestreute Bündel $(\mathfrak{k}'/2\pi)$ formal als Spiegelreflexion des Bündels an der Atomebene PQ mit den Millerschen Indizes (hkl) betrachtet werden kann. Auf diese Weise kann die Bragg-Bedingung (4.6), die der Laue-Bedingung (4.1) äquivalent ist, formal aufgefaßt werden als spiegelnde Reflexion der Strahlen an den Atomebenen des Kristalls unter den Winkeln θ, die die Bedingung (4.6) befriedigen.

4. Wir führen den Begriff des atomaren Streufaktors f ein, der die Verteilung der Elektronenladung im Atom bei Streuung von Röntgenstrahlen berücksichtigt. Es sei $\varrho(\mathfrak{r})\, d\tau$ die mittlere Elektronenzahl im Volumen $d\tau$ des Atoms. Offensichtlich ist dann $\int \varrho\, d\tau = Z$ gleich der Gesamtzahl der Elektronen im Atom. Abb. 17 zeigt das Zentrum O des Atoms und ein Element $d\tau$ seines Volumens, dessen Lage im Punkte A durch den Radiusvektor $\overrightarrow{OA} = \mathfrak{r}$ bestimmt wird. OS sei die Richtung des durch ein Elektron gestreuten Strahls, wobei wir uns das Elektron (der Einfachheit der Rechnung halber) im Zentrum O des Atoms gelegen denken. Die Amplitude dieser gestreuten Strahlung in einem genügend weit (im Vergleich zu den Ausmaßen des Atoms) entfernten Punkt zu vorgegebener Zeit t sei gleich $A(t)$. Nimmt man kohärente Streuung an und berücksichtigt, daß ihre Amplitude proportional der Zahl der streuenden Elektronen ist, so erhalten wir für die Amplitude des Strahls AR im gleichen Beobachtungspunkt und zum gleichen Zeitpunkt t den Ausdruck $dA_\varrho(t) = A(t)\, \varrho\, d\tau\, e^{i\Phi}$.

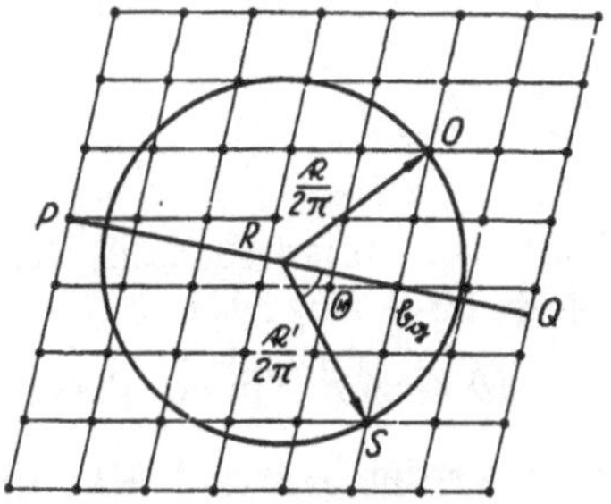

Abb. 16

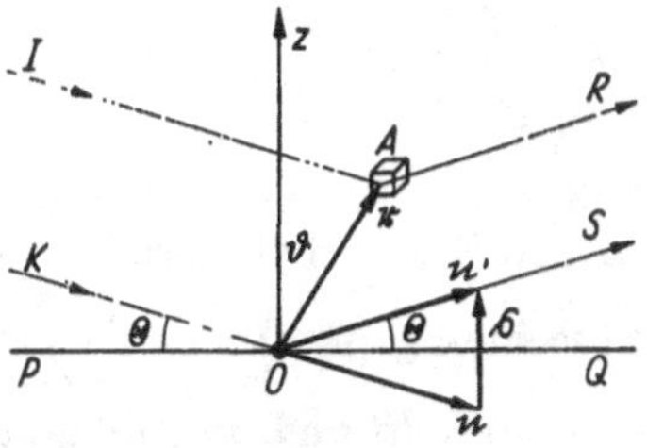

Abb. 17

Hier ist $\varrho\, d\tau$ die Zahl der Elektronen des streuenden Volumens $d\tau$ und Φ der Phasenunterschied der Strahlen IAR und KOS. Der Phasenunterschied ist offensichtlich $\Phi = \frac{2\pi}{\lambda} d$, wo d der geometrische Gangunterschied der beiden betrachteten Strahlen ist. Aus Abb. 15 ist ersichtlich, daß der von uns berechnete Gangunterschied der Strahlen IAR und KOS bei Streuung an Atomen O und A zur Bestimmung der Laueschen Interferenzbedingungen vollkommen identisch ist mit dem Gangunterschied der Strahlen, die vom Zentrum des Atoms und einem Volumenelement $d\tau$ gestreut werden. Deshalb ist $d = \mathfrak{r}\,(\mathfrak{n}' - \mathfrak{n})$, wo $\mathfrak{n}$ und $\mathfrak{n}'$ die Einheitsvektoren in Richtung des einfallenden und gestreuten Strahls sind. Ohne Einschränkung der Allgemeinheit kann man annehmen, daß $\mathfrak{r}$, $\mathfrak{n}'$ und $\mathfrak{n}$ in einer Ebene (der Zeichenebene) liegen. Wir zeichnen die Achse z parallel zum Vektor $\mathfrak{s} = \mathfrak{n}' - \mathfrak{n}$ und die Ebene POQ senkrecht zur z-Achse (siehe Abb. 17). Wenn das von uns betrachtete Atom zum Kristall gehört und die Richtung von einfallendem und gestreutem Bündel einem Interferenzmaximum entspricht, dann ist POQ eine Atomnetzebene, an welcher Braggsche Reflexion erfolgt. Dann ist $\sphericalangle\, POK = \sphericalangle\, QOS = \theta$ und θ befriedigt die Bragg-Bedingung (4.6).

Aus Abb. 17 sieht man, daß $s = 2 \sin \theta$ $(n = n' = 1)$, deshalb wird $\Phi = \frac{2\pi}{\lambda} (\mathfrak{r}\,\mathfrak{s}) = \frac{2\pi}{\lambda} r\, s \cos \vartheta = \frac{4\pi}{\lambda} \sin \theta \cdot r \cdot \cos \vartheta$, wobei ϑ der Winkel zwischen der Richtung von $\mathfrak{s}$ (z-Achse) und dem Radiusvektor $\mathfrak{r}$ ist.

Die Amplitude bei Streuung durch alle Elektronen des Atoms wird

$$A_\varrho(t) = A(t) \int \varrho(\mathfrak{r})\, e^{i\Phi}\, d\tau\,.$$

Wenn die Elektronen im Atom kugelsymmetrisch verteilt sind, d. h. $\varrho = \varrho(r)$, und man setzt $d\tau = 2\pi r^2\, dr \sin \vartheta\, d\vartheta$, so erhalten wir für den atomaren Streufaktor laut Definition

$$f = \frac{A_\varrho(t)}{A(t)} = 2\pi \int_0^\infty \int_0^\pi \varrho(r)\, r^2\, e^{i a r \cos \vartheta}\, dr \sin \vartheta\, d\vartheta\,,$$

wobei $a = \frac{4\pi}{\lambda} \cdot \sin \theta$ ist. Integriert man über ϑ, so erhalten wir, wie weiter unten gezeigt wird,

$$f = \int_0^\infty W(r)\, \frac{\sin(a\, r)}{a\, r}\, dr\,, \tag{4.7}$$

wo $W(r)\, dr = 4\pi r^2 \varrho(r)\, dr$ die wahrscheinlichste Zahl (mittlere Zahl) von Elektronen in der Kugelschale zwischen r und $r + dr$ im Atom ist.

Zur Berechnung des Integrals $\int_0^\pi e^{i a r \cos \vartheta} \sin \vartheta\, d\vartheta$ setzen wir $\cos \vartheta = x$; dann ist $dx = -\sin \vartheta\, d\vartheta$ und die Integrationsgrenzen werden $+1$ und -1. Im Endresultat ist das Integral gleich

$$\int_{-1}^{+1} e^{i a r x}\, dx = \frac{1}{i\, a\, r} (e^{i a r} - e^{-i a r}) = \frac{2}{a\, r} \sin a\, r\,.$$

Damit ist der atomare Streufaktor f[1]) gleich dem Verhältnis der Amplitude der durch alle Elektronen des Atoms gestreuten Strahlung in einer bestimmten Richtung zur Amplitude der durch ein Elektron gestreuten Strahlung in derselben Richtung.

Die Größe $W(r)$, die in die Definition von f eingeht, kann quantenmechanisch (Hartree-Fock-Methode) oder statistisch (Thomas-Fermi-Methode) berechnet werden. In Abb. 18 sind die Resultate der Berechnung des Atomfaktors f für Natrium angegeben. Für $\vartheta = 0$ gibt Formel (4.7) $f = Z$ (Zahl der Atomelektronen). Die experimentelle Untersuchung der Intensitätsverteilung in der Nähe der Interferenzmaxima der Streuung (mit Berücksichtigung des Temperaturfaktors der Streuung) bestätigte mit großer Genauigkeit die theoretischen Be-

[1]) In einigen Fällen (siehe G. S. Shdanow, Grundlagen der Röntgenstrukturanalyse, Gostechisdat, Moskau 1940, S. 300) wird die Größe f mit Atomamplitude bezeichnet, unter dem Atomfaktor versteht man dann die Größe f^2, welche der relativen Intensität der gestreuten Strahlung proportional ist.

rechnungen der Größe f. Die gleichen Untersuchungen bei niedrigen Temperaturen bestätigten das Vorhandensein einer Nullpunktsenergie der Schwingungen der Atome im Gitter.

5. Wir haben die Interferenzbedingungen von LAUE (4.1) oder die ihnen äquivalenten Bedingungen von BRAGG (4.6) hergeleitet, indem wir die Streuung an identischen Atomen eines einfachen Gitters betrachteten. Wie wird sich das Resultat ändern, wenn wir die Streuung an einem zusammengesetzten Gitter betrachten mit einer Basis, die s Atome enthält, deren Lage bezüglich des Koordinatenursprungs der Zelle durch die Vektoren

$$\mathfrak{r}_n = u_n \mathfrak{a}_1 + v_n \mathfrak{a}_2 + w_n \mathfrak{a}_3 \quad (n = 1, 2, \ldots, s)$$

bestimmt ist. Da das Untergitter für jedes n-te Atom der Zelle dieselben Grundvektoren $\mathfrak{a}_1$, $\mathfrak{a}_2$ und $\mathfrak{a}_3$ hat, gibt es Interferenzmaxima, die durch dieselben Relationen (4.1) bestimmt werden, wie für ein Atom mit $n = 1$, das im Gitterpunkt liegt (Koordinatenursprung der Zelle). Jedoch muß man wegen der Kohärenz der Strahlung die Phasenbeziehungen bei Streuung an verschiedenen Untergittern berücksichtigen.

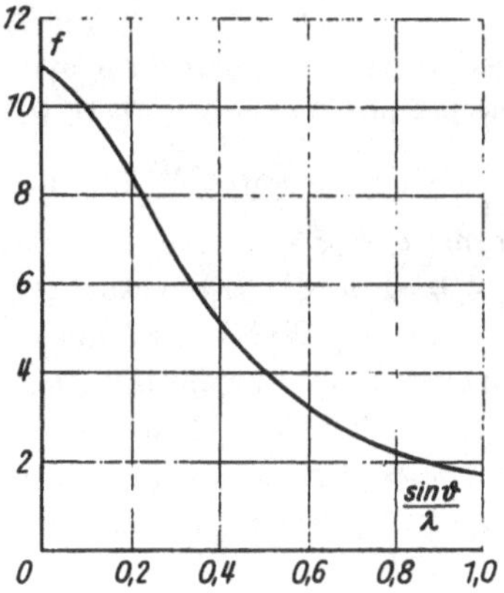

Abb. 18

Wir führen die Strukturamplitude $F(hkl)$ der Streuung ein, die gleich ist dem Verhältnis der Amplitude der Streuung im Interferenzmaximum (hkl) von allen Untergittern zur Streuamplitude von einem Elektron in derselben Richtung. Wenn f_n der Atomstreufaktor des n-ten Atoms ist, dann wird

$$F(hkl) = \sum_{n=1}^{s} f_n e^{i\Phi_n}, \tag{4.8}$$

wo Φ_n der Phasenunterschied für Strahlen ist, die am n-ten Atom und am im Koordinatenursprung der Zelle ($n = 1$) gelegenen Atom gestreut worden sind. Dabei interessiert uns das Interferenzmaximum, das durch die Interferenzbedingungen (4.1) mit $g_1 = h$, $g_2 = k$, $g_3 = l$ bestimmt ist.

Vollkommen analog zur Berechnung von Φ im vorhergehenden Abschnitt haben wir unter Berücksichtigung von (4.1)

$$\Phi_n = \frac{2\pi}{\lambda} \mathfrak{r}_n (\mathfrak{n}' - \mathfrak{n}) = \frac{2\pi}{\lambda} (u_n \mathfrak{a}_1 + v_n \mathfrak{a}_2 + w_n \mathfrak{a}_3)(\mathfrak{n}' - \mathfrak{n})$$
$$= 2\pi (h u_n + k v_n + l w_n). \tag{4.9}$$

Aus (4.8) und (4.9) folgt, daß der Strukturfaktor der Streuung, der die Intensität der Streuung bestimmt, gleich

$$|F(hkl)|^2 = \left|\sum_{n=1}^{s} f_n \cos 2\pi (h u_n + k v_n + l w_n)\right|^2 + \left|\sum_{n=1}^{s} f_n \sin 2\pi (h u_n + k v_n + l w_n)\right|^2 \tag{4.10}$$

ist. Wenn alle Atome des Kristalls von einer Sorte sind, dann ist $f_1 = f_2 = \cdots = f$ und es wird

$$F(hkl) = f \sum_{n=1}^{s} e^{2\pi i(h u_n + k v_n + l w_n)} = f\,S\,, \tag{4.11}$$

wobei

$$S = \sum_{n=1}^{s} e^{2\pi i(h u_n + k v_n + l w_n)} \tag{4.11a}$$

gesetzt wurde. Betrachtet man das kubisch-raumzentrierte Gitter als zusammengesetzt mit der Basis (0, 0, 0; $^1/_2$, $^1/_2$, $^1/_2$), so erhalten wir

$$S = 1 + e^{\pi i(h+k+l)}\,.$$

Wenn $h + k + l$ eine ungerade Zahl ist, dann werden $e^{i\pi(h+k+l)} = -1$ und $S = 0$, d. h. die Intensität der entsprechenden Maxima ist gleich Null.

Auf diese Weise wird man im kubisch-raumzentrierten Gitter, das aus einer Sorte von Atomen besteht, die Interferenzmaxima (100), (111), (210), (300) usw. nicht beobachten. Natürlich kann man dieses Resultat für das kubisch-raumzentrierte Gitter auch erhalten ohne Verwendung des Begriffs der Strukturamplitude, wenn man die Elementarzelle auswählt, die dem einfachen Gitter entspricht.

KAPITEL II

Die Natur der Wechselwirkungskräfte der Atome in Kristallen

§ 1. Über die Wechselwirkung zwischen Atomen und Ionen

1. Der Umstand, daß Atome unter bestimmten Bedingungen stabile Moleküle und Kristalle bilden können, zeugt davon, daß zwischen ihnen Anziehungskräfte wirken können, welche mit den Abstoßungskräften bei Abständen der Größenordnung 10^{-8} cm im Gleichgewicht stehen. In fast allen Fällen ist es günstiger nicht mit Kräften, sondern mit der potentiellen Energie $\mathfrak{U}(R)$ der Wechselwirkung der Atome zu operieren, welche wir als nur vom Abstand R der Atome abhängig annehmen. Die Kurven 1 und 2 der Abb. 19 zeigen mögliche Fälle der Wechselwirkung zweier Atome, wobei sich eines im Koordinatenursprung befindet und das andere (A) längs der Achse R verschoben werden kann. Da die potentielle Energie bestimmt ist bis auf ein konstantes Glied, kann man immer $\mathfrak{U} = 0$ erreichen bei $R \to \infty$. Die auf das Atom A wirkende Kraft ist $\mathfrak{F} = -\operatorname{grad} \mathfrak{U}(R) = -\frac{d\mathfrak{U}}{dR} \cdot \frac{\mathfrak{R}}{R}$, wo $\mathfrak{R} = \overrightarrow{OA}$ der Radiusvektor von O nach A ist. Damit haben wir dort, wo $\frac{d\mathfrak{U}}{dR} > 0$ ($\mathfrak{F}$ antiparallel zu $\mathfrak{R}$), Anziehungskräfte, wo $\frac{d\mathfrak{U}}{dR} < 0$ ($\mathfrak{F}$ parallel zu $\mathfrak{R}$) dagegen Abstoßungskräfte. Aus Abb. 19 ersieht man, daß Kurve 1 einem Fall entspricht, in dem sich die Atome bei beliebigem Abstand R voneinander abstoßen. Kurve 2 entspricht einem komplizierten Fall, wo sich die Atome bei $R > R_0$ anziehen, dagegen bei $R < R_0$ abstoßen. Im Punkt $R = R_0$ ist $\left(\frac{d\mathfrak{U}}{dR}\right)_{R=R_0} = 0$, d. h. $\mathfrak{F} = -\left(\frac{d\mathfrak{U}}{dR}\right)_{R_0} \cdot \frac{\mathfrak{R}}{R} = 0$, und das System aus beiden Atomen befindet sich im Zustand des stabilen Gleichgewichts. In diesem Falle ist $\left(\frac{d^2\mathfrak{U}}{dR^2}\right)_{R_0} \equiv \beta > 0$, wie unmittelbar aus der Form der Kurve 2 zu sehen ist. Bei kleinen Auslenkungen des Atoms A aus der Gleichgewichtslage ist

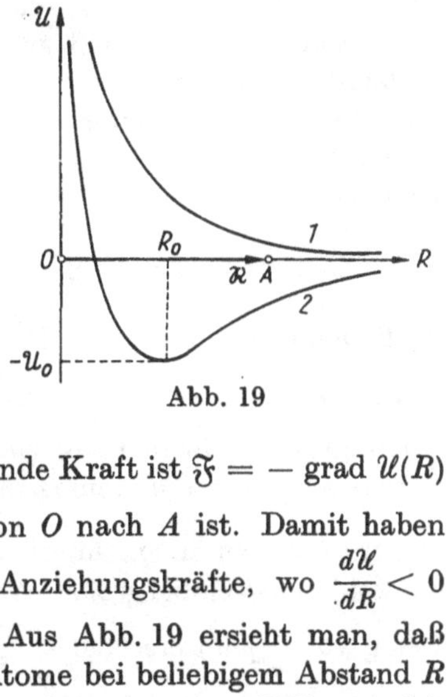

Abb. 19

$$\mathfrak{U}(R) = \mathfrak{U}(R_0) + \left(\frac{d\mathfrak{U}}{dR}\right)_{R_0}(R - R_0) + \frac{1}{2}\left(\frac{d^2\mathfrak{U}}{dR^2}\right)_{R_0}(R - R_0)^2 + \frac{1}{6}\left(\frac{d^3\mathfrak{U}}{dR^3}\right)_{R_0}(R - R_0)^3 + \cdots \quad (1.1)$$

mit einer Genauigkeit bis zu Gliedern dritten Grades. Wenn, wie das auch tatsächlich der Fall ist, die Abstoßungskräfte in der Nähe von $R = R_0$ schneller wachsen als die Anziehungskräfte abfallen, dann ist $\left(\frac{d^3\mathcal{U}}{dR^3}\right)_{R_0} \equiv -2\gamma < 0$. Bezeichnet man $\mathcal{U}(R_0) = -\mathcal{U}_0$ und die Abweichung des Atoms aus der Gleichgewichtslage mit $R - R_0 \equiv x$, so erhalten wir

$$\mathcal{U}(x) + \mathcal{U}_0 = \frac{1}{2}\beta x^2 - \frac{1}{3}\gamma x^3. \tag{1.2}$$

Die auf das Atom wirkende Kraft bei seiner Bewegung längs der R-Achse in der Nähe der Gleichgewichtslage ist gleich

$$F = -\frac{d\mathcal{U}}{dx} = -\beta x + \gamma x^2. \tag{1.3}$$

Die in der Näherung $F = -\beta x$ betrachtete Kraft wird quasielastisch genannt. Man kann annehmen, daß größenordnungsmäßig $\beta \approx \gamma R_0$ ist.

Damit die Atome (Ionen) ein stabiles Molekül oder einen Kristall bilden können, muß ihre Wechselwirkung den Charakter der Kurve 2 von Abb. 19 haben. Eine solche Wechselwirkung kann durch eine einfache zweigliedrige Formel dargestellt werden:

$$\mathcal{U}(R) = \frac{A}{R^m} - \frac{B}{R^n}. \tag{1.4}$$

A, B, m und n sind positive Parameter. Der Teil $\frac{A}{R^m}$ beschreibt die Abstoßungskraft, der Teil $-\frac{B}{R^n}$ die Anziehungskraft. Damit das Anwachsen der Abstoßungskraft schneller vor sich geht als der Abfall der Anziehungskraft, muß $m > n$ sein. Die quantenmechanische Theorie der Abstoßungskräfte der Atome (Ionen) führt zu einem Ausdruck der Form $A\,e^{-\frac{R}{a}}$ (A und a sind positive Konstanten), was sich bei großen Werten für den Exponenten m ($\sim 9 - 11$) praktisch wenig von $\frac{A}{R^m}$ unterscheidet. Setzt man $\frac{d\mathcal{U}}{dR} = 0$, wo $\mathcal{U}(R)$ gleich (1.4) ist, so kann man zeigen, daß der Gleichgewichtsabstand R_0 gleich $\left(\frac{m\,A}{n\,B}\right)^{\frac{1}{m-n}}$ wird.

2. Eine folgerichtige Theorie der Wechselwirkung der Atome (Ionen) muß auf der quantenmechanischen Betrachtung der Bewegung ihrer Elektronen begründet sein. Die Atomkerne kann man dabei als unbeweglich ansehen infolge ihrer großen Masse (adiabatische Näherung). Die Gesamtenergie der Elektronen hängt dabei sowohl von der Lage der Kerne als auch von anderen Parametern ab. Bei Änderung des Abstands zwischen den Atomen spielt die Gesamtenergie der Elektronen neben der Coulomb-Abstoßung der Kerne die Rolle einer potentiellen Wechselwirkungsenergie der Atome. In einigen Fällen kann man die Natur der Wechselwirkung der Atome auf der Grundlage elementarer Vorstellungen verstehen, die mit der Statistik der Elektronen verknüpft sind.

Wir wollen von diesem Standpunkt aus die Natur der Abstoßungskräfte zwischen den Atomen (Ionen) betrachten. Wenn man den trivialen Fall der COULOMB-Wechselwirkung zwischen gleichgeladenen Ionen ausschließt, der bei großen Entfernungen zwischen ihnen wirksam wird, so entsteht die Abstoßung der Atome (Ionen) bei kleinen Abständen durch die wechselseitige Eindringung ihrer Elektronenhüllen ineinander. Diese Abstoßung ist hauptsächlich verbunden mit der Vergrößerung der kinetischen Energie der Atomelektronen infolge des PAULI-Prinzips.

Zur Klärung der Natur dieser Kräfte betrachten wir die Elektronen der Atome (Ionen) als entartetes FERMI-Gas am absoluten Nullpunkt der Temperatur. Eine einfache Rechnung zeigt (Anhang III), daß die Dichte der kinetischen Energie der Elektronen (kinetische Energie pro cm³) gleich $\mathcal{E}_k = \frac{3^{5/3}\pi^{4/3}\hbar^2}{10\,m} n^{5/3}$ ist, wobei n die Konzentration der Elektronen (im gegebenen Punkt), $2\pi\hbar$ die PLANCKsche Konstante und m die Masse des Elektrons ist. In nullter Näherung nehmen wir an, daß sich die Elektronendichten n_a und n_b freier Atome (Ionen) a und b nicht ändern beim gegenseitigen Eindringen der Elektronenhüllen. Dieser Voraussetzung entspricht bei quantenmechanischen Rechnungen die Verwendung ungestörter Wellenfunktionen. Dann ist die Änderung der Dichte der kinetischen Energie im Überlagerungsgebiet der Elektronenhüllen (gestricheltes Gebiet in Abb. 20) gleich

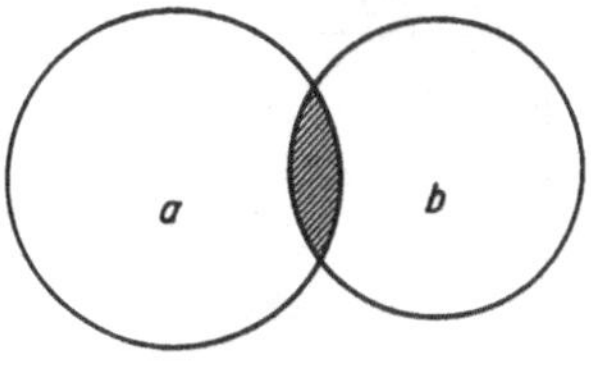

Abb. 20

$$\Delta\mathcal{E}_k = \frac{3^{5/3}\pi^{4/3}\hbar^2}{10\,m}\left[(n_a + n_b)^{5/3} - n_a^{5/3} - n_b^{5/3}\right]. \tag{1.5}$$

Man sieht leicht ein, daß der Effekt der Überlagerung der Elektronenhüllen der Atome a und b mit einer Vergrößerung der kinetischen Energie der Elektronen im System verbunden ist, d. h. mit der Entstehung von Abstoßungskräften (um so größeren, je kleiner der Abstand zwischen a und b ist). Ihnen müssen die rein COULOMBschen Abstoßungskräfte zwischen den Kernen der Atome a und b hinzugefügt werden, die bei Eindringen des Kerns des einen Atoms in die Elektronenhülle des anderen entstehen. Eine ausführlichere Analyse zeigt, daß die Berücksichtigung von Austauscheffekten im Rahmen der statistischen Theorie bei wechselseitiger Eindringung der Elektronenhüllen zu Anziehungskräften führt, die jedoch das oben beschriebene qualitative Bild nicht ändern.

3. Für die Bildung von Molekülen und Kristallen müssen neben den Abstoßungskräften zwischen den Atomen (Ionen) noch Anziehungskräfte vorhanden sein. In diesem Paragraphen betrachten wir drei Arten von Bindungen, die bei der Wechselwirkung von Atomen (Ionen) auftreten:

a) *Ionenbindung* oder *heteropolare Bindung*;
b) *kovalente* oder *homöopolare Bindung*;
c) VAN DER WAALS- oder *Dispersionsbindung*.

Am einfachsten lassen sich die Ionenbindungen erklären, die auf Grund COULOMBscher Anziehung verschieden geladener Ionen entstehen. In sehr reiner Form sind Ionenbindungen in den Alkalihalogenidverbindungen NaCl, KJ, CsCl usw. realisiert. Wir betrachten das Molekül NaCl, welches man angenähert als aus einem positiven Ion Na^+ und einem negativen Ion Cl^- bestehend auffassen kann. Die Entstehung eines solchen Moleküls (oder Kristalls) kann man sich auf folgende Weise vorstellen. Aus der Erfahrung weiß man, daß die zur Entfernung des Valenzelektrons des Na-Atoms nötige Energie (Ionisierungsenergie) 5,2 eV beträgt, die bei Hinzufügung eines Elektrons zum Cl-Atom frei werdende Energie (Elektronenaffinität) dagegen 3,8 eV ist. Somit benötigt man zur Übertragung eines Elektrons vom Na-Atom zum Cl-Atom eine Energie von 5,2 — 3,8 = 1,4 eV. Wir wollen jetzt die Abhängigkeit der Energie W eines aus Na- und Cl-Atomen (Ionen) bestehenden Systems vom Abstand zwischen den Atomen untersuchen. Wenn sich die Atome in solch großem Abstand R voneinander befinden, daß man ihre Wechselwirkung vernachlässigen kann, dann hat das System $Na^+ + Cl^-$ (Abb. 21, Punkt C) eine um 1,4 eV größere Energie als das System Na + Cl (Abb. 21, Punkt A). Bei Verringerung des Abstands R zwischen den Ionen nimmt die Energie ihrer COULOMBschen Wechselwirkung längs der Kurve CD ab, die im Punkt F die Achse OR schneidet. Die Achse OR entspricht aber dem Energieniveau des Systems aus den Atomen Na und Cl (wenn man die schwache Wechselwirkung zwischen neutralen Atomen vernachlässigt). Wenn $R < R_1$, wo R_1 dem Schnittpunkt F entspricht, dann ist das System $Na^+ + Cl^-$ energetisch günstiger. Vernachlässigt man die relativ schwache Wechselwirkung zwischen neutralen Atomen und die Polarisierbarkeit der Atome und Ionen, so kann man den Abstand R_1 abschätzen aus $\frac{e^2}{R_1} = 1{,}4$ eV, was etwa $R_1 \approx 10^{-7}$ cm ergibt. Der weiteren Annäherung der Ionen bei $R < R_0 \approx 3 \cdot 10^{-8}$ cm widerstreben die anwachsenden Abstoßungskräfte, die im vorhergehenden Abschnitt betrachtet wurden. Im Endergebnis erhalten wir eine Potentialkurve vom Typ 2 der Abb. 19 mit einem Minimum.

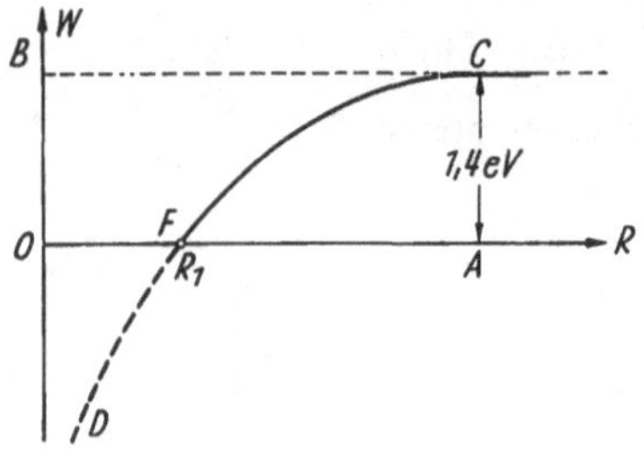

Abb. 21

4. Besondere Bedeutung in der Chemie und modernen Kristallchemie besitzt die kovalente oder homöopolare Bindung, welche in ihrer einfachsten Form beim Wasserstoffmolekül H_2 (HEITLER und LONDON) realisiert ist. Die kovalente Bindung kann nicht mit Hilfe der Begriffe der klassischen Physik interpretiert werden. Zur Erklärung der kovalenten Bindung sind die quantenmechanischen Besonderheiten des Verhaltens eines Systems gleichartiger Teilchen (Elektronen) wesentlich. Die klassische Physik war vollkommen hilflos bei der Deutung zweier grundlegender Besonderheiten der homöopolaren Bindung: a) die Anziehung zweier gleichartiger, sphärisch symmetrischer, neutraler Atome und

b) die Absättigung der Bindung, beispielsweise die Unfähigkeit des Wasserstoffatoms, mehr als ein weiteres Wasserstoffatom zu binden. Besonders charakteristisch ist die Eigenschaft der Absättigung der Bindungen, welche in der Chemie die Bezeichnung *Valenz* erhielt und bis zum Erscheinen der Arbeit HEITLERS und LONDONS[1]) ungeklärt blieb.

Wir untersuchen zwei Wasserstoffatome mit den Kernen a und b und den Elektronen 1 und 2 (Abb. 22). Den Koordinatenursprung O legen wir in den Kern a und die x-Achse verlaufe durch den Kern b, der von a den Abstand R hat. Wenn der Abstand R so groß ist, daß man die Wechselwirkung zwischen den Atomen vernachlässigen kann, dann werden die Elektronen 1 bei Kern a und 2 bei Kern b im 1 s-Grundzustand beschrieben durch die Wellenfunktionen

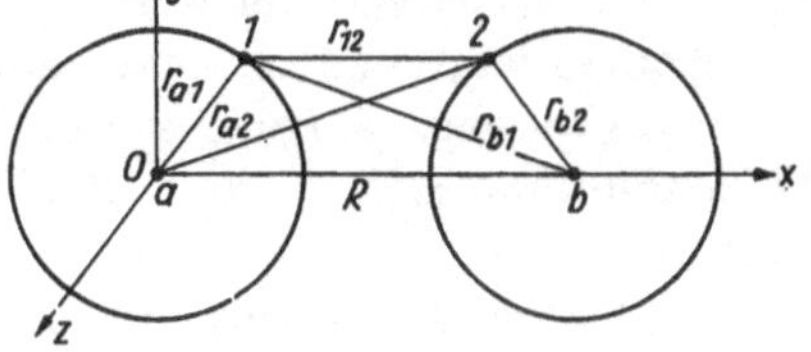

Abb. 22

$$\left.\begin{aligned} \psi_a(x_1\, y_1\, z_1) &= \frac{1}{\sqrt{\pi\, a_0^3}}\, e^{-\frac{r_{a_1}}{a_0}} \equiv \psi_a\,(1)\,, \\ \psi_b(x_2\, y_2\, z_2) &= \frac{1}{\sqrt{\pi\, a_0^3}}\, e^{-\frac{r_{b_2}}{a_0}} \equiv \psi_b\,(2)\,, \end{aligned}\right\} \tag{1.6}$$

wo $a_0 = \frac{\hbar^2}{m\, e^2} = 0{,}53 \cdot 10^{-8}$ cm der BOHRsche Radius ist, $r_{a1} = \sqrt{x_1^2 + y_1^2 + z_1^2}$ und $r_{b2} = \sqrt{(x_2 + R)^2 + y_2^2 + z_2^2}$ den Abstand des ersten Elektrons vom Kern a bzw. des zweiten Elektrons vom Kern b angeben. Die Wellenfunktionen (1.6) befriedigen die SCHRÖDINGER-Gleichungen

$$\hat{\mathscr{H}}_a^0\, \psi_a\,(1) = \mathscr{E}_0\, \psi_a\,(1)\,, \qquad \hat{\mathscr{H}}_b^0\, \psi_b\,(2) = \mathscr{E}_0\, \psi_b\,(2)\,, \tag{1.7}$$

wobei die Operatoren gegeben sind durch

$$\hat{\mathscr{H}}_a^0 = -\frac{\hbar^2}{2\,m}\,\nabla_1^2 - \frac{e^2}{r_{a1}}\,, \qquad \hat{\mathscr{H}}_b^0 = -\frac{\hbar^2}{2\,m}\,\nabla_2^2 - \frac{e^2}{r_{b2}}\,, \tag{1.7a}$$

und $\mathscr{E}_0 = -\frac{e^2}{2\,a_0}$ die Energie des Elektrons im Grundzustand des Wasserstoffatoms ist.

Bei Annäherung der Atome muß man die Wechselwirkungsenergie des Elektrons 1 mit Kern b, des Elektrons 2 mit Kern a und der Elektronen untereinander berücksichtigen. Die SCHRÖDINGER-Gleichung für ein solches System aus zwei miteinander in Wechselwirkung stehenden Wasserstoffatomen hat folgendes Aussehen:

$$(\hat{\mathscr{H}}_0 + V)\, \psi\,(1, 2) = \mathscr{E}\, \psi\,(1, 2)\,. \tag{1.8}$$

[1]) H. H. HELLMANN, (Г. Г. Гельман, Квантовая химия, ОНТИ) Quantenchemie, ONTI, Moskau/Leningrad 1937, S. 274.

Dabei ist $\hat{\mathcal{H}}^0 = \hat{\mathcal{H}}_a^0 + \hat{\mathcal{H}}_b^0$ der HAMILTON-Operator zweier nicht in Wechselwirkung stehender Wasserstoffatome und $V(1, 2) = \frac{e^2}{r_{12}} - \frac{e^2}{r_{a2}} - \frac{e^2}{r_{b2}}$ die potentielle Energie der Elektronen beider Atome. r_{12} ist der Abstand zwischen den Elektronen, r_{a2} und r_{b2} der Abstand des zweiten Elektrons vom Kern a bzw. des ersten Elektrons vom Kern b (siehe Abb. 22). Die Wechselwirkung zwischen den Kernen wurde dabei nicht berücksichtigt, weil wir den Abstand R zwischen ihnen als gegeben annehmen und ihn als Parameter betrachten, von dem die Wellenfunktion $\psi(1, 2)$ und die Energieeigenwerte $\mathcal{E}$ des Systems abhängen werden.

Wir werden die potentielle Energie V der Wechselwirkung der Atome als kleine Störung behandeln, was bei kleinen Abständen $R \sim a_0$ bekanntlich ungenau ist. Deshalb sind die Resultate, die wir erhalten werden, nur von qualitativer Bedeutung. Man kann leicht zeigen, daß der ungestörte HAMILTON-Operator $\hat{\mathcal{H}}^0 = \hat{\mathcal{H}}_a^0 + \hat{\mathcal{H}}_b^0$ die Eigenfunktion $\psi^{(0)}(1, 2) = \psi_a(1)\,\psi_b(2)$ bei einem Energieeigenwert $2\,\mathcal{E}_0$ hat. Die Multiplizität der Eigenfunktion eines komplizierten, aus zwei unabhängigen Wasserstoffatomen bestehenden Systems hat einen einfachen physikalischen Sinn, der dem Theorem der Wahrscheinlichkeiten unabhängiger Ereignisse bei Bestimmung der Wahrscheinlichkeit eines komplizierten Systems entspricht. Bezeichnet man die Energie des gestörten Systems mit $\mathcal{E} = 2\,\mathcal{E}_0 + W$, dann errechnet sich die Änderung des Energieeigenwertes in der ersten Näherung der Störungstheorie gemäß der einfachen Formel $W = \int \psi^{(0)*}\, V\, \psi^{(0)}\, d\tau$, wo $\psi^{(0)}$ die ungestörte Eigenfunktion ist und V die Störungsenergie darstellt.

In unserem Falle jedoch entsprechen dem ungestörten Energieniveau $2\,\mathcal{E}_0$ nicht eine, sondern zwei verschiedene ungestörte Wellenfunktionen $\psi^{(0)}(1, 2)$ (Fall des zweifach entarteten Systems). Wegen der prinzipiellen Nichtunterscheidbarkeit der Elektronen ist sowohl die Wellenfunktion $\psi_a(1)\,\psi_b(2)$ als auch die Wellenfunktion $\psi_a(2)\,\psi_b(1)$ eine Eigenfunktion des Operators $\hat{\mathcal{H}}^0$ für den Eigenwert $2\,\mathcal{E}_0$. Infolge der Linearität der SCHRÖDINGER-Gleichung genügt dieser Forderung natürlich auch eine Linearkombination $c_1\,\psi_a(1)\,\psi_b(2) + c_2\,\psi_a(2)\,\psi_b(1)$, wovon man sich leicht durch Einsetzen in (1.8) (bei $V = 0$) überzeugen kann.

Aus der allgemeinen Theorie folgt, daß man aus der Vielzahl der möglichen Linearkombinationen zwei auswählen muß, eine symmetrische und eine antisymmetrische:

$$\left.\begin{aligned} \psi_s^{(0)}(1, 2) &= \psi_a(1)\,\psi_b(2) + \psi_a(2)\,\psi_b(1)\,, \\ \psi_{as}^{(0)}(1, 2) &= \psi_a(1)\,\psi_b(2) - \psi_a(2)\,\psi_b(1)\,. \end{aligned}\right\} \tag{1.9}$$

Sie unterscheiden sich durch die Eigenschaft, daß bei Vertauschung der Koordinaten der Elektronen $1 \rightleftarrows 2$ die symmetrische Funktion unverändert bleibt, während die antisymmetrische ihr Vorzeichen wechselt, d. h. $\psi_s^{(0)}(1, 2) = \psi_s^{(0)}(2, 1)$ und $\psi_{as}^{(0)}(1, 2) = -\,\psi_{as}^{(0)}(2, 1)$. Die Wahl der Wellenfunktionen in symmetrischer und antisymmetrischer Form (1.9) rechtfertigt sich auch dadurch, daß wegen der Nichtunterscheidbarkeit der Elektronen die im Versuch beobachtete Wahrscheinlichkeitsdichte $[\psi^{(0)}(1,2)]^2$ unabhängig sein muß von einer Vertauschung $1 \rightleftarrows 2$, d. h. $[\psi^{(0)}(1,2)]^2 = [\psi^{(0)}(2,1)]^2$, woraus entweder $\psi^{(0)}(1,2) = +\psi^{(0)}(2,1)$ oder $\psi^{(0)}(1,2) = -\psi^{(0)}(2,1)$ folgt.

Aus dem PAULI-Prinzip folgt, daß die Gesamtwellenfunktion eines Systems, welche sowohl von Raum- als auch von Spinkoordinaten abhängt, antisymmetrisch sein muß, d. h., ihr Vorzeichen wechseln muß bei Vertauschung aller vier Koordinaten x, y, z, σ_z des Elektronenpaares. In unserer Näherung, wo der HAMILTON-Operator nicht von Spinvariablen abhängt, ist die Gesamtwellenfunktion gleich dem Produkt aus den Koordinatenanteilen (1.9) und der Spinfunktion des Systems. Damit die Gesamtwellenfunktion antisymmetrisch wird, muß man $\psi_s^{(0)}(1,2)$ mit einer antisymmetrischen Spinfunktion multiplizieren, $\psi_{as}^{(0)}(1,2)$ dagegen mit einer symmetrischen Spinfunktion. Man kann zeigen, daß einer antisymmetrischen Spinfunktion ein Singulettzustand mit antiparallelen Spins entspricht, d. h. mit einem verschwindenden resultierenden Spin. Einer symmetrischen Spinfunktion, die mit dem Koordinatenanteil $\psi_{as}^{(0)}(1,2)$ kombiniert wird, entspricht ein Triplettzustand mit parallelen (nicht abgesättigten) Spins. Da die Störungsenergie V nicht von den Spinvariablen abhängt, kann man bei der Berechnung der Matrixelemente den Spinanteil der Wellenfunktion einfach vernachlässigen.

Bei Anwendung der üblichen Methoden der Störungstheorie stationärer entarteter Zustände kann man zeigen, daß unter Einwirkung einer Störung das ungestörte entartete Niveau $2\,\mathcal{E}_0$ in zwei Niveaus aufspaltet, wobei einem Niveau die Wellenfunktion $\psi_s^{(0)}(1,2)$ entspricht, dem anderen die Wellenfunktion $\psi_{as}^{(0)}(1,2)$. Somit wird

$$\mathcal{E} = 2\,\mathcal{E}_0 + \begin{cases} W_s \\ W_{as} \end{cases},$$

wobei

$$W_s = \frac{K + A}{1 + S^2}, \qquad W_{as} = \frac{K - A}{1 - S^2}. \tag{1.10}$$

Hier sind

$$\left.\begin{aligned} K &= \int \psi_a^2(1)\,\psi_b^2(2)\,V(1,2)\,d\tau_1\,d\tau_2\,, \\ A &= \int \psi_a(1)\,\psi_b(1)\,\psi_a(2)\,\psi_b(2)\,V(1,2)\,d\tau_1\,d\tau_2\,, \\ S^2 &= \int \psi_a(1)\,\psi_b(1)\,\psi_a(2)\,\psi_b(2)\,d\tau_1\,d\tau_2 = \left\{\int \psi_a(1)\,\psi_b(1)\,d\tau_1\right\}^2. \end{aligned}\right\} \tag{1.10a}$$

Das Integral K, genannt COULOMB-*Integral*, stellt die Energie der elektrostatischen Wechselwirkung der Elektronenwolken miteinander und mit den Kernen dar. Die Elektronenwolken haben Dichteverteilungen $e\,\psi_a^2(1)$ und $e\,\psi_b^2(2)$. Das Integral A, welches keinen anschaulichen klassischen Sinn hat, ist wesentlich mit der quantenmechanischen Bewegung der Elektronen verknüpft. In ihm treten „Austauschdichten" $e\,\psi_a(1)\,\psi_b(1)$ und $e\,\psi_a(2)\,\psi_b(2)$ auf, deshalb erhielt es die Bezeichnung *Austauschintegral*. Die Größe S ist ein Maß für die Überlappung der Wellenfunktionen des Elektrons in Wasserstoffatomen, die einen Abstand R voneinander haben. Da V und ψ_b von R abhängen, sind die Integrale K, A und S und somit auch $W_s(R)$ und $W_{as}(R)$ Funktionen von R.

In der adiabatischen Näherung spielt, wie wir schon weiter oben festgestellt haben, die Energie $\mathcal{E}(R) = 2\,\mathcal{E}_0 + W(R) = W(R) + \mathrm{const}$ der Elektronen die Rolle der potentiellen Energie der Wechselwirkung der Atome. Somit ist die gesamte potentielle Energie der Wechselwirkung der Wasserstoffatome, unter Einbeziehung der Energie ihrer COULOMBschen Abstoßung, gleich

$$\left.\begin{aligned} \mathcal{U}_s(R) &= \frac{e^2}{R} + W_s(R) \text{ im Singulettzustand } \uparrow\downarrow \\ \mathcal{U}_{as}(R) &= \frac{e^2}{R} + W_{as}(R) \text{ im Triplettzustand } \uparrow\uparrow \end{aligned}\right\} \tag{1.11}$$

(mit einer Genauigkeit bis zu Gliedern, die nicht von R abhängen).

HEITLER und LONDON erhielten nach recht umfangreicher Berechnung der Integrale (1.10a) für die Energie $\mathcal{U}_s(R)$ eine Kurve vom Typ 2, für $\mathcal{U}_{as}(R)$ dagegen eine Kurve vom Typ 1 (siehe Abb. 19). Somit können zwei Wasserstoffatome, die sich im Singulettzustand befinden (Spins antiparallel), ein Wasserstoffmolekül H_2 bilden. Der aus einer solchen Rechnung ermittelte Gleichgewichtsabstand R_0 (Minimum der Kurve) stimmt gut mit dem experimentellen Wert von 0,79 Å überein. Die Tiefe des berechneten Minimums $\mathcal{U}_0 = 3{,}2$ eV ist allerdings geringer als der experimentell gewonnene Wert von 4,7 eV. Wesentlich ist aber die Tatsache, daß die oben durchgeführte quantenmechanische Analyse erlaubt, die zwei grundlegenden Besonderheiten der kovalenten Bindung zu verstehen:

1. die Anziehung zwischen zwei gleichartigen neutralen Atomen und
2. die Absättigung der Bindungskräfte, d. h. die Unmöglichkeit, dem Molekül H_2 ein drittes Wasserstoffatom hinzuzufügen.

5. Die kovalente Bindung bildet sich nur bei Erfüllung bestimmter Bedingungen aus. Erstens ist es notwendig, daß die Atome Elektronen besitzen, die bei Annäherung der Atome Paare mit entgegengesetzt gerichteten Spins bilden können (Singulettzustand). Zweitens muß der Abstand zwischen den Atomen so klein sein, daß quantenmechanische Eigenschaften auftreten, die mit der prinzipiellen Nichtunterscheidbarkeit identischer Teilchen verbunden sind, welche in ein System eingehen. Die Rechung zeigt, daß kovalente Kräfte schnell (exponentiell) mit dem Abstand abfallen und bei $R \gg a_0$ vernachlässigbar klein werden. In solchen Abständen beginnen zwischen beliebigen Atomsystemen gewisse universelle Anziehungskräfte zu wirken. Man nennt diese Kräfte VAN DER WAALS- oder *Dispersionskräfte*, da sie einerseits die Ursache für das abweichende Verhalten realer Gase gegenüber idealen Gasen sind und andererseits die in sie eingehenden Parameter die Dispersion des Lichts durch die Atome bestimmen. In den Fällen, wo aus bestimmten Gründen (abgeschlossene Elektronenschalen; Absättigung der Valenzbindungen in den Molekülen, deren Wechselwirkung untersucht wird usw.) kovalente, Ionen- und metallische Bindungen (siehe weiter unten) fehlen, ist die VAN DER WAALS-Wechselwirkung die Ursache der Bindung von Teilchen in festen Körpern (Kristalle des Argons,

Kryptons, Xenons; Molekülkristalle). Natürlich haben die weiter unten gegebenen Formeln bei solch geringen Abständen der Atome und Moleküle, wie sie in Kristallen auftreten, nur qualitative Bedeutung.

Der Einfachheit halber untersuchen wir wieder zwei Wasserstoffatome (Abb. 22), setzen aber voraus, daß $R \gg a_0$. Wir betrachten die potentielle Energie der Wechselwirkung des Kerns und des Elektrons des Atoms a mit dem Kern und dem Elektron des Atoms b. Die Atome werden behandelt als Dipole mit den Momenten $\mathfrak{p}_1 = e\,\mathfrak{r}_{a1} = e(x_1\, y_1\, z_1)$ und $\mathfrak{p}_2 = e\,\mathfrak{r}_{b2} = e(x_2 + R,\, y_2,\, z_2)$, wobei $e < 0$ ist und die rechtwinkligen Koordinaten des ersten bzw. des zweiten Elektrons bezüglich des Kerns a bzw. b angenommen werden. Das durch den Dipol $\mathfrak{p}_1$ im Punkte R (Zentrum des Atoms b) geschaffene Feld ist[1])

$$\mathfrak{E} = \frac{3\,(\mathfrak{p}_1\,\mathfrak{R})\,\mathfrak{R}}{R^5} - \frac{\mathfrak{p}_1}{R^3}\,. \tag{1.12}$$

Die Wechselwirkungsenergie der Dipole $\mathfrak{p}_1$ und $\mathfrak{p}_2$ ist gleich der potentiellen Energie des Dipols $\mathfrak{p}_2$ im Feld $\mathfrak{E}$:

$$u = -(\mathfrak{p}_2\,\mathfrak{E}) = \frac{\mathfrak{p}_1\,\mathfrak{p}_2}{R^3} - \frac{3\,(\mathfrak{p}_1\,\mathfrak{R})\,(\mathfrak{p}_2\,\mathfrak{R})}{R^5} = \frac{e^2}{R^3}\,(y_1\,y_2 + z_1\,z_2 - 2\,x_1\,x_2)\,. \tag{1.13}$$

Betrachtet man u als Störungsenergie (gültig bei $R \gg a_0$), so kann man leicht zeigen, daß in erster Näherung der Störungstheorie die Wechselwirkung der Atome gleich Null ist. Man kann sich davon auch anschaulich überzeugen. $\psi_i(1)$ und $\psi_k(2)$ seien die Wellenfunktionen der Elektronen 1 und 2 im i-ten bzw. k-ten Quantenzustand. Da sich beide Atome in großem Abstand R voneinander befinden, braucht man die prinzipielle Nichtunterscheidbarkeit der Elektronen nicht berücksichtigen und kann annehmen, daß sich das erste Elektron beim Kern a, das zweite Elektron beim Kern b befindet. Unter dieser Voraussetzung ist die Wellenfunktion der Elektronen in nullter Näherung gleich $\psi_i(1)\,\psi_k(2)$. In erster Näherung der Störungstheorie ist die Korrektur in der Energie proportional Matrixelementen der Form $\int \psi_i^*(1)\, x_1\, \psi_i(1)\, d\tau_1$, welche gleich Null sind. Man kann sich davon überzeugen, indem man die Richtungen der Koordinatenachsen umkehrt; dann sieht man leicht, daß das Integral einerseits unverändert bleiben muß, andererseits aber sein Vorzeichen wechselt, d. h. das Integral verschwindet.

Somit entsteht die van der Waals-Wechselwirkung erst in der zweiten Näherung der Störungstheorie. Die Korrektur zur Energie des Grundzustandes in zweiter Näherung der Störungstheorie ist gleich[2])

$$W(R) = \sum_{i,k} \frac{|u_{00,ik}|^2}{2\,\mathscr{E}_0 - \mathscr{E}_i - \mathscr{E}_k} = -\sum_{i,k} \frac{|u_{00,ik}|^2}{|2\,\mathscr{E}_0 - \mathscr{E}_i - \mathscr{E}_k|}\,, \tag{1.14}$$

[1]) I. E. Tamm, (И. Е. Тамм, Основы теории электричества, Гостехиздат), Grundlagen der Elektrizitätslehre, 7. Auflage, Gostechisdat, 1957.

[2]) Siehe Fußnote auf Seite 32.

wobei

$$u_{00,ik} = \int \psi_i^* (1) \psi_k^* (2) \, u \, \psi_0 (1) \psi_0 (2) \, d\tau_1 \, d\tau_2$$

$$= \frac{e^2}{R^3} \int \psi_i^* (1) \psi_k^* (2) (y_1 y_2 + z_1 z_2 - 2 x_1 x_2) \psi_0 (1) \psi_0 (2) \, d\tau_1 \, d\tau_2$$

$$= \frac{e^2}{R^3} (y_1 y_2 + z_1 z_2 - 2 x_1 x_2)_{00,ik}$$

ist. Der Ausdruck $W(R)$ (1.14) ist für den Grundzustand des Atoms immer negativ, da $\mathscr{E}_i$ und $\mathscr{E}_k > \mathscr{E}_0$ ($\mathscr{E}_i, \mathscr{E}_k, \mathscr{E}_0 < 0$). Entsprechend führt VAN DER WAALS-Wechselwirkung für atomare Systeme im Grundzustand immer zu Anziehungskräften. Setzt man in (1.14) den Ausdruck für $u_{00,ik}$ ein, so kann man die Abhängigkeit der VAN DER WAALS-Wechselwirkung vom Abstand R bestimmen:

$$W(R) = -\frac{W_0}{R^6},$$

wo $W_0 = e^4 \sum\limits_{i,k} \frac{|y_1 y_2 + z_1 z_2 - 2 x_1 x_2|^2_{00,ik}}{|2\mathscr{E}_0 - \mathscr{E}_i - \mathscr{E}_k|}$ ist. Eine Rechnung zeigt, daß für Wasserstoffatome $W_0 = 6{,}5\, e^2 a_0^5$ ist, wobei e die Ladung des Elektrons und a_0 der BOHRsche Radius ist. Somit wird für $R = 5\, a_0$ die VAN DER WAALS-Energie gleich $W(5\, a_0) = \frac{6{,}5}{5^6} \frac{e^2}{a_0} \approx 10^{-2}\,\mathrm{eV}$.

Man kann zeigen, daß im allgemeinen Falle für zwei verschiedene Atome (Moleküle) $W_0 \approx \frac{3}{2} \frac{J_a J_b}{J_a + J_b} \cdot \alpha_a \alpha_b$ ist, wobei J_a, J_b die Ionisierungspotentiale und α_a, α_b die Polarisierbarkeiten der Atome (Moleküle) sind. VAN DER WAALS-Kräfte sind ebenso wie Ionenkräfte nicht abgesättigt, im Gegensatz zur kovalenten Bindung.

6. Neben den oben betrachteten Ionen-, VAN DER WAALS- und kovalenten Kräften existieren noch Dipol- und Induktionskräfte, welche durch das Vorhandensein von elektrischen Dipolmomenten in den Molekülen bedingt sind. Sie können für komplizierte molekulare Gitter Bedeutung erlangen, sollen aber hier nicht untersucht werden.

Entsprechend den oben untersuchten Bindungsarten unterscheidet man folgende Kristalltypen:

a) Ionenkristalle oder polare Kristalle,
b) VAN DER WAALS- oder Molekülkristalle,
c) atomare, homöopolare oder Valenzkristalle und
d) Metalle.

Die Natur der metallischen Bindung, die für den Kristall als Ganzes charakteristisch ist, wird weiter unten behandelt. Besonders gut ausgearbeitet ist die

[1]) D. I. BLOCHINZEW, Grundlagen der Quantenmechanik, VEB Deutscher Verlag der Wissenschaften, Berlin 1961.

Theorie der Ionen- und VAN DER WAALS-Kristalle. Das hängt damit zusammen, daß die Verteilung der Elektronendichte in solchen Kristallen nur eine geringe Änderung im Vergleich zu der Verteilung in den freien Atomen (Ionen) erfährt. Andererseits ändert sich die Elektronendichte (Wellenfunktion) der Valenzelektronen freier Atome beim Übergang zum Kristallzustand bei Metallen und homöopolaren Verbindungen so stark, daß diese Änderung schon nicht mehr als kleine Störung behandelt werden kann.

§ 2. Ionen- und VAN DER WAALS-Kristalle

1. Die für Ionenbindung typischen Alkalihalogenidkristalle haben entweder ein Gitter vom Steinsalztyp (NaCl) oder kristallisieren im raumzentrierten Würfel (CsCl). Zinksulfid ZnS kristallisiert in einem Diamantgittertyp (Abb. 12), im Unterschied zum Germanium oder Silizium besteht aber eines der kubisch-flächenzentrierten Untergitter aus Zn-Atomen, das andere aus S-Atomen. In dieser Struktur kristallisiert eine Reihe von Verbindungen der Elemente der III. und V. Gruppe, z. B. InSb und GaAs. Solche Gitter erhielten die Bezeichnung *Zinkblendestruktur*. Es sei noch bemerkt, daß ZnS auch in der *Wurtzitstruktur* kristallisiert. Man kann sich leicht davon überzeugen, daß in allen Fällen die Kristallzelle nicht nur elektrisch neutral ist, sondern auch ihr elektrisches Dipolmoment verschwindet. Im Falle der Zelle des raumzentrierten Würfels (CsCl) beispielsweise setzt sich das elektrische Moment geometrisch aus acht Dipolmomenten zusammen, die längs der vier Raumdiagonalen des Würfels gerichtet sind (die Größe jedes Moments ist gleich $\frac{1}{8}\, e \cdot \frac{a\sqrt{3}}{2}$, wo e die Ladung der einwertigen Ionen und a die Kantenlänge des Würfels der Zelle ist). Die Wärmebewegung der Ionen stört die Bedingungen für das Verschwinden des Dipolmoments der Zelle. Wie wir weiter unten sehen werden, führt das zur Streuung der Leitfähigkeitselektronen in Ionenkristallen.

2. Wir berechnen jetzt die gesamte potentielle Energie $\mathcal{U}$ eines Ionenkristalls, der aus $2\,N$ Ionen zweier Sorten ($\pm\, e$) besteht. Wir haben gesehen, daß bei allgemeineren Voraussetzungen die potentielle Energie der Wechselwirkung zweier Atome (Ionen) durch die aus zwei Summanden bestehende Formel (1.4) ausgedrückt wird. Wir setzen für die Wechselwirkungsenergie des i-ten und k-ten Ions

$$u_{ik} = \frac{a}{r_{ik}^m} \pm \frac{e^2}{r_{ik}}\,, \tag{2.1}$$

wo r_{ik} der Abstand zwischen den Zentren des i-ten und k-ten Ions ist. In Formel (1.4) wird vorausgesetzt $B = \pm\, e^2$ und $n = 1$ gemäß dem COULOMBschen Gesetz der Wechselwirkung von Ionen (+ entspricht der Abstoßung gleichnamiger Ionen, — der Anziehung ungleichnamiger Ionen). Man setzt noch $r_{ik} = q_{ik}\, R$, wo R der Abstand zwischen nächstgelegenen Ionen ist und q_{ik} einen dimensionslosen Faktor darstellt, der den Abstand zwischen dem i-ten und k-ten Ion in Einheiten R mißt.

Dann erhält man anstelle von (2.1)

$$u_{ik} = \frac{a}{R^m}\frac{1}{q_{ik}^m} - \frac{e^2}{R}\frac{(\pm 1)}{q_{ik}}. \tag{2.2}$$

Die Energie des i-ten Ions bezüglich der anderen Ionen hängt nicht von deren Zahl ab (die Wechselwirkung u_{ik} fällt sehr schnell ab bei Vergrößerung des Abstandes zwischen den Ionen); sie ist gleich

$$u = \sum_k{}' u_{ik} = \frac{A}{R^m} - \frac{\alpha e^2}{R}, \tag{2.3}$$

wobei der Strich an der Summe andeutet, daß das Glied mit $k = i$ bei der Summierung wegzulassen ist. Weiter ist $A = a \sum_k{}' \frac{1}{q_{ik}^m}$ und $\alpha = \sum_k{}' \frac{(\pm 1)}{q_{ik}}$. Die erste Summe konvergiert schnell, da m eine große Zahl der Größenordnung 10 ist, jedoch ist eine Berechnung nicht besonders sinnvoll, da wir die Größe a ohnehin nicht kennen. Die Größe α heißt MADELUNG-*Konstante*. Bei ihrer Berechnung entstehen einige mathematische Schwierigkeiten, die aus der schlechten Konvergenz der sie bestimmenden Reihe resultieren. Um die Darlegungen nicht unnötig zu komplizieren, untersuchen wir die MADELUNG-Konstante für das eindimensionale Gitter (Abb. 1c), wo die hellen Kreise positive Ionen, die dunklen Kreise negative Ionen darstellen. Wir haben dann

$$\alpha = \sum_k{}' \frac{(\pm 1)}{q_{ik}} = 2\sum_{k=1}^{\infty} \frac{(-1)^{k-1}}{k} = 2\left(1 - \frac{1}{2} + \frac{1}{3} - \frac{1}{4} + \cdots\right)$$
$$= 2 \ln 2 = 2 \cdot 0{,}693 = 1{,}386.$$

Die Summierung der harmonischen alternierenden Reihe $1 - \frac{1}{2} + \frac{1}{3} - \frac{1}{4} + \cdots$ folgt unmittelbar aus der Entwicklung der Funktion $\ln(1 + x) = x - \frac{x^2}{2} + \frac{x^3}{3} - \frac{x^4}{4} + \cdots$ in eine TAYLOR-Reihe, in welcher man $x = 1$ setzen kann.

In dreidimensionalen Gittern hat die MADELUNG-Konstante folgende Werte: für die Steinsalzstruktur NaCl $\alpha = 1{,}748$, für den raumzentrierten Würfel CsCl $\alpha = 1{,}763$, für die Zinkblende ZnS $\alpha = 1{,}638$.

Der Ausdruck $-\frac{\alpha e^2}{R}$ in (2.3) stellt die Energie eines beliebigen Ions in dem elektrostatischen Feld dar, das durch die restlichen Ionen des Gitters geschaffen wird. Diese Energie kann als $(\pm e)\varphi$ geschrieben werden, wo φ das elektrostatische Potential ist, das durch die Wirkung der restlichen Ionen in einem gewissen Gitterpunkt entsteht. Aus einem Vergleich folgt, daß

$$\varphi = \pm \frac{\alpha e}{R} \tag{2.4}$$

ist, wo das $+$-Zeichen sich auf den Gitterpunkt eines negativen Ions bezieht und umgekehrt.

Die potentielle Energie eines aus $2N$ Ionen bestehenden Kristalls ist gleich

$$\mathcal{U} = \frac{1}{2}\, 2\, N\, u = N\, u = N\left(\frac{A}{R^m} - \frac{\alpha\, e^2}{R}\right), \tag{2.5}$$

wobei der Faktor 1/2 die Tatsache berücksichtigt, daß bei Multiplikation von u mit $2N$ die Wechselwirkungsenergie jedes Ionenpaares zweimal gezählt wird. Im Gleichgewichtszustand am Nullpunkt der absoluten Temperatur hat die Energie $\mathcal{U}$ ein Minimum, d. h. $\left(\frac{d\mathcal{U}}{dR}\right)_{R_0} = N\left(\frac{du}{dR}\right)_{R_0} = 0$. Wenn man aus dieser Beziehung die Konstante A bestimmt, erhält man $A = \frac{\alpha\, e^2\, R_0^{m-1}}{m}$, und aus (2.5) wird

$$\mathcal{U}_0 = N\, u_0 = -\frac{N\, \alpha\, e^2}{R^0}\left(1 - \frac{1}{m}\right), \tag{2.6}$$

wobei R_0 der Gleichgewichtswert von R ist. Um den unbekannten Exponenten m zu berechnen bzw. zu eliminieren, kann man experimentelle Daten über die Kompressibilität von Kristallen verwenden. Laut Definition gilt für die Kompressibilität

$$k = -\frac{1}{V}\frac{dV}{dP}, \tag{2.7}$$

wobei V das Volumen des Kristalls ist und P den Druck darstellt. Am absoluten Nullpunkt der Temperatur ist $d\mathcal{U} = -P\, dV$, d. h. $P = -\frac{d\mathcal{U}}{dV}$. Hieraus und aus (2.7) erhält man

$$\frac{1}{k} = V\left(\frac{d^2\mathcal{U}}{dV^2}\right). \tag{2.8}$$

Das Volumen V des Kristalls ist immer einfach verknüpft mit dem Abstand R zwischen nächstgelegenen Ionen. Für die Steinsalzstruktur ist $V = 2\, N\, R^3$, woraus sich $\left(\frac{dR}{dV}\right)^2 = \frac{1}{36\, N^2\, R^4}$ ergibt. Geht man in (2.8) von der Veränderlichen V zur Veränderlichen R über, so wird

$$\frac{d\mathcal{U}}{dV} = \frac{d\mathcal{U}}{dR}\cdot\frac{dR}{dV}, \quad \frac{d^2\mathcal{U}}{dV^2} = \frac{d\mathcal{U}}{dR}\cdot\frac{d^2R}{dV^2} + \frac{d^2\mathcal{U}}{dR^2}\cdot\left(\frac{dR}{dV}\right)^2.$$

Im Gleichgewicht ist $\left(\frac{d\mathcal{U}}{dR}\right)_{R_0} = 0$, deshalb wird

$$\left(\frac{d^2\mathcal{U}}{dV^2}\right)_{R_0} = \left(\frac{d^2\mathcal{U}}{dR^2}\right)_{R_0}\cdot\left(\frac{dR}{dV}\right)^2_{R_0} = \frac{1}{36\, N^2\, R_0^4}\left(\frac{d^2\mathcal{U}}{dR^2}\right)_{R_0}.$$

Aus (2.5) und dem Gleichgewichtswert von A erhalten wir $\left(\frac{d^2\mathcal{U}}{dR^2}\right)_{R_0} = \frac{N\, \alpha\, e^2 (m-1)}{R_0^3}$. Unter Verwendung dieses Wertes folgt anstelle von (2.8) die Beziehung

$$\frac{1}{k} = \frac{(m-1)\, e^2\, \alpha}{18\, R_0^4}. \tag{2.9}$$

Der experimentelle Wert für die Kompressibilität von NaCl, extrapoliert auf 0 °K, ist $k = 3{,}3 \cdot 10^{-12}$ cm dyn^{-1}. Aus (2.9) erhält man $m = 9{,}4$, was auf das schnelle Anwachsen der Abstoßungskräfte bei Annäherung der Ionen hinweist. Ähnliche Resultate kann man gewinnen, wenn man die Abstoßungskräfte durch ein Exponentialglied der Form $a\,e^{-r/\varrho}$ approximiert, wo a und ϱ Konstanten sind, die ebenfalls durch R_0 und die Kompressibilität k ausgedrückt werden können. Eine solche Darstellung der Abstoßungskräfte entspricht der modernen quantenmechanischen Behandlung dieser Frage.

3. Verwendet man (2.6) und (2.9), so läßt sich die Energie der Ionenkristalle berechnen. Sie ist gleich der Arbeit, die man aufwenden muß, um am absoluten Nullpunkt der Temperatur den Kristall in einzelne Metall- (M^+) und Halogenionen (X^-) zu zerlegen.

Diese Größe kann nicht unmittelbar im Versuch gewonnen werden. Sie läßt sich jedoch durch andere Größen ausdrücken, welche sich durch das Experiment ermitteln lassen. Dazu muß man den sogenannten Born-Haber-*Kreisprozeß* anwenden:

1. Wir zerlegen den Kristall MX in einzelne positive Metallionen (M^+) und negative Halogenionen (X^-); dabei wenden wir die Energie $-|\mathcal{U}_0|$ auf [siehe (2.6)];
2. wir überführen das Elektron jedes negativen Halogenions zum positiven Metallion; dabei wird die Energie $+N(J_M - \mathcal{E}_X)$ frei, wo J_M die Ionisierungsenergie des Metalls und $\mathcal{E}_X$ die Elektronenaffinität des Halogenatoms ist;
3. wir kondensieren (bei $T = 0\,°K$) den Metalldampf zu einem Kristall; dabei wird die Sublimationsenergie $+W_s$ des festen Metalls frei (extrapoliert auf den absoluten Nullpunkt);
4. wir verwandeln den einatomigen Dampf des Halogens in den zweiatomigen (X_2); dabei wird die Dissoziationsenergie $+\frac{1}{2}N D$ frei;
5. wir führen die chemische Reaktion der Bildung des Salzes MX aus dem metallischen Kristall M und dem zweiatomigen Halogendampf X_2 durch; dabei wird die Bildungsenergie Q_{MX} frei (extrapoliert auf den absoluten Nullpunkt der Temperatur).

Da wir in unserem Gedankenexperiment wieder zum Ausgangszustand zurückgekehrt sind (Kreisprozeß), muß die Änderung der inneren Energie gleich Null sein, d. h.

$$-|\mathcal{U}_0| + N(J_M - \mathcal{E}_X) + W_s + \frac{1}{2}N D + Q_{MX} = 0\,. \tag{2.10}$$

In dieser Gleichung können alle Größen, ausgenommen $|\mathcal{U}_0|$, experimentell gemessen werden. Deshalb kann sie zur Bestimmung von $|\mathcal{U}_0|$ dienen. Die Übereinstimmung zwischen den theoretischen Werten (2.6) und den experimentellen Daten (2.10) ist überaus gut. Für NaCl: $|\mathcal{U}_0^{\text{theor}}| = 182$ kcal/mol, $|\mathcal{U}_0^{\text{exp}}| = 183$ kcal/mol; für KCl: $|\mathcal{U}_0^{\text{theor}}| = 162$ kcal/mol, $|\mathcal{U}_0^{\text{exp}}| = 165$ kcal/mol; für RbJ: $|\mathcal{U}_0^{\text{theor}}| = 138$ kcal/mol, $|\mathcal{U}_0^{\text{exp}}| = 141$ kcal/mol.

4. Vom theoretischen Standpunkt aus gesehen sind die Kristalle der Edelgase die einfachsten VAN DER WAALS-Kristalle. Bei Atmosphärendruck und Erniedrigung der Temperatur gehen die Edelgase mit Ausnahme des Heliums in den festen Zustand über. Dabei bilden sie kubisch-flächenzentrierte Gitter. Die Kristallisationstemperaturen sind für Neon 24 °K, für Argon 84 °K, für Krypton 117 °K und für Xenon 161 °K.

Die Theorie dieser Kristalle kann analog zur Theorie der Ionenkristalle aufgebaut werden, wie sie oben dargelegt wurde. Man muß nur die weitwirkenden COULOMB-Kräfte zwischen den Ionen durch die VAN DER WAALSschen Anziehungskräfte ersetzen, die nach dem Gesetz mit r^{-7} abfallen. Die Berechnung der MADELUNG-Konstanten läuft in diesem Falle auf die Summation schnell konvergierender nichtalternierender Reihen hinaus. Der Vergleich mit dem Experiment ist hier nicht nur durch Verwendung des experimentellen Wertes der Kompressibilität k bei $T \to 0$ möglich, sondern auch durch Vergleich der Abweichung im Verhalten der Edelgase von den Gesetzen der idealen Gase. Es ist offensichtlich, daß diese Abweichungen mit dem Charakter der Wechselwirkungskräfte zwischen den Atomen verknüpft sind.

Überaus interessant sind die sogenannten *Molekülkristalle*, in welchen die einzelnen Moleküle ebenfalls durch VAN DER WAALS-Kräfte an ihren Plätzen im Kristallgitter gehalten werden (Benzol, Anthrazen, Äthylen, Naphthalin u. a.). Die Theorie dieser Kristalle macht von dem Umstand Gebrauch, daß die Wechselwirkung zwischen den Molekülen viel kleiner ist als die Wechselwirkung zwischen den Atomen in einem Molekül. Das gestattet uns, in vielen Fällen die Wechselwirkung zwischen den Molekülen als kleine Störung zu behandeln. Andererseits erlaubt es die komplizierte „geometrische Form" der Moleküle und das in manchen Molekülen vorhandene elektrische Dipolmoment nicht, die Wechselwirkungskräfte kugelsymmetrisch anzusetzen, d. h. unabhängig von der gegenseitigen Orientierung der Moleküle anzunehmen. Somit muß man in diesem Falle neben den Anziehungs- und Abstoßungskräften noch *Orientierungskräfte* berücksichtigen.

Wir wollen nicht ausführlicher bei der Theorie der Kristalle mit VAN DER WAALS-Bindung verweilen, da sie bisher noch keine Anwendung in der Physik und Technik der Halbleiter gefunden haben.

§ 3. Atomare Kristalle und Metalle

1. Wir haben gesehen (§ 1), wie sich zwischen zwei Wasserstoffatomen die kovalente (homöopolare) Bindung ausbildet. Für die Entstehung einer solchen Bindung müssen zwei Elektronen mit entgegengesetzt gerichtetem Spin vorhanden sein. Die kovalente Bindung kann nicht nur zwischen zwei Wasserstoffatomen realisiert werden, sondern auch zwischen anderen Atomen, die Elektronen besitzen, welche zur Bildung eines Elektronenpaares mit antiparallelen Spins fähig sind.

Das Stickstoffatom z. B. hat zwei Elektronen im 1 *s*-, zwei Elektronen im 2 *s*- und drei Elektronen im 2 *p*-Zustand, d. h., es hat eine Elektronenkonfiguration, welche man schreibt $(1\,s)^2\,(2\,s)^2\,(2\,p)^3$. Spektroskopische Daten zeigen, daß die Spins der drei Elektronen im 2 *p*-Zustand parallel sind, d. h., die Spins sind nicht abgesättigt; folglich sind sie in der Lage, kovalente Bindungen zu bilden. Der Stickstoff ist somit 3wertig.

Das Experiment stützt diese Annahme. So entsteht beispielsweise bei der Verbindung von Stickstoff mit Wasserstoff Ammoniak NH_3. Analog bildet sich das zweiatomige Stickstoffmolekül N_2, in welchem die Atome durch drei Elektronenpaare mit antiparallelen Spins gebunden sind. Die drei Elektronen im *p*-Zustand haben die Magnetquantenzahl $m = +1$, $m = -1$ und $m = 0$, und ihnen entsprechen Wellenfunktionen der Form $\psi_{+1} = x\,f(r)$, $\psi_{-1} = y\,f(r)$, $\psi_0 = z\,f(r)$, d. h., die Elektronenwolken der drei Valenzelektronen sind in die drei aufeinander senkrecht stehenden Richtungen x, y und z gestreckt.[1]) Der Energiegewinn bei der Bildung der kovalenten Bindung ist hauptsächlich mit der Überlagerung der Wellenfunktionen der Elektronen des entsprechenden Paares mit antiparallelen Spins verbunden. Somit sollte man annehmen, daß die Wasserstoffatome im Ammoniakmolekül in den drei wechselseitig aufeinander senkrecht stehenden Richtungen bezüglich des Stickstoffatoms liegen (*gerichtete Valenzen*). Das Experiment zeigt, daß das NH_3-Molekül tatsächlich die Form einer Pyramide mit einem Winkel $\sphericalangle\,HNH$ nahe 90° hat, genau 109°. Der etwas größere Winkel erklärt sich aus der gegenseitigen Abstoßung der Wasserstoffatome.

Das Kohlenstoffatom C hat die Elektronenkonfiguration $(1\,s)^2\,(2\,s)^2\,(2\,p)^2$. Da in den *s*-Zuständen die Spins abgesättigt sind (antiparallele Spins), sollte das Kohlenstoffatom zweiwertig sein. Diese Schlußfolgerung steht aber im Widerspruch zu den Daten der gesamten organischen Chemie, wo das Kohlenstoffatom vierwertig in Erscheinung tritt. Eine sorgfältige theoretische und experimentelle Analyse der Frage zeigt, daß das Kohlenstoffatom in den chemischen Verbindungen nicht im Grundzustand, sondern im angeregten Zustand $(1s)^2\,(2\,s)^1\,(2\,p)^3$ auftritt. In diesem Falle sind die Spins aller Elektronen im 2 *s*- und 2 *p*-Zustand nicht abgesättigt (parallel) und können bei der Bildung der kovalenten Bindung mitwirken. Genauer ausgedrückt bedeutet das, daß das Kohlenstoffatom kovalente Bindungen in einem Elektronenzustand bildet, der eine Superposition eines 2 *s*- und dreier 2 *p*-Zustände darstellt. Die Koeffizienten (Gewichtsfaktoren) jedes dieser Zustände in der linearen Superposition und die Richtungen der vier Valenzbindungen werden bestimmt durch die Minimumbedingung für die Bildungsenergie des Moleküls. Die mathematische Analyse, die wir hier nicht ausführen können, zeigt, daß die Richtungen der Valenzbindungen mit den Richtungen 01, 02, 03 und 04 im Tetraeder zusammenfallen (Abb. 11). Dabei sind, wie wir wissen, die Winkel zwischen diesen Richtungen gleich 109,5°. Das Experiment zeigt, daß das Methanmolekül CH_4 tatsächlich

[1]) W. Heitler, Elementary Wave Mechanics, Oxford 1945.

die angegebene tetraedrische Struktur hat. Die gerichtete Vierwertigkeit des Kohlenstoffatoms tritt bei der Bildung des Diamantkristalls in Erscheinung, in welchem sich jedes C-Atom im Zentrum eines Tetraeders befindet, dessen Ecken mit C-Atomen besetzt sind, wie das im § 1 beschrieben wurde. Das Si-Atom hat vier Elektronen in der M-Schale im Zustand $(3\,s)^2\,(3\,p)^2$, und da die K-Schale und L-Schale abgesättigte Spins haben, wird es sich ähnlich verhalten wie das Kohlenstoffatom. Ähnliche Eigenschaften besitzt das Germaniumatom Ge, das vier Elektronen in der N-Schale im Zustand $(4\,s)^2\,(4\,p)^2$ hat, das Zinnatom Sn mit vier Elektronen in der O-Schale im Zustand $(5\,s)^2\,(5\,p)^2$ und das Bleiatom Pb mit vier Elektronen in der P-Schale im Zustand $(6\,s)^2\,(6\,p)^2$. Tatsächlich kristallisieren Silizium, Germanium und graues Zinn ebenfalls in einem Gitter vom Diamanttyp und gehören zu den typischen Valenzkristallen. Was das gewöhnliche (nicht graue) Zinn und Blei betrifft, so tritt in ihnen der kovalente Bindungscharakter der Atome nicht in Erscheinung, da er durch die Metalleigenschaften der Verbindung unterdrückt wird (siehe weiter unten).

Experimentelle Untersuchungen der letzten Jahre haben gezeigt, daß chemische Verbindungen vom Typ $A^{\mathrm{III}}\,B^{\mathrm{V}}$, d. h. zwischen Elementen der dritten und fünften Gruppe des periodischen Systems, viele Eigenschaften (Kristallgitter, Bänderstruktur) besitzen, die denen der Elemente der vierten Gruppe (Silizium, Germanium) ähnlich sind. Zu dieser Sorte von Verbindungen gehören InSb und GaAs. Indium hat in der O-Schale drei Elektronen in der Konfiguration $(5\,s)^2\,(5\,p)^1$, das Antimon fünf Elektronen im Zustand $(5\,s)^2\,(5\,p)^3$. Somit hat man wie im Falle der Ge- und Si-Atome insgesamt vier Elektronen im s-Zustand und vier Elektronen im p-Zustand. Wenn ein p-Elektron des Sb teilweise zum In übergeht, kann eine kovalente Bindung entstehen, wie sie in den Ge- und Si-Kristallen vorhanden ist. Analoges läßt sich zur Verbindung GaAs sagen.

2. Typische Metalle, wie beispielsweise Li, Na, K, Cu, Ag, Fe, Ni u. a., besitzen eine Reihe charakteristischer elektrischer, optischer und mechanischer Eigenschaften. Für alle ist eine relativ hohe elektrische Leitfähigkeit, ein hoher Absorptionskoeffizient für Licht, große Plastizität und gute Schmiedbarkeit charakteristisch. Diese Eigenschaften weisen eindeutig darauf hin, daß in einem Metall eine große Zahl (von der Größenordnung der Zahl der Atome) sogenannter „freier“ Elektronen existiert, d. h. solcher Elektronen, welche auch in schwachen äußeren elektrischen Feldern im Volumen des Kristalls ihren Platz um makroskopische Abstände ändern können. Das einfachste Modell des Metalls, das von Drude vorgeschlagen wurde, besteht aus einer Gesamtheit positiv geladener Ionen, welche sich in den Gitterpunkten befinden, und einem idealen Gas „freier“ Elektronen, die sich zwischen den Ionen bewegen. Ungeachtet aller Änderungen und Komplizierungen der modernen Elektronentheorie der Metalle (welche wir weiter unten teilweise berühren werden) hat dieses schematische Modell seine Bedeutung nicht verloren, wenn wir nur berücksichtigen, daß das ideale Gas der „freien“ Elektronen bei allen praktisch erreichbaren Temperaturen des Metalls stark entartet ist.

Wie zuerst von J. I. FRENKEL gezeigt wurde (die weitere Vervollkommnung seiner Idee ist für uns nicht wesentlich), können die Kohäsionskräfte im metallischen Kristall auf der Grundlage eben dieses einfachen Modells „freier“ Elektronen erklärt werden.

Am absoluten Nullpunkt der Temperatur untersuchen wir 1 cm^3 des Kristalls eines einwertigen Metalls, der aus n positiven Ionen und der gleichen Zahl „freier“ Elektronen besteht. Im stationären Zustand liegt das Maximum der Dichte der Elektronenwolken in den Zwischenräumen zwischen den positiven Ionen. Vom elektrostatischen Standpunkt aus gesehen können wir deshalb das Metall in gewisser Näherung als Ionenkristall betrachten, der aus $2n$ Ionen mit verschiedenem Vorzeichen besteht. Die COULOMBsche potentielle Bindungsenergie eines solchen Kristalls ist gemäß (2.3) gleich

$$\mathcal{U} = -\frac{\alpha^* e^2}{R} n, \tag{3.1}$$

wobei die Kontante α^* die Rolle der MADELUNG-Konstante spielt und R der kleinste Abstand zwischen „entgegengesetzt geladenen Ionen“ ist. Die kinetische Nullpunktsenergie $\mathcal{E}_k$ der entarteten Elektronen in 1 cm^3 ist gleich dem Ausdruck, der in Anhang III angeführt ist [Formel (A.3.5)]. Somit ist die Gesamtenergie, gerechnet auf ein Paar „entgegengesetzt geladener Ionen“, gegeben durch

$$W = \frac{\mathcal{U} + \mathcal{E}_k}{n} = -\frac{\alpha^* e^2}{R} + \frac{3^{5/3} \pi^{4/3} \hbar^2}{10\, m} n^{2/3}. \tag{3.2}$$

Es ist offensichtlich, daß $n = \beta R^{-3}$, wo β ein Faktor der Größenordnung 1 ist und von der Geometrie des Kristallgitters abhängt. Setzt man diesen Wert von n in $\mathcal{E}_k$ ein, so erhält man

$$W(R) = -\frac{\alpha^* e^2}{R} + \frac{3^{5/3} \pi^{4/3} \beta^{2/3} \hbar^2}{10\, m\, R^2}. \tag{3.3}$$

Hier beschreibt der erste negative Summand die elektrostatische Energie der Anziehungskräfte, der zweite positive Summand die Energie der Abstoßungskräfte, die bedingt sind durch das PAULI-Prinzip. Somit sind die Abstoßungskräfte im Ausdruck (3.3) durch die gleichen Ursachen bedingt wie die Abstoßungskräfte zwischen zwei Atomen oder Ionen (§ 1.2). Es sei noch bemerkt, daß gemäß (3.3) die Energie der Abstoßungskräfte sich mit R^{-2} ändert, die Energie der Anziehungskräfte dagegen mit R^{-1}. Das führt zu einer Wechselwirkungskurve vom Typ 2 der Abb. 19. Der Gleichgewichtszustand $R = R_0$, der dem Minimum der Wechselwirkungsenergie entspricht, kann aus der Bedingung $\left(\frac{dW}{dR}\right)_{R_0} = 0$ bestimmt werden. Setzt man die Ableitung von (3.3) nach R gleich Null, dann erhält man

$$R_0 = \frac{3\pi \sqrt[3]{9\pi\beta^2}}{5\alpha^*} a_B, \tag{3.4}$$

wo a_B der BOHRsche Radius und gleich $\frac{\hbar^2}{m\, e^2} = 0{,}53 \cdot 10^{-8}$ cm ist und der gesamte davorstehende Faktor $\frac{3\,\pi \sqrt[3]{9\,\pi\, \beta^2}}{5\,\alpha^*} = 5{,}7\,\frac{\beta^{2/3}}{\alpha^*}$ eine Zahl der Größenordnung 1 ergibt. Wir sehen also, daß das einfache Modell des Metalls, das unserer Rechnung zugrunde gelegt wurde, zur richtigen Größenordnung der Abstände zwischen den Atomen im Metall führt.

KAPITEL III

Die Schwingungen der Atome eines Kristallgitters

§ 1. Schwingungen und Wellen im eindimensionalen (linearen) aus gleichartigen Atomen bestehenden Gitter

1. Die Atome des Kristalls verharren nur am absoluten Nullpunkt der Temperatur unbeweglich in den Gitterpunkten.[1]) Bei Temperaturerhöhung beginnen die Atome um ihre stabilen Gleichgewichtslagen zu schwingen, deshalb müssen wir die Dynamik der Bewegung der Atome im Kristall untersuchen.

Wir beginnen das Studium dieser Frage mit der Betrachtung des einfachsten Falls von Schwingungen gleichartiger Atome im eindimensionalen (linearen) Gitter. Die Atome gehorchen in ihrer Bewegung den Gesetzen der klassischen Mechanik. Wie wir im folgenden sehen werden, bleiben alle für das schematische eindimensionale Modell gewonnenen Gesetzmäßigkeiten auch für dreidimensionale Gitter gültig. Außerdem stellt sich heraus, daß sich bei hinreichend hohen Temperaturen die Bewegung der Atome im Kristall tatsächlich den Gesetzen der klassischen Mechanik unterordnet.

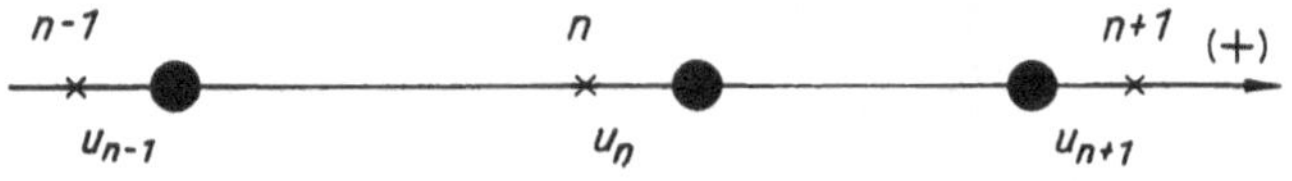

Abb. 23

In Abb. 23 ist eine lineare Kette aus gleichartigen Atomen mit den Massen m dargestellt. Sie sind aus ihren Gleichgewichtslagen mit den Nummern $(n-1)$, n und $(n+1)$ um die Größen $u_{n-1} > 0$, $u_n > 0$, $u_{n+1} < 0$ ausgelenkt. Im eindimensionalen Falle werden wir nur die Wechselwirkung mit nächstgelegenen (benachbarten) Atomen berücksichtigen, was keinen wesentlichen Einfluß auf die Resultate hat. Die Auslenkungen u_n und die auf die Atome wirkenden Kräfte werden positiv gerechnet, wenn ihre Richtung mit der Richtung der positiven Achse zusammenfällt, dagegen negativ, wenn ihre Richtung mit der negativen Achse übereinstimmt.

Wie im II. Kap. (§ 1.1) gezeigt wurde, kann man die Wechselwirkungskräfte bei kleinen Auslenkungen der Atome aus der Gleichgewichtslage ($|u_n| \ll a$, dem Abstand zwischen den Gitterpunkten) als quasielastisch betrachten, das heißt,

---

[1]) Wir sehen hier ab von dem Vorhandensein von Quanteneffekten, die in Wirklichkeit bei niedrigen Temperaturen auftreten.

sie sind der Änderung des Abstands zwischen den Atomen proportional. Somit sind die Kräfte, die von der Seite des $(n-1)$-ten und $(n+1)$-ten Atoms auf das n-te Atom wirken, durch $f_{n,n-1} = -\beta(u_n - u_{n-1})$ und $f_{n,n+1} = -\beta(u_n - u_{n+1})$ gegeben, wo $\beta > 0$ der Koeffizient der quasielastischen Kraft ist. Die resultierende Kraft, die auf das n-te Atom wirkt, wird also $f_n = f_{n,n-1} + f_{n,n+1} = -\beta(2u_n - u_{n-1} - u_{n+1})$. Die Bewegungsgleichung (Masse × Beschleunigung = Kraft) hat für das n-te Atom die Form

$$m\ddot{u} + \beta(2u_n - u_{n-1} - u_{n+1}) = 0, \tag{1.1}$$

wobei

$$\ddot{u}_n \equiv \frac{d^2u_n}{dt^2}$$

ist. Der Ausdruck für die Kraft f_n kann auch auf andere Weise gewonnen werden. Die potentielle Energie Φ des Gitters ist eine Funktion der Auslenkung u_n der Atome. Entwickelt man Φ in eine Reihe nach Potenzen der kleinen Auslenkungen u_n, so erhält man

$$\Phi = \Phi(0) + \sum_n \left(\frac{\partial\Phi}{\partial u_n}\right)_0 u_n + \frac{1}{2}\sum_n\sum_{n'}\left(\frac{\partial^2\Phi}{\partial u_n\,\partial u_{n'}}\right)_0 u_n u_{n'} + \cdots, \tag{1.2}$$

wobei der Index 0 darauf hindeutet, daß alle u_n gleich Null gesetzt wurden. Ohne Einschränkung der Allgemeinheit können wir annehmen, daß die potentielle Energie des Grundzustandes verschwindet, d. h. $\Phi(0) = 0$ ist. Da der Wert $u_n = 0$ dem Gleichgewicht des Systems entspricht, ist auch $\left(\frac{\partial\Phi}{\partial u_n}\right)_0 = 0$. Für eine unendliche Kette von Atomen sind die Koeffizienten $\left(\frac{\partial^2\Phi}{\partial u_n\,\partial u_{n'}}\right)_0 = A(|n-n'|)$, d. h., sie hängen nur vom Abstand zwischen dem n-ten und n'-ten Gitterpunkt ab.

Definitionsgemäß ist die Kraft gegeben durch

$$f_n = -\frac{\partial\Phi}{\partial u_n} = -2\frac{1}{2}\sum_{n'} A(|n-n'|)\,u_{n'}\,. \tag{1.3}$$

Wenn alle $u_{n'} = \text{const} = u_0$ sind, gilt für die Kraft $f_n = 0 = -u_0 \sum_{n'} A(|n-n'|)$, wobei n' alle Werte durchläuft. Berücksichtigt man nur die dem Atom n nächstgelegenen Nachbarn, so wird $n' = n$, $n+1$ und $n-1$ und wir erhalten $A(0) + A(1) + A(-1) = 0$. Man sieht leicht, daß (1.3) denselben Ausdruck wie (1.1) für die Kraft gibt, wenn man $A(1) = -\frac{1}{2}A(0) = \beta$ setzt.

2. Zunächst ist die Lösung des unendlichen Systems (1.1) von miteinander verketteten Gleichungen, in denen die unbekannte Funktion $u_n(t)$ mit den „benachbarten“ unbekannten Funktionen $u_{n-1}(t)$ und $u_{n+1}(t)$ verknüpft ist, sehr schwierig. Es ist deshalb verwunderlich, daß man mit Hilfe eines recht einfachen Ansatzes das System (1.1) lösen kann. Die unendliche Kette aus Atomen, die durch quasielastische Wechselwirkungskräfte aufeinander einwirken, erinnert uns

an eine gespannte Saite. Bekanntlich existiert für eine unendliche Saite ein einfacher Bewegungstyp in Form einer laufenden monochromatischen Welle, für welche die Auslenkung u der Saite aus der Gleichgewichtslage im Punkte x und zur Zeit t gleich $u(x, t) = A \sin 2\pi\left(\frac{x}{\lambda} - \nu t\right)$ ist, wo A die Amplitude, λ die Wellenlänge und ν die Frequenz angibt. Führt man die Kreisfrequenz $\omega = 2\pi\nu$ und die Wellenzahl $q = \frac{2\pi}{\lambda}$ ein, so ergibt sich $u(x, t) = A \sin(q x - \omega t)$. Betrachten wir nicht nur positive, sondern auch negative Wellenzahlen q, so erhalten wir neben einer Welle, die sich in Richtung der positiven x-Achse ausbreitet ($q > 0$), auch noch eine Welle, die in entgegengesetzter Richtung fortschreitet ($q < 0$). Berücksichtigen wir schließlich noch, daß die Schwingungsgleichung der Saite linear ist[1]), so daß eine Summe von Lösungen wieder eine Lösung der Gleichung ist, dann ist es in vielen Fällen vom mathematischen Standpunkt aus gesehen bequemer, die komplexe Form der Lösung zu verwenden: $u(x, t) = A[\cos(q x - \omega t) + i \sin(q x - \omega t)] = A\, e^{i(qx - \omega t)}$, wobei die Amplitude A eine komplexe Zahl werden kann.

Wie wir weiter unten sehen werden, besitzt die auf einer unendlichen Saite fortschreitende Welle zwei Besonderheiten, die sie wesentlich von solchen Wellen unterscheiden, die sich längs einer diskreten Kette von Atomen ausbreiten. Erstens kann die Wellenzahl alle Werte von 0 bis ∞ annehmen, dabei entspricht jedem Wert von q eine bestimmte Form der Welle. Zweitens kann die Frequenz $\omega = v_0 |q|$ ebenfalls von 0 bis ∞ variieren.

Wir versuchen jetzt, das System (1.1) mit Hilfe des Ansatzes

$$u_n = A\, e^{i(q a n - \omega t)} \tag{1.4}$$

zu lösen, wobei anstelle der stetigen Veränderlichen x die diskrete Größe $a n$ steht (a ist der Abstand zwischen den Gitterpunkten). Die Amplitude A hängt nicht von der Nummer n des Gitterpunktes ab. Setzt man (1.4) in (1.1) ein, so erhält man nach Kürzen beider Seiten durch $A\, e^{i(q a n - \omega t)}$

$$-m\omega^2 = -\beta(2 - e^{-iqa} - e^{iqa}).$$

Macht man von der Beziehung $\cos\alpha = \frac{1}{2}(e^{-i\alpha} + e^{i\alpha})$ Gebrauch, so erhält man

oder
$$\left.\begin{aligned} \omega^2 &= 2\frac{\beta}{m}(1 - \cos q a) = 4\frac{\beta}{m}\sin^2\frac{q a}{2} \\ \omega &= \omega_m\left|\sin\frac{q a}{2}\right| = \omega_m\left|\sin\frac{\pi a}{\lambda}\right|, \end{aligned}\right\} \tag{1.5}$$

---

[1]) Die Gleichung der freien Schwingungen einer Saite hat die Form $\frac{\partial^2 u}{\partial t^2} = v_0^2 \frac{\partial^2 u}{\partial x^2}$, wo $v_0 = \left[\frac{T_0}{\varrho}\right]^{1/2}$ ist; T_0 ist die Zugspannung, ϱ die lineare Dichte der Saite. Siehe dazu W. I. Smirnow, Lehrgang der höheren Mathematik, Teil II, 5. Auflage, VEB Deutscher Verlag der Wissenschaften, Berlin 1963.

wobei

$$\omega_m = 2\sqrt{\frac{\beta}{m}} \tag{1.5a}$$

ist. Wir sehen, daß die Lösung (1.4), die eine fortschreitende Welle darstellt, die Gleichungen (1.1) für beliebiges n befriedigt, wenn die Frequenz ω mit der Wellenzahl q (oder mit der Wellenlänge λ) durch die *Dispersionsbeziehung* (1.5) verknüpft ist. Wir haben also in einer diskreten Kette von Atomen Dispersion, d. h., die Frequenz ω ist nicht der Wellenzahl q proportional, wie das etwa bei der unendlichen Saite der Fall ist.

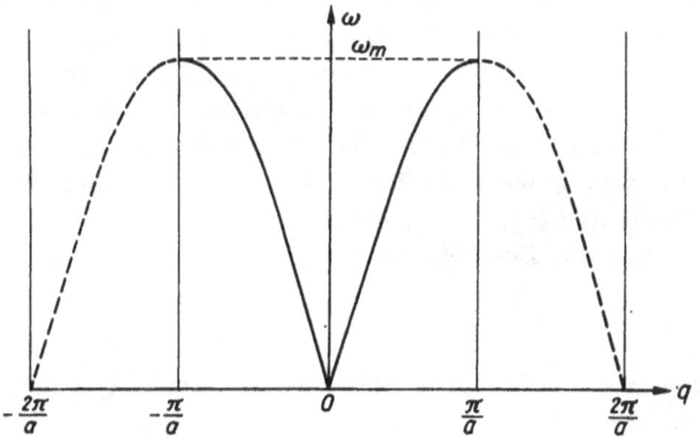

Abb. 24

Ersetzt man in Formel (1.4) q durch $q' = q + \frac{2\pi g}{a}$, wo g eine ganze positive oder negative Zahl ist, so ergibt sich für die neue Welle

$$u_n' = A\,e^{i(q' a n - \omega t)} = A\,e^{i(q a n - \omega t)}\,e^{i\,2\pi g n} = u_n\,,$$

da $\exp(i\,2\pi g\,n) = \exp(i\,2\pi \times \text{ganze Zahl}) = 1$ ist.

Die Welle u_n' stimmt also identisch (in allen Punkten und zu beliebiger Zeit) mit der Welle u_n überein. Mit anderen Worten, man braucht nur die Änderung von q in einem beliebigen Intervall der Größe $\frac{2\pi}{a}$ zu betrachten. Dabei müssen alle physikalischen Eigenschaften unseres eindimensionalen Kristalles, die von der Wellenzahl abhängen, mit einer Periode $2\pi/a$ periodisch sein. Als Grundintervall für die Änderung von q wählen wir das Gebiet

$$-\frac{\pi}{a} \leqq q \leqq +\frac{\pi}{a}\,. \tag{1.6}$$

In Abb. 24 ist die Abhängigkeit ω von q dargestellt, welche in Übereinstimmung mit dem oben Gesagten periodisch mit $\frac{2\pi}{a}$ ist. In der Mehrzahl der Fälle braucht man nur positive Werte von q von 0 bis $q_{\max} = \frac{\pi}{a}$ zu betrachten, da die Kurve für $q < 0$ symmetrisch ist. Dem maximalen Wert von q entspricht ein minimaler Wert der Wellenlänge λ. Aus der Bedingung $q_{\max} = \frac{2\pi}{\lambda_{\min}} = \frac{\pi}{a}$ folgt $\lambda_{\min} = 2a$. Es ist anschaulich klar, daß in einer diskreten Kette von Atomen keine Wellen existieren können, für deren Wellenlänge die Beziehung $\frac{\lambda}{2} < a$ gilt. Der Welle mit dem kleinsten $\lambda_{\min} = \lambda = 2a$ entspricht die maximale Frequenz ω_m (1.5a). Die Existenz einer maximalen Frequenz ist ebenfalls eine charakteristische Besonderheit der Schwingungen diskreter atomarer Strukturen.

3. Makroskopische Kristallproben bestehen aus einer sehr großen, aber endlichen Anzahl von Atomen. Wenn die Zahl G der Atome in der Kette sehr groß ist[1]) und die Wechselwirkungskräfte zwischen den Atomen nur im Abstand einer oder weniger Gitterkonstanten wirksam sind, dann haben die Bedingungen, unter denen sich die Grenzatome an der Oberfläche befinden, keinen Einfluß auf die Bewegung innerhalb der Kette. Wenn wir insbesondere die G Atome auf einem Kreis mit sehr großem Radius anordnen, so daß sich das G-te und 1-te Atom ebenfalls im Gleichgewichtszustand befinden, dann kann man die Grenzbedingungen durch die BORN-KARMAN-Bedingungen ersetzen, welche besagen, daß

$$u_{n \pm G} = u_n \tag{1.7}$$

ist, weil in diesem Falle das Atom mit der Nummer $n \pm G$ mit dem Atom der Nummer n zusammenfällt.

Aus der BORN-KARMAN-Bedingung (1.7) und dem Ausdruck (1.4) folgt, daß $\exp(\pm i\, q\, a\, G) = 1$, d. h. $q\, a\, G = 2\pi g$ ist, dabei ist g eine ganze Zahl. Hieraus und aus (1.6) ergibt sich

$$q = \frac{2\pi}{a}\frac{g}{G}, \tag{1.8}$$

wobei

$$-\frac{G}{2} \leqq g \leqq +\frac{G}{2} \tag{1.8a}$$

ist. Für eine endliche Kette von Atomen mit G Freiheitsgraden nimmt also die Wellenzahl q, die sich im Intervall von $-\frac{\pi}{a}$ bis $+\frac{\pi}{a}$ ändert, G diskrete Werte an, die durch die Gleichung (1.8) bestimmt werden. Natürlich können wir immer (und müssen es sogar) die Zahl G so groß wählen, daß man die Änderung von q in (1.8) als quasistetig betrachten kann. Diese „Abzählbarkeit" der q-Werte erweist sich als besonders bequem und nützlich in allen Fragen der Statistik und Kinetik. Dabei dürfen alle Endformeln, die man mit der Erfahrung vergleichen kann, die beliebige Zahl G der Atome des *Grundgebietes* nicht mehr enthalten.

Da ω in Übereinstimmung mit (1.5) eine Funktion von q ist, q sich aber diskret ändert, kann man die Frage stellen, wie groß die Zahl der Schwingungen (mit

[1]) Wie wir weiter unten sehen werden, ist es bequem, G als große gerade Zahl anzunehmen, was offensichtlich unwesentlich ist.

verschiedenem q) im Frequenzintervall ω bis $\omega + d\omega$ ist. Aus den Gleichungen (1.5) und (1.8) folgt

$$d\omega = a \sqrt{\frac{\beta}{m}} \left|\cos\frac{q\,a}{2}\right| dq \qquad \text{und} \qquad dq = \frac{2\pi}{a\,G}\,dg\,,$$

woraus sich

$$d\omega = \frac{2\pi}{G} \sqrt{\frac{\beta}{m}} \left|\cos\frac{q\,a}{2}\right| dg$$

ergibt. Die Zahl dz der Schwingungen im Frequenzintervall $d\omega$ in beiden Zweigen von $\omega(q)$ für q von $-\frac{\pi}{a}$ bis $+\frac{\pi}{a}$ ist gleich

$$dz = 2\,dg = \frac{G}{\pi} \sqrt{\frac{m}{\beta}}\, \frac{d\omega}{\left|\cos\frac{a\,q}{2}\right|}\,. \tag{1.9}$$

Aus dem Ausdruck (1.5) folgt, daß

$$\cos\frac{a\,q}{2} = \sqrt{1 - \sin^2\frac{a\,q}{2}} = \sqrt{1 - \frac{\omega^2}{4\,\beta/m}}$$

ist; hieraus und aus (1.9) erhalten wir für die Dichte der Zahl der Schwingungen pro Einheit des Frequenzintervalls

$$\frac{dz}{d\omega} = \frac{2\,G}{\pi}\,\frac{1}{\sqrt{\omega_m^2 - \omega^2}}\,. \tag{1.10}$$

In Abb. 25 ist die Abhängigkeit (1.10) dargestellt. Wie wir weiter unten sehen werden, erhält man für einen dreidimensionalen Kristall in der Näherung des stetigen Kontinuums

$$\frac{dz}{d\omega} \sim \omega^2\,.$$

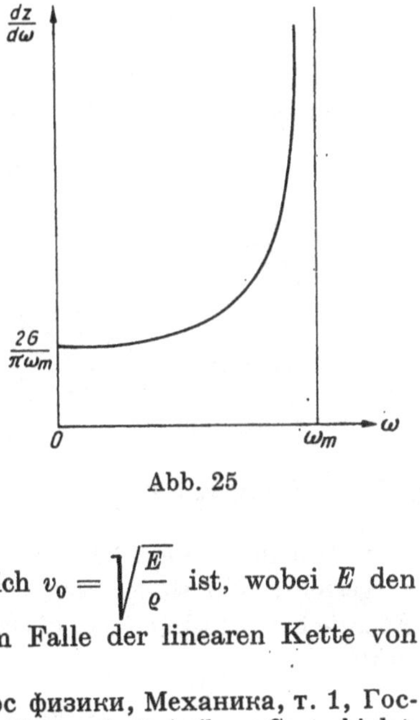

Abb. 25

4. Aus der Elastizitätstheorie ist bekannt[1]), daß die Ausbreitungsgeschwindigkeit eines Schallimpulses im festen Stab gleich $v_0 = \sqrt{\frac{E}{\varrho}}$ ist, wobei E den Young-Modul angibt und ϱ die Dichte ist. Im Falle der linearen Kette von

---

[1]) S. E. Chajkin (С. Э. Хайкин, Общий курс физики, Механика, т. 1, Гостехиздат), Allgemeiner Lehrgang der Physik, Bd. 1, Mechanik, 2. Auflage, Gostechisdat, 1948.

Atomen ist $\varrho = \frac{m}{a}$, E = Kraft/relative Längenänderung $= \frac{|f_{n,n-1}|}{\frac{|u_n - u_{n-1}|}{a}} = \beta a$, woraus

$$v_0 = \sqrt{\frac{E}{\varrho}} = a\sqrt{\frac{\beta}{m}} \tag{1.11}$$

folgt. Für lange Wellen oder kleine q ergibt sich aus (1.5)

$$\omega = 2\sqrt{\frac{\beta}{m}}\,\frac{a\,q}{2} = v_0\,q\,. \tag{1.12}$$

Bei Vorhandensein einer Dispersion der Wellen, d. h. einer Abhängigkeit der Frequenz ω von der Wellenzahl q, muß man im allgemeinen zwischen *Phasengeschwindigkeit* v_Φ, mit welcher sich die Phase der monochromatischen Welle ausbreitet, und *Gruppengeschwindigkeit* v_{Gr}, mit welcher sich das Wellenpaket und damit die Energie der Wellen ausbreitet, unterscheiden.

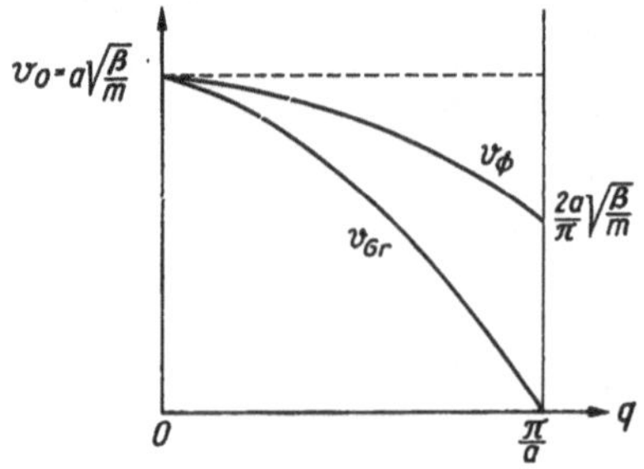

Abb. 26

Bekanntlich ist[1])

$$v_\Phi = \frac{\omega}{|q|}, \tag{1.13}$$

$$v_{Gr} = \left|\frac{d\omega}{dq}\right|. \tag{1.13a}$$

Aus dem Ausdruck (1.12) ist ersichtlich, daß für lange Wellen

$$v_\Phi = v_{Gr} = v_0 = \text{Schallgeschwindigkeit} \tag{1.14}$$

gilt. Im allgemeinen Falle, wo wir es nicht mit kleinen q zu tun haben, wird gemäß (1.5)

$$v_\Phi = v_0 \left|\frac{\sin\frac{a\,q}{2}}{\frac{a\,q}{2}}\right|, \tag{1.15}$$

$$v_{Gr} = v_0 \left|\cos\frac{a\,q}{2}\right|. \tag{1.15a}$$

In Abb. 26 ist die Abhängigkeit der Größen v_Φ und v_{Gr} von der Wellenzahl q dargestellt. Wir stellen fest, daß die Gruppengeschwindigkeit, mit welcher die Energie der Schwingungen übertragen wird, für die kürzesten Wellen gegen Null geht.

[1]) G. S. LANDSBERG (Г. С. Ландсберг, Общий курс фухики, Оптика, т. 3, Гостехиздат), Allgemeiner Lehrgang der Physik, Bd. 3, 4. Auflage, Gostechisdat, 1957.

§ 2. Schwingungen und Wellen in einem zusammengesetzten eindimensionalen (linearen) Kristallgitter

1. Im vorangegangenen Paragraphen haben wir die Bewegung der Atome im eindimensionalen Modell des einfachen Gitters untersucht. Dabei kann die Elementarzelle so ausgewählt werden, daß sie nur ein Atom enthält. Dreidimensionales Analogon für solche Gitter ist das kubisch-flächenzentrierte oder kubisch-raumzentrierte Gitter, in welchen die Mehrzahl der Metalle kristallisiert. Wir untersuchen jetzt die Schwingungen im eindimensionalen Modell eines zusammengesetzten Gitters. Seine Elementarzelle enthält dann zwei Atome. Die Ionenkristalle NaCl, CsCl und die atomaren Kristalle Si und Ge sind Beispiele für Gitter, die zwei Atome pro Elementarzelle besitzen.

2. In Abb. 27 sind die Gitterpunkte eines zusammengesetzten linearen Gitters dargestellt. Die Gitterpunkte n' sind mit Atomen der Masse m' besetzt, die Gitterpunkte n'' mit Atomen der Masse m''. Der Allgemeinheit wegen setzen wir voraus, daß der Koeffizient der quasielastischen Kraft zwischen den Atomen n' und n'' gleich β_1, zwischen den Atomen n' und $n'' - 1$ gleich β_2 ist. Letzteres kann auch der Fall sein, wenn das Gitter aus Atomen einer Sorte besteht (in diesem Falle ist $m' = m''$). Die Länge des Grundvektors $\mathfrak{a}$ des Gitters ist gleich dem Abstand zwischen den Gitterpunkten $n' - 1$, $n', n' + 1, \ldots$ oder den Gitterpunkten $n'' - 1, n'', n'' + 1, \ldots$. Deshalb enthält die Elementarzelle mit dem „Volumen" $\Omega_0 = a$ zwei Atome. Bezeichnet man die Verschiebung des n'-ten und n''-ten Atoms mit u_n' und u_n'', so erhält man in der Näherung quasielastischer Kraft und bei Berücksichtigung nur erstnächster Nachbarn die folgenden Gleichungen (siehe § 1.1):

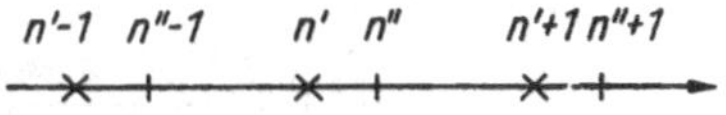

Abb. 27

$$\left.\begin{aligned} m'\,\ddot{u}_n' &= -\beta_1(u_n' - u_n'') - \beta_2(u_n' - u_{n-1}'')\,, \\ m''\,\ddot{u}_n'' &= -\beta_1(u_n'' - u_n') - \beta_2(u_n'' - u_{n+1}')\,. \end{aligned}\right\} \tag{2.1}$$

Wir versuchen dieses Gleichungssystem mit dem Ansatz

$$\left.\begin{aligned} u_n' &= A'\,e^{i(q a n - \omega t)}\,, \\ u_n'' &= A''\,e^{i(q a n - \omega t)} \end{aligned}\right\} \tag{2.2}$$

zu lösen, wo q die Wellenzahl ist und ω die Frequenz (q und ω sind gleich in beiden Ausdrücken); $A' \neq A''$ sind die Amplituden.

Setzt man (2.2) in (2.1) ein, so erhält man nach einigen einfachen Umformungen und nach Teilung beider Seiten der Gleichung durch den Faktor $e^{i(q a n - \omega t)}$

$$\left[\omega^2 - \frac{\beta_1 + \beta_2}{m'}\right] A' + \left[\frac{\beta_1 + \beta_2\,e^{-iaq}}{m'}\right] A'' = 0\,, \tag{2.3}$$

$$\left[\frac{\beta_1 + \beta_2\,e^{iaq}}{m''}\right] A' + \left[\omega^2 - \frac{\beta_1 + \beta_2}{m''}\right] A'' = 0\,. \tag{2.3 a}$$

Wir haben somit ein System von linearen homogenen Gleichungen für die komplexen Amplituden A' und A'' erhalten. Es ist offensichtlich, daß man aus einem solchen System nur das Verhältnis A'/A'' bestimmen kann, weil $c A'$ und $c A''$ ($c = \text{const}$) ebenfalls die Gleichungen (2.3) und (2.3a) befriedigen. Die gemeinsame Lösung der Gleichungen (2.3) und (2.3a) fordert, daß das aus beiden Gleichungen gewonnene Verhältnis A'/A'' denselben Wert hat, d. h. es muß sein

$$A'/A'' = \frac{\beta_1 + \beta_2 e^{-iaq}}{(\beta_1 + \beta_2) - m'\omega^2} = \frac{(\beta_1 + \beta_2) - m''\omega^2}{\beta_1 + \beta_2 e^{iaq}}. \tag{2.4}$$

Die gewonnene Proportion (2.4) führt zu einer algebraischen quadratischen Gleichung für ω^2. Die Wurzeln dieser quadratischen Gleichung sind[1])

$$\left.\begin{aligned} \omega_1^2 &= \frac{1}{2}\omega_0^2\left\{1 - \sqrt{1 - \gamma^2 \sin^2\frac{aq}{2}}\right\}, \\ \omega_2^2 &= \frac{1}{2}\omega_0^2\left\{1 + \sqrt{1 - \gamma^2 \sin^2\frac{aq}{2}}\right\}, \end{aligned}\right\} \tag{2.5}$$

dabei ist

$$\omega_0^2 = \frac{(\beta_1 + \beta_2)(m' + m'')}{m' m''} \quad \text{und} \quad \gamma^2 = 16\left[\frac{\beta_1\beta_2}{(\beta_1 + \beta_2)^2}\right]\left[\frac{m' m''}{(m' + m'')^2}\right].$$

Die Größe γ^2 erreicht ihren größten Wert, welcher gleich 1 ist, bei $\beta_1 = \beta_2$ und $m' = m''$. Hieraus sieht man, daß $\gamma^2 \sin^2 \frac{aq}{2} \leqq 1$ ist, was uns gewährleistet, daß die Frequenzen ω_1 und ω_2 reelle Zahlen sind.

Wir sehen, daß ganz analog zum Fall des einfachen linearen Gitters (§ 1) die Lösung (2.2) die Gleichungen (2.1) befriedigt, wenn ω und q durch das Dispersionsgesetz (2.5) miteinander verknüpft sind. Jedoch haben wir auch einen wichtigen Unterschied im Vergleich zum vorangegangenen Fall. Die Ausdrücke (2.5) bestimmen zwei Zweige der Dispersion, einen davon ($\omega_1 = \omega_{ak}$) nennen wir aus weiter unten angeführten Gründen den *akustischen Zweig*, den anderen ($\omega_2 = \omega_{opt}$) den *optischen Zweig*.

Führen wir die Diskussion genauso weiter wie im Punkt 2 des vorangegangenen Paragraphen, so kann man zeigen, daß der Charakter der Lösung (2.2) uns erlaubt, sich bei der Betrachtung der Veränderung von q auf ein Intervall $\left(0, \frac{\pi}{a}\right)$ zu beschränken. Aus dem Ausdruck (2.5) folgt, daß bei $q = 0$ und $q = \frac{\pi}{a}$ sich

$$\left.\begin{aligned} \omega_{ak}(0) &= 0, & \omega_{ak}(\pi/a) &= \frac{\omega_0}{\sqrt{2}}\sqrt{1 - \sqrt{1 - \gamma^2}}, \\ \omega_{opt}(0) &= \omega_0, & \omega_{opt}(\pi/a) &= \frac{\omega_0}{\sqrt{2}}\sqrt{1 + \sqrt{1 - \gamma^2}} \end{aligned}\right\} \tag{2.6}$$

ergibt.

---

[1]) Bei den algebraischen Umformungen haben wir die Beziehungen $e^{iaq} + e^{-iaq} = 2\cos(aq)$ und $1 - \cos(aq) = 2\sin^2\frac{aq}{2}$ verwendet.

Hieraus sieht man, daß

$$\omega_{\text{opt}}(0) = \omega_0 > \omega_{\text{opt}}(\pi/a) > \omega_{\text{ak}}(\pi/a) > \omega_{\text{ak}}(0) = 0 \tag{2.6a}$$

ist. Für lange Wellen ist $\lambda \gg a$ oder $a\,q \ll 1$. In der Näherung $\sin\frac{a\,q}{2} \approx \frac{a\,q}{2}$ folgt dann aus (2.5) bei Entwicklung der Wurzel in eine Reihe

$$\left.\begin{aligned} \omega_{\text{ak}} &\approx \frac{1}{4}\,\omega_0\,\gamma\,a\,q \sim q\,, \\ \omega_{\text{opt}} &\approx \omega_0\left(1 - \frac{\gamma^2 a^2}{32}\,q^2\right). \end{aligned}\right\} \tag{2.7}$$

Leitet man $\omega_{1,2}$ nach q ab [siehe (2.5)], so läßt sich leicht zeigen, daß

$$\left(\frac{d\omega_{\text{ak}}}{dq}\right)_{\pi/a} = \left(\frac{d\omega_{\text{opt}}}{dq}\right)_{\pi/a} = 0$$

bei $\gamma^2 \neq 1$ ist. Macht man von diesem Umstand Gebrauch und verwendet die Gleichungen (2.6) und (2.7), so erhalten wir den eindeutigen Verlauf der Dispersionszweige, wie er in Abb. 28 dargestellt ist. Ein solches Bild liegt vor,

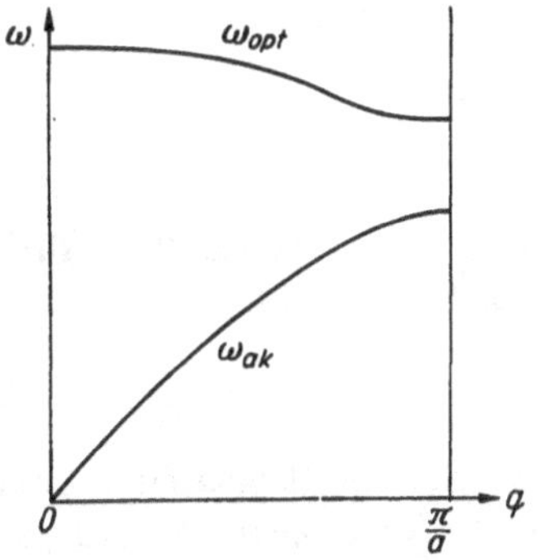

Abb. 28

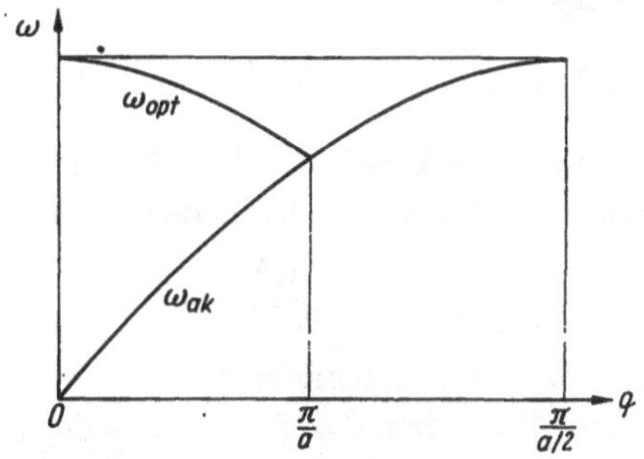

Abb. 29

wenn $\gamma^2 < 1$ ist, dazu genügt aber, daß entweder $m' \neq m''$ oder $\beta_1 \neq \beta_2$ ist. Wir unterstreichen noch einmal die wesentliche Besonderheit des akustischen und optischen Zweiges: bei $\lambda \to \infty$ geht die Frequenz $\omega_{\text{ak}} \to 0$, dagegen $\omega_{\text{opt}} \to$ $\to \omega_0 \neq 0$.

Wir betrachten jetzt den „entarteten" Fall (Abb. 29), in dem $m' = m'' = m$ und $\beta_1 = \beta_2$ ist, d. h. $\gamma^2 = 1$ wird; aus dem Ausdruck (2.5) folgt dann

$$\omega_{\text{ak}} = 2\sqrt{\frac{\beta}{m}}\left|\sin\frac{a\,q}{4}\right|, \qquad \omega_{\text{opt}} = 2\sqrt{\frac{\beta}{m}}\left|\cos\frac{a\,q}{4}\right|. \tag{2.8}$$

In diesem Falle sind die Atome identisch und die Bindungen gleich, d. h. die Abstände zwischen allen Atomen müssen geich sein. Folglich ist die Gitterkonstante in unseren Bezeichnungen gleich $\frac{a}{2}$, d. h. 2mal kleiner als vorher. Wir müssen jetzt die Änderung der Wellenzahl q im Intervall $\left(0, \frac{\pi}{a/2}\right)$ betrachten. Man sieht leicht, daß ω_{ak} in (2.8) dem $\omega(q)$ in Ausdruck (1.5) für das Intervall $\left(0, \frac{1}{2}\frac{\pi}{a/2}\right)$ entspricht, ω_{opt} ebenfalls dem $\omega(q)$ in Ausdruck (1.5), aber für das Intervall $\left(\frac{1}{2}\frac{\pi}{a/2}, \frac{\pi}{a/2}\right)$; im letzteren Falle sind äquivalente q-Werte zu durchlaufen, die gegeben sind durch $q' = \frac{2\pi}{a} - q$ (man überzeugt sich leicht davon, daß $\cos\frac{a q'}{4} = \cos\left(\frac{\pi}{2} - \frac{a q}{4}\right) = \sin\frac{a q}{4}$ ist).

3. Wir untersuchen jetzt den Charakter der Schwingungen der Atome im akustischen und optischen Zweig. Aus den Beziehungen (2.2) und (2.4) folgt

$$\frac{u_n'}{u_n''} = \frac{A'}{A''} = \frac{\beta_1 + \beta_2 e^{-iqa}}{(\beta_1 + \beta_2) - m'\omega^2}. \tag{2.9}$$

Der Faktor e^{-qia} ist für $q = 0$ und $q = \frac{\pi}{a}$ gleich 1 bzw. -1. In beiden Fällen kann man die Amplituden A' und A'' und die Verschiebungen u_n' und u_n'' als reelle Größen betrachten, wie man aus Gleichung (2.9) ersehen kann.

Zunächst untersuchen wir den wichtigen Fall langer (streng gesprochen unendlich langer) Wellen:

$$\lambda = \infty, \quad q = \frac{2\pi}{\lambda} = 0\,.$$

In diesem Falle ist $e^{-iqa} = e^0 = 1$. Verwendet man Ausdruck (2.6) für die Grenzwerte der Frequenz ω bei $q = 0$, so ergibt sich aus (2.9)

$$\left(\frac{u_n'}{u_n''}\right)_{ak} = 1, \quad \left(\frac{u_n'}{u_n''}\right)_{opt} = -\frac{m''}{m'}\,. \tag{2.10}$$

Somit bewegen sich in einer unendlich langen Welle des akustischen Zweiges der Schwingungen die Atome synchron und die Auslenkungen sind zu jedem Zeitpunkt gleich ($u_n' = u_n''$). In der unendlich langen Welle des optischen Zweiges der Schwingungen schwingen die Atome der Zelle in entgegengesetzten Phasen, so daß ihr Schwerpunkt in Ruhe verharrt ($m' u_n' + m'' u_n'' = 0$). Im ersten Falle bewegen sich die Atome wie bei der Ausbreitung elastischer akustischer Wellen, woraus sich auch die Bezeichnung des entsprechenden Zweiges der Schwingungen erklärt. Wenn die Zelle eines zusammengesetzten Kristalls aus verschiedengeladenen Ionen besteht, dann sind die Schwingungen der zweiten Sorte verknüpft mit einer Änderung des elektrischen Dipolmoments der Zelle und sind oft optisch aktiv, d. h., sie machen sich bei der Absorption und Emission infraroter Strahlung bemerkbar. Damit erklärt sich auch, daß man den zweiten Schwingungszweig als optischen Zweig bezeichnet, obwohl Schwingungen dieser Art nicht mit der Entstehung eines Dipolmoments verbunden sind, wenn die Zelle des zusammengesetzten Kristalls aus neutralen Atomen besteht.

Wir untersuchen jetzt den Fall kurzer Wellen

$$\lambda = 2a, \quad q = \frac{2\pi}{\lambda} = \frac{\pi}{a}\,.$$

In diesem Falle ist $e^{-iqa} = e^{-i\pi} = -1$. Verwendet man $\omega(\pi/a)$ [siehe (2.6)], so ergibt sich aus Gleichung (2.9)

$$\frac{u_n'}{u_n''} = \frac{\dfrac{(\beta_1 - \beta_2)}{(\beta_1 + \beta_2)}}{1 - \dfrac{m' + m''}{2\,m''}\left[1 \mp \sqrt{1 - \dfrac{16\,\beta_1\,\beta_2}{(\beta_1 + \beta_2)^2}\,\dfrac{m'\,m''}{(m' + m'')^2}}\right]}\,; \tag{2.11}$$

dabei entspricht das obere Vorzeichen vor der Wurzel dem akustischen, das untere Vorzeichen vor der Wurzel dem optischen Zweig der Schwingungen. Im vorliegenden Falle ist es zweckmäßig, zwei Spezialfälle zu betrachten. Wenn $\beta_1 = \beta_2$ ist, dann wird der Zähler in (2.11) gleich Null, der Nenner dagegen ist von Null verschieden und gleich $\dfrac{m'' - m'}{m''}$ für den akustischen Zweig (im Falle $m' < m''$); für den optischen Zweig hat er denselben Wert bei $m' > m''$.

Hieraus kann man die Schlußfolgerung ziehen, daß

$$\left.\begin{aligned} &u_n' = 0\,, \quad u_n'' \neq 0 \quad \text{für den akustischen Zweig bei } m' < m''\,,\\ &u_n' = 0\,, \quad u_n'' \neq 0 \quad \text{für den optischen Zweig bei } m' > m''\,. \end{aligned}\right\} \tag{2.12}$$

Für die kürzesten Wellen mit $\lambda = 2\,a$ sind im akustischen Zweig die leichteren Atome m' unbeweglich, die schwereren Atome m'' dagegen schwingen. Für den optischen Zweig der Schwingungen gilt das Umgekehrte.

Wir haben für den akustischen Zweig den Fall $m' < m''$ untersucht, für den optischen Zweig $m' > m''$. Es fragt sich, ob wir das nur der Bequemlichkeit halber getan haben, oder ob die Betrachtung dieser Fälle für die Behandlung des Problems ausreicht. Wenn wir für den akustischen Zweig (oberes Vorzeichen vor der Wurzel in (2.11)) $m' > m''$ vorausgesetzt hätten, so wäre der Nenner gleich Null und wir hätten $\left(\dfrac{u_n'}{u_n''}\right) = \dfrac{0}{0}$. Beseitigt man diese Unbestimmtheit, so ergibt sich in diesem Fall $\left(\dfrac{u_n'}{u_n''}\right) = \infty$, d. h. $u_n' \neq 0$ und $u_n'' = 0$. Das führt aber zu derselben physikalischen Schlußfolgerung wie oben, daß im akustischen Zweig die leichteren Atome m'' unbeweglich sind, während die schwereren Atome m' schwingen.

Jetzt wollen wir einen zweiten Spezialfall behandeln: $m' = m''$ und $\beta_1 > \beta_2$. Der Nenner in (2.11) ist dann

$$1 - 1 \pm \frac{\sqrt{(\beta_1 - \beta_2)^2}}{\beta_1 + \beta_2} = \pm \frac{\sqrt{(\beta_1 - \beta_2)^2}}{\beta_1 + \beta_2}\,,$$

d. h. gleich dem Verhältnis $(\beta_1 - \beta_2)/(\beta_1 + \beta_2)$ für den akustischen Zweig und gleich dem Verhältnis $-(\beta_1 - \beta_2)/(\beta_1 + \beta_2)$ für den optischen Zweig der Schwingungen. Es wird also

$$\left(\frac{u_n'}{u_n''}\right)_{\text{ak}} = 1 \quad \text{und} \quad \left(\frac{u_n'}{u_n''}\right)_{\text{opt}} = -1\,, \tag{2.13}$$

d. h., in diesem Falle schwingen die Atome in der extrem kurzen akustischen Welle in Phase, in der extrem kurzen optischen Welle in Gegenphase. Ganz analog kann man den Fall $\beta_1 < \beta_2$ behandeln, dann vertauschen die rechten Seiten von (2.13) nur ihre Plätze.

4. Analog zum § 1.3 kann man auch für das zusammengesetzte Gitter die BORN-KARMAN-Bedingungen (1.7) einführen, wobei G jetzt die Zahl der Zellen des Grundgebietes ist. Genauso wie in (1.10) kann man auch hier die Dichte der Zahl der Schwingungen $\frac{dz}{d\omega}$ für den optischen und akustischen Zweig bestimmen.

§ 3. Normalkoordinaten für das einfache eindimensionale Gitter

In § 1 haben wir die Schwingungen und Wellen in einer linearen Kette aus gleichartigen Atomen untersucht und haben gezeigt, daß der Ausdruck (1.4) die Bewegungsgleichungen (1.1) befriedigt, wenn die Dispersionsbeziehung (1.5) erfüllt ist. Es ist offensichtlich, daß die harmonischen Wellen (1.4) nicht die allgemeinste Bewegung der Atome der Kette beschreiben. Eine beliebige Bewegung der Atome kann durch eine lineare Superposition (Summe) aller möglichen Wellen vom Typ (1.4) dargestellt werden. Die einzelnen Wellen werden sich dabei durch ihre Wellenzahl q unterscheiden und durch die dieser Wellenzahl entsprechende Frequenz $\omega(q) \equiv \omega_q$ und Amplitude A_q; die beiden letzteren Größen sind gewöhnlich verschieden für unterschiedliche Wellen. Für die reelle Verschiebung der Atome der Kette setzen wir

$$u_n = A_q\, e^{i(q a n - \omega_q t)} + A_q^*\, e^{-i(q a n - \omega_q t)} = 2\,|A_q| \cos (q a n - \omega_q t + \alpha_q)\,,$$

wobei $A_q = |A_q|\, e^{+i\alpha_q}$.

Im allgemeinsten Falle der Bewegung der Atome haben wir somit

$$\begin{aligned} u_n &= \sum_q \left\{A_q\, e^{i(q a n - \omega_q t)} + A_q^*\, e^{-i(q a n - \omega_q t)}\right\} \\ &= \frac{1}{\sqrt{G}} \sum_q \left\{a_q\, e^{i q a n} + a_q^*\, e^{-i q a n}\right\}, \end{aligned} \tag{3.1}$$

dabei ist $a_q \equiv \sqrt{G}\, A_q\, e^{-i\omega_q t}$. Hier haben wir vorausgesetzt, daß das Gitter die BORN-KARMAN-Bedingungen erfüllt, so daß die Summation in (3.1) über G diskrete Werte $q = \frac{2\pi}{a G} g$ [siehe (1.8)] durchzuführen ist.

Wie wir weiter unten sehen werden, sind die Größen a_q oder genauer gesagt gewisse einfache Kombinationen aus ihnen *Normalkoordinaten* und entsprechende *verallgemeinerte Impulse* unserer linearen Kette von Atomen (siehe Anhang IV). Somit kann man die Beziehung (3.1) als Transformation von den Koordinaten u_n zu den Normalkoordinaten und Impulsen a_q betrachten (die Größen a_q sind komplex, deshalb entsprechen ihnen $2G$ reelle Größen). Diese Transformation hat einen allgemeineren Charakter als in Anhang IV angedeutet, da in (3.1) die alten Koordinaten u_n ausgedrückt werden durch die neuen Normalkoordinaten *und* die ihnen entsprechenden Impulse (Kontakttransformation[1])). Die kinetische Energie $\mathcal{T}$ und die potentielle Energie Φ für die Kette von Atomen sind gegeben durch

$$\mathcal{T} = \frac{m}{2} \sum_{n=1}^{G} \dot{u}_n^2 , \tag{3.2}$$

$$\Phi = \frac{\beta}{2} \sum_{n=1}^{G} (u_n - u_{n-1})^2 . \tag{3.3}$$

(3.3) überprüft man leicht, indem man die auf das n-te Teilchen wirkende Kraft berechnet. Es ergibt sich

$$f_n = -\frac{\partial \Phi}{du_n} = -\beta\,(2\,u_n - u_{n-1} - u_{n+1}) ,$$

was mit (1.1) übereinstimmt.

Verwendet man (3.1) und berücksichtigt noch, daß $\dot{a}_q = -i\,\omega_q\,a_q$ und $\dot{a}_q^* = i\,\omega_q\,a_q^*$ ist, dann erhält man für die kinetische Energie

$$\mathcal{T} = \frac{m}{2} \sum_{n=1}^{G} \dot{u}_n\,\dot{u}_n = \frac{m}{2} \sum_{n=1}^{G} \frac{1}{\sqrt{G}} \sum_{q} \{\dot{a}_q\,e^{iqan} + \dot{a}_q^*\,e^{-iqan}\} \frac{1}{\sqrt{G}}$$
$$\times \sum_{q'} \{\dot{a}_{q'}^*\,e^{iq'an} + \dot{a}_{q'}^*\,e^{-iq'an}\} = -\frac{m}{2G} \sum_{qq'} \sum_{n=1}^{G} \omega_q\,\omega_{q'}\,\{a_q\,a_{q'}\,e^{i(q+q')an}$$
$$-\,a_q\,a_{q'}^*\,e^{i(q-q')an} - a_q^*\,a_{q'}\,e^{-i(q-q')an} + a_q^*\,a_{q'}^*\,e^{-i(q+q')an}\} . \tag{3.4}$$

Es läßt sich leicht zeigen, daß folgende Beziehung gilt:

$$\sum_{n=1}^{G} e^{iqan} = \sum_{n=1}^{G} e^{i\frac{2\pi}{G}gn} = \begin{cases} 0 , & \text{wenn } q \neq 0 \ (\text{oder } g \neq 0) , \\ G , & \text{wenn } q = 0 \ (\text{oder } g = 0) .^{2)} \end{cases} \tag{3.5}$$

Die Formel (3.5) ergibt sich, wenn man die Regeln für die Summierung einer geometrischen Reihe berücksichtigt:

$$\sum_{n=1}^{G} e^{i\frac{2\pi}{G}gn} = e^{i\frac{2\pi}{G}g} + e^{i\frac{2\pi}{G}g2} + e^{i\frac{2\pi}{G}g3} + \cdots + e^{i\frac{2\pi}{G}gG}$$
$$= \frac{e^{i\frac{2\pi}{G}g}\,(e^{i2\pi g} - 1)}{e^{i\frac{2\pi}{G}g} - 1} .$$

---

[1]) L. D. Landau und E. M. Lifschitz, Lehrbuch der theoretischen Physik, Bd. I, Mechanik, 2. Auflage, Akademie-Verlag, Berlin 1963.

[2]) Die Bedingung $q = 0$ (oder $g = 0$) ist äquivalent der Bedingung $q = \frac{2\pi}{a} \times$ ganze Zahl; wir untersuchen die letztere Bedingung nicht wegen der Beziehung (1.6).

Wenn die ganze Zahl $g \neq 0$ ist, dann wird $\exp\left(i \frac{2\pi}{G} g\right) \neq 1$ und $\exp(i\, 2\pi g) = 1$. Deshalb ist der Zähler des obigen Ausdrucks gleich Null, der Nenner dagegen von Null verschieden. Wenn andererseits $g = 0$ ist, so folgt unmittelbar aus der Summe (3.5) das Ergebnis $\sum_{n=1}^{G} 1 = G$.

Somit erhalten wir bei Summierung des ersten Summanden in der geschwungenen Klammer von (3.4) über n

$$\sum_{n=1}^{G} e^{i(q+q')an} = \begin{cases} 0 & \text{bei} \quad q + q' \neq 0\,, \\ G & \text{bei} \quad q + q' = 0 \quad (\text{oder} \quad q' = -q). \end{cases} \tag{3.6}$$

Analog summiert man den zweiten, dritten und vierten Summanden in der geschwungenen Klammer von (3.4) über n. Berücksichtigt man, daß gemäß (1.5) $\omega_{-q} = \omega_q$ ist, so erhalten wir

$$\mathscr{T} = \frac{m}{2} \sum_q \omega_q^2 \,(2\, a_q a_q^* - a_q a_{-q} - a_q^* a_{-q}^*)\,. \tag{3.7}$$

Die potentielle Energie (3.3) drücken wir jetzt ebenfalls durch die Größen a_q und a_q^* aus. Setzt man u_n und u_{n-1} aus (3.1) in (3.3) ein, so ergibt sich

$$\begin{aligned} \Phi &= \frac{\beta}{2} \sum_{n=1}^{G} (u_n - u_{n-1})\,(u_n - u_{n-1}) \\ &= \frac{\beta}{2G} \sum_{qq'} \sum_{n=1}^{G} [a_q e^{iqan} + a_q^* e^{-iqan} - a_q e^{-iqa} e^{iqan} - a_q^* e^{iqa} e^{-iqan}] \\ &\quad \times [a_{q'} e^{iq'an} + a_{q'}^* e^{-iq'an} - a_{q'} e^{-iq'a} e^{iq'an} - a_{q'}^* e^{iq'a} e^{-iq'an}]\,. \end{aligned}$$

Multipliziert man die eckigen Klammern aus und gruppiert die Summanden etwas um, so erhält man

$$\begin{aligned} \sum_{n=1}^{G} \{ & a_q a_{q'} (1 + e^{-i(q+q')a} - e^{-iqa} - e^{-iq'a})\, e^{i(q+q')an} \\ & + a_q a_{q'}^* (1 + e^{i(q'-q)a} - e^{iq'a} - e^{-iqa})\, e^{i(q-q')an} \\ & + a_q^* a_{q'} (1 + e^{i(q-q')a} - e^{-iq'a} - e^{iqa})\, e^{i(q'-q)an} \\ & + a_q^* a_{q'}^* (1 + e^{i(q+q')a} - e^{iqa} - e^{iq'a})\, e^{-i(q+q')an} \}\,. \end{aligned}$$

Bei Berücksichtigung von (3.6) sehen wir, daß Summierung über n ein von Null verschiedenes Resultat, welches dann gleich G ist, nur dann liefert, wenn $q' = -q$ oder $+q$ ist. Dabei werden alle runden Klammern gleich

$$2 - e^{-iqa} - e^{iqa} = 2\,(1 - \cos qa) = 4 \sin^2 \frac{qa}{2} = \frac{m\,\omega_q^2}{\beta}\,,$$

wie aus (1.5) folgt. Somit wird

$$\Phi = \frac{m}{2} \sum_q \omega_q^2 \,(2\, a_q a_q^* + a_q a_{-q} + a_q^* a_{-q}^*)\,, \tag{3.8}$$

und für die Gesamtenergie ergibt sich

$$\mathscr{E} = \mathscr{T} + \Phi = 2\, m \sum \omega_q^2\, a_q\, a_q^* \,. \tag{3.9}$$

Wir definieren die Größen x_q und p_q mittels der Gleichung

$$x_q = a_q + a_q^* = 2\,\mathrm{Re}\,\{a_q\}\,, \qquad p_q = \frac{m\,\omega_q}{i}\,(a_q - a_q^*) = \frac{m\,\omega_q}{i}\,2\,\mathrm{Im}\,\{a_q\}. \tag{3.10}$$

Hieraus ergibt sich

$$a_q = \frac{1}{2}\left(x_q + i\,\frac{p_q}{m\,\omega_q}\right), \quad a_q^* = \frac{1}{2}\left(x_q - i\,\frac{p_q}{m\,\omega_q}\right). \tag{3.10a}$$

Setzt man diese Werte in den Ausdruck (3.9) ein, so erhalten wir

$$\mathscr{E} = \sum_q \left\{\frac{1}{2\,m}\,p_q^2 + \frac{1}{2}\,m\,\omega_q^2\,x_q^2\right\} = \mathscr{H}(x_q, p_q)\,. \tag{3.11}$$

Wir sehen, daß die Größen x_q und $p_q = m\,\dot{x}_q$ die Rolle von Normalkoordinaten und den ihnen kanonisch-konjugierten Impulsen spielen. Der Ausdruck (3.11) stellt die Hamilton-Funktion dar, ausgedrückt in diesen Veränderlichen. Somit kann die Gesamtenergie $\mathscr{E}$ der allgemeinsten Bewegung der Atome in einem eindimensionalen Kristall geschrieben werden als Summe der Energien von *Normalschwingungen*, die sich ähnlich wie lineare harmonische Oszillatoren mit den Frequenzen ω_q verhalten.

§ 4. Schwingungen der Atome des dreidimensionalen zusammengesetzten Kristallgitters

1. In diesem Paragraphen weisen wir nach, daß viele Besonderheiten der Schwingungen einer eindimensionalen (linearen) Kette von Atomen auch im Falle des dreidimensionalen Kristallgitters ihre Gültigkeit haben.

Wir betrachten einen zusammengesetzten Kristall mit s verschiedenen Atomen in der Elementarzelle (allgemeiner Fall), welche die Massen m_k $(k = 1, 2, 3, \ldots, s)$ haben. Im weiteren untersuchen wir das Grundgebiet eines Kristalls mit dem Volumen V. Das Grundgebiet hat die Form eines Parallelepipeds, das sich auf den Vektoren $G\,\mathfrak{a}_i$ $(i = 1, 2, 3)$ aufbaut. Die $\mathfrak{a}_i$ sind die Translationsvektoren des gewöhnlichen Gitters und G ist eine große gerade Zahl. Es ist offensichtlich, daß $V = G^3\,(\mathfrak{a}_1[\mathfrak{a}_2\,\mathfrak{a}_3]) = G^3\,\Omega_0 = N\,\Omega_0$ ist, wobei Ω_0 das Volumen der Elementarzelle angibt und $N = G^3$ ist. Die Lage eines Atoms der k-ten Sorte in der $\mathfrak{n}$-ten Elementarzelle wird durch den Radiusvektor

$$\mathfrak{r}_{\mathfrak{n}}^k = \mathfrak{a}_{\mathfrak{n}} + \mathfrak{r}^k \tag{4.1}$$

bestimmt; hier ist $\mathfrak{a}_{\mathfrak{n}} = n_1\,\mathfrak{a}_1 + n_2\,\mathfrak{a}_2 + n\,\mathfrak{a}_3$ ein Vektor des gewöhnlichen Gitters und $\mathfrak{r}^k$ der Radiusvektor, der die Lage des k-ten Atoms in der Elementarzelle bestimmt.

Die Verschiebung des k-ten Atoms in der $\mathfrak{n}$-ten Elementarzelle aus der Gleichgewichtslage bezeichnen wir mit $\mathfrak{u}_{\mathfrak{n}}^k$, die *rechtwinkligen* Projektionen dieser Verschiebung mit $u_{\mathfrak{n}\,\alpha}^k$ $(\alpha = x, y, z)$.

Die potentielle Energie Φ des Grundgebiets des Kristalls ist eine Funktion der $3\,s\,N$ Verschiebungen $u_{\mathfrak{n}\alpha}^{k}$ und besitzt offensichtlich ein Minimum bei $u_{\mathfrak{n}\alpha}^{k}=0$; somit ist $\left(\frac{\partial\Phi}{\partial u_{\mathfrak{n}\alpha}^{k}}\right)_0=0$.

Wir entwickeln Φ in eine Reihe nach Potenzen der Projektionen $u_{\mathfrak{n}\alpha}^{k}$ der Verschiebungen:

$$\Phi=\frac{1}{2}\sum_{\mathfrak{n}\,\mathfrak{n}'\,k\,k'\,\alpha\,\beta}\Phi_{\alpha\beta}\begin{pmatrix}k\;k'\\ \mathfrak{n}\;\mathfrak{n}'\end{pmatrix}u_{\mathfrak{n}\alpha}^{k}\,u_{\mathfrak{n}'\beta}^{k'}$$
$$+\frac{1}{6}\sum_{\substack{\mathfrak{n}\,\mathfrak{n}'\,\mathfrak{n}''\,k\,k'\,k''\\ \alpha\,\beta\,\gamma}}\Phi_{\alpha\beta\gamma}\begin{pmatrix}k\;k'\;k''\\ \mathfrak{n}\;\mathfrak{n}'\;\mathfrak{n}''\end{pmatrix}u_{\mathfrak{n}\alpha}^{k}\,u_{\mathfrak{n}'\beta}^{k'}\,u_{\mathfrak{n}''\gamma}^{k''}\,. \tag{4.2}$$

Dabei haben wir die potentielle Energie im Minimum gleich Null gesetzt und die folgenden Bezeichnungen eingeführt:

$$\Phi_{\alpha\beta}\begin{pmatrix}k\;k'\\ \mathfrak{n}\;\mathfrak{n}'\end{pmatrix}=\left(\frac{\partial^2\Phi}{\partial u_{\mathfrak{n}\alpha}^{k}\,\partial u_{\mathfrak{n}'\beta}^{k'}}\right)_{00};\quad \Phi_{\alpha\beta\gamma}\begin{pmatrix}k\;k'\;k''\\ \mathfrak{n}\;\mathfrak{n}'\;\mathfrak{n}''\end{pmatrix}=\left(\frac{\partial^3\Phi}{\partial u_{\mathfrak{n}\alpha}^{k}\,\partial u_{\mathfrak{n}'\beta}^{k'}\,\partial u_{\mathfrak{n}''\gamma}^{k''}}\right)_{000}. \tag{4.2a}$$

Man kann zeigen, daß die Koeffizienten (4.2a) der Reihenentwicklung die folgenden Beziehungen erfüllen:

$$\Phi_{\alpha\beta}\begin{pmatrix}k\;k'\\ \mathfrak{n}\;\mathfrak{n}'\end{pmatrix}=\Phi_{\alpha\beta}\begin{pmatrix}k\;k'\\ \mathfrak{n}-\mathfrak{n}'\end{pmatrix};\quad \Phi_{\alpha\beta\gamma}\begin{pmatrix}k\;k'\;k''\\ \mathfrak{n}\;\mathfrak{n}'\;\mathfrak{n}''\end{pmatrix}=\Phi_{\alpha\beta\gamma}\begin{pmatrix}k\;k'\;k''\\ \mathfrak{n}-\mathfrak{n}',\,\mathfrak{n}-\mathfrak{n}''\end{pmatrix}; \tag{4.3}$$

$$\Phi_{\alpha\beta}\begin{pmatrix}k\;k'\\ \mathfrak{n}\;\mathfrak{n}'\end{pmatrix}=\Phi_{\beta\alpha}\begin{pmatrix}k'\;k\\ \mathfrak{n}'\;\mathfrak{n}\end{pmatrix}; \tag{4.3a}$$

$$\sum_{\mathfrak{n}'\,k'}\Phi_{\alpha\beta}\begin{pmatrix}k\;k'\\ \mathfrak{n}\;\mathfrak{n}'\end{pmatrix}=0;\quad \sum_{\mathfrak{n}'\,\mathfrak{n}''\,k'\,k''}\Phi_{\alpha\beta\gamma}\begin{pmatrix}k\;k'\;k''\\ \mathfrak{n}\;\mathfrak{n}'\;\mathfrak{n}''\end{pmatrix}=0\,. \tag{4.3b}$$

Die Gleichung (4.3) folgt daraus, daß die die Wechselwirkung der Atome bestimmenden Koeffizienten nur von der Sorte (k, k') der Atome und vom Abstand zwischen den entsprechenden Zellen $(\mathfrak{n}-\mathfrak{n}',\ \mathfrak{n}-\mathfrak{n}'')$ abhängen. (4.3a) folgt unmittelbar aus der Definition (4.2a). Für den Beweis von (4.3b) entwickeln wir die Funktion $\frac{\partial\Phi}{\partial u_{\mathfrak{n}\alpha}^{k}}$ in eine Reihe nach den Verschiebungen der Atome:

$$\frac{\partial\Phi}{\partial u_{\mathfrak{n}\alpha}^{k}}=\left(\frac{\partial\Phi}{\partial u_{\mathfrak{n}\alpha}^{k}}\right)_0+\sum_{\mathfrak{n}'\,k'\,\beta}\left(\frac{\partial^2\Phi}{\partial u_{\mathfrak{n}\alpha}^{k}\,\partial u_{\mathfrak{n}'\beta}^{k'}}\right)_{00}u_{\mathfrak{n}'\beta}^{k'}$$
$$+\frac{1}{2}\sum_{\substack{\mathfrak{n}'\,k'\,\beta\\ \mathfrak{n}''\,k''\,\gamma}}\left(\frac{\partial^3\Phi}{\partial u_{\mathfrak{n}\alpha}^{k}\,\partial u_{\mathfrak{n}'\beta}^{k'}\,\partial u_{\mathfrak{n}''\gamma}^{k''}}\right)_{000}u_{\mathfrak{n}'\beta}^{k'}\,u_{\mathfrak{n}''\gamma}^{k''}\,. \tag{4.4}$$

Es mögen jetzt alle Atome die gleiche Verschiebung u^0 erfahren; dann verschiebt sich der Kristall im Raum als Ganzes und die Änderung aller Funktionen, die von der gegenseitigen Lage der Atome abhängen, ist gleich Null, d. h. $\left(\frac{\partial \Phi}{\partial u_{\mathfrak{n}\alpha}^k}\right) = 0$ $\left(\text{aus den Bedingungen für das Gleichgewicht:} \left(\frac{\partial \Phi}{\partial u_{\mathfrak{n}\alpha}^k}\right) = 0\right)$. Somit folgt aus (4.4)

$$0 = \sum_{\beta} u_\beta^0 \sum_{\mathfrak{n}' k'} \Phi_{\alpha\beta}\begin{pmatrix} k & k' \\ \mathfrak{n} & \mathfrak{n}' \end{pmatrix} + \frac{1}{2} \sum_{\beta\gamma} u_\beta^0 u_\gamma^0 \sum_{\substack{\mathfrak{n}'\mathfrak{n}'' \\ k'k''}}' \Phi_{\alpha\beta\gamma}\begin{pmatrix} k & k' & k'' \\ \mathfrak{n} & \mathfrak{n}' & \mathfrak{n}'' \end{pmatrix} = 0 .$$

Hieraus folgt wegen der Unabhängigkeit der Projektionen u_β^0 und u_γ^0 die Beziehung (4.3b). Die kinetische Energie der Bewegung der Atome ist gleich

$$\mathcal{T} = \frac{1}{2} \sum_{\mathfrak{n} k} m_k (\dot{\mathfrak{u}}_{\mathfrak{n}}^k)^2 = \frac{1}{2} \sum_{\mathfrak{n} k \alpha} m_k (\dot{u}_{\mathfrak{n}\alpha}^k)^2 . \tag{4.5}$$

2. Die klassischen Bewegungsgleichungen der Atome haben in harmonischer Näherung die Form

$$m_k \ddot{u}_{\mathfrak{n}\alpha}^k = - \frac{\partial \Phi}{\partial u_{\mathfrak{n}\alpha}^k} = - \sum_{\mathfrak{n}' k' \beta} \Phi_{\alpha\beta}\begin{pmatrix} k & k' \\ \mathfrak{n} & \mathfrak{n}' \end{pmatrix} u_{\mathfrak{n}'\beta}^{k'} \tag{4.6}$$

$$(\mathfrak{n} = 1, 2, 3, \ldots, N;\ k = 1, 2, 3, \ldots, s;\ \alpha = x, y, z) ,$$

d. h., man hat ein System von $3\,s\,N$ Differentialgleichungen für die $3\,s\,N$ unbekannten Funktionen $u_{\mathfrak{n}\alpha}^k(t)$.

Analog zum zusammengesetzten linearen Gitter [siehe (2.2)] suchen wir die Lösung des Systems (4.6) in der Form fortschreitender Wellen:

$$\tilde{u}_{\mathfrak{n}\alpha}^k = A_\alpha^k(\mathfrak{q})\, e^{i(\mathfrak{q}\,\mathfrak{a}_{\mathfrak{n}} - \omega t)} , \tag{4.7}$$

hier ist A_α^k ($\alpha = x, y, z$) die Projektion der komplexen Amplitude $\mathfrak{A}^k$, welche für die verschiedenen Sorten von Atomen unterschiedliche Werte hat ($k = 1, 2, 3, \ldots, s$), $\mathfrak{q} = \frac{2\pi}{\lambda} \vec{\nu}$ gibt den Wellenvektor an ($\vec{\nu}$ ist der Einheitsvektor der Normalen zur ebenen Welle, deren Wellenlänge gleich λ ist) und $\omega = \omega(\mathfrak{q}) = \omega_{\mathfrak{q}}$ ist die Kreisfrequenz. Die Größen $\tilde{u}_{\mathfrak{n}\alpha}^k$ sind komplex, so daß die wirklichen Verschiebungen durch $u_{\mathfrak{n}\alpha}^k = \operatorname{Re}(\tilde{u}_{\mathfrak{n}\alpha}^k)$ gegeben sind. Wir können die Lösung der Gleichungen (4.6) in der komplexen Form (4.7) suchen. Sie besteht aus einer Summe von Kosinus und Sinus infolge der Linearität von (4.6). Ebenso wie im Falle des eindimensionalen Gitters hat der Vektor $\mathfrak{q}$ gewisse Eigenschaften, die dadurch bedingt sind, daß sich die ebene Welle (4.7) in einem diskreten System (Gitter) ausbreitet. Ersetzen wir in (4.7) $\mathfrak{q}$ durch $\mathfrak{q}' = \mathfrak{q} + 2\pi \mathfrak{b}_g$, wo $\mathfrak{b}_g = g_1 \mathfrak{b}_1 + g_2 \mathfrak{b}_2 + g_3 \mathfrak{b}_3$ ein Vektor des reziproken Gitters ist, dann ist $\mathfrak{q}' \mathfrak{a}_{\mathfrak{n}} = \mathfrak{q}\, \mathfrak{a}_{\mathfrak{n}} + 2\pi (n_1 g_1 + n_2 g_2 + n_3 g_3) = \mathfrak{q}\, \mathfrak{a}_{\mathfrak{n}} + 2\pi k$ (k ist eine ganze Zahl). Somit folgt aus (4.7)

$$(\tilde{u}_{\mathfrak{n}\alpha}^k)' = A_\alpha^k\, e^{i(\mathfrak{q}' \mathfrak{a}_{\mathfrak{n}} - \omega t)} = A_\alpha^k\, e^{i(\mathfrak{q}\, \mathfrak{a}_{\mathfrak{n}} - \omega t)}\, e^{i 2\pi k} = \tilde{u}_{\mathfrak{n}\alpha}^k , \tag{4.8}$$

weil $e^{i2\pi k} = 1$ ist. Aus (4.8) sieht man, daß die Welle mit dem Wellenvektor $\mathfrak{q}'$ mit der Welle mit dem Wellenvektor $\mathfrak{q}$ übereinstimmt. Das bedeutet aber, daß der Vektor $\mathfrak{q}'$ physikalisch dem Vektor $\mathfrak{q}$ äquivalent ist. Ebenso wie im eindimensionalen Falle ist es deshalb möglich, die Änderung des Wellenvektors $\mathfrak{q}$ in einem begrenzten Gebiet zu untersuchen. Setzt man $\mathfrak{a}_\mathfrak{n} = \mathfrak{a}_i$ und $\mathfrak{b}_\mathfrak{g} = \mathfrak{b}_i$, so erhält man $\mathfrak{q}' \mathfrak{a}_i = (\mathfrak{q} + 2\pi \mathfrak{b}_i) \mathfrak{a}_i = \mathfrak{q} \mathfrak{a}_i + 2\pi$. Hieraus sieht man, daß die Größe $\mathfrak{q} \mathfrak{a}_i$ immer in einem Intervall der Größe 2π gewählt werden kann. Wir setzen

$$-\pi \leqq \mathfrak{q} \mathfrak{a}_i \leqq +\pi \qquad (i = 1, 2, 3)\,. \tag{4.9}$$

Für den kubischen Kristall gilt

$$-\frac{\pi}{a} \leqq q_\alpha \leqq +\frac{\pi}{a} \qquad (\alpha = x, y, z)\,, \tag{4.9a}$$

wenn man die Achsen des rechtwinkligen Koordinatensystems in die Richtung der Kanten der kubischen Zelle legt.

Setzt man (4.7) in das System (4.6) ein und teilt beide Seiten der Gleichung durch den Faktor $e^{i(\mathfrak{q}\mathfrak{a}_\mathfrak{n} - \omega t)}$, so ergibt sich

$$m_k \omega^2 A_\alpha^k = \sum_{k'\beta} B_{\alpha\beta}^{kk'} A_\beta^{k'}\,, \tag{4.10}$$

wobei

$$B_{\alpha\beta}^{kk'}(\mathfrak{q}) = \sum_{\mathfrak{n}'} \Phi_{\alpha\beta}\begin{pmatrix} k & k' \\ \mathfrak{n} & \mathfrak{n}' \end{pmatrix} e^{i\mathfrak{q}(\mathfrak{a}_\mathfrak{n}' - \mathfrak{a}_\mathfrak{n})} \tag{4.10a}$$

ist. Wir haben somit ein lineares homogenes algebraisches System von $3s$ Gleichungen (anstelle der $3sN$ Gleichungen in (4.6)) für die $3s$ unbekannten komplexen Amplituden A_α^k ($k = 1, 2, \ldots, s$; $\alpha = x, y, z$) erhalten. Das System (4.10) kann in eine kompaktere Form umgeschrieben werden:

$$\sum_{k'\beta} \{B_{\alpha\beta}^{kk'} - m_{k'} \omega^2 \delta_{kk'} \delta_{\alpha\beta}\} A_\beta^{k'} = 0 \;\; (k = 1, 2, \ldots, s;\; \alpha = x, y, z)\,. \tag{4.10b}$$

Die Symbole $\delta_{kk'}$ und $\delta_{\alpha\beta}$ sind von Null verschieden und gleich 1 nur bei $k = k'$ und $\alpha = \beta$. Damit ist automatisch die Übereinstimmung mit dem System (4.10) garantiert.

Bekanntlich[1]) hat das System (4.10b) nur dann eine nichttriviale Lösung, wenn die Koeffizientendeterminante verschwindet:

$$|B_{\alpha\beta}^{kk'} - m_{k'} \omega^2 \delta_{kk'} \delta_{\alpha\beta}| = 0\,. \tag{4.11}$$

Diese *charakteristische Gleichung* $3s$-ten Grades für die Frequenz ω^2 kann ausführlicher geschrieben werden:

$$\begin{vmatrix} B_{xx}^{11} - m_1\omega^2, & B_{xy}^{11}, & B_{xz}^{11}, & B_{xx}^{12}, \ldots, & B_{xz}^{1s} \\ B_{yx}^{11}, & B_{yy}^{11} - m_1\omega^2, & B_{yz}^{11}, & B_{yx}^{12}, \ldots, & B_{yz}^{1s} \\ \cdots & \cdots & \cdots & \cdots & \cdots \\ B_{zx}^{s1}, & B_{zy}^{s1}, & B_{zz}^{s1}, & B_{zx}^{s2}, \ldots, & B_{zz}^{ss} - m_s\omega^2 \end{vmatrix} = 0\,. \tag{4.11a}$$

Aus (4.10a) und (4.3a) folgt

$$B_{\alpha\beta}^{kk'} = B_{\beta\alpha}^{*k'k}\,. \tag{4.11b}$$

[1]) W. I. Smirnow, Lehrgang der höheren Mathematik, Bd. III/1, 3., verbesserte Auflage, VEB Deutscher Verlag der Wissenschaften, Berlin 1963.

$B^{*k'k}_{\beta\alpha}$ ist die zu $B^{k'k}_{\beta\alpha}$ konjugiert-komplexe Größe. Die Matrix $\|B^{kk'}_{\alpha\beta}\|$ heißt hermitesch, wenn sie die Eigenschaft (4.11b) hat. Es kann gezeigt werden[1]), daß alle Wurzeln einer hermiteschen Matrix reell sind, d. h., alle durch die charakteristische Gleichung (4.11a) bestimmten Werte ω^2 sind reelle Zahlen. Die aus der Minimumbedingung für die potentielle Energie Φ bei $u^k_{\mathfrak{n}\alpha} = 0$ folgenden Eigenschaften der Koeffizienten $\Phi_{\alpha\beta}\begin{pmatrix}k\,k'\\ \mathfrak{n}\,\mathfrak{n}'\end{pmatrix}$ gestatten den Nachweis, daß die Wurzeln ω^2 der Gleichung (4.11a) nicht nur reell, sondern auch positiv sind. Die charakteristische Gleichung (4.11a) $3\,s$-ten Grades für ω^2 liefert also im allgemeinen Falle $3\,s$ verschiedene reelle Wurzeln $\omega_j(\mathfrak{q})$ $(j = 1, 2, \ldots, 3\,s)$, die $3\,s$ verschiedene Schwingungszweige bestimmen. Die Berücksichtigung der Symmetrie der Elementarzelle führt mitunter dazu, daß ein Teil der Wurzeln ω_j zusammenfällt, so daß die Zahl der verschiedenen Schwingungszweige kleiner als $3\,s$ sein kann. Setzt man die $3\,s$ Wurzeln $\omega_j(\mathfrak{q})$ in das homogene Gleichungssystem (4.10b) ein, so erhalten wir $3\,s$ verschiedene Lösungen für die komplexen Amplituden $A^k_{j\alpha}$ (genau bis auf einen konstanten Faktor).

Wir untersuchen jetzt eine wichtige Frage: wann werden die Amplituden $A^k_{j\alpha}$ reelle Zahlen. Es ist offensichtlich, daß die Amplituden $A^k_{j\alpha}$ dann reell sind (bis auf einen unwesentlichen gemeinsamen Faktor, der auch komplex sein kann), wenn die Koeffizienten $B^{kk'}_{\alpha\beta}$ des homogenen Systems (4.10b) reell sind. Für $\mathfrak{q} = 0$ und $\mathfrak{q}\,\mathfrak{a}_i = \pm\pi$ ist der Faktor $\exp(i\,\mathfrak{q}\,[\mathfrak{a}_{\mathfrak{n}'} - \mathfrak{a}_{\mathfrak{n}}])$ gleich $+1$ oder -1; dann folgt aber aus (4.10a), daß die $B^{kk'}_{\alpha\beta}$ reell werden.

Man kann also die Amplituden $A^k_{j\alpha}$ in (4.7) im Falle unendlich langer und extrem kurzer Wellen als reell annehmen.

Die Koeffizienten $B^{kk'}_{\alpha\beta}$ (und folglich auch die Amplituden $A^k_{j\alpha}$) sind noch in einem weiteren wichtigen Fall reelle Größen. Dieser Fall liegt vor, wenn jedes Atom des Gitters ein *Symmetrie-* oder *Inversionszentrum* ist (das ist in allen einfachen Gittern der Fall). Mit anderen Worten, man kann jedem Paar $(\mathfrak{n}\,k)$ und $(\mathfrak{n}'\,k')$ von Atomen ein weiteres Atom $(\mathfrak{n}''\,k')$ (d. h. derselben Sorte k') so zuordnen, daß $\mathfrak{r}^{kk'}_{\mathfrak{n}-\mathfrak{n}'} = -\,\mathfrak{r}^{kk'}_{\mathfrak{n}-\mathfrak{n}''}$ gilt (siehe Abb. 30). In diesem Falle ist

$$\Phi_{\alpha\beta}\begin{pmatrix}k\,k'\\ \mathfrak{n}\,\mathfrak{n}'\end{pmatrix} = \Phi_{\alpha\beta}\begin{pmatrix}k\,k'\\ \mathfrak{n}\,\mathfrak{n}''\end{pmatrix}.$$

Wenn wir die Summation in (4.10a) in zwei Halbräume aufteilen, so erhalten wir $(\mathfrak{a}_{\mathfrak{n}} = 0)$

$$B^{kk'}_{\alpha\beta} = \sum_{\mathfrak{n}'} \Phi_{\alpha\beta}\begin{pmatrix}k\,k'\\ \mathfrak{n}'\end{pmatrix} e^{i\mathfrak{q}\mathfrak{a}_{\mathfrak{n}'}} + \sum_{\mathfrak{n}''} \Phi_{\alpha\beta}\begin{pmatrix}k\,k'\\ \mathfrak{n}''\end{pmatrix} e^{i\mathfrak{q}\mathfrak{a}_{\mathfrak{n}''}}$$

$$= \sum_{\mathfrak{n}'} \Phi_{\alpha\beta}\begin{pmatrix}k\,k'\\ \mathfrak{n}'\end{pmatrix}\left(e^{i\mathfrak{q}\mathfrak{a}_{\mathfrak{n}'}} + e^{-i\mathfrak{q}\mathfrak{a}_{\mathfrak{n}'}}\right) = 2\sum_{\mathfrak{n}'} \Phi_{\alpha\beta}\begin{pmatrix}k\,k'\\ \mathfrak{n}'\end{pmatrix}\cos\mathfrak{q}\,\mathfrak{a}_{\mathfrak{n}'},$$

d. h., die $B^{kk'}_{\alpha\beta}$ sind in diesem Falle reell.

---

[1]) Siehe Fußnote [1]) auf Seite 60.

Aus der Definition (4.10a) folgt unmittelbar

$$B^{kk'}_{\alpha\beta}(-\mathfrak{q}) = B^{*kk'}_{\alpha\beta}(\mathfrak{q})\,. \tag{4.12}$$

Da die Matrix $\|B^{kk'}_{\alpha\beta}\|$ hermitesch ist und Gleichung (4.12) gilt, ändert sich die charakteristische Gleichung (4.11a) nicht, wenn wir $\mathfrak{q}$ durch $-\mathfrak{q}$ ersetzen, d. h. es ist

$$\omega_j(-\mathfrak{q}) = \omega_j(\mathfrak{q})\,. \tag{4.12a}$$

Dann folgt aber aus dem System (4.10b) die Beziehung

$$A^{k}_{j\alpha}(-\mathfrak{q}) = A^{*k}_{j\alpha}(\mathfrak{q})\,. \tag{4.12b}$$

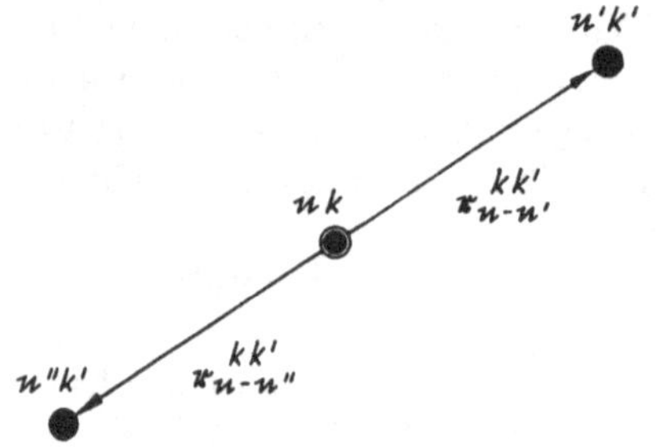

Abb. 30

3. Da $\mathfrak{q}$ ein dreidimensionaler Vektor ist, erweist es sich in einer Reihe von Fällen als günstig, in den Untersuchungen einen dreidimensionalen $\mathfrak{q}$-Raum oder Raum des Wellenvektors mit der Dimension (Volumen)$^{-1}$ einzuführen. Das Gebiet für die Änderung des Wellenvektors $\mathfrak{q}$, das durch die Ungleichungen (4.9) bestimmt wird, heißt *erste* Brillouin-*Zone*. Ihre Form im $\mathfrak{q}$-Raum hängt von der relativen Größe und Orientierung der Grundvektoren $\mathfrak{a}_i$ des gewöhnlichen Gitters ab. Im einfachen kubischen Gitter hat die erste Brillouin-Zone die Form eines Würfels mit den Kantenlängen $\frac{2\pi}{a}$. Das Volumen der Brillouin-Zone ist in diesem Falle gleich $\left(\frac{2\pi}{a}\right)^3 = \frac{(2\pi)^3}{\Omega_0}$, wobei $\Omega_0 = a^3$ das Volumen der Elementarzelle des gewöhnlichen Gitters ist. Am Ende dieses Paragraphen zeigen wir, daß diese Beziehung auch für ein beliebiges Gitter ihre Gültigkeit behält. Es genügt jetzt, die Eigenschaften der Gitterschwingungen für solche $\mathfrak{q}$-Werte zu untersuchen, die im Gebiet der ersten Brillouin-Zone liegen. Die erste Brillouin-Zone wird immer durch die Ungleichungen (4.9) bestimmt und hat das Volumen $\frac{(2\pi)^3}{\Omega_0}$, wobei $\Omega_0 = (\mathfrak{a}_1[\mathfrak{a}_2\mathfrak{a}_3])$ ist.

Da ω_j eine eindeutige Funktion von $\mathfrak{q}$ ist, kann man für jeden Schwingungszweig j in der Brillouin-Zone eine Schar von Flächen mit $\omega_j(\mathfrak{q}) = \text{const}$ konstruieren. Die Struktur dieser Flächen konstanter Frequenz oder Energie $(\hbar\,\omega_j(\mathfrak{q}) = \mathscr{E}_j(\mathfrak{q}))$ hängt wesentlich von der Symmetrie des gewöhnlichen Kristallgitters ab. Insbesondere bestimmt die Symmetrie (wenn auch nicht vollständig) die $\mathfrak{q}$-Werte, bei denen sich die Flächen konstanter Energie (verschiedener Schwingungszweige) berühren oder überschneiden.

Da Wellenvektoren, die sich um den Wert $2\pi\,\mathfrak{b}_g$ unterscheiden, äquivalent sind, müssen alle von $\mathfrak{q}$ abhängenden physikalischen Größen dreidimensional-periodische Funktionen im $\mathfrak{q}$-Raum sein. Ihre Periode ist $2\pi\,\mathfrak{b}_i$, wobei $\mathfrak{b}_i$ die

Grundvektoren des reziproken Gitters sind. Insbesondere gilt für die Frequenz

$$\omega_j(\mathfrak{q} + 2\pi\,\mathfrak{b}_g) = \omega_j(\mathfrak{q})\,. \tag{4.13}$$

Das Bild der Flächen konstanter Energie $(\omega_j(\mathfrak{q}) = \text{const})$ wird sich also in den Elementarzellen des reziproken Gitters periodisch wiederholen (in einem um 2π vergrößerten Maßstab).

Die Bedingung (4.12a) zeigt, daß die Flächen konstanter Energie $\omega_j(\mathfrak{q}) = \text{const}$ und folglich auch das reziproke Gitter im $\mathfrak{q}$-Raum ein Symmetriezentrum besitzen. Aus der Bedingung (4.12a) folgt natürlich nicht, daß im allgemeinen Falle $\omega_j(q_x) = \omega_j(-q_x)$ ist. Soll letztere Beziehung erfüllt sein, so muß das reziproke Gitter eine Symmetrieebene (Spiegelebene) $q_x = 0$ besitzen, was nur dann möglich ist, wenn das gewöhnliche Gitter eine entsprechende Symmetrieebene $(x = 0)$ hat. Man kann zeigen, daß das reziproke Gitter sämtliche Symmetrieelemente des gewöhnlichen Gitters und außerdem ein Symmetriezentrum besitzt.

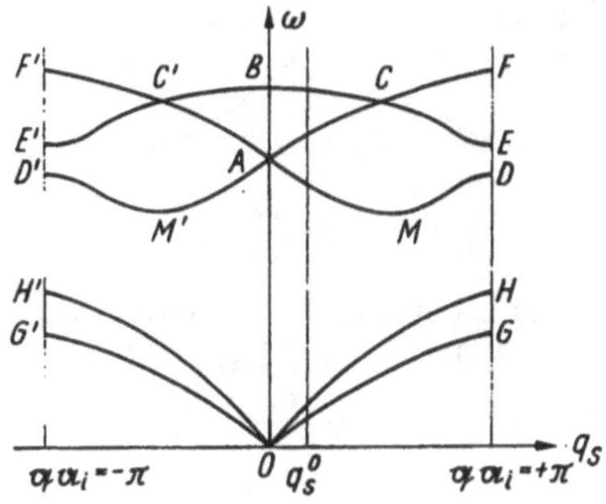

Abb. 31

Wir wählen jetzt im $\mathfrak{q}$-Raum eine solche Richtung $\mathfrak{s}$ aus (diese Richtung kann auch mit der Richtung des Vektors $\mathfrak{q}$ selbst zusammenfallen), daß die Beziehung $\omega_j(q_s) = \omega_j(-q_s)$ erfüllt ist. Abb. 31 zeigt fünf Schwingungszweige $\omega_j(q_s)$ für eine Änderung von q_s, die den Intervallen der Ungleichung (4.9) entspricht. Wir sehen, daß in den Punkten 0, A, C und C' *Entartung* vorliegt, d. h. mehrere Schwingungszweige fallen zusammen (überschneiden sich). Dabei entsteht die Frage, wie man einen vorgegebenen Schwingungszweig im ganzen q_s-Intervall definieren soll. Man kann beispielsweise einen vorgegebenen Schwingungszweig ω_j auf folgende Arten definieren: $DMAC'F'$ oder $DMAC'E'$ oder $DMAM'D'$. Für das Weitere verabreden wir folgendes: die Durchnumerierung der Schwingungszweige für ein bestimmtes $q_s = q_s^0$ soll so erfolgen, daß

$$\omega_1(q_s^0) < \omega_2(q_s^0) < \omega_3(q_s^0) < \omega_4(q_s^0) < \omega_5(q_s^0)$$

ist (siehe Abb. 31). Diese Numerierung soll jetzt für alle q_s gültig sein, d. h., es ist immer die Ungleichung

$$\omega_1(q_s) \leqq \omega_2(q_s) \leqq \omega_3(q_s) \leqq \omega_4(q_s) \leqq \omega_5(q_s) \tag{4.13a}$$

erfüllt. Wir haben damit die Numerierung der Zweige im gesamten q_s-Intervall definiert. Man seiht leicht, daß in diesem Falle dem Zweig $j = 1$ die Kurve GOG', dem Zweig $j = 3$ die Kurve $DMAM'D'$ und dem Zweig $j = 4$ die Kurve $ECAC'E'$ entspricht. Nur bei einer solchen Wahl der Zweige (auf jeden Fall im Punkte $q = 0$) ist die Bedingung $\omega_j(\mathfrak{q}) = \omega_j(-\mathfrak{q})$ erfüllt. Die Tangente $\left(\frac{\partial \omega_j}{\partial q_s}\right)_{q_s=0}$ kann dabei allerdings für einen gegebenen Zweig Sprünge erfahren (siehe z. B. die Zweige GOG' oder DAD'). Für den akustischen Zweig im eindimensionalen Falle hatten wir die Beziehung (1.5):

$$\omega^2 = \omega_m^2 \sin^2 \frac{q\,a}{2} \quad \text{oder} \quad \omega = \pm\, \omega_m \sin \frac{q\,a}{2},$$

d. h., der Punkt $q = 0$ ist ein Verzweigungspunkt (Abb. 32). Läßt man die negativen Frequenzen entsprechenden Teile der Zweige weg, dann bestimmt man den akustischen Zweig durch die Gleichung

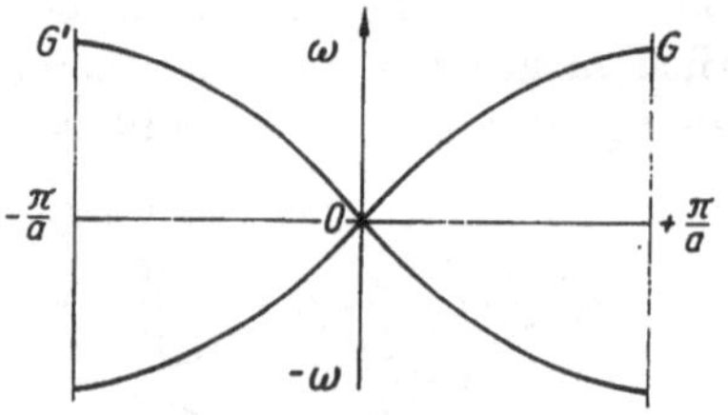

Abb. 32

$$\omega = \omega_m \left|\sin \frac{q\,a}{2}\right|.$$

Dieser Zweig entspricht der Kurve GOG' in den Abb. 32 und 31.

Natürlich ist die Numerierung der Zweige im Punkt C (Abb. 31) nur bedingt möglich, wir ordnen sie aber der allgemeinen Regel unter.

Wenn bei $\mathfrak{q} = 0$ die Größe $\omega_i(\mathfrak{q})$ in eine Reihe nach Potenzen von q_α ($\alpha = x, y, z$) entwickelt werden kann (das ist möglich, wenn in diesem Punkte keine Entartung vorliegt), dann haben wir

$$\omega_j(\mathfrak{q}) = \omega_j(0) + \sum_\alpha \mathfrak{r}_\alpha\, q_\alpha + \sum_{\alpha\beta} R_{\alpha\beta}\, q_\alpha\, q_\beta\,, \tag{4.14}$$

wobei

$$r_\alpha = \left(\frac{\partial \omega_j}{\partial q_\alpha}\right)_0, \quad R_{\alpha\beta} = \frac{1}{2}\left(\frac{\partial^2 \omega_j}{\partial q_\alpha\, \partial q_\beta}\right)_{0\,0}$$

ist. Ersetzt man $\mathfrak{q}$ durch $-\,\mathfrak{q}$ und verwendet die Beziehung (4.12a), so erhält man $\sum_\alpha r_\alpha\, q_\alpha = 0$, was wegen der beliebig möglichen Wahl der Größe q_α

$$r_\alpha = \left(\frac{\partial \omega_j}{\partial q_\alpha}\right)_0 = 0$$

ergibt. Bringt man den Tensor $R_{\alpha\beta}$ auf die Hauptachsenform, so erhält man

$$\omega_j(\mathfrak{q}) = \omega_j^0 + \sum_\alpha R_\alpha\, q_\alpha^2\,, \tag{4.14a}$$

d. h., bei fehlender Entartung im Punkte $q = 0$ beginnt die Reihenentwicklung von $\omega_j - \omega_j^0$ mit quadratischen Gliedern. Dieser Fall ist in Abb. 31 im Punkte B dargestellt.

Für einen kubischen Kristall entarten die Komponenten des Tensors R_α in einen Skalar R, so daß

$$\omega_j(\mathfrak{q}) = \omega_j^0 + R\, q^2 \tag{4.14b}$$

wird, d. h., die Flächen konstanter Energie gehen in Kugeln über.

Im Punkte A ist eine Reihenentwicklung von ω_j nicht möglich (die Funktion ω_j ist nicht eindeutig), deshalb ist hier im allgemeinen für jeden Zweig

$$\left(\frac{\partial \omega_j}{\partial q_\alpha}\right)_0 \neq 0\,.$$

Schließlich bemerken wir noch, daß im allgemeinen Falle die Extrema von $\omega_j(q_s)$ sowohl im Zentrum als auch am Rand der BRILLOUIN-Zone liegen können, in einigen Fällen liegen sie auch innerhalb der BRILLOUIN-Zone (z. B. in den Punkten M und M' in Abb. 31).

4. Wir untersuchen jetzt den Charakter der Lösungen der Gleichungen (4.10) für den Grenzfall unendlich langer Wellen ($\mathfrak{q} = 0$). Dann sind, wie wir oben gezeigt haben, die Amplituden $A_\alpha^k(0)$ reell und charakterisieren folglich die wirklichen Auslenkungen $u_{\mathfrak{n}\alpha}^k$ aus den Gleichgewichtslagen. Die strenge mathematische Behandlung der Frage ist recht schwierig wegen des nichtregulären Verhaltens der Lösungen A_α^k im Punkte $\mathfrak{q} = 0$. Wir beschränken uns auf eine Reihe nicht strenger, aber einfacher und anschaulicher Gedankengänge.

In den Gleichungen (4.10) setzen wir $\mathfrak{q} = 0$ und $\omega = 0$; dann ist

$$\sum_{k'\beta} \sum_{\mathfrak{n}'} \Phi_{\alpha\beta}\begin{pmatrix} k\, k' \\ \mathfrak{n}\, \mathfrak{n}' \end{pmatrix} A_\beta^{k'}(0) = 0\,. \tag{4.15}$$

Man sieht unmittelbar, daß die $3\,s$ Gleichungen (4.15) die Lösungen

$$A_\beta^{k'}(0) = A_\beta^0$$

haben, wobei die reellen Amplituden $\mathfrak{A}^0(A_\beta^0)$ für alle Atome gleich sind.

Man sieht, daß in diesem Falle die linke Seite der Gleichungen (4.15) tatsächlich gleich

$$\sum_\beta A_\beta^0 \sum_{\mathfrak{n}'k'} \Phi_{\alpha\beta}\begin{pmatrix} k\, k' \\ \mathfrak{n}\, \mathfrak{n}' \end{pmatrix} = 0$$

ist wegen der Beziehung (4.3 b). Da drei unabhängige Komponenten A_β^0 ($\beta = x, y, z$) existieren, ist es verständlich, daß drei akustische Schwingungszweige existieren, in welchen bei $\mathfrak{q} \to 0$ ($\lambda \to \infty$) alle Atome mit einer Frequenz $\omega \to 0$ fast synchron schwingen, d. h. es ist

$$\left.\begin{aligned} &\omega_j(0) = 0\,, \\ &\mathfrak{A}_j^k(0) = \mathfrak{A}_j^0 \qquad (j = 1, 2, 3)\,. \end{aligned}\right\} \tag{4.15a}$$

Wenn $\mathfrak{q} = 0$, aber $\omega = \omega(0) \neq 0$ ist, dann erhalten wir nach Summierung über k aus der Gleichung (4.10)

$$\omega^2(0) \sum_k m_k A_\alpha^k(0) = \sum_{k'\beta} A_\beta^{k'}(0) \sum_{\mathfrak{n}'k} \Phi_{\alpha\beta}\begin{pmatrix} k\, k' \\ \mathfrak{n}\, \mathfrak{n}' \end{pmatrix} = 0$$

wegen der Beziehung (4.3 b). Multipliziert man beide Seiten der Gleichung mit $e^{i\omega(0)t}$, wo $\omega(0)$ nicht vom Index k abhängt, so ergibt sich

$$\sum_k m_k\, \mathfrak{u}_\mathfrak{n}^k(t, \mathfrak{q})\big|_{\mathfrak{q}=0} = 0\,. \tag{4.16}$$

Wir sehen, daß neben den drei akustischen Zweigen weitere $3\,s - 3$ Schwingungszweige existieren müssen, für welche $\omega \neq 0$ bei $\mathfrak{q} \to 0$ ist. Diese Schwingungszweige, die die Bezeichnung *optische Zweige* erhielten, sind dadurch charakterisiert, daß für sie bei $\mathfrak{q} \to 0$ ($\lambda \to \infty$) der Schwerpunkt der Zelle seine

Lage im Raum unverändert beibehält, wie man aus (4.16) sieht. Für die optischen Schwingungszweige gilt also

$$\omega_j(0) = \omega_j^0, \qquad \sum_k m_k \mathfrak{A}_j^k = 0 \quad (j = 4, 5, 6, \ldots, 3s). \tag{4.16a}$$

Ebenso wie im eindimensionalen Fall kann man zeigen, daß bei $\mathfrak{q}\,\mathfrak{a}_i \ll 1$ die Frequenzen der akustischen Zweige durch $\omega_j = v_{0j}\,q$ $(j = 1, 2, 3)$ gegeben sind, wobei die Wellengeschwindigkeit v_{0j} nicht nur von der Nummer j des Zweiges abhängt, sondern auch von der Richtung des Wellenvektors $\mathfrak{q}$. Für die optischen Zweige wird die Abhängigkeit der Frequenz ω_j von $\mathfrak{q}$ in der Nähe des Nullpunkts und bei fehlender Entartung durch den Ausdruck (4.14b) bestimmt, d. h. die Frequenz hat ein Extremum (gewöhnlich ein Maximum). Bei fehlender Entartung der Schwingungszweige hat die Frequenz $\omega_j(\mathfrak{q})$ auch auf den Flächen der BRILLOUIN-Zone Extremalwerte. In Abb. 33 sind die akustischen und optischen Zweige (es liegt keine Entartung vor) für irgendeine Richtung eines Kristalls dargestellt, welcher zwei Atome in der Elementarzelle hat

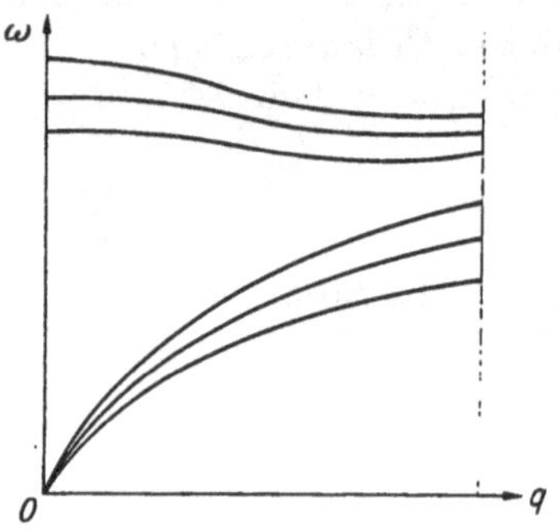

Abb. 33

Um das gesamte Bild der Schwingungen der Atome eines Kristalls zu gewinnen, muß man die Gleichungen (4.11) für alle $\mathfrak{q}$-Werte im Intervall $-\pi \leqq \mathfrak{q}\,\mathfrak{a}_i \leqq +\pi$ lösen, d. h., man muß alle Punkte der BRILLOUIN-Zone berücksichtigen. Das kann man nur mit Hilfe numerischer Berechnungen durchführen, sogar dann, wenn die Kraftkoeffizienten $\Phi_{\alpha\beta}\begin{pmatrix} k & k' \\ \mathfrak{n} & \mathfrak{n}' \end{pmatrix}$ bekannt sind. Berechnungen dieser Art zeigen, daß die akustischen und optischen Zweige in einem dreidimensionalen Kristall etwa die Form haben, wie sie in Abb. 33 dargestellt sind.

5. Ganz analog zum eindimensionalen Fall (§ 1.3) ersetzen wir die Grenzbedingungen an der Oberfläche des Grundgebiets V des Kristalls durch die BORN-KARMAN-Bedingungen. Im Falle des dreidimensionalen Kristalls haben sie allerdings nicht mehr den anschaulichen Sinn wie beim eindimensionalen Kristall. Dort konnten wir die ganze Kette von Atomen auf einem Kreis auslegen und das erste und G-te Atom zusammenführen. Es kann jedoch gezeigt werden[1]), daß die BORN-KARMAN-Bedingungen auch im dreidimensionalen Kristall den Grenzbedingungen an der freien Oberfläche des Grundgebiets des Kristalls äquivalent sind, wenn wir seine Volumeneigenschaften untersuchen.

Im dreidimensionalen Kristall laufen die BORN-KARMAN-Bedingungen auf die Forderung hinaus, daß das Wellenfeld $u_{\mathfrak{n}\alpha}^k$, welches dem Faktor $e^{i\mathfrak{q}\mathfrak{a}_\mathfrak{n}}$ proportional ist, unverändert bleibt bei Verschiebung um einen der Vektoren $G\,\mathfrak{a}_i$

[1]) M. BORN und KUN HUANG, Dynamical Theory of Crystal Lattices, Oxford at the Clarendon Press, 1954.

($i = 1, 2, 3$). Dazu ist notwendig, daß $e^{i\mathfrak{q}G\mathfrak{a}_i} = 1$ ist, d. h. es wird $G(\mathfrak{q}\,\mathfrak{a}_i) = 2\pi g_i$, wo g_i eine ganze Zahl ist. Somit wird

$$\varphi_i \equiv (\mathfrak{q}\,\mathfrak{a}_i) = \frac{2\pi}{G} g_i \quad (i = 1, 2, 3)\,. \tag{4.17}$$

Vergleicht man diese Beziehung mit (I.3.7), so sehen wir, daß

$$\mathfrak{q} = \frac{2\pi}{G}\mathfrak{b}_g = \frac{2\pi}{G}(g_1\mathfrak{b}_1 + g_2\mathfrak{b}_2 + g_3\mathfrak{b}_3) \tag{4.17a}$$

ist, wobei die $\mathfrak{b}_i$ die Grundvektoren des reziproken Gitters sind. Diese Darstellungsweise des Vektors $\mathfrak{q}$, welche analog zu (1.8) ist, trägt formalen Charakter, da G eine beliebig große Zahl ist, von welcher die physikalisch beobachtbaren Größen nicht abhängen dürfen.

Verwendet man die Ungleichung (4.9), so erhält man

$$-\frac{G}{2} \leqq g_i \leqq \frac{G}{2}\,, \tag{4.18}$$

ganz analog zu (1.8a). Wir sehen, daß die Projektion von $\mathfrak{q}$ auf jeden der Vektoren $\mathfrak{a}_i G$ quasidiskrete Werte annehmen kann und $\mathfrak{q}$ folglich $G^3 = N$ verschiedene Wert hat. Wir stellen jetzt die Frage nach der Zahl verschiedener Schwingungen (möglicher Werte $\mathfrak{q}$) für einen Schwingungszweig im Volumen $d\tau_{\mathfrak{q}} = dq_x\,dq_y\,dq_z$ im Raum des Wellenvektors. Offensichtlich ist diese Zahl gleich

$$dz = dg_1\,dg_2\,dg_3 = \left(\frac{G}{2\pi}\right)^3 d\varphi_1\,d\varphi_2\,d\varphi_3\,, \tag{4.19}$$

wobei

$$\varphi_i = q_x a_{ix} + q_y a_{iy} + q_z a_{iz}$$

ist. Gehen wir von den Veränderlichen φ_i zu den Veränderlichen q_x, q_y und q_z über, so müssen wir die Jacobische Determinante der Transformation[1]) berechnen:

$$\begin{vmatrix} \frac{\partial\varphi_1}{\partial q_x} & \frac{\partial\varphi_2}{\partial q_x} & \frac{\partial\varphi_3}{\partial q_x} \\ \frac{\partial\varphi_1}{\partial q_y} & \frac{\partial\varphi_2}{\partial q_y} & \frac{\partial\varphi_3}{\partial q_y} \\ \frac{\partial\varphi_1}{\partial q_z} & \frac{\partial\varphi_2}{\partial q_z} & \frac{\partial\varphi_3}{\partial q_z} \end{vmatrix} = \begin{vmatrix} a_{1x} & a_{2x} & a_{3x} \\ a_{1y} & a_{2y} & a_{3y} \\ a_{1z} & a_{2z} & a_{3z} \end{vmatrix} = (\mathfrak{a}_1\,[\mathfrak{a}_2\,\mathfrak{a}_3]) = \Omega_0\,.$$

Somit wird

$$dz = \left(\frac{G}{2\pi}\right)^3 d\varphi_1\,d\varphi_2\,d\varphi_3 = \left(\frac{G}{2\pi}\right)^3 \Omega_0\,dq_x\,dq_y\,dq_z = \frac{V}{(2\pi)^3}\,d\tau_{\mathfrak{q}}\,. \tag{4.19a}$$

Für einen Schwingungszweig eines kubischen Kristalls ist die Gesamtzahl der Schwingungen gleich

$$z = \int dz = \frac{V}{(2\pi)^3}\int\int\limits_{-\pi/a}^{+\pi/a}\int dq_x\,dq_y\,dq_z = \frac{V}{(2\pi)^3}\,\frac{(2\pi)^3}{a^3} = N\,.$$

[1]) Siehe Fußnote [1]) auf Seite 1.

Für alle Schwingungszweige zusammen ist diese Zahl stets gleich $3\,s\,N$, d. h. gleich der Zahl der Freiheitsgrade der Atome im Grundgebiet des Kristalls. Zum Schluß berechnen wir noch das Volumen der BRILLOUIN-Zone im $\mathfrak{q}$-Raum für einen Kristall mit beliebiger Struktur. Geht man gemäß (4.19a) von den Veränderlichen q_x, q_y und q_z zu den Veränderlichen φ_1, φ_2, φ_3 über, so erhalten wir für das uns interessierende Volumen

$$\underset{\substack{\text{über das}\\\text{Volumen der}\\\text{BRILLOUIN-}\\\text{Zone}}}{\int\int\int} dq_x\,dq_y\,dq_z = \frac{1}{\Omega_0}\int\int_{-\pi}^{+\pi}\int d\varphi_1\,d\varphi_2\,d\varphi_3 = \frac{(2\,\pi)^3}{\Omega_0}\,, \tag{4.20}$$

in Übereinstimmung mit dem, war wir früher behauptet haben.

§ 5. Normalschwingungen des dreidimensionalen Gitters

1. Um die Normalkoordinaten für ein zusammengesetztes dreidimensionales Gitter einführen zu können, muß man zunächst einige Hilfsbeziehungen betrachten. Man kann zeigen, daß

$$\sum_{\mathfrak{n}\,k\,\alpha} m_k\,\{A_{j\alpha}^k(\mathfrak{q})\,e^{i\mathfrak{q}\mathfrak{a}_\mathfrak{n}}\}^*\,\{A_{j'\alpha}^k(\mathfrak{q}')\,e^{i\mathfrak{q}'\mathfrak{a}_\mathfrak{n}}\} = 0 \tag{5.1}$$

ist, wenn $j \neq j'$ oder $\mathfrak{q} \neq \mathfrak{q}'$ ist. Es gilt

$$\sum_{\mathfrak{n}} e^{i\mathfrak{q}\mathfrak{a}_\mathfrak{n}} = \begin{cases} 0, & \text{wenn } \mathfrak{q} \neq 0\,,\\ N, & \text{wenn } \mathfrak{q} = 0\,. \end{cases} \tag{5.1a}$$

Das folgt unmittelbar aus (3.5), wenn man $\mathfrak{q}$ durch den Ausdruck (4.17a) ersetzt, für $\mathfrak{a}_\mathfrak{n}$ die Formel (I.3.1) verwendet und von (I.3.9) Gebrauch macht.

Man kann leicht zeigen (siehe Anhang V, A), daß sich bei Summierung über k und α im Ausdruck (5.1) Null ergibt, wenn $j \neq j'$ ist. Wir normieren dann bei $j = j'$:

$$\sum_{k\,\alpha} m_k\,|A_{j\alpha}^k|^2 = M \times 1\ \mathrm{cm}^2; \tag{5.2}$$

$M = \sum_{k=1}^{s} m_k$ ist die Masse der Elementarzelle.

Die *Orthogonalitätsbeziehung* können wir endgültig in der folgenden Form schreiben:

$$\sum_{\mathfrak{n}\,k\,\alpha} m_k\,\{A_{j\alpha}^k(\mathfrak{q})\,e^{i\mathfrak{q}\mathfrak{a}_\mathfrak{n}}\}^*\,\{A_{j'\alpha}^k(\mathfrak{q}')\,e^{i\mathfrak{q}'\mathfrak{a}_\mathfrak{n}}\} = N\,M\,\delta\,(\mathfrak{q} - \mathfrak{q}')\,\delta_{jj'}\,. \tag{5.3}$$

Wir führen $3\,s\,N$ komplexe Größen $a_j(\mathfrak{q}, t)$ ein, wo $j = 1, 2, \ldots, 3\,s$ ist. Bei Erfüllung der BORN-KARMAN-Bedingung nimmt $\mathfrak{q}$ N verschiedene Werte an.

Für die reellen Verschiebungen der Atome setzen wir

$$u_{\mathfrak{n}\alpha}^k = \frac{1}{\sqrt{N}} \sum_{\mathfrak{q},\,j} a_j(\mathfrak{q}, t)\,A_{j\alpha}^k(\mathfrak{q})\,e^{i\mathfrak{q}\mathfrak{a}_\mathfrak{n}}\,. \tag{5.4}$$

Hier wird über die N verschiedenen Werte von $\mathfrak{q}$ und über die $3s$ Werte j summiert. Wenn $u^k_{\mathfrak{n}\alpha}$ reell ist, muß man die Voraussetzung

$$a_j(-\mathfrak{q}) = a_j^*(\mathfrak{q}) \tag{5.5}$$

machen. Nur in diesem Falle ist nämlich

$$u^{*k}_{\mathfrak{n}\alpha} = \frac{1}{\sqrt{N}} \sum_{\mathfrak{q},j} a_j^*(\mathfrak{q})\, A^{*k}_{j\alpha}(\mathfrak{q})\, e^{-i\mathfrak{q}\mathfrak{a}_\mathfrak{n}}$$

$$= \frac{1}{\sqrt{N}} \sum_{\mathfrak{q},j} a_j(-\mathfrak{q})\, A^k_{j\alpha}(-\mathfrak{q})\, e^{-i\mathfrak{q}\mathfrak{a}_\mathfrak{n}} = u^k_{\mathfrak{n}\alpha},$$

da die Summierung über $\mathfrak{q}$ und $-\mathfrak{q}$ gleichberechtigt ist. Man sieht leicht die nahe Analogie zwischen den Ausdrücken (5.4) und (3.1). Es muß nur bemerkt werden, daß im Ausdruck (3.1) nur über die positiven Werte $\mathfrak{q}$ summiert wird, während in Gleichung (5.4) das gesamte Gebiet des Vektors $\mathfrak{q}$ einbezogen wird. Wegen der Bedingungen (5.5) ist die Vorgabe von $3sN$ komplexen Größen $a_j(\mathfrak{q})$ äquivalent der Vorgabe von $3sN$ reellen Koordinaten. $3sN$ ist gleich der Zahl der Freiheitsgrade des Systems. Die Größen $a_j(\mathfrak{q}, t)$ heißen komplexe *Normalkoordinaten* der Gitterschwingungen. Verwendet man die Orthogonalitätsbeziehungen (5.3), dann kann man die Normalkoordinaten durch die Verschiebungen der Atome (Anhang V, B) ausdrücken,

$$a_j(\mathfrak{q}, t) = \frac{1}{\sqrt{N}M} \sum_{\mathfrak{n}k\alpha} m_k \{A^k_{j\alpha}(\mathfrak{q})\, e^{i\mathfrak{q}\mathfrak{a}_\mathfrak{n}}\}^* u^k_{\mathfrak{n}\alpha}. \tag{5.6}$$

Setzt man schließlich den Ausdruck (5.6) in die Gleichung (5.4) ein, dann erhält man (Anhang V, C) die sogenannten Vollständigkeitsbeziehungen

$$\sum_{\mathfrak{q},j} m_{k'} \{A^k_{j\alpha}(\mathfrak{q})\, e^{i\mathfrak{q}\mathfrak{a}_\mathfrak{n}}\}^* \{A^{k'}_{j\beta}(\mathfrak{q})\, e^{i\mathfrak{q}\mathfrak{a}_{\mathfrak{n}'}}\} = N M\, \delta_{\mathfrak{n}\mathfrak{n}'}\, \delta_{\alpha\beta}\, \delta_{kk'}. \tag{5.7}$$

2. Wir drücken jetzt die kinetische und potentielle Energie des Grundgebiets des Kristalls durch die Normalkoordinaten aus.

Differentiation der Verschiebungen (5.4) der Atome nach der Zeit gibt für die kinetische Energie die Formel

$$\mathcal{T} = \frac{1}{2} \sum_{\mathfrak{n}k\alpha} m_k [\dot{u}^k_{\mathfrak{n}\alpha}(t)]^2 = \frac{1}{2N} \sum_{\mathfrak{n}k\alpha} m_k \sum_{\mathfrak{q}j} \dot{a}_j A^k_{j\alpha} e^{i\mathfrak{q}\mathfrak{a}_\mathfrak{n}} \sum_{\mathfrak{q}'j'} \dot{a}^*_{j'} \{A^k_{j'\alpha} e^{i\mathfrak{q}'\mathfrak{a}_\mathfrak{n}}\}^*$$

$$= \frac{1}{2N} \sum_{\mathfrak{q}j\mathfrak{q}'j'} \dot{a}_j \dot{a}^*_{j'} \times \sum_{\mathfrak{n}k\alpha} m_k \{A^k_{j\alpha} e^{i\mathfrak{q}\mathfrak{a}_\mathfrak{n}}\} \{A^k_{j'\alpha} e^{i\mathfrak{q}'\mathfrak{a}_\mathfrak{n}}\}^*$$

$$= \frac{1}{2N} \sum_{\mathfrak{q}j\mathfrak{q}'j'} \dot{a}_j \dot{a}^*_{j'} M N\, \delta(\mathfrak{q} - \mathfrak{q}')\, \delta_{jj'} = \frac{M}{2} \sum_{\mathfrak{q}j} |\dot{a}_j(\mathfrak{q})|^2; \tag{5.8}$$

hierbei wurde die Orthogonalitätsbeziehung (5.3) verwendet.

Analog kann die potentielle Energie berechnet werden (Anhang V, D):

$$\Phi = \frac{1}{2} \sum_{\mathfrak{n}\mathfrak{n}'kk'\alpha\beta} \Phi_{\alpha\beta}\begin{pmatrix} k & k' \\ \mathfrak{n} & \mathfrak{n}' \end{pmatrix} u^k_{\mathfrak{n}\alpha}\, u^{k'}_{\mathfrak{n}'\beta} = \frac{M}{2} \sum_{\mathfrak{q}j} \omega_j^2(\mathfrak{q})\, |a_j(\mathfrak{q})|^2. \tag{5.9}$$

Dabei haben wir den Ausdruck (4.10) verwendet, der die Frequenzen $\omega_j(\mathfrak{q})$ mit den Koeffizienten $\Phi_{\alpha\beta}\begin{pmatrix} k\,k' \\ \mathfrak{n}\,\mathfrak{n}' \end{pmatrix}$ verknüpft.

Für die Gesamtenergie des Grundgebietes ergibt sich somit

$$\mathcal{E} = \mathcal{T} + \Phi = \frac{1}{2} M \sum_{\mathfrak{q} j} \{|\dot{a}_j(\mathfrak{q})|^2 + \omega_j^2(\mathfrak{q})\, |a_j(\mathfrak{q})|^2\}\,. \tag{5.10}$$

Aus der Struktur dieses Ausdrucks sieht man, daß die Energie der Schwingung des Kristalls gleich der Summe der Energien von Schwingungen einzelner unabhängiger „Oszillatoren" ist. Diese Oszillatoren haben eine „kinetische Energie" $\frac{1}{2} M\, |\dot{a}_j(\mathfrak{q})|^2$ und eine „potentielle Energie" $-\frac{1}{2} M\, \omega_j^2(\mathfrak{q})\, |a_j(\mathfrak{q})|^2$, deshalb kann man die Größen $a_j(\mathfrak{q})$ *komplexe Normalkoordinaten* nennen.

Für die uns interessierenden Darlegungen ist es bequemer, reelle Normalkoordinaten $Q_j(\mathfrak{q})$ einzuführen, die die fortschreitenden Wellen beschreiben.

Der Übergang von den komplexen Koordinaten $a_j(\mathfrak{q})$ zu den reellen Koordinaten $Q_j(\mathfrak{q})$ wird im vorliegenden Falle mit Hilfe der sogenannten *kanonischen Transformation*, welche die $a_j(\mathfrak{q})$ nicht nur mit den $Q_j(\mathfrak{q})$, sondern gleichzeitig auch mit den $\dot{Q}_j(\mathfrak{q}) = \frac{dQ_j}{dt}$ verknüpft, durchgeführt.

Auf den ersten Blick scheint es, daß die komplexen Normalkoordinaten $a_j(\mathfrak{q})$ harmonisch von der Zeit abhängen; dann ist $\dot{a}_j(\mathfrak{q}) = -i\,\omega_j\, a_j$ und aus (5.10) folgt

$$\mathcal{E} = M \sum_{\mathfrak{q} j} \omega_j^2(\mathfrak{q})\, |a_j(\mathfrak{q})|^2\,.$$

Wenn man jetzt

$$a_j(\mathfrak{q}) = \frac{1}{\sqrt{2}} \left[Q_j(\mathfrak{q}) + \frac{i}{\omega_j} \dot{Q}_j(\mathfrak{q}) \right]$$

setzt, so erhält man

$$\mathcal{E} = \sum_{\mathfrak{q} j} \left[\frac{1}{2} M\, \dot{Q}_j^2(\mathfrak{q}) + \frac{1}{2} M\, \omega_j^2(\mathfrak{q})\, Q_j^2(\mathfrak{q}) \right],$$

d. h., die Gesamtenergie der Schwingungen des Kristalls ist gleich der Summe der Energien von Schwingungen harmonischer Oszillatoren.

Die oben vorgeschlagene Verknüpfung zwischen $a_j(\mathfrak{q})$ und $Q_j(\mathfrak{q})$ und $\dot{Q}_j(\mathfrak{q})$ genügt jedoch einer grundlegenden Forderung nicht: die Zahl der Normalkoordinaten ist nicht gleich der Zahl der Freiheitsgrade des Systems. Aus dem oben hingeschriebenen Ausdruck für $a_j(\mathfrak{q})$ und Formel (5.5) folgt

$$Q_j(-\mathfrak{q}) = Q_j(\mathfrak{q})\,,$$

so daß die Zahl der von uns eingeführten unabhängigen Kordinaten gleich $3sN/2$ ist, d. h. nur die Hälfte der Zahl der Freiheitsgrade ausmacht. Deshalb machen wir den Ansatz

$$a_j(\mathfrak{q}) = a_j^+(\mathfrak{q}) + a_j^-(-\mathfrak{q})\,, \tag{5.11}$$

wobei für die Hilfsgrößen

$$a_j^+(\mathfrak{q}) = \frac{1}{2}\left[Q_j(\mathfrak{q}) + \frac{i}{\omega_j(\mathfrak{q})}\dot{Q}_j(\mathfrak{q})\right], \tag{5.11 a}$$

$$a_j^-(-\mathfrak{q}) = \frac{1}{2}\left[Q_j(-\mathfrak{q}) - \frac{i}{\omega_j(\mathfrak{q})}\dot{Q}_j(-\mathfrak{q})\right] \tag{5.11 b}$$

gilt. Jetzt ist die Gesamtzahl der Koordinaten $Q_j(\mathfrak{q})$ gleich der Zahl der Freiheitsgrade, $3\,s\,N$, da die Koordinaten $Q_j(\mathfrak{q})$ und $Q_j(-\mathfrak{q})$ voneinander unabhängig sind.

Da

$$a_j^{*+}(\mathfrak{q}) = a_j^-(\mathfrak{q})\,, \qquad a_j^{*-}(-\mathfrak{q}) = a_j^+(-\mathfrak{q}) \tag{5.11 c}$$

gilt, ist Bedingung (5.5) automatisch erfüllt.

Weiter wird gezeigt, daß

$$\ddot{Q}_j(\pm\mathfrak{q}) = -\,\omega_j^2(\mathfrak{q})\,Q_j(\pm\mathfrak{q}) \tag{5.12}$$

ist. Verwendet man das, so läßt sich zeigen, daß

$$\dot{a}_j^+(\mathfrak{q}) = -\,i\,\omega_j(\mathfrak{q})\,a_j^+(\mathfrak{q}) \tag{5.13}$$

und

$$\dot{a}_j^-(-\mathfrak{q}) = +\,i\,\omega_j(\mathfrak{q})\,a_j^-(-\mathfrak{q}) \tag{5.13a}$$

gilt. Es ist also $a_j^+ \sim \exp(-\,i\,\omega_j\,t)$, $a_j^- \sim \exp(+\,i\,\omega_j\,t)$.

Wir zeigen jetzt, daß der Anregung einer Koordinate $Q_j(\mathfrak{q})$ mit bestimmtem $\mathfrak{q}$ im Kristall eine fortschreitende Welle entspricht.

Entsprechend der Darstellung von $a_j(\mathfrak{q})$ durch $a_j^+(\mathfrak{q})$ und $a_j^-(\mathfrak{q})$ bleiben in der Summe (5.4) zwei Glieder übrig:

$$u_{\mathfrak{n}\alpha}^k = \frac{1}{\sqrt{N}}\left\{a_j^+(\mathfrak{q})\,A_{j\alpha}^k(\mathfrak{q})\,e^{i\mathfrak{q}\mathfrak{a}_\mathfrak{n}} + a_j^-(\mathfrak{q})\,A_{j\alpha}^k(-\mathfrak{q})\,e^{-i\mathfrak{q}\mathfrak{a}_\mathfrak{n}}\right\}.$$

Gemäß (5.11c) ist $a_j^-(\mathfrak{q}) = a_j^{*+}(\mathfrak{q})$, gemäß (4.12b) wird $A_{j\alpha}^k(-\mathfrak{q}) = A_{j\alpha}^{*k}(\mathfrak{q})$; somit wird

$$u_{\mathfrak{n}\alpha}^k = \frac{1}{\sqrt{N}}\left\{a_j^+(\mathfrak{q})\,A_{j\alpha}^k(\mathfrak{q})\,e^{i\mathfrak{q}\mathfrak{a}_\mathfrak{n}} + a_j^{*+}\,A_{j\alpha}^{*k}(\mathfrak{q})\,e^{-i\mathfrak{q}\mathfrak{a}_\mathfrak{n}}\right\}$$

$$= \frac{2}{\sqrt{N}}\,\mathrm{Re}\left\{a_j^+(\mathfrak{q})\,A_{j\alpha}^k(\mathfrak{q})\,e^{i\mathfrak{q}\mathfrak{a}_\mathfrak{n}}\right\} = \frac{2}{\sqrt{N}}\,C\cos\left(\mathfrak{q}\,\mathfrak{a}_\mathfrak{n} - \omega_j(\mathfrak{q})\,t + \alpha\right). \tag{5.14}$$

C und α sind reelle Konstanten und wir haben berücksichtigt, daß $a_j^+ \sim \exp(-i\omega_j t)$ ist. Dem Ausdruck (5.14) entspricht eine fortschreitende Welle mit dem Wellenvektor $\mathfrak{q}$ und der Frequenz $\omega_j(\mathfrak{q})$.

Setzt man in (5.10) für $a_j(\mathfrak{q})$ und $\dot{a}_j(\mathfrak{q})$ die Ausdrücke (5.11) bis (5.11b) ein und verwendet (5.13) und (5.13a), so ergibt sich

$$\mathscr{E} = \frac{1}{4}\,M\left\{\sum_{\mathfrak{q}j}\omega_j^2(\mathfrak{q})\left[Q_j^2(\mathfrak{q}) + \frac{1}{\omega_j^2(\mathfrak{q})}\dot{Q}^2(\mathfrak{q})\right]\right.$$
$$\left.+\sum_{\mathfrak{q}j}\omega_j^2(\mathfrak{q})\left[Q_j^2(-\mathfrak{q}) + \frac{1}{\omega_j^2(\mathfrak{q})}\dot{Q}_j^2(-\mathfrak{q})\right]\right\}. \tag{5.15}$$

Beide Summen sind natürlich gleich, da die Summation über $-\mathfrak{q}$ äquivalent ist der Summation über $+\mathfrak{q}$. Deshalb wird

$$\mathscr{E} = \sum_{\mathfrak{q} j} \left\{ \frac{1}{2} M \dot{Q}_j^2(\mathfrak{q}) + \frac{1}{2} M \omega_j^2(\mathfrak{q}) Q_j^2(\mathfrak{q}) \right\}, \tag{5.16}$$

woraus direkt die Gleichung (5.12) folgt.

Wir sehen, daß die Bewegungsenergie $\mathscr{E}$ der Atome der Kristalle in Form einer Summe der Energien von $3\,s\,N$ unabhängigen linearen harmonischen Oszillatoren mit den Massen M, den Frequenzen $\omega_j(\mathfrak{q})$ und den Koordinaten $Q_j(\mathfrak{q})$ dargestellt werden kann.

Führt man verallgemeinerte Impulse

$$P_j(\mathfrak{q}) = \frac{\partial \mathscr{E}}{\partial \dot{Q}_j} = M \dot{Q}_j(\mathfrak{q}) \tag{5.16a}$$

ein, die zu den Koordinaten $Q_j(\mathfrak{q})$ kanonisch-konjugiert sind, so kann man (5.16) in der Form

$$\mathscr{E} = \sum_{\mathfrak{q} j} \left\{ \frac{1}{2M} P_j^2(\mathfrak{q}) + \frac{1}{2} M \omega_j^2(\mathfrak{q}) Q_j^2(\mathfrak{q}) \right\} = \mathscr{H}(Q, P) \tag{5.16b}$$

schreiben, wobei $\mathscr{H}(Q, P)$ die Hamilton-Funktion des Systems ist.

Setzt man den Ausdruck (5.11) in (5.4) ein, so erhält man für die Verschiebung der Atome

$$u_{\mathfrak{n}\alpha}^k = \frac{1}{\sqrt{N}} \sum_{\mathfrak{q} j} \operatorname{Re} \left\{ A_{j\alpha}^k(\mathfrak{q}) \left[Q_j(\mathfrak{q}) + \frac{i}{M \omega_j(\mathfrak{q})} P_j(\mathfrak{q}) \right] e^{i \mathfrak{q} \mathfrak{a}_{\mathfrak{n}}} \right\}. \tag{5.17}$$

Aus § 4 ist bekannt, daß für Gitter, welche ein Symmetriezentrum besitzen, die $A_{j\alpha}^k$ reell sind; dann folgt aus dem Ausdruck (5.17)

$$u_{\mathfrak{n}\alpha}^k = \frac{1}{\sqrt{N}} \sum_{\mathfrak{q} j} A_{j\alpha}^k(\mathfrak{q}) \left\{ Q_j(\mathfrak{q}) \cos \mathfrak{q}\, \mathfrak{a}_{\mathfrak{n}} - \frac{P_j(\mathfrak{q})}{M \omega_j(\mathfrak{q})} \sin \mathfrak{q}\, \mathfrak{a}_{\mathfrak{n}} \right\}. \tag{5.17a}$$

Für ein Gitter mit einem Symmetriezentrum kann die Ausgangsformel (5.4) in der Form

$$\begin{aligned} u_{\mathfrak{n}\alpha}^k &= \frac{1}{\sqrt{N}} {\sum_{\mathfrak{q} j}}' a_j(\mathfrak{q}) A_{j\alpha}^k(\mathfrak{q}) e^{i \mathfrak{q} \mathfrak{a}_{\mathfrak{n}}} + \frac{1}{\sqrt{N}} {\sum_{\mathfrak{q} j}}' a_j(-\mathfrak{q}) A_{j\alpha}^k(-\mathfrak{q}) e^{i \mathfrak{q} \mathfrak{a}_{\mathfrak{n}}} \\ &= \frac{1}{\sqrt{N}} {\sum_{\mathfrak{q} j}}' A_{j\alpha}^k(\mathfrak{q}) \{ a_j(\mathfrak{q}) e^{i \mathfrak{q} \mathfrak{a}_{\mathfrak{n}}} + a_j^*(\mathfrak{q}) e^{-i \mathfrak{q} \mathfrak{a}_{\mathfrak{n}}} \} \end{aligned} \tag{5.18}$$

geschrieben werden; der Strich an der Summe $\sum'$ bedeutet, daß die Summation über $\mathfrak{q}$ nur über eine Hälfte der Brillouin-Zone durchzuführen ist.

Wenn das Kristallgitter ein Symmetriezentrum besitzt und folglich alle $A_{j\alpha}^k$ reell sind (§ 4), dann kann man die komplexen Koordinaten $a_j(\mathfrak{q})$ anders als in den Ausdrücken (5.4) und (5.18) einführen, indem man für die Verschiebung der Atome

$$u_{\mathfrak{n}\alpha}^k = \frac{1}{\sqrt{N}} \sum_{\mathfrak{q} j} A_{j\alpha}^k(\mathfrak{q}) \{ a_j(\mathfrak{q}) e^{i \mathfrak{q} \mathfrak{a}_{\mathfrak{n}}} + a_j^*(\mathfrak{q}) e^{-i \mathfrak{q} \mathfrak{a}_{\mathfrak{n}}} \} \tag{5.19}$$

setzt. Im Unterschied zur Summe (5.18) wird hier über die gesamte erste BRILLOUIN-Zone summiert. Wir unterstreichen noch einmal, daß sogar bei Vorhandensein eines Symmetriezentrums im Kristall die Koeffizienten $a_j(\mathfrak{q})$ in den Formeln (5.4) und (5.18) und in (5.19) verschieden sind (wir bezeichnen sie einheitlich mit $a_j(\mathfrak{q})$, wie es in der Literatur üblich ist).

Die Struktur der geschwungenen Klammer in Gleichung (5.19) garantiert, daß sie reell ist. Deshalb brauchen die Größen $a_j(\mathfrak{q})$ auch nicht die Bedingung (5.5) erfüllen.

Setzt man (5.19) in die Ausdrücke für die kinetische und potentielle Energie ein, so erhält man analog zu (5.8) und (5.9)

$$\mathcal{T} = \frac{1}{2} M \sum_{\mathfrak{q} j} \{\dot{a}_j(\mathfrak{q})\, \dot{a}_j(-\mathfrak{q}) + \dot{a}_j^*(\mathfrak{q})\, \dot{a}_j^*(-\mathfrak{q}) + 2\, \dot{a}_j(\mathfrak{q})\, \dot{a}_j^*(\mathfrak{q})\}, \tag{5.20}$$

$$\Phi = \frac{1}{2} M \sum_{\mathfrak{q} j} \omega_j^2(\mathfrak{q}) \{a_j(\mathfrak{q})\, a_j(-\mathfrak{q}) + a^*(\mathfrak{q})\, a_j^*(-\mathfrak{q}) + 2\, a_j(\mathfrak{q})\, a_j^*(\mathfrak{q})\}. \tag{5.20a}$$

Weiter unten wird gezeigt, daß

$$\dot{a}_j = -\, i\, \omega_j\, a_j\,, \qquad \dot{a}_j^* = +\, i\, \omega_j\, a_j^* \tag{5.21}$$

ist, d. h., a_j harmonisch von der Zeit abhängt. Dadurch unterscheiden sich die Größen a_j, die in (5.19) eingehen, ebenfalls von den Koordinaten a_j, welche in (5.4) auftreten. Letztere bestehen aus einer Summe von a_j^+ und a_j^-, welche gemäß (5.13) und (5.13a) von der Zeit abhängen.

Aus den Formeln (5.20), (5.20a) und (5.21) folgt für die Gesamtenergie

$$\mathcal{E} = \mathcal{T} + \Phi = 2\, M \sum_{\mathfrak{q} j} \omega_j^2(\mathfrak{q})\, |a_j(\mathfrak{q})|^2\,. \tag{5.22}$$

Die reellen Normalkoordinaten $Q_j(\mathfrak{q})$ und die kanonisch-konjugierten Impulse $P_j(\mathfrak{q}) = M\, \dot{Q}_j(\mathfrak{q})$ führen wir mit Hilfe einer kanonischen Transformation ein, die analog zu (5.11, a, b) ist:

$$a_j(\mathfrak{q}) = \frac{1}{2}\left[Q_j(\mathfrak{q}) + \frac{i}{\omega_j(\mathfrak{q})}\, \dot{Q}_j(\mathfrak{q})\right] = \frac{1}{2}\left[Q_j(\mathfrak{q}) + \frac{i}{M\, \omega_j(\mathfrak{q})}\, P_j(\mathfrak{q})\right]. \tag{5.23}$$

Dann wird

$$\mathcal{E} = \sum_{\mathfrak{q} j} \left\{\frac{1}{2\, M}\, P_j^2(\mathfrak{q}) + \frac{1}{2}\, M\, \omega_j^2(\mathfrak{q})\, Q_j^2(\mathfrak{q})\right\} = \mathcal{H}(Q, P)\,, \tag{5.24}$$

was genau mit (5.16b) übereinstimmt.

Bei der Transformation (5.23) spielen die Q_j und P_j also ebenfalls wieder die Rolle von Koordinaten und kanonisch-konjugierten Impulsen von $3\, s\, N$ linearen unabhängigen harmonischen Oszillatoren. Aus den Formeln (5.23) und (5.24) ergeben sich die Abhängigkeiten (5.21).

3. Wir untersuchen jetzt die Bewegung der Atome im Kristall vom Standpunkt der Quantenmechanik aus. Das ist wichtig für das Studium der Eigenschaften eines Kristalls bei tiefen Temperaturen und bei der Untersuchung der Wechselwirkung von Elektronen mit Gitterschwingungen. Dazu muß man die SCHRÖDINGER-Gleichung mit dem HAMILTON-Operator (5.16b) oder (5.24) lösen.

Die Quantenanregung von Normalkoordinaten oder Oszillatoren, wie sie durch die Gleichungen (5.16b) oder (5.24) beschrieben wird, nennt man Phonon. Wie wir im weiteren sehen werden, verhalten sich die Phononen in einigen Fällen wie Quasiteilchen mit einer Energie $\hbar\,\omega$ und einem Impuls $\hbar\,\mathfrak{q}$. Um aus der HAMILTON-Funktion (5.16b) den in die SCHRÖDINGER-Gleichung eingehenden quantenmechanischen HAMILTON-Operator zu erhalten, müssen wir die verallgemeinerten Impulse $P_j(\mathfrak{q})$ durch die Operatoren

$$\hat{P}_j = \frac{\hbar}{i}\,\frac{\partial}{\partial Q_j} \tag{5.25}$$

ersetzen; dabei ist $\hbar$ die PLANCKsche Konstante, geteilt durch $2\,\pi$. Die SCHRÖDINGER-Gleichung für die Normalschwingungen des Kristalls hat die Form

$$\hat{\mathcal{H}}\,\Psi(Q) = \sum_{\mathfrak{q} j}\left[-\frac{\hbar^2}{2\,M}\,\frac{\partial^2}{\partial Q_j^2} + \frac{1}{2}\,M\,\omega_j^2\,Q_j^2\right]\Psi(Q) = \mathcal{E}\,\Psi(Q)\,. \tag{5.26}$$

Wenn der HAMILTON-Operator aus einer Summe von $3\,s\,N$ Gliedern besteht, deren jedes nur von einer Koordinate $\left(Q_j(\mathfrak{q})\right)$ abhängt, dann läßt sich leicht zeigen, daß die SCHRÖDINGER-Gleichung in $3\,s\,N$ einzelne, voneinander unabhängige Gleichungen zerfällt. In diesem Falle ist die Wellenfunktion $\Psi(Q)$ gleich dem Produkt aus den Wellenfunktionen jeder einzelnen Gleichung, d. h. es ist

$$\Psi(Q) = \prod_{\mathfrak{q} j} \Psi_{N_{\mathfrak{q} j}}\,[Q_j(\mathfrak{q})]\,; \tag{5.27}$$

hier ist $N_{\mathfrak{q} j}$ die Quantenzahl des Oszillators mit der Koordinate $Q_j(\mathfrak{q})$ und $\Psi_{N_{\mathfrak{q} j}}$ die Wellenfunktion dieses Oszillators. Es ist offensichtlich, daß die Energie eines Systems von nicht miteinander in Wechselwirkung stehenden Oszillatoren durch

$$\mathcal{E} = \sum_{\mathfrak{q} j} \varepsilon_{\mathfrak{q} j} \tag{5.27a}$$

gegeben ist, wobei $\varepsilon_{\mathfrak{q} j}$ die Energie des Oszillators mit der Koordinate $Q_j(\mathfrak{q})$ ist.

Aus der Quantenmechanik wissen wir[1]), daß die Beziehungen

$$\varepsilon_{\mathfrak{q} j} = \hbar\,\omega_{\mathfrak{q} j}\left\{N_{\mathfrak{q} j} + \frac{1}{2}\right\} \tag{5.28}$$

und

$$\Psi_{N_{\mathfrak{q} j}} = \frac{\exp\left(-\frac{\xi^2}{2}\right)}{\sqrt{Q_j^0(\mathfrak{q})}}\,H_{N_{\mathfrak{q} j}}(\xi) \tag{5.28a}$$

gelten, wobei

$$\xi = \frac{Q_j(\mathfrak{q})}{Q_j^0(\mathfrak{q})}\,,\quad Q_j^0(\mathfrak{q}) = \left[\frac{\hbar}{M\,\omega_{\mathfrak{q} j}}\right]^{1/2}$$

ist und die hermiteschen Polynome gegeben sind durch

$$H_n(\xi) = \frac{(-1)^n}{\sqrt{2^n\,n!\,\sqrt{\pi}}}\,e^{\xi^2}\,\frac{d^n e^{-\xi^2}}{d\xi^n}\,. \tag{5.28b}$$

---

[1]) Siehe Fußnote [1]) auf Seite 32.

Wie wir im weiteren sehen werden, treten beim Studium der Wechselwirkung von Leitfähigkeitselektronen mit Gitterschwingungen in der Theorie Integrale folgender Art auf:

$$\int_{-\infty}^{+\infty} \Psi_{N'_{\mathfrak{q}j}} Q_j \Psi_{N_{\mathfrak{q}j}} dQ_j, \qquad \int_{-\infty}^{+\infty} \Psi_{N'_{\mathfrak{q}j}} \hat{P}_j \Psi_{N_{\mathfrak{q}j}} dQ_j .$$

Sie heißen Matrixelemente der Koordinate Q_j und des Impulses P_j des Oszillators für den Übergang $N_{\mathfrak{q}j} \to N'_{\mathfrak{q}j}$. Da wir im weiteren einen bestimmten Oszillator betrachten werden, lassen wir an allen Größen die Indizes $\mathfrak{q}$ und j weg. Wir bezeichnen die Quantenzahlen des Oszillators mit $N_{\mathfrak{q}j} \equiv n$ und $N'_{\mathfrak{q}j} \equiv m$. Uns interessieren die Matrixelemente

$$Q_{mn} = \int_{-\infty}^{+\infty} \Psi_m Q \Psi_n dQ; \tag{5.29}$$

$$P_{mn} = \int_{-\infty}^{+\infty} \Psi_m \hat{P} \Psi_n dQ = \frac{\hbar}{i} \int \Psi_m \frac{\partial \Psi_n}{\partial Q} dQ . \tag{5.29a}$$

Setzt man in den Integralen für Ψ_m und Ψ_n die Ausdrücke (5.28a) ein und führt die Berechnung des Integrals durch[1]), dann ergibt sich

$$Q_{mn} = \sqrt{\frac{\hbar}{2 M \omega}} \times \begin{cases} \sqrt{n}, & \text{wenn} \quad m = n - 1, \\ \sqrt{n+1}, & \text{wenn} \quad m = n + 1, \\ 0 & \text{in allen anderen Fällen}, \end{cases} \tag{5.30}$$

$$P_{mn} = i M \omega \sqrt{\frac{\hbar}{2 M \omega}} \times \begin{cases} -\sqrt{n}, & \text{wenn} \quad m = n - 1, \\ +\sqrt{n+1}, & \text{wenn} \quad m = n + 1, \\ 0 & \text{in allen anderen Fällen.} \end{cases} \tag{5.30a}$$

Aus der Formel (5.23) folgt

$$a_{mn} = \frac{1}{2}\left[Q_{mn} + \frac{i}{M\omega} P_{mn}\right]. \tag{5.31}$$

Verwendet man die Ausdrücke (5.30) und (5.30a), so erhält man

$$a_{mn} = \begin{cases} \sqrt{\frac{\hbar}{2 M \omega}} \sqrt{n}, & \text{wenn} \quad m = n - 1, \\ 0 & \text{in allen anderen Fällen}, \end{cases} \tag{5.31a}$$

$$a^*_{mn} = \begin{cases} \sqrt{\frac{\hbar}{2 M \omega}} \sqrt{n+1}, & \text{wenn} \quad m = n + 1, \\ 0 & \text{in allen anderen Fällen.} \end{cases} \tag{5.31b}$$

Wie wir schon weiter oben festgestellt haben, sind $Q_j(\mathfrak{q})$ und $Q_j(-\mathfrak{q})$ verschiedene Koordinaten, deshalb sind die von Null verschiedenen nichtdiagonalen Matrix-

[1]) Siehe Fußnote [1]) auf Seite 32.

elemente der Größen $a_j(\mathfrak{q})$ in der Gleichung (5.11) gleich

$$a_{mn} = a^+_{mn} \tag{5.32}$$

in der Darstellung mit $Q_j(\mathfrak{q})$-Koordinaten und gleich

$$a_{mn} = a^-_{mn} \tag{5.32a}$$

in der Darstellung mit $Q_j(-\mathfrak{q})$-Koordinaten.

Da a^+ mit dem Ausdruck (5.23) übereinstimmt, sind die Matrixelemente a_{mn} der Größen $a_j(\mathfrak{q})$ in der Darstellung mit $Q_j(\mathfrak{q})$-Koordinaten in der allgemeinen Zerlegung (5.4) gleich (5.31a, b).

4. Für die quantenmechanische Untersuchung von Systemen mit unendlich großer Zahl von Freiheitsgraden (Schwingungen eines Kristalls, elektromagnetisches Feld, Elektron–Positron-Feld) ist es besonders bequem, die sogenannte Methode der *zweiten Quantisierung*[1]) zu verwenden.

Bei Ausnutzung der Methode der zweiten Quantisierung wird die Intensität des Wellenfeldes $u(\mathfrak{r}, t)$, die von den Raumkoordinaten $\mathfrak{r}$ abhängt, als eine unendliche Menge von „Koordinaten" eines stetigen quantenmechanischen Systems betrachtet. Führt man die diesen „Koordinaten" entsprechenden „verallgemeinerten Impulse" ein und fordert, daß sie den gewöhnlichen quantenmechanischen Vertauschungsregeln genügen, so kann man eine folgerichtige quantenmechanische Theorie solcher Felder entwickeln. In einer solchen Theorie werden die „Koordinaten" $u(\mathfrak{r}, t)$ Operatoren, da sie mit den entsprechenden „verallgemeinerten Impulsen" nicht kommutieren. Bei einer folgerichtigen Behandlung treten automatisch Quasiteilchen auf (Phononen, Photonen), die eine Energie $\hbar\,\omega_{j\mathfrak{q}}$ und einen Impuls (im Falle von Phononen Quasiimpuls) $\hbar\,\mathfrak{q}$ haben.

Da bei einer solchen Untersuchung der Schwingungen der Atome in einem Kristall die Größen $u^k_{\mathfrak{n}\alpha}$ Operatoren werden, sind auch die komplexen Normalkoordinaten $a_j(\mathfrak{q}) \equiv a_{j\mathfrak{q}}$ Operatoren. Der komplex-konjugierten Koordinate $a^*_{j\mathfrak{q}}$ entspricht der hermitesch-konjugierte Operator $\hat{a}^+_{j\mathfrak{q}}$.

Man kann leicht zeigen, daß der hermitesche Operator

$$\hat{a}^+_{j\mathfrak{q}}\,\hat{a}_{j\mathfrak{q}} = \hat{N}_{j\mathfrak{q}}$$

alle Eigenschaften eines Teilchenoperators für Teilchen (Phononen) im Zustand $(j, \mathfrak{q})$ hat und folglich die Eigenwerte $N_{j\mathfrak{q}}$ besitzt.

Läßt man den Operator $\hat{a}_{j\mathfrak{q}}$ auf eine Eigenfunktion des Operators $\hat{N}_{j\mathfrak{q}}$ wirken, so kann man zeigen, daß wir wieder eine Eigenfunktion des Operators $\hat{N}_{j\mathfrak{q}}$ erhalten, nur mit dem Eigenwert $N_{j\mathfrak{q}} - 1$. Es ist deshalb nur natürlich, wenn wir $\hat{a}_{j\mathfrak{q}}$ als *Absorptionsoperator eines Phonons* bezeichnen. Analoge Überlegungen zeigen, daß $\hat{a}^+_{j\mathfrak{q}}$ den Eigenwert $N_{j\mathfrak{q}}$ um 1 vergrößert, deshalb nennt man $\hat{a}^+_{j\mathfrak{q}}$ *Emissionsoperator eines Phonons*. Von diesem Standpunkt aus gesehen entsprechen die oben berechneten Matrixelemente a_{mn} und a^*_{mn} den Matrixelementen der Operatoren $\hat{a}$ und $\hat{a}^+$ für die Absorption und Emission eines Phonons.

[1]) L. I. Schiff, Quantum Mechanics, McGraw-Hill Book Comp., Inc., New York-Toronto-London 1955.

§ 6. Wärmekapazität des Kristallgitters

1. Bei hohen Temperaturen[1]) gehorcht die Bewegung der Atome des festen Körpers den Gesetzen der klassischen Mechanik, deshalb sind die Ergebnisse der klassischen statistischen Physik auf einen Kristall anwendbar. Das Theorem der klassischen Statistik über die Gleichverteilung der Energie auf die Freiheitsgrade besagt, daß auf jeden Freiheitsgrad des mechanischen Systems im Mittel eine kinetische Energie der Größe $\frac{1}{2} k_0 T$ entfällt, wenn sich das System bei der absoluten Temperatur T im Zustand des statistischen (thermodynamischen) Gleichgewichts befindet. $k_0 = 1{,}38 \cdot 10^{-16}$ erg/grad ist die Boltzmann-Konstante.

Wir untersuchen jetzt einen linearen harmonischen Oszillator, der sich im Wärmegleichgewicht mit einem Reservoir der Temperatur T befindet. Die mittlere kinetische Energie eines solchen Oszillators ist gleich seiner mittleren potentiellen Energie. Man kann das leicht nachweisen: die Koordinate x, die die Auslenkung des Oszillators aus seiner Gleichgewichtslage angibt, hängt nach einem harmonischen Gesetz von der Zeit ab:

$$x = A \sin(\omega t + \alpha) .$$

Die kinetische und potentielle Energie ist dann

$$\varepsilon_{\text{kin}} = \frac{1}{2} m \dot{x}^2 = \frac{1}{2} m \omega^2 A^2 \cos^2(\omega t + \alpha) ,$$

$$\varepsilon_{\text{pot}} = \frac{1}{2} m \omega^2 x^2 = \frac{1}{2} m \omega^2 A^2 \sin^2(\omega t + \alpha) .$$

Da die Mittelwerte $\overline{\cos^2(\omega t + \alpha)} = \overline{\sin^2(\omega t + \alpha)} = \frac{1}{2}$ sind, hat man

$$\overline{\varepsilon_{\text{kin}}} = \overline{\varepsilon_{\text{pot}}} = \frac{1}{4} m \omega^2 A^2 .$$

Hieraus folgt, daß in der klassischen Statistik die mittlere Gesamtenergie eines Oszillators durch

$$\bar{\varepsilon} = \overline{\varepsilon_{\text{kin}}} + \overline{\varepsilon_{\text{pot}}} = 2 \overline{\varepsilon_{\text{kin}}} = k_0 T \tag{6.1}$$

gegeben ist. Wir sahen, daß die allgemeinste Schwingung der Atome eines Kristalls als Superposition von $3sN$ Normalschwingungen dargestellt werden kann. Da jede Normalschwingung vom mechanischen Standpunkt aus gesehen einen linearen harmonischen Oszillator darstellt, wird die gesamte innere Energie des Kristalls bei der Temperatur T gleich

$$\mathscr{E} = 3 s N k_0 T . \tag{6.2}$$

[1]) Weiter unten werden wir präzisieren, was man unter hoher Temperatur eines festen Körpers zu verstehen hat.

Die Wärmekapazität bei konstantem Volumen ist laut Definition

$$c_V = \frac{\partial \mathcal{E}}{\partial T} = 3\, s\, N\, k_0\,. \tag{6.3}$$

Wenn das von uns betrachtete Grundgebiet des Kristalls ein Grammol des Stoffes enthält, dann ist $s\,N = N_0 = 6{,}023 \cdot 10^{23}$ die LOSCHMIDTsche Zahl. Damit wird die Wärmekapazität für ein Grammol eines beliebigen Kristalls bei hohen Temperaturen gleich

$$c_V = 3\, N_0\, k_0 = 3\, R = 5{,}96 \text{ cal/grad mol.} \tag{6.4}$$

$R = N_0\, k_0 = 1{,}986$ cal/grad mol ist die Gaskonstante. Die Beziehung (6.4) heißt DULONG-PETITsches Gesetz. Es wird recht gut durch das Experiment bestätigt, unter anderem auch für Metalle, wo es auf den ersten Blick wegen der großen Zahl freier Elektronen nicht erfüllt sein sollte. Darin besteht einer der hauptsächlichen Widersprüche der klassischen Elektronentheorie der Metalle; er wird weiter unten ausführlich diskutiert.

2. Das Studium der Wärmekapazität fester Körper bei niedrigen Temperaturen zeigt, daß das Gesetz von DULONG-PETIT (6.4) ein asymptotisches Gesetz ist, welches nur bei hohen Temperaturen gilt. Bei Temperaturerniedrigung beginnt die Wärmekapazität bei einer gewissen charakteristischen Temperatur T_c (der sogenannten DEBYE-Temperatur) schnell zu fallen, und bei $T \to 0$ geht auch $c_V \to 0$. Die DEBYE-Temperatur ist für unterschiedliche Stoffe verschieden, für die Mehrzahl der festen Körper liegt sie aber im Gebiet 100—400 °K. Die Nichtanwendbarkeit des Gesetzes von DULONG-PETIT auf einen festen Körper bei niedrigen Temperaturen ist dadurch bedingt, daß bei Temperaturerniedrigung die mittlere Geschwindigkeit der Bewegung der Atome des Kristalls abnimmt und folglich die ihnen entsprechende DE BROGLIE-Wellenlänge wächst. Aus der Quantenmechanik ist bekannt, daß sich die Bewegung nicht den Gesetzen der klassischen Mechanik unterordnet, wenn die DE BROGLIE-Wellenlänge der Teilchen mit den linearen Ausmaßen des effektiven Bereichs der Bewegung vergleichbar wird oder letztere sogar übersteigt. Deshalb müssen wir die Normalschwingungen des Kristalls quantenmechanisch behandeln und ihnen gemäß (5.28) eine Energie

$$\varepsilon_n = \hbar\, \omega \left(n + \frac{1}{2}\right) \tag{6.5}$$

zuschreiben, wobei wir die Indizes $\mathfrak{q}$ und j, die den gewählten Oszillator charakterisieren, weggelassen haben.

Die Wahrscheinlichkeit dafür, daß sich im Zustand des statistischen Gleichgewichts ein Oszillator im n-ten Quantenzustand mit der Energie ε_n befindet, ist nach BOLTZMANN gleich $w_n = c\, e^{-\frac{\varepsilon_n}{k_0 T}}$. Die Konstante c kann man aus der Normierungsbedingung

$$\sum_n w_n = c \sum_n e^{-\frac{\varepsilon_n}{k_0 T}} = 1$$

bestimmen; es ergibt sich

$$c = \left(\sum_n e^{-\frac{\varepsilon_n}{k_0 T}}\right)^{-1}$$

Die mittlere Energie eines Oszillators ist gleich der Summe der Energien ε_n, multipliziert mit den entsprechenden Wahrscheinlichkeiten w_n, d. h.

$$\bar{\varepsilon} = \sum_{n=0}^{\infty} \varepsilon_n w_n = c \sum_{n=0}^{\infty} \varepsilon_n e^{-\frac{\varepsilon_n}{k_0 T}} = \frac{\sum\limits_{n=0}^{\infty} \varepsilon_n e^{-\frac{\varepsilon_n}{k_0 T}}}{\sum\limits_{n=0}^{\infty} e^{-\frac{\varepsilon_n}{k_0 T}}}. \tag{6.6}$$

Für die Berechnung von (6.6) führen wir die sogenannte *Zustandssumme* ein:

$$Z = \sum_{n=0}^{\infty} e^{-\frac{\varepsilon_n}{k_0 T}}. \tag{6.7}$$

Dann ist

$$\bar{\varepsilon} = \frac{\sum \varepsilon_n e^{-\frac{\varepsilon_n}{k_0 T}}}{\sum e^{-\frac{\varepsilon_n}{k_0 T}}} = -\frac{d}{d\left(\frac{1}{k_0 T}\right)} \ln Z, \tag{6.8}$$

was man unmittelbar durch Differentiation des Ausdrucks (6.7) nachprüfen kann.

Andererseits erhalten wir bei Verwendung von (6.5)

$$Z = \sum_{n=0}^{\infty} e^{-\frac{\varepsilon_n}{k_0 T}} = e^{-\frac{\hbar\omega}{2 k_0 T}} \sum_{n=0}^{\infty} e^{-\frac{n \hbar \omega}{k_0 T}}$$

$$= e^{-\frac{\hbar\omega}{2 k_0 T}} \left[1 + e^{-\frac{\hbar\omega}{k_0 T}} + e^{-\frac{2\hbar\omega}{k_0 T}} + \ldots\right] = \frac{e^{-\frac{\hbar\omega}{2 k_0 T}}}{1 - e^{-\frac{\hbar\omega}{k_0 T}}}, \tag{6.9}$$

wenn wir die Formel für die unendliche geometrische Reihe berücksichtigen. Setzt man (6.9) in (6.8) ein und differenziert nach $\frac{1}{k_0 T}$, so ergibt sich

$$\bar{\varepsilon} = \frac{\hbar\omega}{2} + \frac{\hbar\omega}{e^{\frac{\hbar\omega}{k_0 T}} - 1}. \tag{6.10}$$

Das Glied $\frac{1}{2}\hbar\omega$, welches nicht von der Temperatur abhängt, heißt *Nullpunktsenergie des Oszillators.*

Verwendet man die Formel (6.10), so erhält man im thermodynamischen Gleichgewicht für die gesamte innere Energie des Kristallgitters

$$\mathscr{E} = \mathscr{E}_0 + \sum_{j=1}^{3} \sum_{\mathfrak{q}} \frac{\hbar\omega_{\mathfrak{q}j}}{e^{\frac{\hbar\omega_{\mathfrak{q}j}}{k_0 T}} - 1} + \sum_{j=4}^{3s} \sum_{\mathfrak{q}} \frac{\hbar\omega_{\mathfrak{q}j}}{e^{\frac{\hbar\omega_{\mathfrak{q}j}}{k_0 T}} - 1}, \tag{6.11}$$

wobei $\mathscr{E}_0 = \sum_{\mathfrak{q}j} \frac{\hbar\,\omega_{\mathfrak{q}j}}{2}$ die von der Temperatur T unabhängige Nullpunktsenergie ist und die Summierung $\sum_{j=1}^{3}$ über die akustischen Zweige abgetrennt wurde.

3. Wir nehmen an (in grober Näherung), daß die Frequenzen der optischen Zweige nicht von $\mathfrak{q}$ abhängen und gleich ihren Grenzwerten $\omega_j^0 \neq 0$ sind[1]). In diesem Falle ist die Summierung über $\mathfrak{q}$ für jeden optischen Zweig äquivalent einer Multiplikation mit N.

Für die drei akustischen Zweige machen wir den Ansatz

$$\omega_{\mathfrak{q}j} = v_{0j}(\vartheta, \varphi)\, q \qquad (j = 1, 2, 3)\,, \tag{6.12}$$

wobei die „Schallgeschwindigkeit" $v_{0j}(\vartheta, \varphi)$ im allgemeinen Falle nicht nur von der Nummer j des Zweiges abhängt, sondern auch von der Richtung des Vektors $\mathfrak{q}$ (ϑ, φ sind die Polarwinkel, welche die Richtung von $\mathfrak{q}$ bestimmen). Streng gilt das Dispersionsgesetz (6.12) nur bei kleinen $\mathfrak{q}$; wir werden jedoch in Übereinstimmung mit den Grundvoraussetzungen der Theorie der Wärmekapazität, die von DEBYE entwickelt wurde, annehmen, daß die Beziehung (6.12) für das gesamte $\mathfrak{q}$-Gebiet gültig ist, wenn akustische Zweige vorliegen.

Aus (4.19a) folgt, daß die Zahl der Schwingungen eines Zweiges im Intervall dq und im Raumwinkel $d\Omega = \sin\vartheta\, d\vartheta\, d\varphi$ gleich

$$dz = \frac{V}{(2\pi)^3}\, d\tau_q = \frac{V}{(2\pi)^3}\, q^2\, dq\, d\Omega \tag{6.13}$$

ist. Ersetzt man mittels (6.12) die Veränderliche q durch ω, so ergibt sich für die Zahl der Schwingungen im Intervall $d\omega$ in allen drei akustischen Zweigen und im gesamten Raumwinkel 4π

$$dz = \frac{V}{(2\pi)^3}\, \omega^2\, d\omega \int\limits_{[4\pi]} \left(\frac{1}{v_{01}^3} + \frac{1}{v_{02}^3} + \frac{1}{v_{03}^3}\right) d\Omega\,. \tag{6.14}$$

Wir führen eine über alle Zweige und Richtungen gemittelte Geschwindigkeit v_0 ein:

$$\frac{1}{v_0^3} = \frac{1}{3}\,\frac{1}{4\pi} \int\limits_{[4\pi]} \left(\frac{1}{v_{01}^3} + \frac{1}{v_{02}^3} + \frac{1}{v_{03}^3}\right) d\Omega\,. \tag{6.15}$$

Dann wird

$$dz = \frac{3V}{2\pi^2 v_0^3}\, \omega^2\, d\omega = g(\omega)\, d\omega\,. \tag{6.16}$$

Hieraus sehen wir, daß bei Gültigkeit des Dispersionsgesetzes (6.12) (gültig für das elastische Kontinuum) die Dichte der Zahl der Schwingungen oder die Ver-

---

[1]) Man kann beispielsweise mit Hilfe von (2.6) zeigen, daß die Breite des optischen Zweiges, d. h. die Größe $\omega_{\mathrm{opt}}(0) - \omega_{\mathrm{opt}}\left(\frac{\pi}{a}\right)$, klein ist, wenn die Masse des einen Atoms viel größer ist als die Masse des anderen Atoms.

teilungsfunktion der Schwingungen

$$g(\omega) = \frac{dz}{d\omega} = \frac{3\,V}{2\,\pi^2\,v_0^3}\,\omega^2$$

wird. Im Falle des isotropen elastischen Kontinuums entspricht einem akustischen Zweig eine longitudinale Welle mit der Geschwindigkeit v_{0l}, den beiden anderen Zweigen transversale Wellen mit einer Geschwindigkeit v_{0t} ($< v_{0l}$). Da v_{0l} und v_{0t} nicht von der Richtung abhängen, haben wir aus der Formel (6.15)

$$\frac{3}{v_0^3} = \frac{1}{v_{0l}^3} + \frac{2}{v_{0t}^3}\,.$$

Den Ausdruck (6.11) können wir jetzt in folgender Form schreiben:

$$\mathscr{E} = \mathscr{E}_0 + \frac{3\,V}{2\,\pi^2\,v_0^3}\int\limits_0^{\omega_m}\frac{\hbar\,\omega^3\,d\omega}{e^{\frac{\hbar\,\omega}{k_0\,T}} - 1} + N\sum_{j=4}^{3s}\frac{\hbar\,\omega_j^0}{e^{\frac{\hbar\,\omega_j^0}{k^0\,T}} - 1}\,. \tag{6.17}$$

Die maximale Frequenz ω_m ergibt sich aus der Bedingung, daß die Gesamtzahl der Schwingungen [Formel (6.16)] gleich der Gesamtzahl $3\,G^3$ der Normalschwingungen in allen drei akustischen Zweigen ist. Es ist also

$$\int dz = \int\limits_0^{\omega_m} g(\omega)\,d\omega = \frac{3\,V}{2\,\pi^2\,v_0^3}\int\limits_0^{\omega_m}\omega^2\,d\omega = \frac{V\,\omega_m^3}{2\,\pi^2\,v_0^3} = 3\,N\,,$$

woraus sich

$$\omega_m = v_0\left(\frac{6\,\pi^2}{\Omega_0}\right)^{1/3} \quad \text{und} \quad q_m = \frac{\omega_m}{v_0} = \left(\frac{6\,\pi^2}{\Omega_0}\right)^{1/3} \tag{6.18}$$

ergibt. Hier ist $\Omega_0 = \frac{V}{N}$ das Volumen der Elementarzelle und q_m der Maximalwert des Wellenvektors. Wir wollen jetzt die „Gitterkonstante" aus der Beziehung $\Omega_0 = a^3$ bestimmen. Größenordnungsmäßig ist $w_m \sim \frac{v_0}{a}$ und folglich gilt für den Maximalwert des Wellenvektors und den Minimalwert der Wellenlänge $q_m = \frac{\omega_m}{v_0} \sim \frac{1}{a}$ und $\lambda_{\min} = \frac{2\,\pi}{q_m} \sim a$. Für einen kubischen Kristall hat die Brillouin-Zone die Form eines Würfels, dessen Kantenlängen gleich $\frac{2\,\pi}{a}$ sind, so daß die Maximalwerte der rechtwinkligen Komponenten des Vektors $\mathfrak{q}$ gleich $\frac{\pi}{a}$ sind (4.9a).

In der Näherung des elastischen Kontinuums, mit welcher die Theorie von Debye arbeitet, kann man das mögliche Gebiet der $\mathfrak{q}$-Werte in eine Kugel vom Radius q_m einschließen.

Wir bestimmen jetzt die *charakteristische Temperatur des festen Körpers* (Debye-*Temperatur*) mit Hilfe der Gleichung

$$T_c = \frac{\hbar\,\omega_m}{k_0} = \left(\frac{6\,\pi^2}{\Omega_0}\right)^{1/3}\frac{\hbar}{k_0}\,v_0\,. \tag{6.19}$$

Da $\omega_m \sim \frac{v_0}{a} \sim \frac{10^5}{10^{-8}} \sim 10^{13}$ und $k_0 \sim 10^{-16}$ ist, erhält man $T_c \sim 100$ °K. Man kann auch eine DEBYE-Temperatur einführen, die der Grenzfrequenz der optischen Zweige entspricht:

$$T_{cj} = \frac{\hbar\, \omega_j^0}{k_0}\,; \tag{6.19a}$$

sie ist ebenfalls von der Größenordnung 10^2—10^3 °K.

Führen wir im Ausdruck (6.17) die Integrationsvariable $x = \frac{\hbar\,\omega}{k_0 T}$ ein und verwenden die Definitionen (6.19) und (6.19a) für die charakteristischen Temperaturen, so haben wir

$$\mathscr{E} = \mathscr{E}_0 + N\, k_0\, T \left\{3\, D\left(\frac{T_c}{T}\right) + \sum_{j=4}^{3s} \frac{T_{cj}/T}{e^{T_{cj}/T} - 1}\right\}. \tag{6.20}$$

$$D(t) = \frac{3}{t^3} \int_0^t \frac{x^3\, dx}{e^x - 1} \tag{6.20a}$$

ist die DEBYE-Funktion.

Wir betrachten zunächst hohe Temperaturen, dann ist $T \gg T_{cj}$ und erst recht $T \gg T_c$, da $T_c < T_{cj}$ gilt. In diesem Falle ist das Argument der DEBYE-Funktion $t = \frac{T_c}{T} \ll 1$. Macht man in dem Integranden der Formel (6.20a) den Ansatz $e^x \approx 1 + x$, dann sieht man leicht, daß $D(t) \approx 1$ ist. Die Exponentialfunktion in den den optischen Zweigen entsprechenden Gliedern kann man ebenfalls entwickeln, wobei sich

$$\sum_{j=4}^{3s} \frac{T_{cj}/T}{e^{T_{cj}/T} - 1} \approx \sum_{j=4}^{3s} 1 = 3\,s - 3$$

ergibt. Somit wird $\mathscr{E} = \mathscr{E}_0 + 3\,s\,N\,k_0\,T$; für die Wärmekapazität erhält man

$$c_V = \frac{\partial \mathscr{E}}{\partial T} = 3\,s\,N\,k_0$$

in Übereinstimmung mit dem Gesetz von DULONG-PETIT (6.3).

Wir untersuchen jetzt den Fall niedriger Temperaturen, dann ist $T \ll T_c$ und erst recht $T \ll T_{cj}$. Vernachlässigt man Größen der Ordnung $e^{-T_c/T}$ gegenüber der 1, läßt in Ausdruck (6.20) die Glieder weg, die optischen Zweigen entsprechen, und ersetzt im Integral der Funktion $D(t)$ die obere Grenze durch ∞, dann erhält man wegen[1])

$$\int_0^\infty \frac{x^3\, dx}{e^x - 1} = \frac{\pi^4}{15}$$

[1]) L. D. LANDAU und E. M. LIFSCHITZ, Lehrbuch der theoretischen Physik, Bd. V, statistische Physik, Akademie-Verlag, Berlin, in Vorbereitung.

für die Energie

$$\mathscr{E} = \mathscr{E}_0 + \frac{3\,\pi^4 N k_0 T^4}{5\,T_c^3} = \mathscr{E}_0 + \frac{\pi^2 V (k_0 T)^4}{10\,\hbar^3 v_0^3}\,, \tag{6.21}$$

d. h., der von der Temperatur abhängige Teil der Energie ist T^4 proportional. Die Wärmekapazität

$$c_V = \frac{\partial \mathscr{E}}{\partial T} = \frac{12\,\pi^4 k_0}{5}\left(\frac{T}{T_c}\right)^3 \tag{6.22}$$

ist T^3 proportional. Das „T^3-Gesetz" wird bei Temperaturen der Größenordnung 20—50 °K recht gut durch das Experiment bestätigt. Die Theorie der Wärmekapazität von Debye, die sich auf das Dispersionsgesetz (6.12) und den Ausdruck für die Grenzfrequenz (6.18) gründet, sollte bei niedrigen Temperaturen gut erfüllt sein, wenn nur lange Wellen angeregt sind und folglich die Näherung des elastischen Kontinuums anwendbar ist. Anderserseits liefert die Debye-Theorie auch bei hohen Temperaturen, wo die Wärmekapazität einfach durch die Zahl der Freiheitsgrade des Gitters bestimmt wird, das richtige Resultat, nämlich das Gesetz von Dulong-Petit. Für Temperaturen im Zwischengebiet kann der aus der Theorie von Debye folgende Ausdruck für die Wärmekapazität c_V nur als mehr oder weniger gute Interpolationsformel betrachtet werden. Differenziert man (6.20) nach T, so erhält man

$$c_V = \frac{\partial \mathscr{E}}{\partial T} = 3\,N k_0 \left\{4\,D\left(\frac{T_c}{T}\right) - \frac{3(T_c/T)}{e^{T_c/T} - 1}\right\}$$
$$+ N k_0 \sum_{j=4}^{3s} \frac{e^{T_{cj}/T}(T_{cj}/T)^2}{(e^{T_{cj}/T} - 1)^2}\,. \tag{6.23}$$

Die Temperaturabhängigkeit der Wärmekapazität der akustischen Zweige wird durch die Größe

$$\frac{c_V^{(D)}}{3\,k_0 N} = \left\{4\,D\left(\frac{T_c}{T}\right) - \frac{3(T_c/T)}{e^{T_c/T} - 1}\right\} = 3\left(\frac{T}{T_c}\right)^3 \int_0^{T_c/T} \frac{x^4 e^x}{(e^x - 1)^2}\,dx \tag{6.23a}$$

charakterisiert. Die rechte Seite kann man durch partielle Integration des Integrals in der Funktion $D(T_c/T)$ erhalten. In Abb. 34 ist die Größe (6.23a) als Funktion von T/T_c eingezeichnet. Bei niedrigen Temperaturen ist sie $(T/T_c)^3$ proportional, bei hohen Temperaturen geht sie gegen Eins. Die Abweichung des Ausdrucks (6.23a) von 1 bestimmt die Abweichung der Wärmekapazität der akustischen Zweige vom klassischen Wert $3\,N k_0$. Aus der Kurve sieht man, daß die charakteristische Temperatur, welche das klassische Gebiet vom Quantengebiet trennt, praktisch nicht T_c ist, sondern

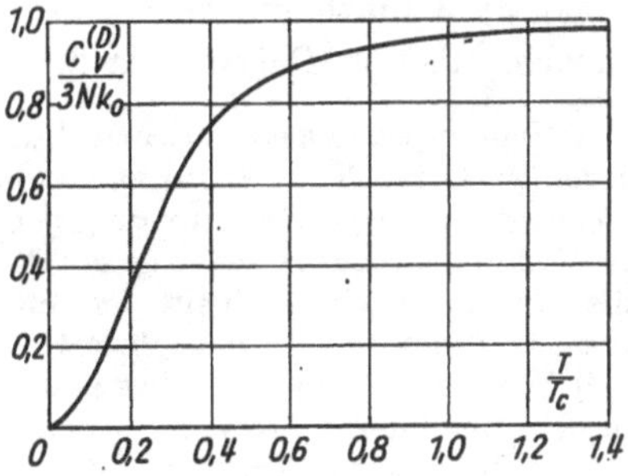

Abb. 34

eher $T_c/3$. Bei Temperaturen $T \geqq T_c$ gelten also die klassischen Ausdrücke für die Wärmekapazität, bei $T < T_c/10$ werden die Quantengesetze wirksam.

Die den optischen Zweigen entsprechende Wärmekapazität nennt man oft Einsteinsche *Glieder*.[1] Bei $T \to 0$ fallen sie nicht nach dem Gesetz T^3 ab, sondern schneller mit $T^{-2} e^{-T_{cj}/T}$. Wenn $T_{cj} \gg T_c$ ist (molekulare Gitter), kann der Fall $T \geqq T_c$ und $T \ll T_{cj}$ eintreten, so daß die akustischen Zweige vollständig angeregt sind, die Wärmekapazität der optischen Zweige dagegen vernachlässigbar ist. In diesem Falle verhält sich das Gitter wie ein klassisches einatomiges Gitter mit den „Atommassen" $M = \sum_{k=1}^{s} m_k$.

4. Eine gründliche experimentelle und theoretische Untersuchung der Wärmekapazität des festen Körpers bei niedrigen Temperaturen zeigte, daß sich das Gebiet des T^3-Gesetzes nur über einige °K in der Nähe des absoluten Nullpunktes erstreckt. Die Gültigkeit des T^3-Gesetzes im Temperaturbereich 20—50 °K ist durch andere Ursachen bedingt, die wir weiter unten betrachten werden. Konkrete Rechnungen zeigten, daß die Wärmekapazität sogar bei niedrigen Temperaturen ($T > T_c/10$) bezüglich der diskreten Struktur des Gitters empfindlich bleibt.

Wir stellen uns jetzt vor, daß uns die Abhängigkeit der Wärmekapazität c_V von der Temperatur T experimentell oder theoretisch genau gegeben ist. Wir verwenden jetzt die Theorie der Wärmekapazität von Debye, die sich auf die Vorstellung vom elastischen Kontinuum gründet, und machen den Ansatz

$$c_V(T) = c_V^{(D)}(T_c/T); \tag{6.24}$$

hier ist $c_V^{(D)}$ die Wärmekapazität nach Debye (6.23), die von der Temperatur und einem Parameter T_c abhängt.[2] Die Abweichung der Wärmekapazität $c_V(T)$ von der Theorie der Wärmekapazität von Debye kann man formal dadurch beschreiben, daß man die charakteristische Temperatur T_c als von der Temperatur T abhängend betrachtet.

Beispielsweise hat E. W. Kellermann[3] die Gitterschwingungen des NaCl ausführlich untersucht und die Koeffizienten $B_{\alpha\beta}^{kk'}(\mathfrak{q})$ nach Formel (4.10a) berechnet und die charakteristische Gleichung (4.11) für die Frequenz ω^2 gelöst. Bei der Bestimmung der Coulombschen Wechselwirkungskräfte wurden die Ionen als Punktladungen betrachtet. Die Abstoßungskräfte zwischen den Ionen wurden aus den Daten über die Kompressibilität ermittelt.

---

[1] Vom quantenmechanischen Standpunkt aus war die Wärmekapazität eines einatomigen festen Körpers zuerst von A. Einstein untersucht worden; dabei war von ihm die vereinfachende Voraussetzung gemacht worden, daß alle Atome des Gitters mit einer bestimmten Frequenz schwingen. Es ist offensichtlich, daß er dabei einen Ausdruck für die Wärmekapazität erhielt, der mit der Wärmekapazität eines optischen Zweiges und dem Ausdruck (6.23) (multipliziert mit 3) übereinstimmt.

[2] Wir betrachten nur akustische Zweige und nehmen an, daß die optischen Zweige in dem uns interessierenden T-Gebiet nicht angeregt sind.

[3] E. W. Kellermann, Phil. Trans. Roy. Soc. **238** (1940) 513; Proc. Roy. Soc. A **178** (1941) 17.

Im allgemeinen Falle ist die Zahl der Schwingungen in allen 3 s Zweigen für ein kleines Frequenzintervall $\Delta\omega$ [1])

$$g(\omega)\,\Delta\omega = \frac{V}{(2\,\pi)^3} \sum_{j=1}^{3s} \iiint\limits_{\omega \leqq \omega_j(q_x,\, q_y,\, q_z) \leqq \omega + \Delta\omega} dq_x\, dq_y\, dq_z\,. \tag{6.25}$$

Wenn man hieraus die Verteilungsfunktion $g(\omega)$ der Schwingungen bestimmen will, muß man für alle Zweige die Abhängigkeit $\omega_j(q_x, q_y, q_z)$ kennen, was nur durch numerische Berechnung erreicht werden kann. Anstelle der angenäherten Formel (6.16) kann der Ausdruck (6.25) für die Bestimmung der inneren Energie (6.11) des Kristalls verwendet werden.

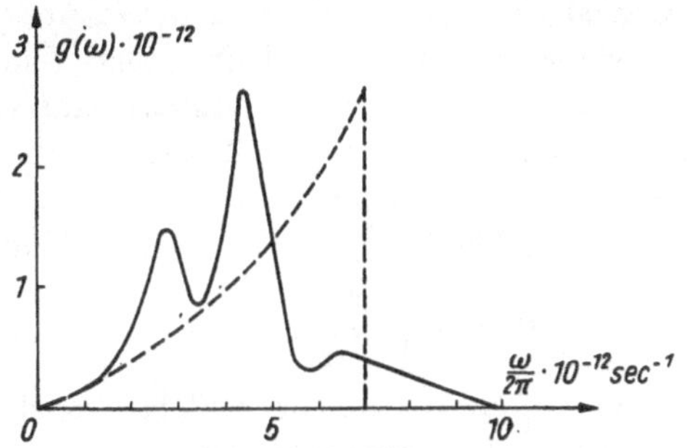

Abb. 35

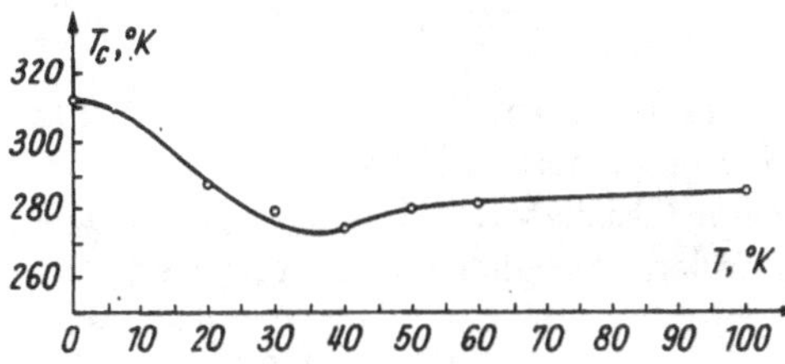

Abb. 36

In Abb. 35 und 36 ist die Verteilungsfunktion der Schwingungen $g(\omega)$ für die akustischen Zweige dargestellt. Weiter ist die hieraus und aus der DEBYE-Theorie folgende Temperaturabhängigkeit der Größe T_c eingezeichnet.[2]) Wir sehen, daß sich $g(\omega)$ wesentlich vom parabolischen Gesetz (6.16) unterscheidet, welches in Abb. 35 durch die punktierte Linie angegeben ist. Aus der DEBYE-Formel (6.22) sieht man, daß das T^3-Gesetz nur dann erfüllt ist, wenn T_c bei niedrigen Temperaturen einen konstanten Wert annimmt. Wie man aus Abb. 36 sieht, ist das bei Temperaturen der Fall, die niedriger als 5—7 °K liegen. Andererseits wird im Intervall 20—50 °K für T_c ein flaches Minimum beobachtet, in dessen Nähe man T_c als konstant annehmen kann und folglich erwarten kann, daß das T^3-Gesetz angenähert erfüllt ist.

§ 7. Zustandsgleichung des festen Körpers

1. Wir leiten jetzt die Zustandsgleichung her, d. h., wir ermitteln die Verknüpfung zwischen Druck P, Volumen V und Temperatur T des festen Körpers. Der Einfachheit halber werden wir einen einatomigen festen Körper in der Näherung nach DEBYE untersuchen.

[1]) Dabei muß man beachten, daß nicht unbedingt alle Schwingungszweige im gegebenen Intervall ω, $\omega + \Delta\omega$ etwas beitragen.

[2]) Die Kreise in Abb. 36 sind experimentelle Punkte.

Der geradeste Weg zur Ermittlung der Zustandsgleichung besteht in der Berechnung der *freien Energie* des Systems¹)

$$\mathcal{F} = - k_0 T \ln Z , \tag{7.1}$$

wo die *Zustandssumme* gegeben ist durch

$$Z = \sum_n e^{-\frac{\varepsilon_n}{k_0 T}} \Omega(\varepsilon_n) . \tag{7.1a}$$

Hier ist $\Omega(\varepsilon_n)$ das *statistische Gewicht* oder die Zahl der verschiedenen Zustände des Systems mit ein und derselben Energie ε_n; mit anderen Worten, $\Omega(\varepsilon_n)$ ist der *Entartungsgrad* des Energieniveaus ε_n. Für den linearen harmonischen Oszillator ist $\Omega(\varepsilon_n) = 1$ und Z gleich dem Ausdruck (6.9). Bei stetiger Änderung der Energie ε geht die Zustandssumme über in das *Zustandsintegral*.

Aus der Thermodynamik folgt für den Druck¹)

$$P = -\left(\frac{\partial \mathcal{F}}{\partial V}\right)_T , \tag{7.2}$$

wo die Differentiation nach V bei konstantem T durchgeführt wird.

Die freie Energie eines Oszillators mit der Frequenz ω ist

$$\mathcal{F}_{\text{osz}} = \frac{\hbar \omega}{2} + k_0 T \ln \left(1 - e^{-\frac{\hbar \omega}{k_0 T}}\right) , \tag{7.3}$$

wie aus den Formeln (7.1) und (6.9) folgt.

Für einen festen Körper, der durch $3 G^3 = 3 N$ unabhängige Normalschwingungen (Oszillatoren) beschrieben wird, ergibt sich die freie Energie als Summe der freien Energien der Oszillatoren:

$$\mathcal{F} = \sum \mathcal{F}_{\text{osz}} = \sum_{\mathfrak{q} j} \frac{\hbar \omega_{\mathfrak{q} j}}{2} + k_0 T \sum_{\mathfrak{q} j} \ln \left(1 - e^{-\frac{\hbar \omega_{\mathfrak{q} j}}{k_0 T}}\right) . \tag{7.4}$$

In der Näherung des Debye-Kontinuums ist

$$\begin{aligned} \mathcal{F} &= \mathscr{E}_0 + k_0 T \frac{3 V}{2 \pi^2 v_0^3} \int_0^{\omega_m} \ln \left(1 - e^{-\hbar \omega / k_0 T}\right) \omega^2 \, d\omega \\ &= \mathscr{E}_0 + 9 N k_0 T \left(\frac{T}{T_c}\right)^3 \int_0^{T_c/T} \ln \left(1 - e^{-x}\right) x^2 \, dx , \end{aligned} \tag{7.4a}$$

wenn wir von den Beziehungen (6.16) und (6.19) Gebrauch machen.

Bei Bestimmung des Druckes nach Formel (7.2) müssen wir (7.4a) bei konstanter Temperatur T nach dem Volumen V differenzieren. Man kann zeigen, daß die charakteristische Temperatur T_c oder die ihr proportionale Grenz-

¹) W. G. Lewitsch (В. Г. Левич, Введение в статистическую физику, Гостехиздат), Einführung in die statistische Physik, 2. Auflage, Gostechisdat, 1954, § 33.

frequenz ω_m in der anharmonischen Näherung vom Volumen abhängen. Wir illustrieren das am Beispiel des einfachen eindimensionalen Gitters, dessen Grenzfrequenz der Schwingungen gemäß (1.5a) gleich $\omega_m^2 = \frac{4}{m}\beta$ ist; β ist der Koeffizient der quasielastischen Kraft.

Gemäß (II.1.3) ist die Wechselwirkungskraft der Atome in der anharmonischen Näherung gegeben durch

$$F = -\beta x + \gamma x^2 .$$

Hier ist $x = R - R_0$ (R_0 ist der Gleichgewichtsabstand zwischen den Atomen), $\beta = \mathcal{U}''(R_0) > 0$ und $\gamma = -\frac{1}{2}\mathcal{U}'''(R_0) > 0$; $\mathcal{U}(R)$ ist die potentielle Wechselwirkungsenergie der Atome.

Bei homogenem Auseinanderziehen oder Zusammendrücken der Kette von Atomen wirkt auf jedes Atom zusätzlich ein homogenes Feld $A = \text{const}$, in welchem die Energie des Atoms $A\,R$ ist. Da die Kraft in der neuen Gleichgewichtslage $R_0 + \Delta R_0$ verschwindet, wird $\mathcal{U}'(R_0 + \Delta R_0) + A = 0$. Entwickelt man $\mathcal{U}'(R_0 + \Delta R_0)$ in eine Reihe nach Potenzen von ΔR_0 und berücksichtigt, daß $\mathcal{U}'(R_0) = 0$ ist, so erhält man $\mathcal{U}''(R_0)\,\Delta R_0 + A = 0$ oder $A = -\beta \Delta R_0$. Andererseits erfüllt die veränderte Grenzfrequenz $\omega_m + \Delta\omega_m$ die Beziehung

$$(\omega_m + \Delta\omega_m)^2 = \frac{4}{m}\mathcal{U}''(R_0 + \Delta R_0)$$

(die zweite Ableitung der Energie $A\,R$ nach R verschwindet). Entwickelt man die rechte Seite nach ΔR_0, vernachlässigt auf der linken Seite $(\Delta\omega_m)^2$ und verwendet den Wert von ω_m^2, so ergibt sich

$$\frac{\Delta\omega_m}{\omega_m} = -\frac{\gamma\,\Delta R_0}{\beta} .$$

Wir sehen, daß die Grenzfrequenz ω_m und folglich auch die charakteristische Temperatur T_c sich bei der Änderung ΔR_0 des „Volumens" nur in der anharmonischen Näherung ($\gamma \neq 0$) ändert. Da β und γ positiv sind, wird die Grenzfrequenz fallen ($\Delta\omega_m < 0$) bei wachsendem „Volumen" ΔR_0 und umgekehrt.

Für den Druck erhält man somit

$$P = -\left(\frac{\partial \mathcal{F}}{\partial V}\right)_T = -\frac{\partial \mathcal{E}_0}{\partial V} - 3\,N\,k_0\,T\,D\left(\frac{T_c}{T}\right)\frac{1}{T_c}\frac{\partial T_c}{\partial V}, \tag{7.5}$$

wenn man das Integral in Formel (7.4a) partiell integriert und die Bezeichnung (6.20a) verwendet.

Wir führen jetzt in die Betrachtungen den sogenannten GRÜNEISEN-*Parameter* ein

$$\gamma_G \equiv -\frac{V}{T_c}\frac{dT_c}{dV} = -\frac{d\omega_m/\omega_m}{dV/V} = -\frac{d\ln\omega_m}{d\ln V} > 0 , \tag{7.6}$$

welcher nicht von der Temperatur abhängt. Aus der Definition (7.6) sieht man, daß er unmittelbar mit dem anharmonischen Charakter der Wechselwirkung der

Atome verknüpft ist. Im oben betrachteten einfachen eindimensionalen Fall ist

$$\gamma_G = -\frac{\Delta\omega_m/\omega_m}{\Delta R_0/R_0} = \frac{\gamma R_0}{\beta}. \tag{7.6a}$$

In harmonischer Näherung ($\gamma = 0$) gilt für den GRÜNEISEN-Parameter $\gamma_G = 0$. Bezeichnet man den von der Temperatur abhängigen Teil der inneren Energie mit $\mathscr{E}_T = 3\,N\,k_0\,T\,D(T_c/T)$, so erhält man für die *Zustandsgleichung des festen Körpers*

$$P = -\frac{\partial \mathscr{E}_0}{\partial V} + \frac{\gamma_G \mathscr{E}_T}{V}, \tag{7.7}$$

wobei das erste Glied der rechten Seite nicht von T abhängt.

2. Wir leiten jetzt aus der Zustandsgleichung die sogenannte GRÜNEISEN-*Beziehung* ab. Wir differenzieren den Ausdruck (7.7) nach T und berücksichtigen, daß $\left(\frac{\partial \mathscr{E}_T}{\partial T}\right)_V = c_V$ ist; dann ergibt sich

$$\left(\frac{\partial P}{\partial T}\right)_V = \frac{\gamma_G c_V}{V}. \tag{7.8}$$

Wir verwenden im folgenden die thermodynamische Identität[1])

$$\left(\frac{\partial P}{\partial V}\right)_T \left(\frac{\partial V}{\partial T}\right)_P \left(\frac{\partial T}{\partial P}\right)_V = -1 \tag{7.9}$$

und schreiben sie in der Form

$$\left(\frac{\partial V}{\partial T}\right)_P = -\left(\frac{\partial V}{\partial P}\right)_T \left(\frac{\partial P}{\partial T}\right)_V, \tag{7.9a}$$

was möglich ist, da $\left(\frac{\partial P}{\partial V}\right)_T = 1 : \left(\frac{\partial V}{\partial P}\right)_T$ ist usw.

Man führt den linearen Ausdehnungskoeffizienten

$$\alpha = \frac{1}{3\,V}\left(\frac{\partial V}{\partial T}\right)_P \tag{7.10}$$

und die isothermische Kompressibilität

$$k = -\frac{1}{V}\left(\frac{\partial V}{\partial P}\right)_T \tag{7.11}$$

ein. Dann erhalten wir aus den Gleichungen (7.9a), (7.10), (7.11) und (7.8) die GRÜNEISEN-Beziehung

$$3\,V\alpha = \gamma_G\,k\,c_V\,. \tag{7.12}$$

Das Experiment zeigt, daß die linke und rechte Seite dieser Gleichung tatsächlich die gleiche Temperaturabhängigkeit haben, wenn man annimmt, daß γ_G nicht von der Temperatur abhängt. Durch experimentelle Untersuchung der Änderung der Kompressibilität bei großen Drücken P kann man die GRÜNEISEN-Konstante bestimmen. Sie stimmt gut mit den aus (7.12) berechneten Werten überein.

---

[1]) M. A. LEONTOWITSCH, Einführung in die Thermodynamik, VEB Deutscher Verlag der Wissenschaften, Berlin 1953.

§ 8. Phononen

Oben (§ 5.3) war darauf hingewiesen worden, daß man die elementaren energetischen Anregungen $\hbar\,\omega$ der Normalschwingungen des Gitters *Phononen* nennt. Wie wir im Kapitel VII sehen werden, zeigt das Studium der Wechselwirkung der Leitfähigkeitselektronen mit Gitterschwingungen, daß sich bei einer solchen Wechselwirkung die Energie des Elektrons nur um den Wert $\pm\,\hbar\,\omega$ ändern kann (in erster Näherung der Störungstheorie), sein Impuls dagegen ändert sich um die Größe $\hbar\,\mathfrak{q}$. Man kann deshalb die Phononen als Quasiteilchen betrachten, die bei der Wechselwirkung mit Elektronen absorbiert oder emittiert werden können und eine Energie $\hbar\,\omega$ und einen Quasiimpuls $\hbar\,\mathfrak{q}$ besitzen.[1] Analog verhalten sich die Phononen bei der Erscheinung der Wärmeleitfähigkeit des Gitters. Jedoch muß man in diesem Falle beachten, daß bei „Stößen" von Phononen untereinander nicht weniger als drei Phononen beteiligt sein müssen. Es muß gesagt werden, daß nur die Normalschwingungen des Kristalls mit Elektronen oder anderen Normalschwingungen in Wechselwirkung treten können, die höher angeregt sind als die Nullpunktsenergie $\mathcal{E}_0 = \sum\limits_{\mathfrak{q},j} \left(\frac{\hbar\,\omega_{\mathfrak{q}j}}{2}\right)$ ausmacht (nur diese Anregungen heißen Phononen). Die Nullpunktsschwingungen der Oszillatoren bilden also gewissermaßen einen unveränderlichen „Hintergrund", welcher an den mit den Schwingungen des Kristalls verbundenen Streuprozessen nicht beteiligt ist.

In einigen Fällen verhalten sich die Phononen nicht so wie ein Gas aus gewöhnlichen Teilchen; eben deshalb nennt man sie Quasiteilchen. Erstens *entstehen* und *verschwinden* Phononen bei der Wechselwirkung mit Elektronen oder anderen Phononen. Zweitens hängt die mittlere Phononenzahl (Konzentration der Phononen) von der Temperatur ab. Für ein Gas aus gewöhnlichen Teilchen (Atomen, Elektronen) sind die Veränderlichen V, T und N (Teilchenzahl) unabhängige Größen. Im Falle der Phononen ergibt sich ihre Zahl N bei vorgegebenen V und T aus den Gleichgewichtsbedingungen, d. h. aus dem Minimum der freien Energie $\mathcal{F}(T, V, N)$.

Es wird also

$$\left(\frac{\partial \mathcal{F}}{\partial N}\right)_{T,V} = \zeta = 0\,, \tag{8.1}$$

wo ζ laut Definition das *chemische Potential* ist.

Da die Phononen keinen Spin besitzen, gilt für sie die Bose-Einstein-Statistik. Im Zustand des statistischen Gleichgewichts ergibt sich dann für die mittlere Teilchenzahl in einem Quantenzustand (in einer Zelle des Phasenraumes mit dem

---

[1]) Wir sprechen vom Quasiimpuls und nicht vom Impuls, da die Größe $\mathfrak{q}$ eine Reihe von Besonderheiten besitzt; insbesondere sind $\mathfrak{q}$ und $\mathfrak{q} + 2\,\pi\,\mathfrak{b}_g$ ($\mathfrak{b}_g$ ist ein Vektor des reziproken Gitters) physikalisch äquivalent (siehe § 4.2).

Volumen h^3 mit der Energie ε) [1])

$$n = \frac{1}{e^{\frac{\varepsilon - \zeta}{k_0 T}} - 1}\,. \tag{8.2}$$

Für die Phononen haben wir $\varepsilon = \hbar\,\omega$ und $\zeta = 0$, so daß sich

$$n = \frac{1}{e^{\frac{\hbar\,\omega}{k_0 T}} - 1} \tag{8.3}$$

ergibt. Der Ausdruck (8.3), der auch für die Photonen (Lichtquanten) der schwarzen Strahlung gültig ist, heißt PLANCK*sche Verteilung.*

Aus der Formel (8.3) folgt, daß die Zahl n der Phononen in einer Zelle des Phasenraums bei $k_0\,T \gg \hbar\,\omega$ gleich $n \approx \frac{k_0\,T}{\hbar\,\omega}$ ist, bei $k_0\,T \ll \hbar\,\omega$ dagegen $n \approx e^{-\frac{\hbar\,\omega}{k_0 T}}$ wird. Um die Zahl dN der Phononen im Volumen V und mit einer Energie zwischen $\hbar\,\omega$ und $\hbar\,(\omega + d\omega)$ zu bestimmen, muß man die Zahl der Quantenzustände der Phononen in diesem Energieintervall berechnen. Der Quasiimpuls des Phonons ist $p = \hbar\,q = \frac{\hbar\,\omega}{v_0}$, wenn wir in Übereinstimmung mit der Kontinuumstheorie von DEBYE $\omega = v_0\,q$ ansetzen (v_0 ist die mittlere Schallgeschwindigkeit des akustischen Zweiges). Die Zahl der Quantenzustände (der Zellen mit dem Volumen $(2\,\pi\,\hbar)^3$) im Intervall dp ist gleich (siehe Anhang III)

$$dz = 3\,\frac{4\,\pi\,p^2\,dp\,V}{(2\,\pi\,\hbar)^3} = \frac{3\,V}{2\,\pi^2\,v_0^3}\,\omega^2\,d\omega\,, \tag{8.4}$$

wobei der Faktor 3 die drei möglichen Polarisationen des Phonons berücksichtigt (eine longitudinale und zwei transversale). Die Formel (8.4) stimmt genau mit der Zahl der Schwingungen im Intervall $d\omega$ überein [siehe (6.16)].

Die Zahl der Phononen im Volumen V mit einer Frequenz zwischen ω und $\omega + d\omega$ ist

$$dN_\omega = n\,dz = \frac{3\,V}{2\,\pi^2\,v_0^3}\,\frac{\omega^2\,d\omega}{e^{\hbar\,\omega/k_0 T} - 1}\,. \tag{8.5}$$

Für die Energie dieser Phononen hat man

$$d\mathcal{E}_\omega = \hbar\,\omega\,dN_\omega = \frac{3\,V\,\hbar}{2\,\pi^2\,v_0^3}\,\frac{\omega^3\,d\omega}{e^{\hbar\,\omega/k_0 T} - 1}\,. \tag{8.6}$$

Ersetzt man in Formel (8.6) den Faktor 3 durch den Faktor 2 in Übereinstimmung mit den zwei (transversalen) Polarisationsrichtungen des Photons und die Schallgeschwindigkeit v_0 durch die Lichtgeschwindigkeit c, so erhält man die bekannte PLANCKsche Formel für die Energieverteilung im Spektrum der schwarzen Strahlung.

---

[1]) W. G. LEWITSCH, (В. Г. Левич, Введение в статистическую физику, Гостехздат), Einführung in die statistische Physik, 2. Auflage, Gostechisdat, 1954, § 100 und 112.

Die Gesamtzahl der Phononen im Volumen V ist gleich

$$N = \int dN_\omega = \frac{3\,V}{2\,\pi^2\,v_0^3} \int_0^{\omega_m} \frac{\omega^2\,d\omega}{e^{\frac{\hbar\,\omega}{k_0\,T}} - 1} = \frac{3\,V}{2\,\pi^2\,v_0^3} \left(\frac{k_0\,T}{\hbar}\right)^3 \int_0^{T_e/T} \frac{x^2\,dx}{e^x - 1}, \tag{8.7}$$

dabei ist T_e die DEBYE-Temperatur.

Bei $T \ll T_e$ kann man bei einer Genauigkeit bis zu Gliedern der Größenordnung $e^{-T_e/T}$ die obere Grenze des Integrals durch ∞ ersetzen. Dann folgt aus (8.7) für die Zahl der Phononen $N \sim V\,T^3$. Für hohe Temperaturen ist $T \gg T_e$ und man kann unter dem Integralzeichen $e^x - 1 \approx x$ setzen; für die Zahl der Phononen hat man dann $N \sim V\,T$. In Abb. 37 ist die Temperaturabhängigkeit der Phononenkonzentration N/V dargestellt.

Die Gesamtenergie der Phononen im Volumen V ist gleich

$$\mathcal{E} = \int d\mathcal{E}_\omega = \frac{3\,V\,\hbar}{2\,\pi^2\,v_0^3} \int_0^{\omega_m} \frac{\omega^3\,d\omega}{e^{\hbar\,\omega/k_0\,T} - 1}, \tag{8.8}$$

was genau mit dem entsprechenden Energieanteil der Normalschwingungen im Ausdruck (6.17) übereinstimmt. Die Energie der Normalschwingungen des Gitters stimmt also mit der Energie der Phononen überein, die nach dem BOSE-EINSTEIN-Gesetz verteilt sind.

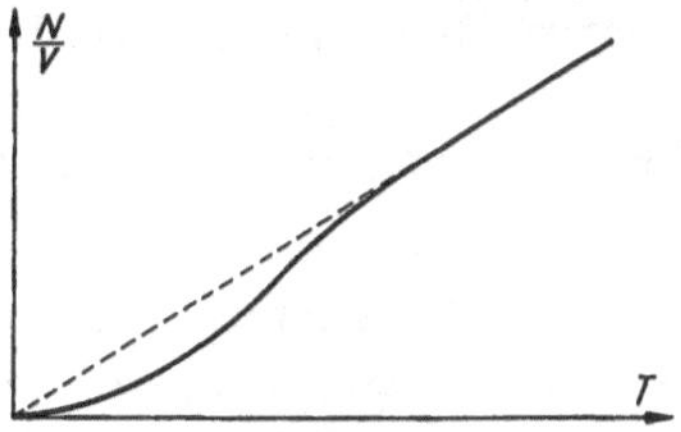

Abb.37

In der Thermodynamik wird gezeigt, daß für die freie Energie

$$\mathcal{F} = -T \int \frac{\mathcal{E}(T)\,dT}{T^2} \tag{8.9}$$

gilt[1]; $\mathcal{E}(T)$ ist die innere Energie des Systems. Das unbestimmte Integral in (8.9) entspricht einer unbestimmten additiven Konstanten in der freien Energie. Setzt man $\mathcal{E}(T)$ aus (8.8) in (8.9) ein und integriert über T, so erhalten wir die freie Energie, die mit $\mathcal{F} - \mathcal{E}_0 \equiv \mathcal{F}_T$ in Formel (7.4a) übereinstimmt. Das war auch zu erwarten, da die Ausdrücke für $\mathcal{E}$ (6.17) und $\mathcal{F}$ (7.4a) ohne die EINSTEINschen Glieder durch dieselbe Beziehung (8.9) miteinander verknüpft sind. Wir können jetzt das $\mathcal{F}_T$ in (7.4a) als freie Energie des Phononengases betrachten, die Gleichungen (7.5) und (7.7) ohne das Glied $\frac{\partial \mathcal{E}_0}{\partial V}$ kann man als Zustandsgleichungen des Phononengases auffassen. Wie wir weiter oben angedeutet haben, gilt für den GRÜNEISEN-Parameter in der harmonischen Näherung $\gamma_G = 0$, deshalb ist der Druck des Phononengases in dieser Näherung gleich Null.

In der anharmonischen Näherung folgt aus (7.7) für den Druck des Phononengases

$$P_{\text{phon}} = \gamma_G \frac{\mathcal{E}_T}{V}. \tag{8.10}$$

[1]) Siehe Fußnote [1]) auf Seite 90.

Eine Analyse des Problems zeigt, daß der Impulsfluß, der mit einer ebenen harmonischen fortschreitenden Welle mit einem bestimmten Quasiimpuls $\hbar \mathfrak{q}$ verbunden ist, verschwindet, d. h., das Phonon besitzt keinen Impuls (keine Bewegungsgröße). Darin unterscheidet sich das Phonon wesentlich vom Photon, welches einen Impuls $\hbar \mathfrak{k}$ besitzt ($\mathfrak{k}$ ist der Wellenvektor des Photons).

§ 9. Wärmeausdehnung und Wärmeleitfähigkeit im festen Körper

Wir betrachten die Erscheinung der Wärmeausdehnung und der Wärmeleitfähigkeit des festen Körpers in einem Paragraphen, weil sie beide durch den anharmonischen Teil der Wechselwirkungskräfte der Atome bedingt sind. Sowohl die Wärmeausdehnung als auch der Wärmewiderstand[1]) (letzterer ist gleich $\frac{1}{\varkappa}$, wo $\varkappa$ der Koeffizient der Wärmeleitfähigkeit ist) verschwinden, wenn der Koeffizient γ des anharmonischen Kraftanteils gleich Null ist.

Wir betrachten die Wärmeausdehnung am einfachen Modell zweier miteinander in Wechselwirkung stehender Atome. Dieses Modell gibt uns die Möglichkeit, nicht nur die prinzipielle Seite der Erscheinung zu klären, sondern erlaubt auch die größenordnungsmäßig richtige Berechnung des Wärmeausdehnungskoeffizienten. Bei der Wärmeleitfähigkeit beschränken wir uns auf einige allgemeine Überlegungen und bestimmen den Wärmeleitfähigkeitskoeffizienten für hohe Temperaturen aus einer Dimensionsanalyse.

1. Wir betrachten zwei Atome, die bei kleinen Auslenkungen $x = R - R_0$ aus der Gleichgewichtslage nach dem Gesetz (II.1.2) miteinander in Wechselwirkung stehen, d. h., es wirkt eine Kraft

$$F = -\frac{dU}{dx} = -\beta x + \gamma x^2; \tag{9.1}$$

die potentielle Energie ist

$$U = \frac{1}{2}\beta x^2 - \frac{1}{3}\gamma x^3. \tag{9.1a}$$

Die Wahrscheinlichkeit für die Auslenkung eines Atoms aus der Gleichgewichtslage um die Größe x ist nach BOLTZMANN

$$f(x) = A \exp\left(-\frac{U}{k_0 T}\right) \approx A\, e^{\frac{-\beta x^2}{2 k_0 T}} \left(1 + \frac{\gamma x^3}{3 k_0 T}\right), \tag{9.2}$$

wobei die Exponentialfunktion, die durch das anharmonische Glied bedingt ist, in eine Reihe entwickelt wurde:

$$\exp\left(\frac{\gamma x^3}{3 k_0 T}\right) \approx 1 + \frac{\gamma x^3}{3 k_0 T}.$$

---

[1]) Bedingt durch Phonon-Phonon-Wechselwirkung.

Die Konstante A in (9.2) ergibt sich aus der Normierungsbedingung

$$\int_{-\infty}^{+\infty} f(x)\,dx = A \int_{-\infty}^{+\infty} e^{-\frac{\beta x^2}{2 k_0 T}} \left(1 + \frac{\gamma x^3}{3 k_0 T}\right) dx = 1\,.$$

Das Integral des zweiten, der Größe γ proportionalen Summanden verschwindet, da der Integrand ungerade ist; deshalb wird (siehe Anhang VI)

$$A = \left(\frac{\beta}{2 \pi k_0 T}\right)^{1/2}.$$

Die mittlere Auslenkung des Atoms aus der Gleichgewichtslage ist

$$\bar{x} = \int_{-\infty}^{+\infty} x\, f(x)\,dx = \left(\frac{\beta}{2 \pi k_0 T}\right)^{1/2} \int_{-\infty}^{+\infty} e^{-\frac{\beta x^2}{2 k_0 T}} \left(x + \frac{\gamma x^4}{3 k_0 T}\right) dx = \frac{\gamma k_0 T}{\beta^2}\,. \quad (9.3)$$

Das Integral des ersten Summanden, welcher den Faktor x enthält, verschwindet wieder, weil der Integrand ungerade ist. Das Integral des zweiten Summanden kann elementar berechnet werden (Anhang VI).

Definitionsgemäß ist der lineare Ausdehnungskoeffizient α gleich der Längenänderung, bezogen auf die Längeneinheit und auf 1 °C; somit wird

$$\alpha = \frac{\bar{x}}{a T} = \frac{\gamma k_0}{a \beta^2}\,, \quad (9.4)$$

wo $a = R_0$ die Gitterkonstante ist. Wir sehen, daß der Wärmeausdehnungskoeffizient dem Koeffizienten im anharmonischen Anteil der Kraft proportional ist und bei $\gamma = 0$ verschwindet.

Als Beispiel untersuchen wir einen einwertigen Ionenkristall. In diesem Falle kann man

$$F = -\frac{e^2}{R^2} + \frac{B}{R^{10}} \quad (9.5)$$

setzen (II. § 2.1). Im Gleichgewicht ist $F = 0 = -\frac{e^2}{a^2} + \frac{B}{a^{10}}$, wo $a = R_0$ der Abstand zwischen nächstgelegenen Ionen ist. Hieraus ergibt sich $B = e^2 a^8$.

Es ist $R = a + x$, dann erhält man für kleine x

$$F = -\frac{e^2}{(a + x)^2} + \frac{e^2 a^8}{(a + x)^{10}} \approx -\frac{8 e^2}{a^3} x + \frac{52 e^2}{a^4} x^2\,. \quad (9.6)$$

Aus einem Vergleich mit Gleichung (9.1) folgt

$$\beta = \frac{8 e^2}{a^3}\,, \quad \gamma = \frac{52 e^2}{a^4}\,. \quad (9.6a)$$

Setzt man (9.6a) in den Ausdruck (9.4) ein, so ergibt sich

$$\alpha = \frac{52 a k_0}{64 e^2}\,. \quad (9.6b)$$

Für $a = 3 \cdot 10^{-8}$ cm, $k_0 = 1{,}38 \cdot 10^{-16}$ erg/grad, $e = 4{,}8 \cdot 10^{-10}$ CGSE erhalten wir $\alpha = 1{,}5 \cdot 10^{-5}$ grad^{-1}, was uns die richtige Größenordnung angibt.

2. DEBYE (1914) zeigte als erster, daß der Wärmewiderstand in einem festen Körper dadurch bedingt ist, daß die Schwingungen der Atome einen anharmonischen Anteil besitzen. Berücksichtigt man die Schwingungen nur in harmonischer Näherung, so ist der Wärmewiderstand gleich Null. Diese Tatsache kann man aus folgendem Grunde anschaulich verstehen: für harmonische Wellen gilt das Prinzip der linearen Superposition, d. h., die Wellen breiten sich im Kristall unabhängig voneinander aus und werden nicht aneinander gestreut. In einem solchen Modell ist der Wärmewiderstand gleich Null, da sich der Wärmestrom mit Schallgeschwindigkeit ausbreitet. Da einer ebenen harmonischen Welle mit einem bestimmten Wellenvektor $\mathfrak{q}$ ein Phonon mit dem Quasiimpuls $\hbar\,\mathfrak{q}$ und der Energie $\hbar\,\omega_{\mathfrak{q}}$ entspricht, kann man sagen, daß die Phononen in der harmonischen Näherung nicht miteinander in Wechselwirkung stehen, d. h. nicht miteinander zusammenstoßen. Im allgemeinen Falle berücksichtigt man die Tatsache, daß die Schwingungen im Kristallgitter anharmonisch sind, dadurch, daß man in der Reihenentwicklung von $\Phi(u)$ [siehe (4.2)] Glieder dritter Ordnung in $u^k_{\mathfrak{n}\alpha}$ berücksichtigt (die $u^k_{\mathfrak{n}\alpha}$ sind die Verschiebungen der Atome). Wenn man die anharmonischen Glieder in der potentiellen Energie Φ als kleine Störung berücksichtigt, so zeigt die Theorie, daß dann der gleichzeitige „Zusammenstoß" dreier Phononen möglich ist. Die Stoßprozesse haben dabei folgenden Charakter: entweder zwei Phononen verwandeln sich in ein Phonon oder ein Phonon zerfällt in zwei Phononen. Beim Stoßprozeß eines Quasiteilchens entstehen oder verschwinden also Phononen. Eine folgerichtige Theorie der Wärmeleitfähigkeit der Kristalle gründet sich auf die Transportgleichung für Phononen und wurde von R. PEIERLS entwickelt (1929).

In diesem Paragraphen beschränken wir uns auf die Bestimmung des Wärmeleitfähigkeitskoeffizienten $\varkappa$ für hohe Temperaturen $T \gg T_c$ aus Dimensionsbetrachtungen. Sowohl die Theorie von DEBYE als auch andere folgerichtige Theorien führen zu dem Ergebnis, daß der Wärmeleitfähigkeitskoeffizient bei hohen Temperaturen ($T \gg T_c$) umgekehrt proportional der absoluten Temperatur T ist. Andererseits ist der Wärmeleitfähigkeitskoeffizient der freien Weglänge l der Phononen proportional. Letztere ist umgekehrt proportional der Streuwahrscheinlichkeit des Phonons, welche wiederum dem Quadrat des Matrixelements der Störungsenergie proportional ist. Da die Energie der anharmonischen Störung proportional γ ist, folglich das Quadrat des Matrixelements γ^2 proportional wird, wird der Wärmeleitfähigkeitskoeffizient umgekehrt proportional der Größe γ^2 sein. Es ist also

$$\varkappa \sim \frac{1}{\gamma^2 T}\,. \tag{9.7}$$

Bei hohen Temperaturen sind Quanteneffekte unwesentlich; für unser einfaches Modell des festen Körpers kann dann die Wärmeleitfähigkeit $\varkappa$ nach DEBYE noch von folgenden Größen abhängen: der BOLTZMANN-Konstante k_0, der Gitterkonstanten a, der Masse der Atome des Kristalls M und der Schallgeschwindigkeit v_0.

Da $v_0 = \text{const} \cdot a \sqrt{\frac{\beta}{M}}$ ist (β ist der Koeffizient der quasielastischen Kraft), kann β nicht gleichzeitig als unabhängiger Parameter auftreten.

Die Lösung des Problems läuft somit auf die Bestimmung der Exponenten in der Dimensionsgleichung

$$\varkappa = \text{const}\, \frac{k_0^l\, a^m\, M^n\, v_0^p}{\gamma^2\, T} \tag{9.8}$$

hinaus. const ist eine dimensionslose Konstante.

Macht man von dem Π-Theorem von Bridgeman[1]) Gebrauch (oder probiert einfach), so kann man zeigen, daß bei gleicher Dimension der linken und rechten Seite in Formel (9.8)

$$l = 0\,, \qquad m = -8\,, \qquad n = +3\,, \qquad p = +7 \tag{9.8a}$$

sein muß. Es ist somit

$$\varkappa = \text{const}\, \frac{M^3\, v_0^7}{a^8\, \gamma^2\, T}\,. \tag{9.9}$$

Berücksichtigt man den Ausdruck (9.4) und die Verknüpfung zwischen den Größen β, v_0, a und M, so kann man aus Formel (9.9) den unbekannten Koeffizienten γ^2 eliminieren:

$$\varkappa = \text{const}\, \frac{k_0^2}{a^2\, M\, v_0\, \alpha^2\, T}\,, \tag{9.9a}$$

die dimensionslose Konstante const ist jetzt eine andere als in (9.9).

Formel (9.9a) kann mit dem Experiment verglichen werden, nachdem man für irgendeinen Stoff const bestimmt hat. Anstelle der Schallgeschwindigkeit v_0 kann man in den Ausdrücken (9.9) und (9.9a) die Debye-Temperatur T_c gemäß Formel (6.19) einführen.

Man muß den angenäherten Charakter der Ausdrücke (9.9) und (9.9a) berücksichtigen, da die potentielle Energie des Kristalls nur durch die zwei Kraftkonstanten β und γ (oder v_0 und γ) bestimmt ist. Im Rahmen eines solchen Modells sind die Formeln (9.9) und (9.9a) allerdings genau, und es wäre zwecklos, mit einer solchen Wahl der Parameter zu versuchen, einen genaueren Ausdruck für den Wärmeleitfähigkeitskoeffizienten zu erhalten.

---

[1]) P. W. Bridgeman, Dimensional Analysis, Yale University Press, New Haven 1932.

KAPITEL IV

Elektronen im idealen Kristall

§ 1. Allgemeine Aufgabenstellung. Adiabatische Näherung

1. Jeder beliebige feste Körper makroskopischer Ausmaße besteht aus einer riesigen Zahl von Atomkernen und Elektronen. Gewöhnlich stellen die Atomkerne eines Elements eine natürliche Mischung seiner Isotope dar, jedoch hat dieser Umstand auf die Mehrzahl der Eigenschaften eines festen Körpers keinen wesentlichen Einfluß. Eine wichtige, empirisch ermittelte Besonderheit des festen Körpers besteht darin, daß die Atomkerne in ihm eine mehr oder weniger fixierte Lage im Raum einnehmen. Im idealen Kristall bilden diese Punkte ein dreidimensional-periodisches Gitter. In einem neutralen festen Körper ist die gesamte positive Ladung der Kerne gleich dem Betrag der Gesamtladung aller Elektronen.

In einigen Fällen, besonders bei der Untersuchung der Grenze (Oberfläche) eines Kristalls, in deren Nähe die potentielle Energie der Leitfähigkeitselektronen einen anderen Wert hat als im Volumen, muß man geladene Gebiete des Körpers betrachten, in denen die Raumladung und das elektrostatische Potential „self-consistent" sind.

Wenn man sich nicht für solche Prozesse in einem festen Körper interessiert, bei denen Kernumwandlungen stattfinden oder relativistische Effekte und der Spin der Elektronen und Kerne[1]) eine Rolle spielen, so wird der stationäre Zustand des Systems durch die SCHRÖDINGER-Gleichung

$$\hat{\mathscr{H}}\,\Psi = W\,\Psi \tag{1.1}$$

beschrieben; der HAMILTON-Operator ist dabei

$$\hat{\mathscr{H}} = -\frac{\hbar^2}{2m}\sum_i \nabla^2_{\mathfrak{r}_i} - \frac{\hbar^2}{2}\sum_J \frac{1}{M_J}\nabla^2_{\mathfrak{R}_J} + V(r, R)\,, \tag{1.1a}$$

wobei die COULOMBsche Wechselwirkungsenergie der Elektronen und Kerne

$$V(r, R) = \sum_{J<K}\frac{Z_J Z_K e^2}{R_{JK}} + \sum_{i<k}\frac{e^2}{r_{ik}} - \sum_{iJ}\frac{Z_J e^2}{r_{iJ}} \tag{1.1b}$$

ist. m ist die Masse des Elektrons, M_J die Masse des J-ten Kerns, $\mathfrak{r}_i$ und $\mathfrak{R}_J$ sind die Radiusvektoren des i-ten Elektrons und J-ten Kerns, R_{JK}, r_{ik} und

[1]) Es ist bekannt, daß eine Reihe von Erscheinungen in Kristallen (Spin-Bahn-Aufspaltung des Elektronenspektrums, paramagnetische und Kernresonanz u. a.) wesentlich vom Spin der Elektronen und Kerne abhängt.

r_{iJ} die Abstände zwischen den entsprechenden Kernen und Elektronen, Z_J ist die Atomnummer des J-ten Kerns.

Das Spektrum der Energieeigenwerte W des Systems ist kompliziert und besteht aus erlaubten Gebieten (Bänder), welche durch verbotene Energieintervalle voneinander getrennt sind.

Da das Verhalten eines physikalischen Systems vollständig durch seine Wellenfunktion bestimmt wird, erlaubt die Lösung der Wellengleichung (1.1) im Prinzip die Antwort auf alle Fragen, die mit den Eigenschaften des festen Körpers verknüpft sind. Also auch auf die Fragen: warum bildet die Gesamtheit der gegebenen Kerne und Elektronen ein Kristallgitter des einen oder anderen Typs, welches sind die Wärme-, elektrischen, magnetischen und optischen Eigenschaften eines gegebenen festen Körpers usw.

Da die makroskopische Probe eines festen Körpers etwa 10^{23} Teilchen enthält und folglich die Wellenfunktion der Gleichung (1.1) von der gleichen Zahl von Veränderlichen abhängt, ist natürlich eine praktische Lösung der Gleichung (1.1) unmöglich. Sogar dann, wenn man die Wellenfunktion für eine so große Zahl von Veränderlichen hinschreiben könnte, wäre sie unbrauchbar, weil man bei der Berechnung von im Versuch beobachtbaren Größen auf Schwierigkeiten stoßen würde, die man wohl als prinzipielle Schwierigkeiten betrachten müßte.

Die Aufgabe der physikalischen Theorie besteht gerade darin, hinreichend begründete Näherungen zu suchen, die uns dann die Interpretation und Berechnung von im Experiment beobachtbaren Größen erlauben.

2. Wir versuchen die Gleichung (1.1) zu vereinfachen, indem wir von der Tatsache Gebrauch machen, daß die Masse m der Elektronen viel kleiner ist als die Masse M_J der Atomkerne (adiabatische Näherung). Wir untersuchen zunächst die Bewegung der Elektronen und nehmen dabei an, daß die schweren Kerne unbeweglich sind. Dann können wir im HAMILTON-Operator (1.1a) den Summanden

$$-\frac{\hbar}{2}\sum_J \frac{1}{M_J}\nabla^2_{\mathfrak{R}_J},$$

der mit der kinetischen Energie der Kerne verknüpft ist, vernachlässigen. Die Wellenfunktion φ der Elektronen, die sich im Feld der unbeweglichen Atomkerne bewegen, erfüllt die Gleichung

$$\left\{-\frac{\hbar^2}{2m}\sum_i \nabla^2_{r_i} + V(r, R)\right\}\varphi = \mathscr{E}\varphi. \tag{1.2}$$

Hier sind jetzt die $\mathfrak{R}_J$ nicht mehr Veränderliche der Differentialgleichung, sondern Parameter, die das Potentialfeld der Kerne bestimmen. Es ist offensichtlich, daß die Eigenfunktionen und Eigenwerte der Gleichung (1.2) von den $\mathfrak{R}_J$ als Parameter abhängen werden: $\varphi(r, R)$ und $\mathscr{E}(R)$.[1]

[1]) Bei Berücksichtigung der Form von $V(r, R)$ sieht man, daß $\mathscr{E}(R)$ auch die COULOMBsche Wechselwirkungsenergie der Kerne einschließt.

Wir versuchen, die Gesamtwellenfunktion des aus Elektronen und Kernen bestehenden Systems in der folgenden Form darzustellen:

$$\Psi(r, R) = \Phi(R)\,\varphi(r, R)\,. \tag{1.3}$$

Wie wir weiter unten sehen werden, ist (1.3) eine angenäherte Darstellung der Funktion Ψ, da das Verhältnis $\frac{\Psi(r, R)}{\varphi(r, R)}$ in Wirklichkeit schwach von den $\mathfrak{r}_i$ abhängt. Die Funktion $\Phi(R)$ tritt als Wellenfunktion auf, die die Bewegung der Kerne in dem durch die Elektronen geschaffenen Feld beschreibt. Setzt man den Ausdruck (1.3) in die Gleichung (1.1) ein, so erhalten wir bei Berücksichtigung von (1.2)

$$-\frac{\hbar^2}{2}\sum_J \frac{1}{M_J}[\varphi\,\nabla^2_{\mathfrak{R}_J}\Phi + 2\,(\nabla_{\mathfrak{R}_J}\varphi\,\nabla_{\mathfrak{R}_J}\Phi) + \Phi\,\nabla^2_{\mathfrak{R}_J}\varphi] + \mathscr{E}(R)\,\varphi\,\Phi = W\,\varphi\,\Phi\,. \tag{1.4}$$

Man erhält diese Formel, weil Φ nicht von $\mathfrak{r}_i$ abhängt und deshalb die Anwendung des Operators der kinetischen Energie der Elektronen plus V auf das Produkt $\Phi\,\varphi$ wegen (1.2) sofort den Summanden $\mathscr{E}\,\varphi\,\Phi$ gibt.

Andererseits liefert die Anwendung des Operators $\nabla^2_{\mathfrak{R}_J}$ auf das Produkt $\Phi\,\varphi$, in dem jeder der Faktoren von $\mathfrak{R}_J$ abhängt, den Ausdruck

$$\frac{\partial^2}{\partial X^2}(\Phi\,\varphi) = \varphi\frac{\partial^2\Phi}{\partial X^2} + 2\,\frac{\partial\varphi}{\partial X}\frac{\partial\Phi}{\partial X} + \Phi\frac{\partial^2\varphi}{\partial X^2}$$

(X ist eine rechtwinklige Koordinate von $\mathfrak{R}_J$).

Berücksichtigt man alle drei rechtwinkligen Projektionen von $\mathfrak{R}_J$, so erhalten wir den Ausdruck, der in der quadratischen Klammer der Gleichung (1.4) steht.

Ohne Einschränkung der Allgemeinheit kann man annehmen, daß die Wellenfunktion φ der Elektronen reell ist (wir schließen das Vorhandensein makroskopischer Ströme im Kristall aus); dann hat die Normierungsbedingung die Form

$$\int \varphi^2\,d\tau = 1\,, \tag{1.5}$$

wobei über alle Koordinaten der Elektronen im Volumen des Kristalls zu integrieren ist.

Aus der Bedingung (1.5) folgt

$$\nabla_{\mathfrak{R}_J}\int \varphi^2\,d\tau = 2\int \varphi\,\nabla_{\mathfrak{R}_J}\varphi\,d\tau = 0\,. \tag{1.5a}$$

Multipliziert man die Gleichung (1.4) mit φ und integriert über τ, so ergibt sich bei Verwendung von (1.5) und (1.5a)

$$-\frac{\hbar}{2}\sum_J \frac{1}{M_J}\nabla^2_{\mathfrak{R}_J}\Phi + \left[\mathscr{E}(R) - \frac{\hbar^2}{2}\sum_J\frac{1}{M_J}\int \varphi\,\nabla^2_{\mathfrak{R}_J}\varphi\,d\tau\right]\Phi = W\,\Phi\,. \tag{1.6}$$

Eine sorgfältigere Analyse zeigt, daß man in der eckigen Klammer des letzten Ausdrucks die Summe $\sum_J$ vernachlässigen kann. Das hängt damit zusammen, daß das Verhältnis m/M_J klein ist und die Wellenfunktion $\varphi(r, R)$ schwach von $\mathfrak{R}_J$ abhängt, so daß man Glieder, die $\nabla^2_{\mathfrak{R}_J}\varphi$ enthalten, vernachlässigen kann.

Es läßt sich zeigen, daß die Berücksichtigung dieser Glieder in Gleichung (1.6) bei der Berechnung verschiedener physikalischer Größen zu Korrekturen der Größenordnung m/M_J führt.

Man erhält also anstelle von (1.6) die Gleichung

$$\left[-\frac{\hbar^2}{2}\sum_J \frac{1}{M_J}\Delta^2_{\mathfrak{R}_J} + \mathscr{E}(R)\right]\Phi = W\,\Phi\,. \tag{1.7}$$

Wir sehen, daß die durch die Differentialgleichung (1.7) bestimmte Funktion Φ tatsächlich nur von den Veränderlichen $\mathfrak{R}_J$ abhängt. Aus (1.7) folgt, daß $\Phi(R)$ die Wellenfunktion für die Kerne ist, welche sich in einem Feld mit der potentiellen Energie $\mathscr{E}(R)$ bewegen. $\mathscr{E}(R)$ ist gleich der Summe aus der Eigenenergie des Elektronensystems bei vorgegebener Konfiguration der Kerne und der COULOMBschen Wechselwirkungsenergie der Kerne.

Wir sehen, daß die genaue quantenmechanische Aufgabe zur Bestimmung des Verhaltens eines Systems aus Elektronen und Kernen in der adiabatischen Näherung in zwei einfachere Aufgaben zerfällt:

1. Die Aufgabe zur Bestimmung der Bewegung der Elektronen im Feld der unbeweglichen Kerne (1.2).

2. Die Aufgabe zur Bestimmung der Bewegung der Kerne in einem gemittelten Feld $\mathscr{E}(R)$, welches durch die Elektronen geschaffen wird.[1])

Wir müssen aber beachten, daß bei einigen Erscheinungen der zweite Summand in der eckigen Klammer von Gleichung (1.6), das sogenannte nichtadiabatische Glied, eine wesentliche Rolle spielt. So ist es beispielsweise bei den Mehrphononenübergängen der Elektronen in Störstellenzentren Ursache für diese Übergänge.

§ 2. HARTREE-FOCK-Methode

1. Im vorangegangenen Paragraphen haben wir gesehen, daß auf der Grundlage der adiabatischen Näherung die allgemeine quantenmechanische Aufgabe zur Bestimmung der Bewegung der Kerne und Elektronen in einem Kristall vereinfacht werden kann. Die adiabatische Näherung, die auf der Kleinheit des Verhältnisses m/M_J beruht, gestattet es, die Frage über die Bewegung des Systems aus Kernen und Elektronen in einem festen Körper auf die Frage nach der Bewegung der Elektronen im Feld der unbeweglichen Atomkerne zurückzuführen. Aber auch in diesem Falle bleibt die Aufgabe zur Bestimmung der Bewegung aller Elektronen in einem Kristall außerordentlich schwierig und macht die Anwendung dieser oder jener Näherungsmethoden erforderlich. Die HARTREE-FOCK-Methode ist eine der besten unter ihnen. Sie gestattet es, das Mehrelektronenproblem auf ein Einelektronenproblem zurückzuführen und erlangte große Bedeutung in der Elektronentheorie der Kristalle.

Wir betrachten ein System aus N miteinander in Wechselwirkung stehenden Elektronen im Feld der unbeweglichen Kerne. Für den stationären Zustand

---

[1]) Wie schon weiter oben bemerkt wurde, schließt $\mathscr{E}(R)$ auch die COULOMBsche Wechselwirkungsenergie der Kerne ein.

dieses Systems hat die SCHRÖDINGER-Gleichung die Form

$$\hat{\mathcal{H}}\,\psi(\mathfrak{r}_1, \mathfrak{r}_2, \ldots, \mathfrak{r}_N) = \mathcal{E}\,\psi(\mathfrak{r}_1, \mathfrak{r}_2, \ldots, \mathfrak{r}_N) \tag{2.1}$$

mit dem HAMILTON-Operator

$$\hat{\mathcal{H}} = \sum_{i}^{1,N} \hat{\mathcal{H}}_i + \frac{1}{2} \sum_{ij}^{1,N}{}' \frac{e^2}{r_{ij}}, \tag{2.1a}$$

wobei

$$\hat{\mathcal{H}}_i = -\frac{\hbar^2}{2m} \nabla_i^2 + V(\mathfrak{r}_i) \tag{2.1b}$$

ist. Hier ist

$$\nabla_i^2 = \frac{\partial^2}{\partial x_i^2} + \frac{\partial^2}{\partial y_i^2} + \frac{\partial^2}{\partial z_i^2};$$

$V(r_i)$ ist die potentielle Energie des i-ten Elektrons im Feld der Kerne und der Strich an der Summe in Formel (2.1a) deutet an, daß in der potentiellen Energie der COULOMBschen Wechselwirkung der Elektronen Glieder mit $i = j$ wegzulassen sind.

Die HARTREE-FOCK-Methode beruht auf der Idee, die potentielle Wechselwirkungsenergie der Elektronen im HAMILTON-Operator $\hat{\mathcal{H}}$ durch ein gewisses effektives äußeres Feld $\mathcal{U}_{\text{eff}}(\mathfrak{r})$ zu ersetzen, in welchem sich jedes Elektron unabhängig bewegt. Das Feld $\mathcal{U}_{\text{eff}}$ soll auf die beste Weise die *gemittelte* Wirkung aller übrigen Elektronen auf das vorgegebene Elektron beschreiben. Dann ist der HAMILTON-Operator des Systems gleich einer Summe von HAMILTON-Operatoren, deren jeder nur von den Koordinaten eines Elektrons abhängt, d. h. es wird

$$\hat{\mathcal{H}} = \sum_{i=1}^{N} \hat{\mathcal{H}}_i', \tag{2.2}$$

wobei

$$\hat{\mathcal{H}}_i' = -\frac{\hbar^2}{2m} \nabla_i^2 + V(\mathfrak{r}_i) + \mathcal{U}_{\text{eff}}(\mathfrak{r}_i) \tag{2.2a}$$

ist. Weiter unten wird gezeigt, wie man das Feld $\mathcal{U}_{\text{eff}}$ am besten auswählen kann. Es ist nicht schwer nachzuweisen, daß die Gleichung (2.1) mit dem HAMILTON-Operator (2.2) die Lösung

$$\psi(\mathfrak{r}_1, \mathfrak{r}_2, \ldots, \mathfrak{r}_N) = \psi_{n_1}(\mathfrak{r}_1)\,\psi_{n_2}(\mathfrak{r}_2) \ldots \psi_{n_N}(\mathfrak{r}_N) \tag{2.3}$$

hat. Der Index n_i an der Funktion ψ_{n_i} steht für drei Quantenzahlen, die den Quantenzustand des i-ten Elektrons charakterisieren, welcher durch die Gleichung

$$\hat{\mathcal{H}}_i'\,\psi_{n_i}(\mathfrak{r}_i) = \mathcal{E}_{n_i}\,\psi_{n_i}(\mathfrak{r}_i) \tag{2.3a}$$

bestimmt wird. $\mathcal{E}_{n_i}$ ist der diesem Zustand entsprechende Energieeigenwert. Dann ist die Gesamtenergie des Systems durch

$$\mathcal{E} = \sum_{i=1}^{N} \mathcal{E}_{n_i} \tag{2.3b}$$

gegeben. Setzt man (2.3) in die Gleichung (2.1) mit der Bedingung ein, daß $\hat{\mathcal{H}}$ gleich der Summe (2.2) ist, so haben wir

$$\sum_i \hat{\mathcal{H}}_i'[\psi_{n_1}(\mathfrak{r}_1) \ldots \psi_{n_i}(\mathfrak{r}_i) \ldots \psi_{n_N}(\mathfrak{r}_N)] = \mathcal{E}[\psi_{n_1}(\mathfrak{r}_1) \ldots \psi_{n_N}(\mathfrak{r}_N)]$$

oder

$$\sum_i [\psi_{n_1}(\mathfrak{r}_1) \ldots \psi_{n_{i-1}}(\mathfrak{r}_{i-1})\, \psi_{n_{i+1}}(\mathfrak{r}_{i+1}) \ldots \psi_{n_N}(\mathfrak{r}_N)]\, \hat{\mathcal{H}}_i'\, \psi_{n_i}(\mathfrak{r}_i) = \\ = \mathcal{E}[\psi_{n_1}(\mathfrak{r}_1) \ldots \psi_{n_N}(\mathfrak{r}_N)] ,$$

da der Operator $\hat{\mathcal{H}}_i'$ nur auf die Koordinaten des i-ten Elektrons wirkt. Verwendet man (2.3a), dann ergibt sich

$$\sum_i [\psi_{n_1}(\mathfrak{r}_1) \ldots \psi_{n_N}(\mathfrak{r}_N)]\, \mathcal{E}_{n_i} = \mathcal{E}\, [\psi_{n_1}(\mathfrak{r}_1) \ldots \psi_{n_N}(\mathfrak{r}_N)] .$$

Nach Kürzung beider Seiten der Gleichung durch $[\psi_{n_1}(\mathfrak{r}_1) \ldots \psi_{n_N}(\mathfrak{r}_N)]$ erhalten wir den Ausdruck (2.3b).

Da $|\psi_{n_i}(\mathfrak{r}_i)|^2$ die Dichte der Aufenthaltswahrscheinlichkeit des i-ten Elektrons im Punkte $\mathfrak{r}_i$ des Raumes ist, charakterisiert der multiplikative Charakter der Lösung (2.3), vom Standpunkt des Theorems über die Multiplikation von Wahrscheinlichkeiten gesehen, den unabhängigen Charakter der Bewegung der nicht miteinander in Wechselwirkung stehenden Elektronen im äußeren Feld $V + \mathcal{U}_{\text{eff}}$.

2. Wir stellen uns jetzt die Frage nach der besten Methode zur Bestimmung des Feldes $\mathcal{U}_{\text{eff}}(\mathfrak{r})$ in dem angenäherten HAMILTON-Operator (2.2a). Wie wir sehen werden, kann man das mit Hilfe eines iterativen Verfahrens (Methode des „self-consistent field") tun.

Damit die weiteren Herleitungen nicht so umfangreich werden, führen wir sie für ein System aus $N = 2$ Elektronen durch und verallgemeinern dann die gewonnenen Resultate auf beliebige Zahl N von Elektronen.

Für zwei Elektronen hat der Ausdruck (2.3) die Form

$$\psi(\mathfrak{r}_1, \mathfrak{r}_2) = \psi_{n_1}(\mathfrak{r}_1)\, \psi_{n_2}(\mathfrak{r}_2) .$$

Wenn wir hier eine Vertauschung der Elektronenkoordinaten $\mathfrak{r}_1 \rightleftarrows \mathfrak{r}_2$ vornehmen, so erhalten wir eine *andere* Wellenfunktion

$$\psi(\mathfrak{r}_2, \mathfrak{r}_1) = \psi_{n_1}(\mathfrak{r}_2)\, \psi_{n_2}(\mathfrak{r}_1) \neq \psi(\mathfrak{r}_1, \mathfrak{r}_2) ,$$

welche ebenfalls Eigenfunktion des HAMILTON-Operators (2.2) für denselben Eigenwert $\mathcal{E}_{n_1} + \mathcal{E}_{n_2}$ ist. Wegen der prinzipiellen Nichtunterscheidbarkeit der Elektronen dürfte das aber nicht der Fall sein.

Um eine Grundlage für die weitere theoretische Untersuchung der Frage zu schaffen, müssen wir berücksichtigen, daß der Zustand des Elektrons (z. B. des ersten Elektrons) neben den drei Raumkoordinaten x_1, y_1, z_1 ($\equiv \mathfrak{r}_1$) noch durch die *Spinkoordinate* σ_1 charakterisiert wird. Sie ist gleich der Projektion des Eigendrehmoments des Elektrons (Spins) auf eine vorgegebene Richtung (z. B. auf die z-Achse). Theorie und Experiment zeigen, daß σ_1 nur zwei Werte annehmen kann: $+\frac{\hbar}{2}$ und $-\frac{\hbar}{2}$. In Übereinstimmung damit führen wir die

Spinfunktion $\chi_\alpha(\sigma_1)$ ein, wo der Index α den *Spinquantenzustand* charakterisiert und σ_1 die Spinkoordinate ist, so daß sich

$$\left.\begin{aligned} \chi_{+1/2}\left(+\frac{\hbar}{2}\right) &= 1\,, \quad \chi_{+1/2}\left(-\frac{\hbar}{2}\right) = 0\,,\\ \chi_{-1/2}\left(+\frac{\hbar}{2}\right) &= 0\,, \quad \chi_{-1/2}\left(-\frac{\hbar}{2}\right) = 1 \end{aligned}\right\} \tag{2.4}$$

ergibt. Bei einer solchen Definition sind die Spinfunktionen orthonormiert, d. h. es gilt

$$\sum_{\sigma_1} \chi_\alpha^*(\sigma_1)\, \chi_\beta(\sigma_1) = \delta_{\alpha\beta}\,. \tag{2.5}$$

Wenn wir die Wechselwirkung des magnetischen Moments des Elektrons mit dem Magnetfeld, welches durch seine Bahnbewegung entsteht, nicht berücksichtigen, dann ist die Gesamtwellenfunktion für das l-te Elektron, das sich im (n_i, α)-ten Quantenzustand befindet, durch

$$\psi_{n_i}(\mathfrak{r}_l)\, \chi_\alpha(\sigma_l) = \varphi_i(l) \tag{2.6}$$

gegeben. Der Index i an der Funktion φ_i bedeutet den Quantenzustand (n_i, α), d. h. eine Gesamtheit von vier Quantenzahlen. Den Zuständen (n_i, α) und (n_i, β) entsprechen also bei $\alpha \neq \beta$ verschiedene Werte des Index an der Funktion φ_i. Die Zahl l steht für die Gesamtheit von vier Koordinaten des l-ten Elektrons: drei Raumkoordinaten x_l, y_l und z_l und eine Spinkoordinate σ_l. Im weiteren werden wir voraussetzen, daß die Wellenfunktionen ψ_{n_i} orthonormiert sind, dann ist

$$\int \varphi_i^*(l)\, \varphi_j(l)\, d\tau_l = \int d\mathfrak{r}_l \sum_{\sigma_l} \psi_{n_i}^*(\mathfrak{r}_l)\, \psi_{n_j}(\mathfrak{r}_l)\, \chi_\alpha^*(\sigma_l)\, \chi_\beta(\sigma_l) = \delta_{n_i n_j}\, \delta_{\alpha\beta} = \delta_{ij}\,. \tag{2.7}$$

Hier bedeutet das Symbol $\int d\tau_l$ Integration über die Raumkoordinaten x_l, y_l, z_l und Summation über die Spinkoordinate σ_l.

Wegen des Pauli-Prinzips muß die Gesamtwellenfunktion antisymmetrisch sein, d. h., die Wellenfunktion muß ihr Vorzeichen wechseln, wenn die Elektronen ihre Plätze vertauschen (Vertauschung ihrer vier Koordinaten). Für zwei Elektronen ($N = 2$) hat eine solche Wellenfunktion die Form

$$\Phi(1, 2) = \frac{1}{\sqrt{2}}\{\varphi_1(1)\,\varphi_2(2) - \varphi_1(2)\,\varphi_2(1)\} = \frac{1}{\sqrt{2!}}\begin{vmatrix} \varphi_1(1) & \varphi_1(2)\\ \varphi_2(1) & \varphi_2(2)\end{vmatrix}\,. \tag{2.8}$$

Dann ist tatsächlich $\Phi(1, 2) = -\Phi(1, 2)$. Der Faktor $\frac{1}{\sqrt{2}}$ wurde wegen der Normierung der Wellenfunktion des Systems eingeführt. Verwendet man die Beziehung (2.7), so läßt sich leicht zeigen, daß

$$\int \Phi^*(1, 2)\, \Phi(1, 2)\, d\tau_1\, d\tau_2 = 1 \tag{2.8a}$$

ist. Die antisymmetrische Form des Ausdrucks (2.8) garantiert automatisch die Erfüllung des Pauli-Prinzips, welches besagt, daß sich in einem Quantenzustand nicht mehr als ein Elektron befinden kann. Wenn $\varphi_1 = \varphi_2$ ist, erhält man $\Phi = 0$.

Verallgemeinert man die Determinante (2.8) auf N Elektronen, so erhalten wir die richtige antisymmetrische Wellenfunktion für ein System aus N Elektronen:

$$\Phi(1, 2, 3, \ldots, N) = \frac{1}{\sqrt{N!}} \begin{vmatrix} \varphi_1(1) & \varphi_1(2) & \ldots & \varphi_1(N) \\ \varphi_2(1) & \varphi_2(2) & \ldots & \varphi_2(N) \\ \cdots & \cdots & \cdots & \cdots \\ \varphi_N(1) & \varphi_N(2) & \ldots & \varphi_N(N) \end{vmatrix}. \tag{2.8b}$$

Sie erfüllt die Forderungen des PAULI-Prinzips.

Wenn man in diesem Ausdruck die Koordinaten eines Elektronenpaares vertauscht, z. B. $1 \rightleftarrows 2$, so entspricht dem die Vertauschung zweier Spalten der Determinante und dabei ändert sich ihr Vorzeichen, d. h. wir haben $\Phi(1, 2, 3, \ldots, N) = -\Phi(2, 1, 3, \ldots, N)$. Wenn wir annehmen, daß zwei Quantenzustände zusammenfallen, z. B. $\varphi_1 = \varphi_2$, so sind zwei Spalten der Determinante gleich und in diesem Falle ist $\Phi = 0$. Der Faktor $\frac{1}{\sqrt{N!}}$ garantiert, daß die Funktion $\Phi(1, 2, \ldots, N)$ bei Bedingung (2.7) normiert ist.

Verwendet man den genauen HAMILTON-Operator (2.1a) des Systems und die Wellenfunktion (2.8b), dann kann man die Gesamtenergie des Systems berechnen (Anhang VII, A):

$$\begin{aligned} \mathcal{E} = \int \Phi^* \hat{\mathcal{H}} \Phi \, d\tau_1 \, d\tau_2 \ldots d\tau_N &= \sum_i^{1,N} \int \varphi_i^*(1) \hat{\mathcal{H}}_1 \varphi_1(1) \, d\tau_1 \\ &+ \frac{1}{2} \sum_{i,j}^{1,N}{}' \int |\varphi_i(1)|^2 \frac{e^2}{r_{12}} |\varphi_j(2)|^2 \, d\tau_1 \, d\tau_2 \\ &- \frac{1}{2} \sum_{i,j}^{1,N}{}' \int \varphi_i^*(1) \varphi_j(1) \frac{e^2}{r_{12}} \varphi_i(2) \varphi_j^*(2) \, d\tau_1 \, d\tau_2 . \end{aligned} \tag{2.9}$$

Die Striche an der zweiten und dritten Summe können weggelassen werden, da sich die Glieder mit $i = j$ wegheben.

Da der Operator $\hat{\mathcal{H}}_1$ und auch $\frac{e_2}{r_{12}}$ nicht von den Spinkoordinaten abhängen, kann die Summation über sie unabhängig von der Integration über die Raumkoordinaten durchgeführt werden. In den Fällen, wo die Summation über σ_1 für Funktionenpaare φ_i mit gleichen Indizes vorgenommen wird, ergibt sich wegen der Bedingung (2.5) der Wert 1. Für die Integrale der letzten Summe in Formel (2.9) ergibt sich nur dann 1, wenn über Elektronen mit parallelen Spins ($\alpha = \beta$) summiert wird, im entgegengesetzten Falle erhalten wir Null.

Folglich kann der Ausdruck (2.9) in folgender Form geschrieben werden:

$$\begin{aligned} \mathcal{E} = \sum_i^{1,N} & \int \psi_{n_i}^*(\mathfrak{r}_1) \hat{\mathcal{H}}_1 \psi_{n_i}(\mathfrak{r}_1) \, d\mathfrak{r}_1 \\ &+ \frac{1}{2} \sum_{i,j}^{1,N} \int |\psi_{n_i}(\mathfrak{r}_1)|^2 \frac{e^2}{r_{12}} |\psi_{n_j}(\mathfrak{r}_2)|^2 \, d\mathfrak{r}_1 \, d\mathfrak{r}_2 \\ &- \frac{1}{2} \sum_{i,j}^{1,N} \int \psi_{n_i}^*(\mathfrak{r}_1) \psi_{n_j}(\mathfrak{r}_1) \frac{e^2}{r_{12}} \psi_{n_i}(\mathfrak{r}_2) \psi_{n_j}^*(\mathfrak{r}_2) \, d\mathfrak{r}_1 \, d\mathfrak{r}_2 . \end{aligned} \tag{2.9a}$$

In der letzten Summe wird dabei über Elektronenzustände mit parallelen Spins summiert.

Da die Elektronenfunktionen ψ_{n_i} nicht Eigenfunktionen des HAMILTON-Operators $\hat{\mathscr{H}}_1$ sind, ist die erste Summe auch nicht die Summe der Energien der nicht miteinander in Wechselwirkung stehenden Elektronen. Die in der zweiten (positiven) Summe auftretenden Integrale heißen COULOMB-Integrale; sie sind gleich der potentiellen Wechselwirkungsenergie zweier Ladungen, die eine Dichteverteilung $-e\,|\psi_{n_i}(1)|^2$ und $-e\,|\psi_{n_j}(1)|^2$ haben. Die in der dritten Summe vorhandenen Integrale heißen *Austauschintegrale*; sie haben kein klassisches elektrostatisches Analogon. Ihnen entspricht eine Wechselwirkung zwischen „komplexen Ladungsdichten"

$$-e\,\psi_{n_i}^*(1)\,\psi_{n_j}(1)\,, \qquad -e\,\psi_{n_j}^*(2)\,\psi_{n_i}(2)\,.$$

Beide Elektronen mit parallelen Spins befinden sich teilweise im n_i-ten und teilweise im n_j-ten Zustand, sie „vertauschen" gewissermaßen ihre Plätze.

Es bleibt noch die Frage offen, wie wir am besten die Einelektronenwellenfunktion auswählen sollen. Für die Bestimmung der besten Einelektronenwellenfunktionen $\psi_{n_i}(\mathfrak{r})$ fordern wir, daß die Energie des Systems, $\mathscr{E}$, ein Minimum bezüglich einer beliebigen kleinen Änderung (Variation) der Funktionen $\psi_{n_i} \to \psi_{n_i} + \delta\psi_{n_i}$ besitzt. Da die Funktionen ψ_{n_i} komplex sind (d. h. zwei reellen Funktionen entsprechen), muß man ψ_{n_i} und $\psi_{n_i}^*$ unabhängig voneinander variieren. Bei der Variation von $\psi_{n_i}^*$ erhält man jedoch Gleichungen, die zu denen konjugiert-komplex sind, die sich bei Variation von ψ_{n_i} ergeben. Deshalb beschränken wir uns auf die Variation einer dieser Funktionen, z. B. $\psi_{n_i}^* \to \psi_{n_i}^* + \delta\psi_{n_i}^*$. Wir fordern auch für die variierten Funktionen die Gültigkeit der Orthonormierungsbedingung:

$$\int (\psi_{n_i}^* + \delta\psi_{n_i}^*)\,\psi_{n_j}\,d\mathfrak{r} = \delta_{n_i n_j}\,. \tag{2.10}$$

Berücksichtigt man (2.7), so ergibt sich

$$\int \delta\psi_{n_i}^*\,\psi_{n_j}\,d\mathfrak{r} = 0 \tag{2.10a}$$

für alle i und j.

Durch Variation der Funktion $\psi_{n_i}^*$ auf der rechten Seite von Gleichung (2.9a) können wir die entsprechende Energieänderung $\delta\mathscr{E}$ des Systems berechnen. Wir setzen $\delta\mathscr{E}$ gleich Null bei Berücksichtigung der zusätzlichen Bedingung (2.10a) was sich mit Hilfe der unbestimmten LAGRANGEschen Multiplikatoren tun läßt. Dann erhält man folgende Gleichung für die Bestimmung der Funktion ψ_{n_i} (Anhang VII, B):

$$\hat{\mathscr{H}}_1\,\psi_{n_i}(\mathfrak{r}_1) + \left[\sum_j{}' \int \frac{e^2\,|\psi_{n_j}(\mathfrak{r}_2)|^2}{r_{12}}\,d\mathfrak{r}_2\right]\psi_{n_i}(\mathfrak{r}_1)$$
$$- \sum_j{}' \int \frac{e^2\psi_{n_i}(\mathfrak{r}_2)\,\psi_{n_j}^*(\mathfrak{r}_2)}{r_{12}}\,d\mathfrak{r}_2\,\psi_{n_j}(\mathfrak{r}_1) - \mathscr{E}_{n_i}\,\psi_{n_i}(\mathfrak{r}_1) = 0 \tag{2.11}$$

$(i = 1, 2, \ldots)\,.$

Hier ist $\mathscr{E}_{n_i}$ der unbestimmte LAGRANGEsche Multiplikator, der die Rolle des Energieeigenwertes des Einelektronenzustandes spielt. Die zweite Summe in Formel (2.11) kann man formal als Operator auffassen und Gleichung (2.11) in der Form

$$\Big[\hat{\mathscr{H}}_1 + \sum_j{}' \int \frac{e^2\,|\psi_{n_j}(\mathfrak{r}_2)|^2}{r_{12}}\,d\mathfrak{r}_2 - \sum_j{}' \frac{\psi_{n_j}(\mathfrak{r}_1)}{\psi_{n_i}(\mathfrak{r}_1)} \int e^2\,\psi_{n_i}(\mathfrak{r}_2)\,\psi_{n_i}^*(\mathfrak{r}_2)\,d\mathfrak{r}_2\Big]\psi_{n_i}(\mathfrak{r}_1) = \mathscr{E}_{n_i}\,\psi_{n_i}(\mathfrak{r}_1) \tag{2.11a}$$

schreiben. Aus einem Vergleich dieses Ausdrucks mit (2.3a) sieht man, daß

$$\mathscr{U}_{\text{eff}}(\mathfrak{r}_1) = \sum_j{}' \int \frac{e^2\,|\psi_{n_j}(\mathfrak{r}_2)|^2}{r_{12}}\,d\mathfrak{r}_2 - \sum_j{}' \frac{\psi_{n_j}(\mathfrak{r}_1)}{\psi_{n_i}(\mathfrak{r}_1)} \int \frac{e^2\,\psi_{n_i}(\mathfrak{r}_2)\,\psi_{n_j}(\mathfrak{r}_2)}{r_{12}}\,d\mathfrak{r}_2 \tag{2.11b}$$

ist, wobei die Summierung in der zweiten Summe über Elektronen durchzuführen ist, deren Spin parallel zum Spin des Elektrons im Zustand n_i ist.

Die Gleichung (2.11a) heißt *Gleichung für das „self-consistent"-Feld von* HARTREE *und* FOCK. HARTREE ging von einer Wellenfunktion der Form (2.3) aus und berücksichtigte nicht das PAULI-Prinzip; er formulierte die Gleichung (2.11a), es fehlte jedoch die zweite Summe in der eckigen Klammer, was der Vernachlässigung der Austauschenergie entspricht. Diese Vernachlässigung führt bei der Berechnung der Dichte der Elektronenwolke in Mehrelektronensystemen zu einem Fehler von 10–20%. Eine strenge Theorie des „self-consistent"-Feldes für Mehrelektronensysteme wurde von V. A. FOCK entwickelt (1930).

Da $\mathscr{U}_{\text{eff}}(\mathfrak{r}_1)$ selbst von den unbekannten Funktionen ψ_{n_i} abhängt, stellt die Gleichung (2.11a) ein System von nichtlinearen Integro-Differentialgleichungen für die Funktionen ψ_{n_i} dar. Man kann sich das folgende Lösungsverfahren vorstellen. Wir geben uns in nullter Näherung irgendwelche Einelektronenwellenfunktionen ψ_{n_i} vor und berechnen mit ihnen das effektive Feld $\mathscr{U}_{\text{eff}}$. Danach kann man aus dem Gleichungssystem (2.11a) die Funktionen ψ_{n_i} in erster Näherung bestimmen. Ermittelt man mit Hilfe der neuen ψ_{n_i} das Feld $\mathscr{U}_{\text{eff}}$ in erster Näherung, so kann man durch Lösung der Gleichungen (2.11a) die ψ_{n_i} in zweiter Näherung berechnen usw. Wenn die in $\mathscr{U}_{\text{eff}}$ eingesetzten Funktionen mit denen übereinstimmen, die man aus einer Lösung der Gleichungen (2.11a) findet, so kann man annehmen, daß man die „self-consistent"-Lösung der HARTREE-FOCK-Gleichungen bestimmt hat. Natürlich bringt die praktische Durchführung einer solchen Operation beträchtliche Schwierigkeiten mit sich.

Am Schluß bemerken wir noch, daß wir wegen der Nichtlinearität des Systems (2.11a) nicht sicher sein dürfen, daß die gefundene „self-consistent"-Lösung die einzig mögliche ist und folglich in der Natur vorliegt.

§ 3. Die Methoden von Heitler-London-Heisenberg (HLH) und Hund-Mulliken-Bloch (HMB) in der Elektronentheorie der Kristalle

1. Wir betrachten jetzt ausführlicher das Problem der vernünftigen Wahl der Einelektronenwellenfunktionen ψ_{n_i}.

Als Einelektronenfunktionen, die den Zustand des Elektrons im Kristall beschreiben, kann man die Wellenfunktionen des Elektrons im einzelnen isolierten Atom des Gitters annehmen. In diesem Falle entsprechen verschiedenen Zuständen n_i des Elektrons die atomaren Funktionen verschiedener Gitterpunkte des Kristalls. Eine solche Wahl der Einelektronenfunktionen ist um so berechtigter, je kleiner die Wechselwirkung zwischen den Atomen des Kristalls ist. Für die Berechnung des Wasserstoffmoleküls wurde diese Methode erstmalig von Heitler und London angewendet (II. § 1.4). Dazu muß gesagt werden, daß die atomaren Wellenfunktionen verschiedener Gitterpunkte nicht orthogonal zueinander sind, deshalb kann man sie nicht als Lösungen der Hartree-Fock-Gleichungen interpretieren. In einigen Fällen vernachlässigt man die Nichtorthogonalität (Überlappung) der atomaren Wellenfunktionen verschiedener Gitterpunkte oder unterwirft die atomaren Funktionen, von denen man ausgeht, einem Orthogonalisierungsverfahren.

In einigen Fällen reicht es aus, die Wellenfunktion des Systems in Form einer Determinante (2.8b) darzustellen, welche man aus den atomaren Wellenfunktionen aufbaut, die sich auf verschiedene Gitterpunkte beziehen. Eine solche Darstellung der Mehrelektronenwellenfunktionen in einem Kristall wurde zuerst von Heisenberg bei der Untersuchung des Ferromagnetismus vorgeschlagen. J. I. Frenkel wendete dieselbe Methode bei der Behandlung des Excitonenzustandes eines dielektrischen Kristalls an. Dazu mußte er in die Determinante (2.8b) neben den Wellenfunktionen des normalen Atoms noch die Wellenfunktionen des angeregten Atoms einführen.

Eine solche Darstellung der Wellenfunktion der Elektronen in einem Kristall mit Hilfe der atomaren Funktionen erhielt die Bezeichnung Heitler-London-Heisenberg-*Methode* (HLH). Der wesentlichste Nachteil der HLH-Methode besteht darin, daß in jedem Gitterpunkt eine bestimmte Zahl von Elektronen gebunden ist (das Atom ist neutral); deshalb kann in einem solchen Modell kein Elektronenstrom fließen (die gleichzeitige Verschiebung aller Elektronen längs der Kette von Atomen ist, wenn sie makroskopische Länge hat, eine vollkommen unwahrscheinliche Erscheinung). Man kann sagen, daß in der HLH-Methode der *polare Zustand* nicht berücksichtigt wird, d. h. die Möglichkeit, daß in irgendeinem Gitterpunkt „überflüssige“ Elektronen (und dementsprechend ein Mangel an Elektronen in einem anderen Gitterpunkt) auftreten können, wird außer acht gelassen.

Um für das Kristallmodell Heisenbergs einen Stromfluß möglich zu machen, schlugen S. W. Wonsowskij und S. Schubin vor, neben den „normalen“ (neutralen) Gitterpunkten noch solche zu betrachten, die ein „überflüssiges“ Elektron enthalten oder in denen ein Elektron fehlt. In diesem Falle muß die Determinante

(2.8b) neben den atomaren Funktionen noch Glieder enthalten, welche positive und negative Ionenzustände berücksichtigen. In der Folgezeigt gelang es S. W. WONSOWSKIJ und seinen Mitarbeitern, mit dieser Methode die Transporterscheinungen zu untersuchen, die mit der Bewegung von Elektronen und Löchern in Halbleitern und Metallen verbunden sind.

2. Eine andere Methode für die Auswahl der Einelektronenwellenfunktionen ψ_{n_i} besteht darin, daß man Zustände eines Elektrons nimmt, welches sich gleichzeitig im Feld aller Gitterpunkte des Kristalls befindet. Im Falle eines Moleküls werden die Quantenzustände eines Elektrons im Feld aller Atomkerne betrachtet. Beim Wasserstoffmolekül beispielsweise haben wir die Wellenfunktionen einer Zweizentrenaufgabe (F. HUND und R. MULLIKEN).

Das durch die positiv geladenen Atomkerne des Kristalls geschaffene Feld ist praktisch unendlich groß, deshalb werden in diesem Falle die Elektronenzustände in einem Feld betrachtet, in welchem die Ladung der Kerne im Mittel durch die Ladung der restlichen Elektronen neutralisiert wird, d. h. im Feld eines *periodischen Potentials* (F. BLOCH). Wie weiter unten gezeigt wird, hat die Einelektronenwellenfunktion in diesem Falle die Form (BLOCHsche Funktion)

$$\psi_{\mathfrak{k}}(\mathfrak{r}) = u_{\mathfrak{k}}(\mathfrak{r})\, e^{i\mathfrak{k}\mathfrak{r}}, \tag{3.1}$$

wo $\mathfrak{k}$ ein Wellenvektor ist, der den Quantenzustand des Elektrons charakterisiert und die Funktion $u_{\mathfrak{k}}(\mathfrak{r})$ die dreidimensionale Periodizität des Kristallgitters besitzt:

$$u_{\mathfrak{k}}\,(\mathfrak{r} + \mathfrak{a}_n) = u_k(\mathfrak{r}); \tag{3.1a}$$

$\mathfrak{a}_n$ ist ein Vektor des gewöhnlichen Gitters (I.3.1).

Man kann zeigen, daß die BLOCHschen Funktionen (3.1) eine mögliche Lösung der HARTREE-FOCK-Gleichungen (2.11a) sind. Da die Form der Funktionen (3.1) nur damit verknüpft ist, daß sie Lösungen einer SCHRÖDINGER-Gleichung in einem periodischen Feld sind, muß man für den Nachweis, daß es sich um „self-consistent"-Lösungen handelt, nur zeigen, daß $\mathcal{U}_{\text{eff}}(\mathfrak{r})$ eine periodische Funktion ist, d. h. es muß gelten

$$\mathcal{U}_{\text{eff}}(\mathfrak{r} + \mathfrak{a}_n) = \mathcal{U}_{\text{eff}}(\mathfrak{r})\,. \tag{3.2}$$

Das kann gezeigt werden (Anhang VIII), indem man die BLOCHschen Wellenfunktionen (3.1) in die Formel (2.11b) einsetzt.

Aus der Tatsache, daß die Funktionen (3.1) „self-consistent"-Lösungen der HARTREE-FOCK-Gleichungen sind, folgt noch nicht, daß es die einzig möglichen Lösungen sind und sie tatsächlich in der Natur auftreten (die HARTREE-FOCK-Gleichungen sind nichtlinear). Außerdem hatten wir in Gleichung (2.8a) von vornherein vorausgesetzt, daß die Wellenfunktion des Systems multiplikative Form hat, was natürlich die Anwendbarkeit der Theorie beträchtlich einschränken kann. Komplizierte theoretische Untersuchungen, auf die wir hier nicht eingehen können, haben jedoch gezeigt, daß die BLOCHschen Einelektronenfunktionen eine gute Näherung darstellen, sowohl im Falle eines „überflüssigen" Elektrons in einem Kristall mit abgeschlossenen Atomschalen (S. I. PEKAR) als auch im Falle der Leitfähigkeitselektronen eines Metalls (D. BOHM und D. PINES).

3. Wir zeigen jetzt, daß aus der Eigenschaft der Periodizität der potentiellen Energie des Elektrons im äußeren Feld

$$V(\mathfrak{r} + \mathfrak{a}_n) = V(\mathfrak{r}) \tag{3.3}$$

folgt, daß seine Wellenfunktion die Struktur (3.1) hat, wobei die periodische Funktion $u_{\mathfrak{k}}(\mathfrak{r})$ von der konkreten Form des Potentials $V(\mathfrak{r})$ abhängt. Die Wellenfunktion des Elektrons genügt einer Gleichung für die Energieeigenwerte ε:

$$\hat{\mathscr{H}}\, \psi(\mathfrak{r}) = \varepsilon\, \psi(\mathfrak{r}); \tag{3.4}$$

dabei ist der HAMILTON-Operator

$$\hat{\mathscr{H}} = -\frac{\hbar^2}{2\,m} \nabla^2 + V(\mathfrak{r})\,. \tag{3.4a}$$

Wir ersetzen jetzt in Gleichung (3.4) $\mathfrak{r}$ durch $\mathfrak{r} + \mathfrak{a}_n$, wo $\mathfrak{a}_n$ ein Vektor des gewöhnlichen Gitters ist. Aus Bedingung (3.3) folgt, daß die Punkte $\mathfrak{r}$ und $\mathfrak{r} + \mathfrak{a}_n$ physikalisch äquivalent sind; deshalb kann sich die Wellenfunktion $\psi(\mathfrak{r})$ von der Wellenfunktion $\psi(\mathfrak{r} + \mathfrak{a}_n)$ nur durch einen konstanten Faktor unterscheiden (es darf allerdings keine Entartung vorliegen), da beide dieselbe lineare homogene Gleichung mit einem vorgegebenen ε erfüllen. Es ist also

$$\psi(\mathfrak{r} + \mathfrak{a}_n) = c\, \psi(\mathfrak{r})\,. \tag{3.5}$$

Aus der Normierungsbedingung für die Wellenfunktion folgt

$$|c|^2 = 1\,. \tag{3.6}$$

Wenn der Zustand des Elektrons n-fach entartet ist und ihm n orthonormierte Wellenfunktionen $\psi_1(\mathfrak{r}), \psi_2(\mathfrak{r}), \ldots, \psi_n(\mathfrak{r})$ entsprechen, dann muß sich die Funktion $\psi_\mu(\mathfrak{r} + \mathfrak{a}_n)$ linear ausdrücken lassen durch die $\psi_1(\mathfrak{r}), \psi_2(\mathfrak{r}), \ldots, \psi_n(\mathfrak{r})$, d. h.

$$\psi_\mu(\mathfrak{r} + \mathfrak{a}_n) = \sum_{\nu=1}^{n} c_{\mu\nu}\, \psi_\nu(\mathfrak{r})\,. \tag{3.7}$$

Man kann zeigen (was wir hier nicht tun werden), daß im Falle (3.7) die Wellenfunktionen so gewählt werden können, daß unter den Koeffizienten $c_{\mu\nu}$ nur die von Null verschieden sind, für welche $\nu = \mu$ ist (die Matrix $c_{\mu\nu}$ ist diagonal); dann gilt für jedes $\psi_\mu\,(\mathfrak{r} + \mathfrak{a}_n)$ die Beziehung (3.5). Wir versuchen jetzt, die Abhängigkeit des c von $\mathfrak{a}_n$ zu bestimmen. Wenn man hintereinander zwei Verschiebungen $\mathfrak{a}_n$ und $\mathfrak{a}_{n'}$ vornimmt, denen in (3.5) die Koeffizienten c und c' entsprechen, dann ergibt sich für die resultierende Verschiebung die Summe $\mathfrak{a}_n + \mathfrak{a}_{n'}$ und für den resultierenden Koeffizienten der rechten Seite von (3.5) das Produckt $c\,c'$. Hieraus folgt, daß der Koeffizient c exponentiell von $\mathfrak{a}_n$ abhängt, da sich nur bei der Multiplikation von Exponentialfunktionen die Argumente addieren.

Wir machen den Ansatz

$$c = e^{i\mathfrak{k}\mathfrak{a}_n}\,, \tag{3.8}$$

wo $\mathfrak{k}$ ein konstanter Vektor ist, der den Quantenzustand des Elektrons charakterisiert und *Wellenvektor* heißt. Da das Produkt $(\mathfrak{k}\,\mathfrak{a}_n)$ dimensionslos sein muß, hat der Wellenvektor $\mathfrak{k}$ die Dimension cm^{-1}. Wenn wir den Wellenvektor $\mathfrak{k}$ als reell annehmen wollen (das ist günstig, weil in diesem Falle die Größe $\hbar\,\mathfrak{k}$ in vielen Beziehungen an den Impuls des freien Elektrons erinnert), müssen wir im Exponenten von (3.8) die imaginäre Einheit $i = \sqrt{-1}$ einführen. Nur in diesem Falle bleibt c und folglich auch die Wellenfunktion des Elektrons endlich bei unbeschränktem Anwachsen von $\mathfrak{a}_{\mathfrak{n}}$.

Aus den Gleichungen (3.5) und (3.8) folgt

$$\psi\,(\mathfrak{r} + \mathfrak{a}_{\mathfrak{n}}) = e^{i\mathfrak{k}\mathfrak{a}_{\mathfrak{n}}}\,\psi(\mathfrak{r})\,, \tag{3.9}$$

woraus sich

$$\psi(\mathfrak{r}) = e^{-i\mathfrak{k}\mathfrak{a}_{\mathfrak{n}}}\,\psi\,(\mathfrak{r} + \mathfrak{a}_{\mathfrak{n}}) = e^{i\mathfrak{k}\mathfrak{r}}\,u_{\mathfrak{k}}(\mathfrak{r})' \tag{3.9a}$$

ergibt; dabei ist

$$u_{\mathfrak{k}}(\mathfrak{r}) = e^{-i\mathfrak{k}(\mathfrak{r}+\mathfrak{a}_{\mathfrak{n}})}\,\psi\,(\mathfrak{r} + \mathfrak{a}_{\mathfrak{n}})\,. \tag{3.9b}$$

Man sieht leicht, daß die Funktion $u_{\mathfrak{k}}(\mathfrak{r})$ die Periodizität des Gitters besitzt. Aus den Gleichungen (3.9b) und (3.9) folgt nämlich

$$\begin{aligned} u_{\mathfrak{k}}(\mathfrak{r} + \mathfrak{a}_{\mathfrak{l}}) &= e^{-i\mathfrak{k}(\mathfrak{r}+\mathfrak{a}_{\mathfrak{l}}+\mathfrak{a}_{\mathfrak{n}})}\,.\,\psi(\mathfrak{r} + \mathfrak{a}_{\mathfrak{l}} + \mathfrak{a}_{\mathfrak{n}}) \\ &= e^{-i\mathfrak{k}(\mathfrak{r}+\mathfrak{a}_{\mathfrak{l}}+\mathfrak{a}_{\mathfrak{n}})}\,e^{i\mathfrak{k}\mathfrak{a}_{\mathfrak{l}}}\,\psi(\mathfrak{r} + \mathfrak{a}_{\mathfrak{n}}) = e^{-i\mathfrak{k}(\mathfrak{r}+\mathfrak{a}_{\mathfrak{n}})}\,\psi(\mathfrak{r} + \mathfrak{a}_{\mathfrak{n}}) = u_{\mathfrak{k}}(\mathfrak{r})\,. \end{aligned}$$

Hieraus folgt unter anderem, daß die durch die Beziehung (3.9b) bestimmte Funktion $u_{\mathfrak{k}}(\mathfrak{r})$ nicht von $\mathfrak{n}$ abhängt. Die Wellenfunktion des Elektrons im periodischen Feld des Kristalls hat also tatsächlich die Form der Blochschen Wellenfunktion (3.1).

§ 4. Allgemeine Eigenschaften eines sich im periodischen Feld bewegenden Elektrons

1. Wie oben festgestellt wurde, kann in der Einelektronennäherung der Zustand des Elektrons im idealen Kristall in guter Näherung als Bewegung in einem äußeren periodischen Feld dargestellt werden. Deshalb kommt der Untersuchung der Bewegung und des Verhaltens eines Elektrons im periodischen Feld große Bedeutung für das Studium der elektronischen Eigenschaften von Halbleitern und Metallen zu.

Im vorangegangenen Paragraphen haben wir gesehen, daß die stationäre Wellenfunktion des Elektrons im periodischen Feld die Form

$$\psi_{\mathfrak{k}}(\mathfrak{r}) = u_{\mathfrak{k}}(\mathfrak{r})\,e^{i\mathfrak{k}\mathfrak{r}} \tag{4.1}$$

hat, wobei $u_{\mathfrak{k}}(\mathfrak{r})$ die Translationssymmetrie des Kristallgitters besitzt; $\mathfrak{k}$ ist der Wellenvektor des Elektrons, welcher für stationäre Zustände im unbegrenzten Kristall (in einer makroskopischen Probe) reell ist. Die Blochsche Wellenfunktion (4.1) besitzt Ähnlichkeit mit der Wellenfunktion eines freien Elektrons, welches den Impuls $\mathfrak{p} = \hbar\,\mathfrak{k}$ hat:

$$\psi_{\mathfrak{k}}^{0} = A\,e^{i\mathfrak{k}\mathfrak{r}} = A\,e^{i\frac{\mathfrak{p}\mathfrak{r}}{\hbar}}\,; \tag{4.1a}$$

$\mathfrak{k}$ ist hier der Wellenvektor des freien Elektrons und A die konstante Amplitude der Wellenfunktion. Die BLOCHsche Funktion (4.1) unterscheidet sich von der Funktion (4.1a) dadurch, daß ihre Amplitude $u_{\mathfrak{k}}(\mathfrak{r})$ mit der Periode des Gitters moduliert ist.

Wie wir weiter unten sehen werden, sind viele Eigenschaften des Elektrons im periodischen Feld analog zu den Eigenschaften eines freien Elektrons; unter anderem bewegt sich ein Elektron im periodischen Feld ohne Widerstand, d. h. es wird nicht gestreut.

Setzt man die BLOCHsche Wellenfunktion (4.1) in die SCHRÖDINGER-Gleichung (3.4) mit dem periodischen Potential $V(\mathfrak{r})$ ein, so erhalten wir nach Kürzung durch den Faktor $e^{i\mathfrak{k}\mathfrak{r}}$ die folgende Gleichung für $u_{\mathfrak{k}}$ (Anhang IX, A):

$$-\frac{\hbar^2}{2m}\nabla^2 u_{\mathfrak{k}} + V(\mathfrak{r})\,u_{\mathfrak{k}} - \frac{i\hbar^2}{m}(\mathfrak{k}\,\nabla\cdot u_{\mathfrak{k}}) = \left(\varepsilon_{\mathfrak{k}} - \frac{\hbar^2\mathfrak{k}^2}{2m}\right)u_{\mathfrak{k}}; \qquad (4.2)$$

dabei ist $\nabla u_{\mathfrak{k}} \equiv \operatorname{grad} u_{\mathfrak{k}}$.

Für $\mathfrak{k} = 0$ geht Gleichung (4.2) über in

$$-\frac{\hbar^2}{2m}\nabla^2 u_0 + V(\mathfrak{r})\,u_0 = \varepsilon_0\,u_0\,, \qquad (4.3)$$

was mit der Gleichung (3.4) für $\psi_{\mathfrak{k}}$ übereinstimmt.

2. Aus der Formel (3.8) sieht man, daß man durch Ersetzen von $\mathfrak{k}$ durch $\mathfrak{k}' = \mathfrak{k} + 2\pi\mathfrak{b}_g$ auf der rechten Seite einen Faktor $\exp(i\,2\pi\,\mathfrak{b}_g\,\mathfrak{a}_n) = \exp(i\,2\pi \times \text{ganze Zahl}) = 1$ erhält. Das bedeutet, daß der Wellenvektor $\mathfrak{k}$ bis zu einer Genauigkeit von Summanden $2\pi\,\mathfrak{b}_g$ definiert ist, d. h., die Zustände des Elektrons mit den Wellenvektoren $\mathfrak{k}$ und $\mathfrak{k}' = \mathfrak{k} + 2\pi\,\mathfrak{b}_g$ sind physikalisch nicht unterscheidbar (äquivalent).

Somit sind alle von $\mathfrak{k}$ abhängenden physikalischen Größen dreidimensional periodisch mit den Perioden der Grundvektoren $\mathfrak{b}_1$, $\mathfrak{b}_2$ und $\mathfrak{b}_3$ des reziproken Gitters. Hieraus folgt, daß es genügt, den Wellenvektor des Elektrons ganz analog zum Wellenvektor der Gitterschwingungen im Gebiet (III. 4.9) zu betrachten:

$$-\pi \leqq \mathfrak{k}\,\mathfrak{a}_i \leqq +\pi \qquad (i = 1, 2, 3); \qquad (4.4)$$

die $\mathfrak{a}_i$ $(i = 1, 2, 3)$ sind die Grundvektoren des gewöhnlichen Gitters. Für den kubischen Kristall ist

$$-\frac{\pi}{a} \leqq \mathfrak{k}_\alpha \leqq +\frac{\pi}{a} \qquad (\alpha = x, y, z)\,. \qquad (4.4\text{a})$$

Wenn sich der Wellenvektor $\mathfrak{k}$ zwischen den Grenzen (4.4) ändert, heißt er *reduzierter Wellenvektor* und das entsprechende Gebiet im $\mathfrak{k}$-Raum heißt erste BRILLOUIN-Zone. Aus Gleichung (III. 4.20) wissen wir, daß ihr Volumen gleich $(2\pi)^3/\Omega_0$ ist, wobei Ω_0 das Volumen der Elementarzelle angibt.

Bei Lösung der SCHRÖDINGER-Gleichung (3.4) für ein Elektron im periodischen Feld des Kristalls müssen wir das Verhalten der Funktion $\psi_{\mathfrak{k}}$ an der

Oberfläche des Kristalls vorgeben. Analog zu den BORN-KARMAN-Bedingungen (III. § 1.3; III. § 4.5) für die Schwingungen der Atome im Kristall fordern wir, daß sich die Wellenfunktion $\psi_{\mathfrak{k}}(\mathfrak{r})$ des Elektrons bei Verschiebung um die Größe $G\,\mathfrak{a}_i$ nicht ändert, wobei G eine große ganze Zahl und $\mathfrak{a}_i$ einer der Grundvektoren des gewöhnlichen Gitters ist.

Bei Berücksichtigung der Periodizität von $u_{\mathfrak{k}}(\mathfrak{r})$ haben wir

$$\psi_{\mathfrak{k}}(\mathfrak{r} + G\,\mathfrak{a}_i) = u_{\mathfrak{k}}(\mathfrak{r} + G\,\mathfrak{a}_i)\, e^{i\mathfrak{k}\mathfrak{r}}\, e^{i\mathfrak{k}G\mathfrak{a}_i} = \psi_{\mathfrak{k}}(\mathfrak{r})\, e^{iG\mathfrak{k}\mathfrak{a}_i}\,;$$

die BORN-KARMAN-Bedingung fordert, daß $G\,\mathfrak{k}\,\mathfrak{a}_i = 2\pi \times$ ganze Zahl $= 2\pi g_i$ ist, d. h. es wird

$$\mathfrak{k}\,\mathfrak{a}_i = \frac{2\pi}{G}\, g_i\,. \tag{4.5}$$

Hieraus und aus der Ungleichung (4.4) folgt

$$-\frac{G}{2} \leqq g_i \leqq +\frac{G}{2} \tag{4.5a}$$

analog zu (III. 4.18).

Wir sehen, daß die BORN-KARMAN-Bedingung dazu führt, daß die Projektion von $\mathfrak{k}$ auf jeden der Grundvektoren $\mathfrak{a}_i$ nur eine Reihe diskreter Werte annehmen kann und folglich $\mathfrak{k}$ G^3 Werte besitzt. Diese Diskretheit hat keinen realen physikalischen Sinn, da die Differenz zwischen benachbarten Werten $\mathfrak{k}\,\mathfrak{a}_i$ bei hinreichend großen G beliebig klein gemacht werden kann. Deshalb fehlt in den Endformeln, die mit dem Experiment vergleichbar sind, die Größe G. Diese Quasidiskretheit von $\mathfrak{k}$ ist aber für die Zwischenrechnungen von Vorteil.

Wenn man der Wellenfunktion des Elektrons die BORN-KARMAN-Bedingung auferlegt, muß sie für das Grundgebiet $V = G^3\,\Omega_0$ des Kristalls normiert werden; $\Omega_0 = (\mathfrak{a}_1[\mathfrak{a}_2\,\mathfrak{a}_3])$ ist das Volumen der Elementarzelle. Es ist also

$$\int\limits_{G^3\Omega_0} \psi_{\mathfrak{k}}^*\, \psi_{\mathfrak{k}}\, d\tau = \int\limits_{G^3\Omega_0} |u_{\mathfrak{k}}|^2\, d\tau = 1\,. \tag{4.6}$$

Da $|u_{\mathfrak{k}}|^2$ mit den Grundvektoren des Gitters periodisch ist, folgt aus (4.6)

$$G^3 \int |u_{\mathfrak{k}}|^2\, d\tau_0 = 1\,, \tag{4.6a}$$

wobei $\int d\tau_0$ Integration über das Volumen der Elementarzelle bedeutet. In einigen Fällen ist es zweckmäßig, den Faktor $G^{-3/2}$ in expliziter Form in die BLOCHsche Funktion einzuführen, d. h.

$$\psi_{\mathfrak{k}}(\mathfrak{r}) = \frac{1}{G^{3/2}}\, u_{\mathfrak{k}}(\mathfrak{r})\, e^{i\mathfrak{k}\mathfrak{r}} \tag{4.6b}$$

zu setzen; die hier auftretende periodische Funktion $u_{\mathfrak{k}}(\mathfrak{r})$ ist um den Faktor $G^{3/2}$ kleiner als die entsprechende Funktion in Formel (4.1). Anstelle des Ausdrucks (4.6a) erhalten wir

$$\int |u_{\mathfrak{k}}|^2\, d\tau_0 = 1\,. \tag{4.6c}$$

Wenn $\psi_{\mathfrak{k}}$ die Form (4.6b) hat, folgt hieraus größenordnungsmäßig (4.6d):

$$|u_{\mathfrak{k}}| \approx \frac{1}{\sqrt{\Omega_0}} . \tag{4.6d}$$

3. Die Untersuchung spezieller Formen des periodischen Feldes (eindimensionale Modelle, schwache und starke Bindung der Elektronen) zeigt, daß gewissen Intervallen der Energie $\varepsilon_{\mathfrak{k}} = \varepsilon(\mathfrak{k})$ komplexe Werte $\mathfrak{k}$ entsprechen. Diese Energien sind folglich im Spektrum der Elektronen verboten. Das Energiespektrum der Elektronen zerfällt im allgemeinen Fall in erlaubte und verbotene *Energiebänder.* Bei Vergrößerung der Energie des Elektrons verbreitern sich die erlaubten Energiebereiche, während die verbotenen Bänder enger werden.

Qualitativ kann man zu derselben Schlußfolgerung kommen, indem man von einem vollkommen anderen Bild ausgeht. Wir betrachten ein Elektron in einem isolierten Atom auf einem bestimmten diskreten Energieniveau. Bei der Bildung des festen Körpers, d. h., bei Annäherung der Atome bis zu Abständen der Größenordnung 10^{-8} cm, wird sich das Elektron in einem starken elektrischen Feld bewegen, welches durch die Nachbaratome geschaffen wird. Dann liegt aber STARK-Effekt in einem starken Feld (molekularer STARK-Effekt) vor und die Energieniveaus der Atome spalten in Energiebänder auf und bilden ein Bänderspektrum.

Eine solche Behandlung der Frage ist insofern wertvoll, als sie die Entstehung der Bänderstruktur des Energiespektrums nicht mit der Periodizität des Feldes des Kristallgitters (Fernordnung) verknüpft, sondern die Wechselwirkung benachbarter Atome in Betracht zieht (Nahordnung).

Wir sehen, daß der Zustand des Elektrons nicht nur durch den Wellenvektor $\mathfrak{k}$ charakterisiert wird, sondern auch durch die Nummer n des erlaubten Energiebandes. Die Wellenfunktion und die Energie des Elektrons hängen somit nicht nur von $\mathfrak{k}$, sondern auch von n ab:

$$\psi_{n\vec{\mathfrak{k}}} = u_{n\vec{\mathfrak{k}}}\, e^{i\mathfrak{k}\mathfrak{r}} , \qquad \varepsilon_{n\mathfrak{k}} = \varepsilon_n(\mathfrak{k}) . \tag{4.7}$$

Wir werden uns jedoch oft für die Bewegung des Elektrons in den Grenzen eines Energiebandes interessieren. Wir können dann an ψ und ε den Index n weglassen, ohne fürchten zu müssen, daß Mißverständnisse auftreten.

Bezüglich der Abhängigkeit der Energie ε des Elektrons vom Wellenvektor $\mathfrak{k}$ kann man einige Schlußfolgerungen ziehen, die vollkommen analog zu denen sind, die für die Abhängigkeit der Frequenz ω der Schwingungen der Atome vom Wellenvektor $\mathfrak{q}$ gemacht wurden (III. § 4). Das hängt damit zusammen, daß diese Schlußfolgerungen auf der Grundlage zweier Voraussetzungen gezogen wurden: der zeitlichen Umkehrbarkeit der klassischen Bewegungsgleichungen und der Vorstellung über die Translationssymmetrie. Beide Voraussetzungen bleiben gültig bei der quantenmechanischen Untersuchung der Bewegung des Elektrons in einem periodischen Feld.

Ersetzt man in Gleichung (4.2) $u_{\mathfrak{k}}$ durch $u_{\mathfrak{k}}^*$ und $\mathfrak{k}$ durch $-\mathfrak{k}$ (letzteres ist äquivalent einer Vertauschung von i durch $-i$ im dritten Glied der Gleichung), so geht sie in die konjugiert-komplexe Gleichung über, welcher derselbe Energieeigenwert entspricht, d. h. wir haben

$$\varepsilon(-\mathfrak{k}) = \varepsilon(\mathfrak{k}) . \tag{4.8}$$

Diese Beziehung ist analog zu (III. 4.12a) für die Frequenzen der Schwingungen eines Kristalls. Außerdem ist offensichtlich, daß

$$u_{\mathfrak{k}}^* = u_{-\mathfrak{k}} \tag{4.8a}$$

gilt. Für die Interpretation der Bewegung des Elektrons in einem periodischen Feld ist es zweckmäßig, einen $\mathfrak{k}$-Raum zu verwenden (ganz analog zum früheren $\mathfrak{q}$-Raum). Die Gleichung (4.8) deutet darauf hin, daß die Flächen konstanter Energie $\varepsilon(\mathfrak{k}) = \text{const}$ im $\mathfrak{k}$-Raum ein Symmetriezentrum besitzen.

Im Punkt 2 war gezeigt worden, daß Wellenvektoren, die sich um $2\pi\mathfrak{b}_g$ unterscheiden, physikalisch nichtunterscheidbare Zustände entsprechen. Alle physikalisch beobachtbaren und von $\mathfrak{k}$ abhängenden Größen sollten somit periodische Funktionen von $\mathfrak{k}$ sein. Für die Energie des Elektrons gilt beispielsweise

$$\varepsilon(\mathfrak{k} + 2\pi\mathfrak{b}_g) = \varepsilon(\mathfrak{k}) \tag{4.9}$$

analog zur Frequenz $\omega(\mathfrak{q})$ (III. 4.13).

Die allgemeinen Eigenschaften der Abhängigkeit der Energie $\varepsilon_n(\mathfrak{k})$ vom Wellenvektor $\mathfrak{k}$ sind analog zu denen, die wir für die Abhängigkeit der Frequenz $\omega_j(\mathfrak{q})$ vom Wellenvektor $\mathfrak{q}$ gefunden hatten (III. § 4.3). Verschiedenen Schwingungszweigen j entsprechen verschiedene erlaubte Energiebänder n. Bei Berührung und Überschneidung von Energiebändern wird ihre Numerierung genauso durchgeführt, wie wir das für die Frequenz ω_j getan haben. Nur ist in diesem Falle die Gleichung (4.8) erfüllt. Die Abb. 31, die fünf Schwingungszweige des Kristalls darstellt, kann sich in gleichem Maße auf die Energiebänder des Elektrons in einem periodischen Feld beziehen.

Es besteht aber ein Unterschied zwischen dem Phononenspektrum $\omega_j(\mathfrak{q})$ und dem Elektronenspektrum $\varepsilon_n(\mathfrak{k})$. Die Punkte kleinster (oder größter) Energie in der Brillouin-Zone sind für Elektronen immer Extrempunkte, so daß für sie $\frac{\partial \varepsilon_n}{\partial k_s} = 0$ gilt. Deshalb ist für Elektronen ein solches Bild, wie wir es im Punkt 0 (Abb. 31) haben, nicht möglich. Dort war für die akustischen Zweige $\frac{\partial \omega}{\partial q_s} \neq 0$ bei $q_s \to 0$, $\omega \to 0$. Das hängt damit zusammen, daß ε_n bis auf ein konstantes Glied bestimmt wird, während $\omega_j < 0$ keinen physikalischen Sinn hat. Wenn im Zentrum der Brillouin-Zone und in symmetrischen Punkten auf ihren Flächen keine Entartung vorliegt, dann sind die Ableitungen $\frac{\partial \varepsilon_n}{\partial k_\alpha} = 0$ $(\alpha = x, y, z)$, und eine Entwicklung von $\varepsilon_n(\mathfrak{k})$ in eine Reihe nach Potenzen von k_α beginnt mit quadratischen Gliedern, analog zu Formel (III. 4.14). Das Extremum von $\varepsilon_n(\mathfrak{k})$ kann jedoch auch innerhalb der Brillouin-Zone in einem gewissen Punkt $\mathfrak{k} = \mathfrak{k}_0$ liegen; dann hat die Reihenentwicklung die Form

$$\varepsilon_n(\mathfrak{k}) = \varepsilon_n(\mathfrak{k}_0) + \frac{1}{2} \sum_{\alpha,\beta} \left(\frac{\partial^2 \varepsilon_n(\mathfrak{k})}{\partial k_\alpha \partial k_\beta}\right)_{\mathfrak{k}=\mathfrak{k}_0} (k_\alpha - k_{0\alpha})(k_\beta - k_{0\beta}) , \tag{4.10}$$

wo α und β unabhängig voneinander die Werte x, y und z durchlaufen. Da die Energie ε eine skalare Größe ist, $\mathfrak{k}$ dagegen ein Vektor, muß die Größe $\frac{\partial^2 \varepsilon_n}{\partial k_\alpha \partial k_\beta}$ ein Tensor zweiter Ordnung sein (Anhang X). Bringt man diesen Tensor auf die Hauptachsenform, so erhalten wir

$$\varepsilon_n(\mathfrak{k}) = \varepsilon_n(\mathfrak{k}_0) + \frac{1}{2} \sum_\alpha \left(\frac{\partial^2 \varepsilon_n}{\partial k_\alpha^2}\right)_{\mathfrak{k}_0} (k_\alpha - k_{0\alpha})^2 . \tag{4.10a}$$

Um die Beschreibung der Bewegung eines Elektrons im periodischen Feld möglichst der Bewegung eines freien Elektrons anzugleichen, führen wir den *Tensor der reziproken effektiven Masse* ein:

$$m_{\alpha\beta}^{-1} = \frac{1}{\hbar^2} \left(\frac{\partial^2 \varepsilon_n}{\partial k_\alpha \partial k_\beta}\right)_{\mathfrak{k}_0} ; \tag{4.11}$$

die Komponenten in den Hauptachsen sind

$$\frac{1}{m_\alpha} = \frac{1}{\hbar^2} \left(\frac{\partial^2 \varepsilon_n}{\partial k_\alpha^2}\right)_{\mathfrak{k}_0} \tag{4.11a}$$

und der *Quasiimpuls* ist gegeben durch

$$p_\alpha = \hbar\,(k_\alpha - k_{0\alpha}) , \qquad \mathfrak{p} = \hbar\,(\mathfrak{k} - \mathfrak{k}_0) . \tag{4.12}$$

Wir sehen, daß der Tensor der reziproken effektiven Masse die Dimension $(\text{Masse})^{-1}$ und der Quasiimpuls die Dimension eines Impulses hat. Aus den Formeln (4.10a), (4.11a) und (4.12) folgt

$$\varepsilon_n(\mathfrak{k}) - \varepsilon_n(\mathfrak{k}_0) = \sum_\alpha \frac{\hbar^2 k_\alpha^2}{2\, m_\alpha} = \sum_\alpha \frac{p_\alpha^2}{2\, m_\alpha} . \tag{4.12a}$$

(4.12a) hat die Form einer kinetischen Energie des Elektrons mit verschiedenen Massen in Richtung der Achsen x, y und z. Die Größen m_α, die die Dimension einer Masse haben, sind nicht Komponenten eines Tensors (da Größen, die zu den Komponenten eines Tensors reziprok sind, im allgemeinen keinen Tensor bilden), man bezeichnet sie jedoch oft in abgekürzter Sprechweise als *Tensor der effektiven Masse*. Es ist zu beachten, daß Formel (4.10) nur für kleine p_α gilt, d. h. für den Fall $p_\alpha \ll \frac{\hbar}{a}$ (a ist die Gitterkonstante). Diese Bedingung ist in Halbleitern wegen der kleinen Elektronenkonzentration gut erfüllt. In der Nähe der Punkte $\mathfrak{k}_0$, in welchen $\varepsilon_n(\mathfrak{k}_0)$ einen Extremwert annimmt, haben die Flächen konstanter Energie $\varepsilon_n(\mathfrak{k}) = \text{const}$ die Form von Ellipsoiden.

Wenn schließlich alle drei Komponenten des Tensors $\frac{1}{m_\alpha}$ gleich sind, so kann man eine skalare effektive Masse einführen, indem man

$$\frac{1}{m^*} = \frac{1}{m_\alpha} = \frac{1}{\hbar^2}\left(\frac{\partial^2 \varepsilon_n}{\partial k_x^2}\right)_{\mathfrak{k}_0} = \frac{1}{\hbar^2}\left(\frac{\partial^2 \varepsilon_n}{\partial k_y^2}\right)_{\mathfrak{k}_0} = \frac{1}{\hbar^2}\left(\frac{\partial^2 \varepsilon_n}{\partial k_z^2}\right)_{\mathfrak{k}_0} \tag{4.13}$$

setzt. Die Energie des Elektrons wird in diesem Falle

$$\varepsilon_n(\mathfrak{k}) - \varepsilon_n(0) = \frac{\hbar^2 k^2}{2\, m^*} = \frac{p^2}{2\, m^*} , \tag{4.13a}$$

d. h. gleich der kinetischen Energie eines freien Elektrons mit der Masse m^* und dem Impuls $\mathfrak{p}$.

Am unteren Rand eines Bandes, wo $\varepsilon_n(\mathfrak{k})$ ein Minimum hat, wird

$$\frac{1}{m_\alpha} = \frac{1}{\hbar^2}\left(\frac{\partial^2 \varepsilon_n}{\partial k_\alpha^2}\right)_{\mathfrak{k}_0} > 0\,,$$

d. h., hier ist die effektive Masse m_α positiv. Am oberen Rand eines Bandes dagegen gilt

$$\left(\frac{\partial^2 \varepsilon_n}{\partial k_\alpha^2}\right)_{\mathfrak{k}_0} < 0\,,$$

und die effektive Masse wird negativ. Weiter unten werden wir sehen, daß die effektive Masse ebenso wie die gewöhnliche Masse das Verhältnis von Kraft zur Beschleunigung bestimmt. Wenn $m_\alpha < 0$ ist, dann ist die Beschleunigung des Elektrons der auf das Elektron wirkenden Kraft entgegengerichtet. Das darf uns nicht wundern, da die Methode der effektiven Masse auf die einfachste Weise den Einfluß des periodischen Feldes des Kristalls auf das Elektron berücksichtigt und die gemeinsame Wirkung von periodischem Feld und äußerer Kraft auf ein Elektron, welches Welleneigenschaften besitzt, zu dem obigen Effekt führen kann.

Wir haben den Tensor der reziproken effektiven Masse $m_{\alpha\beta}^{-1}$ mit Hilfe der Beziehung (4.11) eingeführt; wir leiten jetzt für $m_{\alpha\beta}^{-1}$ noch einen Ausdruck her, der sich in einigen Fällen als nützlich erweist.

Die BLOCHsche Wellenfunktion $\psi_{\mathfrak{k}}(\mathfrak{r}) = u_{\mathfrak{k}}(\mathfrak{r})\, e^{i\mathfrak{k}\mathfrak{r}}$ des Elektrons befriedigt die SCHRÖDINGER-Gleichung (3.4) mit einem periodischen Potential $V(\mathfrak{r})$. Die modulierende Funktion $u_{\mathfrak{k}}(\mathfrak{r})$ erfüllt die Gleichung (4.2), welche bei $\mathfrak{k} = 0$ in Gleichung (4.3) übergeht. Man kann also bei kleinen $\mathfrak{k}$-Werten die Glieder

$$\frac{\hbar^2 \mathfrak{k}^2}{2m} - \frac{i\hbar^2}{m}(\mathfrak{k}\,\nabla) \tag{4.14}$$

in Gleichung (4.2) als Störung betrachten. Wenn dem Wert $\mathfrak{k} = 0$ ein Extremum der Energie $\varepsilon = \varepsilon_0$ entspricht, so ist der in $\mathfrak{k}$ lineare Zusatz zur Energie gleich Null; der in $\mathfrak{k}$ quadratische Zusatz besteht aus einer Korrektur zur Energie von $\hbar^2\mathfrak{k}^2/2m$ in der ersten Näherung und von $-\frac{i\hbar^2}{m}\mathfrak{k}\,\nabla$ in der zweiten Näherung der Störungstheorie Das vollständige System der Funktionen $u_{0n}(\mathfrak{r})$ der Gleichung (4.3) gibt uns die ungestörten Wellenfunktionen unserer Aufgabe, wobei n die Nummer des Energiebandes ist (der Index Null deutet an, daß wir die modulierende Funktion $u_{\mathfrak{k}}$ am Wert $\mathfrak{k} = 0$ nehmen). Verwendet man die üblichen Formeln der Störungstheorie[1]), so erhalten wir

$$\varepsilon(\mathfrak{k}) - \varepsilon_0 = \left\langle u_{00}\left|\frac{\hbar^2 k^2}{2m}\right|u_{00}\right\rangle + \frac{\hbar^2}{m^2}\sum_n{}' \frac{\langle u_{00}|\mathfrak{k}\,\hat{\mathfrak{p}}|\,u_{0n}\rangle\,\langle u_{0n}|\mathfrak{k}\,\hat{\mathfrak{p}}|\,u_{00}\rangle}{\varepsilon_0 - \varepsilon_n}\,. \tag{4.15}$$

[1]) Siehe Fußnote[1]), Kap. IX auf Seite 32.

Der Strich an der Summe bedeutet, daß das Glied mit $n = 0$ fehlt; der Impulsoperator ist $\hat{\mathfrak{p}} = -i\hbar\nabla = -i\hbar\,\mathrm{grad}$ und

$$\langle u_{00}|\mathfrak{k}\,\hat{\mathfrak{p}}|\,u_{0n}\rangle = \int u_{00}^{*}\,\mathfrak{k}\,\mathfrak{p}\,u_{0n}\,d\tau \tag{4.15a}$$

ist das entsprechende Matrixelement; wenn die Funktionen u_{0n} auf 1 normiert sind, folgt hieraus, daß der erste Summand auf der rechten Seite von (4.15) gleich $\frac{\hbar^2\mathfrak{k}^2}{2m}$ ist.

Wir setzen

$$\varepsilon(\mathfrak{k}) - \varepsilon_0 = \frac{\hbar}{2}\sum_{\alpha\beta} m_{\alpha\beta}^{-1}\,k_\alpha\,k_\beta\,, \tag{4.16}$$

wo α und β die rechtwinkligen Achsen x, y und z angibt und $m_{\alpha\beta}^{-1}$ der Tensor der reziproken effektiven Masse ist. Führt man in Formel (4.15) das Skalarprodukt $\mathfrak{k}\,\hat{\mathfrak{p}} = \sum_\alpha k_\alpha\,\hat{p}_\alpha$ ein und vergleicht die Koeffizienten bei gleichen Produkten $k_\alpha\,k_\beta$ in den Gleichungen (4.15) und (4.16), so erhalten wir für die Komponenten des Tensors der reziproken effektiven Masse den Ausdruck

$$m_{\alpha\beta}^{-1} = \frac{\delta_{\alpha\beta}}{m} + \frac{2}{m^2}\sum_n{}' \frac{\langle u_{00}|\hat{p}_\alpha|\,u_{0n}\rangle\,\langle u_{0n}|\hat{p}_\beta|\,u_{00}\rangle}{\varepsilon_0 - \varepsilon_n}\,, \tag{4.17}$$

wobei $\delta_{\alpha\beta}$ das Kronecker-Symbol ist. m bedeutet hier die Masse des freien Elektrons.

In einem kubischen Kristall erhalten wir für die skalare effektive Masse

$$\frac{1}{m^*} = \frac{1}{m} + \frac{2}{m^2}\sum_n{}' \frac{|\langle u_{00}|\hat{p}_\alpha|\,u_{0n}\rangle|^2}{\varepsilon_0 - \varepsilon_n}\,. \tag{4.17a}$$

Aus diesem Ausdruck sieht man sofort, daß die effektive Masse m^* größer ist als die Masse m des freien Elektrons (das steht übrigens im Widerspruch zum Experiment), weil das Quadrat des Moduls des Matrixelements immer positiv ist, dagegen $\varepsilon_n > \varepsilon_0$ gilt, weil ε_0 das niedrigste Energieniveau angibt. Man muß allerdings beachten, daß der untere Rand ε_0 des Leitungsbandes durchaus nicht dem niedrigsten Energieniveau des Elektrons in der Einelektronennäherung entspricht. Wenn man beispielsweise das „self-consistent"-Potential für die Elektronen aller Bänder als gleich annehmen könnte, so würde dem niedrigsten Niveau der untere Rand des niedrigsten, vollständig gefüllten Energiebandes entsprechen. Dann ist es durchaus möglich, daß $\varepsilon_n < \varepsilon_0$ auftreten kann, was wir in Formel (4.17a) berücksichtigen müssen. Dabei kann sich $m^* < m$ ergeben.

Wenn die Numerierung der Energiebänder entsprechend der Bedingung (III. 4.13a) durchgeführt wird, dann gilt die Beziehung (4.8) auch bei Vorhandensein von Entartung (Berührung oder Überlappung) der Bänder. In diesem Falle besitzen die Flächen konstanter Energie alle Symmetrieelemente des gewöhnlichen Gitters und wegen (4.8) ein Symmetriezentrum.

Wenn beispielsweise in einem kubischen Gitter in einem beliebigen Punkt $\mathfrak{k}_0$ des reziproken Raumes, der nicht mit irgendeinem Symmetrieelement zusammenfällt, ein Extremum der Energie $\varepsilon_n(\mathfrak{k})$ existiert, so müssen in der Brillouin-Zone noch weitere 48 symmetrisch gelegene Extrema vorhanden sein. Wenn $\mathfrak{k}_0$ mit der Richtung [100] zusammenfällt, so haben wir insgesamt 5 Extrema und die Flächen konstanter Energie sind Rotationsellipsoide (4.10a), deren Symmetrieachsen mit der Richtung [100] zusammenfallen. Wenn die Zentren dieser Ellipsoide, d. h. die Minima ε_n der Energie, in den Zentren der Flächen der Brillouin-Zone liegen, so befindet sich die Hälfte eines jeden Ellipsoids außerhalb der ersten Zone; auf die erste Brillouin-Zone kommen somit sechs Halbellipsoide, was drei ganzen Ellipsoiden äquivalent ist.

In Abb. 38 ist eine analoge Situation für ein ebenes quadratisches Gitter dargestellt. In Abb. 38a und b sind die „Ellipsen konstanter Energie" im $\mathfrak{k}$-Raum für zwei Fälle dargestellt: einmal liegen die Energieminima in vier äquivalenten (symmetrischen) Punkten innerhalb der Brillouin-Zone, das andere mal liegen sie auf den Flächen der Brillouin-Zone. Abb. 38c zeigt die periodische Wiederholung der in Abb. 38b angegebenen Struktur. Ähnliche und kompliziertere Strukturen der Energiebänder sind nicht nur theoretisch möglich, sondern existieren auch in vielen Stoffen (Silizium, Germanium u. a.). Weiter unten werden wir bei dieser Frage ausführlicher verweilen.

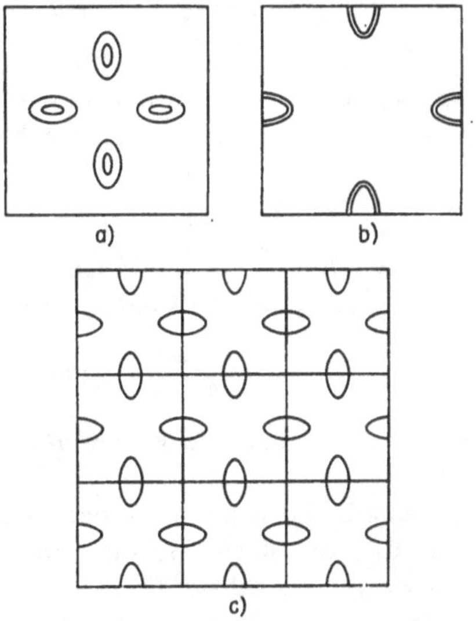

Abb. 38

4. Die Born-Karman-Bedingungen (III. § 4.5) führten dazu, daß die Projektionen des Wellenvektors $\mathfrak{q}$ auf die Achsen $\mathfrak{a}_i$ diskrete Werte waren. Jedem solchen diskreten Wert von $\mathfrak{q}$ entspricht eine bestimmte Schwingung (harmonische Welle) im Kristall. Die Zahl solcher Schwingungen im Intervall $(\omega, \omega + \Delta\omega)$ wird durch die Formel (III. 6.25) bestimmt. Ganz analog führen die Born-Karman-Bedingungen, wenn sie auf die Blochsche Wellenfunktion angewendet werden, zu diskreten Werten für den Wellenvektor $\mathfrak{k}$ (4.5) des Elektrons. Jedem Wert von $\mathfrak{k}$ entspricht ein bestimmter Quantenzustand des Elektrons. Die Zahl solcher Zustände im Energieintervall $(\varepsilon, \varepsilon + \Delta\varepsilon)$ wird analog zu (III. 6.25) durch die folgende Gleichung bestimmt:

$$g(\varepsilon)\, d\varepsilon = \frac{V}{(2\pi)^3} \sum_n \iiint\limits_{\varepsilon \leq \varepsilon_n(\mathfrak{k}) \leq \varepsilon + \Delta\varepsilon} dk_x\, dk_y\, dk_z\,. \tag{4.18}$$

Hier ist $g(\varepsilon)$ die Dichte der Zahl der Zustände mit der Energie ε und $\sum_n$ bedeutet Summierung über alle Energiebänder.

Das Volumenelement für die Integration im $\mathfrak{k}$-Raum wählen wir $d\tau_{\mathfrak{k}} = d\sigma\, dk_{\perp}$, wobei $d\sigma$ ein Flächenelement auf der Fläche konstanter Energie $\varepsilon_n(\mathfrak{k}) = \text{const}$

und $dk_\perp$ der Zuwachs von $\mathfrak{k}$ in Richtung der Normalen zu dieser Fläche ist. Wir haben

$$|\text{grad}_\mathfrak{k}\, \varepsilon_n| = \left|\frac{\partial \varepsilon_n}{\partial \mathfrak{k}}\right| = \frac{\partial \varepsilon_n}{\partial k_\perp}. \tag{4.18a}$$

Hieraus und aus (4.18) erhalten wir

$$g(\varepsilon) = \frac{V}{8\pi^3} \sum_n{}' \int \frac{d\sigma}{|\text{grad}_\mathfrak{k}\, \varepsilon_n|}. \tag{4.18b}$$

Wir wenden jetzt diese Formel auf den einfachen Fall eines einzigen Bandes an, wo die Energie durch den Ausdruck (4.13a) bestimmt ist und demzufolge die Flächen konstanter Energie Kugeln sind. In diesem Falle ist

$$|\text{grad}_\mathfrak{k}\, \varepsilon| = \frac{d\varepsilon}{dk} = \frac{\hbar^2 k}{m^*}$$

und die Oberfläche der Kugel wird $\sigma = 4\pi k^2$.

Die Dichte der Zustände in 1 cm³ ($V = 1$ cm³) wird dann

$$g(\varepsilon) = \frac{1}{8\pi^3} \frac{m^*}{\hbar^2 k} 4\pi k^2 = \frac{\sqrt{2}}{2\pi^2} \frac{m^{*3/2}}{\hbar^3} \sqrt{\varepsilon} \sim \varepsilon^{1/2}, \tag{4.18c}$$

wobei wir wieder die Formel (4.13a) verwendet haben, um von $\mathfrak{k}$ zu ε überzugehen.

Dasselbe Resultat kann man unmittelbar aus Anhang III erhalten. Betrachten wir die Formel (A 3.1) für den veränderlichen Impuls p und verstehen unter $\Delta N = n_s$ die Zahl der Quantenzustände für freie Elektronen mit einem Impuls kleiner p, so erhalten wir ($\Delta V = 1$ cm³)

$$dn_s = \frac{1}{\pi^2} \frac{p^2\, dp}{\hbar^3}.$$

Geht man zur Veränderlichen $\varepsilon = \frac{p^2}{2m^*}$ über, so erhält man für die Dichte der Zustände $\frac{dn_s}{d\varepsilon} = 2\, g(\varepsilon)$ die Formel (4.18c).

5. Wir berechnen jetzt die mittlere quantenmechanische Geschwindigkeit $\mathfrak{v} = \frac{1}{m} \langle \mathfrak{p} \rangle$ des Elektrons im Zustand mit dem Wellenvektor $\mathfrak{k}$ im periodischen Feld. Wie wir weiter unten sehen werden, ist sie im allgemeinen Falle von Null verschieden.

Das Elektron kann sich also sogar dann frei durch das gesamte Volumen des Kristalls bewegen, wenn seine Gesamtenergie kleiner ist als das Maximum seiner potentiellen Energie im Kristall. Einem Elektron im Zustand $\mathfrak{k}$ entspricht eine mittlere Geschwindigkeit $\mathfrak{v}(\mathfrak{k})$ und folglich ein nichtabklingender Strom $j = e\,\mathfrak{v}$, wobei e der Wert der Elektronenladung ist. Der elektrische Widerstand des Kristalls ist nicht durch die Potentialbarrieren des periodischen Feldes bedingt, durch welche das Elektron wegen des Tunneleffekts hindurchgehen kann, sondern durch die Abweichungen des Kristallfeldes von der strengen Periodizität auf Grund von Wärmeschwingungen oder statischen Defekten des Gitters.

Nach der allgemeinen Formel für die Bildung von Mittelwerten in der Quantenmechanik[1]) haben wir

$$\langle \mathfrak{v} \rangle = \frac{1}{m} \langle \mathfrak{p} \rangle = \frac{1}{m} \frac{\hbar}{i} \int\limits_V \psi_{\mathfrak{k}}^* \nabla \psi_{\mathfrak{k}} \, d\tau , \tag{4.19}$$

wo $\frac{\hbar}{i} \nabla \equiv \frac{\hbar}{i}$ grad der Impulsoperator ist; zu integrieren ist über das Grundgebiet des Kristalls.

Für freie Elektronen gilt

$$\psi_{\mathfrak{k}} = \psi_{\mathfrak{k}}^{(0)} = A \, e^{i \mathfrak{k} \mathfrak{r}} , \tag{4.20}$$

wobei A die konstante Amplitude und $\mathfrak{k} = \frac{\mathfrak{p}}{\hbar}$ der Wellenvektor ist, $\mathfrak{p}$ ist der Impuls des Elektrons (nicht Quasiimpuls!). Setzt man den Ausdruck (4.20) in (4.19) ein und berücksichtigt, daß $\nabla \, e^{i\mathfrak{k}\mathfrak{r}} = i \, \mathfrak{k} \, e^{i\mathfrak{k}\mathfrak{r}}$ ist, so erhalten wir

$$\mathfrak{v} = \frac{\hbar}{m\,i} \int \psi_{\mathfrak{k}}^{(0)*} \, i \, \mathfrak{k} \, \psi_{\mathfrak{k}}^{(0)} \, d\tau = \frac{\hbar \, \mathfrak{k}}{m} = \frac{\mathfrak{p}}{m} , \tag{4.20a}$$

wenn wir annehmen, daß die Wellenfunktion (4.20) auf das Volumen V normiert ist. Wenn das Elektron durch die Blochsche Wellenfunktion beschrieben wird und man die Beziehung

$$\nabla \psi_{\mathfrak{k}} = \nabla \left(u_{\mathfrak{k}} \, e^{i\mathfrak{k}\mathfrak{r}} \right) = i \, \mathfrak{k} \, \psi_{\mathfrak{k}} + e^{i\mathfrak{k}\mathfrak{r}} \, \nabla \, u_{\mathfrak{k}}$$

berücksichtigt, so erhalten wir

$$\mathfrak{v} = \frac{\hbar}{m\,i} \int \psi_{\mathfrak{k}}^* \left(i \, \mathfrak{k} \, \psi_{\mathfrak{k}} + e^{i\mathfrak{k}\mathfrak{r}} \, \nabla u_{\mathfrak{k}} \right) d\tau = \frac{\hbar \, \mathfrak{k}}{m} + \frac{\hbar}{m\,i} \int u_{\mathfrak{k}}^* \, \nabla \, u_{\mathfrak{k}} \, d\tau ,$$

wo der zweite Summand der rechten Seite die „Unfreiheit" des Elektrons berücksichtigt. Man kann zeigen (Anhang XI), daß

$$\int u_{\mathfrak{k}}^* \, \nabla \, u_{\mathfrak{k}} \, d\tau = \frac{m\,i}{\hbar^2} \operatorname{grad}_{\mathfrak{k}} \varepsilon(\mathfrak{k}) - i \, \mathfrak{k}$$

gilt. Setzt man diesen Ausdruck in das Integral der vorhergehenden Formel ein, so ergibt sich

$$\mathfrak{v} = \frac{1}{\hbar} \operatorname{grad}_{\mathfrak{k}} \varepsilon(\mathfrak{k}) = \frac{1}{\hbar} \frac{\partial \varepsilon}{\partial \mathfrak{k}} . \tag{4.21}$$

Wenn man die mittlere Geschwindigkeit $\mathfrak{v}$ der Gruppengeschwindigkeit des Wellenpaketes, welches sich aus den Blochschen Funktionen zusammensetzt, gleichsetzt (was a priori durchaus nicht offensichtlich ist) und annimmt, daß sich dieses Paket ebenso verhält wie ein Paket ebener Wellen, so kann man Formel (4.21) unmittelbar hinschreiben. Für die Gruppengeschwindigkeit ergibt sich nämlich[2])

$$\mathfrak{v}_G = \operatorname{grad}_{\mathfrak{k}} \omega = \frac{\partial \omega}{\partial \mathfrak{k}} = \frac{1}{\hbar} \frac{\partial \varepsilon}{\partial \mathfrak{k}} ,$$

wenn man für die Energie $\varepsilon = \hbar \, \omega$ setzt.

---

[1]) Siehe Fußnote [1]), § 19 auf Seite 32.

[2]) Siehe Fußnote [1]), § 7 auf Seite 32.

Im Fall eines freien Elektrons ist die Energie gleich

$$\varepsilon(\mathfrak{k}) = \frac{\hbar^2 k^2}{2\,m}$$

und Formel (4.21) geht in Formel (4.20a) über.

An den Bandrändern hat die Energie $\varepsilon(\mathfrak{k})$ Extremwerte, d. h. $\operatorname{grad}_{\mathfrak{k}} \varepsilon = 0$ und folglich auch $\mathfrak{v} = 0$.

6. Wir untersuchen jetzt ein Elektron im periodischen Feld, wenn eine zusätzliche äußere Kraft $\mathfrak{F}$ wirkt. Wenn die Kraft $\mathfrak{F}$ genügend klein ist, so daß $F a \ll \mathcal{E}_g$ gilt (a ist die Gitterkonstante und $\mathcal{E}_g$ die Breite der entsprechenden verbotenen Zone), dann wird die Kraft $\mathfrak{F}$ keine Übergänge der Elektronen zwischen verschiedenen Bändern hervorrufen, sondern wird nur den Wellenvektor $\mathfrak{k}$ des Elektrons ändern. Da die klassischen Bewegungsgleichungen für die quantenmechanischen Mittelwerte der Größen ihre Gültigkeit behalten, ist es verständlich, wenn wir für den Energieerhaltungssatz die Form

$$\frac{d\varepsilon(\mathfrak{k})}{dt} = \mathfrak{v}\,\mathfrak{F} \tag{4.22}$$

voraussetzen, wobei $\mathfrak{v}$ die durch die Gleichung (4.21) bestimmte Geschwindigkeit und $\varepsilon(\mathfrak{k})$ die Energie des Elektrons in dem Band ist, in welchem es sich bewegt. Gleichung (4.22) sagt aus, daß die durch die auf das Elektron wirkende Kraft $\mathfrak{F}$ verrichtete Arbeit (pro sec) gleich der Geschwindigkeit ist, mit welcher sich die Energie $\varepsilon(\mathfrak{k})$ ändert. Da

$$\frac{d\varepsilon(\mathfrak{k})}{dt} = \sum_{\alpha} \frac{\partial \varepsilon}{\partial k_\alpha} \cdot \frac{dk_\alpha}{dt} = \operatorname{grad}_{\mathfrak{k}} \varepsilon \cdot \frac{d\mathfrak{k}}{dt}$$

ist, kann man bei Verwendung von Gleichung (4.21) aus der Formel (4.22) die folgende Beziehung erhalten:

$$\frac{d(\hbar\,\mathfrak{k})}{dt} = \frac{d\mathfrak{p}}{dt} = \mathfrak{F}\,. \tag{4.23}$$

Hieraus sieht man u. a., daß der Quasiimpuls $\mathfrak{p} = \hbar\,\mathfrak{k}$ des Elektrons im periodischen Feld in der Bewegungsgleichung (4.23) die Rolle des Impulses des freien Elektrons spielt.

Die Beschleunigung des Elektrons, die hier als Änderungsgeschwindigkeit seiner mittleren quantenmechanischen Geschwindigkeit $\mathfrak{v}$ verstanden wird, ist gleich

$$\frac{d\mathfrak{v}}{dt} = \frac{d}{dt}\left(\frac{1}{\hbar} \operatorname{grad}_{\mathfrak{k}} \varepsilon(\mathfrak{k})\right) = \frac{1}{\hbar}\,\frac{d}{dt}\left(\frac{\partial \varepsilon(\mathfrak{k})}{\partial \mathfrak{k}}\right).$$

Da $\frac{\partial \varepsilon}{\partial \mathfrak{k}}$ nur über $\mathfrak{k}$ von der Zeit abhängt, wird

$$\frac{dv_\alpha}{dt} = \frac{1}{\hbar}\,\frac{d}{dt}\left(\frac{\partial \varepsilon}{\partial k_\alpha}\right) = \frac{1}{\hbar} \sum_{\beta} \left(\frac{\partial^2 \varepsilon}{\partial k_\alpha\, \partial k_\beta}\right) \frac{dk_\beta}{dt} = \sum_{\beta} \frac{1}{\hbar^2} \left(\frac{\partial^2 \varepsilon}{\partial k_\alpha\, \partial k_\beta}\right) \frac{dp_\beta}{dt}\,. \tag{4.24}$$

Die Gesamtheit der Größen

$$\frac{1}{\hbar^2}\left(\frac{\partial^2 \varepsilon}{\partial k_\alpha\, \partial k_\beta}\right) = \tilde{m}_{\alpha\beta}^{-1} \tag{4.24a}$$

bezeichnen wir als *verallgemeinerten Tensor der reziproken effektiven Masse.* Er unterscheidet sich vom Tensor $m_{\alpha\beta}^{-1}$ (4.11) dadurch, daß er von $\mathfrak{k}$ abhängt. Wenn die Energie des Elektrons gleich (4.10) ist, d. h. in quadratischer Näherung angenommen wird, dann ist $\tilde{m}_{\alpha\beta}^{-1} = m_{\alpha\beta}^{-1}$. Aus den Gleichungen (4.24) und (4.23) folgt bei Hauptachsenform des Tensors $\tilde{m}_{\alpha\beta}^{-1}$

$$\frac{dv_\alpha}{dt} = \tilde{m}_\alpha^{-1} F_\alpha , \tag{4.25}$$

was im Falle $\tilde{m}_\alpha^{-1} = m_\alpha^{-1} = \text{const}$ den klassischen Bewegungsgleichungen mit „anisotroper" Masse entspricht.

Schließlich hat die Gleichung (4.25) in der Näherung einer skalaren effektiven Masse (4.13) die Form

$$m^* \frac{dv}{dt} = \mathfrak{F} , \tag{4.25a}$$

was mit der gewöhnlichen Bewegungsgleichung der klassischen Mechanik übereinstimmt.

§ 5. Der Begriff des positiven Defektelektrons des fast gefüllten Valenzbandes

1. In Analogie zum klassischen Ausdruck für einen Strom, der durch eine sich mit der Geschwindigkeit $\mathfrak{v}$ bewegende Ladung $-e$ hervorgerufen wird, schreiben wir die quantenmechanische Formel für einen Strom auf, der durch ein Elektron im $\mathfrak{k}$-Zustand entsteht:

$$\mathfrak{j}_\mathfrak{k} = -e\,\mathfrak{v}(\mathfrak{k}) = -\frac{e\hbar}{m i}\int \psi_\mathfrak{k}^* \nabla \psi_\mathfrak{k}\, d\tau = -\frac{e\hbar}{2 m i}\int (\psi_\mathfrak{k}^* \nabla \psi_\mathfrak{k} - \psi_\mathfrak{k} \nabla \psi_\mathfrak{k}^*)\, d\tau . \tag{5.1}$$

Das letzte Integral erhält man bei Berücksichtigung der Tatsache, daß formal $\mathfrak{j}_\mathfrak{k} + \mathfrak{j}_\mathfrak{k}^* = 2\,\mathfrak{j}_\mathfrak{k}$ ist ($\mathfrak{j}_\mathfrak{k}$ ist eine reelle Größe). Wir sehen, daß die rechte Seite der Formel (5.1) tatsächlich den gewöhnlichen quantenmechanischen Ausdruck für die Stromdichte angibt, welche über das Grundgebiet des Kristalls gemittelt wurde (streng genommen müßte man bei der Mittelung die Gleichung (5.1) durch V teilen). Eine solche Mittelung beseitigt zirkulierende Ströme in den einzelnen Kristallzellen; es sind das Ströme, die mit dem Vorhandensein des periodischen Faktors $u_\mathfrak{k}(\mathfrak{r})$ in der Blochschen Wellenfunktion zusammenhängen und keine Beziehung zur fortschreitenden Bewegung des Elektrons haben.[1])

Wir wissen, daß in einem Kristall beliebiger Symmetrie

$$\varepsilon(-\mathfrak{k}) = \varepsilon(\mathfrak{k}) \tag{5.2}$$

und folglich

$$\mathfrak{v}(-\mathfrak{k}) = -\mathfrak{v}(\mathfrak{k}) \tag{5.3}$$

gilt. Letzteres folgt unmittelbar aus der Formel (4.21) für die mittlere Geschwindigkeit.

[1]) Siehe E. Spenke, Elektronische Halbleiter, Springer-Verlag, Berlin/Göttingen/Heidelberg 1956, S. 196.

Bei Verwendung von Gleichung (5.3) kann man leicht zeigen, daß

$$\sum_{\mathfrak{k}} \mathfrak{v}(\mathfrak{k}) = 0 \tag{5.4}$$

ist, wo über alle $\mathfrak{k}$-Werte in der BRILLOUIN-Zone zu summieren ist. Wegen des PAULI-Prinzips können sich in jedem $\mathfrak{k}$-Zustand nicht mehr als zwei Elektronen mit entgegengesetzten Spinrichtungen aufhalten. Damit wird der Strom des vollständig gefüllten Valenzbandes

$$\mathfrak{j} = \sum_{\mathfrak{k},\sigma} \mathfrak{j}_{\mathfrak{k}} = 2 \sum_{\mathfrak{k}} \mathfrak{j}_{\mathfrak{k}} = -e\, 2 \sum_{\mathfrak{k}} \mathfrak{v}(\mathfrak{k}) = 0\,. \tag{5.5}$$

Wenn man an den Kristall ein elektrisches Feld $\mathfrak{E} = -\operatorname{grad}\varphi$ anlegt, so bleibt der Strom des vollkommen gefüllten Valenzbandes nach wie vor Null. Wenn das Feld nicht allzu groß ist, werden die Elektronen nicht ins Leitungsband übergehen und das Valenzband bleibt auch im elektrischen Feld vollständig gefüllt. Wenn das Band nicht ganz mit Elektronen gefüllt ist, das elektrische Feld aber Null ist, gilt für den Strom

$$\mathfrak{j} = \sum_{\mathfrak{k}\sigma}{}' \mathfrak{j}_{\mathfrak{k}} = 0 \tag{5.6}$$

wegen der Symmetrie der Elektronenverteilung im $\mathfrak{k}$-Raum (der Strich an der Summe bedeutet, daß nicht über die gesamte BRILLOUIN-Zone zu summieren ist). Wenn aber die Elektronen das Valenzband nicht vollständig füllen und an den Kristall ein elektrisches Feld angelegt wird, ist der Strom (5.6) von Null verschieden, weil die Zahl der $\mathfrak{k}$-Zustände wächst, die mit Elektronen besetzt sind, welche sich in der dem Feld entgegengesetzten Richtung bewegen.

Wir führen jetzt das Symbol $\nu_n(\mathfrak{k}, \sigma)$ ein, welches gleich 1 ist, wenn der Zustand $(\mathfrak{k}, \sigma)$ mit einem Elektron besetzt ist, und gleich Null wird im entgegengesetzten Fall. Die Wahrscheinlichkeit dafür, daß der Zustand $(\mathfrak{k}, \sigma)$ nicht mit einem Elektron besetzt ist (also ein Loch ist), wird offensichtlich $\nu_p(\mathfrak{k}, \sigma) = 1 - \nu_n(\mathfrak{k}, \sigma)$; dann kann der Strom (5.6) in der Form

$$\mathfrak{j} = -e \sum_{\mathfrak{k}\sigma} \nu_n(\mathfrak{k}, \sigma)\, \mathfrak{v}(\mathfrak{k}) \tag{5.6a}$$

geschrieben werden, wo über die ganze Zone zu summieren ist; man kann aber auch schreiben

$$\begin{aligned} \mathfrak{j} &= -e \sum_{\mathfrak{k}\sigma} [1 - \nu_p(\mathfrak{k}, \sigma)]\, \mathfrak{v}(\mathfrak{k}) = -e \sum_{\mathfrak{k}\sigma} \mathfrak{v}(\mathfrak{k}) + e \sum_{\mathfrak{k}\sigma} \nu_p(\mathfrak{k}, \sigma)\, \mathfrak{v}(\mathfrak{k}) \\ &= e \sum_{\mathfrak{k}\sigma} \nu_p(\mathfrak{k}, \sigma)\, \mathfrak{v}(\mathfrak{k})\,. \end{aligned} \tag{5.6b}$$

Wir sehen, daß der elektrische Strom des nicht vollständig mit Elektronen gefüllten Valenzbandes als Strom von positiv geladenen $(+e)$ Quasiteilchen oder Löchern beschrieben werden kann, welche sich mit den Geschwindigkeiten $\mathfrak{v}(\mathfrak{k})$ bewegen und nicht mit Elektronen besetzten $(\mathfrak{k}, \sigma)$-Zuständen entsprechen. Die Konzentration der Löcher (ihre Zahl pro cm³) ist gleich $\sum_{\mathfrak{k}\sigma} \nu_p(\mathfrak{k}, \sigma)$, wenn wir die Zahl der Quantenzustände auf 1 cm³ beziehen. Die Aussage, daß unter Einwirkung des elektrischen Feldes die Zahl der $\mathfrak{k}$-Zustände wächst, die mit Elektronen besetzt sind, deren Geschwindigkeit dem Feld entgegengerichtet ist, ist äquivalent der Aussage, daß sich die Zahl der $\mathfrak{k}$-Zustände vergrößert, die mit Löchern besetzt sind, deren Geschwindigkeit in Richtung des Feldes weist. Wir berechnen jetzt den Energiefluß $\mathfrak{w}$, der durch die Elektronen des nicht vollständig gefüllten Bandes übertragen wird, wenn eine Vorzugsrichtung in ihrer Bewegung vorhanden ist (verursacht durch einen Temperatur- oder Konzentrationsgradienten oder durch ein Potential φ):

$$\begin{aligned}\mathfrak{w} &= \sum_{\mathfrak{k}\sigma} \nu_n(\mathfrak{k},\sigma)\,[\varepsilon(\mathfrak{k}) - e\,\varphi]\,\mathfrak{v}(\mathfrak{k}) = \sum_{\mathfrak{k}\sigma} [1 - \nu_p(\mathfrak{k},\sigma)]\,[\varepsilon(\mathfrak{k}) - e\,\varphi]\,\mathfrak{v}(\mathfrak{k}) \\ &= \sum_{\mathfrak{k}\sigma} [\varepsilon(\mathfrak{k}) - e\,\varphi]\,\mathfrak{v}(\mathfrak{k}) + \sum_{\mathfrak{k}\sigma} \nu_p(\mathfrak{k},\sigma)\,[-\varepsilon(\mathfrak{k}) + e\,\varphi]\,\mathfrak{v}(\mathfrak{k})\,. \qquad (5.7)\end{aligned}$$

Die erste Summe ist wegen der Beziehungen (5.2) und (5.3) gleich Null, die zweite Summe kann als Energiefluß interpretiert werden, der durch Löcher mit der Ladung $+e$ und der Energie $[-\varepsilon(\mathfrak{k})]$ übertragen wird. Wenn das Band fast gefüllt ist, so daß die Energie der Löcher bei $\mathfrak{k} \approx \mathfrak{k}_0$ nahe der oberen Kante des Bandes liegt, haben wir in der Näherung der effektiven Masse (4.12a) die Beziehung

$$-\varepsilon(\mathfrak{k}) = -\varepsilon(\mathfrak{k}_0) + \sum_\alpha \frac{\hbar^2 k_\alpha^2}{2(-m_\alpha)}\,, \qquad (5.7\,\text{a})$$

wobei die effektive Masse $-m_\alpha$ der Löcher positiv ist, da die effektive Masse m_α der Elektronen am oberen Rand eines Bandes einen negativen Wert hat; somit wird

$$m_\alpha^{(p)} = -m_\alpha^{(n)} > 0\,. \qquad (5.7\,\text{b})$$

Bei Anwesenheit eines Magnetfeldes $\mathfrak{H}$ wirkt auf das Elektron die Lorentz-Kraft $-\frac{e}{c}[\mathfrak{v}\,\mathfrak{H}]$, die ebenso wie im Falle eines elektrischen Feldes der Ladung $-e$ proportional ist; man kann deshalb zeigen, daß auch hier die Konzeption der Löcher anwendbar bleibt. Im weiteren wird gezeigt, daß das statistische Verhalten der Elektronen in einem fast gefüllten Band dem statistischen Verhalten von Löchern äquivalent ist, deren Energieniveaus durch den Ausdruck (5.7a) bestimmt werden. Man kann also sowohl in optischen Erscheinungen als auch in Transportprozessen, die durch elektrische und magnetische Felder oder Temperatur- oder Konzentrationsgradienten hervorgerufen werden, von der Löchervorstellung Gebrauch machen.

2. Als Ladungsträger in einem Halbleiter treten im allgemeinen Falle sowohl Elektronen der unteren Hälfte des Leitungsbandes als auch die Elektronen des fast gefüllten Valenzbandes auf. Letztere kann man als Quasiteilchen mit der positiven Ladung $+e$ und positiven Massen (5.7b) interpretieren, In bestimmten Temperaturintervallen kann man oft annehmen, daß die Transporterscheinungen entweder nur durch die Elektronen des Leitungsbandes (n-Halbleiter) realisiert

werden oder durch die Löcher des Valenzbandes (p-Halbleiter). Es ist offensichtlich, daß die Untersuchung der elektrischen Leitfähigkeit des Halbleiters nicht gestattet, den Typ des Halbleiters (also ob n-Typ oder p-Typ) zu bestimmen. Wie wir im weiteren sehen werden, kann man diese Frage durch Untersuchung des HALL-Effektes oder anderer galvano- oder thermomagnetischer Erscheinungen beantworten. Andererseits muß gesagt werden, daß sich die Löcher im Gravitationsfeld und folglich auch unter Einwirkung der Trägheit nicht wie Quasiteilchen mit positiver Ladung und positiver effektiver Masse verhalten. Der strenge Beweis dieses Tatbestandes wurde durch G. G. DARWIN[1]) erbracht, wir beschränken uns hier auf einige anschauliche Gedankengänge. Der Versuch von TOLMAN[2]) ist das einfachste Experiment für die Beobachtung der Trägheitskräfte, welche auf die freien Ladungen in einem Leiter wirken. In diesem Versuch wird der elektrische Strom gemessen, der durch die freien Ladungen hervorgerufen wird, die sich bei plötzlicher Abbremsung des Leiters infolge der Trägheit weiterbewegen. Man kann leicht zeigen, daß in einem solchen Versuch das Verhältnis des elektrischen Stromes zum Impuls der Elektronen gemessen wird.

Der durch die Elektronen des Bandes hervorgerufene Strom in Richtung der x-Achse ist gemäß Gleichung (5.6a) durch

$$j_x = - e \sum_{\mathfrak{k}\sigma} \nu_n(\mathfrak{k}, \sigma) \langle v_x(\mathfrak{k}) \rangle$$

gegeben. Hier ist $\langle v_x \rangle$ der quantenmechanische Mittelwert der Geschwindigkeit des Elektrons, der dem Operator $\frac{\hbar}{i\,m} \frac{\partial}{\partial x}$ entspricht; m ist die Masse des *freien* Elektrons (nicht die effektive Masse!). Dieser Ausdruck für den Strom j_x gilt natürlich bei beliebiger Besetzung des Bandes, d. h. auch im Falle eines Löcherhalbleiters (Metalls).

Andererseits ist der Impuls dieser sich bewegenden Elektronen gleich

$$\mathcal{P}_x = \sum_{\mathfrak{k}\sigma} \nu_n(\mathfrak{k}, \sigma) \langle p_x \rangle ,$$

wo $\langle p_x \rangle$ der Mittelwert des Impulses ist, der dem Operator $\frac{\hbar}{i} \frac{\partial}{\partial x}$ entspricht.

Da $\langle p_x \rangle = m \langle v_x \rangle$ ist, haben wir

$$\frac{j_x}{\mathcal{P}_x} = - \frac{e}{m} ,$$

wo $(- e)$ die negative Ladung und m die Masse des freien Elektrons ist. Deshalb waren Versuche vom Typ des TOLMANschen Experiments, durch positive Löcher mit den effektiven Massen m^* hervorgerufene Ströme zu beobachten, von vornherein zum Mißerfolg verurteilt.[3])

3. Die oben angeführte Betrachtung der Löcher kann zu der unrichtigen Vorstellung führen, daß die Konzeption der Löcher vollkommen dem nicht

---

[1]) G. G. DARWIN, Proc. Roy. Soc., A **154** (1936) 61.
[2]) Siehe Fußnote [1]), § 40 auf Seite 31.
[3]) S. BROWN, S. J. BARNETT, Phys. Rev. **87** (1952) 601.

vollständig mit Elektronen gefüllten Band äquivalent ist, unabhängig vom Grad seiner Besetzung. Man muß jedoch beachten, daß der Übergang zu den Löchern durch formale Ersetzung des Symbols $\nu_n(\mathfrak{k}, \sigma)$ durch das Symbol $1 - \nu_p(\mathfrak{k}, \sigma)$ unter dem Summenzeichen $\sum_{\mathfrak{k}\sigma}$ erfolgt, d. h. physikalisch durch die Ersetzung der Gesamtheit der teilweise das Band anfüllenden Elektronen durch die Gesamtheit der vollständig das Band besetzenden Elektronen und die vorhandenen Löcher.

Bei der Untersuchung der Transporterscheinungen sind diese beiden Gesamtheiten tatsächlich äquivalent, wir haben aber keinen Grund anzunehmen, daß das auch vom Standpunkt des periodischen „self-consistent"-Feldes in der Einelektronennäherung aus der Fall ist. Im letzteren Falle wird die Äquivalenz um so besser gewährleistet sein, je kleiner die Konzentration der Löcher ist, d. h. bei fast vollständiger Besetzung des Valenzbandes mit Elektronen.

§ 6. Die Näherung nahezu freier (schwach gebundener) Elektronen. Brillouin-Zonen

1. Wir untersuchen die Bewegung des Elektrons in einem schwachen periodischen Feld $V(\mathfrak{r})$, d. h., wir werden $V(\mathfrak{r})$ als kleine Störung für die freie Bewegung des Elektrons auffassen (R. Peierls).[1])

Wir entwickeln das periodische Potential in eine Fourier-Reihe (I. 3.6):

$$V(\mathfrak{r}) = \sum_{\mathfrak{g}\neq 0} V_{\mathfrak{g}}\, e^{2\pi i(\mathfrak{b}_{\mathfrak{g}}\mathfrak{r})}; \tag{6.1}$$

hier ist $\mathfrak{b}_{\mathfrak{g}}$ ein Vektor des reziproken Gitters. Ohne Einschränkung der Allgemeinheit kann man annehmen, daß das nullte Glied in der Entwicklung (6.1), d. h., der Mittelwert des Potentials, verschwindet: $V_0 = 0$. Damit die rechte Seite von (6.1) reell ist, muß $V_{-\mathfrak{g}} = V_{\mathfrak{g}}^*$ sein. Wir werden die Amplituden $V_{\mathfrak{g}}$ als Größen auffassen, welche von erster Ordnung klein sind. Wir entwickeln jetzt den periodischen Faktor der Blochschen Wellenfunktion in eine Fourier-Reihe:

$$u_{\mathfrak{k}}(\mathfrak{r}) = \sum_{\mathfrak{h}} a_{\mathfrak{h}}\, e^{2\pi i(\mathfrak{b}_{\mathfrak{h}}\mathfrak{r})}; \tag{6.2}$$

$\mathfrak{b}_{\mathfrak{h}}$ ist ein Vektor des reziproken Gitters.

Wir setzen die Formeln (6.1) und (6.2) in die Gleichung für $u_{\mathfrak{k}}(\mathfrak{r})$ (4.2) ein und erhalten dabei

$$\sum_{\mathfrak{h}} \frac{\hbar^2}{2m}(2\pi\,\mathfrak{b}_{\mathfrak{h}})^2 a_{\mathfrak{h}}\, e^{2\pi i(\mathfrak{b}_{\mathfrak{h}}\mathfrak{r})} + \sum_{\mathfrak{h}}{}' \sum_{\mathfrak{g}\neq 0} V_{\mathfrak{g}}\, a_{\mathfrak{h}}\, e^{2\pi i(\mathfrak{b}_{\mathfrak{g}}+\mathfrak{b}_{\mathfrak{h}},\,\mathfrak{r})}$$
$$+ \sum_{\mathfrak{h}} \frac{\hbar^2}{m}(2\pi\,\mathfrak{b}_{\mathfrak{h}}\,\mathfrak{k})\, a_{\mathfrak{h}}\, e^{2\pi i(\mathfrak{b}_{\mathfrak{h}}\mathfrak{r})} = \sum_{\mathfrak{h}} \left(\varepsilon_{\mathfrak{k}} - \frac{\hbar^2\mathfrak{k}^2}{2m}\right) a_{\mathfrak{h}}\, e^{2\pi i(\mathfrak{b}_{\mathfrak{h}}\mathfrak{r})}. \tag{6.3}$$

---

[1]) Mit anderen Worten, die Schwingungen der potentiellen Energie $V(\mathfrak{r})$ des Elektrons sind klein im Vergleich zu seiner kinetischen Energie.

In der Doppelsumme ersetzen wir die Summierung über $\mathfrak{h}$ und $\mathfrak{g}$ durch eine Summierung über $\mathfrak{h} - \mathfrak{g}$ und $\mathfrak{g}$. In diesem Falle muß man im Exponenten den Vektor $\mathfrak{b}_{\mathfrak{g}} + \mathfrak{b}_{\mathfrak{h}}$ durch $\mathfrak{b}_{\mathfrak{h}}$ ersetzen, so daß man für die Doppelsumme

$$\sum_{\mathfrak{h}} \sum_{\mathfrak{g}} V_{\mathfrak{g}}\, a_{\mathfrak{h}-\mathfrak{g}}\, e^{2\pi i(\mathfrak{b}_{\mathfrak{h}}\mathfrak{r})} \tag{6.3a}$$

erhält. Damit die Gleichung (6.3) für alle $\mathfrak{r}$ identisch erfüllt ist, muß die Summe der Koeffizienten bei allen $\exp 2\pi i(\mathfrak{b}_{\mathfrak{h}}\mathfrak{r})$ verschwinden. Berücksichtigt man (6.3a) und führt eine keine Schwierigkeiten bietende algebraische Umformung durch, so ergibt sich

$$\left[\varepsilon_{\mathfrak{k}} - \frac{\hbar^2}{2m}(\mathfrak{k} + 2\pi\mathfrak{b}_{\mathfrak{h}})^2\right] a_{\mathfrak{h}} - \sum_{\mathfrak{g}\neq 0} V_{\mathfrak{g}}\, a_{\mathfrak{h}-\mathfrak{g}} = 0 \tag{6.4}$$

$$(h_1, h_2, h_3 = \pm 1, \pm 2, \pm 3, \ldots).$$

Wir haben ein unendliches lineares homogenes System algebraischer Gleichungen für die unbekannten Koeffizienten $a_{\mathfrak{h}}$ erhalten. Wir behandeln das System (6.4) wie ein endliches und fordern, daß seine unendliche Determinante verschwindet. Wir erhalten auf diese Weise eine Gleichung, aus der man im Prinzip das Spektrum der Energieeigenwerte $\varepsilon_{\mathfrak{k}}$ des Elektrons bestimmen kann. Danach lassen sich aus den Gleichungen (6.4) die entsprechenden Koeffizienten $a_{\mathfrak{h}}$ berechnen, d. h., wir erhalten die Wellenfunktion des Elektrons. Allerdings ist die wirkliche Berechnung der Lösungen äußerst schwierig und verspricht keinen Erfolg, selbst dann, wenn die Koeffizienten $V_{\mathfrak{g}}$ bekannt sind, d. h., das periodische Potential vorgegeben ist.

Für ein freies Elektron sind alle $V_{\mathfrak{g}} = 0$. In diesem Falle folgt aus den Gleichungen (6.4)

$$\varepsilon_{\mathfrak{k}} - \frac{\hbar^2}{2m}(\mathfrak{k} + 2\pi\mathfrak{b}_{\mathfrak{h}})^2 = 0 \qquad \text{oder} \qquad a_{\mathfrak{h}} = 0\,. \tag{6.5}$$

Außerdem gilt für das freie Elektron

$$\varepsilon_{\mathfrak{k}} = \varepsilon_0(\mathfrak{k}) = \frac{\hbar^2\mathfrak{k}^2}{2m}\,. \tag{6.5a}$$

Aus den Bedingungen (6.5) und (6.5a) ergibt sich

$$a_0 \neq 0\,, \qquad a_{\mathfrak{h}} = 0 \qquad (\mathfrak{h} \neq 0)\,. \tag{6.5b}$$

Wir setzen $a_0 = 1$, was der Normierung der Wellenfunktion des freien Elektrons auf die Volumeneinheit entspricht.

Wir lösen jetzt das System (6.4) für den Fall eines schwachen periodischen Feldes, d. h., die Koeffizienten $V_{\mathfrak{g}}$ können als Größen betrachtet werden, die klein sind von erster Ordnung. In diesem Falle nimmt man $a_{\mathfrak{h}\neq 0} \neq 0$ an und betrachtet die $a_{\mathfrak{h}\neq 0}$ ebenfalls als von erster Ordnung kleine Größen (durch die Rechnung wird diese Annahme bestätigt). Dann behalten wir auf der linken Seite des Systems (6.4) nur einen Summanden mit $\mathfrak{g} = \mathfrak{h}$ (welcher proportional $a_0 = 1$ ist) bei und setzen für $\varepsilon_{\mathfrak{k}}$ seinen Wert (6.5a) ein. Dann ist

$$a_{\mathfrak{h}} = -\frac{m}{2\pi\hbar^2}\,\frac{V_{\mathfrak{h}}}{\pi\,\mathfrak{b}_{\mathfrak{h}}^2 + (\mathfrak{b}_{\mathfrak{h}}\mathfrak{k})} \qquad (\mathfrak{h} \neq 0)\,. \tag{6.6}$$

Die Gesamtheit der Koeffizienten $a_{\mathfrak{h} \neq 0}$ (6.6) bestimmt die Korrektur zur Wellenfunktion des Elektrons in erster Näherung. Für die Berechnung der gestörten Energie machen wir den Ansatz

$$\varepsilon_{\mathfrak{k}} = \varepsilon_0 + \varepsilon' = \frac{\hbar^2 \mathfrak{k}^2}{2m} + \varepsilon' . \tag{6.7}$$

Setzt man die Ausdrücke (6.7) und (6.6) in die Gleichung (6.4) ein, so erhält man

$$\varepsilon' a_{\mathfrak{h}} + V_{\mathfrak{h}} = \sum_{\mathfrak{g} \neq 0} V_{\mathfrak{g}} a_{\vec{\mathfrak{h}} - \mathfrak{g}} . \tag{6.8}$$

Wie wir sehen, ist ε' klein von zweiter Ordnung; deshalb genügt es, die erhaltene Gleichung für $h = 0$ zu betrachten (die Größen $\varepsilon' a_{\mathfrak{h} \neq 0}$ sind klein von dritter Ordnung). In diesem Falle ist

$$\varepsilon' = \sum_{\mathfrak{g} \neq 0} V_{\mathfrak{g}} a_{-\mathfrak{g}} . \tag{6.9}$$

Ersetzt man die Summierung über $\mathfrak{g}$ durch die Summierung über $-\mathfrak{g}$, setzt $a_{\mathfrak{g}}$ ein und berücksichtigt, daß $V_{-\mathfrak{g}} = V_{\mathfrak{g}}^*$ ist, dann ergibt sich

$$\varepsilon' = -\frac{m}{2\pi\hbar^2} \sum_{\mathfrak{g} \neq 0} \frac{|V_{\mathfrak{g}}|^2}{\pi \mathfrak{b}_{\mathfrak{g}}^2 + (\mathfrak{b}_{\mathfrak{g}} \mathfrak{k})} . \tag{6.9a}$$

Wir sehen, daß die Korrektur ε' zur Energie proportional $|V_{\mathfrak{g}}|^2$ ist, d. h., sie ist, wie wir oben behauptet haben, klein von zweiter Ordnung.

Wir betrachten jetzt einen wichtigen Fall, in welchem die Nenner in den Ausdrücken (6.6) und (6.9a) fast Null sind, d. h.

$$\pi \mathfrak{b}_{\mathfrak{g}}^2 + (\mathfrak{b}_{\mathfrak{g}} \mathfrak{k}) = (\mathfrak{b}_{\mathfrak{g}}, \pi \mathfrak{b}_{\mathfrak{g}} + \mathfrak{k}) \approx 0 \tag{6.10}$$

gilt. Es ist offensichtlich, daß in diesem Falle der entsprechende Koeffizient $a_{\mathfrak{g}}$ und die Korrektur ε' zur Energie schon nicht mehr klein sein werden, folglich sind die Formeln (6.6) und (6.9a) nicht mehr anwendbar. Wenn der Wellenvektor des Elektrons für irgendeinen Vektor $\mathfrak{b}_{\mathfrak{g}}$ die Beziehung (6.10) erfüllt, dann muß man annehmen, daß die fast freie Bewegung des Elektrons eine starke Störung erleidet. Diese Störung hat den Charakter einer BRAGGschen spiegelnden Reflexion der Elektronenwelle an der Atomnetzebene, die zum Vektor $\mathfrak{b}_{\mathfrak{g}}$ senkrecht ist, da die Bedingung (6.10) genau mit (I. 4.5) übereinstimmt. In dieser Erscheinung tritt besonders anschaulich die Wellennatur des Elektrons hervor, welches sich im periodischen Feld eines Kristalls bewegt.

Wir betrachten ein Elektron mit einem Wellenvektor $\mathfrak{k}$, der für ein gegebenes $\mathfrak{b}_{\mathfrak{g}}$ die Bedingung (6.10) erfüllt. Wenn die entsprechende Amplitude $V_{\mathfrak{g}}$ in Gleichung (6.6) nicht nahe Null ist, dann wird der Koeffizient $a_{\mathfrak{g}}$ groß (gleichzeitig mit dem Koeffizienten a_0). Das Gleichungssystem (6.4) läßt sich in diesem Fall auf zwei Gleichungen zurückführen:

$$\left.\begin{aligned} \left[\varepsilon_{\mathfrak{k}} - \frac{\hbar^2 \mathfrak{k}^2}{2m}\right] a_0 &= V_{-\mathfrak{g}} a_{\mathfrak{g}} , \\ \left[\varepsilon_{\mathfrak{k}} - \frac{\hbar^2}{2m} (\mathfrak{k} + 2\pi \mathfrak{b}_{\mathfrak{g}})^2\right] a_{\mathfrak{g}} &= V_{\mathfrak{g}} a_0 . \end{aligned}\right\} \tag{6.11}$$

Das homogene lineare algebraische Gleichungssystem (6.11) für die Koeffizienten a_0 und $a_\mathfrak{g}$ hat von Null verschiedene Lösungen, wenn die Koeffizientendeterminante verschwindet, d. h.

$$\left[\varepsilon_\mathfrak{k} - \frac{\hbar^2 \mathfrak{k}^2}{2m}\right]\left[\varepsilon_\mathfrak{k} - \frac{\hbar^2}{2m}(\mathfrak{k} + 2\pi \mathfrak{b}_\mathfrak{g})^2\right] - |V_{\vec{\mathfrak{g}}}|^2 = 0 \tag{6.11a}$$

ist. Löst man diese quadratische Gleichung für $\varepsilon_\mathfrak{k}$ und setzt (6.10) in die Lösung ein, so ergibt sich

$$\varepsilon_\mathfrak{k} = \frac{\hbar^2 \mathfrak{k}^2}{2m} \pm |V_\mathfrak{g}| \,. \tag{6.12}$$

Somit erleidet die Energie einen Sprung der Größe $2|V_\mathfrak{g}|$ für solche $\mathfrak{k}$, die die Interferenzbedingung (6.10) erfüllen.

Zur Illustration wollen wir den eindimensionalen Fall untersuchen, wo $\mathfrak{b}_\mathfrak{g} = \frac{g}{a}$ ist und Bedingung (6.10) die Form

$$\frac{\pi g^2}{a^2} \pm \frac{k g}{a} = 0$$

annimmt. Hieraus hat man

$$k = k_g = \pm \frac{\pi}{a} g \qquad (g = 1, 2, 3, \ldots) \,. \tag{6.13}$$

In Abb. 39 ist die Abhängigkeit der Energie ε_k von k für diesen Fall dargestellt. Für k, die weitab von k_g liegen, ist die Korrektur ε' zur Energie klein (quadratisch in $|V_g|$), d. h. man kann $\varepsilon_k \doteq \frac{\hbar^2 k^2}{2m}$ annehmen, wobei m die Masse

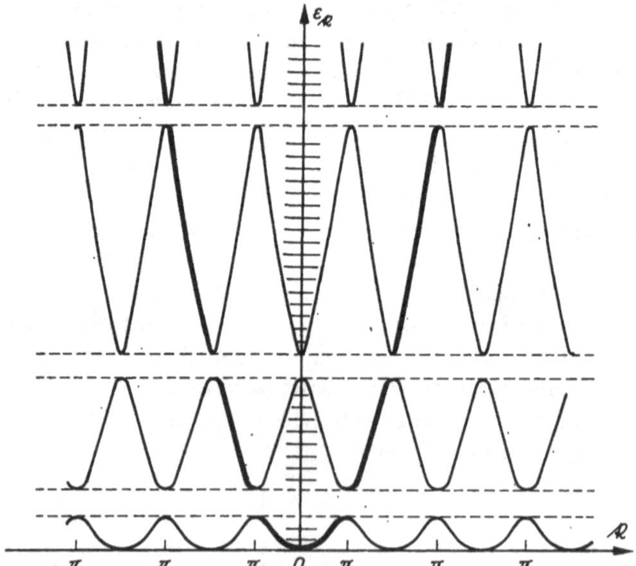

Abb. 39

des freien Elektrons ist. Bei $k = k_g = \pm\frac{\pi}{a}, \pm\frac{2\pi}{a}, \pm\frac{3\pi}{a}, \ldots$ entstehen im Energiespektrum des Elektrons verbotene Energiebereiche der Breite $2|V_1|$, $2|V_2|$, $2|V_3|$ usw. Das Energiespektrum des Elektrons nimmt Bändercharakter an, d. h. erlaubte Energiebereiche wechseln mit verbotenen Energiebereichen ab. Wir sehen, daß im Falle *fast freier* Elektronen ihr Energiespektrum *fast parabolischen* Charakter (6.5a) hat. Entsprechend der Bedingung (4.9) ist die Energie des Elektrons im Bereich eines jeden erlaubten Bandes eine periodische Funktion des Wellenvektors k, d. h. $\varepsilon_{k+\frac{2\pi}{a}} = \varepsilon_k$ (angedeutet durch die dünnen Linien in Abb. 39, welche die Parabelabschnitte nach links und rechts fortsetzen). Man kann also alle Energiebänder im Bereich der *ersten* BRILLOUIN-Zone betrachten, d. h. bei $-\frac{\pi}{a} \leqq k \leqq \frac{\pi}{a}$. Wir sehen, daß bei schwach gebundenen Elektronen die Energie des Elektrons in der BRILLOUIN-Zone in aufeinanderfolgenden Energiebändern am Wert $k = 0$ abwechselnd Minima und Maxima hat.

2. Die bezüglich k_x, k_y und k_z lineare Gleichung (6.10) bestimmt eine Fläche im $\mathfrak{k}$-Raum (Raum des reziproken Gitters). Jedem Vektor $\mathfrak{b}_\mathfrak{g}$, d. h. jedem Punkt des reziproken Gitters, entspricht seine Fläche. Der kleinste Vielflächner, der sich beim Schnitt der Flächen bildet, welche den Punkten $\mathfrak{b}_\mathfrak{g}$ des reziproken Gitters, die den Koordinatenursprung ($k = 0$) unmittelbar umgeben, entsprechen, heißt *erste* BRILLOUIN-*Zone*.[1]) Das Gebiet des $\mathfrak{k}$-Raumes, welches zwischen den Flächen der ersten BRILLOUIN-Zone und den Flächen liegt, welche der nächsten Gruppe von Punkten $\mathfrak{b}_\mathfrak{g}$ des reziproken Gitters entsprechen, bildet die zweite BRILLOUIN-Zone usw. Wir konstruieren jetzt im $\mathfrak{k}$-Raum eine Fläche, die der Gleichung (6.10) entspricht. In Abb. 40 ist (der Einfachheit halber) ein ebenes reziprokes Gitter mit den Grundvektoren $\mathfrak{b}_i$ dargestellt. Der Vektor $\overrightarrow{AO} = \mathfrak{b}_\mathfrak{g}$ verläuft von einem beliebigen $\mathfrak{g}$-ten Gitterpunkt A zum Koordinatenursprung O. Durch die Mitte D dieses Vektors legen wir eine zu ihm senkrechte Gerade (Fläche) BC. Wenn das Ende des vom Koordinatenursprung O ausgehenden Vektors $\frac{\mathfrak{k}}{2\pi}$ auf der Geraden (Fläche) BC liegt, dann steht der Vektor $\overrightarrow{DF} = \frac{1}{2}\mathfrak{b}_\mathfrak{g} + \frac{\mathfrak{k}}{2\pi}$ senkrecht auf dem Vektor $\mathfrak{b}_\mathfrak{g}$, d. h. es ist

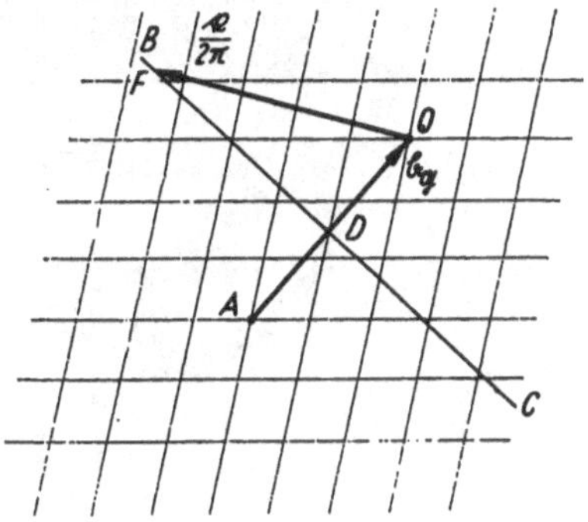

Abb. 40

$$\left(\mathfrak{b}_\mathfrak{g}, \frac{\mathfrak{b}_\mathfrak{g}}{2} + \frac{\mathfrak{k}}{2\pi}\right) = 0,$$

[1]) Weiter unten wird gezeigt, daß diese Definition der ersten BRILLOUIN-Zone mit der in § 4.2 gegebenen übereinstimmt.

was mit Bedingung (6.10) übereinstimmt. Die Gerade (Fläche) BC bestimmt also die Fläche einer der BRILLOUIN-Zonen. Andererseits wissen wir, daß die Energie des fast freien Elektrons eine starke Störung erfährt, wenn das Ende des Vektors $\frac{\mathfrak{k}}{2\pi}$ auf der Fläche BC liegt, d. h. Bedingung (6.10) erfüllt ist. Die Grenzen der BRILLOUIN-Zonen sind also solche Flächen im $\mathfrak{k}$-Raum, auf welchen die Energie des Elektrons eine starke Störung erfährt. Man kann jetzt eine geometrische Regel für die Konstruktion der BRILLOUIN-Zonen geben: man verbindet den Koordinatenursprung ($\mathfrak{k} = 0$) mit allen Punkten des reziproken Gitters durch gerade Linien und legt durch ihre Mitten Flächen, die auf ihnen senkrecht stehen. Abb. 41 zeigt die zehn ersten BRILLOUIN-Zonen für das ebene quadratische Gitter.

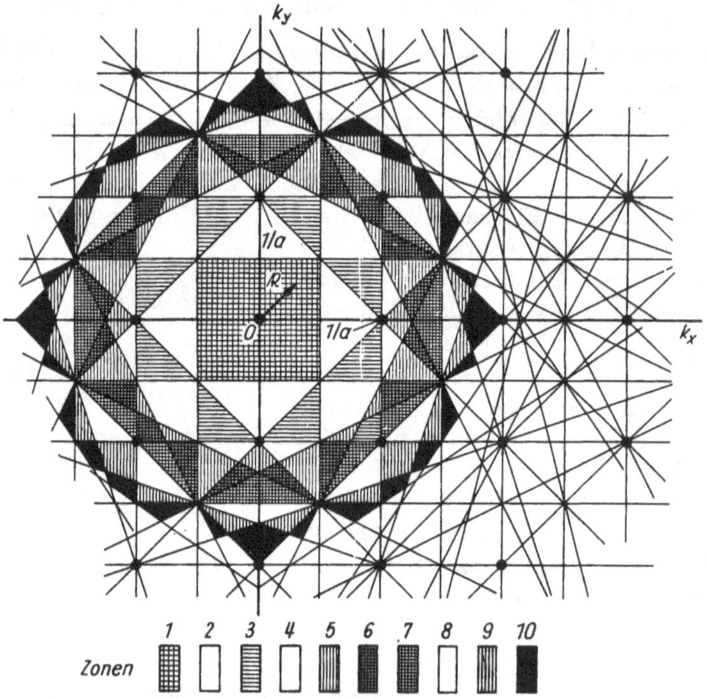

Abb. 41

Eine der charakteristischen Besonderheiten des eindimensionalen Falles ist in Abb. 39 dargestellt und besteht darin, daß aufeinanderfolgende erlaubte Bänder für die Energie des Elektrons immer durch verbotene Energiebereiche der Größen $2|V_1|$, $2|V_2|$ usw. getrennt sind. Man kann zeigen, daß das im zwei- und dreidimensionalen Fall nicht immer gilt. In Abhängigkeit vom Charakter des periodischen Potentials kann man Überlappung benachbarter erlaubter Energiebänder beobachten. Qualitativ kann das am zweidimensionalen Modell des quadratischen Gitters illustriert werden. Wir betrachten ein Elektron, welches sich mit der Energie $\varepsilon_{\mathfrak{k}} = \frac{\hbar^2}{2m}(k_x^2 + k_y^2)$ in einem ebenen quadratischen Gitter bewegt. Dieser Energie entspricht in den Koordinaten k_x, k_y und $\varepsilon_{\mathfrak{k}}$ ein Rotationsparaboloid ($\varepsilon_{\mathfrak{k}}$ ist die Rotationsachse).

In Abb. 42 sind die Querschnitte (der Sprung beträgt $2|V_1|$) dieses Paraboloids in der Nähe der Fläche $k_y = \pm\frac{\pi}{a}$ dargestellt. Sie entsprechen der horizontalen Seite des Quadrats der ersten BRILLOUIN-Zone (Abb.41). Wenn der Energiesprung $2|V_1|$ (der Abstand zwischen parallelen Kurven in Abb. 42) hinreichend klein ist, kann es sich ergeben, daß der obere Rand des unteren Bandes bei $k_x = \pm\frac{\pi}{2}$ höher liegen kann als der untere Rand des oberen Bandes bei $k_x = 0$. Bei verschiedenen k_x-Werten haben wir somit eine Überlappung der Bänder. Bei einem Stoß des Elektrons mit Phononen oder Störstellen kann sich sein Wellenvektor beträchtlich ändern, das Elektron kann also ohne Energieänderung aus einem Band in das andere Band übergehen.

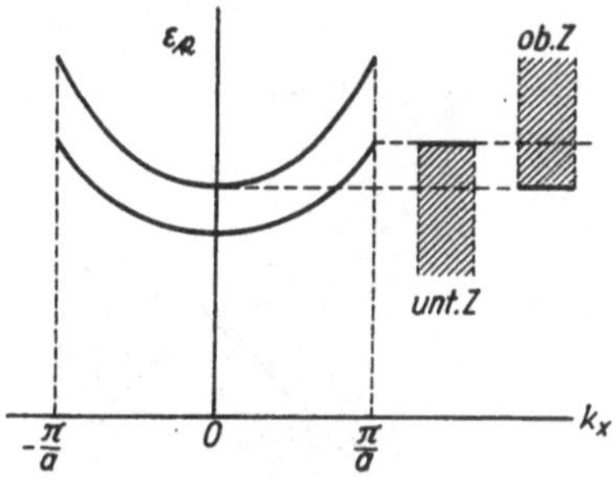

Abb. 42

Für das dreidimensionale einfache kubische Gitter ist das reziproke Gitter ebenfalls einfach und kubisch. Die erste BRILLOUIN-Zone, die die Form eines Würfels hat, ergibt sich aus dem Schnitt von sechs Flächen, welche durch die Mitten der Abschnitte gehen, die den Koordinatenursprung mit den sechs nächstgelegenen Punkten des reziproken kubischen Gitters verbinden. An der Begrenzung der zweiten BRILLOUIN-Zone sind zwölf Flächen beteiligt, welche senkrecht zu den Abschnitten sind, die den Koordinatenursprung mit den nächsten zwölf Punkten des reziproken Gitters verbinden. Abb. 43 zeigt die ersten vier BRILLOUIN-Zonen für das einfache kubische Gitter.

In einer beliebigen BRILLOUIN-Zone sind (ohne Berücksichtigung des Spins) $G^3 = N$ Elektronenzustände enthalten. Da in der Volumeneinheit des $\mathfrak{k}$-Raumes $V/(2\pi)^3$ Zustände vorhanden sind, ist das Volumen aller BRILLOUIN-Zonen gleich und gegeben durch

$$N : \frac{V}{(2\pi)^3} = \frac{8\pi^3 N}{V} = \frac{(2\pi)^3}{\Omega_0}.$$

In Abb. 41 sieht man gut, wie alle BRILLOUIN-Zonen auf die erste projiziert werden können; beispielsweise passen die vier „weißen" Dreiecke der zweiten Zone genau in das zentrale Quadrat der ersten Zone usw.

Wir zeigen noch, daß die Definition (6.10) der ersten BRILLOUIN-Zone mit der Definition übereinstimmt, die sich aus den Ungleichungen (4.4) ergibt. Die Aussonderung des Gebietes (4.4) im $\mathfrak{k}$-Raum ist damit verknüpft, daß man solche Vektoren $\mathfrak{k}$ ausschließt, die sich durch Addition von Vielfachen der Größe $2\pi\mathfrak{b}_i$

($i = 1, 2, 3$) ergeben. Man kann sagen, daß das Gebiet (4.4) so gewählt ist, daß zwei $\mathfrak{k}$-Werte in ihm sich nicht um mehr als $2\pi(\mathfrak{b}_1 + \mathfrak{b}_2 + \mathfrak{b}_3)$ unterscheiden können. Es ist leicht einzusehen, daß die geometrische Konstruktion der ersten Brillouin-Zone nach Gleichung (6.10) auf die Aussonderung eines Gebietes im $\mathfrak{k}$-Raum führt, welches dieselben Eigenschaften hat.

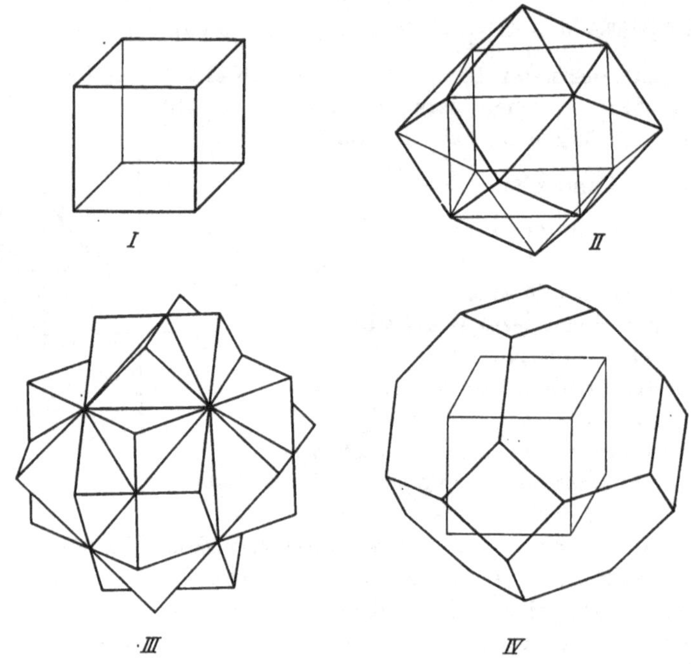

Abb. 43

3. Im weiteren werden wir als Beispiel die Brillouin-Zonen des flächenzentrierten und raumzentrierten kubischen Gitters betrachten.

Man kann zeigen (Anhang XII), daß das reziproke Gitter des kubisch-flächenzentrierten Gitters kubisch-raumzentriert ist, umgekehrt ergibt sich für das kubisch-raumzentrierte Gitter ein kubisch-flächenzentriertes reziprokes Gitter. Wir bestimmen jetzt die Form der ersten Brillouin-Zone für das kubisch-flächenzentrierte Gitter. Das reziproke Gitter ist in diesem Falle ein raumzentrierter Würfel und demzufolge ist jeder Gitterpunkt von acht nächsten Nachbargitterpunkten umgeben (I. § 2.2). Man verbindet den Koordinatenursprung mit diesen acht nächsten Nachbarn durch gerade Abschnitte und legt durch ihre Mitte und senkrecht zu ihnen acht Flächen. Bei ihrem Schnitt bestimmen diese Flächen einen regelmäßigen Achtflächner (Oktaeder) mit sechs Eckpunkten und gleichseitigen Dreiecken als Flächen. Die nächste Koordinationsgruppe enthält sechs Gitterpunkte, welche paarweise im Abstand a (Würfelkante) auf den Achsen x, y und z liegen. Sie bestimmen sechs Flächen, die am Oktaeder die sechs Eckpunkte abschneiden. Man erhält also für die erste BRILLOUIN-Zone einen Vierzehnflächner mit sechs quadratischen und acht sechskantigen Flächen (siehe Abb. 44a). Die zweite BRILLOUIN-Zone hat in diesem Falle eine recht komplizierte geometrische Form und ist in Abb. 44b dargestellt. Man kann leicht die Gleichungen in (6.10) für die Flächen der ersten BRILLOUIN-Zone aufschreiben. Setzt man beispielsweise $\mathfrak{b}_{\mathfrak{g}} = \mathfrak{b}_1$, so erhält man aus den Ausdrücken (6.10) und (A 12.3)

$$\pi \frac{1}{a^2} (\mathfrak{i}_0 - \mathfrak{j}_0 + \mathfrak{k}_0)^2 + \mathfrak{k} \frac{1}{a} (\mathfrak{i}_0 - \mathfrak{j}_0 + \mathfrak{k}_0) = 0$$

oder

$$- k_x + k_y - k_z = \frac{3\pi}{a}.$$

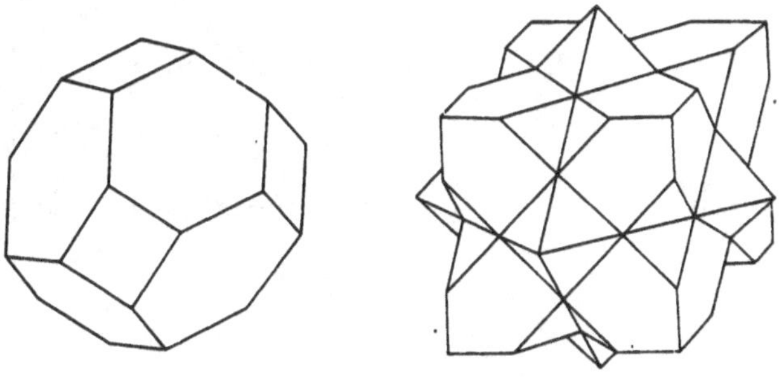

Abb. 44

Diese Gleichung bestimmt eine der acht sechseckigen Flächen. Setzt man $\mathfrak{b}_{\mathfrak{g}} = \mathfrak{b}_1 + \mathfrak{b}_2 = \frac{2}{a} \mathfrak{i}_0$ (A 12.3), so ergibt sich aus Bedingung (6.10)

$$k_x = - \frac{2\pi}{a},$$

womit eine der sechs quadratischen Flächen bestimmt ist.

Analog kann die Form der BRILLOUIN-Zonen für das kubisch-raumzentrierte Gitter bestimmt werden. Da in diesem Falle das reziproke Gitter kubisch-flächenzentrierte Struktur hat, enthält die erste Koordinationsgruppe zwölf Punkte (I. § 2.2). Die entsprechend der Bedingung (6.10) gelegten zwölf Flächen bestimmen in diesem Falle vollständig die erste BRILLOUIN-Zone und es ergibt sich der in Abb. 45a dargestellte Zwölfflächner (Dodekaeder). Die zweite BRILLOUIN-Zone sieht in diesem Falle so aus, wie es Abb. 45b zeigt.

4. Die durch die Gleichung (6.10) im $\mathfrak{k}$-Raum bestimmten Flächen geben nur dann die Grenze der Zone (Sprünge in der Energie $\varepsilon_{\mathfrak{k}}$ des Elektrons) an, wenn die Bedingung $V_{\mathfrak{g}} \neq 0$ erfüllt ist. Nur in diesem Falle ist gemäß den Gleichungen (6.6) und (6.9a) der Koeffizient $a_{\mathfrak{g}}$ und die Energiekorrektur ε' groß. Wenn ein zusammengesetztes Gitter vorliegt, kann die Interferenzbedingung für die Elektronenwellen, die an den Atomen der einzelnen Untergitter gestreut werden,

dazu führen, daß einige der $V_{\mathfrak{g}}$ verschwinden. In diesem Falle erleidet die Energie $\varepsilon_{\mathfrak{k}}$ für die entsprechende Fläche der BRILLOUIN-Zone keinen Sprung, d. h., die entsprechende Fläche ist faktisch keine Grenze des Energiebandes. Wie wir sehen werden, liegt hier dieselbe Situation wie bei der Bestimmung des Strukturfaktors für die Streuung von Röntgenstrahlen vor (I. § 4.5)·

Wir untersuchen jetzt ein *zusammengesetztes* Gitter mit den Grundvektoren $\mathfrak{a}_1$, $\mathfrak{a}_2$ und $\mathfrak{a}_3$, und die Lage der s Atome der Zelle gegenüber dem Koordinatenursprung sei durch die s Vektoren $\mathfrak{r}_n = u_n \mathfrak{a}_1 + v_n \mathfrak{a}_2 + w_n \mathfrak{a}_3$ $(n = 1, 2, \ldots, s)$ gegeben, so daß die Basis des Gitters gleich (u_n, v_n, w_n) ist. Wenn alle s Atome

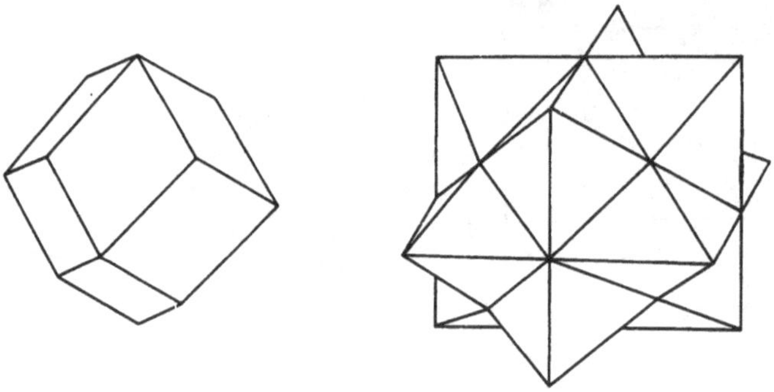

a) b)

Abb. 45

von der gleichen Sorte sind, setzt sich die potentielle Energie des Elektrons additiv aus den Wechselwirkungsenergien jedes der s Untergitter zusammen

$$V(\mathfrak{r}) = \sum_n V_1(\mathfrak{r} - \mathfrak{r}_n)\,; \tag{6.14}$$

hier ist $|\mathfrak{r} - \mathfrak{r}_n|$ der Abstand des Elektrons vom n-ten Atom in der nullten Zelle und $V_1(\mathfrak{r})$ das periodische Potential, das durch ein Untergitter geschaffen wird. Somit wird

$$V_1(\mathfrak{r} - \mathfrak{r}_n) = \sum_{\mathfrak{g}} V_{1\mathfrak{g}}\, e^{2\pi i \mathfrak{b}_{\mathfrak{g}}(\mathfrak{r}-\mathfrak{r}_n)} \tag{6.14a}$$

und folglich haben wir

$$V(\mathfrak{r}) = \sum_{\mathfrak{g}} \sum_n V_{1\mathfrak{g}}\, e^{-2\pi i \mathfrak{b}_{\mathfrak{g}} \mathfrak{r}_n}\, e^{2\pi i \mathfrak{b}_{\mathfrak{g}} \mathfrak{r}}\,. \tag{6.14b}$$

Das kann in der folgenden Form geschrieben werden:

$$V(\mathfrak{r}) = \sum_{\mathfrak{g}} V_{\mathfrak{g}}\, e^{2\pi i \mathfrak{b}_{\mathfrak{g}} \mathfrak{r}}\,; \tag{6.14c}$$

hierbei ist

$$V_{\mathfrak{g}} = V_{1\mathfrak{g}}\, S_{\mathfrak{g}} \tag{6.14d}$$

und

$$S_{\mathfrak{g}} = \sum_{n=1}^{s} e^{-2\pi i \mathfrak{b}_{\mathfrak{g}} \mathfrak{r}_n} = \sum_{n=1}^{s} e^{-2\pi i (g_1 u_n + g_2 v_n + g_3 w_n)} \tag{6.14e}$$

bezeichnet man als *Strukturfaktor*. Der Ausdruck (6.14e) für den Strukturfaktor der Elektronen stimmt mit der Definition des Strukturfaktors für Röntgenstrahlen (I. 4.11) überein. Wenn also $S_{\mathfrak{g}} = S_{g_1 g_2 g_3}$ gleich Null ist, so sind die entsprechenden physikalisch äquivalenten Flächen $\{g_1\, g_2\, g_3\}$ sowohl bei der Streuung von Röntgenstrahlen als auch bei der Störung der Bewegung der fast freien Elektronen nicht wirksam.

Wir betrachten ein einfaches kubisches Gitter, dessen reziprokes Gitter ebenfalls einfach kubisch ist und die Grundvektoren $b_i = \frac{1}{a}$ $(i = 1, 2, 3)$ hat. In diesem Falle ist der Abstand der Flächen $\{g_1\, g_2\, g_3\}$ vom Koordinatenursprung gleich

$$h_{g_1 g_2 g_3} = \frac{1}{2}\, b_{g_1 g_2 g_3} = \frac{1}{2a} \sqrt{g_1^2 + g_2^2 + g_3^2}\,.$$

Tab. 1 gibt für eine Reihe von Flächen $\{g_1\, g_2\, g_3\}$ ihre Zahl und ihren Abstand vom Koordinatenursprung.

Tabelle 1

Fläche	{100}	{110}	{111}	{200}	{220}
Zahl der Flächen	6	12	8	6	12
$h_{g_1 g_2 g_3} \times 2a$	1	$\sqrt{2}$	$\sqrt{3}$	2	$2\sqrt{2}$

Als erstes Beispiel eines zusammengesetzten Gitters betrachten wir den flächenzentrierten Würfel, der im vorangegangenen Abschnitt bereits als einfaches Gitter untersucht wurde. Wenn wir für die a_i die Würfelkanten wählen, enthält die Elementarzelle des flächenzentrierten Würfels vier Atome mit der Basis

$$(u_n\, v_n\, w_n) = \left(000;\ 0\,\frac{1}{2}\,\frac{1}{2};\ \frac{1}{2}\,0\,\frac{1}{2};\ \frac{1}{2}\,\frac{1}{2}\,0\right).$$

Nach Bedingung (6.14e) erhalten wir dann für den Strukturfaktor

$$S_{g_1 g_2 g_3} = 1 + e^{-\pi i (g_2 + g_3)} + e^{-\pi i (g_1 + g_3)} + e^{-\pi i (g_1 + g_2)}\,. \tag{6.15}$$

Hieraus folgt unmittelbar

$$S_{100} = 0\,, \qquad S_{110} = 0\,, \qquad S_{111} = 4\,, \qquad S_{200} = 4\,. \tag{6.15a}$$

Die erste BRILLOUIN-Zone ist also durch acht Flächen $\{111\}$ und sechs Flächen $\{200\}$ begrenzt. Beim Schnitt dieser Flächen entsteht der in Abb. 44a dargestellte Vierzehnflächner. Das Ergebnis stimmt also mit dem überein, was wir im vorangegangenen Abschnitt erhalten hatten. Das Volumen dieser Zone ist $4/a^3$, was auch daraus folgt, daß man sie als vierte BRILLOUIN-Zone im einfachen kubischen Gitter (Abb. 43) auffassen kann. Die Gesamtzahl der Quantenzustände in der

Zone ist mit Berücksichtigung des Spins gleich $2 \times \frac{4}{a^3} \times a^3 = 8$. Wenn jedes Atom ein Valenzelektron besitzt (Alkalimetalle), so füllen die vier Elektronen der vier Atome gerade die halbe Zone.

Wir betrachten jetzt ein wirkliches zusammengesetztes Gitter vom Diamanttyp (Abb. 13), welches sich nicht auf ein einfaches BRAVAIS-Gitter zurückführen läßt (I. § 2.5). Da das Gitter vom Diamanttyp in der Form zweier kubisch-flächenzentrierter Gitter dargestellt werden kann, die gegeneinander in Richtung der Raumdiagonale des Würfels um ein Viertel ihrer Länge verschoben sind, enthält die Elementarzelle des Würfels jetzt acht Atome mit der Basis

$$\left(000;\ 0\frac{1}{2}\frac{1}{2};\ \frac{1}{2}0\frac{1}{2};\ \frac{1}{2}\frac{1}{2}0;\ \frac{1}{4}\frac{1}{4}\frac{1}{4};\ \frac{1}{4}\frac{3}{4}\frac{3}{4};\ \frac{3}{4}\frac{1}{4}\frac{3}{4};\ \frac{3}{4}\frac{3}{4}\frac{1}{4}\right).$$

Der Strukturfaktor ist dann

$$S_{g_1g_2g_3} = 1 + e^{-\pi i(g_2+g_3)} + e^{-\pi i(g_1+g_3)} + e^{-\pi i(g_1+g_2)} + e^{-\frac{1}{2}\pi i(g_1+g_2+g_3)}$$
$$+ e^{-\frac{1}{2}\pi i(g_1+3g_2+3g_3)} + e^{-\frac{1}{2}\pi i(3g_1+g_2+3g_3)} + e^{-\frac{1}{2}\pi i(3g_1+3g_2+g_3)}. \quad (6.16)$$

Hieraus folgt

$$S_{100} = 0\,, \quad S_{110} = 0\,, \quad S_{111} = 6\,,$$
$$S_{200} = 0\,, \quad S_{211} = 0\,, \quad S_{220} = 8\,, \quad S_{221} = 0\,.$$

Da die Kristallgitter des Germaniums und des Siliziums als zwei gegeneinander verschobene flächenzentrierte Würfel betrachtet werden können, hat die erste BRILLOUIN-Zone für diese Gitter die Form des in Abb. 44a dargestellten Vierzehnflächners.[1])

§ 7. Die Näherung stark gebundener Elektronen

1. Im vorangegangenen Paragraphen haben wir ein periodisches Potential $V(\mathfrak{r})$ betrachtet, welches auf das Elektron als kleine Störung seiner freien Bewegung wirkte. Nur bei Einhaltung bestimmter Interferenzbedingungen (6.10) wurde die Bewegung des Elektrons stark gestört. Eine solche Betrachtung ist quantitativ nur für den Fall berechtigt, daß die kinetische Energie des Elektrons groß ist im Vergleich zu den räumlichen Schwingungen seiner potentiellen Energie $V(\mathfrak{r})$. Dieser Fall liegt beispielsweise bei der Bestrahlung eines Kristalls mit Elektronen von wenigstens einigen Hundert Elektronenvolt vor. Andererseits folgt aus dem quantenmechanischen Virialtheorem, daß die mittlere kinetische Energie des Elektrons in einem Atom, Molekül oder Kristall von der Größenordnung der Schwingung seiner potentiellen Energie sein muß. Deshalb ist die Näherung für schwache Bindung auf Elektronen in einem Kristall nicht anwendbar. Man

[1]) Andere Beispiele für die Berechnung von Strukturfaktoren und BRILLOUIN-Zonen in komplizierten zusammengesetzten Gittern findet man in den Büchern N. F. MOTT and H. JONES, The Theory of Properties of Metals and Alloys, Oxford 1936 und A. H. WILSON, The Theory of Metals, Cambridge 1953.

kann versuchen, von anderer Seite an die Lösung des Problems heranzugehen. Man nimmt an, daß sich der Zustand des Elektrons in einem isolierten Atom bei der Bildung eines Kristalls aus diesen Atomen wenig ändert. Es ist offensichtlich, daß sich diese Näherung *stark gebundener* Elektronen für Elektronen tiefer Energieniveaus der Atome als besser erweist, d. h. für solche Niveaus, die relativ schwach mit den Atomen der anderen Gitterpunkte in Wechselwirkung stehen. Natürlich beschreibt vom quantitativen Standpunkt aus gesehen weder die Näherung stark gebundener noch die Näherung schwach gebundener Elektronen den Zustand der Elektronen im Leitungsband des Kristalls richtig. Deshalb können beide Näherungen auch nicht für die quantitative Berechnung des Energiespektrums und der Wellenfunktionen der Leitfähigkeitselektronen in konkreten Kristallen verwendet werden. Wesentlich ist aber, daß sie eine gute Illustration für die allgemeinen Schlußfolgerungen über die Bewegung eines Elektrons in einem periodischen Feld darstellen. In einigen Fällen kann man eine Reihe neuer qualitativer Schlußfolgerungen über den Zustand des Elektrons im periodischen Feld ziehen.

2. Die Wellenfunktion $\psi_0(r)$ des Elektrons in einem isolierten Atom und im s-Zustand möge die SCHRÖDINGER-Gleichung erfüllen:

$$-\frac{\hbar^2}{2m}\nabla^2\psi_0 + \mathcal{U}(r)\,\psi_0 = \varepsilon_0\,\psi_0\,; \tag{7.1}$$

$\mathcal{U}(r)$ ist das kugelsymmetrische Feld des isolierten Ions (Metall) oder neutralen Atoms (Halbleiter, wenn das Leitfähigkeitselektron im Kristall „überflüssig" ist). ε_0 ist die Energie des betrachteten Zustands des Elektrons im Ion (Atom). Es sei

$$\int \psi_0^* \,\psi_0\, d\tau = 1\,, \tag{7.1a}$$

d. h., die Wellenfunktion ist auf 1 normiert.

In der Nähe des $\mathfrak{n}$-ten Gitterpunktes wird das Elektron im isolierten Atom durch die Wellenfunktion $\psi_0(|\mathfrak{r}-\mathfrak{a}_\mathfrak{n}|)$ beschrieben. Im idealen Gitter sind alle $N = G^3$ Gitterpunkte des Grundgebiets vollkommen äquivalent, deshalb ist der Zustand des Elektrons mit der Energie ε_0 N-fach entartet (ohne Berücksichtigung des Spins). Unter dem Einfluß der Wechselwirkung des Elektrons mit allen Atomen spaltet die Energie ε_0 in ein Band auf und die Entartung wird, auf jeden Fall teilweise, aufgehoben.

Wie aus der Störungstheorie für entartete Zustände bekannt ist[1]) und aus allgemeinen Vorstellungen folgt, muß die Wellenfunktion in nullter Näherung in Form einer Linearkombination aus allen entarteten Wellenfunktionen konstruiert werden.

$$\psi(\mathfrak{r}) = \sum_{\mathfrak{n}} C_\mathfrak{n}\,\psi_0\,(|\mathfrak{r}-\mathfrak{a}_\mathfrak{n}|)\,. \tag{7.2}$$

Die konstanten Koeffizienten $C_\mathfrak{n}$ können in der bekannten Weise bestimmt werden.[1]) Wir verwenden für die Berechnung der Koeffizienten $C_\mathfrak{n}$ eine einfache

[1]) Siehe Fußnote [1]), § 68 auf Seite 32.

Methode: es wird gefordert, daß die Bedingung (7.2) die allgemeinen Forderungen erfüllt, die man an die Form der Blochschen Wellenfunktion (4.1) stellt. Man sieht leicht, daß es hinreicht, $C_{\mathfrak{n}} = \exp(i \mathfrak{k} \mathfrak{a}_{\mathfrak{n}})$ zu setzen, d. h. wir haben

$$\psi(\mathfrak{r}) = \sum_{\mathfrak{n}} e^{i \mathfrak{k} \mathfrak{a}_{\mathfrak{n}}} \psi_0(|\mathfrak{r} - \mathfrak{a}_{\mathfrak{n}}|) . \tag{7.2a}$$

Wir schreiben die Formel (7.2a) in der Form

$$\psi(\mathfrak{r}) = e^{i \mathfrak{k} \mathfrak{r}} \sum_{\mathfrak{n}} e^{i (\mathfrak{k}, \mathfrak{a}_{\mathfrak{n}} - \mathfrak{r})} \psi_0(|\mathfrak{r} - \mathfrak{a}_{\mathfrak{n}}|) . \tag{7.2b}$$

Jetzt beweisen wir, daß der bei $e^{i \mathfrak{k} \mathfrak{r}}$ stehende Faktor die Periodizität des Gitters besitzt, d. h. als modulierender Faktor $u_{\mathfrak{k}}(\mathfrak{r})$ in der Blochschen Wellenfunktion (4.1) betrachtet werden kann. Anstelle von $\mathfrak{r}$ setzen wir in diesen Faktor den Vektor $\mathfrak{r} + \mathfrak{a}_{\mathfrak{m}}$ ein; dann ergibt sich

$$\sum_{\mathfrak{n}} e^{i(\mathfrak{k}, \mathfrak{a}_{\mathfrak{n}} - \mathfrak{r} - \mathfrak{a}_{\mathfrak{m}})} \psi_0(|\mathfrak{r} + \mathfrak{a}_{\mathfrak{m}} - \mathfrak{a}_{\mathfrak{n}}|) .$$

Geht man von der Summierung über $\mathfrak{n}$ zur Summierung über $\mathfrak{l}$ über, indem man $\mathfrak{a}_{\mathfrak{n}} - \mathfrak{a}_{\mathfrak{m}} = \mathfrak{a}_{\mathfrak{l}}$ setzt, so erhält man

$$\sum_{\mathfrak{l}} e^{i(\mathfrak{k}, \mathfrak{a}_{\mathfrak{l}} - \mathfrak{r})} \psi_0(|\mathfrak{r} - \mathfrak{a}_{\mathfrak{l}}|) ,$$

was offensichtlich mit der Ausgangsformel (7.2b) übereinstimmt. Damit haben wir in jedem Fall gezeigt, daß die Auswahl der Wellenfunktionen des Elektrons in der Form (7.2a) die Bedingungen der Translationssymmetrie erfüllt. Außerdem ist offensichtlich, daß sich die Wellenfunktion (7.2a) des Elektrons im Kristall wegen des exponentiell schnellen Abfalls der atomaren Wellenfunktion ψ_0 in der Nähe des $\mathfrak{n}$-ten Gitterpunktes angenähert verhält wie

$$\psi(\mathfrak{r}) \approx \text{const}\, \psi_0(|\mathfrak{r} - \mathfrak{a}_{\mathfrak{n}}|) ,$$

d. h., wie die atomare Funktion des $\mathfrak{n}$-ten Gitterpunktes.

Wenn $V(\mathfrak{r})$ das auf das Elektron wirkende periodische „self-consistent"-Potential ist, wobei natürlich $V(\mathfrak{r}) \neq \sum_{\mathfrak{n}} \mathcal{U}(\mathfrak{r} - \mathfrak{a}_{\mathfrak{n}})$ sein muß, dann erfüllt die genaue Einelektronenwellenfunktion die Gleichung

$$\widehat{\mathcal{H}} \psi = -\frac{\hbar^2}{2m} \nabla^2 \psi + V(\mathfrak{r}) \psi = \varepsilon \psi , \tag{7.3}$$

wo ε der Energieeigenwert des Elektrons ist, welches sich im Kristall bewegt. Multipliziert man beide Seiten der Gleichung (7.3) von links mit ψ^* und integriert über das Grundgebiet des Kristalls, so ergibt sich

$$\varepsilon = \frac{\int \psi^* \widehat{\mathcal{H}} \psi \, d\tau}{\int \psi^* \psi \, d\tau} = \frac{\int \psi^* \left[-\frac{\hbar^2}{2m} \nabla^2 + V(\mathfrak{r}) \right] \psi \, d\tau}{\int \psi^* \psi \, d\tau} . \tag{7.4}$$

Wir berechnen die Energie ε des Elektrons unter der Voraussetzung, daß die Wellenfunktion $\psi(\mathfrak{r})$ durch den Ausdruck (7.2a) gegeben ist. Setzt man $\mathfrak{r} - \mathfrak{a}_{\mathfrak{n}}$

$= \vec{\varrho}_{\mathfrak{n}}$, so ergibt sich

$$\mathcal{H}\,\psi = \left[-\frac{\hbar^2}{2\,m}\,\nabla^2 + V(\mathfrak{r})\right] \sum_{\mathfrak{n}} e^{i\mathfrak{k}\mathfrak{a}_{\mathfrak{n}}}\,\psi_0(\vec{\varrho}_{\mathfrak{n}})$$
$$= \varepsilon_0 \sum_{\mathfrak{n}} e^{i\mathfrak{k}\mathfrak{a}_{\mathfrak{n}}}\,\psi_0(\vec{\varrho}_{\mathfrak{n}}) + \sum_{\mathfrak{n}} e^{i\mathfrak{k}\mathfrak{a}_{\mathfrak{n}}}\,[V(\mathfrak{r}) - \mathcal{U}(\vec{\varrho}_{\mathfrak{n}})]\,\psi_0(\vec{\varrho}_{\mathfrak{n}})\,,$$

wobei die Gleichung (7.1) für die Ersetzung von $-\frac{\hbar^2}{2\,m}\,\nabla^2\,\psi_0(\vec{\varrho}_{\mathfrak{n}})$ verwendet wurde. Setzt man den erhaltenen Ausdruck in (7.4) ein und nimmt ψ^* aus (7.2a), so erhält man

$$\varepsilon = \varepsilon_0 + \frac{\sum\limits_{\mathfrak{m}}\sum\limits_{\mathfrak{n}} e^{i(\mathfrak{k},\,\mathfrak{a}_{\mathfrak{n}}-\mathfrak{a}_{\mathfrak{m}})} \int \psi_0^*(\vec{\varrho}_{\mathfrak{m}})\,[V(\mathfrak{r}) - \mathcal{U}(\vec{\varrho}_{\mathfrak{n}})]\,\psi_0(\vec{\varrho}_{\mathfrak{n}})\,d\tau}{\sum\limits_{\mathfrak{m}}\sum\limits_{\mathfrak{n}} e^{i(\mathfrak{k},\,\mathfrak{a}_{\mathfrak{n}}-\mathfrak{a}_{\mathfrak{m}})} \int \psi_0^*(\vec{\varrho}_{\mathfrak{m}})\,\psi_0(\vec{\varrho}_{\mathfrak{n}})\,d\tau}\,.$$

Wegen der Äquivalenz aller Gitterpunkte hängt der Nenner und der Zähler nicht einzeln von $\mathfrak{m}$ und $\mathfrak{n}$ ab, sondern nur von ihrer Differenz, d. h. von der relativen Lage der Gitterpunkte. Deshalb kann man $\mathfrak{m} = 0$ (d. h. $\mathfrak{a}_{\mathfrak{m}} = 0$, $\vec{\varrho}_{\mathfrak{m}} = \mathfrak{r}$) annehmen und die Summation über $\mathfrak{m}$ sowohl im Zähler als auch im Nenner durch Multiplikation mit der Zahl N der Gitterpunkte des Grundgebiets ersetzen. Somit wird

$$\varepsilon = \varepsilon_0 + \frac{\sum\limits_{\mathfrak{n}} e^{i\mathfrak{k}\mathfrak{a}_{\mathfrak{n}}} \int \psi_0^*(\mathfrak{r})\,[V(\mathfrak{r}) - \mathcal{U}(\vec{\varrho}_{\mathfrak{n}})]\,\psi_0(\vec{\varrho}_{\mathfrak{n}})\,d\tau}{\sum\limits_{\mathfrak{n}} e^{i\mathfrak{k}\mathfrak{a}_{\mathfrak{n}}} \int \psi_0^*(\mathfrak{r})\,\psi_0(\vec{\varrho}_{\mathfrak{n}})\,d\tau}\,. \tag{7.5}$$

Wir nehmen an, daß die atomaren Wellenfunktionen ψ_0 so schnell fallen, daß man ihre Überlappung sogar für benachbarte Gitterpunkte vernachlässigen kann, d. h. es ist

$$\int \psi_0^*(\mathfrak{r})\,\psi_0(\vec{\varrho}_{\mathfrak{n}})\,d\tau = \delta_{0\mathfrak{n}} = \begin{cases} 0\,, & \mathfrak{n} \neq 0\,,\\ 1\,, & \mathfrak{n} = 0\,. \end{cases} \tag{7.6}$$

Das im Zähler der Formel (7.5) stehende Integral bezeichnen wir für $\mathfrak{n} = 0$ mit

$$\int \psi_0^*(\mathfrak{r})\,[V(\mathfrak{r}) - \mathcal{U}(\mathfrak{r})]\,\psi_0(\mathfrak{r})\,d\tau = \int |\psi_0(\mathfrak{r})|^2\,[V(\mathfrak{r}) - \mathcal{U}(\mathfrak{r})]\,d\tau = -C < 0\,. \tag{7.7}$$

Der negative Wert des Integrals (7.7) kann bis zu einem gewissen Grade auf folgende Weise begründet werden. In Abb. 46 ist durch die ausgezogene Linie das Potential des isolierten Atoms, durch die punktierte Linie das periodische „self-consistent"-Potential dargestellt. Wenn man die natürliche Voraussetzung macht, daß die Wechselwirkung zwischen den Atomen die Potentialbarrieren erniedrigt, wie das in der Abbildung gezeigt ist, so

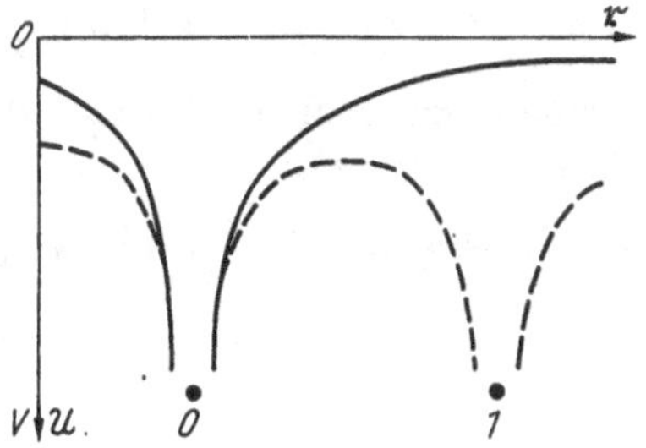

Abb. 46

ist die eckige Klammer im Integral (7.7) überall negativ und folglich hat auch das Integral einen negativen Wert.

Obwohl wir die Überlappung der atomaren Wellenfunktionen verschiedener Gitterpunkte vernachlässigen, ist es sicher folgerichtig, wenn wir im Zähler der Formel (7.5) Integrale mit $\mathfrak{n} \neq 0$ für die benachbarten Gitterpunkte $\mathfrak{n}_0$ berücksichtigen:

$$\int \psi_0^*(\mathfrak{r}) \, [V(\mathfrak{r}) - \mathcal{U}(\vec{\varrho}_{\mathfrak{n}_0})] \, \psi_0(\vec{\varrho}_{\mathfrak{n}_0}) \, d\tau = - A_{\mathfrak{n}_0} \, . \tag{7.8}$$

Obwohl $\psi_0(\vec{\varrho}_{\mathfrak{n}_0})$ in der Nähe des nullten Gitterpunktes klein ist, wird das teilweise durch den großen Wert der Differenz $V(\mathfrak{r}) - \mathcal{U}(\vec{\varrho}_{\mathfrak{n}_0})$ in diesem Gebiet kompensiert. Einige allgemeine Gedankengänge, bei denen wir hier nicht verweilen werden, erlauben die Annahme, daß auch im Falle (7.8) das Integral negativ ist. Aus den Beziehungen (7.5), (7.6), (7.7) und (7.8) ergibt sich

$$\varepsilon = \varepsilon_0 - C - \sum_{\mathfrak{n}_0} A_{\mathfrak{n}_0} \, e^{i \mathfrak{k} \mathfrak{a}_{\mathfrak{n}_0}} \, . \tag{7.9}$$

Wenn sich die Wellenfunktion $\psi_0(\mathfrak{r})$ auf den s-Zustand bezieht, hängt $A_{\mathfrak{n}_0}$ nur vom Abstand zwischen dem nullten Gitterpunkt und dem Atom $\mathfrak{n}_0$ der ersten Koordinationsgruppe ab, d. h., $A_{\mathfrak{n}_0}$ ist für alle diese Atome gleich. In diesem Falle wird

$$\varepsilon = \varepsilon_0 - C - A \sum_{\mathfrak{n}_0} e^{i \mathfrak{k} \mathfrak{a}_{\mathfrak{n}_0}} \, . \tag{7.10}$$

Im einfachen kubischen Gitter ist jedes Atom von sechs nächsten Nachbarn umgeben. Richtet man die Achsen x, y und z längs der Würfelkanten, so erhält man

$$\sum_{\mathfrak{n}_0}^{1,6} e^{i \mathfrak{k} \mathfrak{a}_{\mathfrak{n}_0}} = e^{i k_x a} + e^{-i k_x a} + e^{i k_y a} + e^{-i k_y a} + e^{i k_z a} + e^{-i k_z a}$$
$$= 2 \, [\cos a \, k_x + \cos a \, k_y + \cos a \, k_z] \, ,$$

wo a die Gitterkonstante ist. Setzt man das in (7.10) ein, so ergibt sich

$$\varepsilon = \varepsilon_0 - C - 2 \, A \, [\cos a \, k_x + \cos a \, k_y + \cos a \, k_z] \, . \tag{7.10a}$$

Im Falle des kubisch-raumzentrierten Würfels ist jedes Atom von acht nächsten Nachbarn umgeben und anstelle der Gleichung (7.10a) haben wir (Anhang XIII)

$$\varepsilon = \varepsilon_0 - C - 8 \, A \cos \frac{a \, k_x}{2} \cos \frac{a \, k_y}{2} \cos \frac{a \, k_z}{2} \, . \tag{7.10b}$$

Analog kann man die Energie des Elektrons im Gitter des flächenzentrierten Würfels berechnen:

$$\varepsilon = \varepsilon_0 - C - 4 \, A \left[\cos \frac{a \, k_x}{2} \cos \frac{a \, k_y}{2} + \cos \frac{a \, k_x}{2} \cos \frac{a \, k_z}{2} + \cos \frac{a \, k_y}{2} \cos \frac{a \, k_z}{2} \right] . \tag{7.10c}$$

Aus den Formeln (7.10a, b, c) sieht man, daß sich bei der Bildung eines Kristalls aus einzelnen Atomen die Energie ε_0 des Elektrons des isolierten Atoms infolge der Wechselwirkung mit den Nachbaratomen um die Größe C verschiebt und in ein Energieband aufspaltet, in welchem die Energie des Elektrons periodisch von den Komponenten des Wellenvektors $\mathfrak{k}$ abhängt. Jedes stationäre Energieniveau des isolierten Atoms erfährt eine solche Aufspaltung; deshalb erhält man qualitativ ein Bild, welches dem der Abb. 39 für fast freie Elektronen ähnlich ist. Wie wir weiter unten sehen werden, ist die Breite der erlaubten Energiebänder den Größen A proportional, d. h., sie wird wesentlich durch die Überlappung der atomaren Wellenfunktionen benachbarter Atome bestimmt. Für die äußeren Valenzelektronen, welche uns hauptsächlich interessieren, ist diese Überlappung groß, so daß die Breite der Energiebänder einige eV erreicht. Sie ist also von der Größenordnung des Abstandes zwischen den Energieniveaus im isolierten Atom oder übertrifft diesen Abstand sogar. Streng gesprochen bedeutet das, daß die oben entwickelte Methode der starken Bindung nicht auf diesen Fall anwendbar ist. Für Elektronen der inneren Schalen der Atome ist diese Aufspaltung klein: beispielsweise für die K-Elektronen im Gitter des metallischen Natriums von der Größenordnung $2 \cdot 10^{-19}$ eV, so daß praktisch ein scharfes Niveau erhalten bleibt. Im Endeffekt nimmt das Energiespektrum des Elektrons im Kristall die Form an, wie sie in Abb. 47 gezeigt ist; die erlaubten Energiebänder sind gestrichelt.

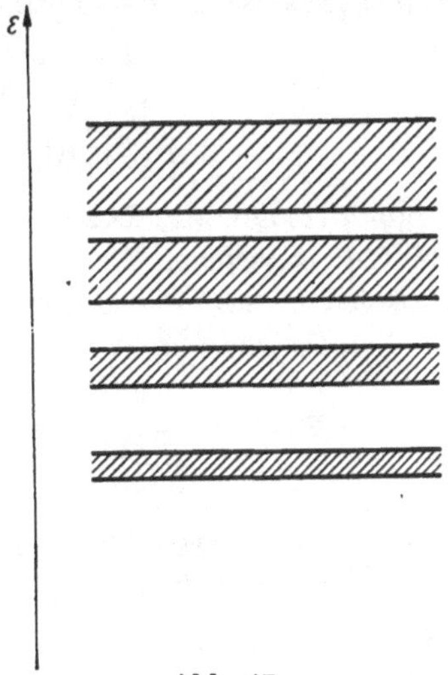

Abb. 47

Es entsteht die Frage, wie man sich die Bewegung des Elektrons durch das Gitter vom Standpunkt der Näherung für starke Bindung vorstellen soll. Im isolierten Atom verweilt das Elektron eine beliebig lange Zeit auf dem stationären Niveau ε_0. Bei der Annäherung solcher gleichartiger Atome und der Bildung des Gitters erhält das Elektron die Möglichkeit, mittels des quantenmechanischen Tunneleffekts von einem Gitterpunkt zum anderen überzugehen. Wegen der Wechselwirkung der Atome verbreitert sich dabei das scharfe Niveau ε_0 zu einem Band der Breite ε_{ab}. Die Breite ε_{ab} ist mit der Verweilzeit τ des Elektrons in der Nähe eines gegebenen Gitterpunktes durch die Unbestimmtheitsrelation $\varepsilon_{ab}\tau \approx \hbar$ verknüpft. Für äußere Elektronen ist $\varepsilon_{ab} \approx 10$ eV und das entsprechende $\tau \approx 10^{-15}$ sec, für die K-Elektronen des Natriums haben wir aber $\varepsilon_{ab} \approx 2 \cdot 10^{-19}$ eV und das Elektron geht im Mittel in der Zeit $\tau \approx 1$ Std. von einem Gitterpunkt zum benachbarten über. Aber sogar in diesem letzteren Falle ist das Elektron im stationären Zustand mit gleicher Wahrscheinlichkeit über alle Gitterpunkte des Kristalls verteilt.

3. Wir illustrieren die Eigenschaften eines Elektrons, welches sich in einem idealen periodischen Feld bewegt (§ 4), am Beispiel stark gebundener Elektronen im einfachen kubischen Gitter. Die Energie ε des Elektrons in den Formeln

(7.10) zählen wir vom Niveau $\varepsilon_0 - C$ aus, d. h., wir setzen $\varepsilon_0 - C = 0$. Aus (7.10a) sieht man, daß die Energie ε des Elektrons bei $k_x = k_y = k_z = 0$, d. h. im Zentrum der BRILLOUIN-Zone, einen Minimalwert der Größe $\varepsilon_b = -6\,A$ hat; bei $k_x = k_y = k_z = \frac{\pi}{a}$, d. h., in der Würfelecke der Zone, hat die Energie ein Maximum der Größe $\varepsilon_a = +6\,A$. Somit haben wir im Falle des einfachen kubischen Gitters eine Bandbreite von $\varepsilon_{ab} = \varepsilon_a - \varepsilon_b = 12\,A$.

Bei kleinen $\mathfrak{k}$, d. h. bei $a\,k_x \ll 1$, $a\,k_y \ll 1$ und $a\,k_z \ll 1$, erhalten wir nach Reihenentwicklung der Kosinusfunktionen

$$\begin{aligned}\varepsilon &= -2\,A\left[\left(1 - \frac{(a\,k_x)^2}{2}\right) + \left(1 - \frac{(a\,k_y)^2}{2}\right) + \left(1 - \frac{(a\,k_z)^2}{2}\right)\right] \\ &= -6\,A + A\,a^2(k_x^2 + k_y^2 + k_z^2) = \varepsilon_b + A\,a^2\,k^2\,. \qquad (7.11)\end{aligned}$$

Somit finden wir, daß die Energie der Elektronen bei kleinen $\mathfrak{k}$ genauso wie im Falle schwacher Bindung nicht von der Richtung von $\mathfrak{k}$ abhängt und proportional k^2 ist. Die skalare effektive Masse des Elektrons am unteren Rand des Bandes ist

$$m_n^*(b) = \frac{\hbar^2}{\left(\frac{\partial^2 \varepsilon}{\partial k_x^2}\right)_b} = \frac{\hbar^2}{2\,A\,a^2} = \frac{6\,\hbar^2}{a^2\,\varepsilon_{ab}}\,, \qquad (7.12)$$

d. h., sie ist positiv und umgekehrt proportional der Bandbreite ε_{ab}, wenn man angenähert $a \approx$ const für verschiedene Kristalle annimmt. Am oberen Rand des Bandes setzen wir $\frac{\pi}{a} - k_x = k_x''$ usw. und nehmen $a\,k_x' \ll 1$ usw. an, dann wird

$$\begin{aligned}\varepsilon &= -2\,A\,[\cos(\pi - a\,k_x') + \cos(\pi - a\,k_y') + \cos(\pi - a\,k_z')] \\ &= 2\,A\,[\cos a\,k_x' + \cos a\,k_y' + \cos a\,k_z'] = 6\,A - A\,a^2(k_x'^2 + k_y'^2 + k_z'^2) \\ &= \varepsilon_a - A\,a^2\,k'^2\,. \qquad (7.11a)\end{aligned}$$

Analog ergibt sich für die effektive Masse des Elektrons am oberen Rand des Bandes

$$m_n^*(a) = \frac{\hbar^2}{\left(\frac{\partial^2 \varepsilon}{\partial k_x'^2}\right)_a} = -\frac{\hbar^2}{2\,A\,a^2}\,, \qquad (7.12a)$$

d. h., sie hat einen negativen Wert. Folglich haben wir für die effektive Masse der Löcher

$$m_p^*(a) = -\,m_n^*(a) = \frac{\hbar^2}{2\,A\,a^2}\,, \qquad (7.12b)$$

d. h., sie stimmt mit der effektiven Masse des Elektrons am unteren Rand des Bandes überein [siehe (7.12)].

Es ist offensichtlich, daß die Flächen konstanter Energie im $\mathfrak{k}$-Raum in der Nähe des Zentrums der Zone und an den Würfelecken $\left(\pm\,k_x = \pm\,k_y = \pm\,k_z = \frac{\pi}{a}\right)$

sphärische Form haben. Bei den dazwischenliegenden Energiewerten haben sie eine kompliziertere Form; sie ist in Abb. 48 dargestellt, wobei Abb. 48a der Energie $\varepsilon(\mathfrak{k}) = -2A$, Abb. 48b der Energie $\varepsilon(\mathfrak{k}) = 0$ entspricht (wir setzen nach wie vor $\varepsilon_0 - C = 0$).

Da die Energie ε im $\mathfrak{k}$-Raum mit der Periode $2\pi\,\mathfrak{b}_i$ periodisch ist, wiederholt sich die Form der Flächen $\varepsilon = \text{const}$ in allen Elementarzellen (vergrößert im Maßstab 2π) des Raumes des reziproken Gitters. Für den in Abb. 48b darge-

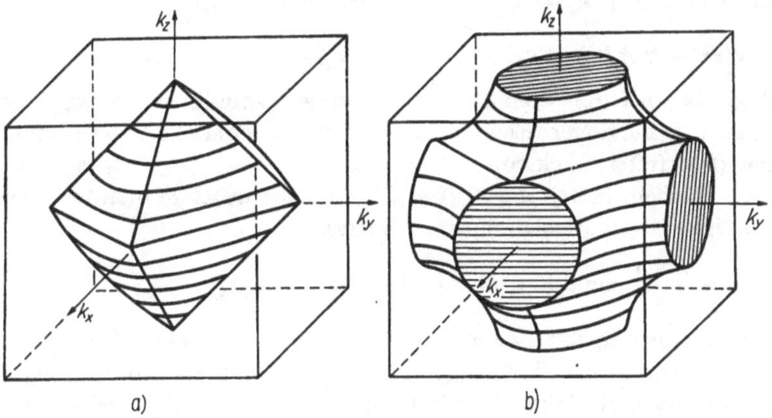

Abb. 48

stellten Fall erhalten wir dann für die Fläche konstanter Energie die in Abb. 49 gezeigte Form. Für den Fall einer Fläche konstanter Energie $\varepsilon(\mathfrak{k}) = -2A$ (Abb. 48a) haben die Energieflächen benachbarter Zellen des Raumes des reziproken Gitters nur gemeinsame Berührungspunkte in den Zentren der reziproken Flächen der Brillouin-Zone. Bei einer Energie des Elektrons von $\varepsilon < -2A$

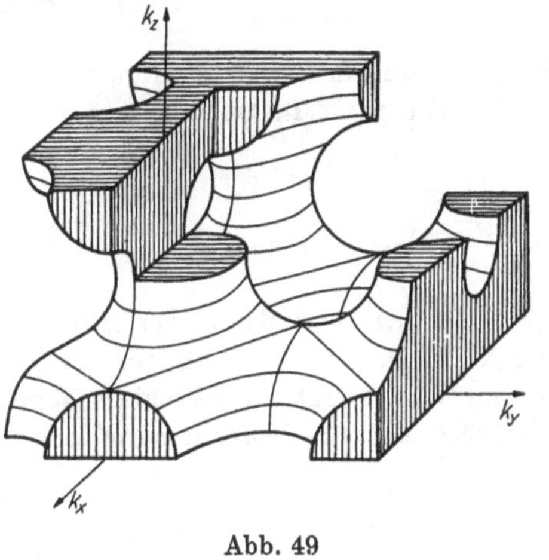

Abb. 49

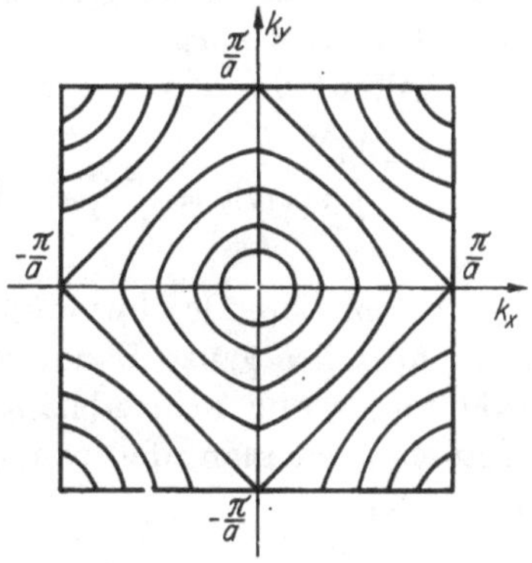

Abb. 50

haben die geschlossenen Flächen konstanter Energie in den verschiedenen Zellen des reziproken Gitters keine gemeinsamen Berührungspunkte mehr.

Die Untersuchung der Gestalt der Flächen konstanter Energie für ein $\varepsilon(\mathfrak{k})$, welches der Energie der FERMI-Leitfähigkeitselektronen eines Metalls entspricht, spielt eine wichtige Rolle beim Studium der galvanomagnetischen Erscheinungen in Metallen bei starken Magnetfeldern (I. M. LIFSCHITZ). In Abb. 50 sind die Linien konstanter Energie in der Fläche $k_z = 0$ dargestellt. Isoenergetische Abschnitte vom Typ $k_x + k_y = \frac{\pi}{a}$ entsprechen Energien

$$\varepsilon = -2A\,[\cos a\,k_x + \cos(\pi - a\,k_x) + 1] = -2A\,.$$

Wir sehen, daß bei weit vom Rand des Bandes befindlichen Energien das Verhalten stark gebundener Elektronen bedeutend vom Verhalten schwach gebundener (fast freier) Elektronen abweicht.

Aus den Formeln (4.21) und (7.10a) folgt für die mittlere quantenmechanische Geschwindigkeit von Elektronen im $\mathfrak{k}$-Zustand

$$\mathfrak{v} = \frac{2\,A\,a}{\hbar}\,[\sin a\,k_x\,\mathfrak{i}_0 + \sin a\,k_y\,\mathfrak{j}_0 + \sin a\,k_z\,\mathfrak{k}_0]\,, \tag{7.13}$$

d. h., die Geschwindigkeit hängt nicht nur vom Betrag des Wellenvektors $\mathfrak{k}$ ab, sondern auch von seiner Richtung. Aus (7.13) sieht man, daß die Geschwindigkeit am unteren und oberen Bandrand gleich Null ist. Für kleine $\mathfrak{k}$ haben wir

$$\mathfrak{v} = \frac{2\,A\,a^2}{\hbar}\,(k_x\,\mathfrak{i}_0 + k_y\,\mathfrak{j}_0 + k_z\,\mathfrak{k}_0) = \frac{2\,A\,a}{\hbar}\,\mathfrak{k} = \frac{\mathfrak{p}}{m_n^*(b)}\,, \tag{7.13a}$$

wobei $\mathfrak{p} = \hbar\,\mathfrak{k}$ der Quasiimpuls ist.

Setzt man $k_y = k_z = 0$ und $k_x = k$, so erhalten wir für die eindimensionale Bewegung

$$\varepsilon = -2\,A\cos a\,k\,, \tag{7.14}$$

$$v = \frac{2\,A\,a}{\hbar}\sin a\,k\,. \tag{7.14a}$$

In Abb. 51 ist die Abhängigkeit der Energie ε und der Geschwindigkeit v von k dargestellt, wie sie sich aus (7.14) und (7.14a) ergibt. In Übereinstimmung mit (5.4) erhalten wir

$$\int\limits_{-\pi/a}^{+\pi/a} v(k)\,dk = \frac{2\,A\,a}{\hbar}\int\limits_{-\pi/a}^{+\pi/a}\sin a\,k\,dk = 0\,,$$

d. h., die mittlere Geschwindigkeit des Elektrons (und damit der Strom), gemittelt über das ganze Band, ist gleich Null. In Abb. 51 sieht man die Periodizität von ε und v in Abhängigkeit vom Wellenvektor k besonders deutlich. Außerdem sieht man, daß es möglich ist, sich auf eine Untersuchung innerhalb der Grenzen

$$-\frac{\pi}{a} \leqq k \leqq +\frac{\pi}{a}$$

der ersten Zone zu beschränken. Entsprechend den Ausdrücken (4.18b) und (7.10a) erhalten wir für die Dichte der Zustände pro cm³

$$g(\varepsilon) = \frac{1}{8\pi^3}\int\frac{d\sigma}{|\mathrm{grad}_{\mathfrak{k}}\,\varepsilon|} = \frac{1}{16\,\pi^3 A\,a}\int\frac{d\sigma}{\sqrt{\sin^2 a\,k_x + \sin^2 a\,k_y + \sin^2 a\,k_z}}\,; \tag{7.15}$$

zu integrieren ist über die Fläche

$$\varepsilon = -\,2\,A\,(\cos a\,k_x + \cos a\,k_y + \cos a\,k_z) = \mathrm{const}\,. \tag{7.15a}$$

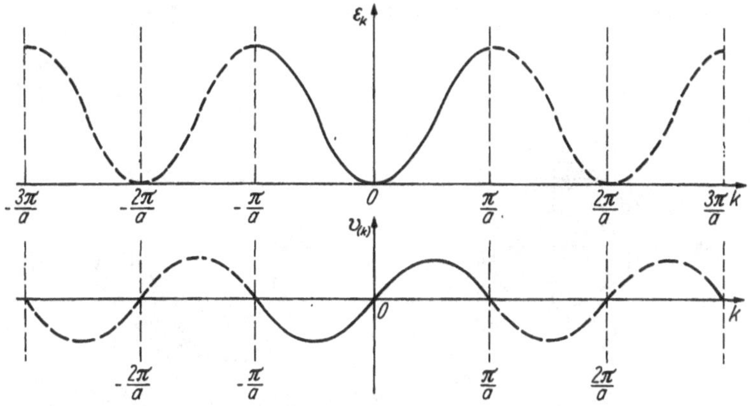

Abb. 51

Bei Verwendung dieser Beziehung kann man das Integral (7.15) auf ein eindimensionales Integral zurückführen und es angenähert berechnen. Die Kurve *a* in Abb. 52 gibt das Resultat einer solchen Rechnung. Wir stellen fest, daß die Kurve bezüglich des Punktes $\frac{\varepsilon_{ab}}{2}$ symmetrisch ist. Die Kurve *b* in derselben Zeichnung gibt uns den Verlauf von $g(\varepsilon) \sim \sqrt{\varepsilon}$ für freie Elektronen, berücksichtigt aber, daß sich wegen des Überschneidens der sphärischen Energieflächen mit den Flächen der kubischen Brillouin-Zone die Zahl der Zustände von einem gewissen ε an vermindert.

4. Für das kubisch-raumzentrierte Gitter hat die erste Brillouin-Zone die Form des in Abb. 45a dargestellten regelmäßigen Dodekaeders. Aus der Beziehung (7.10b) sieht man, daß die Energie des Elektrons ein Minimum¹) $\varepsilon_b = -\,8\,A$ im Zentrum der Zone bei $k = 0$ und ein Maximum $\varepsilon_a = +\,8\,A$ im Punkte

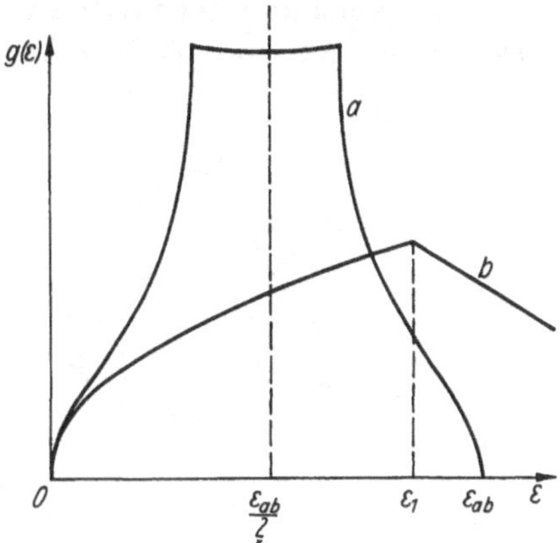

Abb. 52

¹) Wir setzen wieder $\varepsilon_0 - C = 0$.

$k_x = \frac{2\pi}{a}$, $k_y = k_z = 0$ und in fünf weiteren äquivalenten Punkten in den Zentren der quadratischen Flächen der Zone hat. Die Bandbreite wird somit $\varepsilon_{ab} = \varepsilon_a - \varepsilon_b = 16\,A$, d. h. auch in diesem Falle proportional dem Überlappungsintegral A. Der Fläche $k_x = \frac{\pi}{a}$ und den fünf anderen äquivalenten Flächen entspricht eine konstante Energie $\varepsilon = 0$. In Abb. 53 sind isoenergetische Linien dargestellt. Sie ergeben sich, wenn die BRILLOUIN-Zone durch die Flächen a) $k_z = 0$ und b) $k_z = \frac{\pi}{2a}$ geschnitten wird.

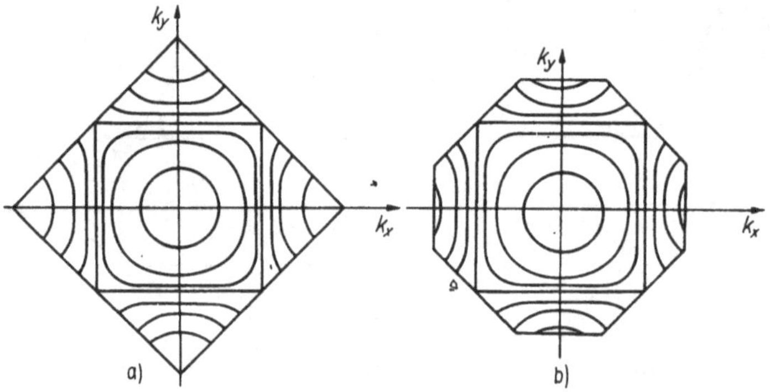

Abb. 53

Analog zur Rechnung für das einfache kubische Gitter im vorangegangenen Abschnitt kann man auch hier die Energie ε am unteren und oberen Rand des Energiebandes entwickeln, die effektive Masse, die mittlere Geschwindigkeit $\mathfrak{v}$ des Elektrons und die Dichte $g(\varepsilon)$ der Zustände berechnen.

Für das kubisch-flächenzentrierte Gitter hat die erste BRILLOUIN-Zone die Form des in Abb. 44a dargestellten Vierzehnflächners. Aus Gleichung (7.10c)

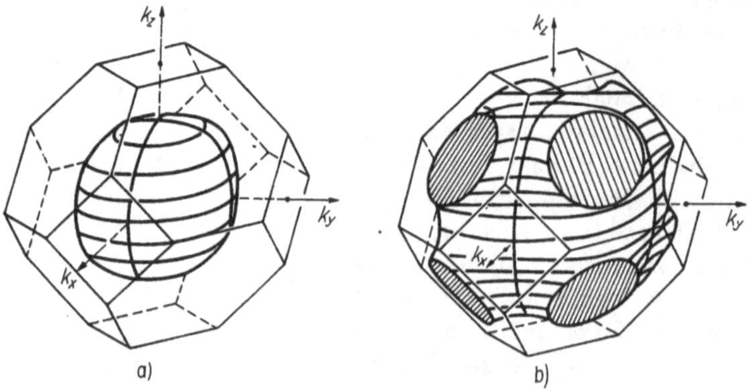

Abb. 54

folgt, daß wir bei $\mathfrak{k} = 0$ ein Energieminimum[1]) von $\varepsilon_b = -12\,A$, bei $k_x = \frac{2\pi}{a}$, $k_y = k_z = 0$ und fünf anderen äquivalenten Punkten ein Maximum von $\varepsilon_a = 4\,A$ haben. Die Bandbreite ist wieder $\varepsilon_a - \varepsilon_b' = 16\,A$. In den Zentren jeder der acht sechseckigen Flächen $\left(\pm k_x = \pm k_y = \pm k_z = \frac{\pi}{a}\right)$ ist die Energie $\varepsilon = 0$. In Abb. 54 sind für diesen Fall die Flächen konstanter Energie dargestellt, wobei Abb. 54a dem kleinsten und Abb. 54b dem größten Wert der Energie ε entspricht. Wird die Brillouin-Zone durch die Fläche $k_z = 0$ geschnitten, so erhält man die in Abb. 55 dargestellten isoenergetischen Linien.

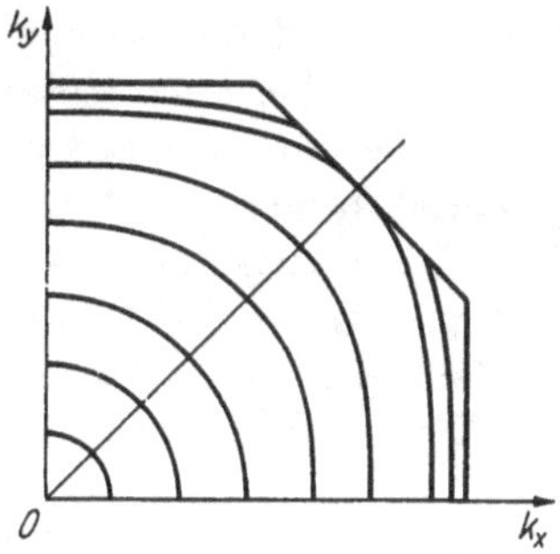

Abb. 55

Natürlich kann man auch im Falle des kubisch-flächenzentrierten Gitters die Energie ε in der Nähe der Ränder des Energiebandes entwickeln, die effektive Masse bestimmen usw. Die Resultate, die sich dabei ergeben, unterscheiden sich qualitativ nicht von denen, die wir für das einfache und kubisch-raumzentrierte Gitter erhalten haben.

5. Wir untersuchen jetzt in der Näherung starker Bindung das Verhalten eines Elektrons im einfachen kubischen Gitter für den Fall, daß es sich im isolierten Atom (Ion) im p-Zustand befindet.

Die Wellenfunktion des Elektrons hat in einem beliebigen sphärisch-symmetrischen Feld $\mathcal{U}(r)$ die Form[2])

$$\psi_{nlm}(r, \vartheta, \varphi) = R_{nl}(r)\, Y_{lm}(\vartheta, \varphi);$$

$R_{nl}(r)$ ist der Radialteil der Wellenfunktion und hängt von der Hauptquantenzahl n und der Bahnquantenzahl $l \leqq n - 1$ ab. $Y_{lm}(\vartheta, \varphi)$ ist eine Kugelfunktion und beschreibt die Winkelabhängigkeit der Wellenfunktion; sie hängt von l und der Magnetquantenzahl $m = 0, \pm 1, \pm 2, \ldots, \pm l$ ab. Die Energie des Elektrons ist nur von den Quantenzahlen n und l abhängig (im Coulomb-Feld nur von n); deshalb entsprechen dem p-Zustand des Elektrons mit $l = 1$ drei entartete Wellenfunktionen mit $m = 0, +1, -1$:

$$\left.\begin{aligned} \psi_{n\,10} &= R_{n\,1}(r)\left(\frac{3}{4\pi}\right)^{1/2} \cos\vartheta\,, \\ \psi_{n\,11} &= R_{n\,1}(r)\left(\frac{3}{8\pi}\right)^{1/2} \sin\vartheta\, e^{i\varphi}\,, \\ \psi_{n\,1,-1} &= R_{n\,1}(r)\left(\frac{3}{8\pi}\right)^{1/2} \sin\vartheta\, e^{-i\varphi}\,. \end{aligned}\right\} \tag{7.16}$$

Da die Schrödinger-Gleichung linear und homogen ist, ist jede Linearkombination der Wellenfunktionen (7.16) wieder eine Wellenfunktion des p-Zustandes des Elektrons. Für das Weitere ist es bequem, die folgenden drei Linearkombi-

[1]) Wir setzen wieder $\varepsilon_0 - C = 0$.
[2]) Siehe Fußnote [1]) auf Seite 32 und Fußnote [1]) auf Seite 38.

nationen von (7.16) als Wellenfunktionen zu verwenden:

$$\left.\begin{aligned} \frac{1}{2}[\psi_{n\,11}+\psi_{n\,1,-1}] &= R_{n1}(r)\left(\frac{3}{8\pi}\right)^{1/2}\sin\vartheta\cos\varphi = x\,f(r)\equiv\psi_x(\mathfrak{r})\,, \\ \frac{1}{2i}[\psi_{n\,11}-\psi_{n\,1,-1}] &= R_{n\,1}(r)\left(\frac{3}{8\pi}\right)^{1/2}\sin\vartheta\sin\varphi = y\,f(r)\equiv\psi_y(\mathfrak{r})\,, \\ \frac{2}{\sqrt{2}}\psi_{n\,10} &= R_{n\,1}(r)\left(\frac{3}{8\pi}\right)^{1/2}\cos\vartheta = z\,f(r)\equiv\psi_z(\mathfrak{r})\,. \end{aligned}\right\} \qquad (7.16\text{a})$$

Hier sind $x = r\sin\vartheta\cos\varphi$, $y = r\sin\vartheta\sin\varphi$ und $z = r\cos\vartheta$ die rechtwinkligen Koordinaten des Elektrons und $f(r)$ ist irgendeine radialsymmetrische Funktion, die von der Form des Potentials $\mathcal{U}(r)$ abhängt.

Die Wellenfunktion des Elektrons in einem Kristall kann analog zu (7.2a) geschrieben werden. Wir müssen jedoch jetzt berücksichtigen, daß nicht nur Translationsentartung vorliegt (sie war in (7.2a) durch den Faktor $\exp i(\mathfrak{k}\,\mathfrak{a}_\mathfrak{n})$ und Summierung über alle äquivalenten Gitterpunkte $\mathfrak{n}$ berücksichtigt worden), sondern wir die zusätzliche Entartung (7.16) haben. Für die Wellenfunktion des Elektrons in einem Kristall machen wir den Ansatz

$$\psi(\mathfrak{r}) = \sum_{\mathfrak{n}} e^{i\mathfrak{k}\mathfrak{a}_\mathfrak{n}}\{\alpha\,\psi_x(\mathfrak{r}-\mathfrak{a}_\mathfrak{n})+\beta\,\psi_y(\mathfrak{r}-\mathfrak{a}_\mathfrak{n})+\gamma\,\psi_z(\mathfrak{r}-\mathfrak{a}_\mathfrak{n})\}\,, \qquad (7.17)$$

wo die Koeffizienten α, β und γ aus der allgemeinen Störungstheorie für entartete Zustände bestimmt werden müssen.

Man kann zeigen (Anhang XIV), daß im einfachen kubischen Gitter die Zustände ψ_x, ψ_y und ψ_z nicht miteinander kombinieren, d. h., nur einer der Koeffizienten α, β und γ kann von Null verschieden sein. Bei vorgegebenem Wellenvektor $\mathfrak{k}$ entsprechen also einem Elektron im Kristall drei Wellenfunktionen und für jede von ihnen existiert eine eigene Abhängigkeit der Energie ε von k.

Diesen drei Wellenfunktionen entsprechen drei Energiebänder, die sich genau überdecken, so daß im einfachen kubischen Kristall die Entartung des p-Niveaus erhalten bleibt.

Eine Rechnung zeigt (Anhang XIV), daß bei $\alpha \neq 0$, $\beta = \gamma = 0$ die Energie des Elektrons

$$\varepsilon_1 = \varepsilon_0 - C + 2A\cos a\,k_x - 2B(\cos a\,k_y + \cos a\,k_z) \qquad (17.8)$$

wird. Für $\beta \neq 0$, $\alpha = \gamma = 0$ ergibt sich für die Energie des Elektrons

$$\varepsilon_2 = \varepsilon_0 - C + 2A\cos a\,k_y - 2B(\cos a\,k_x + \cos a\,k_z) \qquad (7.18\text{a})$$

und für $\gamma \neq 0$, $\alpha = \beta = 0$ haben wir

$$\varepsilon_3 = \varepsilon_0 - C + 2A\cos a\,k_z - 2B(\cos a\,k_x + \cos a\,k_y)\,. \qquad (7.18\text{b})$$

Hier ist ε_0 die Energie des p-Elektrons im isolierten Atom, die Konstante C ist gegeben durch

$$C = -\int \psi_x^2(\mathfrak{r})\,[V(\mathfrak{r}) - \mathcal{U}(\mathfrak{r})]\,d\tau\,, \qquad (7.19)$$

und für A und B haben wir

$$\int \psi_x(\mathfrak{r})\, \psi_x(\mathfrak{r} - \mathfrak{a}_{\mathfrak{n}_0})\, [V(\mathfrak{r}) - \mathcal{U}(|\mathfrak{r} - \mathfrak{a}_{\mathfrak{n}_0}|)]\, d\tau = \begin{cases} A\,, \\ -B\,, \end{cases} \tag{7.19a}$$

wo das Integral gleich A ist, wenn das Nachbaratom $\mathfrak{n}_0$ auf der x-Achse liegt, und gleich B ist, wenn das Nachbaratom $\mathfrak{n}_0$ auf der y- oder z-Achse liegt. Wegen der kubischen Symmetrie ändern sich die Integrale (7.19) und (7.19a) nicht, wenn man ψ_x durch ψ_y oder ψ_z ersetzt.

Die potentiellen Energien $V(\mathfrak{r})$ und $\mathcal{U}(\mathfrak{r})$ haben dieselbe Bedeutung wie in den Ausdrücken (7.7) und (7.8). Die Vorzeichen der Konstanten A und B können nicht eindeutig angegeben werden. Wir betrachten zwei Fälle (I) A und $B > 0$ und (II) $A > 0$ und $B < 0$. Im weiteren werden wir wieder die Energie des Elektrons für alle Zustände vom Niveau $\varepsilon_0 - C$ aus zählen, d. h. wir setzen $\varepsilon_0 - C = 0$.

Fall I: $A > 0$, $B > 0$

Für alle drei Zustände (7.18, a, b) ist das Minimum der Energie gleich

$$\varepsilon_{1b} = \varepsilon_{2b} = \varepsilon_{3b} = -2A - 4B\,. \tag{7.20}$$

Für jeden dieser drei Zustände liegen zwei äquivalente Minima in den Zentren zweier sich gegenüberliegender quadratischer Flächen der Brillouin-Zone. Der Maximalwert der Energie ist für alle drei Zustände ebenfalls gleich und ergibt sich zu

$$\varepsilon_{1a} = \varepsilon_{2a} = \varepsilon_{3a} = +2A + 4B\,, \tag{7.20a}$$

so daß die Bandbreite der drei sich überlagernden Energiebänder gleich

$$\varepsilon_{ab} = \varepsilon_{1a} - \varepsilon_{1b} = 4A + 8B \tag{7.20b}$$

wird.

Die Maxima für jeden der drei Zustände liegen in den Zentren der Würfelkanten, die senkrecht zu den Flächen sind, in welchen die entsprechenden Minima liegen. Somit hat man in der Brillouin-Zone immer sechs Minima und zwölf Maxima.

Wir entwickeln die Energie ε_1 (7.18) in eine Reihe in der Nähe des Minimums $k_x = \frac{\pi}{a}$, $k_y = k_z = 0$ nach den kleinen Größen $k'_x = \frac{\pi}{a} - k_x$, k_y und k_z:

$$\begin{aligned}\varepsilon_1 &= 2A\cos(\pi - a k'_x) - 2B(\cos a k_y + \cos a k_z) = -2A\cos a k'_x \\ &\quad - 2B(\cos a k_y + \cos a k_z) = -2A\left[1 - \frac{(a k'_x)^2}{2}\right] \\ &\quad - 2B\left[\left(1 - \frac{(a k_y)^2}{2}\right) + \left(1 - \frac{(a k_z)^2}{2}\right)\right] \\ &= \varepsilon_{1b} + A a^2 k'^2_x + B a^2 (k_y^2 + k_z^2)\,.\end{aligned} \tag{7.21}$$

Wir sehen, daß die Flächen konstanter Energie in der Nähe dieses Minimums Rotationsellipsoide mit der x-Achse als Rotationsachse sind. Die Komponenten des Tensors der effektiven Masse werden

$$\left.\begin{aligned} m_{xx}^{-1} &= \frac{1}{\hbar^2}\left(\frac{\partial^2 \varepsilon_1}{\partial k_x'^2}\right)_{\min} = \frac{2\,A\,a^2}{\hbar^2} \equiv \frac{1}{m_1}\,, \\ m_{yy}^{-1} &= m_{zz}^{-1} = \frac{1}{\hbar^2}\left(\frac{\partial^2 \varepsilon_1}{\partial k_y^2}\right)_{\min} = \frac{2\,B\,a^2}{\hbar^2} \equiv \frac{1}{m_2}\,. \end{aligned}\right\} \tag{7.21a}$$

Aus den Formeln (7.21) und (7.21a) folgt

$$\varepsilon_1 - \varepsilon_{1b} = \frac{\hbar^2\,k_x'^2}{2\,m_1} + \frac{\hbar^2\,k_y^2 + \hbar^2\,k_z^2}{2\,m_2}\,. \tag{7.21b}$$

Ebensolche Reihenentwicklungen hat man in der Nähe der fünf anderen Energieminima. Obwohl also jedes Ellipsoid im einzelnen keine kubische Symmetrie besitzt, erfüllt ihre Gesamtheit die Forderung der kubischen Symmetrie. Analoge Entwicklungen für die Energie des Elektrons sind auch in der Nähe der Maxima möglich. In der Ebene $k_z = 0$ ist die Energie des Elektrons gleich

$$\varepsilon_1 = 2\,A\cos a\,k_x - 2\,B\cos a\,k_y - 2\,B\,, \tag{7.22}$$

$$\varepsilon_2 = 2\,A\cos a\,k_y - 2\,B\cos a\,k_x - 2\,B\,, \tag{7.22a}$$

$$\varepsilon_3 = -\,2\,B\,(\cos a\,k_x + \cos a\,k_y) + 2\,A\,. \tag{7.22b}$$

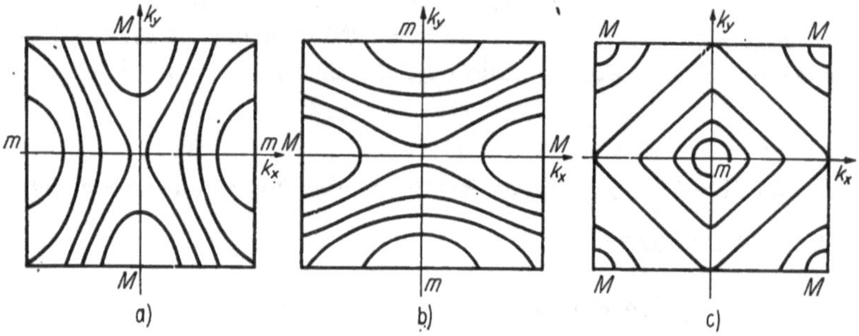

Abb. 54

In Abb. 56a, b, und c sind die isoenergetischen Linien dargestellt, die den Werten ε_1, ε_2 und ε_3 entsprechen. Mit den Buchstaben m und M sind Minima und Maxima der Energie bezeichnet worden. Für Abb. 56a und b entspricht dem Zentrum der Zone ($k_x = k_y = 0$) ein Sattelpunkt der Energiefläche $\varepsilon(k_x, k_y)$. In Abb. 57 ist die Abhängigkeit der Energie $\varepsilon_1(k_x, k_y)$ längs der k_x- und k_y-Achse dargestellt.

Fall II: $A > 0,\ B < 0$

Wir bezeichnen B mit $-\,B$ und setzen wieder $\varepsilon_0 - C = 0$. Dann erhalten wir anstelle der Gleichungen (7.18)

$$\varepsilon_1 = 2\,A\cos a\,k_x + 2\,B\,(\cos a\,k_y + \cos a\,k_z)\,, \tag{7.23}$$

$$\varepsilon_2 = 2\,A\cos a\,k_y + 2\,B\,(\cos a\,k_x + \cos a\,k_z)\,, \tag{7.23a}$$

$$\varepsilon_3 = 2\,A\cos a\,k_z + 2\,B\,(\cos a\,k_x + \cos a\,k_y)\,. \tag{7.23b}$$

Hieraus sieht man, daß dem Energieminimum, welches gleich (7.20) ist, in allen drei Zuständen die Punkte $\pm k_x = \pm k_y = \pm k_z = \frac{\pi}{a}$ entsprechen. Das sind die Würfelecken der BRILLOUIN-Zone. Das Energiemaximum, welches in allen drei Zuständen gleich ist, wird im Zentrum der Zone bei $k_x = k_y = k_z = 0$ erreicht. Die Breite des Energiebandes ist somit wie im vorhergehenden Falle (7.20b) gegeben. Entwickelt man die Energien des Elektrons (7.23, a, b) in eine Reihe nach k_x, k_y, k_z in der Nähe des gemeinsamen Maximums, so erhalten wir

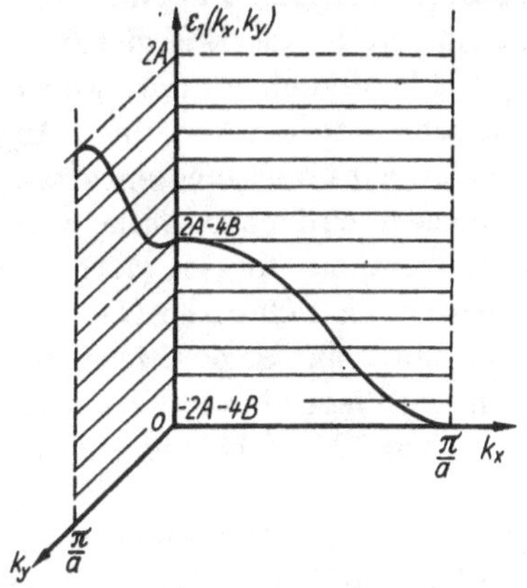

Abb. 57

$$\varepsilon_1 = (2\,A + 4\,B) - A\,a^2\,k_x^2 - B\,a^2\,(k_y^2 + k_z^2)\,, \tag{7.24}$$

$$\varepsilon_2 = (2\,A + 4\,B) - A\,a^2\,k_y^2 - B\,a^2\,(k_x^2 + k_z^2)\,, \tag{7.24a}$$

$$\varepsilon_3 = (2\,A + 4\,B) - A\,a^2\,k_z^2 - B\,a^2\,(k_x^2 + k_y^2)\,. \tag{7,24b}$$

Somit sind die Flächen konstanter Energie gleichartige Ellipsoide mit Rotationsachsen, die in Richtung der x-, y- und z-Achse verlaufen (Abb. 58). Wenn das Band fast vollständig mit Elektronen besetzt ist, entspricht das mit umgekehrtem Vorzeichen genommene Spektrum (7.24, a, b) den Löchern. Setzt man $k_y = k_z = 0$, so wird

$$\varepsilon_1 = \varepsilon_M - A\,a^2\,k_x^2\,, \tag{7.25}$$

$$\varepsilon_2 = \varepsilon_3 = \varepsilon_M - B\,a^2\,k_x^2\,. \tag{7.25a}$$

In Abb. 59 ist die Abhängigkeit der Energien ε_1, ε_2, ε_3 von k_x unter der Voraussetzung $A < B$ dargestellt. Folglich entspricht Kurve 2 einem zweifachentarteten Zustand ($\varepsilon_2 = \varepsilon_3$).

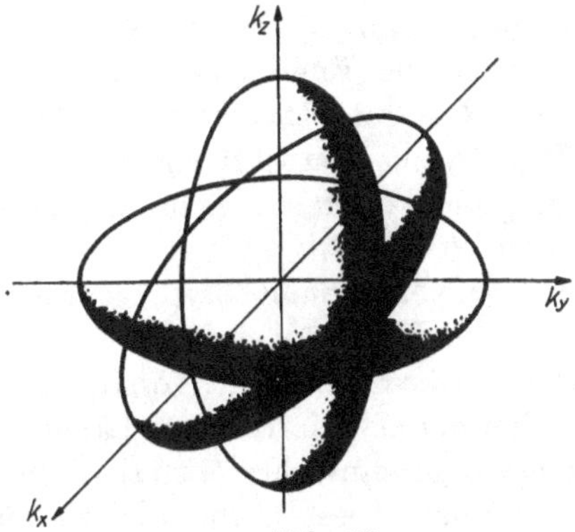

Abb. 58

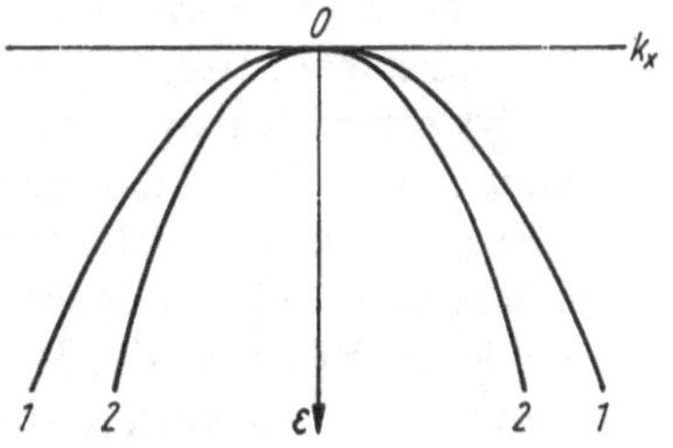

Abb. 59

In Richtung k_y, d. h. bei $k_x = k_z = 0$, sind ε_1 und ε_3 gleich (7.25a) und ε_2 gleich (7.25); deshalb können wir nicht wie im nächsten Paragraphen für das p-Germanium Zweige „leichter" und „schwerer" Löcher voneinander trennen.

Es muß jedoch gesagt werden, daß der allgemeine Charakter des Elektronenspektrums (Löcherspektrums), welches oben untersucht wurde, nicht nur theoretisch möglich ist, sondern sich dem nähert, was man in realen Kristallen beobachtet.

§ 8. Die Struktur der Energiebänder für eine Reihe konkreter Halbleiter

Auf der Grundlage durchgeführter theoretischer Berechnungen und einer Reihe experimentell gewonnener Daten ist heute bekannt, daß die Energiebänderstruktur realer Kristalle nicht mit dem einfachen Bild übereinstimmt, welches wir in § 7.2 erhalten haben. Die Energie des Elektrons wurde durch einen Ausdruck der Form (7.10a) bestimmt und bei $\mathfrak{k} = 0$ hatten wir einen nichtentarteten Extremwert für die Energie des Elektrons. In diesem einfachen Falle waren die Flächen konstanter Energie in der Nähe des Extremums Kugeln (7.11) und die effektive Masse des Elektrons war eine skalare Größe, die sich in der Näherung starker Bindung durch den Ausdruck (7.12) darstellen ließ. Sogar in den elementaren Halbleitern Germanium (Ge) und Silizium (Si) liegt eine Situation vor, die an das erinnert, was wir in § 7.5 betrachtet haben. Dort befand sich das Elektron im isolierten Gitterpunkt in einem dreifach-entarteten p-Zustand. Die bisher beste Methode zur Berechnung der Energiebänder des Elektrons in Kristallen ist offensichtlich die sog. *Methode der orthogonalisierten ebenen Wellen* (C. Herring, 1940), welche in sich die Vorzüge der Methode fast freier (§ 6) und der Methode stark gebundener Elektronen (§ 7) vereinigt. Für Germanium und Silizium, beide haben ein Gitter vom Diamanttyp, wurden solche Berechnungen von F. Herman u. a. (1953) durchgeführt. Man mußte sich dabei auf die Berechnung der Energien in einigen symmetrisch gelegenen Punkten der Brillouin-Zone beschränken, da sich dort die Herleitungen stark vereinfachen. Aber sogar in diesen Fällen mußten Gleichungen 16ten Grades numerisch gelöst werden. Wählt man einen beliebigen Punkt im $\mathfrak{k}$-Raum, so erhält man eine Säkulargleichung 146ten Grades, deshalb wurden die Energiewerte für solche Punkte durch Interpolation gewonnen. Die Resultate theoretischer Berechnungen wurden durch Vergleich mit dem Experiment überprüft und verbessert. Es wurden vor allem Daten über die Änderung des Widerstandes im Magnetfeld und aus Zyklotronresonanzmessungen verwendet.

Germanium und Silizium besitzen ein Gitter vom Diamanttyp, welches in (I. § 2.5) (siehe Abb. 12 und 13) untersucht wurde. Man kann sich das Diamantgitter als aus zwei kubisch-flächenzentrierten Gittern bestehend vorstellen, die gegeneinander in Richtung der Raumdiagonalen um ein Viertel ihrer Länge verschoben sind. Das Diamantgitter ist nicht mehr ein einfaches Gitter, wie etwa der flächenzentrierte Würfel, sondern ist zusammengesetzt und enthält zwei Atome in der Elementarzelle. Es ist bekannt, daß das reziproke Gitter des flächenzentrierten Würfels kubisch raumzentriert ist (§ 6.3) und die erste Brillouin-Zone die Form des in Abb. 44a und Abb. 60 dargestellten Vierzehnflächners hat. Die Achsen x, y und z gehen durch die Zentren der sechs Quadrate, wie das in Abb. 60 gezeigt ist. Dort sind auch für einige Punkte der Oberfläche der Zone Werte für die Komponenten des Wellenvektors $[k_x\, k_y\, k_z]$ in Einheiten $\frac{2\pi}{a}$ (a ist die Würfelkante des gewöhnlichen Gitters) angegeben. So haben wir beispielsweise für den Punkt $[1\,\frac{1}{2}\,0]$ $k_x = \frac{2\pi}{a}$, $k_y = \frac{\pi}{a}$ und $k_z = 0$. In Abb. 61 ist für Silizium (a) und Germanium (b) die Abhängigkeit der Energie $\varepsilon(\mathfrak{k})$ des

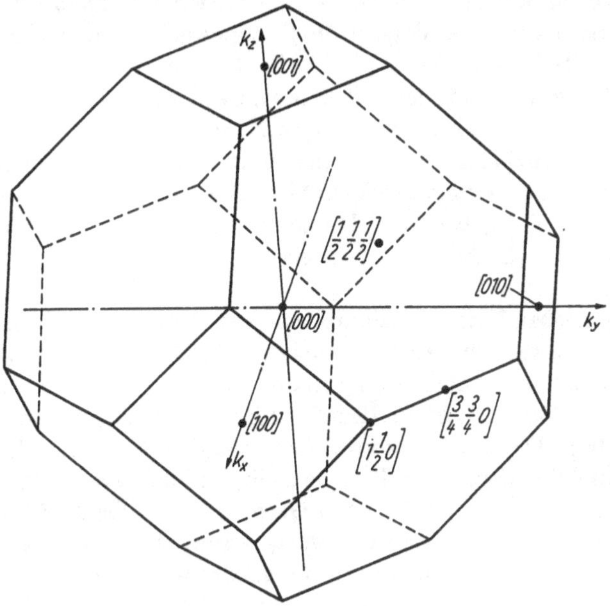

Abb. 60

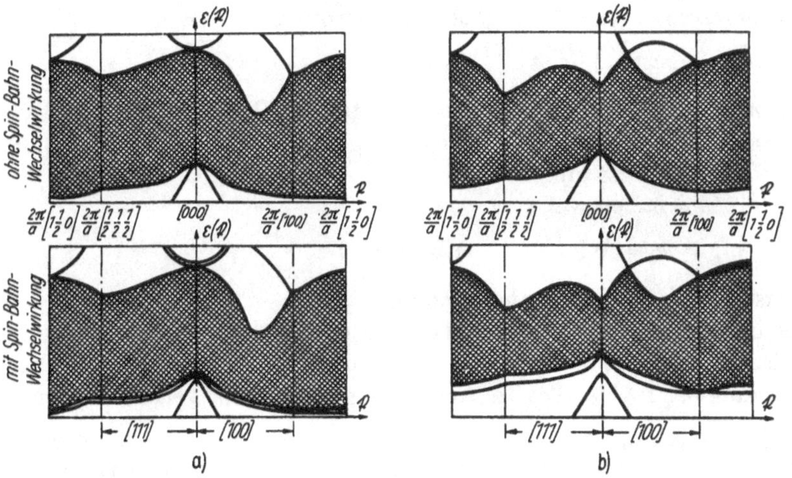

Abb. 61

Elektrons vom Wellenvektor $\mathfrak{k}$ für verschiedene Richtungen und verschiedene Gebiete der BRILLOUIN-Zone dargestellt. Das verbotene Energiegebiet ist so schraffiert, daß seine obere Grenze die Abhängigkeit $\varepsilon(\mathfrak{k})$ für das Leitungsband, seine untere Grenze die Abhängigkeit $\varepsilon(\mathfrak{k})$ für das Valenzband angibt.

Die Berührung oder das Überschneiden der Kurven in einigen Punkten, insbesondere bei $\mathfrak{k} = 0$ im Valenzband, deutet auf das Vorhandensein von Entartung hin, d. h., auf die Möglichkeit verschiedener Zustände (Wellenfunktionen) des Elektrons bei ein und demselben Energiewert. Der untere Teil der Abb. 61 unterscheidet sich vom oberen dadurch, daß bei der Berechnung von $\varepsilon(\mathfrak{k})$ die Wechselwirkung zwischen dem Elektronenspin und dem magnetischen Feld der Bahnbewegung des Elektrons (*Spin-Bahn-Wechselwirkung*)[1]) berücksichtigt wurde. Im Valenzband des Siliziums und Germaniums stehen wir vor einer Situation, die bis zu einem gewissen Grade der in § 7.5 (siehe Abb. 59) betrachteten analog ist, d. h., bei $\mathfrak{k} = 0$ hat man dreifache p-Entartung, welche infolge der Spin-Bahn-Wechselwirkung teilweise aufgehoben wird, wie man aus Abb. 61 sehen kann.

Das Leitungsband des Siliziums hat sechs symmetrisch gelegene Energieminima in Punkten, die auf den Achsen [100] liegen. Im Leitungsband des Germaniums hat man acht Minima in der Richtung [111], welche auf der Grenze der BRILLOUIN-Zone, d. h. in den Zentren der hexagonalen Flächen[2]) liegen (siehe Abb. 60). Die Flächen konstanter Energie $\varepsilon(\mathfrak{k}) = \text{const}$ haben in der Nähe dieser Minima die Form von Rotationsellipsoiden, deren Symmetrieachse beim Silizium in die Richtung [100], beim Germanium in die Richtung [111] weist.

Die Abhängigkeit der Energie vom Quasiimpuls $\mathfrak{p}$ und der effektiven Masse in der Nähe eines Minimums hat in der Hauptachsendarstellung die Form

$$\varepsilon(\mathfrak{p}) = \frac{p_1^2}{2\,m_1} + \frac{p_2^2}{2\,m_2} + \frac{p_3^2}{2\,m_3} = \frac{p_1^2 + p_2^2}{2\,m_1} + \frac{p_3^2}{2\,m_3} \quad (\text{bei } m_1 = m_2)\,. \tag{8.1}$$

Zyklotronresonanzversuche ergaben für Germanium

$$m_1 = m_2 = 1{,}58\,m\,, \qquad m_3 = 0{,}082\,m\,, \tag{8.1a}$$

wobei $m = 0{,}91 \cdot 10^{-27}$ g die Masse des freien Elektrons ist. Das Verhältnis $m_1/m_3 = 19{,}3$ ist eine wichtige Größe und geht in die Ausdrücke für die galvanomagnetischen Effekte ein.

Für Silizium haben wir

$$m_1 = m_2 = 0{,}98\,m, \qquad m_3 = 0{,}19\,m \tag{8.1b}$$

und das Anisotropieverhältnis ist $m_1/m_3 = 5{,}15$.

Das dreifach entartete (ohne Berücksichtigung der Spin-Bahn-Wechselwirkung) Energiemaximum im Valenzband liegt sowohl beim Silizium als auch beim Germanium bei $\mathfrak{k} = 0$. Die in Abb. 61 eingezeichnete verbotene Zone hat am

---

[1]) Siehe Fußnote [1]), § 65 auf Seite 32.

[2]) Es sind 8 solcher Punkte vorhanden, aber jeder von ihnen gehört zu zwei BRILLOUIN-Zonen, deshalb kommen auf eine Zone 4 äquivalente Minima.

absoluten Nullpunkt der Temperatur für Silizium die Breite $\varepsilon_G = 1{,}12$ eV und für Germanium $\varepsilon_G = 0{,}74$ eV.

Die Abhängigkeit der Energie $\varepsilon(\mathfrak{k})$ des Elektrons von $\mathfrak{k}$ im Valenzband in der Nähe von $\mathfrak{k} = 0$ hat für die beiden ersten sich im Punkte $\mathfrak{k} = 0$ berührenden Zweige einen komplizierteren Charakter als (8.1) und hat die Form

$$\varepsilon_{1,2}(\mathfrak{k}) = -\frac{\hbar^2}{2m}[A\,k^2 \pm \sqrt{B^2 k^4 + C^2 (k_x^2 k_y^2 + k_y^2 k_z^2 + k_z^2 k_x^2)}]\,. \tag{8.2}$$

Hier ist m die Masse des freien Elektrons und A, B und C sind dimensionslose Konstanten; für Silizium haben wir $A = 4{,}1$, $B = 1{,}4$, $C = 3{,}7$; bei Germanium ist $A = 13{,}0$, $B = 8{,}7$, $C = 11{,}4$.

Für den dritten Zweig, der auf Grund der Spin-Bahn-Wechselwirkung nach niedrigeren Energien hin verschoben ist, haben wir

$$\varepsilon_3(\mathfrak{k}) = -\varepsilon_{s0} - \frac{\hbar^2}{2m} A\,k^2\,. \tag{8.2a}$$

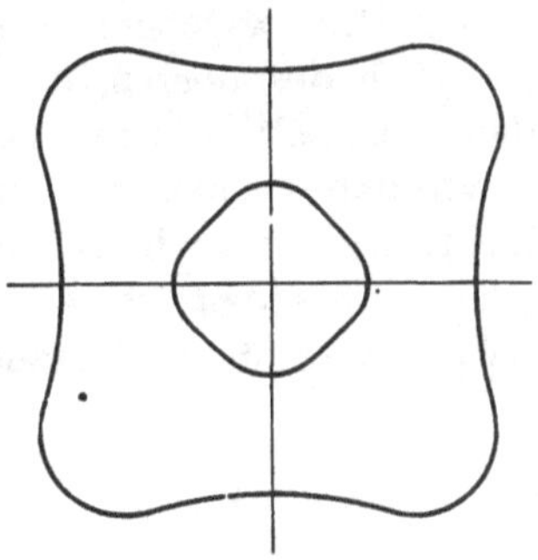

Abb. 62

Für Silizium ist $\varepsilon_{s0} = 0{,}035$ eV, für Germanium $\varepsilon_{s0} = 0{,}28$ eV. Der Ausdruck (8.2) für die Energie ist eine homogene quadratische Funktion von k_x, k_y und k_z, aber der Charakter der Abhängigkeit $\varepsilon(\mathfrak{k})$ erlaubt es in diesem Falle nicht, den Tensor der effektiven Masse einzuführen. Die Energieflächen (8.2) sind keine Ellipsoide, sondern haben die Form von gewölbten („warped") Oberflächen; Abb. 62 zeigt einen Schnitt dieser Flächen durch die Ebene (100), wobei die Konstanten A, B und C für Germanium genommen wurden.[1])

Man führt im $\mathfrak{k}$-Raum ein sphärisches Koordinatensystem ein. Die Polarachse ist längs k_z gerichtet. Dann erhalten wir anstelle von (8.2)

$$\varepsilon_{1,2}(\mathfrak{k}) = -\frac{\hbar^2 k^2}{2m}[A \pm \sqrt{B^2 + C^2 \sin^2\vartheta\,(\sin^2\vartheta \sin^2\varphi \cos^2\varphi + \cos^2\vartheta)}]\,. \tag{8.2b}$$

Bei isotroper Mittelung über die Winkel erhalten wir näherungsweise

$$\varepsilon_{1,2}(\mathfrak{k}) \approx -\frac{\hbar^2 k^2}{2m}\left[A \pm \sqrt{B^2 + \frac{C^2}{5}}\right], \tag{8.2c}$$

d. h. zwei Zweige (Bänder) schwerer und leichter Löcher mit den skalaren effektiven Massen

$$m_1^* = \frac{m}{A - \sqrt{B^2 + \frac{C^2}{5}}} \quad \text{und} \quad m_2^* = \frac{m}{A + \sqrt{B^2 + \frac{C^2}{5}}}\,, \tag{8.2d}$$

wobei $m_1^* > m_2^*$ ist.

[1]) Es wurde der englische Ausdruck „warped surface" beibehalten.

Vor allem Zyklotronresonanzversuche haben

$$\left.\begin{array}{llll} \text{für Si:} & m_1^* = 0{,}49\,m\,, & m_2^* = 0{,}16\,m, & \dfrac{m_1^*}{m_2^*} = 3{,}1\,, \\[2ex] \text{für Ge:} & m_1^* = 0{,}33\,m\,, & m_2^* = 0{,}042\,m, & \dfrac{m_1^*}{m_2^*} = 7{,}9 \end{array}\right\} \qquad (8.2\text{e})$$

ergeben. Wie wir im weiteren sehen werden, kann man nur durch die Anwesenheit der leichten Löcher im p-Germanium eine Reihe von Besonderheiten erklären, die beim Studium der galvanomagnetischen Erscheinungen beobachtet werden. Aus Formel (8.2a) sieht man, daß für ε_3 bei beliebiger Bewegungsrichtung der Löcher das Dispersionsgesetz parabolisch ist, die Spitze der Parabel ist aber bezüglich des oberen Randes des Valenzbandes um die Größe ε_{s0} der Spin-Bahn-Aufspaltung nach unten verschoben.

Wir untersuchen keine weiteren Beispiele für die energetische Struktur der Elektronenbänder in Kristallen, da sie in qualitativer Beziehung nichts Neues geben. Außerdem ist das Energiespektrum der Elektronen für andere Kristalle, insbesondere für die Metalle und Ionenkristalle, weniger gut bekannt.

KAPITEL V

Lokalisierte Zustände des Elektrons im Kristall

§ 1. Bewegung des Elektrons im gestörten periodischen Feld (Methode der effektiven Masse)

1. Beim Studium des Verhaltens der Leitfähigkeitselektronen in Halbleitern stehen wir nicht selten vor der Tatsache, daß neben dem periodischen Potential des idealen Kristalls irgendein zusätzliches Feld auf das Elektron wirkt. Das tritt beispielsweise ein bei der Untersuchung der Bewegung des Elektrons im Feld eines Fremdatoms (Fremdions), welches in das ideale Kristallgitter eingebaut ist (Störstellenatom oder -ion). Das Vorhandensein einer freien Oberfläche des Kristalls ist ebenfalls äquivalent der Existenz eines gewissen zusätzlichen, sich in der Nähe der Oberfläche schnell ändernden Feldes. Wenn die Oberfläche elektrisch geladen ist, so haben wir in ihrer Nähe außerdem noch ein sich langsam änderndes elektrisches Feld. Das auf das Elektron wirkende COULOMB-Feld der Löcher führt dazu, daß gekoppelte Zustände zwischen Elektron und Loch vorhanden sind, die man als *Excitonen* bezeichnet. Das durch die Polarisation des Ionenkristalls hervorgerufene zusätzliche Feld, welches durch die Wirkung des Elektrons selbst auf das Gitter entsteht, führt zum sogenannten *Polaronenzustand*. Schließlich führt die Wärmebewegung (Schwingung) der Atome des Gitters zu einer Verzerrung des Feldes des idealen Kristalls, d. h., auch hier tritt ein gewisses zusätzliches Potential auf, welches auf das Elektron wirkt.

Ausgehend von einfachen, wenn auch nicht vollkommen strengen Vorstellungen, haben wir gezeigt (IV. § 4.6), daß, wenn auf das sich im periodischen Feld bewegende Elektron eine zusätzliche Kraft wirkt, die quantenmechanischen Bewegungsgleichungen (IV. 4.25) so aussehen wie die klassischen Bewegungsgleichungen, wenn man nur die Masse des freien Elektrons m^{-1} ersetzt durch den Tensor der verallgemeinerten effektiven Masse $\tilde{m}_\alpha^{-1}$.

Die quantenmechanische Aufgabe der Untersuchung der Bewegung des Elektrons in gestörten periodischen Feldern ist von einer Reihe von Autoren behandelt worden (PEKAR 1946; SLATER 1949; ADAMS 1952; LUTTINGER und KOHN 1955). In der folgenden Darlegung halten wir uns an die Arbeit von SLATER.

Neben dem periodischen Potential $V(\mathfrak{r})$ des Gitters möge auf das Elektron ein Feld $\mathcal{U}(\mathfrak{r})$ wirken. Die SCHRÖDINGER-Gleichung hat dann die Form

$$-\frac{\hbar^2}{2m}\nabla^2\Phi_i(\mathfrak{r}) + [V(\mathfrak{r}) + \mathcal{U}(\mathfrak{r})]\,\Phi_i(\mathfrak{r}) = \mathcal{E}_i\,\Phi_i(\mathfrak{r})\,. \tag{1.1}$$

Zur Bestimmung der Wellenfunktionen $\Phi_i(\mathfrak{r})$ und der Energieeigenwerte $\mathcal{E}_i$ entwickeln wir $\Phi_i(\mathfrak{r})$ in eine Reihe nach den sogenannten WANNIER-Funktionen $\varphi(\mathfrak{r} - \mathfrak{a}_n)$, die durch den Ausdruck

$$\varphi(\mathfrak{r} - \mathfrak{a}_n) = \frac{1}{\sqrt{N}} \sum_{\mathfrak{k}} e^{-i \mathfrak{k} \mathfrak{a}_n} \psi_{\mathfrak{k}}(\mathfrak{r}) \tag{1.2}$$

definiert sind; $\mathfrak{a}_n$ ist ein Vektor des gewöhnlichen Gitters und $\psi_{\mathfrak{k}}(\mathfrak{r}) = u_{\mathfrak{k}}(\mathfrak{r}) e^{i \mathfrak{k} \mathfrak{r}}$ sind die BLOCHschen Wellenfunktionen, die sich auf ein Energieband beziehen (bei strengerer Behandlung muß man auch die BLOCHschen Funktionen anderer Bänder berücksichtigen); summiert wird über alle $N = G^3$ quasidiskreten Werte des Wellenvektors $\mathfrak{k}$ in der ersten BRILLOUIN-Zone (IV. 4.5). Man kann zeigen (G. WANNIER, 1937), daß das Wellenpaket auf der rechten Seite von (1.2) so gebaut ist, daß es praktisch nur in der Nähe des $\mathfrak{n}$-ten Gitterpunktes von Null verschieden ist, wo folglich $\varphi(\mathfrak{r} - \mathfrak{a}_n)$ mit der atomaren Funktion $\psi_0(\mathfrak{r} - \mathfrak{a}_n)$ identifiziert werden kann.

Aus (1.2) folgt (Anhang XV)

$$\psi_{\mathfrak{k}}(\mathfrak{r}) = \frac{1}{\sqrt{N}} \sum_{\mathfrak{n}} e^{i \mathfrak{k} \mathfrak{a}_n} \varphi(\mathfrak{r} - \mathfrak{a}_n), \tag{1.3}$$

d. h., die WANNIER-Funktionen spielen tatsächlich in der Methode der starken Bindung die Rolle der atomaren Funktionen. Im Unterschied zu Gleichung (IV. 7.2a) ist die Formel (1 3) jedoch genau.[1]. Außerdem haben die WANNIER-Funktionen gegenüber den atomaren Funktionen $\psi_0(\mathfrak{r} - \mathfrak{a}_n)$ den Vorteil, daß sie streng orthogonal sind, d. h. es gilt

$$\int \varphi^*(\mathfrak{r} - \mathfrak{a}_n) \varphi(\mathfrak{r} - \mathfrak{a}_{n'}) d\tau = \delta_{\mathfrak{n}\mathfrak{n}'}. \tag{1.4}$$

Wir stellen die Wellenfunktion in Gleichung (1.1) in der Form

$$\Phi_i(\mathfrak{r}) = \sum_{\mathfrak{n}} f_i(\mathfrak{a}_n) \varphi(\mathfrak{r} - \mathfrak{a}_n) \tag{1.5}$$

dar, wo die $f_i(\mathfrak{a}_n)$ unbekannte Funktionen sind, die aus der Gleichung (1.1) zu bestimmen sind. Wenn sich $\mathcal{U}(\mathfrak{r})$ „glatt" ändert, d. h., die Änderung von $\mathcal{U}(\mathfrak{r})$ im Abstand einer Gitterkonstante klein ist im Vergleich zu den Schwingungen des periodischen Potentials $V(\mathfrak{r})$, dann kann man zeigen, daß die „glatte" Funktion $f_i(\mathfrak{r})$ (so gewählt, daß $f_i(\mathfrak{r})|_{\mathfrak{r}=\mathfrak{a}_n} = f_i(\mathfrak{a}_n)$ ist) die Gleichung

$$\varepsilon(-i\nabla) f_i(\mathfrak{r}) + \mathcal{U}(\mathfrak{r}) f_i(\mathfrak{r}) = \mathcal{E}_i f_i(\mathfrak{r}) \tag{1.6}$$

befriedigt (Anhang XV). Hier ist $\varepsilon(-i\nabla)$ ein Operator, der sich ergibt, wenn wir im Energieeigenwert $\varepsilon(\mathfrak{k})$ des sich im ungestörten periodischen Feld $V(\mathfrak{r})$ bewegenden Elektrons den Wellenvektor $\mathfrak{k}$ ersetzen durch den Operator $-iV = -i\,\mathrm{grad}$ (d. h. den Quasiimpuls $\mathfrak{p} = \hbar\mathfrak{k}$ durch den Operator $(\hbar/i)\nabla$).

Wir werden zeigen, daß die Gesamtwellenfunktion des Elektrons in der betrachteten Näherung die Form

$$\Phi_i(\mathfrak{r}) = f_i(\mathfrak{r})\, u_i(\mathfrak{r}) \tag{1.6a}$$

[1]) Wenn man natürlich in der Entwicklung (1.2) die BLOCH-Funktionen aller Energiebänder berücksichtigt.

hat, wo $u_i(\mathfrak{r}) = u_{\mathfrak{k}}(\mathfrak{r})$ der modulierende Faktor der BLOCHschen Funktion ist. Bei Verwendung von (IV. 4.6b) haben wir

$$u_i(\mathfrak{r}) = u_{\mathfrak{k}}(\mathfrak{r}) = \sqrt{N}\, e^{-i\mathfrak{k}\mathfrak{r}}\, \psi_{\mathfrak{k}}(\mathfrak{r}) = \sum_{\mathfrak{n}} e^{i\mathfrak{k}(\mathfrak{a}_\mathfrak{n}-\mathfrak{r})}\, \varphi\,(\mathfrak{r} - \mathfrak{a}_\mathfrak{n})\,,$$

wobei wir von der Beziehung (1.3) Gebrauch gemacht haben. In unserem Falle ist $\mathfrak{k}\,(\mathfrak{a}_\mathfrak{n} - \mathfrak{r}) \ll 1$, deshalb wird

$$u_i(\mathfrak{r}) \approx \sum_{\mathfrak{n}} \varphi(\mathfrak{r} - \mathfrak{a}_\mathfrak{n})\,.$$

Verwendet man die angenäherte Beziehung $f_i(\mathfrak{a}_\mathfrak{n}) \approx f_i(\mathfrak{r})$ und die letzte Gleichung, so erhalten wir aus (1.5) die Formel (1.6a). Wenn das Extremum von $\varepsilon(\mathfrak{k})$ bei $\mathfrak{k} = 0$ liegt, dann haben wir für kleine $\mathfrak{k}$ (IV. 4.12a)

$$\varepsilon(\mathfrak{k}) = \varepsilon_0 + \sum_{\alpha=x,y,z} \frac{\hbar^2\, k_\alpha^2}{2\, m_\alpha}\,; \tag{1.7}$$

hier ist $\varepsilon_0 = \varepsilon(0)$ die Energie des unteren (oberen) Randes des Bandes.

In dieser Näherung hat Gleichung (1.6) die Form

$$-\frac{\hbar^2}{2}\left(\frac{1}{m_1}\frac{\partial^2}{\partial x^2} + \frac{1}{m_2}\frac{\partial^2}{\partial y^2} + \frac{1}{m_3}\frac{\partial^2}{\partial z^2}\right) f_i(\mathfrak{r}) + \mathcal{U}(\mathfrak{r})\, f_i(\mathfrak{r}) = \mathscr{E}_i\, f_i(\mathfrak{r})\,, \tag{1.8}$$

dabei wurde $\varepsilon_0 = 0$ gesetzt.

Besonders einfache Form nimmt diese Gleichung im Falle des kubischen Kristalls an. Wir haben dann $m_1 = m_2 = m_3 = m^*$ und es wird

$$-\frac{\hbar^2}{2\, m^*}\nabla^2 f_i + \mathcal{U}(\mathfrak{r})\, f_i = \mathscr{E}_i\, f_i\,. \tag{1.9}$$

Es muß noch folgendes gesagt werden: wenn das Extremum von $\varepsilon(\mathfrak{k})$ nicht bei $\mathfrak{k} = 0$, sondern bei einem Wert $\mathfrak{k}_0 \neq 0$ liegt (n-Germanium und n-Silizium), dann kann man im allgemeinen nicht annehmen, daß die Komponenten m_1, m_2 und m_3 des Tensors der effektiven Masse im kubischen Kristall in eine skalare effektive Masse m^* entarten. Weiter unten bringen wir Beispiele für die Anwendung der Gleichung (1.9).

2. Liegt das Extremum $\varepsilon(\mathfrak{k})$ in einem Punkt $\mathfrak{k}_0 \neq 0$, so läßt sich zeigen, daß das erste Glied in Gleichung (1.6) ersetzt werden muß durch den Operator $\varepsilon(\mathfrak{k}_0 - i\,\nabla)$ und die Entwicklung in der Nähe des Extremums wird nach der Größe $i\,\nabla$ vorgenommen. Das folgt auch aus anschaulichen Vorstellungen, da in diesem Falle einer kleinen „kinetischen Energie“ ein „Impuls“ $(-\,i\,\hbar\,\nabla)$ entspricht, der vom Wert $\hbar\,\mathfrak{k}_0$ aus gerechnet wird, d. h., der Impuls ist gleich $\hbar(\mathfrak{k} - \mathfrak{k}_0)$. Bei Anwesenheit eines Magnetfeldes $\mathfrak{H}$, welches sich aus dem Vektorpotential $\mathfrak{A}$ nach der Formel $\mathfrak{H} = \operatorname{rot}\mathfrak{A}$ bestimmt, wird der verallgemeinerte Impuls $\mathfrak{p}$ des Elektrons in der HAMILTON-Funktion ersetzt durch den kinetischen Impuls $\mathfrak{p} - \frac{e}{c}\cdot\mathfrak{A}$. Man wird also in diesem Falle das erste Glied in Gleichung (1.6) durch $\varepsilon\left(-\,i\,\nabla - \frac{e}{\hbar\, c}\mathfrak{A}\right)$ ersetzen.

Das Problem wird komplizierter, wenn der Zustand des Elektrons im Extremum entartet ist, wie wir das beispielsweise für Löcher im p-Silizium und p-Germanium haben. Die für diesen Fall entwickelte Theorie (KITTEL, MITCHELL, LUTTINGER und KOHN, 1955) zeigt, daß die WANNIER-Gleichung (1.6) für die Entwicklungskoeffizienten $f_i(\mathfrak{r})$ im Falle s-facher Entartung ersetzt werden muß durch ein System von s Differentialgleichungen für die s Funktionen $f_i^{(j)}$ $(j = 1, 2, \ldots, s)$. In der Nähe des Extremums ist dieses System von Differentialgleichungen analog zu (1.8) von zweiter Ordnung und seine Koeffizienten werden bestimmt durch die Größen A, B und C des Ausdruckes (IV. 8.2) für die Energiedispersion.

3. Bei Herleitung der Gleichung (1.6) war die Voraussetzung gemacht worden, daß sich das zusätzliche Feld $\mathcal{U}(\mathfrak{r})$ langsam ändert. Wir betrachten jetzt eine Methode, die für solche Fälle angewendet werden kann, wo sich $\mathcal{U}(\mathfrak{r})$ so stark ändert, daß $\mathcal{U}(\mathfrak{r})$ nur in den Grenzen einer einzigen Elementarzelle von Null verschieden ist. In diesem Falle ist es günstiger, die gestörte Wellenfunktion $\Phi_i(\mathfrak{r})$ des Elektrons nach den BLOCHschen Wellenfunktionen $\psi_{\mathfrak{k}}(\mathfrak{r}) = u_{\mathfrak{k}}(\mathfrak{r})\, e^{i\mathfrak{k}\mathfrak{r}}$ zu entwickeln (wir verwenden wieder die BLOCHschen Funktionen nur eines einzigen Energiebandes):

$$\Phi_i(\mathfrak{r}) = \sum_{\mathfrak{k}'} f_i(\mathfrak{k}')\, \psi_{\mathfrak{k}'}(\mathfrak{r}); \tag{1.10}$$

zu summieren ist über $\mathfrak{k}'$ und die Summation erstreckt sich über alle quasidiskreten Werte in der ersten BRILLOUIN-Zone. Setzt man (1.10) in (1.1) ein, multipliziert von links mit $\psi_{\mathfrak{k}}^*(\mathfrak{r})$ und integriert über $\mathfrak{r}$, so ergibt sich

$$\int \psi_{\mathfrak{k}}^*(\mathfrak{r})\, [\hat{\mathcal{H}}_0 + \mathcal{U}(\mathfrak{r})] \sum_{\mathfrak{k}'} f_i(\mathfrak{k}')\, \psi_{\mathfrak{k}'}(\mathfrak{r})\, d\tau = \mathcal{E}_i \sum_{\mathfrak{k}'} f_i(\mathfrak{k}') \int \psi_{\mathfrak{k}}^*(\mathfrak{r})\, \psi_{\mathfrak{k}'}(\mathfrak{r})\, d\tau\,, \tag{1.11}$$

wo $\hat{\mathcal{H}}_0 = -\frac{\hbar^2}{2m} \nabla^2 + V(\mathfrak{r})$ der ungestörte HAMILTON-Operator ist.

Da $\hat{\mathcal{H}}_0 \psi_{\mathfrak{k}'} = \varepsilon(\mathfrak{k}')\, \psi_{\mathfrak{k}'}$ ist und die BLOCHschen Wellenfunktionen orthonormiert sind, erhalten wir aus (1.11)

$$\varepsilon(\mathfrak{k})\, f_i(\mathfrak{k}) + \sum_{\mathfrak{k}'} f_i(\mathfrak{k}') \int \psi_{\mathfrak{k}}^*(\mathfrak{r})\, \mathcal{U}(\mathfrak{r})\, \psi_{\mathfrak{k}'}(\mathfrak{r})\, d\tau = \mathcal{E}_i\, f_i(\mathfrak{k})\,. \tag{1.12}$$

Ersetzen wir im Integral dieser Gleichung die BLOCHschen Funktionen durch die WANNIER-Funktionen (1.3), so wird

$$\int \psi_{\mathfrak{k}}^*(\mathfrak{r})\, \mathcal{U}(\mathfrak{r})\, \psi_{\mathfrak{k}'}(\mathfrak{r})\, d\tau = \frac{1}{N} \sum_{\mathfrak{n}\mathfrak{n}'} e^{i\mathfrak{k}(\mathfrak{a}_n' - \mathfrak{a}_n)} \int \varphi^*(\mathfrak{r} - \mathfrak{a}_n)\, \mathcal{U}(\mathfrak{r})\, \varphi(\mathfrak{r} - \mathfrak{a}_n')\, d\tau\,. \tag{1.13}$$

Wenn die Störung $\mathcal{U}(\mathfrak{r})$ nur in den Grenzen einer einzigen, etwa der nullten Elementarzelle des Kristalls[1]) von Null verschieden ist, dann reicht es aus, in der Doppelsumme ein Glied mit $\mathfrak{n} = \mathfrak{n}' = 0$ zu berücksichtigen und wir erhalten

[1]) Es ist offensichtlich, daß für einen unbegrenzten Kristall das Resultat nicht davon abhängt, in welcher Zelle die Störung $\mathcal{U}(\mathfrak{r})$ auftritt.

anstelle von (1.12) den Ausdruck

$$\varepsilon(\mathfrak{k})\, f_i(\mathfrak{k}) + \frac{\mathcal{U}_0}{N} \sum_{\mathfrak{k}'} f_i(\mathfrak{k}') = \mathcal{E}_i\, f_i(\mathfrak{k})\,; \tag{1.14}$$

dabei ist $\mathcal{U}_0$ der über das Volumen der nullten Zelle gemittelte Wert des Störungspotentials $\mathcal{U}(\mathfrak{r})$. Er wurde in (1.13) vor das Integral gezogen. Führt man die Bezeichnung

$$\left(\frac{\mathcal{U}_0}{N}\right) \sum_{\mathfrak{k}'} f_i(\mathfrak{k}') = A$$

ein, so ergibt sich aus (1.14)

$$f_i(\mathfrak{k}) = \frac{A}{\mathcal{E}_i - \varepsilon(\mathfrak{k})}\,. \tag{1.15}$$

Setzt man dieses Resultat in (1.14) ein und kürzt beide Seiten der Gleichung durch die unbekannte Konstante A, so erhält man

$$\sum_{\mathfrak{k}'} \frac{1}{\mathcal{E}_i - \varepsilon(\mathfrak{k}')} = \frac{N}{\mathcal{U}_0}\,. \tag{1.16}$$

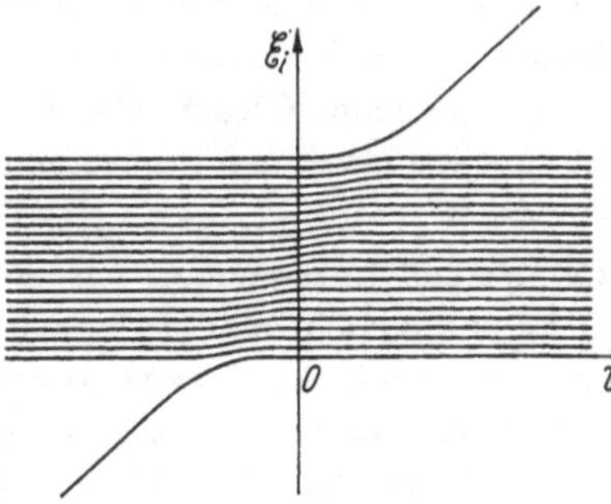

Abb. 63

Das ist eine Gleichung für die Bestimmung der Energieeigenwerte $\mathcal{E}_i$ bei vorgegebener Störung $\mathcal{U}_0$. Die linke Seite von (1.16) ist gleich der Summe von Brüchen der Form $[\mathcal{E}_i - \varepsilon(\mathfrak{k}_1)]^{-1}$, wobei $\mathfrak{k}_1$ einer der N möglichen Werte des Wellenvektors $\mathfrak{k}$ in der ersten BRILLOUIN-Zone ist. Wenn die Störung verschwindet, d. h. $\mathcal{U}_0 = 0$ ist, so wird die rechte Seite von (1.16) gleich ∞ und die Energieeigenwerte $\mathcal{E}_i$ des Elektrons für den idealen Kristall stimmen mit einem der N Werte $\varepsilon(\mathfrak{k})$ überein. Man kann zeigen, daß jedem positiven und negativen Wert $\mathcal{U}_0$ ebenfalls N Eigenwerte $\mathcal{E}_i$ $(i = 1, 2, \ldots, N)$ entsprechen. Solange $|\mathcal{U}_0|$ einen gewissen Wert nicht übersteigt, stimmen die Eigenwerte $\mathcal{E}_i$ praktisch mit den ungestörten Eigenwerten $\varepsilon(\mathfrak{k})$ überein. Wenn aber beispielsweise $\mathcal{U}_0 < 0$ ist und dem Betrag nach den oben angegebenen Wert übersteigt, so erfährt das dem unteren Rand $\varepsilon(0)$ des Energiebandes entsprechende $\mathcal{E}_i$ eine starke Störung — es erfolgt die Abspaltung eines Niveaus vom Boden des Bandes. Für $\mathcal{U}_0 > 0$ haben wir das analoge Bild am oberen Rand des Bandes. In Abb. 63 ist die Abhängigkeit der Eigenwerte $\mathcal{E}_i$ von der Größe des Störpotentials $\mathcal{U}_0$ dargestellt. Die gewonnenen Resultate können in folgender Weise interpretiert werden. Die Elektronen in der Nähe des unteren (oberen) Randes des Energiebandes können als freie Elektronen mit der positiven (negativen) Masse m^* betrachtet werden. Es ist bekannt, daß ein sich in einer dreidimensionalen Potentialmulde befindliches Teilchen keine gebundenen Zustände hat, wenn die Tiefe der Potentialmulde $|\mathcal{U}_0|$ kleiner ist als ein bestimmter Wert.[1]) In diesem Falle streut die Störung $\mathcal{U}_0$ nur das Teilchen und ändert sein Energiespektrum wenig.

[1]) Für eine sphärische Potentialmulde des Durchmessers a ist dieser kritische Wert gleich $\pi^2 \hbar^2/2\, m^*\, a^2$ (siehe dazu Fußnote [1]) auf Seite 76.

§ 2. Lokalisierte Zustände des Elektrons im nichtidealen Kristall

1. Die elektrischen Eigenschaften der Halbleiter und in erster Linie die Zahl der Ladungsträger in ihnen hängen in einer Reihe von Fällen wesentlich von verschiedenen Defekten des Kristallgitters ab. Solche Defekte sind: 1. Fremdatome (Störstellenatome), welche im Gitter einen der Plätze der Grundatome einnehmen können oder sich auf Zwischengitterplätzen befinden; 2. Grundatome des Gitters, die sich auf Zwischengitterplätzen befinden; 3. leere (vakante) Gitterpunkte; 4. Versetzungen; 5. die Oberfläche des Kristalls usw. Jede solche Störung des idealen Gitters schafft ein zusätzliches Feld, welches auf das Elektron wirkt und kann mit den im vorangegangenen Paragraphen dargelegten Methoden behandelt werden.

Als Beispiel untersuchen wir ein Arsenatom, welches fünf Valenzelektronen hat. Es soll sich in einem der Gitterpunkte des Siliziumgitters befinden. Vier Valenzelektronen des Arsens werden ähnlich wie die vier Valenzelektronen des Siliziumatoms an den vier kovalenten Bindungen des Gitters beteiligt sein. Man kann annehmen, daß das fünfte Valenzelektron, welches schwächer an die Gitterpunkte gebunden ist, sich im Feld des Gitters und des einfach geladenen Arsenions bewegen wird. Wegen der langsamen Änderung des Coulomb-Potentials kann man das Problem in der Näherung der Methode der effektiven Masse, welche im ersten Punkt des vorangegangenen Paragraphen behandelt wurde, lösen.[1]) Das fünfte Elektron des Arsens nimmt nicht an den Valenzbindungen des Kristalls teil, gewährleistet aber seine Neutralität. Es kann sich in gebundenem Zustand in der Nähe des Ions befinden, kann aber auch im freien Zustand einen Platz im Leitungsband des Siliziums einnehmen. Man kann versuchen, den Einfluß des Kristalls auf das Coulomb-Feld des Störstellenions grob zu berücksichtigen durch die Annahme, daß letzteres sich in einem Medium mit der Dielektrizitätskonstanten $\varkappa$ befindet. In diesem Falle haben wir für das zusätzliche Feld in (1.8) oder (1.9) die Beziehung

$$\mathcal{U}(\mathfrak{r}) = -\frac{e^2}{\varkappa\, r}. \tag{2.1}$$

Gleichung (1.9) führt in diesem Falle zum gewöhnlichen Problem des Wasserstoffatoms[2]) mit der Masse m^* des Elektrons und der Ladung $e^* = \frac{e}{\sqrt{\varkappa}}$. Wenn sich das Elektron in gebundenem Zustand in der Nähe des Störstellenions befindet, ergibt sich für seine Energie

$$\mathcal{E}_i = \mathcal{E}_n = -\frac{m^*(e^*)^4}{2\,\hbar^2 n^2} = \frac{m\,e^4}{2\,\hbar^2 n^2}\,\frac{m^*}{m}\,\frac{1}{\varkappa^2} = -\frac{13{,}5}{n^2}\left(\frac{m^*}{m}\right)\frac{1}{\varkappa^2}\,\mathrm{eV}; \tag{2.2}$$

---

[1]) Streng genommen ist das zusätzliche Feld $\mathcal{U}(\mathfrak{r})$, welches auf das fünfte Elektron wirkt, gleich der Differenz zwischen dem Feld des Arsenions und dem Feld des Siliziumatoms, letzteres ist aber klein in dem Gebiet, in dem sich das Elektron mit der größten Wahrscheinlichkeit aufhält.

[2]) Siehe Fußnote [1]), § 50 auf Seite 32.

hier ist n die Hauptquantenzahl und m die Masse des Elektrons im Vakuum. Da in (1.9) vorausgesetzt wird, daß dem unteren Rand des Leitungsbandes die Energie $\varepsilon(0) = 0$ entspricht, werden negative Energien (2.2) für das Elektron im gebundenen Zustand im verbotenen Band liegen. Wenn sich das Störstellenion im l-ten Gitterpunkt befindet, haben wir für den Grundzustand

$$f_0(\mathfrak{r}) = \frac{1}{\sqrt{\pi a_B^3}} e^{-\frac{|\mathfrak{r}-\mathfrak{a}_l|}{a_B}}; \tag{2.3}$$

hier ist a_B der Bohrsche Radius und gegeben durch

$$a_B = \frac{\hbar^2}{m^*(e^*)^2} = \frac{\hbar^2}{m e^2}\left(\frac{m}{m^*}\right)\varkappa = 0{,}53\left(\frac{m}{m^*}\right)\varkappa \text{ Å}.$$

Aus (2.3) folgt

$$f_0(\mathfrak{a}_n) = \frac{1}{\sqrt{\pi a_B^3}} e^{-\frac{|\mathfrak{a}_n-\mathfrak{a}_l|}{a_B}}. \tag{2.3a}$$

Wenn wir den Ausdruck (2.3a) in (1.5) einsetzen, so sehen wir, daß die Wellenfunktion $\Phi_0(\mathfrak{r})$ des Elektrons exponentiell mit der Entfernung vom l-ten Gitterpunkt abfällt, in welchem sich das Störstellenion befindet. Durch Anregung (Wärmeanregung, Anregung durch Licht und ähnliches) kann das Elektron aus dem gebundenen Zustand in der Nähe des Störstellenions in den freien Zustand, d. h. in das Leitungsband übergehen. Hier verwandelt es sich in einen Ladungsträger für den elektrischen Strom. Solche Störstellen, die als Folge einer Anregung freie Ladungen in das Leitungsband abgeben können, nennt man *Donatoren.*

Wir stellen uns jetzt vor, daß ein Atom eines Elements der dritten Gruppe (Bor, Aluminium, Indium, Gallium) sich in einem leeren Gitterpunkt des Siliziums oder Germaniums befindet. Die Atome der dritten Gruppe haben drei Valenzelektronen im s- und p-Zustand. Damit sie im Gitter des Si oder Ge eine vierwertige Bindung eingehen können, müssen sie sich ein Elektron aus dem „Reservoir" der Valenzelektronen der Grundatome des Gitters aneignen. Somit kann als Folge einer Anregung (Wärme- oder Lichtanregung) ein Elektron aus dem Valenzband des Kristalls zum neutralen Störstellenatom übergehen und dabei ein negatives Ion bilden. Störstellenzentren, die bei Anregung ein Elektron aus dem Valenzband einfangen können und dabei im Valenzband ein positiv geladenes Loch schaffen, heißen *Akzeptoren.*

Somit verwandeln sich Donatoren durch Anregung in positive Ionen und geben dabei freie Elektronen ins Leitungsband ab, Akzeptoren dagegen verwandeln sich in negative Ionen und schaffen dabei positiv geladene Löcher im Valenzband.

Mit Hilfe der Formel (2.2) kann man leicht abschätzen, daß im Germanium und Silizium die Energie des Grundzustands ($n = 1$) für Donatoren oder Akzeptoren von der Größenordnung 0,01 eV ist. Solch kleine Werte $|\mathscr{E}_0|$ hängen mit den großen Werten für die Dielektrizitätskonstante des Ge (≈ 16) und Si (≈ 12)

zusammen. Solche flachen Niveaus wurden im Germanium und Silizium tatsächlich experimentell beobachtet, wenn die Störstellenatome der dritten oder fünften Gruppe des periodischen Systems angehören.

Im nächsten Kapitel werden wir ausführlich die statistische Verteilung der Elektronen auf Donatoren, Akzeptoren, Valenzband und Leitungsband untersuchen. Wie wir dort sehen werden, ist diese Verteilung und folglich auch die Zahl der Ladungsträger im allgemeinen Falle eine sehr empfindliche Funktion der Temperatur des Kristalls. Darin besteht eine charakteristische Besonderheit der Halbleiter.

2. Wir haben Donator- und Akzeptorzustände der Elektronen und Löcher im sich langsam ändernden Feld der Störstellenionen betrachtet. In diesem Falle kann man die Methode der effektiven Masse, d. h. die Gleichung (1.9) anwenden.

Im dritten Punkt des vorangegangenen Paragraphen sahen wir, daß eine lokalisierte Störung $\mathcal{U}_0$ ebenfalls zur Abspaltung eines Energieniveaus vom Boden oder vom oberen Rand eines Energiebandes führen kann, wenn die Störung $\mathcal{U}_0$ einen bestimmten Wert erreicht. Die abgespaltenen Niveaus geben ebenfalls gebundene Elektronenzustände vom Donator- oder Akzeptortyp.

Da die Störstellenionen (insbesondere die negativen) nicht als punktförmig betrachtet werden dürfen, kann in einigen Fällen das von ihnen geschaffene Feld besser durch eine lokalisierte Störung als durch das Coulomb-Potential beschrieben werden. In diesem Falle ist Formel (2.2) nicht mehr anwendbar und man erhält in der Regel tiefere Störstellenniveaus. So ergibt z. B. Gold im Silizium ein Donatorniveau, welches 0,35 eV oberhalb des Valenzbandes liegt, und ein Akzeptorniveau 0,54 eV unterhalb des Leitungsbandes.

Wenn sich ein positives Ion mit einem Elektron vereinigt, so bildet sich ein neutrales Atom, dessen Feld man in guter Näherung durch ein abgeschirmtes Potential der Form

$$\mathcal{U}(r) = -A\frac{e^{-\alpha r}}{r} \tag{2.4}$$

beschreiben kann, wo $1/\alpha$ der effektive Wirkungsradius des Feldes ist. Wenn $1/\alpha$ von der Größenordnung der Gitterkonstanten ist, kann man die Störung (2.4) als lokalisiert betrachten. Bei nicht allzu kleinem $1/\alpha$ können im Feld des Potentials (2.4) gebundene Elektronenzustände existieren, so daß ein solches Atom noch ein weiteres Elektron einfangen kann. Deshalb können die Störstellenniveaus in einigen Fällen mehrfach geladen sein.

Aus der Erfahrung wissen wir, daß die einwertigen Cu und Au im Germanium 1, 2 und sogar 3 Elektronen einfangen können, die zweiwertigen Zn und Cd können 1 oder 2 Elektronen aufnehmen.

Am Schluß sei noch gesagt, daß die quantitative Theorie der tiefen Störstellenniveaus bis jetzt noch nicht entwickelt ist.

3. Eine einfachere Form einer lokalisierten Störung des periodischen Feldes eines idealen Kristalls ist seine Oberfläche. Gebundene Elektronenzustände an

einer freien Oberfläche des Kristalls wurden zuerst von I. E. TAMM (1932) vorausgesagt und theoretisch untersucht und erhielten die Bezeichnung TAMM-*Zustände*. Ihre Existenz wurde bei der Untersuchung von Kontakterscheinungen in Halbleitern experimentell nachgewiesen.

Wir untersuchen die Oberflächenzustände am einfachsten Modell eines eindimensionalen begrenzten Kristallgitters (Abb. 64), welches angenähert die Situation in einem dreidimensionalen Gitter beschreibt, wenn man sich nur für die Richtung interessiert, die zur freien Oberfläche des Kristalls senkrecht ist. Der Kristall möge den Raum $x > 0$ ausfüllen; dort ist die potentielle Energie $\mathcal{U}(x)$ des Elektrons eine periodische Funktion mit der Gitterkonstanten a als Periode. Auf der linken Seite der freien Oberfläche des Kristalls ($x < 0$) haben wir Vakuum und die potentielle Energie $\mathcal{U}(x)$ des Elektrons hat einen konstanten Wert $\mathcal{U}_0$.

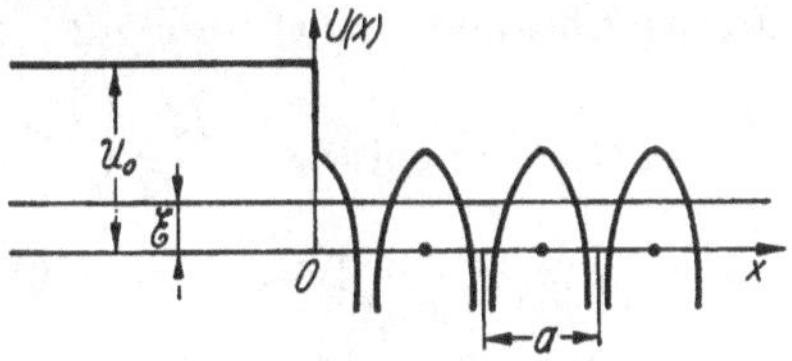

Abb. 64

Für die eindimensionale Bewegung eines Elektrons im Feld $\mathcal{U}(x)$ hat die SCHRÖDINGER-Gleichung die Form

$$-\frac{\hbar^2}{2m}\frac{d^2\psi}{dx^2} + \mathcal{U}(x)\,\psi = \mathcal{E}\,\psi\,. \tag{2.5}$$

Wir betrachten den Fall $\mathcal{E} < \mathcal{U}_0$; dann hat die Lösung von (2.5) für $x \leq 0$ die Form

$$\psi_1(x) = A\,\exp\left(\frac{\sqrt{2\,m\,(\mathcal{U}_0 - \mathcal{E})}}{\hbar}\,x\right), \tag{2.6}$$

wobei wir einen Summanden weggelassen haben, welcher proportional $\exp\left(-\frac{1}{\hbar}\sqrt{2\,m\,(\mathcal{U}_0 - \mathcal{E})}\cdot x\right)$ ist und bei $x \to -\infty$ gegen Unendlich geht. Für $x \geq 0$ ist $\mathcal{U}(x)$ eine periodische Funktion und die Wellenfunktion hat demzufolge die Form der BLOCHschen Funktion $u_k(x)\exp(i\,k\,x)$. Die allgemeine Lösung für eine lineare homogene Differentialgleichung zweiter Ordnung kann aus zwei linear unabhängigen Lösungen aufgebaut werden, z. B.

$$\psi_2(x) = A_1\,u_k(x)\,e^{i\,k\,x} + A_2\,u_{-k}(x)\,e^{-i\,k\,x}\,. \tag{2.7}$$

Erlaubten Energiewerten $\mathcal{E}(k)$ des Elektrons im unendlichen periodischen Gitter entsprechen reelle Werte der Wellenzahl (des Wellenvektors) k. Wenn k komplex ist, d. h. wir haben $k = k' + i\,k''$, so wird

$$\psi_2(x) = A_1\,u_k(x)\,e^{i\,k'x}\,e^{-k''x} + A_2\,u_{-k}(x)\,e^{-i\,k'x}\,e^{k''x}\,. \tag{2.8}$$

Es ist vollkommen klar, daß in Abhängigkeit vom Vorzeichen von k'' entweder der erste oder der zweite Summand bei $x \to +\infty$ oder $x \to -\infty$ gegen Unendlich strebt. Fordert man, daß die Wellenfunktion ψ_2 endlich ist, so kann das Elektron in einem unbegrenzten Gitter nicht in einem Zustand mit komplexem k existieren.

Die Situation ist ganz anders, wenn der Kristall auf einer Seite begrenzt ist (Abb. 64). Wenn jetzt $k'' > 0$ ist, dann bleibt $\psi_2(x)$ endlich bei $x \to +\infty$, wenn wir in (2.8) $A_2 = 0$ setzen; für negative x-Werte gilt die andere Lösung (2.6), welche bei $x \to -\infty$ endlich bleibt.

Damit $\psi_1(x)$ und $\psi_2(x)$ einen bestimmten Elektronenzustand beschreiben, muß man die Lösungen $\psi_1(x)$ und $\psi_2(x)$ bei $x = 0$ „verbinden", d. h. es muß sein

$$\psi_1(0) = \psi_2(0), \quad \left(\frac{d\psi_1}{dx}\right)_{x=0} = \left(\frac{d\psi_2}{dx}\right)_{x=0}. \tag{2.9}$$

Verwendet man die Lösungen (2.6) und (2.7), so ergibt sich

$$\begin{aligned} &A_1 u_k(0) + A_2 u_{-k}(0) = A\,, \\ &A_1 [u_k'(0) + i\,k\,u_k(0)] + A_2 [u_k'(0) - i\,k\,u_{-k}(0)] = A\,\frac{\sqrt{2\,m\,(\mathcal{U}_0 - \mathcal{E})}}{\hbar}\,. \end{aligned} \tag{2.10}$$

Wenn k reell ist und $\mathcal{E}(k)$ folglich innerhalb der Grenzen eines der erlaubten Energiebänder des unendlichen Kristalls liegt, dann ist ψ_2 bei $A_1 \neq 0$ und $A_2 \neq 0$ für $x \to \infty$ endlich. In diesem Falle haben die zwei linearen Gleichungen (2.10) für die drei Unbekannten A_1, A_2 und A immer eine Lösung. Folglich können alle Elektronenzustände, die im unendlichen Kristall auftreten, auch im halbunendlichen Kristall vorhanden sein.

Wenn k komplex ist und ihm eine Energie $\mathcal{E}(k)$ im verbotenen Band des unendlichen Kristalls entspricht, so bleibt ψ_2 endlich für $x \to \infty$, wenn wir ($k'' > 0$) $A_2 = 0$ setzen. In diesem Falle geht (2.10) in ein homogenes lineares Gleichungssystem für die beiden Unbekannten A_1 und A über. Damit dieses System von Null verschiedene Lösungen hat, muß die Koeffizientendeterminante verschwinden. Das liefert uns eine charakteristische Gleichung, mit deren Hilfe wir die Energie $\mathcal{E}$ berechnen können. Dieser Energiewert kann auf folgende Weise bestimmt werden: wir setzen in (2.10) $A_2 = 0$; dann haben wir aus der ersten Gleichung $A = A_1 u_k(0)$, setzen das in die zweite Gleichung ein und kürzen letztere durch A_1; dann ergibt sich

$$\mathcal{E} = \mathcal{U}_0 - \frac{\hbar^2}{2\,m}\left[\frac{u_k'(0)}{u_k(0)} + i\,k\right]^2, \tag{2.11}$$

wobei

$$k = k' + i\,k'' \;(k'' > 0)$$

ist. Der Energiewert (2.11) hängt von der Form des periodischen Potentials $\mathcal{U}(x)$ für $x \geqq 0$ ab. I. E. Tamm zeigte, daß man bei Approximation des periodischen Potentials $\mathcal{U}(x)$ durch rechteckige Vorsprünge (Modell von Kronig und Penney) unter bestimmten Bedingungen in jedem verbotenen Energieband einen Oberflächenzustand hat. Die Wellenfunktion des Elektrons, welches sich in diesem Oberflächenzustand befindet, fällt sowohl zum Vakuum (2.6) als auch zum Innern des Kristalls (2.8), wo $A_2 = 0$ ist, exponentiell ab. Somit ist das Elektron auf dem Oberflächenniveau in der Nähe der Oberfläche lokalisiert; da es sich längs der Oberfläche bewegen kann, haben wir eine zusätzliche Oberflächenleitfähigkeit.

Im dreidimensionalen Kristall verwandelt sich das Oberflächenniveau in ein Energieband an der Oberfläche. Die Zahl der Zustände in diesem Band ist von der Größenordnung 10^{15}, d. h. von der Größenordnung der Zahl der Atome pro cm^2 der Oberfläche. Obwohl für eine gegebene Kristallprobe die Zahl der Oberflächenzustände mit der Zahl der lokalen Störstellenniveaus vergleichbar sein kann, spielen sie gewöhnlich keine große Rolle, da die Aufladung der Oberfläche eine beträchtliche Änderung ihres Potentials hervorruft, welche den Übergang anderer Elektronen auf die Oberflächenzustände verhindert.

§ 3. Excitonen

1. Die auf der Einelektronennäherung beruhende Bändertheorie berücksichtigt alle möglichen Quantenzustände des Elektrons in einem Kristall. Dabei wird vorausgesetzt, daß die Wirkung aller Atomkerne und aller restlichen Elektronen auf ein vorgegebenes Elektron sich auf ein bestimmtes dreidimensional-periodisches „self-consistent"-Feld zurückführen läßt. In einem Dielektrikum oder einem Eigenhalbleiter füllen die Elektronen das Valenzband vollkommen aus, so daß die minimale Anregungsenergie eines Elektrons mit seinem Übergang aus dem gefüllten Valenzband in das freie Leitungsband verbunden ist. Bei jedem solchem Übergang entstehen Ladungsträger: ein Elektron im Leitungsband und ein Loch im Valenzband.

Das Experiment zeigt jedoch, daß die Absorption von Licht in einem Dielektrikum bei Frequenzen, die der Anregung eines Elektrons entsprechen, nicht immer Ladungsträger auftreten (Photoleitfähigkeit). Wie zuerst von J. I. Frenkel (1931) gezeigt wurde, kann das mit besonderen stromlosen Anregungen des Elektrons im Kristall zusammenhängen, wobei diese Anregungen einen gewissen Quasiimpuls und eine gewisse kinetische Energie besitzen. J. I. Frenkel nannte diese Anregungen *Excitonen.* Streng gesprochen geht die Excitonenanregung über den Rahmen der Einelektronennäherung hinaus, man kann sie jedoch in einem gewissen Sinne in die Bändertheorie einbeziehen, wenn man zusätzlich die Wechselwirkung zwischen einem Elektron im Leitungsband und einem Loch im Valenzband (Mott, Wannier) betrachtet.

Im weiteren werden uns nur gebundene Zustände interessieren, bei denen ein Elektron und ein Loch miteinander in Wechselwirkung stehen. Wenn die Ausmaße eines solchen Excitons im Vergleich zur Gitterkonstante groß sind, so kann man die Wechselwirkung zwischen Elektron und Loch in guter Näherung als Coulombsche Wechselwirkung zweier Punktladungen betrachten, wobei die Wechselwirkung um das $\varkappa$-fache abgeschwächt ist. $\varkappa$ ist die optische Dielektrizitätskonstante des Gitters. Das Elektron und das Loch bewegen sich so schnell, daß man in den Operator ihrer Coulombschen Wechselwirkung den Teil der Polarisation des Kristalls, der mit der Verschiebung der schweren Ionen verknüpft ist, nicht einzuführen braucht.

Wenn $\mathfrak{r}_n$ und $\mathfrak{r}_p$ die Radiusvektoren sind, die die Lage des Elektrons und des Lochs bestimmen, und m_n und m_p ihre skalaren effektiven Massen darstellen, dann hat die SCHRÖDINGER-Gleichung für das Elektron und das Loch, wenn beide miteinander in Wechselwirkung stehen, die Form

$$\left[-\frac{\hbar^2}{2\,m_n}\nabla_n^2 - \frac{\hbar^2}{2\,m_p}\nabla_p^2 - \frac{e^2}{\varkappa\,|\mathfrak{r}_n - \mathfrak{r}_p|}\right]\psi(\mathfrak{r}_n, \mathfrak{r}_p) = \mathscr{E}\,\psi(\mathfrak{r}_n, \mathfrak{r}_p)\,, \tag{3.1}$$

wobei ∇_n^2 und ∇_p^2 die LAPLACE-Operatoren in den Koordinaten des Elektrons und des Loches sind und $\mathscr{E}$ die Energie des Systems angibt.

Wir führen den Radiusvektor $\mathfrak{R}$ für den Schwerpunkt von Elektron und Loch und den Vektor $\vec{\varrho}$ ein, der die Lage des Elektrons bezüglich des Lochs angibt:

$$\mathfrak{R} = \frac{m_n\,\mathfrak{r}_n + m_p\,\mathfrak{r}_p}{m_n + m_p}\,, \tag{3.2}$$

$$\vec{\varrho} = \mathfrak{r}_n - \mathfrak{r}_p\,. \tag{3.2a}$$

In den neuen Koordinaten $\mathfrak{R}$ und $\vec{\varrho}$ hat die Gleichung (3.1) die Form (Anhang XVI)

$$\left[-\frac{\hbar^2}{2\,M}\nabla_{\mathfrak{R}}^2 - \frac{\hbar^2}{2\,\mu}\nabla_\varrho^2 - \frac{e^2}{\varkappa\,\vec{\varrho}}\right]\psi(\mathfrak{R}, \vec{\varrho}) = \mathscr{E}\,\psi(\mathfrak{R}, \vec{\varrho})\,; \tag{3.3}$$

hier ist $M = m_n + m_p$, μ die reduzierte Masse $\left(\frac{1}{\mu} = \frac{1}{m_n} + \frac{1}{m_p}\right)$ und $\nabla_{\mathfrak{R}}^2$ und ∇_ϱ^2 sind die LAPLACE-Operatoren in den Veränderlichen $\mathfrak{R}$ und $\vec{\varrho}$.

Die Gleichung (3.3) wird durch Trennung der Variablen gelöst:

$$\psi(\mathfrak{R}, \vec{\varrho}) = \chi(\mathfrak{R})\,\varphi(\vec{\varrho})\,. \tag{3.4}$$

Setzt man den Ausdruck (3.4) in (3.3) ein und teilt beide Seiten durch $\psi(\mathfrak{R}, \vec{\varrho})$, so ergibt sich

$$-\frac{\hbar^2}{2\,M}\frac{1}{\chi(\mathfrak{R})}\nabla_{\mathfrak{R}}^2\chi(\mathfrak{R}) - \frac{1}{\varphi(\vec{\varrho})}\left[\frac{\hbar^2}{2\,\mu}\nabla_\varrho^2\varphi(\vec{\varrho}) + \frac{e^2}{\varkappa\,\varrho}\varphi(\vec{\varrho})\right] = \mathscr{E}\,. \tag{3.5}$$

Da der erste Summand der linken Seite nur von $\mathfrak{R}$, der zweite Summand nur von $\vec{\varrho}$ abhängt und ihre Summe $\mathscr{E}$ konstant ist, müssen sowohl der erste als auch der zweite Summand konstante Größen sein; wir haben somit

$$-\frac{\hbar^2}{2\,M}\nabla_{\mathfrak{R}}^2\chi = W\chi\,, \tag{3.6}$$

$$\left[-\frac{\hbar^2}{2\,\mu}\nabla_\varrho^2 - \frac{e^2}{\varkappa\,\varrho}\right]\varphi = \varepsilon\,\varphi\,, \tag{3.6a}$$

wobei $W + \varepsilon = \mathscr{E}$ ist.

Die Gleichung (3.6) beschreibt die freie Bewegung (Translationsbewegung) eines neutralen Teilchens (Excitons) mit der Masse $M = m_n + m_p$ und der Energie W; Gleichung (3.6) hat als Lösung eine ebene Welle mit dem Wellenvektor $\sqrt{2\,M\,W}/\hbar$. Die Gleichung (3.6a) beschreibt die innere wasserstoffähnliche Bewegung des Excitons mit den Energieeigenwerten ε_i, welche durch die Gleichung (2.2) bestimmt werden, wenn man dort die effektive Masse m^* durch die reduzierte Masse μ ersetzt. Der Radius des Excitons ist analog zum BOHRschen Radius des Wasserstoffatoms gleich

$$\frac{\hbar^2}{m e^2}\left(\frac{m}{\mu}\right)\varkappa = 0{,}53 \cdot \left(\frac{m}{\mu}\right)\varkappa \text{ Å},$$

wobei m die Masse des Elektrons im Vakuum ist. Wir sehen, daß Excitonen mit großem Radius in solchen Kristallen gebildet werden, die eine große Dielektrizitätskonstante $\varkappa$ haben.

2. Excitonen mit kleinem Radius können in der Näherung starker Bindung (J. I. FRENKEL, 1931) beschrieben werden. Für die angenäherte Darstellung der Mehrelektronenwellenfunktion verwenden wir die Methode von HEITLER-LONDON-HEISENBERG (IV. § 3.1). Wir gehen von Einelektronenfunktionen aus, die wir gleich den Wellenfunktionen der Elektronen in den isolierten Gitterpunkten setzen. Der Einfachheit halber untersuchen wir ein einfaches kubisches Gitter aus gleichartigen Atomen mit einem Elektron. Der nichtangeregte Grundzustand des l-ten Elektrons im isolierten $\mathfrak{n}$-ten Gitterpunkt möge durch die SCHRÖDINGER-Gleichung

$$\hat{\mathcal{H}}_n \psi_n(\mathfrak{r}_l) = \varepsilon_0 \psi_n(\mathfrak{r}_l) \tag{3.7}$$

beschrieben werden. Hier ist

$$\hat{\mathcal{H}}_n = -\frac{\hbar^2}{2m}\nabla_l^2 + \mathcal{U}_n(\mathfrak{r}_l), \tag{3.7 a}$$

wo ∇_l^2 der LAPLACE-Operator für das l-te Elektron und $\mathcal{U}_n(\mathfrak{r}_l)$ seine potentielle Energie im $\mathfrak{n}$-ten isolierten Gitterpunkt ist.

Bei fehlender Spin-Bahn-Wechselwirkung ist die Gesamtwellenfunktion des l-ten Elektrons im $\mathfrak{n}$-ten Gitterpunkt gleich

$$\varphi_n(l) = \psi_n(\mathfrak{r}_l)\,\chi_\alpha(\sigma_l),$$

wobei der Index n an φ_n die beiden Indizes n und α der rechten Seite charakterisiert und l für die drei Raumkoordinaten und eine Spinkoordinate des l-ten Elektrons steht.

Der Einfachheit halber vernachlässigen wir die Überlappung der Wellenfunktionen ψ_n sogar für benachbarte Gitterpunkte; dann ist analog zu (IV. 2.7)

$$\int \psi_n^*(l)\,\psi_{n'}(l)\,d\tau_l = \delta_{n n'}; \tag{3.8}$$

hier steht l anstelle von $\mathfrak{r}_l$ und es ist $d\tau_l = dx_l\,dy_l\,dz_l$. Wir setzen voraus, daß die Spins aller Elektronen parallel sind, was offensichtlich unwesentlich ist, wenn wir uns nicht für die magnetischen Eigenschaften des Systems, Fragen der kovalenten Bindung im Gitter und ähnliches interessieren.

Wenn wir die Spin-Bahn-Wechselwirkung nicht berücksichtigen, so daß die Gesamtwellenfunktion in der Form eines Produkts aus Koordinatenanteil und Spinanteil dargestellt werden kann, so muß wegen der Symmetrie des letzteren (Spins parallel) der Koordinatenanteil der Wellenfunktion antisymmetrisch sein. Die auf der Grundlage der Einelektronenfunktionen $\psi_n(l)$ konstruierte richtige antisymmetrische Wellenfunktion des gesamten Kristalls hat die Form einer Determinante (IV. 2.8b):

$$\Phi(1,2,\ldots,N)=\frac{1}{\sqrt{N!}}\begin{vmatrix}\psi_1(1)\,\psi_1(2)\ldots\psi_1(N)\\ \ldots\ldots\ldots\ldots\\ \psi_N(1)\,\psi_N(2)\ldots\psi_N(N)\end{vmatrix}, \tag{3.9}$$

wenn wir im Grundgebiet des Kristalls N Gitterpunkte haben.

Bei Verwendung von (3.8) läßt sich leicht zeigen, daß analog zu (IV. 2.8a)

$$\int \Phi^*(1,2,\ldots,N)\,\Phi(1,2,\ldots,N)\,d\tau_1\,d\tau_2\ldots d\tau_N=\int \Phi^*\,\Phi\,d\tau=1$$
$$(d\tau\equiv d\tau_1\,d\tau_2\ldots d\tau_N) \tag{3.9a}$$

gilt. Der HAMILTON-Operator des Systems aller N Elektronen hat die Form

$$\hat{\mathscr{H}}=\sum_{n=1}^{N}\hat{\mathscr{H}}_n+V(1,2,\ldots,N), \tag{3.10}$$

wobei $\sum_{n=1}^{N}\hat{\mathscr{H}}_n=\hat{\mathscr{H}}_0$ der ungestörte HAMILTON-Operator ist (man kann beispielsweise $\hat{\mathscr{H}}_n=\frac{-\hbar^2}{2m}\nabla_n^2+\mathscr{U}_n(\mathfrak{r}_n)$ annehmen). $V(1,2,\ldots,N)$ enthält die Wechselwirkung aller Elektronen untereinander und die Energie jedes n-ten Elektrons im Feld aller anderen m-ten Gitterpunkte ($m\neq n$). In nullter Näherung ist die Energie des Systems

$$\mathscr{E}_0=\int \Phi^*\,\hat{\mathscr{H}}_0\,\Phi\,d\tau=N\,\varepsilon_0, \tag{3.11}$$

was unmittelbar aus den Formeln (3.9), (3.7) und (3.8) folgt.

Die Korrektur zur Energie des Grundzustands ist in erster Näherung der Störungstheorie gleich:

$$\mathscr{E}_1=\int \Phi^*\,V\,\Phi\,d\tau. \tag{3.12}$$

Wir bezeichnen die Wellenfunktion des angeregten Zustands für das l-te Elektron im n-ten Gitterpunkt mit ψ_n'; dann ist

$$\hat{\mathscr{H}}_n\,\psi_n'=\varepsilon_1\,\psi_n', \tag{3.13}$$

wobei ε_1 die Energie des angeregten Zustands des Elektrons im isolierten Gitterpunkt angibt.

Wir nehmen an, daß sich die angeregten Wellenfunktionen eines gegebenen Gitterpunktes ebenfalls nicht mit den Wellenfunktionen der Nachbargitterpunkte überlappen; außerdem ist für ein gegebenes n

$$\int \psi_n^*\,\psi_n'\,d\tau=0, \tag{3.14}$$

da der angeregte Zustand ψ_n' orthogonal zum Grundzustand ψ_n ist.

Die Wellenfunktion der Elektronen in einem Kristall, dessen n-ter Gitterpunkt angeregt ist, hat die richtigen antisymmetrischen Eigenschaften, wenn sie in der Form

$$\Phi_n(1, 2, \ldots, N) = \frac{1}{\sqrt{N!}} \begin{vmatrix} \psi_1(1) \ldots \psi_1(N) \\ \cdots\cdots\cdots \\ \psi_n'(1) \ldots \psi_n'(N) \\ \cdots\cdots\cdots \\ \psi_N(1) \ldots \psi_N(N) \end{vmatrix} \tag{3.15}$$

geschrieben wird. Verwendet man (3.8), wo sich für $n \neq n'$ die Wellenfunktionen auch auf angeregte Zustände beziehen können, und (3.14), so findet man leicht, daß

$$\int \Phi_m^* \Phi_n \, d\tau_1 \ldots d\tau_N = \delta_{mn} \tag{3.16}$$

gilt. Der Ausdruck (3.15) ist im Gegensatz zu (3.9) noch nicht die richtige Wellenfunktion nullter Näherung für den angeregten Kristall. Wegen der Translationssymmetrie kann die Anregung in einem beliebigen Gitterpunkt des Kristalls lokalisiert sein, die Energie ändert sich dabei nicht. Der Zustand ist also N-fach entartet und die richtige Wellenfunktion nullter Näherung muß in Form einer linearen Superposition aufgebaut werden:

$$\Phi'(1, 2, \ldots, N) = \sum_{n=1}^{N} C_n \Phi_n(1, 2, \ldots, N) \,. \tag{3.17}$$

Die C_n sind konstante Koeffizienten, die nach den allgemeinen Regeln der Störungstheorie entarteter Zustände (vergleiche mit IV. § 7.2) bestimmt werden müssen.

Wir berechnen die Wirkung des ungestörten Operators $\hat{\mathscr{H}}_0 = \sum_{l=1}^{N} \mathscr{H}_l(l)$ auf die Funktion Φ_n (3.15):

$$\hat{\mathscr{H}}_0 \Phi_n = [\hat{\mathscr{H}}_1(1) + \hat{\mathscr{H}}_2(2) + \cdots + \hat{\mathscr{H}}_l(l) + \cdots + \hat{\mathscr{H}}_N(N)] \times \frac{1}{\sqrt{N!}} \sum_p (-1)^{[p]} \hat{P} \{\psi_1(p_1) \ldots \psi_n'(p_n) \ldots \psi_N(p_N)\} \,, \tag{3.18}$$

wobei $p_1, p_2, \ldots, p_n, \ldots, p_N$ die Zahlen $1, 2, 3, \ldots, N$ in irgendeiner Anordnung angeben. Die Determinante (3.15) ist hier in Form einer Summe geschrieben, in welcher über alle möglichen Permutationen der Zahlen $p_1, p_2, \ldots, p_n, \ldots, p_N$ summiert wird und $[p]$ gibt die Zahl der Unordnungen in dieser Permutation an.[1])

Wir müssen zwei Fälle unterscheiden bei der Wirkung eines der Operatoren $\hat{\mathscr{H}}_l(l)$ $(l = 1, 2, 3, \ldots, N)$ auf das Produkt $\{\psi_1(p_1) \ldots \psi_n'(p_n) \ldots \psi_N(p_N)\}$: 1. $p_n = l$; dann führt die Wirkung des Operators gemäß (3.13) zur Multiplikation der Klammer { } mit ε_1; 2. $p_n \neq l$; dann führt die Wirkung des Operators gemäß (3.7) zur Multiplikation der Klammer { } mit ε_0. Da der zweite Fall für jedes l $(N - 1)$-mal realisierbar ist, erhalten wir

$$\hat{\mathscr{H}}_0 \Phi_n = [(N-1)\, \varepsilon_0 + \varepsilon_1]\, \Phi_n \,. \tag{3.18 a}$$

[1]) Siehe Fußnote [1]) auf Seite 60.

Die Energie des Kristalls ist in dieser Näherung

$$\int \Phi^{*\prime} \hat{\mathscr{H}}_0 \Phi' \, d\tau = \sum_m \sum_n C_m^* C_n \int \Phi_m^* \hat{\mathscr{H}}_0 \Phi_n \, d\tau$$

$$= [(N-1)\,\varepsilon_0 + \varepsilon_1] \sum_m \sum_n C_m^* C_n \delta_{mn} = [(N-1)\,\varepsilon_0 + \varepsilon_1] \sum_n |C_n|^2$$

$$= (N-1)\,\varepsilon_0 + \varepsilon_1 \,, \tag{3.19}$$

wenn wir die Wellenfunktion Φ' auf 1 normieren, d. h.

$$\sum_n |C_n|^2 = 1 \tag{3.19a}$$

setzen. Dem HAMILTON-Operator (3.10) entspricht die SCHRÖDINGER-Gleichung

$$[\hat{\mathscr{H}}_0 + V(1, 2, \ldots, N)]\,\psi = W\,\psi \,. \tag{3.20}$$

Setzt man hier für ψ die genäherte Wellenfunktion Φ' (3.17), so erhalten wir bei Berücksichtigung von (3.18a)

$$\sum_n C_n \{[(N-1)\,\varepsilon_0 + \varepsilon_1]\,\Phi_n + V\,\Phi_n\} = W \sum_n C_n \Phi_n \,.$$

Multipliziert man beide Seiten der Gleichung von links mit Φ_m^* und integriert bei Berücksichtigung von (3.16) über die Koordinaten aller Elektronen, so ergibt sich

$$\sum_{n=1}^{N} C_n V_{mn} - \mathscr{E}' C_m = 0 \,, \tag{3.21}$$

wobei

$$V_{mn} = \int \Phi_m^* \, V \, \Phi_n \, d\tau \,, \tag{3.21a}$$

$$\mathscr{E}' = W - [(N-1)\,\varepsilon_0 + \varepsilon_1] \tag{3.21b}$$

ist. Dieses lineare homogene algebraische System von N Gleichungen für die N unbekannten Koeffizienten C_n (3.21) hat in ausgeschriebener Form das Aussehen

$$\left.\begin{array}{l}
(V_{11} - \mathscr{E}')\,C_1 + V_{12}\,C_2 + \ldots + V_{1N}\,C_N = 0 \,, \\
V_{21}\,C_1 + (V_{22} - \mathscr{E}')\,C_2 + \ldots + V_{2N}\,C_N = 0 \,, \\
\ldots\ldots\ldots\ldots\ldots\ldots\ldots\ldots\ldots\ldots \\
V_{N1}\,C_1 + V_{N2}\,C_2 + \ldots + (V_{NN} - \mathscr{E}')\,C_N = 0 \,.
\end{array}\right\} \tag{3.21c}$$

Damit dieses homogene System von Null verschiedene Lösungen hat, muß man seine Koeffizientendeterminante gleich Null setzen:

$$\begin{vmatrix}
(V_{11} - \mathscr{E}'),\ V_{12} \ldots V_{1N} \\
V_{21},\ (V_{22} - \mathscr{E}') \ldots V_{2N} \\
\ldots\ldots\ldots\ldots\ldots \\
V_{N1},\ V_{N2} \ldots (V_{NN} - \mathscr{E}')
\end{vmatrix} = 0 \,. \tag{3.22}$$

Diese charakteristische Gleichung N-ten Grades für $\mathscr{E}'$ bestimmt in erster Näherung das Spektrum der Excitonenanregung des Kristalls. Wir berechnen das Excitonenspektrum mit Hilfe der folgenden nicht strengen, aber anschaulichen

Methode. Analog zur starken Bindung in der Einelektronennäherung (IV. § 7) setzen wir für die Koeffizienten C_n, welche die Translationsentartung berücksichtigen,

$$C_n = C_0 \, e^{i \mathfrak{k} \mathfrak{a}_n}; \tag{3.23}$$

hier ist $\mathfrak{k}$ der Wellenvektor des Quasiteilchens (Excitons).

Für diesen Fall folgt aus den Gleichungen (3.21)

$$\mathcal{E}' = \sum_n \frac{C_n}{C_m} V_{mn} = \sum_n e^{i \mathfrak{k} (\mathfrak{a}_n - \mathfrak{a}_m)} V_{mn} . \tag{3.24}$$

Da die Matrixelemente V_{mn} ebenso wie die vor ihnen stehenden Faktoren nur von der Differenz $(\mathfrak{a}_n - \mathfrak{a}_m)$ abhängen, kann man ohne Einschränkung der Allgemeinheit $\mathfrak{a}_m = 0$ setzen, so daß sich

$$\mathcal{E}' = \sum_n e^{i \mathfrak{k} \mathfrak{a}_n} V_{0n} \tag{3.24a}$$

ergibt. Berücksichtigt man im einfachen kubischen Gitter nur die sechs ersten Nachbarn ($n = 1, 2, \ldots, 6$) und setzt für sie gleiche $V_{0n} = - V_0$ voraus, so erhalten wir analog zu (IV. 7.10a)

$$\mathcal{E}' = -2 V_0 (\cos a k_x + \cos a k_y + \cos a k_z) . \tag{3.24b}$$

In erster Näherung wird somit die Excitonenanregung in einem einfachen kubischen Kristall durch ein Energieband (3.24b) bestimmt, welches dem in (IV. 7.10a) ähnlich ist.

Analog zu den Beziehungen (IV. 7.12) und (IV. 7.13) können wir eine effektive Masse und die Geschwindigkeit des Excitons angeben:

$$\left. \begin{aligned} m^*_{\text{Exc}} &= \frac{\hbar^2}{2 V_0 a^2} , \\ \mathfrak{v}_{\text{Exc}} &= \frac{2 V_0 a}{\hbar} [\sin a k_x \, \mathfrak{i}_0 + \sin a k_y \, \mathfrak{j}_0 + \sin a k_z \, \mathfrak{k}_0] . \end{aligned} \right\} \tag{3.25}$$

Die Wellenfunktion des Excitons ist

$$\Phi' (1, 2, \ldots, N) = \frac{1}{\sqrt{N}} \sum_{n=1}^{N} e^{i \mathfrak{k} \mathfrak{a}_n} \Phi_n (1, 2, \ldots, N) , \tag{3.26}$$

wobei wir wegen der Normierungsbedingung (3.19a) $C_0 = 1/\sqrt{N}$ gesetzt haben. Dieser Ausdruck erinnert uns an die Einelektronenwellenfunktion in der Näherung starker Bindung (IV. 7.2a).

Die Größe V_0 ist von derselben Größenordnung wie die in den Ausdruck (IV. 7.12) eingehende Größe A, deshalb ist die effektive Masse des Excitons von derselben Größenordnung wie die effektive Masse des Elektrons und des Loches.

§ 4. Polaronen

1. In Ionenkristallen können besondere Zustände der Leitfähigkeitselektronen auftreten, die zuerst von S. I. Pekar untersucht wurden (1946) und von ihm die Bezeichnung *Polaronen* erhielten.

Die Polaronen entstehen infolge der Polarisation des Ionengitters durch das Leitfähigkeitselektron. Diese Polarisation des Kristalls führt zu einer Erniedrigung der Energie des Elektrons, d. h., sie führt zur Entstehung einer Potentialmulde im Aufenthaltsgebiet des Elektrons. Der Zustand des in dieser Potentialmulde lokalisierten Elektrons wird durch eine abfallende Wellenfunktion beschrieben. Es entsteht also ein „self-consistent"-Zustand: das lokalisierte Elektron ruft Polarisation des Kristalls hervor und letztere wiederum führt zur Lokalisation des Elektrons. Natürlich kann dieser sich selbst lokalisierende Zustand des Elektrons sich frei im ganzen Kristall bewegen.

Wenn die Ausmaße der ψ-Wolke des Elektrons im Polaronenzustand im Vergleich zur Gitterkonstanten (Polaronen mit großem Radius) groß sind, dann kann man den Ionenkristall als stetiges dielektrisches Medium (Kontinuum) beschreiben.

Man muß beachten, daß bei der Bildung des Polaronenzustandes nicht die gesamte Polarisation des Kristalls beteiligt ist, sondern nur ihr träger Anteil. Die Polarisation der Elektronenwolken der Ionen, welche trägheitslos der Bewegung des Leitfähigkeitselektrons folgt, geht in das periodische, auf das Elektron wirkende „self-consistent"-Potential ein.[1]) Die Potentialmulde des Polaronenzustandes ist nur durch den trägen Anteil der Polarisierbarkeit, d. h. durch die Verschiebung der schweren Ionen bestimmt.

2. Wir betrachten jetzt die sogenannten *Polaronen starker Bindung.*[1]) Der „self-consistent"-Zustand des Elektrons im Polaronenzustand wird durch die folgende SCHRÖDINGER-Gleichung bestimmt:

$$-\frac{\hbar^2}{2\,m}\nabla^2\psi(\mathfrak{r}) + [V(\mathfrak{r}) + \mathcal{U}(\mathfrak{r})]\,\psi(\mathfrak{r}) = \mathcal{E}\,\psi(\mathfrak{r})\,. \tag{4.1}$$

Hier ist $V(\mathfrak{r})$ das periodische Potential des Kristalls, $\mathcal{U}(\mathfrak{r})$ die Energie des Elektrons im Feld des durch das Elektron selbst polarisierten Kristalls. Für Polaronen von großem Radius kann man das periodische Potential $V(\mathfrak{r})$ weglassen, indem man gleichzeitig die Masse des freien Elektrons durch seine effektive Masse ersetzt; dann ist

$$-\frac{\hbar^2}{2\,m^*}\nabla^2\psi + \mathcal{U}(\mathfrak{r})\,\psi = \mathcal{E}\,\psi\,. \tag{4.2}$$

Gleichung (4.2) kann man durch Variation des Funktionals

$$\mathcal{E}[\psi] = \frac{\hbar^2}{2\,m^*}\int(\nabla\psi)^2\,d\tau + \int\mathcal{U}\,\psi^2\,d\tau \tag{4.3}$$

erhalten, mit der zusätzlichen Normierungsbedingung[2])

$$\int\psi^2\,d\tau = 1\,. \tag{4.4}$$

---

[1]) S. I. PEKAR, Untersuchungen über die Elektronentheorie der Kristalle, Akademie-Verlag, Berlin 1954.

[2]) Wir betrachten nur den Grundzustand des Polarons, für welchen die Wellenfunktion ψ reell ist, deshalb ist $|\psi|^2 = \psi^2$.

Wir multiplizieren dazu den Ausdruck (4.4) mit dem unbestimmten LAGRANGEschen Multiplikator λ und ziehen ihn von (4.3) ab Wir variieren den erhaltenen Ausdruck nach ψ und setzen dann gleich Null. Es ergibt sich

$$\frac{\hbar^2}{2\,m^*}\int 2\,(\nabla\,\psi\,\nabla\,\delta\psi)\,d\tau + \int \mathcal{U}\,2\,\psi\,\delta\psi\,d\tau - \int \lambda\,2\,\psi\,\delta\psi\,d\tau = 0\,,$$

wobei die Beziehung $\delta\,\nabla\,\psi = \nabla\,\delta\psi$ verwendet wurde.

Nach dem GREENschen Satz ist

$$\int (\nabla\,\psi\,\nabla\,\delta\psi)\,d\tau = -\int \delta\psi\,\nabla^2_\psi\,d\tau + \oint \delta\psi\,\nabla\,\psi\,d\mathfrak{S}\,.$$

Das letzte Oberflächenintegral verschwindet, wenn man mit der Oberfläche gegen Unendlich geht ($S \to \infty$), weil ψ dann sehr schnell abfällt. Es ergibt sich also

$$\int \left[-\frac{\hbar^2}{2\,m^*}\nabla^2\psi + \mathcal{U}\,\psi - \lambda\,\psi\right]\delta\psi\,d\tau = 0\,,$$

was bei $\lambda \equiv \mathcal{E}$ mit (4.2) übereinstimmt, da wir $\delta\psi$ beliebig wählen können.

In einigen Fällen ist es für die näherungsweise Lösung der SCHRÖDINGER-Gleichung (4.2) günstig, das Variationsprinzip, d. h. das Funktional $\mathcal{E}[\psi]$ (4.3) zu verwenden. Das kann in den Fällen getan werden, wo uns aus physikalischen Überlegungen die allgemeine Form der Wellenfunktion bekannt ist. Gibt man sich die Wellenfunktion in der Form $\psi(\mathfrak{r}; a_1, a_2, \ldots)$ vor, wo $a_1, a_2, a_3, \ldots$ vorläufig unbekannte Parameter sind, so kann man mit Hilfe von (4.3) die Energie $\mathcal{E}$ als Funktion der $a_1, a_2, \ldots$ berechnen. Indem wir in Abhängigkeit von den Parametern $a_1, a_2, \ldots$ das Minimum von $\mathcal{E}(a_1, a_2, \ldots)$ aufsuchen, bestimmen wir den besten Energieeigenwert, welcher der gewählten Form der Wellenfunktion entspricht. Dabei zeigt es sich, daß sogar bei sehr grober Approximation der Wellenfunktion die Energieeigenwerte oft recht genau herauskommen.

Die mittlere Wechselwirkungsenergie des Elektrons mit dem polarisierten Kristall, die in (4.3) eingeht, ist

$$\mathcal{U}_m = \int \mathcal{U}\,\psi^2\,d\tau \qquad (4.5)$$

und kann für das dielektrische Kontinuum in folgender Weise bestimmt werden.

Der durch die Ladungsverteilung $e\,|\psi(\mathfrak{r}')|^2\,d\tau'$ des Elektrons verursachte Vektor der elektrischen Verschiebungsdichte ist gleich

$$\mathfrak{D}(\mathfrak{r}) = e\int |\psi(\mathfrak{r}')|^2\,\frac{\mathfrak{r}-\mathfrak{r}'}{|\mathfrak{r}-\mathfrak{r}'|^3}\,d\tau' \qquad (4.6)$$

und hängt in einem homogenen Dielektrikum natürlich nicht von der Dielektrizitätskonstanten ab. Die Energie eines Dipols mit dem Moment $\mathfrak{p}$ im Feld $\mathfrak{E}$ ist bekanntlich gleich $-(\mathfrak{p}\,\mathfrak{E})$. Die Energie des Dipols $\mathfrak{P}(\mathfrak{r})\,d\tau$ ($\mathfrak{P}$ ist der Polarisationsvektor des Kristalls) im elektrischen Feld der Ladung $e\,|\psi(\mathfrak{r}')|^2\,d\tau'$ ist

$$-\,\mathfrak{P}(\mathfrak{r})\,d\tau\,e\,|\psi(\mathfrak{r}')|^2\,d\tau'\,\frac{\mathfrak{r}-\mathfrak{r}'}{|\mathfrak{r}-\mathfrak{r}'|^3}\,. \qquad (4.7)$$

Integriert man (4.7) über alle Elemente $d\tau$ des polarisierten Kristalls und alle Elemente $d\tau'$ der Ladungsverteilung, so erhalten wir

$$\mathcal{U}_m = -e \int\int \mathfrak{P}(\mathfrak{r}) |\psi(\mathfrak{r}')|^2 \frac{\mathfrak{r} - \mathfrak{r}'}{|\mathfrak{r} - \mathfrak{r}'|^3} d\tau\, d\tau' = -\int \mathfrak{D}(\mathfrak{r})\, \mathfrak{P}(\mathfrak{r})\, d\tau . \tag{4.8}$$

Anstelle der elektrischen Feldstärke $\mathfrak{E}$ tritt hier die Verschiebungsdichte $\mathfrak{D}$ auf und das ist damit verknüpft, daß (4.7) die Energie des Dipols $\mathfrak{P}\, d\tau$ im Feld der Ladung $e\,|\psi|^2\, d\tau'$ im Vakuum ist, unabhängig von dem Feld, welches durch die anderen freien und festen Ladungen im Kristall geschaffen wird.

Setzt man die Formel (4.8) in (4.3) ein, so ergibt sich

$$\mathcal{E}[\psi] = \frac{\hbar^2}{2\, m^*} \int (\nabla \psi)^2\, d\tau - \int (\mathfrak{D}\, \mathfrak{P})\, d\tau . \tag{4.9}$$

Wir müssen jetzt berücksichtigen, daß $\mathfrak{P}$ nicht die gesamte Polarisation $\mathfrak{P}_0$ ist, sondern nur ihr träger Anteil. Wenn $\varkappa$ die gesamte Dielektrizitätskonstante des Ionenkristalls ist, haben wir

$$\mathfrak{P}_0 = \frac{\varkappa - 1}{4\, \pi\, \varkappa}\, \mathfrak{D} . \tag{4.10}$$

Die Polarisation $\mathfrak{P}_e$, die mit der Deformation der Elektronenwolken der Ionen verknüpft ist, wenn letztere sich in den Gleichgewichtslagen befinden, folgt trägheitslos der Bewegung des Leitfähigkeitselektrons. Sie ist gleich

$$\mathfrak{P}_e = \frac{n^2 - 1}{4\, \pi\, n^2}\, \mathfrak{D} , \tag{4.11}$$

wobei n der Brechungskoeffizient im langwelligen Gebiet ist. Somit wird

$$\mathfrak{P} = \mathfrak{P}_0 - \mathfrak{P}_e = \frac{1}{4\, \pi\, \varkappa^*}\, \mathfrak{D} , \tag{4.12}$$

wobei

$$\frac{1}{\varkappa^*} = \frac{1}{n^2} - \frac{1}{\varkappa} \tag{4.12a}$$

ist. Die Größe $\varkappa^*$ spielt die Rolle einer effektiven Dielektrizitätskonstanten, die in die Theorie der Polaronen eingeht.

In Übereinstimmung mit dem Variationsprinzip muß man das Minimum des Funktionals $\mathcal{E}[\psi]$ (4.3) suchen, indem man ψ bei konstantem Feld $\mathcal{U}$, d. h. bei $P = \text{const}$, variiert. Danach wird $\mathfrak{P}$ aus Gleichung (4.12) durch das entsprechende $\mathfrak{D}[\psi]$ (4.6) bestimmt. Man kann leicht zeigen, daß sich dasselbe Resultat ergibt, wenn wir im Ausdruck (4.9) $\mathfrak{P}$ ersetzen gemäß (4.12), dem Integral aber einen Faktor 1/2 zuschreiben. Wir erhalten anstelle von (4.9) das Funktional

$$J[\psi] = \frac{\hbar^2}{2\, m^*} \int (\nabla \psi^2)\, d\tau - \frac{1}{8\, \pi\, \varkappa^*} \int \mathfrak{D}^2[\psi]\, d\tau . \tag{4.13}$$

Hieraus kann gemeinsam mit der Normierungsbedingung (4.4) die Wellenfunktion ψ_0 des Grundzustands des Polarons und der dementsprechende Energieeigenwert $\mathcal{E}_0 \equiv \mathcal{E}[\psi_0]$ bestimmt werden. Als versuchsweise Funktion für den

1 s-Zustand des Polarons verwendet PEKAR den Ausdruck

$$\psi = A(1 + \alpha\, r + \beta\, r^2)\, e^{-\alpha r}; \tag{4.14}$$

hier sind α und β Variationsparameter und A eine Normierungskonstante, die sich durch die Variationsparameter ausdrücken läßt.

Setzt man (4.14) in (4.13) ein, berechnet die Integrale und sucht das Minimum des erhaltenen Ausdrucks bezüglich α und β auf, so ergibt sich

$$\psi_0 = 0{,}12\, \alpha_0^{3/2}\, (1 + \alpha_0\, r + 0{,}45\, \alpha_0^2\, r^2)\, e^{-\alpha_0 r}, \tag{4.15}$$

wobei

$$\alpha_0 \equiv \frac{1}{r_0} = 0{,}66\, \frac{m^*\, e^2}{\hbar^2\, \varkappa^*} \tag{4.15a}$$

der reziproke Radius des Polarons ist.[1])

Aus den Gleichungen (4.9), (4.12) und (4.6) erhalten wir für den Energieeigenwert des Grundzustandes des Polarons

$$\mathscr{E}_0 \equiv \mathscr{E}[\psi_0] = -\,0{,}164\, \frac{m^*\, e^4}{\hbar^2\, \varkappa^{*2}}, \tag{4.16}$$

was man mit dem Grundterm $-\,0{,}5\left(\frac{m\, e^4}{\hbar^2}\right)$ des Wasserstoffatoms vergleichen kann, wo m die Masse des freien Elektrons ist. Gewöhnlich ist $m^* \lesseqq m$ und da $\varkappa^* > 1$ ist, ist $\mathscr{E}_0$ bedeutend kleiner als die Ionisierungsenergie des Wasserstoffatoms (13,5 eV).

Verwendet man den Ausdruck (4.15) für ψ_0 und (4.6) für $\mathfrak{D}[\psi]$, so läßt sich die Gültigkeit folgender Beziehungen zeigen:

$$\mathscr{U}_m[\psi_0] = \mathscr{U}_m^0 = \frac{4}{3}\,\mathscr{E}_0, \tag{4.17}$$

$$\mathscr{T}[\psi_0] = \frac{1}{3}\,\mathscr{E}_0. \tag{4.18}$$

Wie aus (4.3) und (4.13) folgt, ist

$$\mathscr{E}[\psi] = \mathscr{T} + \mathscr{U}_m. \tag{4.19}$$

$$\mathscr{T}[\psi] = \mathscr{T} + \frac{1}{2}\,\mathscr{U}_m, \tag{4.20}$$

wobei $\mathscr{T} = \frac{1}{2\, m^*}\int (\nabla\, \psi)^2\, d\tau$ die kinetische Energie des Elektrons ist.

Andererseits ist die Energie des träge polarisierten Kristalls gleich

$$\mathscr{U}_p = \int \frac{\mathfrak{E}\,\mathfrak{D}}{8\pi}\, d\tau = \frac{1}{8\pi\, \varkappa^*}\int \mathfrak{D}^2\, d\tau, \tag{4.21}$$

was für den Grundzustand

$$\mathscr{U}_p[\psi_0] = \mathscr{U}_p^0 = -\,\frac{2}{3}\,\mathscr{E}_0 \tag{4.21a}$$

---

[1]) Im weiteren bezeichnen wir die Größen mit dem Index Null, die sich auf den Grundzustand des Polarons beziehen.

ergibt. Bei der Wärmedissoziation des Polarons zerfällt letzteres infolge der Wärmefluktuationen der Polarisationsmulde, deshalb ist die Aktivierungsenergie gleich der Summe aus $-\mathscr{E}_0$ und $-\mathcal{U}_p^0$, d. h. gleich

$$W_T = -\mathscr{E}_0 - \mathcal{U}_p^0 = -\mathscr{E}_0 + \frac{2}{3}\mathscr{E}_0 = -\frac{1}{3}\mathscr{E}_0 = -\mathscr{T}[\psi_0]\,. \tag{4.22}$$

Die rote Grenze für die Photodissoziation des Polarons wird durch die Energie bestimmt, die nötig ist für den Übergang des Elektrons aus dem Grundzustand $-\mathscr{E}_0$ zum unteren Rand des Leitungsbandes bei unveränderter Konfiguration der Ionen (FRANCK-CONDON-Prinzip), d. h. durch

$$W_{ph} = -\mathscr{E}_0 = 3\,W\,. \tag{4.22a}$$

Wir unterstreichen, daß das oben hergeleitete Verhältnis

$$|W_T| : |\mathcal{U}_p| : |W_{ph}| : |\mathcal{U}_m| = 1:2:3:4$$

nur für Polaronen starker Bindung gilt.

3. Der Grundzustand des Polarons starker Bindung kann näherungsweise auf folgende einfache Weise bestimmt werden.

Die minimale kinetische Energie eines Elektrons mit der Masse m^* in einem sphärischen Hohlraum vom Radius r mit undurchdringlichen Wänden ist gleich

$$\mathscr{T} = \frac{\pi^2 \hbar^2}{2\, m^* r^2}\,. \tag{4.23}$$

Die potentielle Energie der Wechselwirkung dieses Elektrons mit dem träge polarisierenden Kontinuum ist von der Größenordnung

$$\mathcal{U}_m \approx -\frac{e^2}{\varkappa^* r}\,. \tag{4.24}$$

Das Minimum der Gesamtenergie $\mathscr{E} = \mathscr{T} + \mathcal{U}_m$ in Abhängigkeit von r ist gleich

$$\mathscr{E}_0 = -\frac{1}{\pi^2}\frac{m^* e^4}{2\,\varkappa^{*2}\hbar^2} = -0{,}051\,\frac{m^* e^4}{\varkappa^{*2}\hbar^2} \tag{4.25}$$

und liegt bei

$$r_0 = \pi^2 \varkappa^* \frac{\hbar^2}{m^* e^2}\,. \tag{4.26}$$

Vergleicht man die Ausdrücke (4.25) und (4.26) mit den Ausdrücken (4.16) und (4.15a), so sieht man, daß die angenäherte Berechnung praktisch zu denselben Formeln führt wie die Variationsmethode (der Unterschied besteht lediglich in Zahlenfaktoren).

Damit ein Polaron starker Bindung auftritt, muß die Bewegung des Elektrons in der Polaronenmulde schnell sein im Vergleich zur Bewegung der schweren Ionen (adiabatische Näherung), d. h. es muß

$$\frac{r_0}{v} \ll \frac{1}{\omega} \tag{4.27}$$

gelten, wobei v die Geschwindigkeit des Elektrons und ω die Grenzfrequenz des optischen Schwingungszweiges der Ionen ist. Dabei ist die DE BROGLIE-Wellenlänge des Elektrons im Grundzustand $\left(\lambda\!\!\!^{-} = \frac{\lambda}{2\pi}\right)$ gleich

$$\lambda\!\!\!^{-} \approx r_0 \ll \frac{v}{\omega} \equiv l; \tag{4.28}$$

hier ist l die Wegstrecke, die vom Elektron während der Zeit einer Ionenschwingung durchlaufen wird. Die kinetische Energie ist

$$\mathcal{T}_0 = \frac{1}{2} m^* v^2 . \tag{4.29}$$

Mit Hilfe von (4.29), (4.23) (für $r = r_0$) und (4.26) kann man aus der Ungleichung (4.27) v und r_0 eliminieren und erhält

$$\frac{1}{\pi^3} \frac{m^* e^4}{\varkappa^{*2} \hbar^2} \frac{1}{\hbar \omega} = \frac{2}{\pi} \frac{|\mathcal{E}_0|}{\hbar \omega} \gg 1 , \tag{4.30}$$

das stimmt mit der Bedingung für die Anwendbarkeit der adiabatischen Näherung überein (die Energie des schnellen Untersystems ist viel größer als die Energie des langsamen Untersystems). Wir führen den dimensionslosen Parameter

$$\alpha^2 = \frac{\pi^2 |\mathcal{E}_0|}{\hbar \omega} = \frac{m^* e^4}{2 \varkappa^{*2} \hbar^3 \omega} \tag{4.31}$$

ein und erhalten für die Energie des Grundzustandes der Polaronen starker Bindung

$$\mathcal{E}_0 = - \frac{1}{\pi^2} \alpha^2 \hbar \omega \approx - \frac{1}{10} \alpha^2 \hbar \omega \tag{4.32}$$

mit der Bedingung

$$\alpha \gg 1 . \tag{4.33}$$

In diesem Falle wird die Energie also proportional α^2.

Wir betrachten jetzt einen anderen Grenzfall: Polaronen schwacher Bindung (H. FRÖHLICH, H. PELZER, S. ZIENAU, 1950); dann ist die DE BROGLIE-Wellenlänge des Elektrons

$$\lambda\!\!\!^{-} \leqq l = \frac{v}{\omega} \tag{4.34}$$

kleiner oder von der Größenordnung von l, aber nicht so wie in (4.28). Da das Elektron nicht genauer als in einem Gebiet mit den linearen Ausmaßen $\lambda\!\!\!^{-}$ lokalisiert werden kann und die durch das Elektron induzierte Ladung $+ e$ beträgt, so wird seine Bindungsenergie von der Größenordnung

$$\mathcal{E}' = - \frac{e^2}{\varkappa^* \lambda\!\!\!^{-}} \tag{4.35}$$

sein. Dem kleinsten Energiewert entspricht das größte $\lambda\!\!\!^{-}$; gemäß (4.34) wird

$$\lambda\!\!\!^{-}_{\max} = \frac{v}{\omega} . \tag{4.36}$$

Somit haben wir

$$\mathscr{E}_0' = -\frac{e^2}{\varkappa^* \lambda_{\max}} = -\frac{e^2 \omega}{\varkappa^* v}. \tag{4.37}$$

Die Geschwindigkeit v bestimmen wir aus der DE BROGLIE-Beziehung

$$\lambda_{\max} = \frac{\hbar}{m v} = \frac{v}{\omega}. \tag{4.38}$$

Dieses v setzt man in (4.37) ein und erhält

$$\mathscr{E}_0' = -\sqrt{2}\,\alpha\,\hbar\,\omega \approx -\alpha\,\hbar\,\omega, \tag{4.39}$$

d. h. eine Energie proportional α. Die letzte Beziehung folgt aus der Theorie der Polaronen schwacher Bindung. Hieraus folgt weiterhin, daß die Polaronen schwacher Bindung sich nur wenig von den Leitfähigkeitselektronen der gewöhnlichen Bändertheorie unterscheiden. Wir sehen, daß im Falle der Polaronen starker Bindung die Energie proprtional α^2, im Falle der Polaronen schwacher Bindung proportional α ist.

Eine sorgfältigere Analyse zeigt, daß Polaronen starker Bindung nur im Falle $\alpha > 10$ entstehen. In der Mehrzahl der Ionenkristalle ist α nahe 10; deshalb kann man die Frage nach der Existenz von Polaronen starker und schwacher Bindung noch nicht als vollständig geklärt betrachten.

KAPITEL VI

Elektrische, magnetische und Wärmeeigenschaften des festen Körpers

§ 1. Metalle, Dielektrika und Halbleiter

Im Kapitel IV haben wir das Verhalten eines einzelnen Elektrons im periodischen Feld eines idealen Kristalls untersucht. Es war gezeigt worden, daß einem Elektron im stationären Zustand eine nicht abklingende mittlere Geschwindigkeit (IV. 4.21) entspricht, d. h., das Elektron bewegt sich frei im gesamten Volumen des Kristalls. Auf den ersten Blick sollte man annehmen, daß alle Stoffe sehr gute Leiter (Metalle) sind. Die Zahl der Leitfähigkeitselektronen sollte gleich der Gesamtzahl der Elektronen im Körper sein. In Wirklichkeit ist sogar in Metallen die Zahl der Leitfähigkeitselektronen bedeutend geringer und von der Größenordnung der Zahl der Atome; in den Dielektrika ist die Zahl der Leitfähigkeitselektronen gleich Null (am absoluten Nullpunkt der Temperatur).

Um diesen Tatbestand zu verstehen, betrachten wir die Gesamtheit aller $N s Z$ Elektronen des festen Körpers, wobei N die Zahl der Elementarzellen, s die Zahl der Atome in der Elementarzelle und Z die Zahl der Elektronen pro Atom (Atomnummer) ist.[1]) Die Wechselwirkung zwischen den Elektronen berücksichtigen wir nur im Mittel durch das „self-consistent"-Feld, wir berücksichtigen aber das Pauli-Prinzip, welches besagt, daß sich in einem Quantenzustand (charakterisiert durch den Wellenvektor $\mathfrak{k}$) nicht mehr als zwei Elektronen befinden können, deren Spins entgegengesetzt gerichtet sein müssen. Am absoluten Nullpunkt der Temperatur befindet sich das System im niedrigsten Energiezustand und die Elektronen des festen Körpers müssen die unteren $\frac{N s Z}{2}$ Quantenzustände, die im Kapitel IV ausführlich untersucht wurden, besetzen. Dabei sind zwei Fälle möglich: entweder das oberste mit Elektronen besetzte Energieniveau fällt mit dem oberen Rand eines der erlaubten Energiebänder zusammen (Abb. 65a) oder aber es liegt innerhalb eines solchen Bandes (Abb. 65b). Wenn man im letzteren Falle an den Körper auch nur ein schwaches elektrisches Feld anlegt, so werden die in der Nähe der Grenze ε_0 gelegenen Elektronen beschleunigt und gehen in andere, höher gelegene Quantenzustände über, welche sich stetig an ε_0 anschließen und nicht mit anderen Elektronen besetzt sind. Infolgedessen wird die Zahl der Elektronen, die sich in und gegen Feldrichtung bewegen,

[1]) Der Einfachheit halber betrachten wir einen einfachen (einatomigen) Stoff.

nicht gleich sein, und es entsteht ein elektrischer Strom; der Körper verhält sich wie ein Metall. Im ersten Falle, wo die Elektronen das obere Energieband vollständig ausfüllen, kann ein elektrisches Feld keine Umverteilung der Elektronen hervorrufen, zum mindestens solange es nicht zu groß wird (kleiner als 10^6 V/cm) und nicht Elektronenübergänge in höhergelegene erlaubte Bänder hervorruft (Durchschlag). In diesem Falle kann kein elektrischer Strom entstehen, der Körper verhält sich wie ein Dielektrikum (Isolator). Ebenso verhalten sich die Elektronen tiefergelegener, vollständig gefüllter Energiebänder in einem Metall. Eine solch einfache qualitative Erklärung des Unterschiedes zwischen einem Metall und einem Dielektrikum war ein großer Triumph der Bändertheorie.

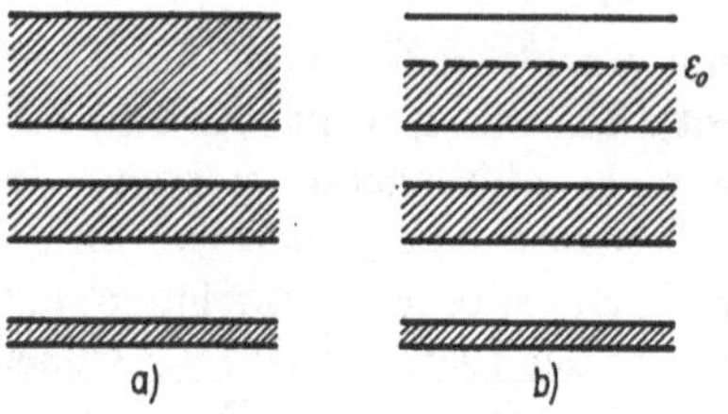

Abb. 65

Jedes einzelne Energieband enthält $2N$ Quantenzustände; deshalb ist für einen einfachen Kristall (mit $s = 1$) die Zahl der gefüllten Energiebänder gleich $NZ:2N = \frac{Z}{2}$. Wenn Z ungerade ist, so ist eine nicht ganze Zahl von Bändern gefüllt, das heißt Elemente mit ungerader Atomnummer, die in einem einfachen Gitter kristallisieren, verhalten sich wie Metalle. Die umgekehrte Schlußfolgerung, daß sich Elemente mit geradem Z (bei $s = 1$) wie Dielektrika verhalten, ist nicht richtig, da stets eine Überlappung der Energiebänder möglich ist (IV. § 6.2), und dann würde sich der Körper wie ein Metall verhalten. Eine kompliziertere Gitterstruktur (geringere Symmetrie) und insbesondere die Anwesenheit verschiedener Sorten von Atomen führen zu einer Trennung der Bänder, d. h. zur Bildung eines Dielektrikums. Der feste Wasserstoff ist ein Dielektrikum, obwohl man annehmen sollte, daß er sich wie ein Alkalimetall verhalten müßte. Dieses Verhalten des Wasserstoffs und einer Reihe anderer Elemente hängt damit zusammen, daß sich bei der Kristallisation Moleküle des Stoffes bilden, die im Gitter durch VAN DER WAALS-Kräfte zusammengehalten werden ($s \neq 1$). Vom Standpunkt der Bändertheorie müssen wir natürlich in diesem Falle vollständig gefüllte Energiebänder haben. Am absoluten Nullpunkt der Temperatur verhalten sich also alle Körper entweder wie Metalle oder wie Dielektrika.

Im Falle des Dielektrikums füllen die Elektronen vollständig das oberste Band (Valenzband), welches vom nächsten erlaubten Energieband (Leitungsband) durch das verbotene Band der Breite ε_G getrennt ist. Bei Erhöhung der Temperatur werden Elektronen aus dem Valenzband in das Leitungsband übergehen. Wenn ε_G etwa 1 eV oder kleiner ist, zeigen reine Kristalle bei Zimmertemperatur (und höheren Temperaturen) eine merkliche elektrische Leitfähigkeit, die bedingt durch die Bewegung der Elektronen im Leitungsband und der Löcher im Valenzband ist.

Solche reinen Stoffe mit schmalem verbotenem Band erhielten die Bezeichnung *Eigenhalbleiter*. In der Praxis hat man es öfter mit *Störstellenhalbleitern* zu tun, wo als Elektronenlieferanten für das Leitungsband Donatoren dienen, Löcherlieferanten für das Valenzband sind die Akzeptoren (V. § 2.1).

Durch Hinzufügen von Störstellenatomen verschiedener Sorte und in unterschiedlicher Menge zu einem reinen Stoff kann man Halbleiter mit den unterschiedlichsten elektrischen Eigenschaften erhalten. Dieser Prozeß der Legierung oder Dotierung von Halbleitern wurde für Germanium und Silizium am besten untersucht, da beide Materialien in den letzten Jahren eine breite technische Anwendung fanden.

§ 2. Statistisches Gleichgewicht freier Elektronen in Halbleitern und Metallen

1. In diesem Kapitel werden wir einige Eigenschaften von Halbleitern und Metallen untersuchen, die durch freie Elektronen (Löcher) bedingt sind, die sich im Zustand des *statistischen* (*thermodynamischen*) *Gleichgewichts* mit den Wärmeschwingungen des Kristallgitters befinden. Eine wichtige Besonderheit von Systemen, die sich im Zustand des statistischen (thermodynamischen) Gleichgewichts befinden, besteht darin, daß ihre Eigenschaften nicht von den Wechselwirkungsprozessen abhängen, die zu diesem Gleichgewicht führen. Deshalb besteht in unserem Falle nicht die Notwendigkeit, den konkreten Mechanismus der Wechselwirkung der freien Elektronen und Löcher mit den Gitterschwingungen und die Prozesse der Wärmeanregung und Rekombination von Elektronen (Löcher) zu untersuchen. Wie wir in den nächsten Kapiteln sehen werden, sind diese Mechanismen bei der Untersuchung der Transporterscheinungen von Wichtigkeit, d. h. bei der Untersuchung der elektrischen und Wärmeleitfähigkeit, der galvano- und thermomagnetischen Erscheinungen usw.

In der Einelektronennäherung wird die Wechselwirkung zwischen den Elektronen des Kristalls nur mittels des „self-consistent"-Feldes berücksichtigt, in welchem sich jedes Elektron unabhängig von den anderen bewegt. Vom statistischen Standpunkt aus gesehen entspricht die Einelektronennäherung dem Modell eines *idealen Gases*. Im Zustand des statistischen Gleichgewichts gehorcht das ideale Gas der Elektronen der FERMI-DIRAC-Statistik. Im statistischen Gleichgewicht ist die Zahl der Elektronen in einem bestimmten Quantenzustand, der durch die drei Quantenzahlen k_1, k_2, k_3[1]) bestimmt wird, mit der Energie $\varepsilon^{\mathfrak{k}}$ und bei der Temperatur T gleich (Anhang XVII)

$$f_0(\varepsilon_{\mathfrak{k}}) = \frac{1}{e^{\frac{\varepsilon_{\mathfrak{k}} - \zeta}{k_0 T}} + 1}. \tag{2.1}$$

Hier ist ζ das chemische Potential, gerechnet auf 1 Elektron, und k_0 die BOLTZMANN-Konstante. $f_0(\varepsilon_{\mathfrak{k}})$ heißt FERMI-DIRAC-*Verteilungsfunktion*.

[1]) k_1, k_2, k_3 sind drei diskrete oder quasidiskrete Quantenzahlen, die die Bahnbewegung des Elektrons beschreiben; sehr häufig werden wir unter ihnen die drei Komponenten des Wellenvektors des Elektrons $\mathfrak{k}$ ($k_1 = k_x$, $k_2 = k_y$, $k_3 = k_z$) verstehen; für Elektronen in einem Atom entsprechen ihnen die Hauptquantenzahl n, die Azimutalquantenzahl l und die Magnetquantenzahl m.

Die Gesamtzahl der Elektronen im Volumen V ist

$$N = \sum_{\mathfrak{k}} f_0(\varepsilon_{\mathfrak{k}}) = \sum_{\mathfrak{k}} \frac{1}{e^{\frac{\varepsilon_{\mathfrak{k}}-\zeta}{k_0 T}} + 1}, \tag{2.2}$$

wo über alle Quantenzustände des Elektrons im Volumen V mit Berücksichtigung des Spins zu summieren ist, d. h. mit Berücksichtigung der Tatsache, daß sich in jedem Bahnzustand (entsprechend dem PAULI-Prinzip) 2 Elektronen mit entgegengesetzt gerichteten Spins befinden können.

Die Gleichung (2.2) bestimmt das chemische Potential ζ als Funktion der Elektronenkonzentration $n = \frac{N}{V}$ und der Temperatur T. Wenn die Zahl der Quantenzustände des Elektrons (ohne Berücksichtigung des Spins) pro cm³ und im Energieintervall $d\varepsilon$ gleich $g(\varepsilon)\, d\varepsilon$ ist, so wird die Zahl der Elektronen in der Volumeneinheit und mit Energien zwischen ε und $\varepsilon + d\varepsilon$ gleich

$$n(\varepsilon)\, d\varepsilon = 2\, f_0(\varepsilon)\, g(\varepsilon)\, d\varepsilon\,. \tag{2.3}$$

Wenn der Zustand der Elektronen im Kristall durch den Wellenvektor $\mathfrak{k}$ ($k_1 = k_x$, $k_2 = k_y$, $k_3 = k_z$) charakterisiert wird, so ist es in einigen Fällen günstiger, nicht die Funktion $g(\varepsilon)$ zu verwenden, sondern die Zahl der Quantenzustände eines Elektrons, für welches das Ende des Wellenvektors $\mathfrak{k}$ in einem Element $d\tau_{\mathfrak{k}}$ des $\mathfrak{k}$-Raumes liegt. Diese Zahl der Quantenzustände pro cm³ ist gemäß (III. 4.19a) gleich $\frac{d\tau_{\mathfrak{k}}}{(2\pi)^3}$.[1] Die Zahl der Elektronen, für welche die Komponenten des Wellenvektors in den Intervallen k_x bis $k_x + dk_x$, k_y bis $k_y + dk_y$, k_z bis $k_z + dk_z$ liegen, ergibt sich zu

$$n(\mathfrak{k})\, dk_x\, dk_y\, dk_z = 2\, f_0(\mathfrak{k})\, \frac{dk_x\, dk_y\, dk_z}{(2\pi)^3}\,. \tag{2.3a}$$

Hier ist $f_0(\mathfrak{k})$ die Verteilungsfunktion (2.1), in welcher die Energie $\varepsilon_{\mathfrak{k}} = \varepsilon(\mathfrak{k})$ durch den Wellenvektor $\mathfrak{k}$ ausgedrückt wurde $\left(\text{in der Näherung skalarer effektiver Masse ist } \varepsilon(\mathfrak{k}) = \frac{\hbar^2 k^2}{2\, m^*} = \frac{p^2}{2\, m^*}\right)$.

Wir haben gesehen, daß für Elektronen im periodischen Feld die Funktion $g(\varepsilon)$ durch den Ausdruck (IV. 4.18b) bestimmt wird. Wenn die Energie des Elektrons $\varepsilon = \frac{1}{2\, m^*} p^2$ ist, so wird

$$g(\varepsilon) = \frac{\sqrt{2}}{2\,\pi^2} \frac{m^{*3/2}}{\hbar^3} \sqrt{\varepsilon}\,. \tag{2.4}$$

---

[1]) Im Raum des Quasiimpulses $\mathfrak{p} = \hbar\, \mathfrak{k}$ unterscheidet sich die analoge Zahl von Quantenzuständen durch den Faktor $\hbar^{-3}$.

In diesem Falle erhalten wir somit für die Elektronenkonzentration

$$n = 2\int\limits_0^\infty f_0(\varepsilon)\, g(\varepsilon)\, d\varepsilon = \frac{\sqrt{2}}{\pi^2}\,\frac{m^{*3/2}}{\hbar^3}\int\limits_0^\infty \frac{\varepsilon^{1/2}\, d\varepsilon}{e^{\frac{\varepsilon-\zeta}{k_0 T}}+1}$$

$$= \frac{\sqrt{2}}{\pi^2}\,\frac{(m^*\, k_0\, T)^{3/2}}{\hbar^3}\int\limits_0^\infty \frac{x^{1/2}\, dx}{e^{x-z}+1}\,, \tag{2.5}$$

wobei $x = \frac{\varepsilon}{k_0\, T}$ und $z = \frac{\zeta}{k_0\, T}$ ist. Dieser Ausdruck bestimmt ζ als Funktion von n, T und m^*.

Das auf der rechten Seite von (2.5) stehende Integral kann nicht durch elementare Funktionen von z ausgedrückt werden. Integrale vom Typ

$$F_n(z) = \int\limits_0^\infty \frac{x^n\, dx}{e^{x-z}+1} \tag{2.6}$$

trifft man oft in der Elektronentheorie der Kristalle (in Gleichung (2.5) ist $n = 1/2$). Für die Fälle $n = -\frac{1}{2}, \frac{1}{2}, \frac{3}{2}$ wurden die Integrale (2.6) von T. McDougall und E. C. Stoner[1]) tabuliert; für $n = \frac{5}{2}, \frac{7}{2}, \frac{9}{2}, \frac{11}{2}$ geben A. C. Beer und Mitarbeiter Werte an[2]) und für $n = 1, 2, 3, 4$ wurden Tabellen von P. Rhodes[3]) veröffentlicht.

Wir untersuchen zwei wichtige Grenzfälle, wo das Integral in Formel (2.5) einfach berechnet werden kann.

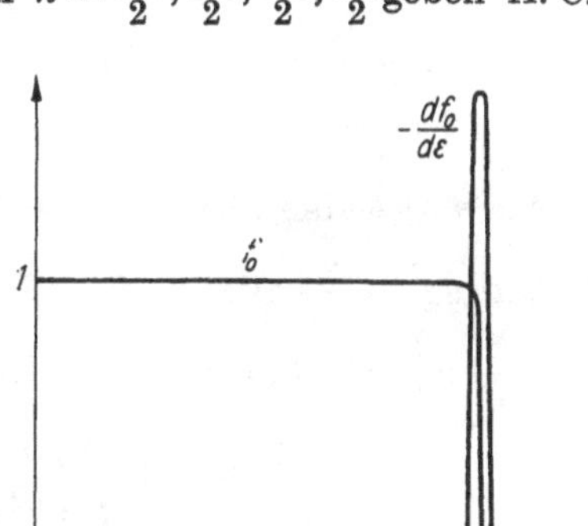

Abb. 66

2. Wir betrachten den Fall eines *stark entarteten* Elektronengases, wo $z \gg 1$ ist, d. h. für das chemische Potential $\zeta \gg k_0\, T$ gilt. Wie wir weiter unten sehen werden, tritt dieser Fall in guten Metallen auf, die eine Leitfähigkeitselektronenkonzentration von $n \approx 10^{22}\,\mathrm{cm}^{-3}$ haben. Offensichtlich ist in diesem Falle $f_0(\varepsilon) \approx 1$ für $\varepsilon \ll \zeta$ und $f_0(\varepsilon) \approx 0$ für $\varepsilon \gg \zeta$; in der Nähe des Punktes $\varepsilon \approx \zeta$ haben wir einen scharfen Abfall von $f_0(\varepsilon)$ in einem Intervall der Breite $k_0\, T$; die Funktionen $f_0(\varepsilon)$ und $-\frac{\partial f_0}{\partial \varepsilon}$ sind in Abb. 66 schematisch dargestellt. Je niedriger die Temperatur ist, um so mehr nähert sich $-\frac{\partial f_0}{\partial \varepsilon}$ der Deltafunktion. $-\frac{\partial f_0}{\partial \varepsilon}$ ist

[1]) T. McDougall and E. C. Stoner, Phil. Trans. Roy. Soc., A **237** (1938) 350.
[2]) A. C. Beer, M. N. Chase and P. F. Choquard, Helv. Phys. Acta **28** (1955) 529.
[3]) P. Rhodes, Proc. Roy. Soc. A **204** (1950) 396.

nur in der Nähe des Punktes $\varepsilon = \zeta$ von Null verschieden und es ist

$$\int_0^\infty \left(-\frac{\partial f_0}{\partial \varepsilon}\right) d\varepsilon = -\int_0^\infty df_0 = f_0(0) - f_0(\infty) = 1\,,$$

da $f_0(0) = 1$ und $f_0(\infty) = 0$ ist.

Wir haben also

$$-\frac{\partial f_0}{\partial \varepsilon} = \delta(\varepsilon - \zeta_0)\,,$$

wo ζ_0 der Wert von ζ bei $T = 0$ ist.

Wir berechnen für den Fall starker Entartung das Integral

$$I = \int_0^\infty \chi(\varepsilon)\, f_0(\varepsilon)\, d\varepsilon = \int_0^\infty f_0(\varepsilon)\, d\varphi(\varepsilon) = f_0(\varepsilon)\, \varphi(\varepsilon)\Big|_0^\infty - \int_0^\infty \varphi(\varepsilon) \frac{\partial f_0}{\partial \varepsilon}\, d\varepsilon$$

$$= -\varphi(0) + \int_0^\infty \varphi(\varepsilon) \left(-\frac{\partial f_0}{\partial \varepsilon}\right) d\varepsilon \tag{2.7}$$

($\chi(\varepsilon)$ ist eine beliebige Funktion), wo die Transformation $\chi(\varepsilon)\, d\varepsilon = d\varphi(\varepsilon)$ durchgeführt wurde, wie es bei partieller Integration üblich ist. Wie wir weiter unten sehen werden, ist $\varphi(0) = 0$ für alle praktischen Fälle, so daß sich

$$I = \int_0^\infty \varphi(\varepsilon) \left(-\frac{\partial f_0}{\partial \varepsilon}\right) d\varepsilon \tag{2.7a}$$

ergibt.

Wir verwenden diese Formel für die Berechnung des Ausdrucks (2.5) in der Näherung $-\frac{\partial f_0}{\partial \varepsilon} \approx \delta(\varepsilon - \zeta_0)$. Da in (2.5) $\chi(\varepsilon) = 2\, g(\varepsilon)$ ist, wird $\varphi(\varepsilon) = \frac{\sqrt{2}}{\pi^2} \times \frac{m^{*3/2}}{\hbar^3} \frac{2}{3} \varepsilon^{3/2}$. Somit ergibt sich

$$n = \frac{\sqrt{2}}{\pi^2} \frac{m^{*3/2}}{\hbar^3} \frac{2}{3} \int_0^\infty \varepsilon^{3/2}\, \delta(\varepsilon - \zeta_0)\, d\varepsilon = \frac{(2\, m^*)^{3/2}}{3\, \pi^2\, \hbar^3} \zeta_0^{3/2}\,, \tag{2.8}$$

und man erhält für das chemische Potential

$$\zeta_0 = \frac{\hbar^2}{2\, m^*} (3\, \pi^2\, n)^{2/3} = \frac{(2\, \pi\, \hbar)^2}{2\, m^*} \left(\frac{3\, n}{8\, \pi}\right)^{2/3}, \tag{2.8a}$$

was genau mit der maximalen kinetischen Energie der Elektronen eines idealen Fermi-Gases am absoluten Nullpunkt der Temperatur übereinstimmt (Anhang III).

In der nächsten Näherung (Anhang XVIII) ergibt sich für das chemische Potential

$$\zeta = \zeta_0 \left[1 - \frac{\pi^2}{12} \left(\frac{k_0\, T}{\zeta_0}\right)^2\right]. \tag{2.9}$$

Unter Verwendung der nullten Näherung für das chemische Potential schreiben wir die Bedingung für starke Entartung in expliziter Form auf:

$$\frac{\zeta_0}{k_0\, T} = \frac{\hbar^2 (3\,\pi^2 n)^{2/3}}{2\, m^*\, k_0 T} \gg 1\,. \tag{2.10}$$

Wie man aus der Verteilungsfunktion $f_0(\varepsilon)$ sehen kann, trägt die Entartungsbedingung (2.10) sogar exponentiellen Charakter, d. h. $\exp\left(\frac{\zeta_0}{k_0\, T}\right) \gg 1$; deshalb kann man für $\frac{\zeta_0}{k_0\, T} \approx 5 - 7$ die Entartung als stark betrachten.

Aus (2.10) sehen wir, daß große Konzentration n, kleine effektive Masse m^* und niedrige Temperatur T zu Entartung führen kann. Für ein typisches Metall ist $n \approx 10^{22}\,\text{cm}^{-3}$, $m^* \approx 10^{-27}\,\text{g}$; bei Zimmertemperatur haben wir dann $\frac{\zeta_0}{k_0\, T} \approx 10^2$, d. h., es liegt sehr starke Entartung vor. Man sieht leicht, daß die freien Elektronen eines Metalls bis zum Schmelzpunkt stark entartet bleiben.

3. Wir haben den Fall eines positiven chemischen Potentials untersucht, welches der Ungleichung $\exp\left(\frac{\zeta}{k_0\, T}\right) \gg 1$ genügte (Bedingung für Entartung). Jetzt betrachten wir den entgegengesetzten Fall eines negativen chemischen Potentials, wobei die Ungleichung $\exp\left(-\frac{\zeta}{k_0\, T}\right) \gg 1$ gilt. Dann haben wir für die Verteilungsfunktion

$$f_0(\varepsilon) = \frac{1}{e^{\frac{\varepsilon-\zeta}{k_0\, T}} + 1} \approx e^{\frac{\zeta}{k_0\, T}}\, e^{-\frac{\varepsilon}{k_0\, T}} = A\, e^{-\frac{\varepsilon}{k_0\, T}}, \tag{2.11}$$

d. h., sie geht in die MAXWELL-BOLTZMANN-Verteilung über. Der Normierungsfaktor ist $A \equiv \exp\left(\frac{\zeta}{k_0\, T}\right)$. Die Konzentration der Elektronen im Leitungsband ist gemäß (2.5) gleich

$$n = \frac{\sqrt{2}}{\pi^2}\, \frac{m^{*3/2}}{\hbar^3} \int\limits_0^\infty A\, e^{-\frac{\varepsilon}{k_0\, T}}\, \varepsilon^{1/2}\, d\varepsilon = \frac{(2\,\pi\, m^*\, k_0\, T)^{3/2}}{4\,\pi^3\, \hbar^3} A\,. \tag{2.12}$$

Bei der Berechnung des Integrals haben wir die Veränderliche $x = \varepsilon^{1/2}$ eingeführt und Formel (A. 6.2) verwendet. Aus Formel (2.12) folgt

$$A = e^{\zeta/k_0 T} = \frac{4\,\pi^3\, \hbar^3\, n}{(2\,\pi\, m^*\, k_0\, T)^{3/2}}, \tag{2.12a}$$

$$\zeta = k_0\, T \ln\left[\frac{4\,\pi^3\, \hbar^3\, n}{(2\,\pi\, m^*\, k_0\, T)^{3/2}}\right]. \tag{2.12b}$$

Im Gegensatz zum entarteten Fall (2.9) hängt das chemische Potential ζ in der klassischen Statistik recht stark von der Temperatur ab, wie man aus (2.12b) sieht.

Die Verteilungsfunktion (2.11) kann jetzt in folgender Form geschrieben werden:

$$f_0(\varepsilon) = \frac{4\pi^3 \hbar^3 n}{(2\pi m^* k_0 T)^{3/2}} e^{-\varepsilon/k_0 T}. \tag{2.11a}$$

Das Kriterium für die Anwendbarkeit der klassischen Statistik wird

$$\exp\left(-\frac{\zeta}{k_0 T}\right) = \frac{1}{A} = \frac{(2\pi m^* k_0 T)^{3/2}}{4\pi^3 \hbar^3 n} \gg 1, \tag{2.13}$$

was dem Ausdruck (2.10) entspricht.

Wir sehen, daß kleine Konzentration n, hohe Temperatur T und große effektive Masse m^* die Anwendung der klassischen Statistik möglich macht. Für $n \approx 10^{17}$ cm^{-3} und $m^* \approx 10^{-27}$ g ist bei Zimmertemperatur $\frac{1}{A} \approx 300$, d. h., das Kriterium (2.13) ist sehr gut erfüllt. Der Grenzwert für die Konzentration, welcher $\frac{1}{A} \approx 1$ entspricht, ist etwa $n \approx 10^{19}$ cm^{-3}.

4. Gewöhnlich ist die Konzentration der Elektronen im Leitungsband eines Halbleiters selbst eine Funktion der Temperatur. Das beruht auf der Wärmeanregung von Elektronen aus den Störstellen und dem Valenzband. Die oben erhaltenen Formeln bleiben natürlich richtig, sind aber nicht besonders wertvoll, da wir die Abhängigkeit $n(T)$ nicht kennen. Außerdem bleiben bei der Anregung von Elektronen aus dem Valenzband im letzteren positiv geladene bewegliche Löcher zurück, welche neben den Elektronen des Leitungsbandes an den Transporterscheinungen beteiligt sind. Abb. 67 zeigt das Schema der Energieniveaus eines Störstellenhalbleiters mit einem verbotenen Band der Breite ε_G und Donator- und Akzeptorniveaus, welche vom unteren Rand des Leitungsbandes den Abstand ε_D und ε_A haben. Alle Energien werden von einem Nullniveau aus gezählt, welches mit dem unteren Rand des Leitungsbandes zusammenfällt. Die Wahrscheinlichkeit dafür, daß ein Quantenzustand mit der Energie ε nicht von einem Elektron besetzt ist, d.h. definitionsgemäß ein Loch darstellt, ist gleich

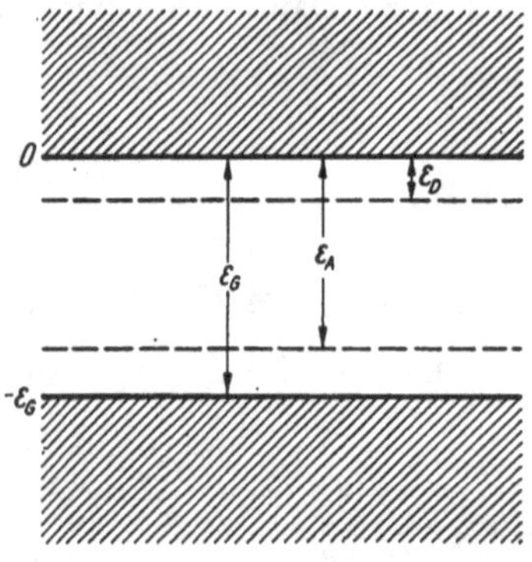

Abb. 67

$$f_0'(\varepsilon) = 1 - f_0(\varepsilon) = 1 - \frac{1}{e^{\frac{\varepsilon-\zeta}{k_0 T}} + 1} = \frac{1}{e^{\frac{\zeta-\varepsilon}{k_0 T}} + 1}, \tag{2.14}$$

wobei $f_0'(\varepsilon)$ die Fermi-Dirac-Verteilungsfunktion für Löcher ist.

Wenn wir alle Energien vom unteren Rand des Leitungsbandes aus rechnen, dann ist die Energie eines Elektrons im Leitungsband gleich $\varepsilon = \frac{\hbar^2 k^2}{2 m_n}$, auf einem Donatorniveau gleich $\varepsilon = -\varepsilon_D$, auf einem Akzeptorniveau gleich $\varepsilon = -\varepsilon_A$

und im Valenzband gleich $\varepsilon = -\varepsilon_G - \varepsilon'$, wobei $\varepsilon' = \frac{\hbar^2 k'^2}{2 m_p}$ die „kinetische Energie" des Loches ist und ε_G die Breite des verbotenen Bandes angibt.

Wenn wir das „chemische Potential der Löcher" $\zeta' = -\varepsilon_G - \zeta$ einführen, so kann die Verteilungsfunktion (2.14) für die Löcher in der Form

$$f_0'(\varepsilon) = \frac{1}{e^{\frac{\varepsilon'-\zeta'}{k_0 T}} + 1} \tag{2.14a}$$

geschrieben werden, was vollkommen analog zur Verteilungsfunktion (2.1) für die Elektronen ist.

Die Neutralitätsbedingung für den Halbleiter, aus welcher sein chemisches Potential ζ bestimmt wird, kann in der folgenden Form ausgedrückt werden: (Zahl der Elektronen im Leitungsband) + (Zahl der Elektronen auf Akzeptorniveaus) = (Zahl der Löcher im Valenzband) + (Zahl der Löcher auf Donatorniveaus), d. h. es wird[1])

$$\int\limits_{\text{Leitungsband}} \frac{2\, g(\varepsilon)\, d\varepsilon}{e^{\frac{\varepsilon-\zeta}{k_0 T}} + 1} + \sum_{(A)} \frac{1}{e^{\frac{-\varepsilon_A-\zeta}{k_0 T}} + 1} = \int\limits_{\text{Valenzband}} \frac{2\, g(\varepsilon')\, d\varepsilon'}{e^{\frac{\zeta+\varepsilon_G+\varepsilon'}{k_0 T}} + 1}$$
$$+ \sum_{(D)} \frac{1}{e^{\frac{\zeta+\varepsilon_D}{k_0 T}} + 1}\,. \tag{2.15}$$

Wenn die Elektronen im Leitungsband und die Löcher im Valenzband der klassischen Statistik gehorchen $\left(A \equiv \exp\left(\frac{\zeta}{k_0 T}\right) \ll 1\right)$, so sind die Integrale in (2.15) analog zu den Integralen in (2.12) und es ergibt sich

$$\frac{(2\pi m_n k_0 T)^{3/2}}{4\pi^3 \hbar^3} A + \frac{n_A}{e^{-\frac{\varepsilon_A}{k_0 T}} \frac{1}{A} + 1} = \frac{(2\pi m_p k_0 T)^{3/2}}{4\pi^3 \hbar^3} e^{-\frac{\varepsilon_G}{k_0 T}} \frac{1}{A} + \frac{n_D}{e^{+\frac{\varepsilon_D}{k_0 T}} A + 1}. \tag{2.15a}$$

Hier sind n_A und n_D die Konzentrationen der Akzeptoren und Donatoren. Aus (2.15a) sieht man, daß die Konzentration n der Leitfähigkeitselektronen und die Konzentration p der Löcher im Valenzband durch

$$n = \frac{(2\pi m_n k_0 T)^{3/2}}{4\pi^3 \hbar^3} e^{\frac{\zeta}{k_0 T}}, \tag{2.15b}$$

$$p = \frac{(2\pi m_p k_0 T)^{3/2}}{4\pi^3 \hbar^3} e^{-\frac{\varepsilon_G+\zeta}{k_0 T}} \tag{2.15c}$$

gegeben sind. Die Neutralitätsgleichung (2.15a) bestimmt die Größe A oder das chemische Potential $\zeta = k_0 T \ln A$. Im allgemeinen Falle haben wir eine Glei-

[1]) Die genauere Formel für die Zahl der Elektronen auf lokalisierten Niveaus hat die Form (A 17.14).

chung vierten Grades für A. Man kennt bequeme numerische und graphische Methoden zu ihrer Lösung. Wir beschränken uns auf die Betrachtung einer Reihe wichtiger Spezialfälle, in denen die Lösung in der Form einfacher Formeln angegeben werden kann.

1. *Eigenhalbleiter* ($n_A = n_D = 0$).

Aus (2.15a) folgt

$$A = \left(\frac{m_p}{m_n}\right)^{3/4} e^{-\frac{\varepsilon_G}{2 k_0 T}}, \tag{2.16}$$

woraus sich

$$\zeta = -\frac{\varepsilon_G}{2} + \frac{3}{4} k_0 T \ln\left(\frac{m_p}{m_n}\right) \tag{2.16a}$$

ergibt. Da der Faktor $\frac{3}{4} \ln\left(\frac{m_p}{m_n}\right) \sim 1$ ist, wird der zweite Summand in (2.16a) von der Größenordnung $k_0 T$ und folglich befindet sich mit einer solchen Genauigkeit das chemische Potential ζ des Eigenhalbleiters (Dielektrikums) in der Mitte des verbotenen Bandes. Wenn $m_p = m_n$ ist, dann liegt das chemische Potential genau in der Mitte des verbotenen Bandes und hängt nicht von der Temperatur ab (solange wir die Breite des verbotenen Bandes als unabhängig von der Temperatur betrachten). Die Konzentration der Elektronen im Leitungsband ist gleich der Konzentration der Löcher im Valenzband und wir haben

$$n_i = \frac{\left(2 \pi \sqrt{m_n m_p}\, k_0 T\right)^{3/2}}{4 \pi^3 \hbar^3} e^{-\frac{\varepsilon_G}{2 k_0 T}} = n_T^0 e^{-\frac{\varepsilon_G}{2 k_0 T}}. \tag{2.16b}$$

Man sieht leicht, daß der Faktor n_T^0 vor der Exponentialfunktion der Größenordnung nach gleich der Konzentration ist, die einem Teilchen im Volumen λ^3 entspricht, wo λ die DE BROGLIE-Wellenlänge des Elektrons (Loches) ist, wenn es sich mit der thermischen Geschwindigkeit bewegt. Für $m_n = m_p = m = 0{,}9 \times 10^{-27}$ g und $T = 294$ °K ist $n_T^0 = 2{,}44 \cdot 10^{19}$ cm^{-3}. Die Konzentration n_T^0 wächst unbegrenzt bei $T \to \infty$ und ist nicht beschränkt durch die Zahl der Elektronen im Valenzband. Das hängt damit zusammen, daß bei der Herleitung der Gleichung (2.15a) nirgends die endliche Breite des Valenzbandes berücksichtigt wurde. Die Normierungsbedingung im Falle des Eigenhalbleiters besteht in der Forderung, daß die Zahl der Elektronen im Leitungsband gleich der Zahl der freien Plätze (Löcher) im Valenzband ist.

2. *Störstellenhalbleiter* (beispielsweise Donatorhalbleiter mit $n_A = 0$) *mit breitem verbotenem Band* ($\varepsilon_G \gg \varepsilon_D$).

Aus (2.15a) ergibt sich

$$\frac{(2 \pi m_n k_0 T)^{3/2}}{4 \pi^3 \hbar^3} A \left(A\, e^{\frac{\varepsilon_D}{k_0 T}} + 1\right) = n_D, \tag{2.17}$$

wobei wir das $\exp\left(-\frac{\varepsilon_G}{k_0 T}\right)$ proportionale Glied vernachlässigt haben ($\varepsilon_G \gg \varepsilon_D$!).

Wir betrachten zwei Fälle:

a) $A\, e^{\frac{\varepsilon_D}{k_0 T}} \gg 1$.

Da $A \ll 1$ ist, kann das nur für $\varepsilon_D \gg k_0 T$ der Fall sein. Vernachlässigt man in der Klammer des Ausdrucks (2.17) die 1, so ergibt sich

$$A = \frac{(2\pi\hbar)^{3/2} n_D^{1/2}}{\sqrt{2}\,(2\pi m k_0 T)^{3/4}}\, e^{-\frac{\varepsilon_D}{2k_0 T}} \tag{2.18}$$

und hieraus

$$\zeta = -\frac{\varepsilon_D}{2} + \frac{1}{2} k_0 T \ln \frac{(2\pi\hbar)^3 n_D}{2\,(2\pi m_n k_0 T)^{3/2}}. \tag{2.18a}$$

Bei einer Donatorenkonzentration $n_D = 10^{17}\,\text{cm}^{-3}$, einer effektiven Masse $m_n = 10^{-27}$ g und der Temperatur $T = 300\,°\text{K}$ ist die unter dem Logarithmuszeichen stehende Größe von der Größenordnung 10^{-2}, d. h., der zweite Summand ist von der Größenordnung $k_0 T$. Das bedeutet, daß das chemische Potential etwa in der Mitte zwischen dem unteren Rand des Leitungsbandes und dem Donatorniveau verläuft.

Die Konzentration der Leitfähigkeitselektronen wird

$$n = \frac{2^{1/2}\,(2\pi m_n k_0 T)^{3/4} n_D^{1/2}}{(2\pi\hbar)^{3/2}}\, e^{-\frac{\varepsilon_D}{2k_0 T}}. \tag{2.18b}$$

Wir stellen fest, daß $n \sim \sqrt{n_D}$ ist.

b) $A\, e^{\frac{\varepsilon_D}{k_0 T}} \ll 1$.

Da $A \ll 1$ ist, tritt dieser Fall immer dann ein, wenn $\varepsilon_D \leq k_0 T$ wird. Vernachlässigt man in diesem Falle in der Klammer von (2.17) die Größe $A \exp\left(\frac{\varepsilon_D}{k_0 T}\right)$, so ergibt sich

$$A = \frac{4\pi^3 \hbar^3 n_D}{(2\pi m_n k_0 T)^{3/2}}, \tag{2.19}$$

$$\zeta = k_0 T \ln \frac{4\pi^3 \hbar^3 n_D}{(2\pi m_n k_0 T)^{3/2}}. \tag{2.19a}$$

Die Konzentration der Leitfähigkeitselektronen ist

$$n = n_D. \tag{2.19b}$$

Dieses Resultat ist anschaulich vollkommen verständlich: wenn $k_0 T \geq \varepsilon_D$ ist, sind praktisch alle Donatoren ionisiert und wir haben $n \approx n_D$. Man sieht leicht, daß das chemische Potential dabei negativ ist und unterhalb des Donatorniveaus liegt, d. h. es ist $|\zeta| > \varepsilon_D$.

Wenn $\varepsilon_D \gg k_0 T$ ist, so kann man immer solch kleine n_D auswählen, daß Bedingung b) erfüllt ist. Haben wir beispielsweise $\varepsilon_D = 10\, k_0 T$, dann muß $n_D \ll 10^{15}\,\text{cm}^{-3}$ sein, damit bei Zimmertemperatur alle Donatoren ionisiert sind.

Das ist anschaulich verständlich, da eine kleine Donatorenkonzentration Übergänge der Elektronen aus dem Leitungsband auf das Donatorniveau überaus erschwert.

Analog zum Fall 2 kann man auch einen Störstellenhalbleiter vom Akzeptortyp ($n_D = 0$) betrachten. Die Formeln (2.17), (2.18) und (2.19) gelten auch dann, man muß nur in ihnen n_D, ε_D, m_n durch n_A, ε_A, m_p ersetzen.[1])

Wenn man im statistischen Gleichgewicht der Elektronen gleichzeitig das Leitungsband, das Valenzband und eine Sorte von Störstellen (z. B. Donatoren) berücksichtigt, so erhalten wir aus Gleichung (2.15a) eine algebraische Gleichung dritten Grades für A und können sie entweder graphisch oder numerisch lösen.

Multipliziert man (2.15b) mit (2.15c) und vergleicht dann mit (2.16b), so erhalten wir eine nützliche Formel:

$$n\,p = \frac{\left(2\pi\sqrt{m_n m_p}\,k_0 T\right)^3}{(4\pi^3\hbar^3)^2}\,e^{-\frac{\varepsilon_G}{k_0 T}} = n_i^2\,. \tag{2.20}$$

Wir sehen, daß das Produkt aus den Konzentrationen der Elektronen und Löcher in einem Störstellenhalbleiter gleich dem Quadrat der Elektronenkonzentration (oder Löcherkonzentration) in demselben Halbleiter ist, wenn er keine Störstellen enthält (Eigenhalbleiter).

5. Um die Gleichung (2.15) auf Halbleiter mit komplizierter Struktur der Energiebänder (z. B. Germanium und Silizium) anwenden zu können, müssen wir die Dichte der Zustände $g(\varepsilon)$ bestimmen.

Im n-Germanium und n-Silizium besteht das Energiespektrum der Elektronen aus einer Reihe äquivalenter Minima, die symmetrisch in der Brillouin-Zone liegen. In der Nähe eines jeden solchen Minimums gilt für die Energie

$$\varepsilon(\mathfrak{k}) = \frac{\hbar^2}{2}\left(\frac{k_x^2}{m_1} + \frac{k_y^2}{m_2} + \frac{k_z^2}{m_3}\right), \tag{2.21}$$

wobei $\mathfrak{k}$ der vom Punkt des Minimums aus gerechnete Wellenvektor des Elektrons ist; die Achsen x, y und z sind längs der Hauptachsen des Energieellipsoids $\varepsilon(\mathfrak{k}) = \text{const}$ gerichtet (für Ge und Si sind die Flächen konstanter Energie Rotationsellipsoide, so daß $m_1 = m_2$ ist).

Wir führen im $\mathfrak{k}$-Raum die Transformation

$$k_x = k_x'\sqrt{m_1}\,,\qquad k_y = k_y'\sqrt{m_2}\,,\qquad k_z = k_z'\sqrt{m_3} \tag{2.21a}$$

durch. Dann ist die Energie

$$\varepsilon = \frac{\hbar^2 k'^2}{2}\,. \tag{2.21b}$$

Die Zahl der Zustände pro cm³ im Elementarvolumen $dx_x\,dk_y\,dk_z$ wird gleich

$$\frac{dk_x\,dk_y\,dk_z}{8\pi^3} = (m_1 m_2 m_3)^{1/2}\,\frac{dk_x'\,dk_y'\,dk_z'}{8\pi^3}\,.$$

[1]) Wenn man dabei positive Energien vom oberen Rand des Valenzbandes nach unten zählt.

Unter Berücksichtigung von (2.21b) erhält man analog zu (IV. 4.18c) die Beziehung

$$g(\varepsilon) = \frac{\sqrt{2}}{2\pi^2} N_c \frac{(m_1 m_2 m_3)^{1/2}}{\hbar^3} \sqrt{\varepsilon}\ ; \tag{2.22}$$

hier ist N_c die Zahl der äquivalenten Minima. Für Germanium ist $N_c = 4$, für Silizium $N_c = 6$. Wir sehen, daß die Größe m^* in (IV. 4.18c) ersetzt wird durch $N_c^{2/3}(m_1 m_2 m_3)^{1/3}$.

Damit (2.22) eine zu (IV. 4.18c) analoge Form hat, kann man die „effektive Masse für die Dichte der Zustände" einführen:

$$m_{\text{eff}} = N_c^{2/3}\,(m_1 m_2 m_3)^{1/3}\,. \tag{2.22a}$$

Bei der Berechnung des chemischen Potentials aus (2.12b) müssen wir also m^* durch m_{eff} ersetzen.

Für die Löcher im Valenzband des Germaniums und Siliziums kann die Energie jeder der „warped"-Oberflächen auf die Form (IV. 8.2b) gebracht werden:

$$\varepsilon = \frac{\hbar^2 k^2}{2m}\,\Phi(\vartheta, \varphi)\,. \tag{2.23}$$

Hier ist m die Masse des Elektrons und $\Phi(\vartheta, \varphi)$ eine bestimmte Funktion der Polarwinkel ϑ und φ. Bei der Bestimmung von $g(\varepsilon)$ wird uns im wesentlichen der Übergang von den Veränderlichen k, ϑ, φ zu den Veränderlichen ε, ϑ, φ interessieren, d. h., der Übergang von $\mathfrak{k}$ zu ε bei konstanten ϑ und φ. Die Zahl der Zustände pro cm³ im Volumen

$$k^2\,dk \sin\vartheta\, d\vartheta\, d\varphi = k^2\,dk\,d\Omega$$

ist gleich

$$\frac{k^2\,dk\,d\Omega}{8\pi^3} = \frac{\sqrt{2}}{2\pi^2}\frac{m^{3/2}}{\hbar^3}\sqrt{\varepsilon}\,d\varepsilon\,\frac{1}{4\pi}\Phi^{-3/2}(\vartheta, \varphi)\,d\Omega\,,$$

wo wir die Verknüpfung (2.23) zwischen k und ε bei konstanten ϑ und φ verwendet haben. Hieraus folgt

$$g(\varepsilon) = \frac{\sqrt{2}}{2\pi^2}\frac{m^{3/2}}{\hbar^3}\sqrt{\varepsilon}\sum_n \frac{1}{4\pi}\int \Phi_n^{-3/2}(\vartheta, \varphi)\,d\Omega\,, \tag{2.24}$$

wo über den gesamten Raumwinkel zu integrieren und über die verschiedenen Energieflächen zu summieren ist (schwere und leichte Löcher). Für Löcher ist die „effektive Masse für die Dichte der Zustände" gleich

$$m_{\text{eff}} = m\left[\sum_n \frac{1}{4\pi}\int \Phi_n^{-3/2}(\vartheta, \varphi)\,d\Omega\right]^{2/3}. \tag{2.24a}$$

In Tab. 2 ist das Verhältnis $\left(\frac{m_{\text{eff}}}{m}\right)^{3/2}$ für Elektronen und Löcher im Germanium und Silizium angeführt. Multiplikation von $m^{3/2}$ mit der aus der Tabelle zu entnehmenden Zahl gibt $m_{\text{eff}}^{3/2}$, welches unmittelbar in die Gleichung für die Dichte der Zustände eingeht.

Tabelle 2

Ladungsträger	Ge (4 Minima)	Si (6 Minima)
Elektronen	0,412	1,129
Löcher (1)	0,208	0,390
Löcher (2)	0,0084	0,068
Alle Löcher	0,216	0,458
Geometrisches Mittel von $\frac{m_{\text{eff}}^{3/2}}{m^{3/2}}$ für Elektronen und Löcher	0,299	0,719

6. Bei Temperaturerniedrigung bis zum absoluten Nullpunkt ($T = 0$) geht die Konzentration der Elektronen gemäß (2.16b) und (2.18b) ebenfalls gegen Null, folglich wächst der Widerstand des Halbleiters unbegrenzt. Bei der Mehrzahl der Halbleiter haben wir aber einen endlichen Widerstand bei $T \to 0$.

Die Ursache dafür ist darin zu suchen, daß bei hinreichend großer Dichte der Störstellenzentren sich die Wellenfunktionen der lokalisierten Elektronen überlappen. Dabei verbreitern sich die Niveaus dieser Elektronen etwas und es bildet sich ein *Störstellenleitungsband* und die Elektronen erhalten die Möglichkeit, sich im ganzen Volumen des Kristalls frei zu bewegen. Dieser Mechanismus des elektrischen Stromes erhielt die Bezeichnung *Störstellenbandleitfähigkeit.* Gewöhnlich ist die Beweglichkeit der Elektronen im Störstellenband viel kleiner als die Beweglichkeit der Elektronen im Leitungsband. Die Beweglichkeit im Störstellenband hängt schwach von der Temperatur ab und fällt sehr schnell ab bei Verringerung der Störstellenkonzentration. Man beobachtet diesen Effekt jedoch auch bei vergleichsweise kleinen Störstellenkonzentrationen, z. B. im Germanium bis zu Konzentrationen der Größenordnung 10^{15} cm^{-3}.

Bei höheren Störstellenkonzentrationen verschmelzen Störstellenband und Leitungsband; dabei bleiben die Elektronen bei allen Temperaturen im Störstellenband und ihre Konzentration hängt nicht von der Temperatur ab. Solche Stoffe heißen *Halbmetalle.* Die Überlappung der Wellenfunktionen der Elektronen in den Störstellen geht um so leichter vor sich, je größer ihr Bohrscher Radius ist, d. h. je größer die Dielektrizitätskonstante $\varkappa$ und je kleiner die effektive Masse m^* des Elektrons sind. Deshalb werden Stoffe mit großem $\varkappa$ und kleiner effektiver Masse m^* bei relativ niedrigen Störstellenkonzentrationen zu Halbmetallen; so sind z. B. im n-In Sb schon bei $n_D \approx 10^{15}$ cm^{-3} alle Störstellen ionisiert bei beliebiger Temperatur, bei n-Ge dagegen wird ein solcher Effekt erst bei Konzentrationen beobachtet, die größer als $5 \cdot 10^{18}$ cm^{-3} sind. In sehr reinen Proben, z. B. in n- und p-Germanium mit einer Störstellenkonzentration 10^{13} cm^{-3}, beobachtet man keine elektrische Leitfähigkeit infolge eines Störstellenbandes und der Widerstand wächst bei Temperaturerniedrigung in Übereinstimmung mit Gleichung (2.18b).

§ 3. Die Wärmekapazität freier Elektronen in Metallen und Halbleitern

1. Bei der Untersuchung der Wärmekapazität des Kristallgitters (III. § 6) haben wir schon festgestellt, daß sich die Metalle bei hohen Temperaturen nach dem Gesetz von DULONG-PETIT verhalten und daß diese Tatsache im scheinbaren Widerspruch zur Voraussetzung der klassischen Physik steht, daß auch die freien Elektronen einen Anteil zur Wärmekapazität des festen Körpers liefern müssen. Die Lösung des Widerspruchs besteht darin, daß für die Temperaturen, für welche die Gitterschwingungen der klassischen Statistik gehorchen, die Elektronen des Metalls entartet sind und für sie die Gesetze der FERMI-DIRAC-Statistik gültig sind.

Wir untersuchen jetzt die Wärmekapazität der freien Elektronen eines Metalls und ihren Beitrag zur allgemeinen Wärmekapazität eines Kristalls.

Die Energie der freien Elektronen eines Metalls pro cm³ ist

$$\mathscr{E} = 2 \int_0^\infty \varepsilon f_0(\varepsilon)\, g(\varepsilon)\, d\varepsilon\,. \tag{3.1}$$

Wenn wir $\mathscr{E}$ mit einer Genauigkeit bis zu Gliedern mit $\left(\frac{k_0 T}{\zeta_0}\right)^2$ berechnen wollen, müssen wir Formel (2.7a) verwenden. In unserem Falle ist

$$\varphi(\varepsilon) = \frac{1}{5\pi^2}\left[\frac{(2m^*)^{3/2}}{\hbar^3}\right]\varepsilon^{5/2}\,.$$

Macht man von der im Anhang XVIII entwickelten allgemeinen Methode Gebrauch, so ergibt sich

$$\mathscr{E} = \frac{(2m^*)^{3/2}}{5\pi^2\hbar^3}\zeta^{5/2}\left[1 + \frac{5\pi^2}{8}\left(\frac{k_0 T}{\zeta}\right)^2\right]. \tag{3.2}$$

Gemäß (2.9) hängt ζ selbst von der Temperatur ab, so daß sich bei der uns interessierenden Genauigkeit

$$\zeta^{5/2} = \zeta_0^{5/2}\left[1 - \frac{\pi^2}{12}\left(\frac{k_0 T}{\zeta_0}\right)^2\right]^{5/2} \approx \zeta_0^{5/2}\left[1 - \frac{5\pi^2}{24}\left(\frac{k_0 T}{\zeta_0}\right)^2\right] \tag{3.3}$$

ergibt; $[\ ]^{5/2}$ wurde in eine NEWTONsche Reihe entwickelt.

Setzt man (3.3) in (3.2) (in der eckigen Klammer von (3.2) kann man $\zeta = \zeta_0$ annehmen) ein, so ergibt sich bei Vernachlässigung von Gliedern der Größenordnung $\left(\frac{k_0 T}{\zeta_0}\right)^4$ die Beziehung

$$\mathscr{E} = \frac{(2m^*)^{3/2}}{5\pi^2\hbar^3}\zeta_0^{5/2}\left[1 + \frac{5\pi^2}{12}\left(\frac{k_0 T}{\zeta_0}\right)^2\right]. \tag{3.4}$$

Die Wärmekapazität der Elektronen pro cm³ ist bei konstantem Volumen gleich

$$c_V = \frac{\partial \mathscr{E}}{\partial T} = \frac{\sqrt{2}}{3}\frac{m^{*3/2}}{\hbar^3}\zeta_0^{1/2} k_0^2\, T\,, \tag{3.5}$$

d. h. proportional der Temperatur T.

Am absoluten Nullpunkt der Temperatur ist die Energie der Elektronen gleich

$$\mathcal{E}_0 = \frac{(2\,m^*)^{3/2}}{5\,\pi^2\,\hbar^3}\,\zeta_0^{5/2} = \frac{3^{5/3}\,\pi^{4/3}\,\hbar^2}{10\,m^*}\,n^{5/3}\,, \tag{3.4a}$$

was mit (A 3.5) übereinstimmt. Die Wärmekapazität am absoluten Nullpunkt ist $c_V^{(0)} = \left.\frac{\partial \mathcal{E}}{\partial T}\right|_0 = 0$, was dem NERNSTschen Theorem entspricht.

Der Ausdruck (3.5) hat einen anschaulichen Sinn: an der Wärmeanregung sind nur Elektronen beteiligt, die ein schmales Energiegebiet der Breite $k_0\,T$ in der Nähe der Energie ζ_0 einnehmen und ihre Zahl ist etwa $g(\zeta_0)\,k_0\,T$. Jedes dieser Elektronen liefert einen Beitrag der Größenordnung k_0 zur Wärmekapazität, deshalb ist ihre Gesamtwärmekapazität $\sim g(\zeta_0)\,k_0^2\,T$, was größenordnungsmäßig mit (3.5) übereinstimmt.

Wir geben jetzt eine Abschätzung des Verhältnisses der Wärmekapazität (3.5) der Elektronen zur Wärmekapazität des Gitters, alles gerechnet pro cm³. Da in einem Metall die Konzentration n der Elektronen etwa gleich der Zahl der Atome pro cm³ ist, wird die Wärmekapazität pro cm³ für das Gitter etwa gleich $n\,k_0$ (bei hohen Temperaturen) und für das uns interessierende Verhältnis erhalten wir

$$\frac{m^{*3/2}\,\zeta_0^{1/2}\,k_0\,T}{\hbar^3\,n} \approx \frac{k_0\,T}{\zeta_0}\,, \tag{3.6}$$

wobei wir n aus (2.8) eingesetzt haben. Da ζ_0 einige Elektronenvolt beträgt und $k_0\,T$ bei Zimmertemperatur $\approx 0{,}03$ eV ausmacht, ergibt das Verhältnis (3.6) Bruchteile eines Prozents. Damit erklärt sich, daß die freien Elektronen in einem breiten Temperaturgebiet keinen Beitrag zur Wärmekapazität des Metalls liefern.

Bei niedrigen Temperaturen fällt die Wärmekapazität des Gitters mit T^3 ab (III. 6.22), d. h. schneller als (3.5). Deshalb wird die Wärmekapazität der freien Elektronen unterhalb einer gewissen Temperatur T_0 größer sein als die Wärmekapazität des Gitters. Man kann die Temperatur T_0 bestimmen, indem man die Wärmekapazität der Elektronen (3.5) gleich der Wärmekapazität des Gitters (III. 6.22) setzt (wenn man alles auf 1 cm³ des Kristalls bezieht).

2. Die Wärmekapazität eines nichtentarteten Elektronengases, dessen Konzentration n nicht von der Temperatur abhängt, kann berechnet werden, wenn man in die Formel (3.1) anstelle von $f_0(\varepsilon)$ die MAXWELL-BOLTZMANN-Verteilung (2.11a) einsetzt. Eine einfache Rechnung führt in diesem Falle zu dem gut bekannten Resultat

$$c_V = 3/2\,n\,k_0\,. \tag{3.7}$$

Interessanter ist die Berechnung der Wärmekapazität freier Elektronen (Löcher) für den Fall eines nichtentarteten Halbleiters, wobei die Zahl der Elektronen (Löcher) von der Temperatur abhängt. Wenn die Aktivierungsenergie der Elektronen etwa $k_0\,T$ ist, so sollte man annehmen, daß die Wärmekapazität der Elektronen mit der Wärmekapazität des Gitters vergleichbar ist. Als Beispiel betrachten wir einen Eigenhalbleiter mit der Breite ε_G des verbotenen Bandes. Die Energie der Elektronen und Löcher in 1 cm³ ist gleich

$$\mathscr{E} = 2 \int_0^\infty \varepsilon f_0(\varepsilon)\, g(\varepsilon)\, d\varepsilon + 2 \int_0^\infty (\varepsilon' + \varepsilon_G)\, f_0'(\varepsilon')\, g(\varepsilon')\, d\varepsilon'; \tag{3.8}$$

hier bezieht sich das erste Integral auf die Elektronen, das zweite auf die Löcher. Setzt man für $f_0(\varepsilon)$ und $f_0'(\varepsilon')$ die klassischen Verteilungsfunktionen ein und entnimmt $g(\varepsilon)$ und $g(\varepsilon')$ dem Ausdruck (2.4), so erhalten wir

$$\mathscr{E} = \frac{\sqrt{2}}{\pi^2} \frac{m_n^{3/2}}{\hbar^3} e^{\frac{\zeta}{k_0 T}} \int_0^\infty e^{-\frac{\varepsilon}{k_0 T}} \varepsilon^{3/2}\, d\varepsilon$$

$$+ \frac{\sqrt{2}}{\pi^2} \frac{m_p^{3/2}}{\hbar^3} e^{-\frac{\zeta}{k_0 T}} e^{-\frac{\varepsilon_G}{k_0 T}} \int_0^\infty e^{-\frac{\varepsilon'}{k_0 T}} (\varepsilon' + \varepsilon_G)^{3/2}\, d\varepsilon'. \tag{3.8 a}$$

In den Integralen führen wir die neue Veränderliche $x = \sqrt{\varepsilon} = \sqrt{\varepsilon'}$ ein und machen von der Formel (A 6.3) Gebrauch. Dann ergibt sich bei Berücksichtigung des Wertes (2.16) für das chemische Potential die Beziehung

$$\mathscr{E} = \frac{\left(2\pi \sqrt{m_n m_p}\, k_0 T\right)^{3/2}}{4 \pi^3 \hbar^3} e^{-\frac{\varepsilon_G}{2 k_0 T}} (3 k_0 T + \varepsilon_G) = n(3 k_0 T + \varepsilon_G). \tag{3.8 b}$$

Hier ist $n = p$ die Konzentration der Elektronen oder Löcher.

Die Wärmekapazität der Elektronen und Löcher wird dann

$$c_V = \frac{\partial \mathscr{E}}{\partial T} = k_0\, n \left[\frac{15}{2} + 3\left(\frac{\varepsilon_G}{k_0 T}\right) + \frac{1}{2}\left(\frac{\varepsilon_G}{k_0 T}\right)^2\right], \tag{3.9}$$

wobei

$$n = n_T^0 \exp\left(-\frac{\varepsilon_G}{2 k_0 T}\right)$$

ist [vgl. (2.16b)]. Formel (3.9) ist gültig bei $\varepsilon_G \geqq k_0 T$ (sonst muß man die Entartung der freien Elektronen und Löcher berücksichtigen). Es läßt sich leicht zeigen, daß man den größten Wert von c_V bei $\varepsilon_G \approx k_0 T$ erhält. Dann wird größenordnungsmäßig $c_V \approx k_0 n_T^0$.

Bei Temperaturen oberhalb der Debye-Temperatur wird die Wärmekapazität des Gitters pro cm³ größenordnungsmäßig gleich $c_V^{(L)} \approx k_0 n_0$, wo n_0 die Zahl der Atome pro cm³ ist. Somit wird

$$\frac{c_V}{c_V^{(L)}} \approx \frac{n_T^0}{n_0} \ll 1.$$

Analoge Beziehungen gelten auch im Falle eines Störstellenhalbleiters. Demzufolge ist die Wärmekapazität in Halbleitern, die durch Elektronen und Löcher entsteht, immer sehr klein im Vergleich zur Wärmekapazität des Kristallgitters.

§ 4. Magnetische Eigenschaften der Stoffe. Der Paramagnetismus der Gase und der Leitungselektronen in Metallen und Halbleitern

1. Die Lehre von den magnetischen Eigenschaften der Stoffe ist überaus umfangreich und wir verweilen nur bei einigen grundlegenden Begriffen.[1])

Wenn wir einen Körper in ein äußeres Magnetfeld bringen, so entsteht in jedem Element dV seines Volumens ein magnetisches Moment

$$d\mathfrak{M} = \mathfrak{M}(\mathfrak{H})\, dV\,. \tag{4.1}$$

Die Magnetisierung oder das magnetische Moment $\mathfrak{M}$ pro Volumeneinheit hängt von der Größe und Richtung des magnetischen Feldes $\mathfrak{H}$ ab. In isotropen Körpern ist $\mathfrak{M}$ parallel zu $\mathfrak{H}$ und hängt nicht von der Richtung von $\mathfrak{H}$ ab. In isotropen Körpern, auf deren Betrachtung wir uns im weiteren beschränken, heißt die Größe

$$\left(\frac{dM}{dH}\right)_{H=0} = \chi \tag{4.1a}$$

magnetische Suszeptibilität des Stoffes. Sie hängt ab vom Stoff, von der Temperatur und vom Druck, zeigt aber keine Abhängigkeit vom magnetischen Feld $\mathfrak{H}$.

Wenn wir uns bei der Entwicklung von $\mathfrak{M}(\mathfrak{H})$ in eine Reihe nach Potenzen von $\mathfrak{H}$ auf das lineare Glied beschränken, haben wir

$$\mathfrak{M} = \chi\,\mathfrak{H}\,. \tag{4.1b}$$

Man sieht leicht, daß χ dimensionslos ist.

Wir unterscheiden:

1. *Paramagnetische Stoffe*, für welche $\chi > 0$ ist. Hier ist immer $\mathfrak{M}$ parallel zu $\mathfrak{H}$. Das Sauerstoffgas ist paramagnetisch; für Sauerstoff gilt $\chi \sim \frac{1}{T}$ (CURIEsches Gesetz); bei Zimmertemperatur und Atmosphärendruck ist $\chi_{O_2} = 0{,}14 \cdot 10^{-6}$.

   Die Alkalimetalle sind ebenfalls paramagnetisch, jedoch hängt bei ihnen χ praktisch nicht von der Temperatur ab; für Natrium haben wir $\chi_{Na} = 0{,}58 \cdot 10^{-6}$.
2. *Diamagnetische Stoffe*, für welche $\chi < 0$ ist, d. h. $\mathfrak{M}$ ist dem Feld $\mathfrak{H}$ entgegengerichtet. Für Diamagnetika hängt χ nur schwach von der Temperatur ab (über die Dichte des Stoffes). Die Edelgase sind diamagnetisch; für Helium hat man bei Normalbedingungen $\chi_{He} = -0{,}02 \cdot 10^{-6}$.
3. *Ferromagnetische Stoffe* (Eisen, Kobalt, Nickel und eine Reihe von Legierungen). Die Eigenschaften der ferromagnetischen Stoffe sind sehr kompliziert und werden in diesem Buch nicht behandelt. Oberhalb einer gewissen Temperatur, der sog. CURIE-Temperatur (für Eisen ist sie 1040 °K,

[1]) Für ein ausführliches Studium siehe das Buch von S. W. WONSOWSKIJ, (С. В. Вонсовский, Современное учение о магнетизме, Гостехиздат), Moderne Theorie des Magnetismus, Gostechisdat, Moskau/Leningrad 1952.

für Kobalt 1404 °K und für Nickel 631 °K), verhalten sich die ferromagnetischen Stoffe wie paramagnetische. Unterhalb der CURIE-Temperatur besitzen die Ferromagnetika eine Reihe interessanter Besonderheiten: in reinen Einkristallen ruft schon ein schwaches Magnetfeld in bestimmten kristallographischen Richtungen eine starke Magnetisierung $\mathfrak{M}$ hervor, deren Größe nicht nur von der magnetischen Feldstärke $\mathfrak{H}$, sondern auch von der Vorgeschichte der Probe (Hysteresis) abhängt; bei Verkleinerung des äußeren magnetischen Feldes bis Null bleibt in den ferromagnetischen Stoffen ein gewisses magnetisches Moment erhalten.

Wir leiten jetzt einige einfache thermodynamische Beziehungen her. Wir betrachten zwei Körper, deren Ausmaße klein sind im Vergleich zum Abstand R zwischen ihnen. Wenn der erste Körper ein magnetisches Moment $\mathfrak{M}'$ besitzt, welches parallel zu R gerichtet ist, dann ergibt sich am Ort des zweiten Körpers das magnetische Feld[1])

$$H = \frac{2\,M'}{R^3}\,. \tag{4.2}$$

Dieses Feld induziert im zweiten Körper ein magnetisches Moment $\mathfrak{M}$, welches ebenfalls parallel zu R ist. Die wechselseitige Anziehungskraft zwischen den Körpern ist

$$\mathcal{K} = \frac{6\,M\,M'}{R^4}\,. \tag{4.2a}$$

Bei Vergrößerung von R um dR wird am System die Arbeit

$$dA = \mathcal{K}\,dR = -\,M\,dH \tag{4.2b}$$

geleistet, wenn wir von (4.2a) und (4.2) Gebrauch machen. In Wirklichkeit gilt dieser Ausdruck für dA ganz allgemein und ist nicht an das betrachtete Modell gebunden.

Wir untersuchen die magnetischen Eigenschaften eines fixierten Volumens von 1 cm³. Aus dem ersten Hauptsatz der Thermodynamik folgt für die Änderung der inneren Energie eines Systems

$$d\mathcal{E} = dQ + dA\,; \tag{4.3}$$

hier ist dQ die Wärme, die das System reversibel aufnimmt, und dA die an ihm geleistete Arbeit. Setzt man $dQ = T\,dS$ (dS ist die Entropieänderung des Systems) und betrachtet die Arbeit dA (4.2b) bei der Änderung des Magnetfeldes, so erhalten wir

$$d\mathcal{E} = T\,dS - M\,dH\,. \tag{4.3a}$$

Die freie Energie des Systems ist

$$\mathcal{F} = \mathcal{E} - T\,S\,. \tag{4.4}$$

[1]) Über das von einem Dipol geschaffene Feld und die Energie eines Dipols in einem äußeren Feld siehe z. B. Fußnote [1]) auf Seite 31 (die Formeln für die Feldstärke sind im Falle eines elektrischen und magnetischen Dipols gleich).

Differenziert man diese Gleichung und verwendet (4.3a), so ergibt sich

$$d\mathcal{F} = - S\,dT - M\,dH\,, \tag{4.4a}$$

woraus man

$$\left(\frac{\partial \mathcal{F}}{\partial T}\right)_H = - S\,, \quad \left(\frac{\partial \mathcal{F}}{\partial H}\right)_T = - M \tag{4.4b}$$

erhält. Hieraus und aus (4.1a) folgt

$$\chi = - \left(\frac{\partial^2 \mathcal{F}}{\partial H^2}\right)_{T;\,H=0}. \tag{4.5}$$

Man muß also für die Bestimmung der magnetischen Suszeptibilität χ entweder einen Ausdruck für das magnetische Moment $\mathfrak{M}$ (4.1a) oder für die freie Energie $\mathcal{F}$ (4.5) finden.

2. Wir betrachten die Theorie der Magnetisierung eines Stoffes, der aus freien rotierenden Teilchen (Molekülen) mit einem konstanten magnetischen Moment $\vec{\mu}_A$ besteht (Theorie eines paramagnetischen Gases von P. Langevin). Ein Magnetfeld $\mathfrak{H}$ richtet die magnetischen Momente $\vec{\mu}_A$ in Feldrichtung aus, die Wärmebewegung wirkt dieser Ausrichtung entgegen. Vom klassischen Standpunkt aus kann das Moment $\vec{\mu}_A$ eine beliebige Orientierung bezüglich des Feldes $\mathfrak{H}$ annehmen. Die potentielle Energie von $\vec{\mu}_A$ im Feld $\mathfrak{H}$ ist gleich $-(\vec{\mu}_A\,\mathfrak{H}) = -\mu_A H \cos\vartheta$, wo ϑ der Winkel zwischen $\vec{\mu}_A$ und $\mathfrak{H}$ ist. Die Wahrscheinlichkeit dafür, daß $\vec{\mu}_A$ bezüglich des Feldes $\mathfrak{H}$ so ausgerichtet ist, daß der Winkel zwischen ihnen zwischen ϑ und $\vartheta + d\vartheta$ liegt, ist gleich

$$dw = A\, e^{\frac{\mu_A H \cos\vartheta}{k_0 T}} \sin\vartheta\, d\vartheta\,; \tag{4.6}$$

hier ist $2\pi \sin\vartheta\, d\vartheta = d\Omega$ der dem Winkelintervall $d\vartheta$ entsprechende Raumwinkel und A eine Konstante, die sich aus der Normierungsbedingung für die Wahrscheinlichkeit ergibt:

$$\int dw = A \int_0^{\pi} e^{\frac{\mu_A H \cos\vartheta}{k_0 T}} \sin\vartheta\, d\vartheta = A \int_{-1}^{+1} e^{\alpha x}\, dx = 1\,; \tag{4.6a}$$

dabei ist $\alpha = \dfrac{\mu_A H}{k_0 T}$, $x = \cos\vartheta$.

Der Mittelwert der Projektion des Moments $\vec{\mu}_A$ auf die Richtung des magnetischen Feldes ist

$$\langle\mu_A\rangle = \int \mu_A \cos\vartheta\, dw = \mu_A \frac{\int_{-1}^{+1} x\, e^{\alpha x}\, dx}{\int_{-1}^{+1} e^{\alpha x}\, dx}. \tag{4.7}$$

Das Integral im Nenner läßt sich elementar berechnen; das Integral im Zähler ist gleich dem nach α abgeleiteten Integral des Nenners. Somit haben wir

$$\langle\mu_A\rangle = \mu_A\, L\left(\frac{\mu_A H}{k_0 T}\right), \tag{4.7a}$$

wo

$$L(\alpha) = \frac{e^{\alpha} + e^{-\alpha}}{e^{\alpha} - e^{-\alpha}} - \frac{1}{\alpha} = \operatorname{cth} \alpha - \frac{1}{\alpha} \tag{4.7 b}$$

die LANGEVIN-Funktion ist.

Für schwache Felder ist $\mu_A H \ll k_0 T$, d. h. $\alpha \ll 1$, und wir erhalten nach Reihenentwicklung der rechten Seite von (4.7 b)

$$L(\alpha) \approx \frac{\alpha}{3}. \tag{4.7 c}$$

Die Magnetisierung wird in diesem Falle

$$M = n\langle\mu_A\rangle = \frac{\mu_A^2 n}{3 k_0 T} H, \tag{4.8}$$

woraus sich

$$\chi = \frac{M}{H} = \frac{\mu_A^2 n}{3 k_0 T} \tag{4.8 a}$$

für die magnetische Suszeptibilität ergibt. Wir finden in Übereinstimmung mit dem CURIEschen Gesetz $\chi \sim \frac{1}{T}$.

In der Quantentheorie des Paramagnetismus der Atome und Ionen muß man zwei wichtige Umstände berücksichtigen: die räumliche Quantisierung des Drehmoments der Elektronen und das Vorhandensein des Elektronenspins.

In der Quantenmechanik wird gezeigt[1]): wenn sich ein Elektron im Atom im stationären Zustand befindet und eine bestimmte Projektion des Drehmoments $\mathcal{L}_z = \hbar m$ besitzt (m ist die Magnetquantenzahl), dann entspricht diesem Zustand ein magnetisches Moment $M_z = \mu_B m$, wobei

$$\mu_B = \frac{e\hbar}{2mc} = 0{,}927 \cdot 10^{-20} \text{ Gauß cm}^3 \tag{4.9}$$

das sogenannte BOHR*sche Magneton* ist. Das BOHRsche Magneton stellt ein elementares (kleinstes) magnetisches Moment dar, welches in der Quantenmechanik auftritt.

Für die Bahnbewegung des Elektrons haben wir somit

$$\frac{M_z}{L_z} = \frac{e}{2mc}. \tag{4.9 a}$$

Denselben Wert hat dieses Verhältnis auch in der klassischen Theorie [siehe Formel (5.2) im nächsten Paragraphen].

Theorie und Experiment zeigen, daß ein freies Elektron ein magnetisches Moment von der Größe des BOHRschen Magnetons μ_B und ein Drehmoment, dessen Projektion auf eine vorgegebene Richtung gleich $s_z = \pm \frac{\hbar}{2}$ ist, besitzt. Diese Eigenschaften des Elektrons erhielten die Bezeichnung *Spin*. Für den

---

[1]) Siehe Fußnote [1]), § 53 auf Seite 32.

Spin des Elektrons hat das Verhältnis $\frac{\mu_B}{|s_z|}$ einen „anomalen“ Wert und ist gleich dem doppelten der Größe (4.9a).

Wenn man die magnetischen Momente und die Drehmomente der Bahnbewegung und des Spins vektoriell addiert[1]), so ist leicht einzusehen, daß wegen der Anomalität des Verhältnisses $\frac{\mu_B}{|s_z|}$ für den Spin die Richtung des resultierenden magnetischen Moments nicht mit der Richtung des resultierenden Drehmoments übereinstimmen wird. Dieser Umstand ist die Ursache für den anomalen ZEEMAN-Effekt. Man kann zeigen[2]), daß infolge der Präzession des resultierenden magnetischen Moments um das resultierende Drehmoment in Richtung des letzteren ein effektives magnetisches Moment der Größe

$$\mu_j = \mu_B\, j\, g \tag{4.10}$$

entsteht, wo j die Quantenzahl des Gesamtdrehmoments ist (welches gleich $\hbar\sqrt{j(j+1)}$ ist), während man

$$g = 1 + \frac{j(j+1) + s(s+1) - l(l+1)}{2\,j(j+1)} \tag{4.10a}$$

als LANDÉ-*Faktor* bezeichnet. Hier ist l die Quantenzahl des Bahndrehmoments [welches gleich $\hbar\sqrt{l(l+1)}$ ist] und s ist die Spinquantenzahl und nimmt die Werte $+1/2$ und $-1/2$ an.

In einem äußeren Magnetfeld $\mathfrak{H}$ nimmt das resultierende Drehmoment des Elektrons im Atom $2j+1$ verschiedene diskrete Orientierungen an, wobei es mit dem Magnetfeld die Winkel $\cos(\sphericalangle\,\mathfrak{H}, j) = \frac{m}{j}$ bildet. Hier ist m die Magnetquantenzahl, welche die Werte $j, j-1, \ldots, 0, \ldots, -j+1, -j$ annimmt. Die Energie des magnetischen Moments μ_j im magnetischen Feld ist gleich

$$u_\mu = -\mu_j\, H \cos(\widehat{\mathfrak{H}, j}) = -\mu_B\, H\, g\, m\,. \tag{4.11}$$

Der Mittelwert des magnetischen Moments in Richtung des Feldes ergibt sich zu

$$\langle\mu\rangle = \frac{\sum\limits_{m=-j}^{+j} \mu_j \cos(\widehat{\mathfrak{H}, j})\, e^{-\frac{u_\mu}{k_0 T}}}{\sum\limits_{m=-j}^{+j} e^{-\frac{u_\mu}{k_0 T}}} = \mu_B\, g\, \frac{\sum\limits_{m=-j}^{+j} m\, e^{\alpha m}}{\sum\limits_{m=-j}^{+j} e^{\alpha m}}\,, \tag{4.12}$$

wobei $\alpha = \frac{\mu_B\, g\, H}{k_0\, T}$ ist.

Der Einfachheit halber betrachten wir den Fall eines schwachen Magnetfeldes. Dann ist $\alpha \ll 1$ und wir können $\exp(\alpha\, m) \approx 1 + \alpha\, m$ setzen. In diesem Falle folgt aus (4.12)

$$\langle\mu\rangle = \frac{\mu_B^2\, g^2\, j(j+1)}{3\, k_0\, T}\, H\,, \tag{4.13}$$

---

[1]) Das sogenannte Vektormodell des Atoms wird in der Quantenmechanik durch die Gruppentheorie begründet.

[2]) Siehe Fußnote [1]), § 74 auf Seite 32.

so daß die magnetische Suszeptibilität analog zu (4.8a) gleich

$$\chi = \frac{n\langle\mu\rangle}{H} = \frac{\mu_{\text{eff}}^2\, n}{3\, k_0\, T} \tag{4.13a}$$

ist; $\mu_{\text{eff}} = \mu_B\, g\, \sqrt{j\,(j+1)}$ ist das effektive magnetische Moment. Wir sehen, daß auch vom Standpunkt der Quantenmechanik aus die magnetische Suszeptibilität χ proportional $1/T$ wird.

3. Wir betrachten den Paramagnetismus der freien Elektronen (des Elektronengases), der mit der Existenz des Elektronenspins verbunden ist. In diesem Falle ist das Bahndrehmoment gleich Null ($l = 0$) und folglich $j = s = 1/2$. Der LANDÉ-Faktor wird somit für freie Elektronen

$$g = 2\,, \tag{4.14}$$

was sich mit (4.10a) nachprüfen läßt.

Die paramagnetische Suszeptibilität sollte gemäß (4.13a) gleich

$$\chi = \frac{\mu_B^2\, n}{k_0\, T} \tag{4.14a}$$

sein. Das sollte zu einem merklichen und stark von der Temperatur abhängenden Paramagnetismus für die freien Elektronen des Metalls führen. Das Experiment zeigt jedoch, wie schon oben bemerkt, daß die paramagnetische Suszeptibilität der Metalle klein ist und nicht oder nur schwach von der Temperatur abhängt. Die Erklärung dieser Erscheinung wurde von W. PAULI (1927) auf der Grundlage der Vorstellung gegeben, daß die Leitfähigkeitselektronen ein stark entartetes FERMI-Gas bilden. Diese Arbeit legte den Grundstein für die Quantentheorie der Metalle. Aus der Quantenmechanik ist bekannt, daß das magnetische Moment des Elektrons in einem äußeren Feld entweder in Richtung des Feldes $\mathfrak{H}$ weist, und dann ist seine Energie gleich $\varepsilon - \mu_B H$, oder es weist in die dem Feld entgegengesetzte Richtung und für die Energie des Elektrons ergibt sich dann $\varepsilon + \mu_B H$. ε ist die Energie des Elektrons ohne Feld.

Offensichtlich ist das gesamte magnetische Moment pro cm³ des Stoffes, welches durch solche Leitfähigkeitselektronen verursacht wird, deren Moment in Feldrichtung weist, gleich

$$M_+ = \mu_B \int f_0(\varepsilon - \mu_B H)\, g(\varepsilon)\, d\varepsilon\,,$$

da $g(\varepsilon)\, d\varepsilon$ die Zahl der Quantenzustände im Intervall $d\varepsilon$ ist, wobei nur eine Spinrichtung berücksichtigt wird.

Analog erhält man für das magnetische Moment, welches durch Elektronen verursacht wird, deren Momente in die dem Feld entgegengesetzte Richtung weisen,

$$M_- = \mu_B \int f_0(\varepsilon + \mu_B H)\, g(\varepsilon)\, d\varepsilon\,.$$

Das gesamte resultierende Moment wird somit

$$M = M_+ - M_- = \mu_B \int \{f_0(\varepsilon - \mu_B H) - f_0\,(\varepsilon + \mu_B H)\}\, g(\varepsilon)\, d\varepsilon\,. \tag{4.15}$$

Für kleine Magnetfelder kann man $f_0(\varepsilon \pm \mu_B H)$ in eine Reihe nach Potenzen von $\mu_B H$ entwickeln und sich auf das Glied erster Ordnung beschränken; dann wird

$$M = H \mu_B^2 \, 2 \int \left(- \frac{\partial f_0(\varepsilon)}{\partial \varepsilon}\right) g(\varepsilon) \, d\varepsilon \, . \qquad (4.15\text{a})$$

Man sieht leicht ein, daß $\frac{\partial f_0}{\partial \varepsilon} = - \frac{\partial f_0}{\partial \zeta}$ ist; deshalb ergibt sich

$$\chi = \frac{M}{H} = \mu_B^2 \frac{\partial}{\partial \zeta}\left(2 \int f_0 \, g \, d\varepsilon\right) = \mu_B^2 \frac{\partial n}{\partial \zeta} , \qquad (4.15\text{b})$$

wo n die Konzentration der freien Ladungen ist.

Im Fall der stark entarteten Leitfähigkeitselektronen eines Metalls kann das Integral (4.15a) nach der Formel (A 18.5) berechnet werden, wobei in unserem Fall

$$\psi(\eta) = \frac{\sqrt{2}}{\pi^2} \frac{m^{*3/2}}{\hbar^3} (\zeta + k_0 T \eta)^{1/2}$$

ist. Damit ergibt sich

$$M = H \mu_B^2 \left[\psi(0) + \frac{\pi^2}{6} \psi''(0)\right] = H \mu_B^2 \frac{\sqrt{2}}{\pi^2} \frac{m^{*3/2}}{\hbar^3} \zeta^{1/2} \left[1 - \frac{\pi^2}{24}\left(\frac{k_0 T}{\zeta}\right)^2\right] .$$

Ersetzt man ζ mit Hilfe von Gleichung (2.9), so erhält man mit einer Genauigkeit bis zu Gliedern mit $(k_0 T/\zeta_0)^2$

$$M = H \mu_B^2 \, g(\zeta_0) \left[1 - \frac{\pi^2}{12}\left(\frac{k_0 T}{\zeta_0}\right)^2\right] . \qquad (4.16)$$

Verwendet man für ζ_0 den Ausdruck (2.8a), so ergibt sich

$$\chi = \frac{3^{1/3}}{\pi^{4/3}} \frac{\mu_B^2 m^* n^{1/3}}{\hbar^2} \left[1 - \frac{\pi^2}{12}\left(\frac{k_0 T}{\zeta_0}\right)^2\right] . \qquad (4.16\text{a})$$

Wir sehen, daß der Hauptteil der paramagnetischen Suszeptibilität der Leitfähigkeitselektronen des Metalls in Übereinstimmung mit der Erfahrung nicht von der Temperatur abhängt; die kleine von der Temperatur abhängige Korrektur zu χ ist bei Zimmertemperatur etwa $(k_0 T/\zeta_0)^2 \approx 10^{-4}$. Vergleicht man (4.16) mit (4.8a) oder (4.14a), so sieht man, daß die Wärmeenergie $k_0 T$ der Moleküle in der Formel von LANGEVIN hier im Falle eines stark entarteten FERMI-Gases durch die Quantenenergie $\frac{\hbar^2}{m^* d^2}$ ersetzt wird, wobei $d = n^{1/3}$ der mittlere Abstand zwischen den Teilchen ist.

Für nichtentartete Leitfähigkeitselektronen in einem Halbleiter gilt

$$\frac{\partial n}{\partial \zeta} = \frac{\partial}{\partial \zeta} e^{\frac{(\zeta - \varepsilon)}{k_0 T}} = \frac{n}{k_0 T} , \qquad (4.17)$$

deshalb folgt aus (4.15b) die Gleichung (4.14a).

4. In den letzten Jahren gewann die Untersuchung der *paramagnetischen Resonanz* der Leitfähigkeitselektronen und von Elektronen in Störstellenzentren (E. K. Sawoiski, 1946) für das Studium der Eigenschaften der festen Körper große Bedeutung.

Gemäß (4.11) spaltet das Energieniveau eines Atomelektrons im magnetischen Feld auf in äquidistante Unterniveaus, die voneinander den Abstand $g\,\mu_B\,H$ haben, wo g der Landé-Faktor ist. Für ein Elektron auf einem Störstellenniveau oder ein Leitfähigkeitselektron in einem Kristall kann man ebenfalls eine Aufspaltung der Größe $g\,\mu_B\,H$ annehmen, wo der Faktor g, genannt *spektroskopischer Aufspaltungsfaktor*, im allgemeinen Falle sowohl das Vorhandensein eines Bahnmoments des Elektrons als auch seine Wechselwirkung mit dem Gitter berücksichtigt. Deshalb ist g für die Leitfähigkeitselektronen in einem Kristall von 2 verschieden und kann anisotrop sein, d. h. verschiedene Werte haben für verschiedene Richtungen des magnetischen Feldes.

Wegen des Vorhandenseins des Spins $\left(s = \pm\frac{1}{2}\right)$ spaltet das Energieniveau des Leitfähigkeitselektrons in zwei Unterniveaus auf. Bei der Multiplettaufspaltung des Energieniveaus des Elektrons im magnetischen Feld erlauben die Auswahlregeln für die magnetischen Dipole jedoch nur Übergänge zwischen benachbarten Unterniveaus ($\Delta m = \pm 1$). Deshalb findet Resonanzabsorption hochfrequenter Radiowellen bei einer Frequenz ω statt, welche die Bedingung

$$\hbar\,\omega = g\,\mu_B\,H \tag{4.18}$$

erfüllt. Die Messung der Resonanzmaxima erlaubt also die Bestimmung des Faktors g, dessen Kenntnis die Möglichkeit gibt, eine Reihe von Schlußfolgerungen über den Zustand des Elektrons im Kristall zu ziehen. Die Messung der Breite und Form der Resonanzmaxima erlaubt die Untersuchung der Wechselwirkung des Störstellenelektrons mit den magnetischen Momenten der Atome in den benachbarten Gitterpunkten, der Wechselwirkung des Elektrons mit den Gitterschwingungen usw.

Ein analoges Bild für die paramagnetische Resonanz wird für die Atomkerne beobachtet, unter anderem auch für den Fall, wenn sie in ein Kristallgitter eingehen.

Wir behandeln jetzt die halbphänomenologische Theorie der paramagnetischen Resonanz (F. Bloch, 1946).

Wenn $\mathfrak{M}$ der Magnetisierungsvektor, d. h., das magnetische Moment pro Volumeneinheit des Stoffes, und $\mathfrak{L}$ das resultierende Drehmoment der Elektronen pro Volumeneinheit ist, so wird

$$\frac{d\mathfrak{L}}{dt} = [\mathfrak{M}, \mathfrak{H}]\,. \tag{4.19}$$

Man kann die letzte Gleichung durch Summierung aller Bewegungsgleichungen der einzelnen Teilchen in der Volumeneinheit der Probe erhalten.

Auf der Grundlage allgemeiner Vorstellungen aus der Quantenmechanik ist

$$\mathfrak{M} = \gamma\, \mathfrak{L} \tag{4.20}$$

mit

$$\gamma = \frac{e\,g}{2\,m\,c}\,. \tag{4.20 a}$$

Daraus folgt

$$\frac{d\mathfrak{M}}{dt} = [\gamma\, \mathfrak{M}, \mathfrak{H}]\,. \tag{4.21}$$

Jetzt sei ein starkes konstantes Magnetfeld in Richtung der z-Achse vorhanden ($H_z \equiv H_0$), und in Richtung der x-Achse wirke ein schwaches hochfrequentes magnetisches Wechselfeld: $H_x = H_1 \exp(i\,\omega\,t)$ ($H_1 \ll H_0$). Wir suchen dann die Lösung von (4.21) in der Form

$$\left.\begin{aligned} M_x &= M_{1x}\, e^{i\,\omega\,t}\,,\\ M_y &= M_{1y}\, e^{i\,\omega\,t}\,,\\ M_z &= M_{0z} + M_{1z}\, e^{i\,\omega\,t}\,. \end{aligned}\right\} \tag{4.22}$$

Dabei sind die M_{1x}, M_{1y}, M_{1z} von der Größenordnung H_1 und M_{0z} von der Größenordnung H_0. Setzt man (4.22) in (4.21) ein, so erhält man

$$\left.\begin{aligned} &i\,\omega\, M_x = \gamma\, M_y H_z\,,\\ &i\,\omega\, M_y = \gamma\,(M_z H_x - M_x H_z) \approx \gamma(M_{0z} H_x - M_x H_z)\,,\\ &\frac{d}{dt} M_z = i\,\omega\, M_{1z}\, e^{i\,\omega\,t} = -\,\gamma\, M_y H_x \approx 0\,, \end{aligned}\right\} \tag{4.23}$$

wenn man Glieder zweiter Ordnung in H_1 vernachlässigt. Die letzte Gleichung braucht also nicht berücksichtigt werden. Eliminiert man M_y aus den beiden ersten Gleichungen von (4.23), so ergibt sich

$$\chi_x = \frac{M_x}{H_x} = \frac{\chi_0}{1 - \left(\frac{\omega}{\omega_0}\right)^2} \tag{4.24}$$

mit

$$\chi_0 = \frac{M_{0z}}{H_z} \qquad \text{und} \qquad \omega_0 = \gamma\, H_0\,. \tag{4.24 a}$$

Da wir keine Reibungskräfte, d. h. Relaxationsprozesse für die Präzessionsbewegung von $\mathfrak{M}$, berücksichtigt haben, geht die Amplitude der „Wechselfeldsuszeptibilität“ χ_x für die Resonanzfrequenz $\omega \approx \omega_0$ gegen Unendlich.

§ 5. Der Diamagnetismus der Atome und Leitfähigkeitselektronen. Magnetische Eigenschaften von Halbleitern

1. Im vorangegangenen Paragraphen haben wir festgestellt, daß Stoffe existieren, deren magnetische Suszeptibilität $\chi < 0$ ist, d. h., das induzierte magnetische Moment weist in die dem Feld entgegengesetzte Richtung. Wir

haben solche Stoffe als diamagnetisch bezeichnet. In diesem Paragraphen werden wir zeigen, daß Quantensysteme von bewegten Ladungen (Elektronen der Atome und Moleküle, Leitfähigkeitselektronen) immer diamagnetische Eigenschaften haben, welche in einigen Fällen durch den stärkeren Paramagnetismus überdeckt werden.

Wir betrachten zunächst ein einzelnes Atom mit Z Elektronen in einem äußeren magnetischen Feld $\mathfrak{H}$. Den Ursprung des rechtwinkligen Koordinatensystems legen wir in den Atomkern und die z-Achse soll in die Richtung des Magnetfeldes $\mathfrak{H}$ weisen. Nach LARMOR[1]) führt die Wirkung des magnetischen Feldes auf die Elektronen in erster Näherung zu einer gleichmäßigen Rotation des ganzen Elektronensystems um die z-Achse mit einer konstanten Winkelgeschwindigkeit

$$\omega_L = \frac{e\,\mathfrak{H}}{2\,m\,c}, \tag{5.1}$$

welche die Bezeichnung LARMOR-*Frequenz* trägt. Hier sind e und m Ladung und Masse des Elektrons und c die Lichtgeschwindigkeit. Blickt man in Richtung der z-Achse (d. h. des Feldes $\mathfrak{H}$), so erfolgt die Rotation der Elektronen im Uhrzeigersinn, und folglich ist das mit dem entsprechenden Strom verknüpfte magnetische Moment μ_0 dem magnetischen Feld $\mathfrak{H}$ entgegengerichtet. Zwischen μ_0 und dem mechanischen Drehmoment l der Elektronen besteht eine universelle Beziehung[1]):

$$\mu_0 = \frac{e}{2\,m\,c}\,l\,. \tag{5.2}$$

Berücksichtigen wird, daß

$$l = m\,\omega_L \sum_{i=1}^{Z} \overline{(x_i^2 + y_i^2)} \tag{5.3}$$

ist $\overline{(x_i^2 + y_i^2}$ ist die Summe der Quadrate der Koordinaten des i-ten Elektrons, gemittelt über das Volumen des Atoms), so erhalten wir

$$\mu_0 = \frac{e\,H^2}{4\,m\,c^2} \sum_{i=1}^{Z} \overline{(x_i^2 + y_i^2)}\,. \tag{5.4}$$

Die diamagnetische Suszeptibilität eines Gases aus solchen Atomen wird

$$\chi_{\text{diam}} = \frac{n\,\mu_0}{H} = \frac{e^2\,n}{4\,m\,c^2} \sum_{i=1}^{Z} \overline{(x_i^2 + y_i^2)}\,, \tag{5.5}$$

wobei n die Zahl der Atome pro cm^3 ist.

Die Größe $\sum_{i=1}^{Z} \overline{(x_i^2 + y_i^2)}$ kann quantenmechanisch berechnet werden; der Größenordnung nach ist sie gleich $Z\,a^2$, wo a die linearen Ausmaße des Atoms sind.

---

[1]) S. G. KALASCHNIKOW (С. Г. Калашников, Электричество, Гостехиздат), Elektrizität, Gostechisdat, Moskau/Leningrad 1956, § 127.

Wenn das Atom ein konstantes magnetisches Moment besitzt, welches gleich dem BOHRschen Magneton (4.9) ist, dann wird die paramagnetische Suszeptibilität $\chi_{\text{par}} = \frac{\mu_B^2 n}{3 k_0 T}$. Das Verhältnis der diamagnetischen Suszeptibilität (5.5) zur paramagnetischen Suszeptibilität ist größenordnungsgemäß gleich

$$\frac{\chi_{\text{diam}}}{\chi_{\text{par}}} \approx \frac{e^2 n Z a^2}{m c^2} : \frac{\mu_B^2 n}{k_0 T} = \frac{Z k_0 T}{\frac{e^2}{a}}, \tag{5.6}$$

wo einer der Faktoren a durch den BOHRschen Radius $\frac{\hbar^2}{m e^2}$ ersetzt wurde. Da $\frac{e^2}{a}$ von der Größenordnung atomarer Energien ist, ergibt sich für nicht allzugroße Atomnummer Z für das Verhältnis (5.6) bei Zimmertemperatur ein Wert von etwa 10^{-2}. Aus diesem Grunde treten diamagnetische Eigenschaften nur in solchen Stoffen auf, deren Atome kein konstantes magnetisches Moment besitzen.

2. Für den Diamagnetismus der freien Elektronen (Leitfähigkeitselektronen) ist eine analoge Rechnung möglich. Unter Einwirkung des Magnetfeldes wird ein Elektron, welches die Geschwindigkeit v besitzt, in der zum Magnetfeld senkrechten Ebene eine Kreisbahn mit dem Radius

$$r = \frac{m c v_\perp}{e H} = \frac{v_\perp}{\omega_c} \tag{5.7}$$

beschreiben, wobei $v_\perp$ die Geschwindigkeitskomponente des Elektrons in der zum Magnetfeld senkrechten Ebene ist. Die Größe

$$\omega_c = \frac{e H}{m c} \tag{5.7a}$$

heißt *Zyklotronfrequenz* und ist gleich $2\,\omega_L$, wo ω_L die LARMOR-Frequenz (5.1) ist. Dieser Kreisbewegung des Elektrons entspricht gemäß (5.2) das magnetische Moment

$$\mu = \frac{e r v_\perp}{2 c} = \frac{\frac{m v_\perp^2}{2}}{H}, \tag{5.8}$$

wo wir r mit Hilfe der Gleichung (5.7) eliminiert haben.[1]) Für ein Elektronengas, welches der klassischen Statistik gehorcht, ist $\overline{\frac{m v_\perp^2}{2}} = k_0 T$; folglich ergibt sich für die diamagnetische Suszeptibilität:

$$\chi = n \frac{k_0 T}{H^2}. \tag{5.9}$$

Dieser Ausdruck kann nicht stimmen, da er nicht von der Ladung des Elektrons abhängt und umgekehrt proportional H^2 ist. Man kann zeigen (N. BOHR, 1911), daß wir deshalb ein falsches Resultat erhalten haben, weil wir nicht die

[1]) Wir eliminieren r und nicht $v_\perp$, da wir die Geschwindigkeit als gegeben betrachten.

Oberfläche (Grenze) des Körpers betrachtet haben, in welchem sich die Elektronen bewegen. In der Nähe der Oberfläche können die Elektronen keine vollständigen Kreisbahnen beschreiben und das führt zum Auftreten eines Oberflächenstroms in der Probe, welcher die magnetischen Momente der Kreisbahnen der Elektronen im Inneren des Körpers vollkommen kompensiert.

Wir zeigen in allgemeiner Form, daß die diamagnetische Suszeptibilität eines idealen Elektronengases, welches der klassischen Statistik gehorcht, verschwindet. Für das magnetische Feld setzen wir[1])

$$\mathfrak{H} = \operatorname{rot} \mathfrak{A} \,, \tag{5.10}$$

d. h.

$$H_x = \frac{\partial A_z}{\partial y} - \frac{\partial A_y}{\partial z}\,, \quad H_y = \frac{\partial A_x}{\partial z} - \frac{\partial A_z}{\partial x}\,, \quad H_z = \frac{\partial A_y}{\partial x} - \frac{\partial A_x}{\partial y}\,, \tag{5.10a}$$

wobei $\mathfrak{A}(x, y, z)$ das *Vektorpotential* ist.

Mit Hilfe der Formeln (5.10a) kann man leicht zeigen, daß man für ein Magnetfeld, welches zur z-Achse parallel ist ($H_x = H_y = 0, H_z = H$), das Vektorpotential in der folgenden Form wählen kann:

$$A_x = 0\,, \qquad A_y = x H\,, \qquad A_z = 0\,. \tag{5.11}$$

Die HAMILTON-Funktion für ein Elektron (mit der Ladung $-e$) im Magnetfeld ist gleich[2])

$$\begin{aligned}\mathcal{H} &= \frac{1}{2m}\left(\mathfrak{p} + \frac{e}{c}\mathfrak{A}\right)^2 + \mathcal{U}(\mathfrak{r}) = \frac{1}{2m}\left[\left(p_x + \frac{e}{c}A_x\right)^2\right.\\ &\quad \left. + \left(p_y + \frac{e}{c}A_y\right)^2 + \left(p_z + \frac{e}{c}A_z\right)^2\right] + \mathcal{U}(x, y, z)\,;\end{aligned} \tag{5.12}$$

hier ist $\mathcal{U}(\mathfrak{r})$ die potentielle Energie des Elektrons.

Die freie Energie eines der klassischen Statistik gehorchenden idealen Gases ist gleich[3])

$$\mathcal{F} = -k_0 T \ln Z\,. \tag{5.13}$$

Das statistische Integral ist hier

$$Z = \left[\int \int\limits_{-\infty}^{+\infty} \int dp_x\, dp_y\, dp_z \int \int\limits_{(V)} \int dx\, dy\, dz\, e^{-\frac{\mathcal{H}}{k_0 T}}\right]^N, \tag{5.13a}$$

wobei $\mathcal{H}$ die HAMILTON-Funktion für ein Teilchen ist und N die Zahl der Teilchen angibt.

Für Elektronen in einem Magnetfeld ist die HAMILTON-Funktion $\mathcal{H}$ durch (5.12) gegeben. Das statistische Integral Z ist gleich dem Produkt aus N gleichen Sechsfachintegralen, weil alle N Elektronen unabhängig und identisch sind.

---

1) Siehe Fußnote 1), §§ 94, 96 auf Seite 31.

2) R. BECKER, Theorie der Elektrizität, Bd. 2, B. G. Teubner, Leipzig-Berlin 1933.

3) Siehe Fußnote 1) auf Seite 86.

Ersetzen wir die Integrationsvariablen p_x, p_y und p_z durch

$$\pi_x = p_x + \frac{e}{c} A_x, \qquad \pi_y = p_y + \frac{e}{c} A_y, \qquad \pi_z = p_z + \frac{e}{c} A_z, \tag{5.14}$$

dann wird $dp_x\, dp_y\, dp_z = d\pi_x\, d\pi_y\, d\pi_z$ und die Integrationsgrenzen bleiben unverändert. Da ein bestimmtes Integral nicht von den Integrationsvariablen abhängt, wird Z und damit auch die freie Energie $\mathcal{F}$ nicht vom magnetischen Feld H abhängen. In diesem Falle verschwindet gemäß (4.5) die Suszeptibilität χ.

Ganz analog kann man zeigen, daß auch die diamagnetische Suszeptibilität eines Elektronengases, welches der FERMI-DIRAC-Statistik gehorcht, verschwindet. Somit zeigt das Elektronengas bei klassischer Behandlung keinen Diamagnetismus.

Es kann die Frage auftauchen, ob sich dieses Resultat nicht im Widerspruch mit dem nichtverschwindenden Diamagnetismus der Atome (5.5) befindet. Dort haben wir aber die wesentliche quantenmechanische Voraussetzung gemacht, daß sich die Elektronen des Atoms in einem stationären Zustand befinden, und dieser gehorcht nicht den Gesetzen der klassischen Statistik.

3. L. D. LANDAU (1930) hat gezeigt, daß bei quantenmechanischer Behandlung der Bewegung freier Elektronen in einem Magnetfeld ihre diamagnetische Suszeptibilität gleich 1/3 der paramagnetischen Suszeptibilität ausmacht. Diese Tatsache steht nicht im Widerspruch mit den früheren Schlußfolgerungen, da sie auf der Quantisierung der Bewegung des freien Elektrons im magnetischen Feld beruht.

Auf das Leitfähigkeitselektron möge neben dem periodischen Potential $V(\mathfrak{r})$ ein homogenes Magnetfeld wirken, welches parallel zur z-Richtung ist. Das Vektorpotential des Magnetfeldes kann in der Form (5.11) gewählt werden. Aus (5.12) folgt, daß die SCHRÖDINGER-Gleichung[1]) die Form

$$\frac{1}{2\,m}\left[\left(\frac{\hbar}{i}\frac{\partial}{\partial x}\right)^2 + \left(\frac{\hbar}{i}\frac{\partial}{\partial y} + \frac{e}{c} H x\right)^2 + \left(\frac{\hbar}{i}\frac{\partial}{\partial z}\right)^2\right]\psi(\mathfrak{r}) + V(\mathfrak{r})\,\psi(\mathfrak{r}) = \mathcal{E}\,\psi(\mathfrak{r}) \tag{5.15}$$

hat. Das periodische Potential $V(\mathfrak{r})$ des Kristalls kann weggelassen werden, wenn man die Masse m des freien Elektrons durch die effektive Masse m^* ersetzt. Dann erhalten wir anstelle von (5.15) die Gleichung

$$-\frac{\hbar}{2\,m^*}\left[\frac{\partial^2\psi}{\partial x^2} + \left(\frac{\partial}{\partial y} + \frac{i\,e\,H\,x}{\hbar\,c}\right)^2\psi + \frac{\partial^2\psi}{\partial z^2}\right] = \mathcal{E}\,\psi\,. \tag{5.16}$$

Da diese Gleichung y und z nicht in expliziter Form enthält, suchen wir eine Lösung der Form

$$\psi(x, y, z) = \varphi(x)\, e^{i(k_y y + k_z z)}\,. \tag{5.17}$$

1) Die SCHRÖDINGER-Gleichung gewinnt man nach dem bekannten Rezept, $\hat{\mathcal{H}}\,\psi = \mathcal{E}\,\psi$, wobei $\hat{\mathcal{H}}$ der HAMILTON-Operator ist und aus der HAMILTON-Funktion entsteht, wenn man p_x durch den Operator $\frac{\hbar}{i}\frac{\partial}{\partial x}$ ersetzt usw.

Setzt man (5.17) in (5.16) ein und kürzt durch den exponentiellen Faktor, so erhalten wir nach einer einfachen Umformung

$$-\frac{\hbar^2}{2\,m^*}\frac{d^2\varphi}{dx^2}+\frac{1}{2}\,m^*\,\omega_0^2\,(x-x_0)^2\,\varphi=\mathcal{E}_1\,\varphi\,, \tag{5.18}$$

wobei

$$\omega_0=\frac{e\,H}{m^*\,c},\qquad x_0=-\frac{\hbar\,c}{e\,H}\,k_y\qquad\text{und}\qquad \mathcal{E}_1=\mathcal{E}-\frac{\hbar^2\,k_z^2}{2\,m^*} \tag{5.18a}$$

ist. Wir sehen, daß die Bewegung des Elektrons längs der x-Achse durch die SCHRÖDINGER-Gleichung eines linearen harmonischen Oszillators mit der Masse m^* und der Eigenfrequenz $\omega_0 = 2\,\omega_L^*$ beschrieben wird (ω_L^* ist die LARMOR-Frequenz eines Teilchens mit der Masse m^*). Der Oszillator schwingt um seine Gleichgewichtslage x_0. Analog zu (III. 5.28) sind die Energieeigenwerte $\mathcal{E}_1$ für den Oszillator gleich

$$\mathcal{E}_1=\mathcal{E}-\frac{\hbar^2\,k_z^2}{2\,m^*}=\left(N+\frac{1}{2}\right)\hbar\,\omega_0=(2\,N+1)\,\mu^*\,H\,, \tag{5.19}$$

wo $\mu^* = \frac{m}{m^*}\mu_B$ ist und die Eigenfunktionen der Gleichung (5.18) die Form

$$\varphi(x)=\frac{e^{-\frac{1}{2}\left(\frac{x-x_0}{\lambda}\right)^2}}{\sqrt{\lambda}}\,H_N\left(\frac{x-x_0}{\lambda}\right) \tag{5.19a}$$

haben. $\lambda \equiv \left(\frac{\hbar}{m^*\,\omega_0}\right)^{1/2} = \left(\frac{\hbar\,c}{e\,H}\right)^{1/2}$ ist die sogenannte „magnetische Länge“[1]) und H_N ist ein hermitesches Polynom N-ter Ordnung.

Die Formel (5.17) sieht so aus, als ob die Richtungen y und z physikalisch äquivalent wären, nicht aber die Richtungen x und y, wie das in Wirklichkeit aber der Fall ist (das magnetische Feld weist in Richtung der z-Achse). Dieser Umstand hängt damit zusammen, daß die Operatoren, die den Koordinaten des Kreiszentrums des sich bewegenden Elektrons entsprechen $\left(\text{einer dieser Operatoren ist gleich } \hat{x}_0 = -\frac{c\,p_y}{e\,H}\right)$, nicht miteinander kommutieren[2]). Einen symmetrischeren Ausdruck für die Wellenfunktion $\psi(\mathfrak{r})$, wenn auch für unsere Darlegungen weniger günstigen, kann man erhalten, wenn man das Problem in zylindrischen Koordinaten löst.

Die Eigenwerte der Gleichung (5.16) sind

$$\mathcal{E}(N,k_z)=(2\,N+1)\,\mu^*\,H+\frac{\hbar^2\,k_z^2}{2\,m^*} \tag{5.19b}$$

und zeigen Entartung bezüglich der Quantenzahl k_y.

---

[1]) Wenn man H in Oersted ausdrückt, ergibt sich $\lambda = \frac{10^{-3}}{4\sqrt{H}}$ cm.

[2]) Ausführlicher siehe darüber in L. D. LANDAU und E. M. LIFSCHITZ, Lehrbuch der theoretischen Physik, Band III, Quantenmechanik, Akademie-Verlag, Berlin 1965.

Um die Zahl der Quantenzustände $g(\mathcal{E})\,d\mathcal{E}$ des Elektrons im Energieintervall $\mathcal{E}$, $\mathcal{E} + d\mathcal{E}$ zu berechnen, legen wir der Wellenfunktion (5.17) eine Periodizitätsbedingung bezüglich der Achsen y und z auf, d. h. wir fordern, daß den Koordinaten $y \pm L_2$, $z \pm L_3$ dieselbe Wellenfunktion entspricht wie den Koordinaten y und z. Man sieht leicht, daß dafür

$$k_y = \frac{2\pi}{L_2} n_2\,, \quad k_z = \frac{2\pi}{L_3} n_3 \tag{5.20}$$

erfüllt sein muß, wo n_2 und n_3 beliebige ganze Zahlen sind. Dann ist

$$\exp\,[i\,k_y(y \pm L_2)] = \exp\,(i\,k_y\,y)\exp\,(\pm\,i\,2\,\pi\,n_2) = \exp\,(i\,k_y\,y)\,.$$

In der x-Richtung habe der Körper die Dicke L_1; dabei werden wir für die x-Achse keine Periodizitätsforderung an die Wellenfunktion stellen (das wäre unbequem, weil der Ausdruck (5.17) in x nicht periodisch ist), nehmen aber an, daß die Lösung (5.17) nur im Gebiet

$$0 < |x_0| < L_1 \tag{5.21}$$

existiert, so daß $|x_0|^{\max} = L_1$ ist.

Die Zahl der Quantenzustände für einen gegebenen Energiewert $\mathcal{E}(N, k_z)$ wird durch den Grad der Entartung bezüglich k_y bestimmt und ist gleich $\left(\frac{L_2}{2\pi}\right) k_y^{\max}$. Aus den Formeln (5.18a) und (5.21) erhält man

$$k_y^{\max} = \left(\frac{e\,H}{\hbar\,c}\right) |x_0|^{\max} = \frac{e\,H}{\hbar\,c} L_1\,,$$

so daß der uns interessierende Grad der Entartung durch

$$\frac{e\,H}{2\,\pi\,\hbar\,c} L_1\,L_2 \tag{5.22}$$

gegeben ist. Wir bestimmen jetzt die Zahl der Quantenzustände, deren Energie kleiner als $\mathcal{E}$ ist; wir bezeichnen sie mit $Z(\mathcal{E})$. Die Zahl der Quantenzustände mit Energien zwischen $\mathcal{E}_1 = (2\,N + 1)\,\mu^*\,H$ und $\mathcal{E}$ ist gleich

$$\frac{2\,|k_z|\,L_3}{2\,\pi} = \frac{2\,(2\,m^*)^{1/2}\,L_3}{2\,\pi\,\hbar}\sqrt{\mathcal{E} - (2\,N + 1)\,\mu^*\,H}\,, \tag{5.22a}$$

wo der Faktor 2 die beiden Vorzeichen von k_z berücksichtigt, die sich bei seiner Berechnung aus (5.19) ergeben. Die Zahl der Quantenzustände mit Energien, die kleiner sind als $\mathcal{E}$, ist bei allen möglichen N gleich

$$\frac{2\,(2\,m^*)^{1/2}\,L_3}{2\,\pi\,\hbar} \sum_N \sqrt{\mathcal{E} - (2\,N + 1)\,\mu^*\,H}\,. \tag{5.22b}$$

Die Summierung über N wird hier über alle nicht negativen Werte des Radikanden erstreckt. Da der Grad der Entartung jedes Zustandes (5.22b) gleich (5.22) ist, wird die Gesamtzahl der Quantenzustände mit Energien kleiner $\mathcal{E}$ gleich

$$Z(\mathcal{E}) = \frac{2\,(2\,m^*)^{1/2}\,e\,H\,V}{(2\,\pi\,\hbar)^2\,c} \sum_N [\mathcal{E} - (2\,N + 1)\,\mu^*\,H]^{1/2}\,. \tag{5.23}$$

$V = L_1\,L_2\,L_3$ ist das Volumen des Körpers.

Die Dichte der Zustände für $V = 1\ \mathrm{cm}^3$ ergibt sich bei Nichtberücksichtigung des Spins zu

$$g(\mathscr{E}) = \frac{dZ(\mathscr{E})}{d\mathscr{E}} = \frac{(2\,m^*)^{1/2}\,e\,H}{(2\,\pi\,\hbar)^2\,c} \sum_N [\mathscr{E} - (2\,N + 1)\,\mu^*\,H]^{-1/2}, \tag{5.23a}$$

die freie Energie pro cm³ ist gleich (A 17.10)

$$\begin{aligned}\mathscr{F} &= n\,\zeta - 2\,k_0\,T \int^{\infty} \ln\left(1 + e^{\frac{(\zeta - \mathscr{E})}{k_0 T}}\right) g(\mathscr{E})\,d\mathscr{E} \\ &= n\,\zeta - 2\,k_0\,T \int^{\infty} \ln\left(1 + e^{\frac{(\zeta - \mathscr{E})}{k_0 T}}\right) \frac{dZ(\mathscr{E})}{d\mathscr{E}}\,d\mathscr{E}\,.\end{aligned} \tag{5.24}$$

Hier ist n die Konzentration der freien Elektronen und der Faktor 2 berücksichtigt den Spin; die untere Grenze des Integrals ist für jeden der Summanden in (5.23a) gleich $(2\,N + 1)\,\mu^*\,H$.

Durch partielle Integration erhalten wir

$$\mathscr{F} = n\,\zeta - 2 \int^{\infty} f_0(\mathscr{E})\,Z(\mathscr{E})\,d\mathscr{E}\,, \tag{5.24a}$$

wobei $f_0(\mathscr{E})$ die Fermi-Dirac-Verteilungsfunktion ist.

Wir führen eine neue Integrationsvariable und folgende Bezeichnungen ein:

$$\varepsilon = \frac{\mathscr{E}}{2\,\mu^*\,H}, \quad \varepsilon_0 = \frac{\zeta}{2\,\mu^*\,H}, \quad \Theta = \frac{k_0\,T}{2\,\mu^*\,H}. \tag{5.25}$$

Integriert man (5.24a) nocheinmal partiell, so ergibt sich in den neuen Bezeichnungen

$$\mathscr{F} = n\,\zeta + A \int^{\infty} \Phi(\varepsilon)\,\frac{d}{d\varepsilon}\left(\frac{1}{e^{\frac{\varepsilon - \varepsilon_0}{\Theta}} + 1}\right) d\varepsilon; \tag{5.25a}$$

hier ist

$$A = \frac{16\,m^{*3/2}\,(\mu^*\,H)^{5/2}}{3\,\pi^2\,\hbar^3}, \quad \Phi(\varepsilon) = \sum_N (\varepsilon - N - 1/2)^{3/2}, \tag{5.25b}$$

und die untere Grenze des Integrals für jeden der Summanden von $\Phi(\varepsilon)$ wird dadurch bestimmt, daß die Summanden reell bleiben müssen. Mit Hilfe der Poisson-Formel (Anhang XIX) erhalten wir

$$\Phi(\varepsilon) = \sum_{l=-\infty}^{+\infty} (-1)^l \int_0^{\varepsilon} (\varepsilon - x)^{3/2}\,e^{2\pi i l x}\,dx\,. \tag{5.26}$$

Für $l = 0$ ist das Integral gleich $\frac{2}{5}\,\varepsilon^{5/2}$ und für $l \neq 0$ erhalten wir

$$\frac{3}{8\,\pi^2\,l^2}\,\varepsilon^{1/2} - \frac{1}{2\,\pi\,i\,l}\,\varepsilon^{3/2} - \frac{3}{8\,\pi^2\,l^2}\,e^{2\pi i l \varepsilon} \int_0^{\sqrt{\varepsilon}} e^{-2\pi i l y^2}\,dy\,. \tag{5.26a}$$

Der Faktor

$$\frac{d}{d\varepsilon}\left(\frac{1}{e^{\frac{\varepsilon-\varepsilon_0}{\Theta}}+1}\right)$$

im Integral (5.25a) verhält sich bei starker Entartung der Elektronen wie $-\delta(\varepsilon-\varepsilon_0)$ mit der effektiven Breite des Maximums von etwa Θ. Der letzte Summand in (5.26a) oszilliert für $l = 1$ bei Änderung von ε mit der Periode 1; deshalb gibt der oszillierende Summand unter dem Integralzeichen bei $\Theta \gg 1$, d. h.

$$k_0 T \gg 2\mu^* H\,, \tag{5.27}$$

den Wert Null. Weiterhin verschwindet bei Summation über positive und negative l der zweite Summand in (5.26a) und der erste Summand wird gleich

$$\sum_{l=-\infty}^{+\infty} (-1)^l \frac{3}{8\pi^2 l^2}\varepsilon^{1/2} = \frac{3\,\varepsilon^{1/2}}{8\pi^2}\, 2 \sum_{l=1}^{\infty} (-1)^l \frac{1}{l^2} = -\frac{1}{16}\varepsilon^{1/2}\,. \tag{5.28}$$

Berücksichtigt man das Glied mit $l = 0$, so erhalten wir anstelle von (5.25a) die Beziehung

$$\mathcal{F} = n\zeta - A\int_0^\infty \left(\frac{2}{5}\varepsilon^{5/2} - \frac{1}{16}\varepsilon^{1/2}\right)\delta(\varepsilon-\varepsilon_0)\,d\varepsilon = n\zeta - \frac{2}{5}A\,\varepsilon_0^{5/2}$$

$$+ \frac{1}{16}A\,\varepsilon_0^{1/2} = n\zeta - \frac{4\sqrt{2}}{15\pi^2}\frac{m^{*3/2}\zeta^{5/2}}{\hbar^3} + \frac{\sqrt{2}}{6\pi^2}\frac{m^{*3/2}\zeta^{1/2}}{\hbar^3}(\mu^* H)^2\,. \tag{5.29}$$

Bei starker Entartung, welche wir schon bei der Berechnung des Integrals (5.25a) vorausgesetzt haben, wird das chemische Potential $\zeta = \zeta_0$ (ζ_0 ist der Wert des chemischen Potentials bei $T = 0$). Nimmt man an, daß ζ_0 nicht vom Magnetfeld abhängt (siehe weiter unten), so erhält man für die diamagnetische Suszeptibilität

$$\chi = -\frac{\partial^2\mathcal{F}}{\partial H^2} = -\frac{1}{3}\frac{\sqrt{2}}{\pi^2}\frac{m^{*3/2}\mu^{*2}\zeta^{1/2}}{\hbar^3}\,. \tag{5.30}$$

Setzt man hier ζ_0 aus (2.8a) ein, so wird der Betrag der diamagnetischen Suszeptibilität (5.30) um $\frac{1}{3}\left(\frac{m}{m^*}\right)^2$-mal größer als der von der Temperatur unabhängige Teil der paramagnetischen Suszeptibilität (4.16a).

Wir zeigen noch, daß die Änderung des chemischen Potentials im magnetischen Feld proportional H^4 ist und deshalb im Ausdruck (5.29), welcher genau ist bis zu Gliedern mit H^2, nicht berücksichtigt zu werden braucht.

Differenzieren wir die freie Energie (5.24) nach ζ, so erhalten wir im statistischen Gleichgewicht

$$\left(\frac{\partial\mathcal{F}}{\partial\zeta}\right)_0 = n - 2\int^\infty f_0(\mathcal{E})\,g(\mathcal{E})\,d\mathcal{E} = 0\,. \tag{5.31}$$

Wir setzen $\zeta = \zeta_0 + \Delta\zeta$, wo $\Delta\zeta$ die Änderung des chemischen Potentials im Magnetfeld ist; dann wird

$$\mathcal{F}(\zeta) = \mathcal{F}(\zeta^0 + \Delta\zeta) = \mathcal{F}(\zeta^0) + \left(\frac{\partial \mathcal{F}}{\partial \zeta}\right)_0 \Delta\zeta + \frac{1}{2!}\left(\frac{\partial^2 \mathcal{F}}{\partial \zeta^2}\right)_0 (\Delta\zeta)^2 + \cdots$$

$$= \mathcal{F}(\zeta^0) + \frac{1}{2!}\left(\frac{\partial^2 \mathcal{F}}{\partial \zeta^2}\right)_0 (\Delta\zeta)^2 + \cdots, \tag{5.32}$$

wenn wir von (5.31) Gebrauch machen. Andererseits kann $\Delta\zeta$ nicht von der Richtung des Magnetfeldes abhängen, deshalb ist $\Delta\zeta$ proportional H^2. Die Änderung der freien Energie wird somit

$$\Delta\mathcal{F} \sim (\Delta\zeta)^2 \sim H^4 , \tag{5.33}$$

wie wir oben behauptet haben.

Im zu (5.27) entgegengesetzten Falle ist $\Theta \leqq 1$, d. h.

$$k_0\, T \leqq 2\, \mu^* H . \tag{5.34}$$

Dann verschwindet das oszillierende Glied in (5.26a) nicht bei Integration von (5.25a) über ε. Für diesen Fall sind die Berechnungen schwieriger und wir werden sie hier nicht anführen. Man sieht jedoch leicht ein, daß in diesem Falle in χ Summanden eingehen, die proportional

$$\exp\,(i[2\,\pi\, l\, \varepsilon_0]) = \exp\left[i\left(\frac{\pi\, l\, \zeta}{\mu^* H}\right)\right]$$

sind. Von diesen oszillierenden Summanden ist der wichtigste der mit $l = 1$, d. h. mit einer Oszillationsperiode von $\frac{2\,\mu^*}{\zeta}$ bei Änderung von $\frac{1}{H}$.

Ähnliche Oszillationen der diamagnetischen Suszeptibilität wurden erstmalig am Wismut entdeckt und erhielten die Bezeichnung de Haas-van Alphen-Effekt (nach den Namen der Gelehrten, die diese Erscheinung im Jahre 1930 entdeckten).

Wir untersuchen jetzt die diamagnetische Suszeptibilität nichtentarteter Leitfähigkeitselektronen eines Halbleiters. Der Ausdruck (5.25a) für die freie Energie bleibt natürlich auch in diesem Falle gültig, kann aber vereinfacht werden: die Fermi-Dirac-Verteilungsfunktion kann durch die Boltzmann-Verteilung $\exp\left[\frac{(\varepsilon_0 - \varepsilon)}{\Theta}\right]$ ersetzt werden. Man erhält dann

$$\mathcal{F} = n\,\zeta - \frac{A\, e^{\varepsilon_0/\Theta}}{\Theta} \sum_{N=0}^{\infty} \int_{N+1/2}^{\infty} \left(\varepsilon - N - \frac{1}{2}\right)^{3/2} e^{-\varepsilon/\Theta}\, d\varepsilon\,, \tag{5.35}$$

wo die untere Grenze des Integrals bestimmt wird durch die Bedingung, daß der Radikand im Integranden positiv sein muß.

Wir führen die neue Integrationsvariable

$$x = \frac{\varepsilon - N - \frac{1}{2}}{\Theta} \tag{5.36}$$

ein; dann wird

$$\mathcal{F} = n\zeta - A\,\Theta^{3/2} e^{\frac{\zeta}{k_0 T}} e^{-\frac{1}{2\Theta}} \sum_{N=0}^{\infty} e^{-\frac{N}{\Theta}} \int_0^{\infty} x^{3/2} e^{-x}\,dx\,. \qquad (5.37)$$

Für das Integral erhalten wir

$$\int_0^{\infty} x^{3/2} e^{-x}\,dx = \frac{3\sqrt{\pi}}{4}, \qquad (5.38)$$

was aus (A 6.3) folgt, wenn wir die Integrationsvariable $t = \sqrt{x}$ einführen. Die unendliche geometrische Reihe wird nach der Formel

$$\sum_{N=0}^{\infty} e^{-\frac{N}{\Theta}} = \left(1 - e^{-\frac{1}{\Theta}}\right)^{-1} \qquad (5.39)$$

summiert. Somit erhält man

$$\mathcal{F} = n\zeta - \frac{3\sqrt{\pi}}{4} A\,\Theta^{5/2} e^{\frac{\zeta}{k_0 T}} \left[\frac{2z\,e^{-z}}{1 - e^{-2z}}\right], \qquad (5.40)$$

wo

$$z = \frac{1}{2\,\Theta} = \frac{\mu^* H}{k_0 T} \qquad (5.40\,\mathrm{a})$$

ist. Da der Faktor $A\,\Theta^{5/2}$ nicht vom magnetischen Feld abhängt, wird die Abhängigkeit der freien Energie $\mathcal{F}$ von H durch die eckige Klammer in (5.40) bestimmt, wenn man die schwache H-Abhängigkeit von ζ nicht berücksichtigt.

Im Falle eines nichtentarteten Halbleiters ist der Grenzfall (5.34), d. h. $z \gg 1$, nicht von besonderem Interesse.[1] Wir untersuchen deshalb den anderen Grenzfall (5.27), wo $z \ll 1$ ist.

Wir entwickeln in (5.40) die eckige Klammer in eine Reihe nach Potenzen von z bis zu Gliedern mit z^2 und erhalten

$$\left[\frac{2z\,e^{-z}}{1 - e^{-2z}}\right] = \frac{2z}{e^{z} - e^{-z}} = \frac{z}{\operatorname{sh} z} \approx \frac{z}{z + \frac{z^3}{3!} + \cdots} \approx 1 - \frac{1}{6} z^2\,. \qquad (5.41)$$

Setzt man das in (5.40) ein, so ergibt sich mit einer Genauigkeit bis zu Gliedern mit H^2

$$\mathcal{F} = n\zeta - \frac{3\sqrt{\pi}}{4} A\,\Theta^{5/2} e^{\frac{\zeta}{k_0 T}} \left[1 - \frac{1}{6}\left(\frac{\mu^* H}{k_0 T}\right)^2\right]. \qquad (5.42)$$

Verwendung der Ausdrücke (5.25), (5.25b) und (2.12a) ergibt für die diamagnetische Suszeptibilität

$$\chi = -\frac{\partial^2 \mathcal{F}}{\partial H^2} = -\frac{1}{3}\frac{\mu^{*2} n}{k_0 T} = -\frac{1}{3}\left(\frac{m}{m^*}\right)^2 \frac{\mu_B^2 n}{k_0 T}, \qquad (5.43)$$

[1]) In diesem Falle ist $\chi \sim \exp(-z)$, d. h. exponentiell klein.

welche gleich dem $\frac{1}{3}\left(\frac{m}{m^*}\right)^2$-fachen der paramagnetischen Suszeptibilität (4.15) ist. Das Verhältnis zwischen dia- und paramagnetischer Suszeptibilität der freien Ladungsträger bleibt also gleich sowohl für die stark entarteten Elektronen des Metalls (5.30) als auch für das nichtentartete Elektronengas in einem Halbleiter (5.43). Man kann zeigen, daß das für beliebigen Grad der Entartung des Elektronengases gilt.

4. Die magnetische Suszeptibilität eines atomaren Halbleiters ist

$$\chi = \chi_A + \chi_L + \chi_S + \chi_T, \tag{5.44}$$

d. h., sie setzt sich additiv aus der diamagnetischen Suszeptibilität χ_A des Grundgitters, der para- und diamagnetischen Suszeptibilität χ_L der Ladungsträger, der Suszeptibilität χ_S der Störstellenzentren und, wie neue Untersuchungen zeigen, der Suszeptibilität thermischer Defekte zusammen (Versetzungen, Oberflächenzustände, Flächen usw.).[1])

Die Löcher besitzen ähnlich wie die Elektronen ein eigenes magnetisches Moment der Größe μ_B (und haben demzufolge auch paramagnetische Eigenschaften). Das folgt zum mindesten schon daraus, daß sich das magnetische Moment des Valenzbandes bei Entfernung eines Elektrons aus dem Valenzband um die Größe μ_B ändert.

Die nichtentarteten Ladungsträger in einem gemischten Halbleiter haben also die Suszeptibilität

$$\chi_L = \frac{\mu_B^2 n}{k_0 T}\left[1 - \frac{1}{3}\left(\frac{m}{m_n}\right)^2\right] + \frac{\mu_B^2 p}{k_0 T}\left[1 - \frac{1}{3}\left(\frac{m}{m_p}\right)^2\right]; \tag{5.45}$$

hier sind n und p die Konzentrationen der Elektronen und Löcher, m_n und m_p ihre effektiven Massen. Wenn das Dispersionsgesetz für die Energie der Elektronen (Löcher) durch den Tensor der effektiven Masse bestimmt wird, dann sind die Verhältnisse m^2/m_n^2, und m^2/m_p^2 in (5.45) durch ein Verhältnis von m^2 zu einer gewissen einfachen Kombination der Komponenten des Tensors der effektiven Massen zu ersetzen.

Über die Größen χ_A, χ_S und χ_T kann man sehr wenig sagen. Auf jeden Fall ist eine theoretische Berechnung mit hinreichender Genauigkeit zur Zeit nicht möglich. Deshalb gibt das Studium der magnetischen Suszeptibilität der Halbleiter relativ wenig Auskunft über die Eigenschaften der Ladungsträger in ihnen.

§ 6. Zyklotronresonanz (diamagnetische Resonanz)

1. Die vollständigsten und zuverlässigsten Ergebnisse über das Energiespektrum der Ladungsträger (Elektronen und Löcher) in Kristallen sind durch Zyklotronresonanzuntersuchungen erhalten worden. Unter anderem gründet sich die in Kap. IV, § 8 beschriebene Struktur der Energiebänder des Siliziums und Germaniums in der Hauptsache auf solche Zyklotronresonanzuntersuchungen.

---

[1]) G. Busch und U. Winkler, Erg. exakt. Naturw. **29** (1956) 145.

Wir formulieren hier die physikalischen Prinzipien, die der Erscheinung der Zyklotronresonanz zugrunde liegen und geben eine vereinfachte theoretische Behandlung dieses Effekts.

Ein quasifreies Elektron (Loch) mit der skalaren effektiven Masse m^* bewegt sich im Magnetfeld H ähnlich wie ein freies Elektron. Es beschreibt in der zum Magnetfeld senkrechten Fläche eine Kreisbahn mit dem Radius (5.7)

$$r = \frac{v_\perp}{\omega_c}, \tag{6.1}$$

wobei

$$\omega_c = \frac{e H}{m^* c} \tag{6.1a}$$

die Zyklotronfrequenz ist und $v_\perp$ die Geschwindigkeitskomponente in der zum Magnetfeld senkrechten Fläche.

Der Umstand, daß ω_c nicht von v abhängt (in nichtrelativistischer Näherung), wurde bei der Konstruktion von Beschleunigern geladener Teilchen (des Zyklotrons) ausgenutzt. Es ist offensichtlich, daß man versuchen kann, das Prinzip der Zyklotronbeschleunigung auf die quasifreien Ladungsträger in einem Kristall anzuwenden. Dann muß man neben einem konstanten Magnetfeld $\mathfrak{H}$ an die Probe noch ein hochfrequentes elektromagnetisches Feld anlegen, welches in der zu $\mathfrak{H}$ senkrechten Fläche schwingt. Wenn die Frequenz dieses Feldes mit der Zyklotronfrequenz übereinstimmt ($\omega = \omega_c$), wird das Elektron unter der Einwirkung der elektrischen Spannung des hochfrequenten Feldes auf beiden Halbkreisen seiner Bewegung beschleunigt werden. Infolgedessen wird seine Geschwindigkeit (Energie) wachsen und es wird sich auf einer sich aufwickelnden Spirale bewegen, wie ein geladenes Teilchen im Zyklotron. Dieser Effekt erhielt die Bezeichnung *Zyklotronresonanz* (diamagnetische Resonanz) und kann durch Ermittelung des Absorptionsmaximums für die hochfrequente Strahlung beobachtet werden (Dorfman und Dingle, 1951). Die Bestimmung von $\omega_c \approx \omega$ bei einem solchen Resonanzversuch gestattet in der einfachsten Weise aus (6.1a) die effektive Masse m^* zu bestimmen.

Neben der Wechselwirkung mit dem konstanten Magnetfeld und dem hochfrequenten elektromagnetischen Feld tritt das Elektron noch in Wechselwirkung mit Gitterschwingungen (Phononen) oder statischen Störungen des Gitters (Störstellenzentren). Als Resultat dieser Wechselwirkungen stellt sich eine bestimmte Zeit τ zwischen zwei Stößen des Elektrons ein. Die Wechselwirkung mit den Schwingungen und Störstellen kann man sich angenähert als eine gewisse ständig auf das Elektron wirkende Reibungskraft $\mathfrak{F}_R$ vorstellen. Wenn man die Zeit τ zwischen zwei Stößen mit der Relaxationszeit für die Geschwindigkeit $\mathfrak{v}$ des Elektrons unter Einwirkung der Reibungskraft $\mathfrak{F}_R$ identifiziert, d. h. annimmt, daß bei Abschalten der äußeren Kräfte die Geschwindigkeit des Elektrons nach dem Gesetz

$$\mathfrak{v} = \mathfrak{v}_0 \, e^{-\frac{t}{\tau}} \tag{6.2}$$

abfällt, wo $\mathfrak{v}_0$ die Geschwindigkeit bei $t = 0$ ist, so gilt für die Reibungskraft

$$\mathfrak{F}_R = m^* \frac{d\mathfrak{v}}{dt} = -\frac{m^* \mathfrak{v}}{\tau}, \tag{6.2a}$$

d. h., sie ist der Geschwindigkeit $\mathfrak{v}$ entgegengerichtet und ihrem Betrag proportional.

Im nächsten Kapitel werden wir die Relaxationszeit streng aus der Transportgleichung ableiten. Dabei stellt sich heraus, daß τ im allgemeinen Falle von $\mathfrak{v}$ abhängt. In diesem Kapitel werden wir der Einfachheit halber voraussetzen, daß τ unabhängig von $\mathfrak{v}$ ist, was am qualitativen Charakter unserer Schlußfolgerungen nichts ändert.

Damit man Zyklotronresonanz beobachten kann, muß die Bedingung

$$\tau \gg \frac{1}{\omega_c} \tag{6.3}$$

erfüllt sein, da sich nur in diesem Falle die Kreisbahn ausbilden kann, auf der die synchrone Beschleunigung des Teilchens vor sich geht.

Wir schätzen jetzt einige Größen ab, die bei der Zyklotronresonanz auftreten. Wir nehmen ein elektromagnetisches Wechselfeld mit der Frequenz 24000 MHz an. Bei Resonanz ist $\frac{\omega_c}{2\pi} = 24000$ MHz, woraus sich $\omega_c = 1{,}5 \cdot 10^{11}$ rad/sec ergibt. Für das reale Verhältnis $\frac{m^*}{m} \approx 0{,}3$ ergibt sich aus (6.1a) ein Magnetfeld $H = 2 \cdot 10^3$ Oersted. Bei der Temperatur $T = 4$ °K ist die mittlere Geschwindigkeit des Elektrons $v_T = \left(\frac{8 k_0 T}{\pi m^*}\right)^{1/2} \approx 2{,}4 \cdot 10^6$ cm/sec und für den Bahnradius erhält man aus (6.1) (bei $v_\perp \approx v_T$) $r \approx 5 \cdot 10^{-5}$ cm.

2. Wir untersuchen die elementare Theorie der Zyklotronresonanz unter der Annahme, daß die Ladung e eine skalare effektive Masse m^* besitzt und sich nach den Gesetzen der klassischen Mechanik bewegt. Wenn auf diese Ladung ein konstantes magnetisches Feld $\mathfrak{H}$, ein hochfrequentes elektrisches Feld (die Wirkung des magnetischen Feldes der hochfrequenten Strahlung können wir vernachlässigen) und eine Reibungskraft $\mathfrak{F}_R$ (6.2a) einwirken, dann hat die Bewegungsgleichung die Form

$$m^* \frac{d\mathfrak{v}}{dt} = -\frac{m^* \mathfrak{v}}{\tau} + e\left(\mathfrak{E} + \frac{1}{c}[\mathfrak{v}, \mathfrak{H}]\right). \tag{6.3a}$$

Setzen wir voraus, daß $\mathfrak{H}$ parallel zur z-Achse ist und $\mathfrak{E} = \mathfrak{E}_0 \exp(i\,\omega\,t)$ in die x-Richtung weist und die Geschwindigkeit $\mathfrak{v}$ proportional $\exp(i\,\omega\,t)$ ist, so erhalten wir für die Projektionen auf die x- und y-Achse

$$m^*\left(i\,\omega + \frac{1}{\tau}\right) v_x = e\,E_x + \frac{e}{c} v_y H, \tag{6.4}$$

$$m^*\left(i\,\omega + \frac{1}{\tau}\right) v_y = -\frac{e}{c} v_x H. \tag{6.4a}$$

Entsprechend dem differentiellen OHMschen Gesetz ist die Stromdichte

$$j = \sigma E_x = n e v_x ; \tag{6.5}$$

wo σ die spezifische elektrische Leitfähigkeit und n die Konzentration der Ladungsträger ist. Eliminiert man v_y aus den Gleichungen (6.4) und (6.4a), so erhalten wir für die komplexe elektrische Leitfähigkeit

$$\sigma = \frac{n e v_x}{E_x} = \sigma_0 \frac{1 + i \omega \tau}{1 + (\omega_c^2 - \omega^2) \tau^2 + 2 i \omega \tau}, \tag{6.6}$$

wobei

$$\sigma_0 = \frac{n e^2 \tau}{m^*} = n e \mu \tag{6.6a}$$

die spezifische elektrische Leitfähigkeit bei $\omega = \omega_c = 0$, d. h. im konstanten elektrischen Feld $E_x = E_0$ und fehlendem Magnetfeld ($H = 0$) ist. Die Größe

$$\mu = \frac{e \tau}{m^*} = \frac{v_x}{E_0}, \tag{6.6b}$$

die die mittlere Geschwindigkeit des Elektrons unter der Einwirkung eines elektrischen Feldes von der Feldstärkeeinheit angibt, heißt *Beweglichkeit*.

Die Absorption der hochfrequenten elektromagnetischen Strahlung in der Probe ist dem reellen Anteil der elektrischen Leitfähigkeit σ (6.6) proportional. Der reelle Anteil ist

$$\sigma_{\mathrm{Re}} = \sigma_0 \frac{1 + \nu^2 + \nu_c^2}{(1 + \nu_c^2 - \nu^2)^2 + 4 \nu^2}, \tag{6.7}$$

wobei $\nu = \omega \tau$ der Frequenz des elektromagnetischen Feldes proportional ist und $\nu_c = \omega_c \tau = \frac{\mu H}{c}$ der Zyklotronresonanz. In Abb. 68 sind Kurven für die Abhängigkeit der Größe $\frac{\sigma_{\mathrm{Re}}}{\sigma_0}$ von $\frac{\nu_c}{\nu} = \frac{\omega_c}{\omega}$ für verschiedene Werte $\nu = \omega \tau$ eingezeichnet. Für $\omega \tau = 2$, wo schon bis zu einem gewissen Grade die für die Beobachtung der Zyklotronresonanz notwendige Bedingung (6.3) erfüllt ist, besitzt die Kurve ein ausgeprägtes Maximum bei $\omega = \omega_c$.

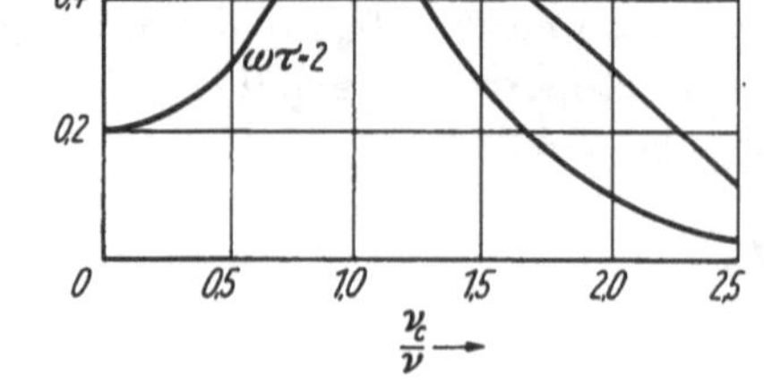

Abb. 68

Wir betrachten eine Reihe von Grenzfällen.

A. $\nu_c \gg \nu, \nu_c \gg 1$. Dieser Fall tritt in einem niederfrequenten elektrischen Wechselfeld und starken Magnetfeldern ein. Aus (6.7) sieht man, daß

$$\sigma_{\mathrm{Re}} \approx \frac{\sigma_0}{\nu_c^2} \sim \frac{1}{H^2} \tag{6.8}$$

ist, d. h. die Absorption fällt umgekehrt proportional H^2.

B. $\nu_c \gg \nu$, $\nu_c \ll 1$. Dieser Fall bedeutet niederfrequentes elektrisches Wechselfeld und schwaches Magnetfeld (oder kleines τ, d. h. hohe Temperaturen). Dann wird

$$\sigma_{\mathrm{Re}} \approx \sigma_0 (1 - \nu_c^2) \,. \tag{6.9}$$

Führt man den spezifischen Widerstand $\varrho = \frac{1}{\sigma}$ ein, so daß $\frac{\Delta\varrho}{\varrho} = -\frac{\Delta\sigma}{\sigma}$ ist, dann folgt aus (6.9)

$$\frac{\Delta\varrho}{\varrho_0} = \nu_c^2 = \left(\frac{\mu H}{c}\right)^2 . \tag{6.9a}$$

Dieses Resultat stimmt, wie wir im Kap. VIII sehen werden, bis auf einen Zahlenfaktor mit dem überein, was man aus der Transportgleichung erhält.

C. $\nu \gg 1$, $\nu_c = 0$. Hier hat man Bestrahlung mit einem hochfrequenten Feld (z. B. infrarotes Licht) bei fehlendem Magnetfeld. In diesem Falle ist der Absorptionskoeffizient proportional

$$\sigma_{\mathrm{Re}} \approx \frac{\sigma_0}{\nu^2} \,. \tag{6.10}$$

D. $\nu = \nu_c \gg 1$. Das ist die Bedingung für Zyklotronresonanz. Aus (6.7) haben wir

$$\sigma_{\mathrm{Re}} \approx \frac{1}{2} \sigma_0 \,. \tag{6.11}$$

Somit ist bei Zyklotronresonanz die elektrische Leitfähigkeit zweimal kleiner als in einem konstanten elektrischen Feld. Wenn das hochfrequente elektromagnetische Feld zirkular polarisiert wäre und nicht linear, wie bei uns ($E_y = 0$), dann wäre $\frac{\sigma_{\mathrm{Re}}}{\sigma_0} = 1$.

3. Wir untersuchen die Theorie der Zyklotronresonanz für den Fall, daß das Energiespektrum der Elektronen aus einer Reihe äquivalenter Minima im $\mathfrak{k}$-Raum besteht, in deren Nähe die Flächen konstanter Energie Ellipsoide sind (n-Germanium und n-Silizium); dann ist die Energie des Elektrons

$$\varepsilon(\mathfrak{k}) = \frac{\hbar^2}{2}\left(\frac{k_1^2}{m_1} + \frac{k_2^2}{m_2} + \frac{k_3^2}{m_3}\right) ; \tag{6.12}$$

hier wird der Wellenvektor $\mathfrak{k}$ vom Punkt $\mathfrak{k}_0$ des Minimums aus gezählt und die Indizes 1, 2, 3 entsprechen den rechtwinkligen Achsen, die mit den Hauptachsen des Energieellipsoids zusammenfallen. Im Falle des n-Germaniums und n-Siliziums sind die Flächen konstanter Energie in der Nähe der Minima Rotationsellipsoide, so daß $m_1 = m_2 = m_\perp$ und $m_3 = m_\parallel$ ist, wobei $m_\perp$ und $m_\parallel$ die transversale und longitudinale Masse des Tensors der effektiven Masse sind. Verwendet man (6.12), so erhält man für die Geschwindigkeitskomponenten den Ausdruck

$$v_i = \frac{1}{\hbar}\frac{\partial\varepsilon}{\partial k_i} = \frac{\hbar k_i}{m_i} = \frac{p_i}{m_i} \qquad (i = 1, 2, 3) \,, \tag{6.13}$$

wo $\mathfrak{p} = \hbar \mathfrak{k}$ der Quasiimpuls ist.

Da das hochfrequente Feld und die Reibungskraft $\mathfrak{F}_R$ kleine Störungen sind, reicht es aus, wenn man die quasiklassische Bewegungsgleichung in einem Magnetfeld $\mathfrak{H}$ betrachtet:

$$\frac{d(\hbar\,\mathfrak{k})}{dt} = -\frac{e}{c}\,[\mathfrak{v}, \mathfrak{H}]\,. \tag{6.14}$$

Mit (6.13) erhalten wir

$$\left.\begin{aligned} m_1 \frac{dv_1}{dt} &= -\frac{e}{c}\, v_2\, H_3 + \frac{e}{c}\, v_3\, H_2\,, \\ m_2 \frac{dv_2}{dt} &= -\frac{e}{c}\, v_3\, H_1 + \frac{c}{e}\, v_1\, H_3\,, \\ m_3 \frac{dv_3}{dt} &= -\frac{e}{c}\, v_1\, H_2 + \frac{e}{c}\, v_2\, H_1\,, \end{aligned}\right\} \tag{6.14a}$$

wo $H_1 = H\,\alpha_1$, $H_2 = H\,\alpha_2$, $H_3 = H\,\alpha_3$ die Projektionen der magnetischen Feldstärke auf die Koordinatenachsen und α_1, α_2 und α_3 die entsprechenden Richtungskosinus sind.

Nimmt man an, daß für die Geschwindigkeit des Elektrons $\mathfrak{v} \sim \exp\,(i\,\omega\,t)$ gilt, d. h., wir können den Ansatz

$$v_1 = v_{10}\, e^{i\,\omega\,t}\,, \qquad v_2 = v_{20}\, e^{i\,\omega\,t}\,, \qquad v_3 = v_{30}\, e^{i\,\omega\,t} \tag{6.15}$$

machen, so ergibt sich nach Einsetzen von (6.15) in (6.14a)

$$\left.\begin{aligned} i\,c\,m_1\,\omega\,v_{10} + e\,H_3\,v_{20} - e\,H_2\,v_{30} &= 0\,, \\ e\,H_3\,v_{10} - i\,c\,m_2\,\omega\,v_{20} - e\,H_1\,v_{30} &= 0\,, \\ e\,H_2\,v_{10} - e\,H_1\,v_{20} + i\,c\,m_3\,\omega\,v_{30} &= 0\,. \end{aligned}\right\} \tag{6.16}$$

Dieses algebraische lineare homogene Gleichungssystem für die unbekannten Amplituden v_{10}, v_{20}, v_{30} hat eine von Null verschiedene Lösung nur dann, wenn die Koeffizientendeterminante des Systems (6.16) verschwindet.[1] Setzt man die Koeffizientendeterminante des Systems (6.16) gleich Null, so erhält man eine charakteristische Gleichung dritten Grades für ω; die Wurzeln sind

$$\omega = 0 \tag{6.17}$$

und

$$\omega^2 = \omega_1^2\,\alpha_1^2 + \omega_2^2\,\alpha_2^2 + \omega_3^2\,\alpha_3^2 \equiv \omega_c^2\,, \tag{6.17a}$$

wobei

$$\omega_1 = \frac{e\,H}{c\sqrt{m_2\,m_3}}\,, \quad \omega_2 = \frac{e\,H}{c\sqrt{m_1\,m_3}}\,, \quad \omega_3 = \frac{e\,H}{c\sqrt{m_1\,m_2}} \tag{6.17b}$$

ist. Die Frequenz (6.17) $\omega = 0$ entspricht der Bewegung des Elektrons in Richtung des Magnetfeldes; die Frequenz (6.17a) $\omega = \omega_c$ ist die Zyklotronfrequenz, welche der Bewegung des Elektrons in der zum Magnetfeld senkrechten Ebene entspricht. Wenn das Magnetfeld mit der ersten Achse zusammenfällt, haben wir $\alpha_1 = 1$, $\alpha_2 = \alpha_3 = 0$ und $\omega_c = \omega_1$. Bestimmt man die Zyklotronresonanz

[1]) Siehe Fußnote [1]), § 10 auf Seite 60.

(aus dem Absorptionsmaximum im Resonator) für verschiedene Orientierungen des Magnetfeldes bezüglich des Kristalls, d. h. für verschiedene α_1, α_2 und α_3, so kann man ω_1, ω_2 und ω_3 ermitteln, d. h., die Komponenten m_1, m_2 und m_3 des Tensors der effektiven Masse.

Wie schon oben gesagt wurde, sind die Flächen konstanter Energie im n-Germanium und n-Silizium Rotationsellipsoide, so daß $m_1 = m_2 = m_\perp$ und $m_3 = m_\parallel$ ist. Wenn das Magnetfeld $\mathfrak{H}$ mit der Achse 3 den Winkel Θ bildet, dann ist

$$\alpha_3^2 = \cos^2 \Theta\,, \qquad \alpha_1^2 + \alpha_2^2 = 1 - \alpha_3^2 = \sin^2 \Theta$$

und aus (6.17a) folgt

$$\omega_c^2 = \left(\frac{e\,H}{c}\right)^2 \left[\frac{\cos^2 \Theta}{m_\perp^2} + \frac{\sin^2 \Theta}{m_\perp\, m_\parallel}\right]. \tag{6.18}$$

Mißt man ω_c für verschiedene Θ, so kann man $m_\perp$ und $m_\parallel$ bestimmen. Da man im $\mathfrak{k}$-Raum einige äquivalente Minima hat, haben die experimentellen Kurven mehrere Absorptionsmaxima, die den verschiedenen Energieminima entsprechen. Man kann die *effektive Zyklotronmasse* m_c einführen, indem man

$$\omega_c = \frac{e\,H}{m_c^*\,c} \tag{6.19}$$

setzt; dann ist im Falle (6.18)

$$\left(\frac{1}{m_c^*}\right)^2 = \frac{\cos^2 \theta}{m_\perp^2} + \frac{\sin^2 \theta}{m_\perp\, m_\parallel}\,, \tag{6.20}$$

d. h., m_c hängt nicht nur von $m_\perp$ und $m_\parallel$ ab, sondern auch vom Winkel Θ, der die Richtung des magnetischen Feldes bestimmt.

4. Wir führen einen allgemeinen Ausdruck für die effektive Zyklotronmasse m_c ein, der bei beliebigem Dispersionsgesetz der Elektronen (Löcher) gilt und erlaubt, aus Zyklotronresonanzversuchen die Abhängigkeit der Energie ε von $\mathfrak{k}$ für die Elektronen (Löcher) zu bestimmen. Unter anderem werden unsere Formeln für p-Germanium und p-Silizium anwendbar sein, für welche $\varepsilon(\mathfrak{k})$ die Form (IV. 8.2) hatte und die Einführung eines Tensors der effektiven Masse streng gesprochen nicht möglich war.

Wir betrachten die Bewegung eines Elektrons oder Loches mit beliebigem Dispersionsgesetz $\varepsilon(\mathfrak{k})$ in einem homogenen Magnetfeld $\mathfrak{H}$. Die quasiklassischen Bewegungsgleichungen haben die Form

$$\frac{d}{dt}(\hbar\,\mathfrak{k}) = \frac{e}{c}\,[\mathfrak{v}, \mathfrak{H}]\,, \tag{6.21}$$

$$\mathfrak{v} = \frac{1}{\hbar}\,\nabla_{\vec{\mathfrak{k}}}\,\varepsilon(\mathfrak{k})\,, \tag{6.21a}$$

wo e jetzt der algebraische Wert der Ladung und $\nabla_{\vec{\mathfrak{k}}} \equiv \operatorname{grad}_{\vec{\mathfrak{k}}}$ ist.

Wenn $\mathfrak{H}$ in Richtung der z-Achse verläuft, haben wir

$$\hbar\,\frac{dk_z}{dt} = \frac{e}{c}\,[\mathfrak{v}, \mathfrak{H}]_z = 0$$

und folglich

$$k_z = \text{const} . \tag{6.22}$$

Andererseits folgt aus (6.21) und (6.21a)

$$\frac{d\varepsilon(\mathfrak{k})}{dt} = \nabla_{\mathfrak{k}}\, \varepsilon \frac{d\mathfrak{k}}{dt} = \mathfrak{v} \frac{e}{c} [\mathfrak{v}, \mathfrak{H}] = 0 ,$$

woraus sich

$$\varepsilon(\mathfrak{k}) = \text{const} \tag{6.23}$$

ergibt. Die Bewegung der Ladung im $\mathfrak{k}$-Raum erfolgt also auf einer Kurve, die durch den Schnitt der Fläche konstanter Energie (6.23) mit der Fläche (6.22) bestimmt wird.

Wir projizieren beide Seiten der Gleichung (6.21) im $\mathfrak{k}$-Raum auf die Ebene $k_z = \text{const}$:

$$\hbar \frac{dl}{dt} = \frac{e}{c} v_\perp H ; \tag{6.24}$$

dl ist ein Element der Bahn, längs welcher die Bewegung im $\mathfrak{k}$-Raum erfolgt, und es ist

$$v_\perp = \sqrt{v_x^2 + v_y^2} \tag{6.24 a}$$

die Projektion der Geschwindigkeit auf die zum Magnetfeld senkrechte (d. h. zur z-Achse senkrechte) Ebene.

Wenn die Bahn im $\mathfrak{k}$-Raum geschlossen ist, dann wird die Periode für den Umlauf der Ladung

$$T_c = \oint dt = \frac{\hbar c}{e H} \oint \frac{dl}{v_\perp} , \tag{6.25}$$

wenn wir dt aus (6.24) entnehmen.

Andererseits ist die Fläche des Querschnitts, der durch die geschlossene Bahn begrenzt wird, gleich

$$S = \iint dk_x\, dk_y . \tag{6.26}$$

Wir gehen in dem Doppelintegral von den Differentialen $dk_x\, dk_y$ zu den Differentialen dl und $dk_\perp$ über; $dk_\perp$ ist ein Element der Normalen zu dl in der Ebene $k_z = \text{const}$. Aus der allgemeinen Formel (6.21a) haben wir

$$v_\perp = \frac{1}{\hbar} \frac{\partial \varepsilon}{\partial k_\perp} , \tag{6.27}$$

woraus

$$dk_\perp = \frac{1}{\hbar} \frac{d\varepsilon}{v_\perp} \tag{6.27 a}$$

folgt. Somit wird

$$S = \iint dl\, dk_\perp = \frac{1}{\hbar} \int d\varepsilon \oint \frac{dl}{v_\perp} \tag{6.28}$$

oder

$$\hbar \frac{\partial S}{\partial \varepsilon} = \oint \frac{dl}{v_\perp} . \tag{6.28a}$$

Setzt man das in die Beziehung (6.25) ein, so ergibt sich

$$T_c = \frac{\hbar^2 c}{e H} \frac{\partial S}{\partial \varepsilon} . \tag{6.29}$$

Da die Zyklotronfrequenz gleich $\omega_c = \frac{2\pi}{T_c}$ ist, wird die effektive Zyklotronmasse (6.19) hier

$$m_c^* = \frac{\hbar^2}{2\pi} \frac{\partial S}{\partial \varepsilon} . \tag{6.30}$$

Mißt man m_c^* bei verschiedener Orientierung des Magnetfeldes bezüglich des Kristalls, so kann man im Prinzip die Form der Fläche $\varepsilon(\mathfrak{k}) = \text{const}$ ermitteln. Wenn das Dispersionsgesetz in analytischer Form vorgegeben ist, aber eine Reihe unbekannter Parameter enthält, wie das beispielsweise in (6.12) oder (IV. 8.2) der Fall ist, dann kann (6.30) zur experimentellen Bestimmung dieser Parameter verwendet werden. Als Beispiel betrachten wir einen einfachen Fall, wo die Oberfläche konstanter Energie eine Kugel ist, so daß

$$\varepsilon = \frac{\hbar^2 k^2}{2 m^*} \tag{6.31}$$

gilt mit der skalaren effektiven Masse m^*. In diesem Falle ist

$$S = \pi k_\perp^2 = \pi(k^2 - k_z^2) = \pi \left(\frac{2 m^* \varepsilon}{\hbar^2} - k_z^2 \right) . \tag{6.31a}$$

Setzt man das in (6.30) ein, so erhält man

$$m_c^* = m^* , \tag{6.32}$$

was (6.1a) entspricht. Ebenso einfach kann man aus (6.30) den Ausdruck (6.20) erhalten. Im Falle einer komplizierten Energiefläche $\varepsilon(\mathfrak{k}) = \text{const}$ (keine Kugel und kein Ellipsoid) hängt die Ableitung $\partial S / \partial \varepsilon$ im allgemeinen von k_z ab, so daß $m_c^*(k_z)$ wird. Da in einem Kristall Elektronen mit verschiedenen k_z vorhanden sind, wird dem Maximum der Kurve der Zyklotronabsorption $m_c^*(\overline{k_z})$ entsprechen, wo $\overline{k_z} \approx \overline{k_x} \approx \overline{k_y}$ größenordnungsmäßig aus der Bedingung $\varepsilon \approx k_0 T$ bestimmt werden kann.

5. Bei hinreichend niedrigen Temperaturen, die die Ungleichung (5.34) erfüllen, werden nur magnetische Oszillatoren mit kleinen Quantenzahlen N angeregt werden, deshalb kann die quasielastische Beschreibung (6.21) der Bewegung des Teilchens nicht richtig sein. Wir setzen wie oben $\omega_c = 1{,}5 \cdot 10^{11}$ rad/sec und berücksichtigen, daß $2 \mu^* H = \hbar \omega_c$ ist. Dann erhalten wir für (5.34) die Bedingung

$$T \leqq 1\,{}^\circ\mathrm{K} . \tag{6.33}$$

Bei den Temperaturen des flüssigen Heliums, bei welchen gewöhnlich die Zyklotronresonanzversuche ausgeführt werden, befinden wir uns also in der Nähe der Anwendbarkeitsgrenze der quasiklassischen Theorie.

Vom quantenmechanischen Standpunkt aus muß die Zyklotronresonanz als Übergang eines Elektrons (Lochs) von einer Quantenbahn auf eine andere unter der Einwirkung des hochfrequenten Feldes betrachtet werden. Man kann leicht zeigen, daß dabei nur Übergänge möglich sind, bei denen sich die Quantenzahl des magnetischen Oszillators nach der Regel $\Delta N = \pm 1$ ändert. Von diesem Standpunkt aus ist die Bezeichnung *diamagnetische Resonanz* verständlich.

In der Quantentheorie wird die Zyklotronresonanzfrequenz ω_c^{qu} durch die Energiedifferenz zwischen benachbarten Termen bestimmt:

$$\mathscr{E}(N+1) - \mathscr{E}(N) \approx \hbar\, \omega_c^{\mathrm{qu}}\,.$$

Wenn die Flächen konstanter Energie Kugeln sind, folgt aus (5.19) daß

$$\omega_c^{\mathrm{qu}} = \frac{2\,\mu^*\,H}{\hbar} = \frac{e\,H}{m^*\,c} = \omega_c$$

ist, d. h. nicht von der Quantenzahl N abhängt und mit der klassischen Zyklotronfrequenz, die sich aus Formel (6.29) ergibt, übereinstimmt. Ebenso stimmen beide Frequenzen überein, wenn die Flächen konstanter Energie Ellipsoide sind. Somit ist für diese Spezialfälle die Formel (6.29) für beliebig tiefe Temperaturen gültig.

Bei komplizierteren Energieflächen, z. B. im p-Germanium, hängt die Differenz $\mathscr{E}(N+1) - \mathscr{E}(N)$ von der Nummer N des Niveaus ab. Dabei stimmt ω_c^{qu} mit ω_c (bestimmt aus Formel (6.29)) nur für große Werte der Quantenzahlen N überein.

Die Quantentheorie der diamagnetischen Resonanz wird in einer Arbeit von T. M. Luttinger[1]) untersucht.

§ 7. Der Kontakt Halbleiter — Metall. Gleichrichtung

1. Wir betrachten einen Störstellenhalbleiter vom n-Typ mit einer Dissoziationsenergie $\varepsilon_D \ll k_0\,T$ für die Donatoren, wobei letztere praktisch alle ionisiert sind. Wenn der Halbleiter in Kontakt mit einem Metall gebracht wird, so erfolgt eine Umverteilung der freien Elektronen des Halbleiters in der Kontaktschicht und das Potential seiner Oberfläche[2]) wird gleich dem Potential der Oberfläche des Metalls. Da zwischen Halbleiter und Metall ein freier Elektronenaustausch erfolgt und sich ein statistischer Gleichgewichtszustand einstellt, werden die chemischen Potentiale im Halbleiter und im Metall übereinstimmen. Bekanntlich definiert man die *Austrittsarbeit* des Elektrons aus dem Metall oder aus dem Halbleiter als Differenz zwischen der potentiellen Energie des Elektrons

[1]) T. M. Luttinger, Phys. Rev. **102** (1955) 1030.

[2]) Im weiteren nennen wir der Kürze halber die potentielle Energie $V = -e\,\varphi$ (φ ist das elektrostatische Potential) das Potential des Elektrons.

im Vakuum und seinem chemischen Potential im Inneren des Körpers. Wenn die Austrittsarbeit w_M des Metalls größer ist als die Austrittsarbeit w_H des Halbleiters, wird das Potential in der Kontaktschicht des Halbleiters wachsen und die Energiebänder werden so verbogen, wie es in Abb. 69 gezeigt ist. Dabei wird das Potential an der Oberfläche des Halbleiters (Metalls) gleich $V_0 = w_M - w_H > 0$, wenn man die potentielle Energie der freien Elektronen im Inneren des Halbleiters gleich Null setzt, d. h. alle Energien vom unteren Rand des Leitungsbandes des Halbleiters aus zählt.

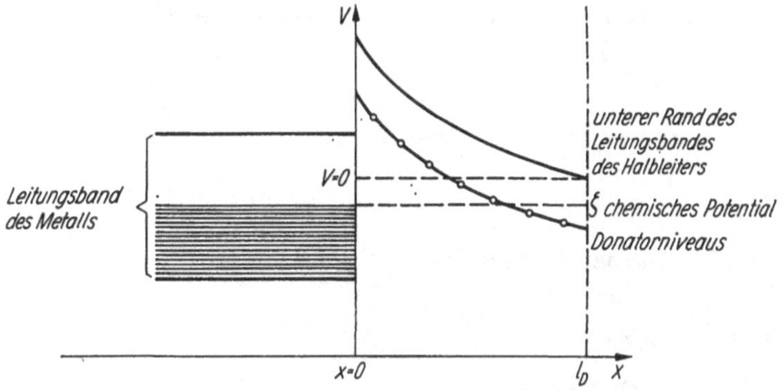

Ann. 69

Im betrachteten Falle ist die Konzentration der freien Elektronen im Volumen des Halbleiters größer als in der Kontaktschicht, welche wir in diesem Falle als *Sperrschicht* bezeichnen. Wenn $w_M < w_H$ ist, wird das Potential $V_0 < 0$; d. h., es liegt tiefer als der untere Rand des Leitungsbandes im Halbleiter, so daß die Energiebänder in der Nähe der Oberfläche des Halbleiters gerade entgegengesetzt zu dem in Abb. 69 gezeigten Bild verbogen sind. Die Konzentration der Elektronen im Volumen des Halbleiters wird kleiner sein als in der Kontaktschicht und wir werden diesen Fall als *Durchlaßschicht* bezeichnen.

Offensichtlich ist im ersten Fall ($w_M > w_H$), welcher in Abb. 69 dargestellt ist, das elektrostatische Potential an der Oberfläche $\varphi_0 = -\frac{V_0}{e} < 0$; im zweiten Fall ($w_M < w_H$) dagegen ist $\varphi_0 > 0$. Ebenso ist einzusehen, daß der erste Fall für einen p-Halbleiter zur Bildung einer Durchlaßschicht, der zweite Fall zur Bildung einer Sperrschicht führt.

Da die Einschaltung eines kleinen Widerstandes (einer Durchlaßschicht) in den Stromkreis keine Besonderheiten im Verhalten hervorruft, werden wir uns im weiteren nur für Sperrschichten interessieren, welche, wie wir sehen werden, *gleichrichtende* Eigenschaften besitzen.

Das Potential V der Sperrschicht genügt der POISSON-Gleichung:

$$\nabla^2 V = \frac{4\pi}{\varkappa} e \varrho; \tag{7.1}$$

hier ist $\varkappa$ die Dielektrizitätskonstante und ϱ die elektrische Ladungsdichte. Setzt man voraus, daß alle Größen nur von der zur Oberfläche des Halbleiters senkrechten Koordinate x abhängen, dann haben wir

$$\frac{d^2V}{dx^2} = \frac{4\pi e^2}{\varkappa}[n_D - n(x)], \tag{7.2}$$

wobei n_D und $n(x)$ die Konzentrationen der positiv geladenen (ionisierten) Donatoren und der freien Elektronen sind. Aus Neutralitätsbetrachtungen folgt für das Volumen des Halbleiters $n(x) = n = n_D$. In der Sperrschicht ist die Konzentration der Elektronen gemäß dem BOLTZMANNschen Gesetz

$$n(x) = n\, e^{-\frac{V(x)}{k_0 T}}. \tag{7.3}$$

Führt man das dimensionslose Potential

$$\Phi(x) = \frac{V(x)}{k_0 T} \tag{7.4}$$

und die charakteristische DEBYE-*Länge* (DEBYE-*Radius*)

$$l_D = \sqrt{\frac{\varkappa k_0 T}{4\pi e^2 n}} \tag{7.4a}$$

ein, so können wir Gleichung (7.2) in der Form

$$\frac{d^2\Phi}{dx^2} = \frac{1}{l_D^2}[1 - e^{-\Phi(x)}] \tag{7.4b}$$

schreiben. Die letzte Gleichung enthält nur einen Parameter l_D; deshalb folgt aus Dimensionsbetrachtungen, daß die Breite der Sperrschicht etwa gleich l_D sein wird. Die DEBYE-Länge l_D spielt offensichtlich die Rolle des Abschirmradius für das Potential (oder die Ladung).

Wenn beispielsweise $\Phi(x) \ll 1$ ist, d. h. $V(x) \ll k_0 T$ (ein in der Praxis selten auftretender Fall), so kann man in (7.4b) den Exponenten in eine Reihe entwickeln und wir erhalten

$$\frac{d^2V}{dx^2} = \frac{1}{l_D^2} V. \tag{7.5}$$

Berücksichtigt man $V(0) = V_0$ und $V(\infty) = 0$, so erhält man

$$V(x) = V_0\, e^{-\frac{x}{l_D}}, \tag{7.6}$$

d. h. l_D ist der Abstand, in welchem sich das Potential (die Ladung) um das e-fache verringert.

Für $T = 300$ °K, $n = 10^{16}$ cm^{-3} und $\varkappa = 16$ (Ge) wird die DEBYE-Länge gleich $l_D = 4 \cdot 10^{-6}$ cm, d. h. um ein beträchtliches größer als die Gitterkonstante. Für normale Metalle ist l_D von der Größenordnung der Gitterkonstanten, so daß man in diesem Falle streng gesprochen diesen Begriff nicht einführen darf.

2. Bei Vorhandensein eines elektrischen Feldes E_x und eines Konzentrationsgradienten $\frac{dn(x)}{dx}$ der freien Elektronen wird die elektrische Stromdichte

$$j = \sigma E_x + (-e)\left(-D\frac{dn(x)}{dx}\right), \tag{7.7}$$

wo D der Diffusionskoeffizient ist; die spezifische elektrische Leitfähigkeit ist gegeben durch

$$\sigma = e\, n(x)\, \mu; \tag{7.7 a}$$

hier ist μ die Beweglichkeit der Elektronen, welche wir ausführlicher in Kap. VIII untersuchen werden.

In Formel (7.7) bezeichnet man den Strom σE_x als Feldstrom, den Strom $(-e)\left(-D\frac{dn}{dx}\right)$ als Diffusionsstrom.

Im statistischen Gleichgewicht ist der Gesamtstrom immer gleich Null. Das bedeutet, daß beispielsweise in einer Sperrschicht der Feldstrom durch den Diffusionsstrom ausgeglichen wird.[1]) In diesem Falle folgt aus (7.7) und (7.7a)

$$-e\, n(x)\, \mu \frac{d\varphi}{dx} + e\, D \frac{dn(x)}{dx} = 0\,, \tag{7.8}$$

wobei E_x durch $-\frac{d\varphi}{dx}$ ersetzt wurde. Integriert man (7.8), so ergibt sich

$$n(x) = n\, e^{\frac{\mu \varphi}{D}}, \tag{7.9}$$

weil $n(x) = n$ ist bei $\varphi = 0$. Andererseits ist für ein nichtentartetes Elektronengas nach BOLTZMANN

$$n(x) = n_0\, e^{-\frac{V}{k_0 T}} = n\, e^{\frac{e \varphi}{k_0 T}}. \tag{7.10}$$

Aus dem Vergleich von (7.9) mit (7.10) folgt die EINSTEIN*sche Beziehung*, die uns eine Verknüpfung zwischen der Beweglichkeit und dem Diffusionskoeffizienten liefert:

$$\mu = \frac{e}{k_0 T} D\,. \tag{7.11}$$

3. Wir untersuchen jetzt Erscheinungen, die bei Stromdurchgang durch eine Sperrschicht auftreten. Elektronen, die sich in einem Halbleiter bewegen, erfahren Stöße mit Phononen (Gitterschwingungen), Störstellenzentren und anderen Störungen der periodischen Struktur des Kristallgitters. Infolge solcher Stöße ändern die Elektronen stark die Richtung ihrer Bewegung. Man kann den Begriff der *freien Weglänge* l eines Leitfähigkeitselektrons einführen und versteht darunter die mittlere Weglänge zwischen aufeinanderfolgenden Stößen.[2]) Es ist offen-

[1]) Dieser Fall wird im nächsten Punkt ausführlicher betrachtet.

[2]) Im nächsten Kapitel wird der Begriff der mittleren freien Weglänge aus der Transportgleichung streng definiert.

sichtlich $l = v\,\tau$, wo v die Geschwindigkeit und τ die Zeit zwischen zwei Stößen des Elektrons ist (§ 6.1).

Bei der Betrachtung des Stromdurchgangs durch eine Sperrschicht muß man zwei Fälle unterscheiden: einmal wenn die freie Weglänge des Elektrons viel größer ist als die Dicke der Sperrschicht und zum anderen wenn die umgekehrte Beziehung gilt. Wegen des großen Widerstandes der Sperrschicht, welche eine Verarmung an Ladungsträgern zeigt, fällt fast der gesamte an den Stromkreis angelegte Potentialunterschied U an der Sperrschicht ab. Im ersten Falle (Diodentheorie der Gleichrichtung, H. Bethe, 1942) ist die freie Weglänge der Elektronen groß und man kann sehr einfach den Elektronenfluß berechnen, der aus dem Volumen des Halbleiters auf seine Grenze ($x = 0$) auftrifft. Die Zahl der Elektronen im Volumen des Halbleiters mit Geschwindigkeiten zwischen v_x und $v_x + dv_x$, v_y und $v_y + dv_y$ und v_z und $v_z + dv_z$, welche pro Sekunde durch 1 cm² der zur x-Achse senkrechten Oberfläche hindurchtreten, ist gleich

$$dn = n\left(\frac{m^*}{2\,\pi\,k_0\,T}\right)^{3/2} e^{-\frac{m^*(v_x^2+v_y^2+v_z^2)}{2\,k_0\,T}}\; v_x\,dv_x\,dv_y\,dv_z\,, \tag{7.12}$$

wobei n die Konzentration der Elektronen im Inneren des Halbleiters ist.[1]) Um den Elektronenfluß zu bestimmen, der die Oberfläche des Halbleiters (bei $x = 0$) erreicht, muß man den Ausdruck (7.12) über v_y und v_z von $-\infty$ bis $+\infty$ integrieren; für v_x wird die untere Grenze durch die Gleichung

$$\frac{m^*\,v_x^2}{2} = V_0 - e\,U = -\,e(\varphi_0 + U) > 0 \tag{7.13}$$

bestimmt, die obere Grenze ist $v_x = \infty$.

Hier ist U die Änderung des negativen elektrostatischen Potentials φ_0 an der Grenze $x = 0$ auf Grund der an die Sperrschicht angelegten Potentialdifferenz. Wenn $|v_x|$ einen kleineren Wert hat, als er durch (7.13) bestimmt wird, dann kann ein solches Elektron die Potentialbarriere der Sperrschicht nicht überwinden und zur Oberfläche gelangen.

Somit erhalten wir für den Elektronenfluß aus dem Halbleiter in das Metall

$$Q = n\left(\frac{m^*}{2\,\pi\,k_0\,T}\right)^{3/2} \int\limits_{\sqrt{\frac{2(V_0-eU)}{m^*}}}^{\infty} v_x\,e^{-\frac{m^*\,v_x^2}{2\,k_0\,T}}\,dv_x \iint\limits_{-\infty}^{\infty} e^{-\frac{m^*(v_y^2+v_z^2)}{2\,k_0\,T}}\,dv_y\,dv_z$$

$$= \frac{1}{4}\,n\,v_T\,e^{-\frac{V_0}{k\,T}}\,e^{\frac{e\,U}{k_0\,T}} = Q_0\,e^{\frac{e\,U}{k_0\,T}}\,; \tag{7.14}$$

hier ist $v_T = \left(\frac{8\,k_0\,T}{\pi\,m^*}\right)^{1/2}$ die mittlere thermische Geschwindigkeit der Elektronen, $n\,v_T$ die Dichte des Elektronenflusses im Inneren des Halbleiters und

$$Q_0 = \frac{1}{4}\,n\,v_T\exp\left(-\,\frac{V_0}{k_0\,T}\right)$$

---

[1]) Siehe Fußnote [1]), § 12 auf Seite 86.

ist die Dichte des Elektronenflusses aus dem Halbleiter in das Metall durch die Grenze $x = 0$ bei $U = 0$.

Die Integrale über v_y und v_z werden nach Formel (A. 6.1) berechnet; das Integral über v_x kann elementar berechnet werden, wenn man mit Hilfe der Transformation $v_x\, dv_x = \frac{1}{2}\, dv_x^2$ zur Integrationsvariablen $t = v_x^2$ übergeht. Da im Gleichgewichtszustand der resultierende Elektronenfluß durch die Grenze $x = 0$ gleich Null ist, das an die Sperrschicht angelegte Potential U aber nicht auf den Zustand der Elektronen im Metall einwirkt, ist der Elektronenfluß aus dem Metall in den Halbleiter stets gleich Q_0.

Wenn $U > 0$ ist, d. h. das Metall als positive Elektrode dient, der Halbleiter dagegen als negative Elektrode, so verkleinert sich die Barriere V_0, so daß $Q > Q_0$ wird. Der resultierende Elektronenfluß fließt aus dem Halbleiter in das Metall und der elektrische Strom in der entgegengesetzten Richtung. Wenn wir verabreden, daß ein solcher Strom positiv ist, dann ist er gleich

$$j = e(Q - Q_0) = j_0 \left(e^{\frac{eU}{k_0 T}} - 1\right), \quad (7.15)$$

wobei $j_0 = e\,Q_0$ ist.

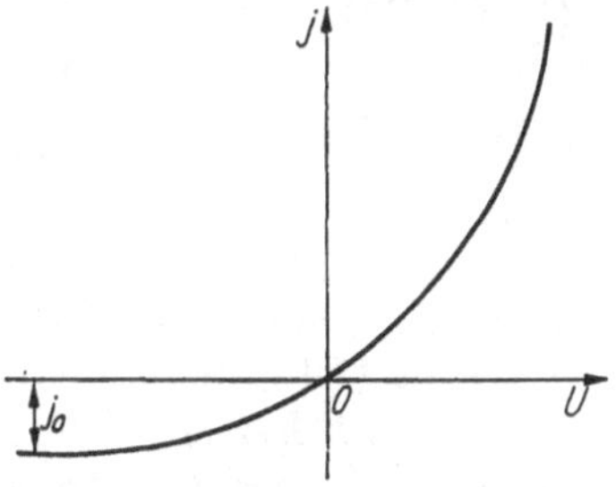

Abb. 70

Diese Richtung des angelegten Potentials nennt man *Durchlaßrichtung*, und den Strom *Durchlaßstrom*. Bei $U < 0$ ist das Metall negative Elektrode und die Potentialbarriere an der Grenze des Halbleiters vergrößert sich. Der resultierende Elektronenfluß ist aus dem Metall in den Halbleiter gerichtet. Der elektrische Strom wird auch in diesem Falle durch den Ausdruck (7.15) bestimmt, hat aber einen negativen Wert.

Wir sprechen in diesem Falle von der *Sperrichtung* und der Strom heißt *Sperrstrom*.

In Abb. 70 ist gemäß (7.15) die Stromspannungscharakteristik eines solchen Diodengleichrichters schematisch dargestellt. Bei $U < 0$ haben wir Sperrichtung und mit wachsendem $|U|$ strebt der Strom gegen einen Sättigungswert $-j_0$. Bei positiven $U \gg \frac{k_0 T}{e}$ wächst der Strom nach einem exponentiellen Gesetz, jedoch nur bis zu Werten $U < |\varphi_0|$, bei welchen die Sperrschicht noch existiert. Bei U nahe $|\varphi_0|$ verringert sich der Widerstand der Sperrschicht so stark, daß ein beträchtlicher Teil der angelegten Spannung auf das Volumen des Halbleiters entfällt. Die Beziehung (7.15), die diese Tatsache nicht berücksichtigt, ist bei solchen Spannungen nicht mehr anwendbar.

Wir untersuchen jetzt die sogenannte *Diffusionstheorie der Gleichrichtung* (B. I. Dawydow, W. Schottky, S. I. Pekar, 1939), welche anzuwenden ist, wenn die freie Weglänge l der Elektronen kleiner ist als die Dicke l_D der Sperrschicht. In diesem Falle wird der Strom durch den Ausdruck (7.7) bestimmt, außerdem müssen wir berücksichtigen, daß an der Oberfläche

$$\varphi(0) = \varphi_0 + U \tag{7.16}$$

ist. Aus (7.7) haben wir

$$\frac{dn(x)}{dx} - \frac{e}{k_0 T} \frac{d\varphi}{dx} n(x) - \frac{j}{\mu k_0 T} = 0 , \tag{7.17}$$

wobei die EINSTEINsche Beziehung (7.11) verwendet wurde.

Die Verteilung des elektrostatischen Potentials $\varphi(x)$ ist natürlich mit der Konzentrationsverteilung $n(x)$ verknüpft. Formal können wir jedoch (7.17) als lineare Differentialgleichung erster Ordnung für die unbekannte Funktion $n(x)$ auffassen, indem wir $\frac{d\varphi}{dx}$ als eine vorgegebene Funktion von x auffassen.

Die Lösung von (7.17) hat die Form[1])

$$n(x) = n\, e^{\frac{e\,\varphi(x)}{k_0 T}} - \frac{j}{\mu k_0 T} \int\limits_x^\infty e^{\frac{e}{k_0 T}[\varphi(x) - \varphi(\xi)]}\, d\xi , \tag{7.18}$$

wo die einzige Integrationskonstante so gewählt wurde, daß die Grenzbedingung $n(\infty) = n$ für konstante Konzentration im Inneren des Halbleiters erfüllt wurde. Die Lösung (7.18) kann durch unmittelbares Einsetzen in Gleichung (7.17) überprüft werden. Bei der Differentiation des Integrals in (7.18) nach x muß man beachten, daß sowohl der Integrand als auch die untere Grenze von x abhängen.[2])

Wir wenden jetzt die Lösung (7.18) auf die Oberfläche des Halbleiters, d. h. für $x = 0$, an; dann wird mit Hilfe des Ausdrucks (7.16)

$$n_0 \equiv n(0) = n\, e^{\frac{e\,\varphi_0}{k_0 T}} e^{\frac{e\,U}{k_0 T}} - \frac{j}{\mu k T} \int\limits_0^\infty e^{\frac{e}{k_0 T}[\varphi(0) - \varphi(\xi)]}\, d\xi . \tag{7.19}$$

Da in dem von uns betrachteten Falle die Elektronenflüsse aus dem Metall in den Halbleiter und umgekehrt jeder für sich viel größer sind als der resultierende Fluß $(1/e)\, j$, bleibt an der Grenze $x = 0$ praktisch die Gleichgewichtskonzentration der Elektronen erhalten, d. h. es ist

$$n_0 = n\, e^{\frac{e\,\varphi_0}{k_0 T}} . \tag{7.20}$$

Löst man (7.19) nach j auf und verwendet (7.20), so ergibt sich

$$j = j_0 \left[e^{\frac{e\,U}{k_0 T}} - 1 \right] , \tag{7.21}$$

wo

$$j_0 = \frac{n_0\, \mu\, k_0\, T}{\int\limits_0^\infty e^{\frac{e}{k_0 T}[\varphi(0) - \varphi(\xi)]}\, d\xi} \tag{7.21a}$$

---

[1]) Siehe Fußnote [1]), § 4 auf Seite 1.

[2]) Siehe Fußnote [1]), § 80 auf Seite 1.

ist. Wie wir unten sehen werden, hängt das Integral, welches j_0 bestimmt, schwach von U ab, deshalb hat die Beziehung zwischen j und U (7.21) in der Diffusionstheorie der Gleichrichtung dasselbe Aussehen wie in der Diodentheorie der Gleichrichtung (7.15). In der Sperrschicht ist das elektrostatische Potential $\varphi(x)$ negativ und hat seinen größten Betrag bei $x = 0$; deshalb ist der Exponent im Integral von (7.21a) negativ und wächst bei steigendem ξ dem Betrag nach sehr schnell an. Deswegen kann man bei der Berechnung des Integrals $\varphi(\xi)$ in eine Reihe nach ξ entwickeln und sich mit der linearen Näherung begnügen:

$$\varphi(\xi) = \varphi(0) + \left(\frac{d\varphi}{d\xi}\right)_0 \xi = \varphi(0) + \left(\frac{d\varphi}{dx}\right)_0 \xi \,. \tag{7.22}$$

Dann ist

$$\int_0^\infty e^{\frac{e}{k_0 T}[\varphi(0)-\varphi(\xi)]} d\xi \approx \int_0^\infty e^{-\frac{e}{k_0 T}\left(\frac{d\varphi}{dx}\right)_0 \xi} d\xi = \frac{k_0 T}{e} \frac{1}{\left(\frac{d\varphi}{dx}\right)_0} \,. \tag{7.23}$$

Setzt man (7.23) in (7.21a) ein, so erhält man

$$j_0 = e\, n_0\, \mu \left(\frac{d\varphi}{dx}\right)_0 , \tag{7.24}$$

d. h., den Feldstrom an der Grenze des Halbleiters. In (7.21) kann man die schwache Abhängigkeit der Größe $\left(\frac{d\varphi}{dx}\right)_0$ von U gegenüber dem exponentiellen Glied vernachlässigen, dann hat (7.21) eine zu (7.15) analoge Form.

Somit hat auch im Falle der Diffusionstheorie der Gleichrichtung die Strom-Spannungs-Kennlinie die in Abb. 70 angegebene Form, jedoch ist bei derselben Barrierenhöhe φ_0 der Strom j_0 bedeutend kleiner.

Die Bildung einer Sperrschicht in der Nähe der Oberfläche eines Halbleiters ist nicht immer mit einer Differenz der Austrittsarbeiten von Metall und Halbleiter verknüpft. Nicht selten sind Fälle, wo die Sperrschicht sich infolge Aufladung der Oberfläche des Halbleiters mit Elektronen ausbildet, die in Oberflächenzuständen lokalisiert sind (V. § 2.3). In diesem Falle hängt die Oberflächenbarriere V_0 nicht von der Natur des metallischen Kontaktes ab (J. Bardeen, 1947).

In einer Reihe technisch wichtiger Fälle ist die Sperrschicht chemischen Ursprungs (Oxidschichten, Schellack, Lack u. a.). Die Theorie der Gleichrichtung für diesen Fall (Mott) ist der hier dargelegten ähnlich.

§ 8. Eigenschaften von p — n-Übergängen

1. Im vorangegangenen Paragraphen haben wir die elektrischen Eigenschaften eines Halbleiter-Metall-Kontakts untersucht. Jetzt wollen wir den Kontakt zwischen zwei Halbleitern betrachten, z. B. zwischen zwei Halbleitern mit verschiedenem Leitungstyp. In der reinsten Form erhält man einen Kontakt zwischen Halbleitern vom n- und p-Typ, wenn man in ein und demselben Stoff

(Kristall) zwei aneinander angrenzende Gebiete schafft: eins vom n-Typ und eins vom p-Typ. Eine solche Grenze zwischen n- und p-Gebieten innerhalb eines Halbleiters heißt *$p - n$-Übergang.*

In der Mehrzahl der radiotechnischen Halbleiterbauelemente werden $p - n$-Übergänge in Germanium und Silizium verwendet; deshalb erreichte der Herstellungsprozeß von $p - n$-Übergängen in diesen Materialien einen hohen Grad an Vollkommenheit. Wir wollen hier nicht bei dieser Frage verweilen.

Wir betrachten einen idealisierten $p - n$-Übergang in Germanium: links von der Fläche $x = 0$ haben wir eine konstante Akzeptorenkonzentration n_A (z. B. Indiumatome), rechts von der Fläche $x = 0$ eine konstante Donatorenkonzentration (z. B. Arsenatome) n_D. Bei nicht allzu niedrigen Temperaturen sind alle betrachteten Störstellenatome ionisiert, so daß im Inneren des linken p-Gebiets die Konzentration der Löcher $p_p \approx n_A$ ist, während wir im Inneren des rechten n-Gebiets eine Leitfähigkeitselektronenkonzentration $n_n \approx n_D$ haben. Die beweglichen Löcher werden aus dem linken p-Gebiet in das rechte n-Gebiet diffundieren; analog werden Leitfähigkeitselektronen von rechts nach links durch die Fläche $x = 0$ hindurchwandern. Als Resultat dieses Prozesses bildet sich links von $x = 0$ eine diffuse Schicht negativer Ladung aus, rechts von $x = 0$ eine diffuse Schicht positiver Ladung. Die sich ausbildende Doppelschicht schafft einen Potentialsprung, welcher dem weiteren Übergang der Löcher von links nach rechts und der Elektronen von rechts nach links entgegenwirkt.

Neben der Störstellenleitfähigkeit hat man im Germanium auch eine gewisse Eigenleitfähigkeit. n_p und p_n seien die entsprechenden Gleichgewichtskonzentrationen der Elektronen im p-Gebiet und der Löcher im n-Gebiet. In einem beliebigen Punkt des von uns betrachteten $p - n$-Übergangs befriedigt die Elektronenkonzentration n und die Löcherkonzentration p die Beziehung (2.20):

$$n\,p = n_i^2\,; \tag{8.1}$$

hier ist n_i die Konzentration der Ladungsträger bei Eigenleitung. Aus (8.1) folgt

$$\lg p - \lg n_i = \lg n_i - \lg n\,. \tag{8.1a}$$

In Abb. 71 ist in logarithmischem Maßstab die Konzentration der Elektronen und Löcher im $p - n$-Übergang eingezeichnet. Wir sehen, daß die Kurven $\lg p(x)$ und $\lg n(x)$ symmetrisch bezüglich der Geraden $\lg n_i$ liegen, was unmittelbar aus (8.1a) folgt. Die Flächen x_p und x_n bestimmen die Grenzen der Doppelschichten oder der schnellen Änderung des Potentials im $p - n$-Übergang. In allen praktischen Fällen ist $n_p \ll p_p$ und $p_n \ll n_n$.[1]) Wenn beispielsweise[2]) $n_A = p_p = 10^{16}$ und $n_D = n_n = 10^{14}$ ist, ergibt sich aus (8.1)

$$n_p = \frac{n_i^2}{p_p} = 10^{10}, \qquad p_n = \frac{n_i^2}{n_n} = 10^{12}\,,$$

da $n_i \approx 10^{13}$ für Germanium bei Zimmertemperatur ist. Für einen $p - n$-Übergang kann analog zur Sperrschicht die entsprechende Poisson-Gleichung (7.2)

[1]) Deshalb haben wir weiter oben $p_p = n_A$ und $n_n = n_D$ angenommen.
[2]) Hier und im weiteren wird die Konzentration in cm^{-3} angegeben.

aufgeschrieben werden. Sie kann in einer Reihe von Spezialfällen gelöst werden. Das elektrostatische Potential bezeichnen wir wieder mit $\varphi(x)$ und nehmen im Inneren des n-Gebiets $\varphi(\infty) = 0$ an. Dann erhalten wir nach BOLTZMANN

$$p(x) = p_n e^{-\frac{e\varphi(x)}{k_0 T}}, \tag{8.2}$$

$$n(x) = n_n e^{+\frac{e\varphi(x)}{k_0 T}}. \tag{8.2a}$$

Wenn $\varphi(-\infty) \equiv \varphi_0$ ist, dann ergibt sich für den Potentialsprung im $p - n$-Übergang

$$\varphi_0 = -\frac{k_0 T}{e} \lg \frac{p_p}{p_n} = \frac{k_0 T}{e} \lg \frac{n_p}{n_n}. \tag{8.3}$$

Bei Zimmertemperatur und den oben angeführten Konzentrationen ist

$$\varphi_0 = -0{,}026 \cdot \lg 10^4 = -0{,}24 \text{ V}. \tag{8.3a}$$

Da wir den $p - n$-Übergang im Zustand des statistischen Gleichgewichts betrachten, muß das chemische Potential ζ auf einem Niveau durch das p- und n-Gebiet hindurchgehen. In Abb. 72 ist die potentielle Energie $V(x) = -e\varphi(x)$ längs des $p - n$-Überganges dargestellt. Das Gebiet $(x_n - x_p)$, in welchem sich das Potential wesentlich ändert, ist von der Größenordnung der DEBYE-Länge l_D.

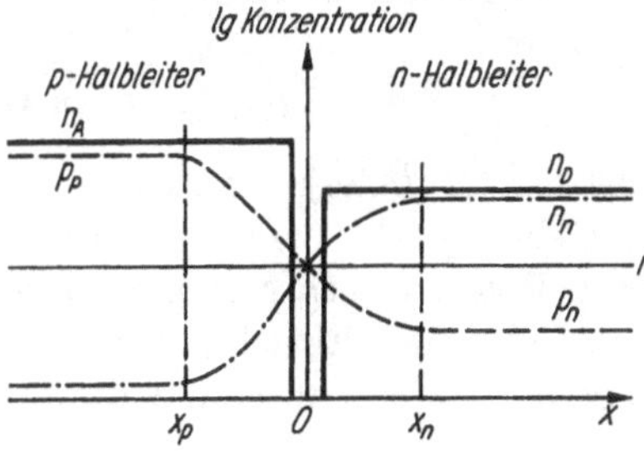

Abb. 71

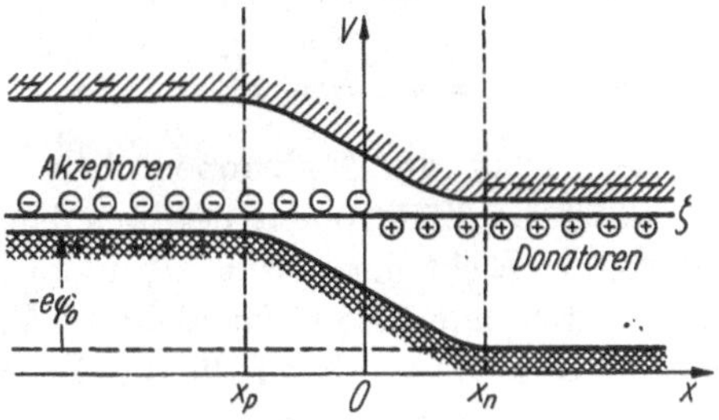

Abb. 72

2. Wir untersuchen jetzt den Stromdurchgang durch einen $p - n$-Übergang und zeigen, daß dabei Gleichrichtereffekte auftreten.[1]) Das Potential des n-Gebietes halten wir auf Null (z. B. durch Erdung) und an das p-Gebiet legen wir ein positives elektrostatisches Potential U an. Da der Widerstand des $p - n$-Überganges sehr groß ist, nehmen wir an, daß die gesamte Potentialdifferenz U im Gebiet $(x_n - x_p)$ abfällt. Das positive Potential U verringert den negativen Potentialsprung (8.3) und ruft einen zusätzlichen Löcherstrom aus dem p-Gebiet hervor, welcher bei Eindringen in das n-Gebiet allmählich mit den Elektronen rekombiniert, so daß die Löcherkonzentration bis zum Gleichgewichtswert p_n abfällt. Ein ganz analoges Bild wird für die Elektronen

[1]) Der Einfachheit halber betrachten wir den symmetrischen Fall, wo $n_A = n_D$ ist und folglich $x_n = |x_p|$ wird.

beobachtet, welche sich im n-Gebiet den Löchern entgegenbewegen und in das p-Gebiet eindringen. Im Endresultat wird der reine Löcherstrom j_p im p-Gebiet durch einen reinen Elektronenstrom j_n im n-Gebiet ersetzt. Im stationären Falle muß die Summe beider Ströme $j_p + j_n$ in allen Punkten des $p - n$-Überganges konstant sein. Ein solches Eindringen von Minoritätsladungsträgern in den Halbleiter (Löcher ins n-Gebiet und umgekehrt) nennt man *Injektion*. Die Arbeitsweise der meisten Halbleiterbauelemente beruht auf der Erscheinung der Injektion.

In dem von uns betrachteten Falle, wo sich die Löcher im p-Gebiet und die Elektronen im n-Gebiet aufeinander zu bewegen, verringert sich der Widerstand des $p - n$-Überganges. Das ist analog zu dem, was wir bei der Bewegung von Elektronen aus einem Halbleiter in ein Metall sagten (§ 7). Folglich wächst der Strom schneller als nach dem linearen OHMschen Gesetz, d. h., wir haben den Fall der Durchlaßrichtung $U > 0$.

Wir untersuchen jetzt den Stromdurchgang in Durchlaßrichtung für den Fall kleiner Rekombinationsgeschwindigkeit der Minoritätsladungsträger, d. h. die letzteren dringen tief in den Halbleiter ein (W. SHOCKLEY). Genauer: das Übergangsgebiet, in welchem der Strom j_p in den Strom j_n übergeht, ist viel größer als die Dicke des $p - n$-Überganges $x_n - x_p$. Das bedeutet, daß in den Punkten x_p und x_n für die Stromkomponenten $j_n(x_p) = j_n(x_n)$ und $j_p(x_p) = j_p(x_n)$ gilt. Bei $n_n = p_p$ ist $j_n = j_p$. Bei $U = 0$ haben wir im Gleichgewichtszustand

$$n(x_p) = n_p = n_n\, e^{\frac{e\varphi_0}{k_0 T}} \qquad (\varphi_0 < 0)\,, \tag{8.4}$$

da die Dichte der Elektronen dem BOLTZMANN-Gesetz (8.2a) gehorcht. Bei $U > 0$ ist der Elektronenstrom aus dem n- ins p-Gebiet größer als der entgegenkommende Elektronenstrom, aber die Differenz zwischen diesen Strömen, d. h. der resultierende Strom, ist klein im Vergleich zu jedem der Einzelströme; deshalb wird auch in diesen Falle die Dichteverteilung angenähert durch das BOLTZMANN-Gesetz beschrieben:

$$n(x_p) = n_n\, e^{\frac{e\varphi_0 + eU}{k_0 T}} = n_p\, e^{\frac{eU}{k_0 T}}\,. \tag{8.4a}$$

Bei $U > 0$, d. h. bei Durchlaßrichtung, wächst somit die Konzentration der Elektronen an der Grenze x_p gemäß (8.4a); die Elektronen diffundieren in das Innere des p-Gebiets und rekombinieren allmählich mit den Löchern.

Die Elektronenströme an den Querschnitten x_p und x_n sind gemäß (7.7) gleich

$$j_n(x_p) = e\left[\mu_n\, n(x_p)\, E_x + D_n \frac{dn}{dx}\right], \tag{8.5}$$

$$j_n(x_n) = e\left[\mu_n\, n(x_n)\, E_x + D_n \frac{dn}{dx}\right], \tag{8.5a}$$

wo sich alle Größen auf den rechten Seiten von (8.5) und (8.5a) auf die Querschnitte x_p bzw. x_n beziehen.

Im n-Gebiet, wo die Elektronenkonzentration groß ist, wird sogar ein schwaches elektrisches Feld E_x einen großen OHMschen Strom hervorrufen, so daß man den Diffusionsstrom vernachlässigen kann und praktisch $j_n(x_n) \approx e\,\mu_n\, n_n\, E_x$ gilt. Wenn andererseits $\exp\left[\frac{e(\varphi_0 + V)}{k_0 T}\right] \ll 1$ ist, dann wird $\frac{n(x_p)}{n_n} \ll 1$ und folglich ist der OHMsche Strom in $j_n(x_p)$ klein im Vergleich zu $e\,\mu_n\, n_n\, E_x = j_n(x_n)$. Da aber $j_n(x_p) \approx j_n(x_n)$ ist, besteht $j_n(x_p)$ praktisch nur aus dem Diffusionsstrom.

Wir berechnen jetzt den Diffusionsstrom der Elektronen am Querschnitt x_p. Dazu betrachten wir zunächst die Elektronenbilanz in der Schicht dx der Abb. 73. Der durch den Querschnitt $x + dx$ in die Schicht dx hineinfließende Elektronenstrom ist gleich $D_n \frac{dn(x + dx)}{dx}$, wobei D_n der Diffusionskoeffizient ist; der durch den Querschnitt x hinausfließende Elektronenstrom ist gleich $D_n \frac{dn(x)}{dx}$. Deshalb haben wir im stationären Fall

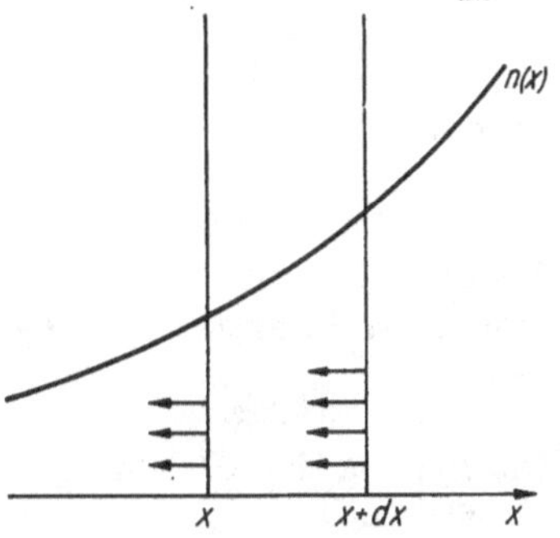

Abb. 73

$$D_n \frac{dn(x + dx)}{dx} - D_n \frac{dn(x)}{dx} = (\gamma\, n\, p - g)\, dx\,, \qquad (8.5\,\mathrm{b})$$

wo g die Zahl der Elektronen (Löcher) ist, die sich pro cm³ und pro sec infolge Wärmeanregung bildet, und $n\,p\,\gamma$ ist die Zahl der Elektronen, die pro cm³ und pro sec infolge der Rekombination mit Löchern verschwindet (γ ist der Koeffizient für Volumenrekombination); g hat den gleichen Wert in allen Punkten des $p - n$-Übergangs; im Inneren des p-Gebiets kompensieren sich Anregung und Rekombination vollständig, wir haben also

$$g = \gamma\, n_p\, p_p\,.$$

Bei $x \approx x_p$ ist die Konzentration der Löcher $p \approx p_p$. Da

$$\frac{dn(x + dx)}{dx} = \frac{dn(x)}{dx} + \frac{d^2n(x)}{dx^2}\, dx$$

ist, folgt aus (8.5b)

$$D_n \frac{d^2n(x)}{dx^2} = \gamma\, p_p\, [n(x) - n_p]$$

oder

$$\frac{d^2n(x)}{dx^2} = \frac{1}{\mathcal{L}_n^2}\, [n(x) - n_p]\,, \qquad (8.6)$$

wo

$$\mathcal{L}_n = \sqrt{\frac{D_n}{\gamma\, p_p}} \qquad (8.6\,\mathrm{a})$$

die *Diffusionslänge der Elektronen* im p-Gebiet ist.

Im nichtstationären Fall ist bei Fehlen eines Stromes die Geschwindigkeit $-\left(\frac{\partial n}{\partial t}\right)$ für das Verschwinden der Elektronen proportional der Abweichung der Konzentration n vom Gleichgewichtswert[1])

$$-\frac{\partial n}{\partial t} = \frac{n - n_p}{\tau_n}\,; \tag{8.7}$$

hier ist τ_n die *Lebensdauer der Elektronen* im p-Gebiet.

Andererseits ist

$$-\frac{\partial n}{\partial t} = \gamma\, n\, p_n - g = \gamma\, p_p(n - n_p)\,. \tag{8.8}$$

Aus einem Vergleich von (8.7) mit (8.8) folgt

$$\tau_n = \frac{1}{\gamma\, p_p}\,; \tag{8.9}$$

dann ist aber

$$\mathcal{L}_n = \sqrt{D_n \tau_n}\,. \tag{8.10}$$

Jetzt können wir die von uns verwendete Bedingung kleiner Rekombination oder tiefer Injektion genauer formulieren:

$$\mathcal{L}_n \gg |x_p|\,. \tag{8.11}$$

Die Lösung der Gleichung (8.6) mit der Grenzbedingung $n(-\infty) = n_p$ hat die Form

$$n(x) = n_p + C\, e^{\frac{x}{\mathcal{L}_n}}\,, \tag{8.12}$$

wobei C eine Integrationskonstante ist.

Der Elektronenstrom am Querschnitt x_p von rechts nach links ist gleich

$$D_n \left.\frac{dn(x)}{dx}\right|_{x=x_p} = \frac{D_n}{\mathcal{L}_n}\, C\, e^{x/\mathcal{L}_n} = \frac{D_n}{\mathcal{L}_n}\,[n(x_p) - n_p]\,, \tag{8.13}$$

deshalb ergibt sich für die Stromdichte

$$j_n(x_p) = \frac{e\, D_n}{\mathcal{L}_n}\,[n(x_p) - n_p]\,. \tag{8.14}$$

Im statistischen Gleichgewicht ist $n(x_p) = n_p$ und $j_n = 0$. Wenn man das elektrostatische Potential im Punkte x_p um U erhöht, fällt die potentielle Energie des Elektrons um $-\,e\,U$ und die Konzentration der Elektronen steigt gemäß (8.4a). Aus (8.14) und (8.4a) folgt

$$j_n(x_p) \approx \frac{e\, D_n\, n_p}{\mathcal{L}_n}\left[e^{\frac{e\,U}{k_0\,T}} - 1\right]. \tag{8.15}$$

[1]) Auf jeden Fall bei kleinen Abweichungen der Konzentrationen vom Gleichgewichtswert n_p.

Eine analoge Diskussion liefert

$$j_p(x_n) \approx \frac{e\,D_p\,p_n}{\mathcal{L}_p}\left[e^{\frac{e\,U}{k_0\,T}} - 1\right]. \tag{8.16}$$

Wie wir schon bemerkt haben, ist $j_p(x_n) \approx j_p(x_p)$, deshalb ist der Gesamtstrom in der Durchlaßrichtung gleich

$$j = j_n(x_p) + j_p(x_p) = j_0\left[e^{\frac{e\,U}{k_0\,T}} - 1\right], \tag{8.17}$$

wobei

$$j_0 \equiv \frac{e\,D_n\,n_p}{\mathcal{L}_n} + \frac{e\,D_p\,p_n}{\mathcal{L}_p} \tag{8.17a}$$

ist. Bei $U < 0$ bestimmt der Ausdruck (8.17) die Größe des Stromes in der Sperrichtung. Aus (8.17) sieht man, daß sich die Strom-Spannungs-Charakteristik im Falle eines $p - n$-Übergangs genauso verhält (siehe Abb. 70) wie im Falle der Gleichrichtung an einer Sperrschicht.

Die Voraussetzungen für die Theorie der Gleichrichtung an einem $p - n$-Übergang sind im Falle des Germaniums gut erfüllt, wovon die gute Übereinstimmung von Theorie und Experiment zeugt (siehe Abb. 74).

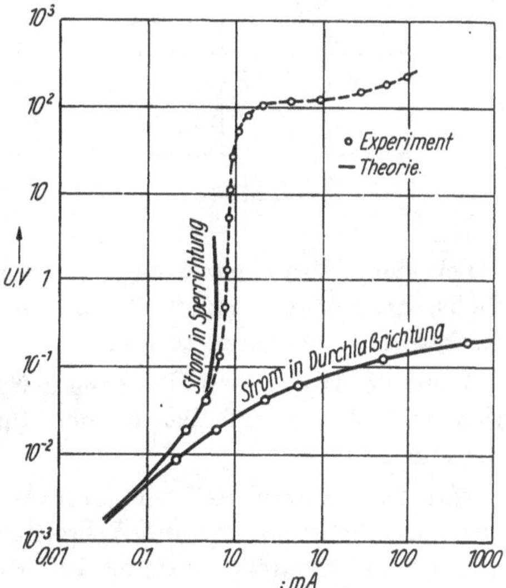

Abb. 74

3. Am Schluß dieses Paragraphen wollen wir kurz und nur qualitativ einiges über die Anwendung von $p - n$-Übergängen als *Kristallverstärker* (*Transistoren*) sagen.

Die Transistoren mit Punktkontakten[1]) (vom sog. A-Typ) wurden von J. Bardeen und W. H. Brattain im Jahre 1949 entdeckt. Seitdem dringen die Transistoren immer mehr in die Radiotechnik ein und haben in ihr zu einer echten Umwälzung geführt. Für das Studium dieses breiten Gebiets der technischen Anwendung der Halbleiter muß man auf die Spezialliteratur verweisen.[1])[2])

In Abb. 75a ist ein Transistor mit zwei $p - n$-Übergängen (I und II) abgebildet. Die beiden $p - n$-Übergänge trennen zwei gleiche n-Gebiete vom mittleren p-Gebiet. An jedes Gebiet bringt man eine Metallelektrode an: den *Emitter* (e)

---

[1]) W. Shockley, Electrons and Holes in Semiconductors, D. van Nostrand Comp., Inc., New York-Toronto-London 1950.

[2]) R. D. Middlebrook, An Introduction to Junction Transistor Theory, J. Wiley & Sons, Inc., New York — London 1957.

an das linke n-Gebiet, den *Kollektor* (c) an das rechte n-Gebiet und die *Basis* (b) an das mittlere p-Gebiet. Eine gut ausgearbeitete Technologie der Herstellung der Elektroden garantiert das Fehlen von Injektion von Ladunsträgern in den Halbleiter.

Für den Zustand des statistischen Gleichgewichts ist die potentielle Energie der Elektronen und Löcher in Abb. 75b dargestellt (Kurve 1 und 2). Es ist offensichtlich, daß sich die Elektronen und Löcher hauptsächlich in Gebieten mit der niedrigsten potentiellen Energie aufhalten werden. Wenn man zwischen Basis und Kollektor eine Potentialdifferenz anlegt, welche entgegengesetzt zu der am II-ten $p-n$-Übergang ist [3]), so geht durch ihn ein umgekehrter Strom. Dabei fließt aus dem Kollektorgebiet in das Basisgebiet ein Löcherstrom, aus dem Basisgebiet in das Kollektorgebiet ein Elektronenstrom. Abb. 75c zeigt für diesen Fall die potentielle Energie der Elektronen.

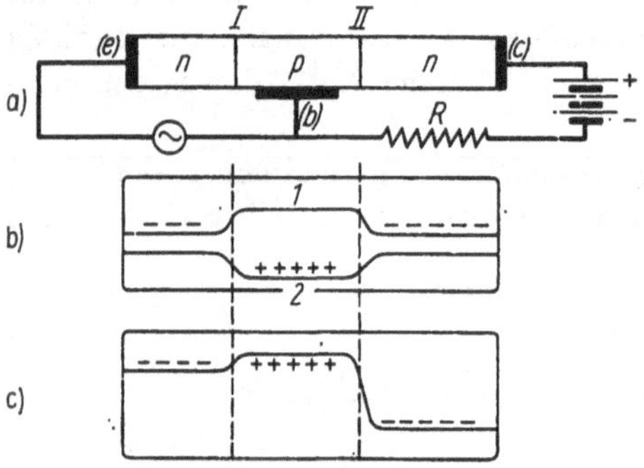

Abb. 75

Bei kleinen Änderungen der Spannung, die an dem I-ten $p-n$-Übergang in Durchlaßrichtung angelegt ist, ändert sich der Elektronenstrom aus dem Emitter in die Basis sehr stark.

Wenn die Breite des Basisgebiets viel kleiner ist als $\mathscr{L}_n$ (Diffusionslänge der Elektronen im p-Gebiet), dann ist der aus dem Basisgebiet in das Kollektorgebiet fließende Elektronenstrom etwa gleich dem Elektronenstrom, der aus dem Emittergebiet in das Basisgebiet fließt, da sich die beiden Ströme im Basisgebiet überschneiden, ohne mit den Löchern rekombinieren zu können.

Wenn der II-te $p-n$-Übergang in Sperrichtung angeschlossen ist, dann ändert sich sein Widerstand bei kleinen Spannungsschwankungen im Emitterkreis merklich.

Man kann zeigen, daß wir dann im Transistor maximale Verstärkung haben, wenn der Arbeitswiderstand R, welcher in den Kollektorkreis eingeschaltet ist, von derselben Größenordnung ist wie der große Widerstand des Kollektor-$p-n$-Übergangs, wenn letzterer in Sperrichtung geschaltet ist. Da die im Kollektor- und Emitterkreis fließenden Ströme fast gleich sind, wird die Änderung der Spannung am großen Arbeitswiderstand R viel größer sein als die Spannungsänderung im Emitterkreis. Das Signal erfährt somit Spannungs- und Leistungsverstärkung. Bei komplizierteren Konstruktionen von Transistoren kann man auch Stromverstärkung erhalten.

---

[3]) Wir nehmen an, daß die an die Elektroden angelegte Potentialdifferenz vollständig am $p-n$-Übergang abfällt.

Wenn man den $n - p - n$-Transistor mit der Vakuumtriode vergleicht, so ist offensichtlich, daß das Emittergebiet die Rolle der Glühkathode, die Basiselektrode die Rolle des Gitters und der Kollektor die Rolle der Anode spielt.

Die Kristallverstärker haben im Vergleich zu den Vakuumröhren eine Reihe von Vorzügen: kleine Ausmaße, Unempfindlichkeit gegenüber mechanischen Erschütterungen, die Möglichkeit der Arbeit mit Stromquellen kleinster Leistung.

KAPITEL VII

Transportgleichung und Relaxationszeit für Leitfähigkeitselektronen in Kristallen

§ 1. Transporterscheinungen und BOLTZMANN-Gleichung

1. In den ersten fünf Paragraphen des vorangegangenen Kapitels haben wir Wärme- und magnetische Eigenschaften von Halbleitern und Metallen untersucht, die durch sich im Zustand des statistischen (thermodynamischen) Gleichgewichts befindliche Elektronen und Löcher bedingt waren. Wie schon weiter oben erwähnt, besteht die Besonderheit von Systemen, die sich im statistischen Gleichgewicht befinden, darin, daß ihre Eigenschaften nicht vom Mechanismus der Wechselwirkungen im System abhängen.

Neben der Untersuchung solcher Gleichgewichtszustände ist das Studium der Leitfähigkeitselektronen (-löcher) im Nichtgleichgewichtszustand von großem theoretischem und praktischem Interesse. Die Ladungsträger bewegen sich in diesen Fällen unter der Einwirkung von außen angelegter Felder: elektrisches, magnetisches und Temperaturfeld. Solche mit der Bewegung von Elektronen und Löchern verbundene Prozesse nennt man *Transporterscheinungen.*

Wenn die Größen, welche die Transporterscheinungen beschreiben (elektrische Stromdichte, Wärmefluß, elektrische Feldstärke usw.), nicht von der Zeit abhängen, so heißt der Prozeß *stationär*. Damit bei Wirkung eines die Elektronen beschleunigenden elektrischen Feldes der Strom stationär ist, müssen die Leitungselektronen mit irgendwelchen Inhomogenitäten des Gitters (Schwingungen der Atome oder Defekte der Kristalle) zusammenstoßen und die im elektrischen Feld aufgenommene Energie abgeben. Wie wir später sehen werden, kann man den Stoß (die Streuung) in der Mehrzahl der Fälle praktisch als elastisch auffassen, und der elektrische Widerstand wird durch die mittlere Geschwindigkeit der Änderung der Impulskomponente (Geschwindigkeitskomponente) des Elektrons in Richtung des elektrischen Feldes bei seiner Streuung bestimmt.

Eine wichtige Besonderheit der Nichtgleichgewichtsprozesse besteht darin, daß sie wesentlich vom Wechselwirkungsmechanismus im System abhängen, in unserem Falle von der Wechselwirkung der Leitungselektronen mit den Gitterschwingungen oder mit Gitterdefekten.

Im vorhergehenden Kapitel haben wir gesehen, daß Elektronen im Zustand des thermodynamischen Gleichgewichts im klassischen Falle durch die BOLTZMANNsche Gleichgewichtsverteilungsfunktion $f_0(\mathscr{E}) = \exp\left(\frac{\zeta - \mathscr{E}}{k_0 T}\right)$ beschrieben werden, wobei die Gesamtenergie durch $\mathcal{E} = \frac{m\,v^2}{2} + \mathcal{U}(x, y, z)$ gegeben ist. [$\mathcal{U}(x, y, z)$ ist die potentielle Energie, welche bei uns gewöhnlich gleich Null war.] Analog kann man für Elektronen im Nichtgleichgewichtszustand eine *Nichtgleichgewichtsverteilungsfunktion* einführen, welche bedeutet, daß

$$f(v_x, v_y, v_z, x, y, z, t)\, dv_x\, dv_y\, dv_z\, dx\, dy\, dz = f(\mathfrak{v}, \mathfrak{r}, t)\, d^3v\, d^3r \tag{1.1}$$

gleich der Zahl der Elektronen zum Zeitpunkt t im Punkt r im Volumen $d^3r = dx\,dy\,dz$ mit Geschwindigkeiten zwischen v_x und $v_x + dv_x$ usw. ist.[1])

Eine solche Beschreibung der Elektronen mit Hilfe gleichzeitiger Vorgabe ihrer Koordinaten und Geschwindigkeiten (konjugierten Impulse) ist nur dann möglich, wenn ihre Bewegung den Gesetzen der klassischen Mechanik gehorcht.

Wenn die Funktion $f(\mathfrak{v}, \mathfrak{r}, t)$ bekannt ist, kann man die Stromdichte im Punkt $\mathfrak{r}$ zum Zeitpunkt t berechnen. In Abb. 76 ist eine 1 cm² große Fläche senkrecht zur Zeichenebene und zur x-Achse dargestellt. Auf dieser Fläche steht ein Zylinder der Höhe $v_x\,dt$. Die Zahl der $\mathfrak{v}$-Elektronen im Zylinder ist gleich $f(\mathfrak{v}, \mathfrak{r}, t)\, d^3v\, v_x\, dt$. Alle diese Elektronen verschieben sich im Zeitraum dt um die Größe $v_x\,dt$ in x-Richtung und schneiden folglich die Fläche. Die Gesamtzahl der Elektronen aller Geschwindigkeiten, welche im Zeitabschnitt dt die Fläche schneiden, ist

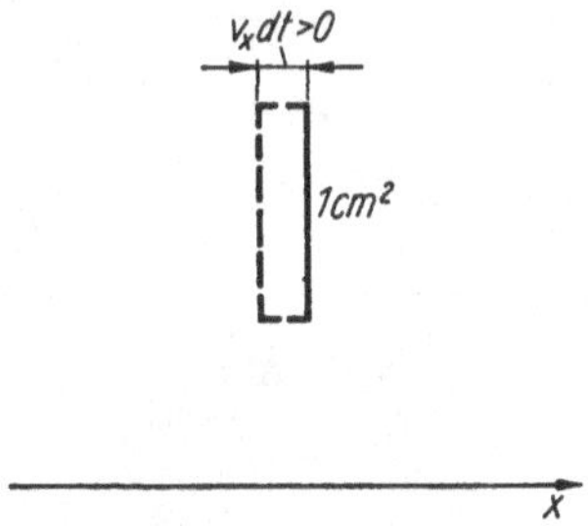

Abb. 76

$$dt \int\int_{-\infty}^{+\infty}\int f(\mathfrak{v}, \mathfrak{r}, t)\, v_x\, dv_x\, dv_y\, dv_z\,,$$

wenn man Elektronen berücksichtigt, die sowohl von links nach rechts als auch in umgekehrter Richtung die Fläche schneiden. Da jedes Elektron die Ladung $(-e)$ hat, ist die Stromdichte in x-Richtung gleich

$$j_x = -e \int\int_{-\infty}^{+\infty}\int f(\mathfrak{v}, \mathfrak{r}, t)\, v_x\, dv_x\, dv_y\, dv_z\,. \tag{1.2}$$

Wir schreiben die Nichtgleichgewichtsverteilungsfunktion in der Form

$$f(\mathfrak{v}, \mathfrak{r}, t) = f_0(\varepsilon) + f_1(\mathfrak{v}, \mathfrak{r}, t)\,. \tag{1.3}$$

Da $f_0(\varepsilon)$ eine gerade Funktion von v_x ist (hängt von v_x^2 ab), ist das Integral (1.2) nach dv_x von $f_0(\varepsilon)\, v_x$ gleich Null und (1.2) ergibt

$$j_x = -e \int\int_{-\infty}^{+\infty}\int f_1(\mathfrak{v}, \mathfrak{r}, t)\, v_x\, dv_x\, dv_y\, dv_z\,. \tag{1.2a}$$

Hauptaufgabe der Theorie der Transporterscheinungen ist die Bestimmung der Nichtgleichgewichtsverteilungsfunktion $f(\mathfrak{v}, \mathfrak{r}, t)$.

2. Wir leiten jetzt die Gleichung her, welcher die Funktion $f(\mathfrak{v}, \mathfrak{r}, t)$ genügen muß. Dazu betrachten wir die Änderung der Zahl der $\mathfrak{v}$-Elektronen während

[1]) Solche Elektronen werden wir $\mathfrak{v}$-Elektronen nennen.

der Zeit dt als Resultat ihrer Bewegung im gewöhnlichen Raum (geometrischen Raum). In Abb. 77 ist ein Volumenelement $d^3r = dx\,dy\,dz$ abgebildet. Wir wollen jetzt die Änderung der Zahl der $\mathfrak{v}$-Elektronen in diesem Volumen infolge des Zuflusses von Elektronen durch die linke Fläche $dy\,dz$ und des Abflusses von Elektronen durch die rechte Fläche $dy\,dz$ feststellen (wir setzen $v_x > 0$ voraus): die Zahl der $\mathfrak{v}$-Elektronen, die während der Zeit dt von links eintreten, ist gleich $f(\mathfrak{v}, x, y, z, t)\, d^3v\, dy\, dz\, v_x\, dt$, die Zahl der während der Zeit dt rechts austretenden Elektronen gleich $f(\mathfrak{v}, x + dx, y, z, t)\, d^3v\, dy\, dz\, v_x\, dt$. Die Vergrößerung der Zahl der $\mathfrak{v}$-Elektronen im Volumen d^3r auf Grund dieser Prozesse ergibt sich zu

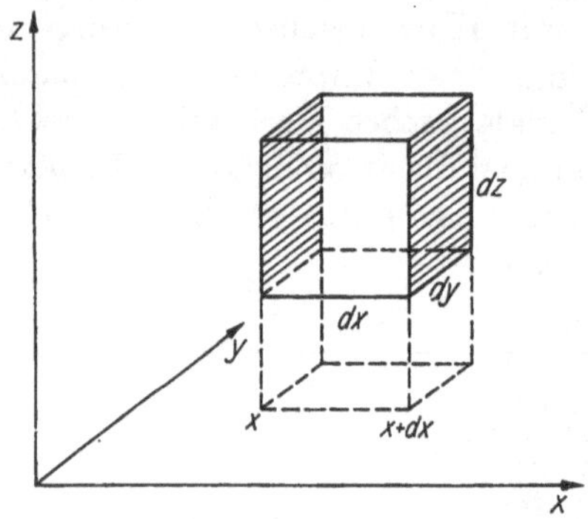

Abb. 77

$$\begin{aligned} &f(\mathfrak{v}, x, y, z, t)\, d^3v\, dy\, dz\, v_x\, dt \\ &\quad - f(\mathfrak{v}, x + dx, y, z, t)\, d^3v\, dy\, dz\, v_x\, dt \\ &= - v_x \{f(\mathfrak{v}, x + dx, y, z, t) \\ &\quad - f(\mathfrak{v}, x, y, z, t)\}\, dy\, dz\, d^3v\, dt \\ &= - v_x \frac{\partial f}{\partial x}\, dx\, dy\, dz\, d^3v\, dt\,. \end{aligned}$$

Die Vergrößerung der Zahl der $\mathfrak{v}$-Elektronen im Volumen d^3r infolge der Bewegung von Elektronen durch alle sechs Flächen des Volumenelements d^3r ist gleich

$$\begin{aligned} -\left(v_x \frac{\partial f}{\partial x} + v_y \frac{\partial f}{\partial y} + v_z \frac{\partial f}{\partial z}\right) d^3v\, d^3r\, dt &= - (\mathfrak{v}\, \nabla_{\mathfrak{r}} f)\, d^3v\, d^3r\, dt \\ &= - \mathfrak{v} \frac{\partial f}{\partial \mathfrak{r}}\, d^3v\, d^3r\, dt\,. \end{aligned} \tag{1.4}$$

Analog kann man die Änderung der Zahl der $\mathfrak{v}$-Elektronen im Volumen $d^3v = dv_x\, dv_y\, dv_z$ infolge ihrer „Bewegung" im $\mathfrak{v}$-Raum mit den „Geschwindigkeiten" $\dot{v}_x$, $\dot{v}_y$ und $\dot{v}_z$ betrachten. Die Vergrößerung der Zahl der $\mathfrak{v}$-Elektronen bei Bewegung im $\mathfrak{v}$-Raum ist gleich

$$- (\dot{\mathfrak{v}}\, \nabla_{\mathfrak{v}} f)\, d^3v\, d^3r\, dt = - \dot{\mathfrak{v}} \frac{\partial f}{\partial \mathfrak{v}}\, d^3v\, d^3r\, dt = - \frac{1}{m} (\mathfrak{F}\, \nabla_{\mathfrak{v}} f)\, d^3v\, d^3r\, dt\,, \tag{1.4a}$$

da die Beschleunigung $\dot{\mathfrak{v}} = \frac{d\mathfrak{v}}{dt} = \frac{1}{m} \mathfrak{F}(\mathfrak{r}, t)$ ist, wobei $\mathfrak{F}(\mathfrak{r}, t)$ eine Kraft darstellt, die auf das Elektron im Punkt $\mathfrak{r}$ zur Zeit t wirkt.

Außerdem ändert sich die Zahl der $\mathfrak{v}$-Elektronen infolge von Stößen der Elektronen mit den Gitterschwingungen (Phononen) und Kristalldefekten. Jeder Stoß eines $\mathfrak{v}$-Elektrons führt es aus dem Volumen d^3v heraus, da sich beim Stoß die Geschwindigkeit stark ändert. Im weiteren werden wir elastische Stöße betrachten, bei denen sich nur die Richtung der Geschwindigkeit ändert, nicht aber ihr Betrag. Es gilt also immer $v' = v$, wenn $\mathfrak{v}'$ die Geschwindigkeit nach dem Stoß ist.

Es sei $W(\mathfrak{v}, \mathfrak{v}')\, d\Omega'\, dt$ die Wahrscheinlichkeit dafür, daß das $\mathfrak{v}$-Elektron während der Zeit dt in das Raumwinkelelement $d\Omega'$ in Richtung $\mathfrak{v}'$ gestreut wird. Da eine Wahrscheinlichkeit dimensionslos ist, hat $W(\mathfrak{v}, \mathfrak{v}')$ die Dimension einer reziproken Zeit ($\sec^{-1}$). Im Prinzip kann $W(\mathfrak{v}, \mathfrak{v}')$ von $\mathfrak{r}$ und t abhängen.

Die Zahl der während der Zeit dt infolge von Stößen verschwindenden $\mathfrak{v}$-Elektronen ist gleich

$$-\int_{(\Omega')} f(\mathfrak{v}, \mathfrak{r}, t)\, d^3v\, d^3r\, W(\mathfrak{v}, \mathfrak{v}')\, d\Omega'\, dt\,.$$

Andrerseits wird die Zahl der $\mathfrak{v}$-Elektronen durch Umwandlung aller möglichen $\mathfrak{v}'$-Elektronen in $\mathfrak{v}$-Elektronen (im gleichen Volumen d^3r) infolge von Stößen wachsen. Dieses Anwachsen beträgt während der Zeit dt

$$\int_{(\Omega')} f(\mathfrak{v}', \mathfrak{r}, t)\, d^3v\, d^3r\, W(\mathfrak{v}', \mathfrak{v})\, d\Omega'\, dt\,.$$

Da man elastische Stöße betrachtet, d. h. $v' = v$, führt Integration über d^3v tatsächlich zu einem Integral über Ω'.

Im Endeffekt wächst die Zahl der $\mathfrak{v}$-Elektronen infolge von Stößen um

$$d^3v\, d^3r\, dt \int \{f(\mathfrak{v}', \mathfrak{r}, t)\, W(\mathfrak{v}', \mathfrak{v}) - f(\mathfrak{v}, \mathfrak{r}, t)\, W(\mathfrak{v}, \mathfrak{v}')\}\, d\Omega'\,. \tag{1.4b}$$

Andrerseits ist das Anwachsen der Zahl der $\mathfrak{v}$-Elektronen während der Zeit dt durch

$$f(\mathfrak{v}, \mathfrak{r}, t + dt)\, d^3v\, d^3r - f(\mathfrak{v}, \mathfrak{r}, t)\, d^3v\, d^3r = \frac{\partial f}{\partial t}\, d^3v\, d^3r\, dt \tag{1.5}$$

gegeben. Setzt man (1.5) gleich der Summe von (1.4), (1.4a) und (1.4b), so erhält man

$$\begin{aligned}\frac{\partial f}{\partial t} = &- (\mathfrak{v}\, \nabla_{\mathfrak{r}} f) - \frac{1}{m} (\mathfrak{F}\, \nabla_{\mathfrak{v}} f) \\ &+ \int \{f(\mathfrak{v}', \mathfrak{r}, t)\, W(\mathfrak{v}', \mathfrak{v}) - f(\mathfrak{v}, \mathfrak{r}, t)\, W(\mathfrak{v}, \mathfrak{v}')\}\, d\Omega'\,.\end{aligned} \tag{1.6}$$

Diese Gleichung heißt BOLTZMANN*sche Transportgleichung*.

Das sogenannte *Feld*glied

$$\left(\frac{\partial f}{\partial t}\right)_{\text{Feld}} = - (\mathfrak{v}\, \nabla_{\mathfrak{r}} f) - \frac{1}{m} (\mathfrak{F}\, \nabla_{\mathfrak{v}} f) \tag{1.7}$$

bestimmt die Geschwindigkeit, mit der sich die Verteilungsfunktion f infolge der stetigen Bewegung der Elektronen im $\mathfrak{r}$- und $\mathfrak{v}$-Raum ändert, das *Stoß*glied

$$\left(\frac{\partial f}{\partial t}\right)_{\text{St}} = \int \{f(\mathfrak{v}', \mathfrak{r}, t)\, W(\mathfrak{v}', \mathfrak{v}) - f(\mathfrak{v}, \mathfrak{r}, t)\, W(\mathfrak{v}, \mathfrak{v}')\}\, d\Omega' \tag{1.7a}$$

dagegen bestimmt die Geschwindigkeit der Änderung von f infolge von Stößen (Streuung) der Elektronen.

Im stationären Zustand ist

$$\frac{\partial f}{\partial t} = \left(\frac{\partial f}{\partial t}\right)_{\text{Feld}} + \left(\frac{\partial f}{\partial t}\right)_{\text{St}} = 0 \tag{1.8}$$

oder

$$\mathfrak{v} \nabla_{\mathfrak{r}} f + \frac{1}{m} \mathfrak{F} \nabla_{\mathfrak{v}} f = \int \{f(\mathfrak{v}', \mathfrak{r}) W(\mathfrak{v}', \mathfrak{v}) - f(\mathfrak{v}, \mathfrak{r}) W(\mathfrak{v}, \mathfrak{v}')\} d\Omega' . \quad (1.8\text{a})$$

Da auf der rechten Seite von (1.8a) ein Integral der unbekannten Funktion $f(\mathfrak{v}')$ steht, ist die BOLTZMANN-Gleichung eine *Integro-Differentialgleichung*. Natürlich muß man zu ihrer Lösung die Kraft $\mathfrak{F}$ und die Übergangswahrscheinlichkeit $W(\mathfrak{v}, \mathfrak{v}')$ pro sec in die Raumwinkeleinheit kennen.

3. Im Gleichgewichtsfalle ist die Verteilungsfunktion gleich $f = f_0(\mathscr{E}) = \exp\left\{\frac{\zeta - \mathscr{E}}{k_0 T}\right\}$, wobei die Gesamtenergie durch $\mathscr{E} = \varepsilon + \mathscr{U}$ gegeben ist, d. h., durch die Summe aus kinetischer Energie $\varepsilon = \frac{m v^2}{2}$ und potentieller Energie $\mathscr{U}(\mathfrak{r})$. In diesem Falle ist die linke Seite der Gleichung (1.8a) gleich Null, denn

$$\mathfrak{v} \nabla_{\mathfrak{r}} f_0(\varepsilon + \mathscr{U}) = \frac{1}{k_0 T} f_0\, \mathfrak{v}(-\nabla_{\mathfrak{r}} \mathscr{U}) = \frac{1}{k_0 T} f_0(\mathfrak{v}\, \mathfrak{F})$$

und

$$\frac{1}{m} \mathfrak{F} \nabla_{\mathfrak{v}} f_0(\varepsilon + \mathscr{U}) = -\frac{1}{m} \mathfrak{F} \frac{m \mathfrak{v}}{k_0 T} f_0 = -\frac{1}{k_0 T} f_0(\mathfrak{v}\, \mathfrak{F}) .$$

Somit wird

$$\left(\frac{\partial f}{\partial t}\right)_{\text{St}} = \int \{f_0(\varepsilon') W(\mathfrak{v}', \mathfrak{v}) - f_0(\varepsilon) W(\mathfrak{v}, \mathfrak{v}') d\Omega'$$

$$= f_0(\varepsilon) \int \{W(\mathfrak{v}', \mathfrak{v}) - W(\mathfrak{v}, \mathfrak{v}')\} d\Omega' = 0 , \quad (1.9)$$

da $\varepsilon = \varepsilon'$.

Bei beliebigem $\mathfrak{v}$ kann das Integral nur dann gleich Null sein, wenn

$$W(\mathfrak{v}, \mathfrak{v}') = W(\mathfrak{v}', \mathfrak{v}) . \quad (1.10)$$

Die letzte Gleichung ist eine Folge des allgemeinen Prinzips des *detaillierten Gleichgewichts*, welches besagt, daß die Wahrscheinlichkeit eines Prozesses gleich der Wahrscheinlichkeit des umgekehrten Prozesses ist. Bei der Berechnung der Übergangswahrscheinlichkeiten in der Quantenmechanik ist Gleichung (1.10) eine unmittelbare Folge ihrer Gesetze.

Wenn man mit einer Nichtgleichgewichtsverteilungsfunktion zu rechnen hat, wird $f(\mathfrak{v}, \mathfrak{r}, t) = f_0(\mathscr{E}) + f_1$, wobei f_1 in der Form[1])

$$f_1 = -\frac{\partial f_0}{\partial \varepsilon} \chi(\varepsilon)\, v_x \quad (1.11)$$

dargestellt werden kann, wie wir später sehen werden. $\chi(\varepsilon)$ ist eine Funktion der Energie $\varepsilon = \frac{m}{2}(v_x^2 + v_y^2 + v_z^2)$. Das Koordinatensystem wurde so gewählt,

[1]) D. h. in der Form eines Produkts einer gewissen Funktion der Energie ε mit v_x; der Faktor $\left(-\frac{\partial f_0}{\partial \varepsilon}\right)$ wird der Bequemlichkeit halber (siehe weitere Rechnungen) abgespalten.

daß die x-Achse parallel zur Anfangsgeschwindigkeit $\mathfrak{v}$ des Elektrons verläuft. Setzt man jetzt $f(\mathfrak{v}, \mathfrak{r}, t)$ in das Stoßglied (1.7a) ein und berücksichtigt, daß $f_0(\varepsilon) = f_0(\varepsilon')$ (elastischer Stoß, d. h. $\varepsilon = \varepsilon'$) und die Beziehung (1.10) gilt, dann erhält man

$$\left(\frac{\partial f}{\partial t}\right)_{\text{St}} = -f_1 \int W(\mathfrak{v}, \mathfrak{v}')\,(1 - \cos\theta)\,d\Omega'; \tag{1.12}$$

hier ist $\cos\theta = \frac{v'_x}{v_x}$, wo θ der Winkel ist, um den das Elektron infolge des Stoßes von seiner Anfangsrichtung abgelenkt wird (siehe Abb. 78).

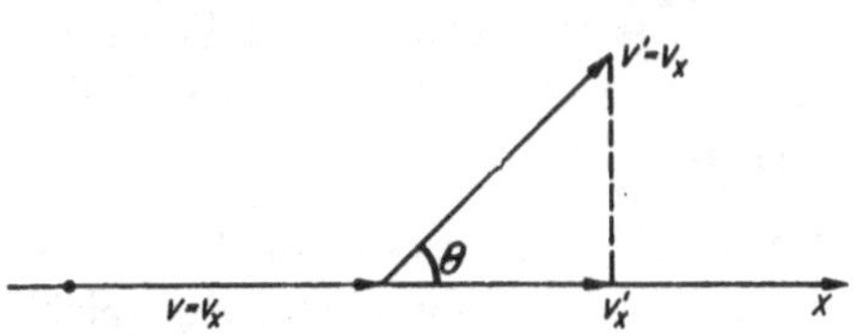

Abb. 78

Da $W(\mathfrak{v}, \mathfrak{v}')$ die Dimension einer reziproken Zeit hat, kann man eine *Relaxationszeit* einführen, indem man

$$\frac{1}{\tau} = \int W(\mathfrak{v}, \mathfrak{v}')\,(1 - \cos\theta)\,d\Omega' \tag{1.13}$$

setzt. Aus (1.12) und (1.13) folgt, daß

$$\left(\frac{\partial f}{\partial t}\right)_{\text{St}} = -\frac{f_1}{\tau} = -\frac{f - f_0}{\tau}. \tag{1.14}$$

Die Relaxationszeit kann man anschaulich deuten, wenn man die Einstellung des statistischen Gleichgewichts in einem homogenen System betrachtet, in welchem zum Anfangszeitpunkt $t = 0$ die Geschwindigkeitsverteilung nicht im Gleichgewicht war und auf welches keine Kräfte wirken. Setzt man $\nabla_{\mathfrak{r}} f = 0$ und $\mathfrak{F} = 0$, so haben wir auf Grund von (1.6), (1.7a) und (1.14)

$$\left(\frac{\partial f}{\partial t}\right)_{\text{St}} = \frac{\partial f}{\partial t} = -\frac{f - f_0}{\tau}.$$

Integriert man die letzte Gleichung, so erhält man

$$(f - f_0) = (f - f_0)_{t=0}\, e^{-t/\tau}. \tag{1.14a}$$

Wir sehen, daß τ die Zeit ist, in welcher die Differenz $(f - f_0)$ nach Ausschalten des äußeren Feldes um das e-fache abfällt. Da das Streben nach Gleichgewicht im System die Folge von Stößen der Elektronen ist (mit Gitterschwingungen oder Kristalldefekten) und außerdem einige Stöße ausreichen, die Elektronen in den Gleichgewichtszustand zu überführen, ist die Relaxationszeit τ von der Größenordnung der Zeit zwischen zwei Stößen des Elektrons. Wir definieren die *freie Weglänge* des Elektrons mittels

$$l = v\tau. \tag{1.15}$$

Aus der Definition (1.13) folgt, daß τ im allgemeinen eine Funktion der Geschwindigkeit (Energie) sein wird, d. h. $\tau(\mathfrak{v})$ oder $\tau(\varepsilon)$.

Wie wir weiter unten sehen werden, ist in allen praktisch interessierenden Fällen die Korrektur zur Gleichgewichtsverteilungsfunktion $f_1 \ll f_0$. Deshalb kann man bei einer Genauigkeit bis zu Größen erster Ordnung von f_1 auf der linken Seite von (1.8a) anstelle von f die Gleichgewichtsfunktion f_0 einsetzen. Ist nur ein elektrisches Feld vorhanden, so folgt aus (1.8a) und (1.14)

$$f_1 = \frac{e}{m} E \frac{\partial f_0}{\partial v_x} \tau = - e E \frac{f_0}{k_0 T} \tau v_x . \tag{1.16}$$

Wenn uns also die Relaxationszeit bekannt ist, können wir nach Formel (1.2) die Stromdichte bestimmen. Gleichzeitig sehen wir, daß f_1 tatsächlich die Form (1.11) hat, wobei hier $\chi(\varepsilon) = - e E \tau(v)$.

4. Wir berechnen jetzt die Relaxationszeit nach Formel (1.13) für Elektronen (Löcher), die mit Störstellenionen zusammenstoßen, welche mit konstanter mittlerer Dichte über das Volumen des Leiters verteilt sind. Wir untersuchen die Bewegung eines Loches im Coulomb-Feld eines Donators nach den Gesetzen der klassischen Mechanik. Die potentielle Energie ist in diesem Falle

$$\mathcal{U}(r) = \frac{e^2}{\varkappa r} ; \tag{1.17}$$

dabei ist e die Elementarladung und $\varkappa$ die Dielektrizitätskonstante.

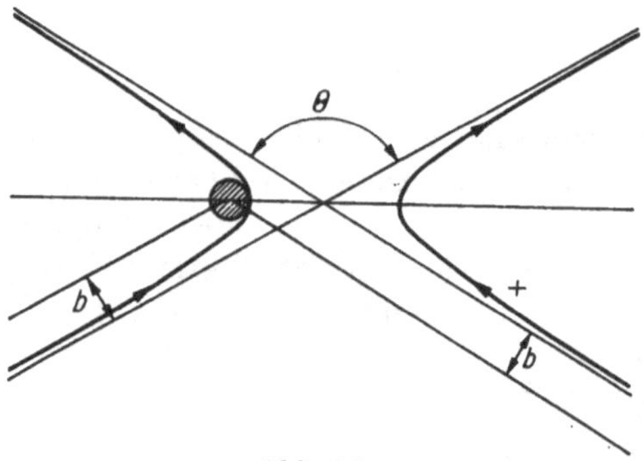

Abb. 79

Man kann zeigen[1]), daß sich das Loch auf einer Hyperbel bewegt und daß sein Stoßparameter

$$b = \frac{e^2}{\varkappa m v^2} \operatorname{ctg} \frac{\theta}{2} \tag{1.18}$$

wird, wobei θ der Streuwinkel des Loches ist (Abb. 79). Ausdruck (1.18) behält seine Gültigkeit auch im Falle der Streuung eines Elektrons an einem Donator, wenn die potentielle Energie der Anziehung gleich (1.17) ist, nur mit einem

[1]) M. Born, Moderne Physik, Springer-Verlag, Berlin 1933.

Minuszeichen versehen. Natürlich hat man Bewegung auf einer Hyperbel nur dann, wenn die Gesamtenergie des Elektrons $\frac{m v^2}{2} + \mathcal{U}(\mathfrak{r}) > 0$ ist.

Der differentielle Wirkungsquerschnitt ist laut Definition gleich

$$\sigma(\theta)\, d\Omega = \frac{\text{Zahl der um den Winkel } \theta \text{ in den Raumwinkel } d\Omega \text{ abgelenkten Elektronen}}{\text{Zahl der in derselben Zeit auf } 1\,\text{cm}^2 \text{ fallenden Elektronen}} \tag{1.19}$$

und hat die Dimension einer Fläche [cm²].

Alle Teilchen, die sich parallel zur x-Achse bewegen und auf den Ring der Fläche $2\pi b\, db$ fallen, werden um den Winkel θ innerhalb des Raumwinkels $d\Omega = 2\pi \sin\theta\, d\theta$ abgelenkt, wobei sich der Zusammenhang zwischen $|db|$ und $d\theta$ aus (1.18) ergibt.

Aus (1.19) folgt

$$\sigma(\theta)\, 2\pi \sin\theta\, d\theta = 2\pi b\, |db|\,, \tag{1.19a}$$

aus (1.18)

$$db = -\frac{e^2}{2\varkappa m v^2} \frac{1}{\sin^2\frac{\theta}{2}}\, d\theta\,. \tag{1.18a}$$

(1.19a), (1.18) und (1.18a) ergeben zusammen die RUTHERFORD*sche Streuformel*

$$\sigma(\theta) = \left(\frac{e^2}{2\varkappa m v^2}\right)^2 \frac{1}{\sin^4\frac{\theta}{2}}\,, \tag{1.20}$$

die von RUTHERFORD bei der Untersuchung der Streuung von α-Teilchen an Kernen schwerer Elemente verwendet wurde.

Den *integralen Wirkungsquerschnitt* definieren wir durch

$$\sigma = \int \sigma(\theta)\, d\Omega = 2\pi \int_0^\pi \sigma(\theta) \sin\theta\, d\theta\,, \tag{1.21}$$

d. h. als Gesamtzahl der gestreuten Teilchen, bezogen auf die Dichteeinheit des auftreffenden Teilchenflusses.

Es läßt sich leicht zeigen, daß der integrale Wirkungsquerschnitt für das COULOMB-Feld (1.17) unendlich wird, wenn der differentielle Wirkungsquerschnitt die Form (1.20) hat. Das ist eine spezifische Besonderheit des COULOMB-Potentials (1.17) und ist bedingt durch seinen langsamen Abfall. Wir stellen jetzt eine Beziehung zwischen $\sigma(\theta)$ und der Wahrscheinlichkeit $W(\mathfrak{v}, \mathfrak{v}')$ auf, welche bei elastischer Streuung vom Winkel θ zwischen den Geschwindigkeiten $\mathfrak{v}'$ und $\mathfrak{v}$ und dem absoluten Betrag der Geschwindigkeit abhängt.

Im Volumen V seien ein COULOMBsches Zentrum und N Elektronen vorhanden, die sich in allen möglichen Richtungen mit den Geschwindigkeiten v bewegen. Im Laufe einer Sekunde fällt auf dieses Zentrum ein Elektronenfluß von $\frac{N}{V} v$

(wir wählen für die Elektronen jeder Richtung eine Fläche von 1 cm² senkrecht zu ihrer Bewegungsrichtung). Die Gesamtzahl der in 1 sec um einen Winkel zwischen θ und $\theta + d\theta$ abgelenkten Elektronen ist $\frac{N}{V} v\,\sigma(\theta)\,d\Omega$.

Andrerseits ist diese Zahl gleich $N\,W(\mathfrak{v}, \mathfrak{v}')\,d\Omega$; somit ist

$$W(\mathfrak{v}, \mathfrak{v}') = W(\theta) = \frac{v\,\sigma(\theta)}{V}. \tag{1.22}$$

Man kann leicht nachprüfen, daß die rechte Seite von (1.22) die Dimension $\sec^{-1}$ hat.

Setzt man (1.22) in (1.13) ein und ersetzt $d\Omega' = 2\pi \sin\theta\,d\theta$, so ergibt sich

$$\frac{1}{\tau} = \frac{2\pi v}{V} \int \sigma(\theta)\,(1 - \cos\theta)\sin\theta\,d\theta. \tag{1.23}$$

Hat man N unabhängig voneinander streuende Ionen, so ist

$$\frac{1}{\tau} = 2\pi v\,n_I \int \sigma(\theta)\,(1 - \cos\theta)\sin\theta\,d\theta, \tag{1.23a}$$

wo $n_I = \frac{N}{V}$ die Konzentration der Ionen darstellt.

Setzt man hier anstelle von $\sigma(\theta)$ den Ausdruck (1.20) ein, so divergiert das Integral an der unteren Grenze bei $\theta = 0$ logarithmisch, was seine Ursache in dem langsamen Abfall des Coulomb-Potentials hat (ebenso wie bei der Divergenz des integralen Wirkungsquerschnitts σ).

Die Divergenz von (1.23a) kann beseitigt werden, wenn wir in der einen oder anderen Form das Feld berücksichtigen, das durch die restlichen Leitfähigkeitselektronen geschaffen wird. Dieses Feld schirmt die Felder der Ionen ab. Von diesem Standpunkt aus gesehen scheint es natürlich, den Wirkungsbereich jedes streuenden Zentrums durch eine Kugel mit einem Radius zu begrenzen, der gleich dem halben Abstand zwischen den Ionen ist. Dann ist der größte Stoßparameter $b_{\max} = \frac{1}{2} n_I^{-1/3}$; der kleinste Streuwinkel ergibt sich aus Formel (1.18) zu

$$\operatorname{ctg}\frac{\theta_{\min}}{2} = \frac{\varkappa m v^2}{2\,n_I^{1/3} e^2}. \tag{1.24}$$

Aus (1.23a) und (1.20) folgt

$$\frac{1}{\tau} = 2\pi v\,n_I \left(\frac{e^2}{2\varkappa m v^2}\right)^2 \int\limits_{\theta_{\min}}^{\pi} \frac{(1-\cos\theta)\sin\theta\,d\theta}{\sin^4(\vartheta/2)}.$$

Ersetzt man $1 - \cos\theta$ und $\sin\theta$ durch $2\sin^2\left(\frac{\theta}{2}\right)$ und $2\sin\left(\frac{\theta}{2}\right)\cos\left(\frac{\theta}{2}\right)$ und verwendet die Beziehung (1.24), so erhält man

$$\frac{1}{\tau} = \frac{2\pi\,n_I\,e^4}{\varkappa^2 m^2 v^3} \lg\left[1 + \left(\frac{\varkappa m v^2}{2 e^2 n_I^{1/3}}\right)^2\right]. \tag{1.25}$$

Diesen Ausdruck für die Relaxationszeit τ bei Streuung der Ladungsträger an Störstellenionen nennt man oft CONWELL-WEISSKOPF-Formel (1946).

Da der Logarithmus in (1.25) eine sich nur langsam ändernde Funktion von v ist, wird die Relaxationszeit praktisch durch

$$\tau \sim v^3 \sim \varepsilon^{3/2} \tag{1.25a}$$

gegeben. Benutzt man die Ausdrücke (1.25) und (1.16), so kann man nach Formel (1.2a) die Stromdichte und folglich die spezifische Leitfähigkeit berechnen.

§ 2. Die Transportgleichung für Elektronen im Kristall

1. Im vorangegangenen Paragraphen wurde vorausgesetzt, daß die Bewegung der Elektronen den Gesetzen der klassischen Mechanik gehorcht, deshalb wurde ihr Zustand im $\mathfrak{r}$- und $\mathfrak{v}$-Raum beschrieben und es wurde angenommen, daß

$$\frac{d\mathfrak{v}}{dt} = \frac{1}{m}\mathfrak{F}. \tag{2.1}$$

Die letzte Gleichung ist auch in der quasiklassischen Näherung richtig, wenn die Energie des Elektrons $\varepsilon = \frac{\hbar^2 k^2}{2\,m^*} = \frac{m^*\,v^2}{2}$ ist, wobei m^* die effektive Masse darstellt und $\mathfrak{v} = \frac{\hbar\,\mathfrak{k}}{m^*}$ ist. Wenn also die Energie $\varepsilon(\mathfrak{k})$ des Elektrons die angeführte Form hat, dann sind alle Formeln des vorangegangenen Paragraphen anwendbar, wenn man nur m durch m^* ersetzt.

Bei beliebigem Dispersionsgesetz $\varepsilon(\mathfrak{k})$ ist die Geschwindigkeit des Elektrons im Kristall (IV. 4.21) gleich

$$\mathfrak{v} = \frac{1}{\hbar}\nabla_{\mathfrak{k}}\,\varepsilon(\mathfrak{k}) = \frac{1}{\hbar}\frac{\partial\varepsilon(\mathfrak{k})}{\partial\mathfrak{k}} \tag{2.2}$$

und nicht $\hbar\,\mathfrak{k}/m^*$; deshalb entsteht die Frage: welches Aussehen hat die BOLTZMANN-Gleichung in diesem Falle?

In der quasiklassischen Näherung kann man dem Elektron eine Bahn zuschreiben, auf der es sich mit der Geschwindigkeit (2.2) bewegt. Der Wellenvektor $\mathfrak{k}$ des Elektrons, der seinen Quantenzustand beschreibt, genügt in der quasiklassischen Näherung der Gleichung (IV. 4.23):

$$\frac{\partial\mathfrak{k}}{dt} = \frac{1}{\hbar}\mathfrak{F}. \tag{2.3}$$

Wir betrachten die Elektronen im $\mathfrak{r}$- und $\mathfrak{k}$-Raum und führen eine Verteilungsfunktion $f(\mathfrak{k}, \mathfrak{r}, t)$ ein, so daß

$$f(\mathfrak{k}, \mathfrak{r}, t)\frac{d^3k}{4\,\pi^3} \tag{2.4}$$

gleich der Zahl der Elektronen zum Zeitpunkt t im Punkte $\mathfrak{r}$ in der Volumeneinheit und mit den Komponenten des Wellenvektors von k_x bis $k_x + dk_x$ usw. ($d^3k = dk_x\,dk_y\,dk_z$) ist.

Im Zustand des statistischen Gleichgewichts (VI. 2.1) ist

$$f = f_0(\varepsilon) = \left(e^{\frac{\varepsilon - \zeta}{k_0 T}} + 1\right)^{-1}, \tag{2.5}$$

wo ε eine vorgegebene Funktion von $\mathfrak{k}$ ist.

Da wir jetzt anstelle von (2.1) den Ausdruck (2.3) haben, wird die Transportgleichung bei Wirkung von elektrischem und magnetischem Feld $\mathfrak{E}$ und $\mathfrak{H}$ wie folgt aussehen:

$$\mathfrak{v}\, \nabla_{\mathfrak{r}} f - \frac{e}{\hbar}\left(\mathfrak{E} + \frac{1}{c}\,[\mathfrak{v}\,\mathfrak{H}]\right) \nabla_{\mathfrak{k}} f = \left(\frac{\partial f}{\partial t}\right)_{\mathrm{St}}; \tag{2.6}$$

dabei wird $\mathfrak{v}$ durch (2.2) bestimmt. Das Stoßglied kann analog zum vorigen Paragraphen geschrieben werden. Es sei $W(\mathfrak{k}, \mathfrak{k}')$ die Wahrscheinlichkeit pro sec dafür, daß das Elektron vom Zustand $\mathfrak{k}$ zum Zustand $\mathfrak{k}'$ übergeht; dann ist analog zu (1.7a)

$$\left(\frac{\partial f}{\partial t}\right)_{\mathrm{St}} = \sum_{\mathfrak{k}'} \{W(\mathfrak{k}', \mathfrak{k})\, f(\mathfrak{k}')\, [1 - f(\mathfrak{k})] - W(\mathfrak{k}, \mathfrak{k}')\, f(\mathfrak{k})\, [1 - f(\mathfrak{k}')]\}, \tag{2.7}$$

wobei das PAULI-Prinzip berücksichtigt wurde, d. h., die Wahrscheinlichkeit des Übergangs $\mathfrak{k} \to \mathfrak{k}'$ ist proportional $[1 - f(\mathfrak{k}')]$ gesetzt (Wahrscheinlichkeit dafür, daß der Zustand $\mathfrak{k}'$ frei ist).

Aus dem Prinzip des detaillierten Gleichgewichts folgt, daß im statistischen Gleichgewicht die Elektronenflüsse $\mathfrak{k} \to \mathfrak{k}'$ und umgekehrt gleich sein müssen, d. h. es ist

$$W(\mathfrak{k}', \mathfrak{k})\, f_0(\varepsilon')\, [1 - f_0(\varepsilon)] = W(\mathfrak{k}, \mathfrak{k}')\, f_0(\varepsilon)\, [1 - f_0(\varepsilon')]\,.$$

Verwendet man die explizite Form der FERMI-Verteilungsfunktion, so erhält man

$$W(\mathfrak{k}', \mathfrak{k})\, e^{\varepsilon/k_0 T} = W(\mathfrak{k}, \mathfrak{k}')\, e^{\varepsilon'/k_0 T}\,. \tag{2.7a}$$

Bei elastischer Streuung ist $\varepsilon = \varepsilon'$ und

$$W(\mathfrak{k}', \mathfrak{k}) = W(\mathfrak{k}, \mathfrak{k}')\,. \tag{2.7b}$$

In diesem Falle wird

$$\begin{aligned}\left(\frac{\partial f}{\partial t}\right)_{\mathrm{St}} &= \sum_{\mathfrak{k}'} \{W(\mathfrak{k}', \mathfrak{k})\, f(\mathfrak{k}') - W(\mathfrak{k}, \mathfrak{k}')\, f(\mathfrak{k})\} \\ &= \sum_{\mathfrak{k}'} W(\mathfrak{k}, \mathfrak{k}')\, \{f(\mathfrak{k}') - f(\mathfrak{k})\}\,,\end{aligned} \tag{2.8}$$

d. h., das Stoßglied sieht genau so aus wie bei Nichtberücksichtigung des PAULI-Prinzips. Das hängt damit zusammen, daß sich bei Berücksichtigung des PAULI-Prinzips die Zahl der von $\mathfrak{k}$ nach $\mathfrak{k}'$ als auch von $\mathfrak{k}'$ nach $\mathfrak{k}$ übergehenden Elektronen um ein und denselben Wert ändert.

Wie wir im § 2 des nächsten Kapitels sehen werden, kann die Nichtgleichgewichtsverteilungsfunktion in der Form

$$f(\mathfrak{k}) = f_0(\varepsilon) + f_1(\mathfrak{k}) = f_0(\varepsilon) - \frac{\partial f_0}{\partial \varepsilon}\, \vec{\chi}(\varepsilon)\, \mathfrak{k} \tag{2.9}$$

dargestellt werden, wo $\vec{\chi}(\varepsilon)$ eine unbekannte Vektorfunktion ist, die von der Energie des Elektrons abhängt.[1])

Es wird gezeigt, daß der Nichtgleichgewichtszusatz die Form

$$f_1(\mathfrak{k}) = -\frac{\partial f_0}{\partial \varepsilon}\vec{\chi}(\varepsilon)\,\mathfrak{k} \tag{2.9a}$$

hat, sowohl bei Vorhandensein eines elektrischen und magnetischen Feldes als auch bei Vorhandensein eines Temperaturgradienten, wenn die Energie $\varepsilon \sim k^2$ ist und τ nur von der Energie abhängt.

Da bei elastischer Streuung $\varepsilon = \varepsilon'$, so ist

$$f(\mathfrak{k}') - f(\mathfrak{k}) = f_0(\varepsilon') - \frac{\partial f_0}{\partial \varepsilon'}\vec{\chi}(\varepsilon')\,\mathfrak{k}' - f_0(\varepsilon) + \frac{\partial f_0}{\partial \varepsilon}\vec{\chi}(\varepsilon)\,\mathfrak{k}$$
$$= \frac{\partial f_0}{\partial \varepsilon}\vec{\chi}(\varepsilon)\,\mathfrak{k}\left[1 - \frac{k'_\chi}{k_\chi}\right] = f_1(\mathfrak{k})\,\frac{\Delta k_\chi}{k_\chi}, \tag{2.10}$$

wobei k_χ die Projektion von $\mathfrak{k}$ auf den Vektor $\vec{\chi}$ und $\Delta k_\chi = k'_\chi - k_\chi$ ist. Aus (2.8) und (2.10) ergibt sich

$$\left(\frac{\partial f}{\partial t}\right)_{\mathrm{St}} = -f_1(\mathfrak{k})\sum_{\mathfrak{k}'} W(\mathfrak{k},\mathfrak{k}')\left[1 - \frac{k'_\chi}{k_\chi}\right]. \tag{2.11}$$

Wir führen eine Relaxationszeit τ ein, indem wir

$$\frac{1}{\tau(\mathfrak{k})} = \sum_{\mathfrak{k}'} W(\mathfrak{k},\mathfrak{k}')\left[1 - \frac{k'_\chi}{k_\chi}\right] = -\sum_{\mathfrak{k}'} W(\mathfrak{k},\mathfrak{k}')\frac{\Delta k_\chi}{k_\chi} \tag{2.12}$$

setzen, wo analog zu (1.13) θ der Winkel zwischen den Wellenvektoren $\mathfrak{k}$ und $\mathfrak{k}'$ ist, welche die Bewegung des Elektrons vor und nach der Streuung charakterisieren; dann kann man (2.11) in der Form

$$\left(\frac{\partial f}{\partial t}\right)_{\mathrm{St}} = -\frac{f_1(\mathfrak{k})}{\tau} = -\frac{f - f_0}{\tau} \tag{2.12a}$$

schreiben. Sind die Flächen konstanter Energie $\varepsilon(\mathfrak{k}) = \mathrm{const}$ des Elektrons nicht Kugeln, sondern Ellipsoide, so muß man, streng gesprochen, die Anisotropie in der Streuung des Elektrons berücksichtigen, und dann ist die Relaxationszeit, wenn man sie einführen kann, kein Skalar mehr, sondern ein Tensor zweiter Ordnung.[2])

Bei komplizierten Dispersionsgesetzen für die Energie $\varepsilon(\mathfrak{k})$, z. B. wie für Löcher in p-Si und p-Ge (IV. 8.2), kann man überhaupt nicht streng eine Relaxationszeit einführen; deshalb wird in einem solchen Falle die Theorie der Transporterscheinungen sehr kompliziert.

---

[1]) Der Faktor $\frac{\partial f_0}{\partial \varepsilon}$, der ebenfalls nur von der Energie ε abhängt, wird eingeführt, um die Herleitungen bequemer zu gestalten.

[2]) C. Herring and E. Vogt, Phys. Rev. **101** (1956) 944, und A. G. Samojlowitsch, I. J. Korenblit, I. W. Dachowski und W. D. Iskra (А. Г. Самойлович, И. Я. Коренблит, И. В. Даховский и В. Д. Искра, Физика твердого тела), Fizika Twerdogo Tela **3** (1961) 3285.

2. Im folgenden Kapitel werden mit Hilfe der BOLTZMANN-Gleichung (2.6) verschiedene Transporterscheinungen für den allgemeinen Fall untersucht, daß elektrisches Feld, magnetisches Feld und ein Temperaturgradient vorhanden sind. Hier berechnen wir zur Illustration die elektrische Leitfähigkeit für den Fall, daß nur ein elektrisches Feld anliegt.

Bei Vorhandensein eines elektrischen Feldes $\mathfrak{E}$ erhalten wir aus (2.6) und (2.11a), wenn wir $f = f_0$ setzen, was bis zur ersten Ordnung von $f_1 \sim \mathfrak{E}$ genau ist,

$$-\frac{e}{\hbar}\,\mathfrak{E}\,\nabla_{\mathfrak{k}}\, f_0 = -\frac{f_1(\mathfrak{k})}{\tau(\mathfrak{k})}\,. \tag{2.13}$$

Unter Verwendung von (2.2) erhält man aus (2.13)

$$f_1(\mathfrak{k}) = e\,\tau(\mathfrak{k})\,\frac{\partial f_0}{\partial \varepsilon}\,(\mathfrak{v}\,\mathfrak{E})\,. \tag{2.13a}$$

Die elektrische Stromdichte ist analog zu (1.2) gleich

$$\mathfrak{j} = -\frac{e}{4\,\pi^3}\int \mathfrak{v}\, f(\mathfrak{k})\, d^3k = -\frac{e}{4\,\pi^3}\int \mathfrak{v}\, f_1(\mathfrak{k})\, d^3k$$
$$= -\frac{e^2}{4\,\pi^3}\int \tau(\mathfrak{k})\,\frac{\partial f_0}{\partial \varepsilon}\,\mathfrak{v}(\mathfrak{v}\,\mathfrak{E})\, d^3k\,, \tag{2.14}$$

da der Strom, der der Gleichgewichtsfunktion f_0 entspricht, gleich Null ist. Bezeichnet man mit den Indizes i und l die Komponenten von $\mathfrak{v}$ und $\mathfrak{E}$ in einem rechtwinkligen Koordinatensystem, so hat man

$$j_l = -\frac{e^2}{4\,\pi^3}\int \tau(\mathfrak{k})\,\frac{\partial f_0}{\partial \varepsilon}\, v_l \sum_i v_i\, E_i\, d^3k = \sum_i \sigma_{li}\, E_i\,. \tag{2.14a}$$

Der Tensor der elektrischen Leitfähigkeit ist

$$\sigma_{li} = -\frac{e^2}{4\,\pi^3}\int \tau(\mathfrak{k})\,\frac{\partial f_0}{\partial \varepsilon}\, v_l\, v_i\, d^3k\,, \tag{2.14b}$$

wo v_l sich als Funktion von $\mathfrak{k}$ mittels (2.2) ergibt.

Es ist leicht zu zeigen, daß der Tensor der elektrischen Leitfähigkeit (2.14b) in einen Skalar entartet, wenn die Relaxationszeit τ nur vom Betrag $|\mathfrak{k}|$ des Wellenvektors abhängt.

§ 3. Die Streuung der Elektronen an Gitterschwingungen im atomaren Kristall

1. Wir sahen, daß dem stationären Zustand des Elektrons im periodischen Feld des Kristalls eine von der Zeit unabhängige Geschwindigkeit (2.2) entspricht. Da das Elektron die Ladung $-e$ besitzt, entspricht konstanter Geschwindigkeit ein nicht abklingender Strom bei fehlendem elektrischem Feld. Man kann sagen, daß der Widerstand im idealen Kristall gleich Null ist. Der endliche Widerstand des Kristalls, und damit verbunden eine endliche Relaxationszeit τ oder endliche freie Weglänge $l = v\,\tau$, wird durch beliebige Abweichungen des Kristallfeldes von der strengen Periodizität verursacht. Eine der wesentlichen Ursachen für die Störung der Periodizität sind die Wärmeschwingungen der Gitteratome, die schon im Kapitel III untersucht wurden.

In diesem Paragraphen berechnen wir die Relaxationszeit, die mit der Streuung von Leitfähigkeitselektronen an Gitterschwingungen verbunden ist, für den Fall eines einfachen einatomigen Gitters.

2. Wir bestimmen die Änderung (Störung) der potentiellen Energie der Elektronen im periodischen Feld $V(\mathfrak{r})$ infolge der Schwingungen der Atome mit Hilfe der Hypothese der *deformierbaren Ionen* von F. Bloch (1928).

Man stellt sich vor, daß sich jeder Punkt $\mathfrak{r}$ des Kristalls bei den Schwingungen der Atome gemäß Formel (III. 5.4) „verschiebt"[1]), wenn man in ihr $\mathfrak{a}_{\mathfrak{n}}$ durch $\mathfrak{r}$ ersetzt. Anders ausgedrückt, die „Verschiebung" eines beliebigen Raumpunktes zwischen den Atomen wird als Interpolation zwischen den Verschiebungen der umgebenden Atome betrachtet. Eine solche Interpolation ist um so gesetzmäßiger (in den weiteren Darlegungen), je kleiner der Phasenunterschied benachbarter Atome, d. h. je länger die akustische Welle ist.

Da wir im weiteren ein einfaches atomares Gitter betrachten, welches ein Inversionszentrum besitzt, kann man für $u^k_{\mathfrak{n}\alpha}$ die Formel (III. 5.18) oder (III. 5.19) verwenden. Für unsere Zwecke ist es günstiger, (III. 5.19) zu benutzen, wo die Summierung über $\mathfrak{q}$ über die ganze Brillouin-Zone erstreckt wird.

Entsprechend dem oben Gesagten setzen wir

$$\mathfrak{u} = \frac{1}{\sqrt{N}} \sum_{\mathfrak{q} j} \mathfrak{e}_{\mathfrak{q} j} \{a_{\mathfrak{q} j} e^{i\mathfrak{q}\mathfrak{r}} + a^*_{\mathfrak{q} j} e^{-i\mathfrak{q}\mathfrak{r}}\}, \tag{3.1}$$

wo die Bezeichnungen $\mathfrak{A}^k_j(\mathfrak{q}) \equiv \mathfrak{e}_{\mathfrak{q} j}$ und $a_j(\mathfrak{q}) \equiv a_{\mathfrak{q} j}$ eingeführt wurden. Nach (III. 5.3) ist

$$(\mathfrak{e}_{\mathfrak{q} j}\, \mathfrak{e}_{\mathfrak{q} j'}) = \delta_{jj'}, \tag{3.2}$$

da im Falle des einfachen Gitters $m_k = M$ ist.

Die Hypothese der deformierbaren Ionen macht die Voraussetzung, daß die potentielle Energie des Elektrons im Punkt $\mathfrak{r}$, die vor der Deformation gleich $V(\mathfrak{r})$ ist, nach der Deformation in den Punkt $\mathfrak{r} + \mathfrak{u}$ übergeht, dessen potentielle Energie vor der Deformation $V(\mathfrak{r} + \mathfrak{u})$ war. Damit ist die Änderung der potentiellen Energie im Punkt $\mathfrak{r} + \mathfrak{u}$ in linearer Näherung nach $\mathfrak{u}$ gleich[2])

$$\mathcal{U} = \Delta V = V(\mathfrak{r}) - V(\mathfrak{r} + \mathfrak{u}) = -(\operatorname{grad} V \mathfrak{u}). \tag{3.3}$$

Wir haben dazu die Funktion $V(\mathfrak{r} + \mathfrak{u})$ in eine Reihe nach der Verschiebung $\mathfrak{u}(u_x, u_y, u_z)$ zerlegt und uns auf das erste Glied der Zerlegung beschränkt. In (3.3) kann man anstelle von $\mathfrak{u}$ den Ausdruck (3.1) einsetzen.

Zur Berechnung der Relaxationszeit nach Formel (2.12) muß man die Übergangswahrscheinlichkeit $W(\mathfrak{k}, \mathfrak{k}')$ kennen, welche wir unter Verwendung der Theorie der Quantenübergänge von Dirac bestimmen.[3])

---

[1]) Oder einer beliebigen anderen Formel, die die Verschiebungen $u^k_{\mathfrak{n}\alpha}$ beschreibt.

[2]) Diese Größe stimmt in linearer Näherung bezüglich $\mathfrak{u}$ mit der Änderung der potentiellen Energie des Elektrons im Punkte $\mathfrak{r}$ überein.

[3]) Siehe Fußnote [1]), § 29 auf Seite 76.

Wir betrachten ein System, das aus einem Elektron im periodischen Feld und den Normalschwingungen des Gitters besteht. Die Wellenfunktion des Systems in nullter Näherung, d. h. ohne Berücksichtigung der Wechselwirkung (3,3), ist gleich dem Produkt aus BLOCHscher Wellenfunktion des Elektrons im idealen Kristall (IV. 4.6b) und den Oszillatorwellenfunktionen (III. 5.28a), d. h.

$$\Psi^{(0)}_{\mathfrak{k}, N_{\mathfrak{q}j}} = \psi_{\mathfrak{k}}(\mathfrak{r}) \prod_{\mathfrak{q}j} \psi_{N_{\mathfrak{q}j}}(Q_{\mathfrak{q}j}) = \frac{1}{\sqrt{N}} u_{\mathfrak{k}}(\mathfrak{r})\, e^{i\mathfrak{k}\mathfrak{r}} \prod \psi_{N_{\mathfrak{q}j}}(Q_{\mathfrak{q}j})\,. \tag{3.4}$$

Wegen des Vorhandenseins des Faktors $N^{-1/2}$ in der BLOCHschen Wellenfunktion ist

$$\int |u_{\mathfrak{k}}(\mathfrak{r})|^2\, d^3r_0 = 1\,, \tag{3.4a}$$

wobei über das Volumen der Elementarzelle des Kristalls (IV. 4.6c) zu integrieren ist.

Wir zerlegen die gestörte Wellenfunktion $\Psi(t)$ nach dem vollständigen System[1]) der ungestörten Funktionen (3.4)

$$\Psi(t) = \sum_{\mathfrak{k}' N'_{\mathfrak{q}j}} c(\mathfrak{k}', N'_{\mathfrak{q}j}, t)\, \Psi^{(0)}_{\mathfrak{k}' N'_{\mathfrak{q}j}}\, e^{-\frac{i}{\hbar}\left[\varepsilon_{k'} + \sum_{\mathfrak{q}j}\left(N'_{\mathfrak{q}j} + \frac{1}{2}\right)\hbar\,\omega_{\mathfrak{q}j}\right]t}\,; \tag{3.5}$$

hier sind die $c(\mathfrak{k}', N'_{\mathfrak{q}j}, t)$ unbekannte Koeffizienten der Reihenzerlegung[2]) und

$$\varepsilon_{\mathfrak{k}'} + \sum_{\mathfrak{q}j}\left(N'_{\mathfrak{q}j} + \frac{1}{2}\right)\hbar\,\omega_{\mathfrak{q}j} = \mathcal{E}_{\mathfrak{k}', N'_{\mathfrak{q}j}} \tag{3.5a}$$

die Energie des ungestörten Systems, welche gleich der Summe aus der Energie des Elektrons und der Energie aller Normalschwingungen ist.

Wenn sich das Elektron zum Anfangszeitpunkt $t = 0$ im Zustand $\mathfrak{k}$ befand und die Normalschwingungen durch die Quantenzahlen $N_{\mathfrak{q}j}$ charakterisiert wurden, so ist

$$c(\mathfrak{k}', N'_{\mathfrak{q}j}, 0) = \begin{cases} 1 \text{ für } \mathfrak{k}' = \mathfrak{k} \quad \text{und} \quad N'_{\mathfrak{q}j} = N_{\mathfrak{q}j}\,, \\ 0 \text{ in allen anderen Fällen.} \end{cases} \tag{3.6}$$

Aus der allgemeinen Theorie haben wir[3])

$$i\hbar \frac{dc(\mathfrak{k}', N'_{\mathfrak{q}j}, t)}{dt} = \langle \mathfrak{k}', N'_{\mathfrak{q}j} |\Delta V| \mathfrak{k}, N_{\mathfrak{q}j}\rangle \times \exp\left\{\frac{i}{\hbar}\left[\varepsilon_{\mathfrak{k}'} - \varepsilon_{\mathfrak{k}} + \sum_{\mathfrak{q}j}(N'_{\mathfrak{q}j} - N_{\mathfrak{q}j})\,\hbar\,\omega_{\mathfrak{q}j}\right]t\right\}, \tag{3.7a}$$

wo das Matrixelement des Übergangs vom Zustand $\mathfrak{k}, N_{\mathfrak{q}j}$ zum Zustand $\mathfrak{k}', N'_{\mathfrak{q}j}$ unter Einwirkung der Störung (3.3) durch

$$\langle \mathfrak{k}', N'_{\mathfrak{q}j} |\Delta V| \mathfrak{k}, N_{\mathfrak{q}j}\rangle = \int \Psi^{*(0)}_{\mathfrak{k}', N'_{\mathfrak{q}j}}\, \Delta V\, \Psi^{(0)}_{\mathfrak{k}, N_{\mathfrak{q}j}}\, d^3r \prod_{\mathfrak{q}j} dQ_{\mathfrak{q}j} \tag{3.7}$$

---

[1]) Streng genommen schließt das Gesamtsystem der Elektronenwellenfunktionen auch Zustände ein, die zu anderen Bändern gehören; jedoch ist in den von uns untersuchten Streuprozessen ihre „Störung" praktisch gleich Null.

[2]) Die Exponentialfaktoren in (3.5) sind der Bequemlichkeit halber abgespalten worden.

[3]) Siehe Fußnote [1]), § 29 auf Seite 76.

gegeben ist. Hier ist über die drei Koordinaten d^3r des Elektrons, über das Grundgebiet des Kristalls und über die $3N$ Normalkoordinaten $\prod_{\mathfrak{q}j} dQ_{\mathfrak{q}j}$ der Schwingungen zu integrieren. Im Exponenten des Ausdrucks (3.7) steht die Differenz der Energien des End- und Anfangszustandes des Systems.

Die Berechnung des Matrixelements (3.7a) ist ziemlich umfangreich und ist im Anhang XX angeführt. Man kann zeigen, daß das Elektron nur mit dem longitudinalen Zweig der Schwingungen in Wechselwirkung tritt, für welchen $\mathfrak{e}_{\mathfrak{q}j}$ parallel zu $\mathfrak{q}$.[1]) Die Rechnung zeigt, daß das Matrixelement (3.7a) in zwei Fällen von Null verschieden ist, d. h. Übergänge des Systems der Art $\mathfrak{k}$, $N_{\mathfrak{q}j} \to \mathfrak{k}'$, $N'_{\mathfrak{q}j}$ möglich sind:

1. Der Wellenvektor und die Energie des Elektrons sind im Endzustand gleich

$$\mathfrak{k}' = \mathfrak{k} + \mathfrak{q} \qquad \text{und} \qquad \varepsilon_{\mathfrak{k}'} = \varepsilon_{\mathfrak{k}} + \hbar\,\omega_{\mathfrak{q}}; \tag{3.8}$$

dabei ist die Zahl der $\mathfrak{q}$-Phononen im Endzustand

$$N'_{\mathfrak{q}} = N_{\mathfrak{q}} - 1; \tag{3.8a}$$

2. der Wellenvektor und die Energie des Elektrons im Endzustand sind

$$\mathfrak{k}' = \mathfrak{k} - \mathfrak{q}\,, \qquad \varepsilon_{\mathfrak{k}'} = \varepsilon_{\mathfrak{k}} - \hbar\,\omega_{\mathfrak{q}}\,, \tag{3.9}$$

dabei ist

$$N'_{\mathfrak{q}} = N_{\mathfrak{q}} + 1\,. \tag{3.9a}$$

Den ersten Prozeß interpretiert man natürlich als Absorption eines Phonons durch das Elektron, den zweiten entsprechend als Emission eines Phonons durch das Elektron. Dabei gelten sowohl bei Absorption als auch bei Emission eines Phonons die Erhaltungssätze für den Quasiimpuls und die Energie.

Im ersten Falle ist das Matrixelement gleich

$$-\frac{2i}{3}\frac{Cq}{\sqrt{N}}\sqrt{\frac{\hbar N_q}{2M\omega_q}}\,, \tag{3.10}$$

im zweiten Falle

$$+\frac{2i}{3}\frac{Cq}{\sqrt{N}}\sqrt{\frac{\hbar (N_q+1)}{2M\omega_q}}\,. \tag{3.10a}$$

Hierbei ist

$$C = \frac{\hbar^2}{2m}\int |\mathrm{grad}\, u_k|^2\, d^3r_0 \tag{3.10b}$$

und zu integrieren ist über das Volumen der Elementarzelle des Kristalls. Die Konstante C, die die Dimension einer Energie hat, charakterisiert die Intensität der Wechselwirkung des Elektrons mit den Gitterschwingungen. Um die Größen-

[1]) Im weiteren werden wir der Einfachheit halber an den longitudinalen Wellen den Polarisationsindex j weglassen.

ordnung von C abzuschätzen, setzen wir $|\mathrm{grad}\, u_k| \approx \frac{u_k}{a}$, wo a die Gitterkonstante ist. Dann ist größenordnungsmäßig

$$C \approx \left(\frac{\hbar^2}{2\, m\, a^2}\right) \int |u_k|^2\, d^3r_0 = \left(\frac{\hbar^2}{2\, m\, a^2}\right),$$

wobei (3.4a) verwendet wurde; für $a \approx 10^{-8}$ cm ist $C \approx 5$ eV, d. h. von der Größenordnung atomarer Energien.

Nach der allgemeinen Theorie (Anhang XXI) ist die Übergangswahrscheinlichkeit pro sec

$$W(\mathfrak{k}, \mathfrak{k}') = W(\mathfrak{k}, \mathfrak{k} \pm \mathfrak{q}) = \frac{2\pi}{\hbar} |\langle \mathfrak{k}', N'_{\mathfrak{q}}|\, \Delta V\, |\mathfrak{k}, N_{\mathfrak{q}}\rangle|^2\, \delta(\varepsilon_{\mathfrak{k}'} - \varepsilon_{\mathfrak{k}} \mp \hbar\, \omega_{\mathfrak{q}})\,. \tag{3.11}$$

Im Falle der Absorption eines Phonons wird hieraus

$$W^+(\mathfrak{k}, \mathfrak{q}) = w(q)\, N_q\, \delta(\varepsilon_{\mathfrak{k}+\mathfrak{q}} - \varepsilon_{\mathfrak{k}} - \hbar\, \omega_{\mathfrak{q}})\,, \tag{3.11a}$$

im Falle der Emission eines Phonons

$$W^-(\mathfrak{k}, \mathfrak{q}) = w(q)\, (N_q + 1)\, \delta\, (\varepsilon_{\mathfrak{k}-\mathfrak{q}} - \varepsilon_{\mathfrak{k}} + \hbar\, \omega_{\mathfrak{q}})\,, \tag{3.11b}$$

wobei

$$w(q) = \frac{4\pi}{9\, N} \frac{C^2\, q^2}{M\, \omega_{\mathfrak{q}}}\,. \tag{3.11c}$$

In Übereinstimmung mit (1.22) ist die Übergangswahrscheinlichkeit dem Volumen des Kristalls (der Zahl der Atome im Grundgebiet) umgekehrt proportional. Die Deltafunktion $\delta(\varepsilon_{\mathfrak{k}\pm\mathfrak{q}} - \varepsilon_{\mathfrak{k}} \mp \hbar\, \omega_{\mathfrak{q}})$ drückt die Erhaltungssätze von Energie und Wellenvektor aus.

Für die Berechnung der Relaxationszeit τ, bedingt durch Streuung an Schwingungen des atomaren Gitters, muß man (3.11a) und (3.11b) in die Formel (2.12) einsetzen:

§ 4. Relaxationszeit der Leitungselektronen im atomaren Halbleiter und im Metall

1. Wir berechnen die Relaxationszeit (freie Weglänge) eines Leitfähigkeitselektrons, welches mit akustischen Schwingungen des Gitters in Wechselwirkung steht. Wie sich zeigen läßt, geht die Streuung der Elektronen dabei fast elastisch vor sich, so daß man für die Berechnung von τ die Formel (2.12) verwenden kann.

Wenn die Energie des Elektrons proportional k^2 ist, d. h. $\varepsilon_{\mathfrak{k}} = \frac{\hbar^2\, k^2}{2\, m^*}$, und die Frequenz der longitudinalen akustischen Wellen $\omega_{q_l} = v_0\, q$, wo v_0 die Geschwindigkeit der longitudinalen Schallwellen angibt, dann folgt aus den Erhaltungssätzen (3.8) und (3.9)

$$\frac{\hbar^2(\mathfrak{k} \pm \mathfrak{q})^2}{2\, m^*} = \frac{\hbar^2\, k^2}{2\, m^*} \pm \hbar\, v_0\, q\,, \tag{4.1}$$

wobei das obere Vorzeichen bei Absorption, das untere Vorzeichen bei Emission eines Phonons zu nehmen ist. Hieraus ergibt sich

$$q = \mp 2\, k \cos \vartheta \pm \frac{2\, m^*\, v_0}{\hbar}\,. \tag{4.1 a}$$

ϑ ist der Winkel zwischen den Richtungen der Vektoren $\mathfrak{k}$ und $\mathfrak{q}$.

Man kann die Größenordnung des Verhältnisses des zweiten zum ersten Summanden der rechten Seite von (4.1 a) wie folgt abschätzen:

$$\frac{m^*\, v_0}{\hbar\, k} = \frac{m^*\, v_0}{p} \approx \frac{m^*\, v_0}{\sqrt{m^*\, k_0\, T}} = \sqrt{\frac{T_{kr}}{T}}\,. \tag{4.1b}$$

Der Quasiimpuls $p = \hbar\, k$ wurde dabei durch seinen mittleren thermischen Wert bei der Temperatur T ersetzt und die kritische Temperatur ist durch $T_{kr} = m^*\, v_0^2/k_0$ gegeben. Setzt man $m^* = 10^{-27}$ g und $v_0 = 2 \cdot 10^5$ cmsec^{-1}, so erhalten wir $T_{kr} \approx 1$ °K; deshalb kann man bei allen Temperaturen $T \gg 1$ °K den zweiten Summanden vernachlässigen, so daß

$$q = \mp 2\, k \cos \vartheta\,. \tag{4.1 c}$$

Somit folgt aus den Erhaltungssätzen, daß die Elektronen mit Phononen $q \approx k$ absorbieren oder emittieren.

Aus dem Ausdruck (4.1 c) folgt

$$q_{\min} = 0\,, \qquad q_{\max} = 2\, k\,. \tag{4.1 d}$$

Da die Elektronen bei Zimmertemperatur einen Mittelwert k von der Größenordnung 10^7 cm^{-1} haben und der Maximalwert des Wellenvektors q nach der Theorie von Debye (III. 6.18) gleich $q_0 = \left(\frac{6\,\pi^2}{\Omega_0}\right)^{1/3} \approx 10^8$ cm^{-1} ist, hat man $q_{\max} \ll q_0$. Die Elektronen treten nur mit den langwelligen Phononen in Wechselwirkung, deshalb ist das lineare Dispersionsgesetz ($\omega = v_0\, q$) gut erfüllt.

Es ist offensichtlich, daß die Vernachlässigung des zweiten Summanden in (4.1 a) mit der Vernachlässigung der Energie des Phonons in (4.1) gleichbedeutend ist, d. h., wir vernachlässigen die Nichtelastizität der Streuung des Elektrons. Bei elastischer Streuung hat die δ-Funktion, die in die Formeln (3.11 a) und (3.11b) eingeht, folgendes Aussehen:

$$\delta(\varepsilon_{\mathfrak{k}\pm\mathfrak{q}} - \varepsilon_{\mathfrak{k}}) = \delta\left(\pm \frac{\hbar^2\, k\, q}{m^*} \cos \vartheta + \frac{\hbar^2\, q^2}{2\, m^*}\right) = \frac{m^*}{\hbar^2\, k\, q}\, \delta\left(\frac{q}{2\, k} \pm \cos \vartheta\right). \tag{4.2}$$

Hierbei wurde die Formel $\delta(a \pm b\, x) = \frac{1}{b}\, \delta\left(\frac{a}{b} \pm x\right)$ für die δ-Funktion benutzt.[1])

Wir können jetzt die Relaxationszeit τ gemäß Formel (2.12) bestimmen. Bei Streuung des Elektrons an Gitterschwingungen ist

$$\mathfrak{k}' = \mathfrak{k} \pm \mathfrak{q}\,, \tag{4.3}$$

[1]) Siehe Fußnote [1]), auf Seite 76.

wobei das obere Vorzeichen der Absorption, das untere der Emission eines Phonons entspricht. Aus (2.12) und (4.3) haben wir

$$\frac{1}{\tau} = -\sum_{\mathfrak{q}} W^{+}(\mathfrak{k}, \mathfrak{q}) \frac{q_\chi}{k_\chi} + \sum_{\mathfrak{q}} W^{-}(\mathfrak{k}, \mathfrak{q}) \frac{q_\chi}{k_\chi} ; \qquad (4.4)$$

dabei berücksichtigt die erste Summe der rechten Seite die Absorption, die zweite Summe die Emission von Phononen. Die Summierung über $\mathfrak{k}'$ in (2.12) wurde durch eine Summierung über $\mathfrak{q}$ bei vorgegebenem $\mathfrak{k}$ ersetzt.

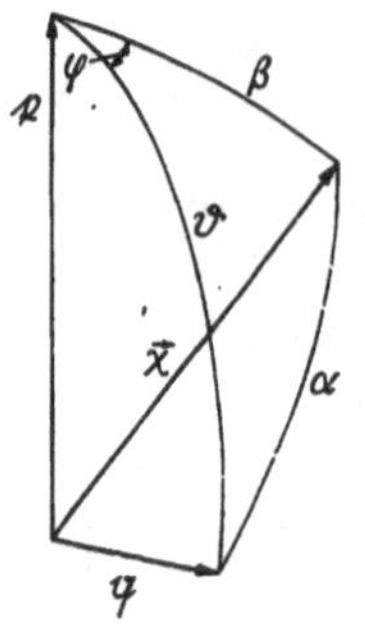

Abb. 80

Wir ersetzen jetzt die Summierung über $\mathfrak{q}$ durch das Integral über den $\mathfrak{q}$-Raum. Wir wählen Kugelkoordinaten mit der Polarachse in Richtung des Vektors $\mathfrak{k}$. Dann ist

$$\sum_{\mathfrak{q}} \to \frac{V}{(2\,\pi)^3} \int_{q_{\min}}^{q_{\max}} q^2\, dq \int_0^{\pi} \sin \vartheta\, d\vartheta \int_0^{2\pi} d\varphi\,. \qquad (4.5)$$

Abb. 80 zeigt die Vektoren $\mathfrak{k}$, $\mathfrak{q}$ und $\vec{\chi}$ und die Winkel zwischen ihnen. Bekanntlich ist[1])

$$\cos \alpha = \cos \vartheta \cos \beta + \sin \vartheta \sin \beta \cos \varphi\,. \qquad (4.6)$$

Da $q_\chi = q \cos \alpha$ und $k_\chi = k \cos \beta$, so ergibt sich für die reziproke Relaxationszeit

$$\frac{1}{\tau} = -\frac{V}{(2\,\pi)^3} \frac{m^*}{\hbar\, k^2} \int_{q_{\min}}^{q_{\max}} q^2\, dq \int_0^{\pi} \sin \vartheta\, d\vartheta \int_0^{2\pi} d\varphi \left\{ w(q)\, N_q\, \delta\left(\frac{q}{2\,k} + \cos \vartheta\right) \right.$$
$$\left. \times \frac{\cos \alpha}{\cos \beta} - w(q)\,(N_q + 1)\, \delta\left(\frac{q}{2\,k} - \cos \vartheta\right) \frac{\cos \alpha}{\cos \beta} \right\}. \qquad (4.7)$$

Von φ hängt nur $\cos \alpha$ ab; deshalb ist

$$\int_0^{2\pi} \cos \alpha\, d\varphi = 2\,\pi \cos \vartheta \cos \beta\,. \qquad (4.8)$$

Integriert man über $\sin \vartheta\, d\vartheta = -\,d \cos \vartheta$ und verwendet die Deltafunktionen im ersten und zweiten Summanden der geschwungenen Klammer von (4.7), so erhält man

$$\frac{1}{\tau} = \frac{V}{8\,\pi^2} \frac{m^*}{\hbar^2\, k^3} \int_{q_{\min}}^{q_{\max}} w(q)\,(2\,N_q + 1)\, q^3\, dq\,, \qquad (4.9)$$

wenn für Absorptions- und Emissionsprozesse von Phononen $q_{\min}$ und $q_{\max}$ dieselben sind.

Um in (4.4) die Wahrscheinlichkeit (3.11) verwenden zu können, bedarf es gewisser Voraussetzungen über die Besetzungszahl N_q der Phononen. Wie wir im weiteren sehen werden, wird die thermodynamische Gleichgewichtsverteilung der Phononen, bestimmt durch die PLANCKsche Formel (III. 8.3), in der Mehr-

[1]) Siehe Fußnote [1]) auf Seite 14.

zahl der Fälle bei Transportprozessen wenig gestört. Im folgenden Kapitel sehen wir, daß man bei Vorhandensein eines Temperaturgradienten in Elektronentransporterscheinungen mitunter eine Abweichung der Phononenverteilungsfunktion von der Gleichgewichtsverteilung berücksichtigen muß („drag"-Effekt der Phononen).

Wir setzen also voraus

$$N_q = \langle N_q \rangle_{\text{Glgew.}} = \frac{1}{e^{\frac{\hbar v_0 q}{k_0 T}} - 1}. \tag{4.10}$$

Berücksichtigt man (4.1d), so wird aus dem Exponenten

$$\frac{\hbar v_0 q}{k_0 T} \approx \frac{\hbar v_0 k}{k_0 T} = \frac{v_0 p}{k_0 T} \approx \frac{v_0 \sqrt{m^* k_0 T}}{k_0 T} = \sqrt{\frac{T_k}{T}} \ll 1. \tag{4.10a}$$

Deshalb kann man (4.10) in eine Reihe entwickeln und man erhält

$$\langle N_q \rangle_{\text{Glgew.}} \approx \langle N_q + 1 \rangle_{\text{Glgew.}} = \frac{k_0 T}{\hbar v_0 q}. \tag{4.10b}$$

Setzt man diesen Wert von N_q und $w(q)$ aus (3.11c) in (4.9) ein, so ergibt sich nach einer elementaren Integration über q zwischen den Grenzen (4.1d)

$$\tau = \frac{9\pi}{4} \frac{M v_0^2 \hbar^3}{\Omega_0 C^2 m^* k_0 T} \frac{1}{k} = \frac{9\pi}{4\sqrt{2}} \frac{M v_0^2 \hbar^4}{\Omega_0 C^2 m^{*3/2} k_0 T} \frac{1}{\sqrt{\varepsilon}} \tag{4.11}$$

oder

$$\tau = \frac{\tau_{0k}}{k} = \frac{\tau_0}{\sqrt{\varepsilon}}, \tag{4.11a}$$

wobei

$$\tau_{0k} = \frac{\left(\frac{9\pi}{4}\right)(M v_0^2 \hbar^3)}{\Omega_0 C^2 m^* k_0 T} \quad \text{und} \quad \tau_0 = \frac{\hbar}{\sqrt{2 m^*}} \tau_{0k}.$$

Wir stellen fest, daß für die Relaxationszeit der Ladungsträger in atomaren Halbleitern $\tau \sim T^{-1} \varepsilon^{-1/2}$ gilt. Die freie Weglänge ist

$$l = v\tau = \frac{9\pi}{4} \frac{M v_0^2 \hbar^4}{\Omega_0 C^2 m^* k_0 T} \tag{4.12}$$

und hängt nicht von der Energie des Elektrons ab.

2. Jetzt untersuchen wir die Relaxationszeit für Leitfähigkeitselektronen im Metall. Im folgenden Kapitel wird gezeigt, daß an Transporterscheinungen im Metall praktisch nur Elektronen teilnehmen, deren Energie nahe der Fermi-Energie liegt. Solchen Elektronen entspricht ein Wellenvektor

$$k(\zeta_0) = \left(\frac{1}{\hbar}\right)\sqrt{2 m^* \zeta_0} \approx 10^8 \text{ cm}^{-1}, \tag{4.13}$$

d. h., k ist hier um eine Größenordnung höher als in Halbleitern bei Zimmertemperatur. Deshalb ist das Verhältnis (4.1b) bei Metallen

$$\frac{m^* v_0}{\hbar\, k(\zeta_0)} = \sqrt{\frac{k_0\, T_k}{\zeta_0}} \ll 1 \tag{4.13a}$$

für alle Temperaturen gültig. Das bedeutet, daß die Elektronen im Metall ebenso wie schon beim Halbleiter elastisch gestreut werden. Die Übergangswahrscheinlichkeit wird durch dieselben Ausdrücke (3.11) und (3.11a) bestimmt, deshalb berechnet sich die Relaxationszeit vollkommen analog zur oben durchgeführten Rechnung. Jedoch muß man bei der Integration von (4.9) über q unbedingt folgendes beachten. Wie wir oben gesehen hatten, ist der Maximalwert des Wellenvektors nach DEBYE (III. 6.18) $q_0 \approx 10^8\ \text{cm}^{-1}$, d. h., von derselben Größenordnung wie $k(\zeta_0)$. Deshalb sind zwei Fälle zu unterscheiden: 1. $k(\zeta_0) < \frac{q_0}{2}$ und 2. $k(\zeta_0) > \frac{q_0}{2}$. Im ersten Falle, der bei Metallen mit kleiner Leitfähigkeitselektronenkonzentration (Halbmetalle) gegeben ist, muß die Integration über q bis zu $2\,k(\zeta_0)$ geführt werden, so daß die Relaxationszeit gleich (4.11) ist. Im zweiten Falle, der gewöhnlich in guten Metallen vorliegt, muß die Integration über q bis q_0 geführt werden, und darin besteht der einzige Unterschied gegenüber dem, was wir bei Halbleitern hatten. Folglich kann τ für Metalle aus dem Ausdruck (4.11) durch Multiplikation mit $(2\,k)^4$ und Division durch q_0^4 erhalten werden.[1]) Somit ergibt sich für Metalle

$$\tau = \frac{1}{\pi^3} \frac{\Omega_0\, M\, k_0\, T_c\, \hbar}{m^*\, C^2} \left(\frac{T_c}{T}\right) k^3 = \frac{2\sqrt{2}}{\pi^3} \frac{\Omega_0\, M\, m^{*1/2}\, k_0\, T_c}{\hbar^2\, C^2} \left(\frac{T_c}{T}\right) \varepsilon^{3/2} \tag{4.14}$$

und

$$l = v\,\tau = \frac{4}{\pi^3} \frac{\Omega_0\, M\, k_0\, T_c}{\hbar^2\, C^2} \left(\frac{T_c}{T}\right) \varepsilon^2 . \tag{4.14a}$$

Hier ist $T_c = \frac{\hbar\, v_0\, q_0}{k_0}$ die DEBYE-Temperatur (wir haben eine Ungenauigkeit zugelassen, indem wir die Geschwindigkeit der longitudinalen Schallwellen gleich ihrer mittleren Geschwindigkeit (III. 6.15a) gesetzt haben).

Unter Ausnutzung der Beziehung zwischen T_c und v_0 schätzen wir die Größenordnung des Verhältnisses der freien Weglängen des Elektrons im atomaren Halbleiter (4.11a) und im Metall (4.14a) ab:

$$\frac{l_{\mathrm{Hl}}}{l_{\mathrm{M}}} \approx \left(\frac{\hbar^2}{m^*\, a^2}\right) : \varepsilon \approx \left(\frac{\hbar^2}{m^*\, a^2}\right) : \zeta_0 \,; \tag{4.15}$$

d. h., es ergibt sich die Größenordnung 1 (a ist die Gitterkonstante und gleich $\Omega_0^{1/3}$). Wir haben also für die freie Weglänge des Elektrons $l_{\mathrm{Hl}} \approx l_{\mathrm{M}}$. Aus (4.11a) hat man

$$l \approx \frac{M\ v_0^2}{C} \frac{\hbar^2/m^*\, a^2}{C} \frac{\hbar^2/m^*\, a^2}{k_0\, T}\, a\,. \tag{4.16}$$

[1]) In (4.9) wird das Integral sowohl im Falle eines Halbleiters als auch eines Metalls von q^3 berechnet.

Da $M v_0^2$ und $\hbar^2/m^* a^2$ die Größenordnung atomarer Energien haben, sind der erste und zweite Faktor von der Größenordnung 1, der dritte bedeutend größer als 1; folglich ist $l \gg a$. In realen atomaren Halbleitern ist l um das Zehnfache, bei niedrigen Temperaturen sogar um das Tausendfache größer als die Gitterkonstante a. Vom Standpunkt der klassischen Mechanik her müßte die freie Weglänge im Kristall von der Größenordnung der Gitterkonstanten sein, da der Abstand zwischen den Atomen im festen Körper von der Größenordnung der Ausmaße der Atome selbst ist. Die großen freien Weglängen, die sich aus der Theorie ergeben und im Experiment beobachtet werden, zeugen davon, daß die Bewegung des Elektrons den Gesetzen der Quantenmechanik gehorcht.

§ 5. Die Theorie des Deformationspotentials in kubischen Kristallen mit einfacher Bänderstruktur

1. In der letzten Zeit wurde eine besondere Methode der Berechnung der Relaxationszeit der Leitfähigkeitselektronen in atomaren Kristallen entwickelt, welche die Bezeichnung *Theorie des Deformationspotentials* erhielt (J. Bardeen, W. Shockley, 1950). Die aus dieser Theorie gewonnenen Resultate für den Fall einfacher Bänderstruktur der Elektronen fallen mit denen zusammen, die man aus der Hypothese der deformierbaren Ionen (§ 3) oder aus der Hypothese von Nordheim erhält.[1]) Jedoch besitzt die Theorie des Deformationspotentials eine Reihe von Vorzügen, deren hauptsächlicher die Einfachheit der Herleitung ist, welche die Verallgemeinerung der Theorie auf allgemeinere und kompliziertere Fälle erlaubt, z. B. auf den Fall einer komplizierten Bänderstruktur der Ladungsträger. In diesem Paragraphen betrachten wir die Theorie des Deformationspotentials im einfachen kubischen Gitter für den Fall einfacher Bänderstruktur, wenn die Energie der Leitfähigkeitselektronen durch

$$\varepsilon = \frac{\hbar^2 \mathfrak{k}^2}{2\, m^*} \tag{5.1}$$

gegeben ist, wo m^* die skalare effektive Masse ist und $\mathfrak{k}$ der Wellenvektor des Elektrons.

Wir stellen uns die Atome irgendeines Stoffes vor (mit gefüllter $n\,s$-Schale), die sich in den Gitterpunkten eines einfachen kubischen Gitters in großen Abständen voneinander befinden. Wenn ihr Abstand a bedeutend größer ist als der Radius der Atome, so kann man letztere als isoliert betrachten, und die Energieniveaus der Elektronen sind in ihnen diskret. Bei Verkleinerung von a verbreitern sich die diskreten Energieniveaus $n\,s$ und $n\,p$ der isolierten Atome infolge ihrer Wechselwirkung miteinander, sie bilden das Valenz- und das Leitungsband (wie das schematisch in Abb. 81 gezeigt ist).

$a = a_0$ sei die Gleichgewichtsgitterkonstante, die einem realen Kristall des gegebenen Stoffes entspricht. Wir sehen, daß bei allseitigem gleichmäßigem

---

[1]) G. E. Pikus (Г. Е. Пикус, Журнал технической физики), J. techn. Phys. 28 (1958) 2390.

Zusammendrücken des Kristalls, welches eine Verkleinerung der Gitterkonstanten a_0 nach sich zieht, der untere Rand des Leitungsbandes sich nach oben, der obere Rand des Valenzbandes dagegen nach unten verschiebt; im Endeffekt vergrößert sich die Breite des verbotenen Bandes. Wenn der Gleichgewichtsgitterkonstanten der Punkt A entsprechen würde, dann hätten wir eine andere Situation. In diesem Sinne kann sich der Einfluß von Zusammendrücken und Ausdehnung des Gitters wesentlich vom Einfluß eines elektrischen Feldes unterscheiden, welches den Rand sowohl des Leitungsbandes als auch desValenzbandes immer in einer Richtung verschiebt. In Abb. 82 ist das Bild einer wellenartigen Schwingung der Breite des verbotenen Bandes dargestellt, wie sie beim Hindurchlaufen einer longitudinalen akustischen Druckwelle durch den Kristall entsteht.

In der Näherung des elastischen Kontinuums wird der Zustand des deformierten Kristalls durch die Komponenten des Deformationstensors

$$\varepsilon_{ij} = \frac{1}{2}\left(\frac{\partial u_j}{\partial x_i} + \frac{\partial u_i}{\partial x_j}\right) \tag{5.2}$$

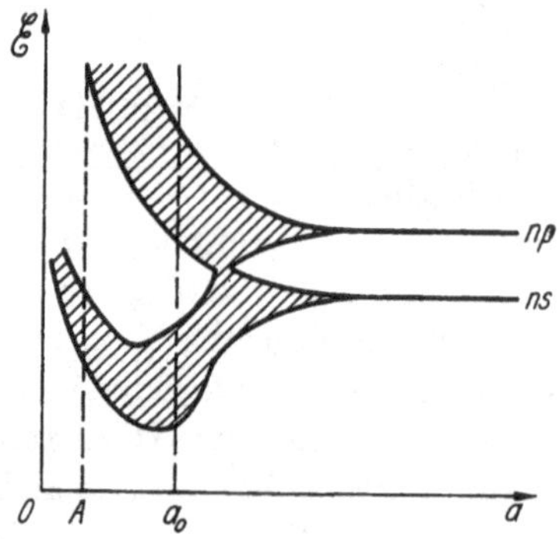

Abb. 81

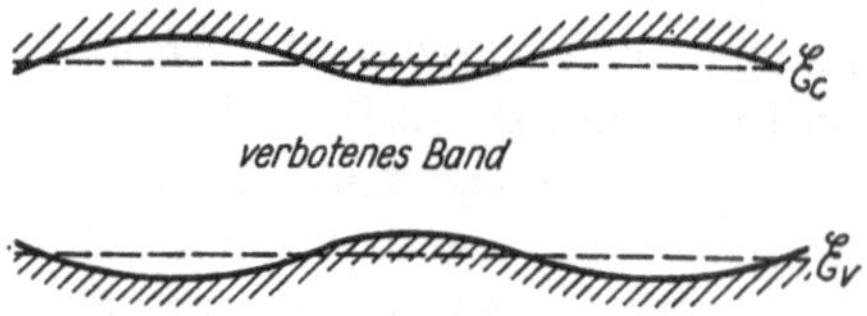

Abb. 82

charakterisiert; hier sind die x_i ($x_1 \equiv x$, $x_2 \equiv y$, $x_3 \equiv z$) rechtwinklige Koordinaten der Punkte des Kontinuums und die u_i ($i = 1, 2, 3$) die rechtwinkligen Projektionen der Verschiebung $\mathfrak{u}(x_1, x_2, x_3)$ eines Punktes x_1, x_2, x_3 des Kontinuums.

Im allgemeinen Falle kann man die Lage der unteren Kante $\mathscr{E}_c$ des Leitungsbandes (oberen Kante des Valenzbandes $\mathscr{E}_v$) als Funktion der Komponenten ε_{ij} des Deformationstensors betrachten. Bei Entwicklung von $\mathscr{E}_c$ in eine Reihe nach den ε_{ij} erhalten wir

$$\mathscr{E}_c(\varepsilon_{ij}) = \mathscr{E}_c(0) + \sum_{i,j} a_{ij}\,\varepsilon_{ij} = \mathscr{E}_c(0) + a_{11}\,\varepsilon_{11} + a_{12}\,\varepsilon_{12} + \cdots. \tag{5.3}$$

Die Größen a_{ij} und ε_{ij} hängen von der Orientierung der Koordinatenachsen x_i bezüglich der Kristallachsen ab. Außerdem sind die a_{ij} natürlich von der Natur des Kristalls abhängig. Wir legen den Koordinatenursprung unseres rechtwinkligen Systems in eine Würfelecke der nichtdeformierten Kristallzelle und richten die Koordinatenachsen längs ihrer Kanten. Es ist nicht schwer zu zeigen, daß für einen Kristall kubischer Symmetrie die nichtdiagonalen Koeffizienten a_{ij} ($i \neq j$) verschwinden. Drehen wir nämlich das Koordinatensystem um die Achse $x_3 \equiv z$ um den Winkel $\pi/2$, so ist im neuen System (gestrichen) $x_1' = x_2$, $x_2' = -x_1$ und demzufolge $\varepsilon_{12}' = -\varepsilon_{12}$. Die Koeffizienten a_{ij} ändern sich bei einer solchen

Drehung nicht, da der Kristall in beiden Lagen des Systems gleich orientiert ist, so daß $a'_{12} = a_{12}$. Die Deformation wird so gewählt, daß nur ε_{12} verschieden von Null ist. In diesem Falle ist die Verschiebung des Randes des Leitungsbandes, ausgedrückt in beiden Koordinatensystemen, gleich

$$\mathcal{E}_c(\varepsilon_{12}) - \mathcal{E}_c(0) = a_{12}\,\varepsilon_{12} = a'_{12}\,\varepsilon'_{12} = -\,a_{12}\,\varepsilon_{12}\,,$$

woraus $a_{12} = 0$ folgt. Analog kann man zeigen, daß alle anderen nichtdiagonalen Koeffizienten a_{ij} ebenfalls Null sind. Da im kubischen Kristall die Achsen x_1, x_2 und x_3 gleichwertig sind, ist $a_{11} = a_{22} = a_{33} \equiv \mathcal{E}_1$ und aus (5.3) haben wir

$$\mathcal{E}_c(\varepsilon_{ij}) = \mathcal{E}_c(0) + \mathcal{E}_1\,\Delta\,, \tag{5.4}$$

wobei

$$\Delta = \varepsilon_{11} + \varepsilon_{22} + \varepsilon_{33} = \frac{\partial u_1}{\partial x_1} + \frac{\partial u_2}{\partial x_2} + \frac{\partial u_3}{\partial x_3} = \operatorname{div}\,\mathfrak{u} = \frac{\delta V}{V} \tag{5.4a}$$

die relative Änderung des Volumens im gegebenen Punkt ist.[1])

In der Theorie des Deformationspotentials von Bardeen und Shockley wird bewiesen, daß bei Betrachtung der Streuung von Elektronen an Gitterschwingungen das Elektron nicht nur durch eine Bloch-Funktion beschrieben werden kann, sondern auch durch eine ebene Welle, wenn man das Streupotential (3.3) durch

$$\mathcal{U} = \mathcal{E}_1\,\Delta = \mathcal{E}_1\,\operatorname{div}\,\mathfrak{u}(\mathfrak{r}) \tag{5.5}$$

ersetzt. Wir werden sehen, daß die Konstante $\mathcal{E}_1$, die die Dimension einer Energie hat, eng mit der Wechselwirkungskonstanten C, die in (3.10b) bestimmt wurde, verknüpft ist.[2])

2. Wir bestimmen jetzt die Relaxationszeit unter Verwendung des Streupotentials (5.5) und beschreiben dabei das Elektron durch eine ebene Welle:

$$\psi_{\mathfrak{k}}(\mathfrak{r}) = \frac{1}{\sqrt{V}}\,e^{i\mathfrak{k}\mathfrak{r}}\,. \tag{5.6}$$

V ist das Volumen des Grundgebiets des Kristalls.

Die Verschiebung $\mathfrak{u}(\mathfrak{r})$ des Punktes $\mathfrak{r}$ des Kristalls ist in der Näherung des stetigen Kontinuums entsprechend (3.1) gleich

$$\mathfrak{u}(\mathfrak{r}) = \frac{1}{\sqrt{N}} \sum_{\mathfrak{q},j} \mathfrak{e}_{\mathfrak{q}j}\,\{a_{\mathfrak{q}j}\,e^{i\mathfrak{q}\mathfrak{r}} + a^*_{\mathfrak{q}j}\,e^{-i\mathfrak{q}\mathfrak{r}}\}\,. \tag{5.7}$$

---

[1]) A. Sommerfeld, Vorlesungen über theoretische Physik, Bd. II, Mechanik der deformierbaren Medien, § 1, Akad. Verlagsgesellschaft Geest & Portig, K.-G., Leipzig 1957.

[2]) Der Ausdruck (5.4) für die Verschiebung des Randes des Leitungsbandes wurde gleichzeitig und unabhängig voneinander von S. I. Pekar und M. F. Deigen für die Berechnung des „Kondensonen"-Zustandes eines Elektrons in einem kubischen atomaren Kristall verwendet. S. Titeica (1935) benutzte (5.5) als Streupotential für die Elektronen in einem Metall bei der Berechnung galvanomagnetischer Erscheinungen in starken Magnetfeldern. Das Verdienst von J. Bardeen und W. Shockley besteht darin, daß sie die Theorie des Deformationspotentials im Rahmen der Theorie der effektiven Masse begründeten.

Hier ist N die Zahl der Atome im Grundgebiet, die $\mathfrak{e}_{\mathfrak{q}j}$ sind orthonormierte Polarisationsvektoren, die $a_{\mathfrak{q}j}$ komplexe Normalkoordinaten, welche mit einer Frequenz $\omega_{\mathfrak{q}j} = v_{0j}\, q$ harmonisch von der Zeit abhängen; dabei ist v_{0j} die Geschwindigkeit des Schalls mit der Polarisation j. Hieraus ergibt sich für die relative Volumenänderung

$$\Delta = \operatorname{div} \mathfrak{u} = \frac{i}{\sqrt{N}} \sum_{\mathfrak{q}} (\mathfrak{e}_{\mathfrak{q}j}\, \mathfrak{q}) \left\{ a_{\mathfrak{q}j}\, e^{i\mathfrak{q}\mathfrak{r}} - a_{\mathfrak{q}j}^{*}\, e^{-i\mathfrak{q}\mathfrak{r}} \right\}. \tag{5.8}$$

Da das Streupotential (5.5) proportional Δ ist, so folgt aus (5.8), daß die Elektronen nur mit der longitudinalen akustischen Welle in Wechselwirkung treten, für welche $\mathfrak{e}_{\mathfrak{q}j} \parallel \mathfrak{q}$ und $\mathfrak{e}_{\mathfrak{q}j}\, \mathfrak{q} = q$. Im weiteren lassen wir für die longitudinale Welle den Polarisationsindex j weg.

Für die Berechnung der Übergangswahrscheinlichkeit $W(\mathfrak{k}, \mathfrak{k}')$ des Elektrons nach Formel (3.11) berechnen wir das Matrixelement der Störenergie (5.5), wobei wir die Wellenfunktion des Elektrons in der Näherung ebener Wellen (5.6), d. h. in der Näherung der effektiven Masse (5.1), einsetzen:

$$M_{\mathfrak{k}\mathfrak{k}'} = \langle \mathfrak{k}' | \mathcal{U} | \mathfrak{k} \rangle = \int_V \psi_{\mathfrak{k}'}^{*}(\mathfrak{r})\, \mathcal{U}(\mathfrak{r})\, \psi_{\mathfrak{k}}(\mathfrak{r})\, d\tau . \tag{5.9}$$

Unter Benutzung von (5.5) und (5.8) erhalten wir

$$M_{\mathfrak{k}\mathfrak{k}'} = \frac{i\, \mathcal{E}_1}{\sqrt{N}} \sum_{\mathfrak{q}j} q \left\{ a_{\mathfrak{q}} \frac{1}{V} \int_V e^{i(\mathfrak{k}+\mathfrak{q}-\mathfrak{k}')\mathfrak{r}}\, d\tau - a_{\mathfrak{q}}^{*} \frac{1}{V} \int_V e^{i(\mathfrak{k}-\mathfrak{q}-\mathfrak{k}')\mathfrak{r}}\, d\tau \right\}. \tag{5.10}$$

Das erste Integral in der geschwungenen Klammer ist von Null verschieden und gleich V nur im Falle

$$\mathfrak{k} + \mathfrak{q} = \mathfrak{k}' \tag{5.10a}$$

das zweite Integral nur im Falle

$$\mathfrak{k} - \mathfrak{q} = \mathfrak{k}' . \tag{5.10b}$$

Fall (5.10a) entspricht einem Prozeß, bei welchem das Elektron ein Phonon mit dem Wellenvektor $\mathfrak{q}$ und der Energie $\hbar\, \omega_{\mathfrak{q}}$ absorbiert, Fall (5.10b) entspricht dem Emissionsprozeß eines Phonons. In beiden Fällen ist

$$|M_{\mathfrak{k}\mathfrak{k}'}|^2 = \frac{\mathcal{E}_1^2}{N}\, q^2\, |a_{\mathfrak{q}}|^2 , \tag{5.11}$$

da $|a_{\mathfrak{q}}|^2 = |a_{\mathfrak{q}}^{*}|^2$.

Die harmonisch von der Zeit abhängende komplexe Normalkoordinate kann in der folgenden Form geschrieben werden:

$$a_{\mathfrak{q}} = |a_{\mathfrak{q}}|\, e^{-i(\omega_{\mathfrak{q}} t - \varphi)} ; \tag{5.12}$$

dabei ist $\omega_{\mathfrak{q}} = v_0\, q$ (v_0 ist die Geschwindigkeit der longitudinalen Schallwelle) und φ die Phase. Somit wird

$$a_{\mathfrak{q}}\, e^{i\mathfrak{q}\mathfrak{a}_n} + a_{\mathfrak{q}}^{*}\, e^{-i\mathfrak{q}\mathfrak{a}_n} = 2\, |a_{\mathfrak{q}}| \cos(\mathfrak{q}\, \mathfrak{a}_n - \omega_{\mathfrak{q}}\, t + \varphi) , \tag{5.12a}$$

d. h., die Amplitude der Schwingung des Atoms ist gleich $2\, |a_{\mathfrak{q}}|$.

Aus der Analyse der Erhaltungssätze für Energie und Wellenvektor bei Absorption und Emission eines Phonons (§ 4) folgt, daß bei Wechselwirkung des Elektrons mit akustischen Schwingungen seine Streuung elastisch erfolgt, d. h. $\varepsilon_{\mathfrak{k}\pm\mathfrak{q}} \approx \varepsilon_{\mathfrak{k}}$, und man kann bei praktisch allen Temperaturen die Schwingungen des Kristalls nach den Gesetzen der klassischen Mechanik behandeln (4.9b). Die maximale potentielle Energie eines harmonisch schwingenden Atoms ist nach der klassischen Statistik

$$\frac{1}{2} M \omega_{\mathfrak{q}}^2 (\text{Amplitude})^2 = \frac{1}{2} M \omega_{\mathfrak{q}}^2 (2 |a_{\mathfrak{q}}|)^2 = k_0 T , \qquad (5.13)$$

woraus folgt, daß

$$|a_{\mathfrak{q}}|^2 = \frac{k_0 T}{2 M q^2 v_0^2} . \qquad (5.13a)$$

Eine solche vereinfachte Berechnung der Größe $|a_{\mathfrak{q}}|^2$, die sich auf die Voraussetzung der gleichmäßigen Verteilung der Energie auf die Freiheitsgrade stützt, ist nur für klassische Systeme berechtigt und natürlich der Berechnung des Quadrats des Moduls des Matrixelements (3.10) oder (3.10a) äquivalent. Einsetzen von (5.13a) in (5.11) liefert

$$|M_{\mathfrak{k}\mathfrak{k}'}|^2 = \frac{\mathscr{E}_1^2 k_0 T}{2 N M v_0^2} , \qquad (5.14)$$

d. h., die Übergangswahrscheinlichkeit hängt nicht von q und dem Streuwinkel ab.

Vergleicht man (5.14) mit den Ausdrücken (3.10) und (3.10a) für das Matrixelement, so sehen wir, daß sie übereinstimmen, wenn man

$$\mathscr{E}_1 = \frac{2}{3} C \qquad (5.15)$$

setzt[1]), wo sich die Konstante C aus (3.10b) ergibt.

Aus (5.14) folgt unmittelbar der Ausdruck (3.11) für die Übergangswahrscheinlichkeit. Mit Hilfe dieses Ausdrucks können wir, ähnlich wie im § 4, die Relaxationszeit τ des Elektrons berechnen. Es ist offensichtlich, daß die auf diese Weise erhaltene Relaxationszeit mit dem Ausdruck (4.11) übereinstimmt, man muß nur C durch $\frac{3}{2}\mathscr{E}_1$ ersetzen.

Natürlich darf man die angeführten Gedankengänge nicht als direkten Beweis der Beziehung (5.15) auffassen, da sie sich auf den Vergleich der Endresultate von Rechnungen stützen, welche von verschiedenen physikalischen Voraussetzungen ausgehen. Im Anhang XXII wird ein direkter Beweis der Beziehung (5.15) angeführt, der sich auf die quantenmechanische Störungstheorie des deformierten Kristalls gründet.

[1]) Für einen Vergleich muß man (4.10a) in (3.10) oder (3.10a) einsetzen und das Quadrat des Moduls des Ausdrucks nehmen, der sich dabei ergibt.

§ 6. Die Relaxationszeit der Leitungselektronen in Ionenkristallen

1. Ein Leitfähigkeitselektron (Loch) in einem Ionenkristall erfährt eine bedeutend stärkere Wechselwirkung mit optischen Schwingungen als mit akustischen. Das hängt damit zusammen, daß das Elektron in starke Wechselwirkung mit den Dipolmomenten tritt, die bei optischen Schwingungen unterschiedlich geladener Ionen in den Kristallzellen entstehen. Für langwellige optische Schwingungen kann man den Begriff der Polarisation $\mathfrak{P}(\mathfrak{r})$[1]) des Kristalls einführen, welche stetig vom Punkt $\mathfrak{r}$ abhängt. Solche langwelligen optischen Schwingungen erhielten die Bezeichnung „Polarisationswellen".

Wir betrachten einen Ionenkristall mit kubischem Gitter vom Typ des NaCl oder CsCl. Wenn a der Abstand zwischen nächstgelegenen verschieden geladenen Ionen ist, dann enthält die Elementarzelle vom Volumen $2\,a^3$ zwei Teilchen: ein $\oplus$-Ion und ein $\ominus$-Ion. Das Schwingungsspektrum besitzt drei akustische und drei optische Zweige (III. § 4). Da die betrachteten Gitter ein Symmetriezentrum haben, kann die Verschiebung $\mathfrak{u}_{\mathfrak{n}}^k$ des k-ten Atoms in der $\mathfrak{n}$-ten Zelle mit Hilfe der Normalkoordinaten in der Form

$$\mathfrak{u}_{\mathfrak{n}}^k = \frac{1}{\sqrt{N}} \sum_{\mathfrak{q} j} \mathfrak{e}_{\mathfrak{q} j}^k (a_{\mathfrak{q} j}\, e^{i \mathfrak{q} \mathfrak{a}_{\mathfrak{n}}} + a_{\mathfrak{q} j}^*\, e^{-i \mathfrak{q} \mathfrak{a}_{\mathfrak{n}}}) \tag{6.1}$$

ausgedrückt werden, wo $k = 1$ oder 2 ist für positive oder negative Ionen, N gibt die Zahl der Zellen im Grundgebiet $V = N \cdot 2\,a^3$ des Kristalls an und die $\mathfrak{e}_{\mathfrak{q} j}^k$ sind reelle (Symmetriezentrum!) Polarisationsvektoren, die für langwellige optische Wellen die Gleichung (III. 4.17) befriedigen:

$$m_1\, \mathfrak{e}_{\mathfrak{q} j}^1 + m_2\, \mathfrak{e}_{\mathfrak{q} j}^2 = 0\,. \tag{6.2}$$

Außerdem setzen wir voraus, daß die Vektoren $\mathfrak{e}_{\mathfrak{q} j}^k$ normiert sind (III. 5.2):

$$m_1 (\mathfrak{e}_{\mathfrak{q} j}^1)^2 + m_2 (\mathfrak{e}_{\mathfrak{q} j}^2)^2 = m_1 + m_2\,. \tag{6.3}$$

Man sieht leicht, daß die Gleichungen (6.2) und (6.3) für $\mathfrak{e}_{\mathfrak{q} j}^k$ befriedigt werden, wenn man

$$\mathfrak{e}_{\mathfrak{q} j}^1 = \sqrt{\frac{m_2}{m_1}}\, \mathfrak{i}_j\,, \qquad \mathfrak{e}_{\mathfrak{q} j}^2 = -\sqrt{\frac{m_1}{m_2}}\, \mathfrak{i}_j \tag{6.4}$$

setzt, wo $\mathfrak{i}_j$ der Einheitsvektor für eine gegebene Polarisation ist ($i_j = 1$).

Das Dipolmoment, das im Volumen $\Omega_0 = 2\,a^3$ der Elementarzelle entsteht, ist gleich der Summe der Verschiebungen der Ionen, multipliziert mit ihren Ladungen ($\pm\, e Z$). Für lange optische Wellen ist der Polarisationsvektor

$$\mathfrak{P}(\mathfrak{r}) = \frac{Z e}{2\,a^3} [\mathfrak{u}^1(\mathfrak{r}) - \mathfrak{u}^2(\mathfrak{r})]\,, \tag{6.5}$$

[1]) Bekanntlich ist der Polarisationsvektor $\mathfrak{P}(\mathfrak{r})$ das Dipolmoment im Punkte $\mathfrak{r}$, bezogen auf die Volumeneinheit.

wo wir entsprechend (6.1) voraussetzen, daß

$$\mathfrak{u}^k(\mathfrak{r}) = \frac{1}{\sqrt{N}} \sum_{\mathfrak{q} j} e^k_{\mathfrak{q} j}(a_{\mathfrak{q} j}\, e^{i \mathfrak{q} \mathfrak{r}} + a^*_{\mathfrak{q} j}\, e^{-i \mathfrak{q} \mathfrak{r}}) , \tag{6.6}$$

d. h., wir haben $\mathfrak{a}_{\mathfrak{n}}$ durch $\mathfrak{r}$ ersetzt. Aus den Formeln (6.6) und (6.5) folgt

$$\mathfrak{P}(\mathfrak{r}) = \frac{Z e}{2 a^3} \frac{1}{\sqrt{N}} \frac{m_1 + m_2}{\sqrt{m_1 m_2}} \sum_{\mathfrak{q} j} \mathfrak{i}_j(a_{\mathfrak{q} j}\, e^{i \mathfrak{q} \mathfrak{r}} + a^*_{\mathfrak{q} j}\, e^{-i \mathfrak{q} \mathfrak{r}}) . \tag{6.7}$$

Die Polarisationswellen (6.7) bedingen eine räumliche Ladungsverteilung $\varrho = -\operatorname{div} \mathfrak{P}$.[1]) Diese Ladungsverteilung ist Quelle eines elektrischen Feldes, dessen Potential Φ die POISSON-Gleichung erfüllt:

$$\nabla^2 \Phi = -4 \pi \varrho = 4 \pi \operatorname{div} \mathfrak{P}(\mathfrak{r})$$
$$= i \frac{2 \pi Z e}{a^3 \sqrt{N}} \frac{m_1 + m_2}{\sqrt{m_1 m_2}} \sum_{\mathfrak{q} j} (\mathfrak{i}_j\, \mathfrak{q})\, (a_{\mathfrak{q} j}\, e^{i \mathfrak{q} \mathfrak{r}} - a^*_{\mathfrak{q} j}\, e^{-i \mathfrak{q} \mathfrak{r}}) . \tag{6.8}$$

Hieraus sehen wir, daß das elektrische Feld nur durch longitudinale optische Schwingungen hervorgerufen wird, für welche $\mathfrak{i}_j \parallel \mathfrak{q}$ und folglich $(\mathfrak{i}_j\, \mathfrak{q}) = q$.[2])

Gleichung (6.8) hat die Lösung

$$\Phi = - i \frac{2 \pi Z e}{a^3 \sqrt{N}} \frac{m_1 + m_2}{\sqrt{m_1 m_2}} \sum_{\mathfrak{q}} \frac{1}{q} (a_{\mathfrak{q}}\, e^{i \mathfrak{q} \mathfrak{r}} - a^*_{\mathfrak{q}}\, e^{-i \mathfrak{q} \mathfrak{r}}) , \tag{6.9}$$

wovon man sich leicht durch einfaches Einsetzen von (6.9) in (6.8) überzeugen kann.

Da der Ausdruck in der runden Klammer unter dem Summenzeichen rein imaginär ist, wird das Potential Φ reell, wie es auch sein muß.

Für die Bestimmung der Wahrscheinlichkeit des Übergangs $\mathfrak{k} \to \mathfrak{k}'$ eines Elektrons bei Streuung an Polarisationswellen muß man das Matrixelement für diesen Übergang mit der Störungsenergie $(- e \Phi)$ berechnen. Dazu genügt es, den Zustand des Elektrons durch eine ebene Welle zu beschreiben (5.6), ähnlich wie bei der Theorie des Deformationspotentials (§ 5). Dann ergibt Integration des Matrixelements $(- e \Phi)$ nach den Koordinaten des Elektrons Null, mit Ausnahme der Fälle

$$\mathfrak{k}' = \mathfrak{k} \pm \mathfrak{q} , \tag{6.10}$$

in denen das entsprechende Integral gleich 1 ist. Das obere Vorzeichen entspricht der Absorption eines Phonons, das untere der Emission eines Phonons. Im Falle des oberen Vorzeichen ist das Matrixelement

$$\langle N_q - 1 |a_q| N_q \rangle = \sqrt{\frac{\hbar N_q}{2 (m_1 + m_2)\, \omega_q}} \tag{6.11}$$

[1]) Siehe Fußnote [1]), § 21 auf Seite 31.

[2]) Im weiteren lassen wir für longitudinale Wellen den Polarisationsindex j weg.

von Null verschieden, im Falle des unteren Vorzeichens das Matrixelement

$$\langle N_q + 1 \,|a_q^*|\, N_q\rangle = \sqrt{\frac{\hbar(N_q + 1)}{2\,(m_1 + m_2)\,\omega_q}}\,, \tag{6.11a}$$

wie aus (III. 5.31a, b) folgt. Hier ist N_q die Zahl der $\mathfrak{q}$-Phononen und ω_q ihre Frequenz. Somit haben die Matrixelemente des Übergangs die Form

$$\langle N_q', \mathfrak{k}' \,|- e\,\Phi|\, N_q, \mathfrak{k}\rangle$$

$$= \pm\, i\,\frac{2\,\pi\,Z\,e^2}{a^3\sqrt{N\,M}}\,\frac{1}{q}\sqrt{\frac{\hbar}{2\,\omega_q}} \times \begin{cases}\sqrt{N_q}\,, & \text{für}\quad N_q' = N_q - 1\,,\\ \sqrt{N_q + 1}\,, & \text{für}\quad N_q' = N_q + 1\,.\end{cases} \tag{6.12}$$

M ist die reduzierte Masse der Ionen:

$$M = \frac{m_1\,m_2}{m_1 + m_2}\,. \tag{6.12a}$$

Gemäß dem Ausdruck (3.11) sind die Übergangswahrscheinlichkeiten des Elektrons für den Prozeß $\mathfrak{k} \to \mathfrak{k}'$, wenn er mit der Absorption oder Emission eines Phonons verknüpft ist, durch

$$W_{\mathfrak{k},\mathfrak{k}'}^{+} = w(q)\,N_q\,\delta\,(\varepsilon_{\mathfrak{k}+\mathfrak{q}} - \varepsilon_{\mathfrak{k}} - \hbar\,\omega_{\mathfrak{q}})\,, \tag{6.13}$$

$$W_{\mathfrak{k},\mathfrak{k}'}^{-} = w(q)\,(N_q + 1)\,\delta\,(\varepsilon_{\mathfrak{k}-\mathfrak{q}} - \varepsilon_{\mathfrak{k}} + \hbar\,\omega_{\mathfrak{q}}) \tag{6.13a}$$

gegeben, wobei

$$w(q) = \frac{(2\,\pi)^3\,Z^2\,e^4}{2\,N\,M\,a^6\,\omega_q\,q^2}\,. \tag{6.13b}$$

Bei einem Vergleich von (6.13) mit (3.11a) sieht man, daß die Übergangswahrscheinlichkeit in Ionenkristallen bei hohen Temperaturen um $(a\,q)^{-2}$ größer ist als die Übergangswahrscheinlichkeit in atomaren Kristallen, weil $Z\,e^2/a$ und C von einer Größenordnung sind.

2. Wir bestimmen jetzt die Relaxationszeit der Leitfähigkeitselektronen in Ionenkristallen.

Die Abhängigkeit der Frequenz ω_q von $\mathfrak{q}$ wird für die optischen Zweige im kubischen Gitter durch die Formel (III. 4.14b) mit $\omega_j^0 \neq 0$ gegeben. Uns interessieren nur kleine Werte $\mathfrak{q}$, so daß man

$$\omega_q = \omega_0 \tag{6.14}$$

setzen kann, wo $\omega_0 \equiv \omega_j^0$ die Grenzfrequenz des longitudinalen optischen Zweiges ist.

Wir betrachten die Erhaltungssätze für Energie und Wellenvektor eines Elektrons, welches mit den optischen Schwingungen in Wechselwirkung tritt, wenn (6.14) gilt. Der Erhaltungssatz für den Wellenvektor bei Absorption oder Emission eines Phonons durch das Elektron hat die Form (6.10). Der Erhaltungssatz für die Energie wird in diesem Falle

$$\varepsilon_{\mathfrak{k}'} = \varepsilon_{\mathfrak{k}} \pm \hbar\,\omega_0\,, \tag{6.15}$$

wobei

$$\varepsilon_{\mathfrak{k}} = \frac{\hbar^2 k^2}{2\,m^*}\,. \tag{6.15a}$$

Aus (6.10) und (6.15) folgt

$$\frac{\hbar^2 q^2}{2\,m^*} \mp \hbar\,\omega_0 \pm \frac{\hbar^2 k\,q}{m^*}\cos\vartheta = 0\,; \tag{6.16}$$

ϑ ist der Winkel zwischen $\mathfrak{k}$ und $\mathfrak{q}$.

Lösung dieser Gleichung nach q liefert

$$q_1 = -\,k\cos\vartheta \pm \sqrt{k^2\cos^2\vartheta + \varkappa^2}\,, \tag{6.16a}$$

$$q_2 = +\,k\cos\vartheta \pm \sqrt{k^2\cos^2\vartheta - \varkappa^2}\,. \tag{6.16b}$$

q_1 bzw. q_2 beziehen sich auf Absorption bzw. Emission eines Phonons. Die Wellenzahl $\varkappa$ entspricht einem Elektron mit der Energie $\hbar\,\omega_0$:

$$\frac{\hbar^2 \varkappa^2}{2\,m^*} = \hbar\,\omega_0\,. \tag{6.16c}$$

Bei der Bestimmung des Maximal- und Minimalwertes von q und bei der Berechnung der Relaxationszeit muß man die Fälle hoher und niedriger Temperatur getrennt betrachten.

1. Hohe Temperaturen: $k_0\,T \gg \hbar\,\omega_0$ oder $k \gg \varkappa$.

Vernachlässigt man unter der Wurzel in (6.16a) und (6.16b) die Größe $\varkappa^2$, so erhalten wir

$$q_{\min} = 0\,, \qquad q_{\max} = 2\,k \tag{6.17}$$

sowohl im Falle der Absorption als auch der Emission eines Phonons.

Da die Energie $\hbar\,\omega_0$ des Phonons viel kleiner ist als die Energie $k_0\,T$ der überwiegenden Zahl der Elektronen, kann man die Streuung als elastisch betrachten. In diesem Falle kann die Relaxationszeit nach Formel (4.9) bestimmt werden, wo $q_{\min}$ und $q_{\max}$ aus (6.17) zu entnehmen sind, $2\,N_q + 1 \approx 2\,\dfrac{k_0\,T}{\hbar\,\omega_0} + 1 \approx 2\,\dfrac{k_0\,T}{\hbar\,\omega_0}$ und $w(q)$ gleich (6.13b) ist. Nach der Integration über q erhalten wir aus (4.9)

$$\tau = \frac{\sqrt{2}}{4\,\pi}\,\frac{M\,a^3(\hbar\,\omega_0)^2\,\varepsilon^{1/2}}{Z^2\,e^4\,m^{*1/2}\,k_0\,T}\,. \tag{6.18}$$

Die freie Weglänge ist

$$l = \tau\,v = \tau\,\sqrt{\frac{2\,\varepsilon}{m^*}} = \frac{a}{2\,\pi}\,\frac{M}{m^*}\left(\frac{\hbar\,\omega_0}{Z\,e^2/a}\right)^2 \frac{\varepsilon}{k_0\,T}\,. \tag{6.18a}$$

Da $\dfrac{M}{m^*} \gg 1$, $\dfrac{\hbar\,\omega_0}{Z\,e^2/a} \ll 1$, $\dfrac{\varepsilon}{k_0\,T} \approx 1$, so kann das Verhältnis l/a sowohl bedeutend größer als auch bedeutend kleiner als 1 sein. Im letzteren Falle geht die Theorie über den Rahmen ihrer Anwendbarkeit hinaus.

2. Niedrige Temperaturen: $k_0 T \ll \hbar \omega_0$ oder $k \ll \varkappa$.

In diesem Falle erfolgen praktisch nur Prozesse der Absorption von Phononen (6.13). Für Absorptionsprozesse folgt aus (6.16a)

$$q_{\min} = \sqrt{k^2 + \varkappa^2} - k \qquad (\vartheta = 0), \tag{6.19}$$

$$q_{\max} = \sqrt{k^2 + \varkappa^2} + k \qquad (\vartheta = \pi). \tag{6.19a}$$

Wenn wir wegen $k \ll \varkappa$ in (6.16a) k gegenüber $\varkappa$ vernachlässigen würden, so würde das zum Verschwinden des Änderungsgebietes von q führen (d. h. bei solcher Näherung ist $\tau = \infty$).

Bei niedrigen Temperaturen ist die Streuung der Elektronen nicht elastisch, deshalb ist die Einführung einer Relaxationszeit nach Formel (4.9), allgemein betrachtet, nicht möglich. Wie aber gezeigt wurde (B. I. Dawydow und I. M. Schmuschkewitsch, 1940), kann man auch bei niedrigen Temperaturen eine Relaxationszeit einführen, wenn man nur ein gewisses korrektes Rechenschema verwendet.

Qualitativ kann man das auf folgende Weise verstehen. Bei niedrigen Temperaturen, wo $k_0 T \ll \hbar \omega_0$, kann die überwiegende Mehrzahl der Elektronen nur Phononen absorbieren. Bei einer solchen Absorption eines Phonons geht das Elektron in das Energieintervall von $\hbar \omega_0$ bis $2 \hbar \omega_0$ über. Ein solches Elektron wird fast augenblicklich das Phonon emittieren, da das Verhältnis von Emissions- zu Absorptionswahrscheinlichkeit laut (6.13) und (6.13a) gleich $\frac{N_q + 1}{N_q} \approx \exp \frac{\hbar \omega_0}{k_0 T} \gg 1$ ist. Als Folge einer solchen Absorption und fast augenblicklichen Emission eines Phonons wird sich die Energie des Elektrons sehr wenig ändern (nur auf Grund der Abhängigkeit der Frequenz ω von q), sein Wellenvektor dagegen beträchtlich. Das erlaubt es, die Wechselwirkung des Elektrons mit den Gitterschwingungen in gewissem Sinne als elastisch zu betrachten und eine Relaxationszeit einzuführen.

Wir berechnen die Relaxationszeit τ nach Formel (4.4), berücksichtigen dort aber nur die erste Summe auf der rechten Seite, die der Absorption eines Phonons entspricht. Die in $W_{\mathfrak{k}\mathfrak{k}'}^{+}$ eingehende δ-Funktion hat die Form

$$\delta\left(\frac{\hbar^2 q^2}{2 m^*} - \frac{\hbar^2 \varkappa^2}{2 m^*} + \frac{\hbar^2 k q}{m^*} \cos \vartheta\right) = \frac{m^*}{\hbar^2 k q}\, \delta\left(\frac{q^2 - \varkappa^2}{2 k q} + \cos \vartheta\right). \tag{6.20}$$

Die Durchführung der Rechnung analog zu der, die zu (4.9) führte, ergibt

$$\frac{1}{\tau} = \frac{V}{8 \pi^2} \frac{m^*}{\hbar^2 k^3} \int\limits_{q_{\min}}^{q_{\max}} w(q)\, N_q \frac{q^2 - \varkappa^2}{q}\, q^2\, dq\,. \tag{6.21}$$

Setzt man hier (6.13b), (6.19) und (6.19a) ein und berücksichtigt, daß bei niedrigen Temperaturen

$$N_q = \langle N_q \rangle_{\text{Glgew.}} = \frac{1}{e^{\frac{\hbar \omega_0}{k_0 T}} - 1} \approx e^{-\frac{\hbar \omega_0}{k_0 T}} \tag{6.22}$$

ist, so erhalten wir

$$\frac{1}{\tau} = \frac{V}{8\,\pi^2} \frac{m^*}{\hbar^2\,k^3} \frac{(2\,\pi)^3\,Z^2\,e^4}{N\,M\,a^6\,\omega_0}\, e^{-\frac{\hbar\,\omega_0}{k_0\,T}} \left\{2\,k\sqrt{k^2+\varkappa^2} - \varkappa^2 \lg \frac{\sqrt{k^2+\varkappa^2}+k}{\sqrt{k^2+\varkappa^2}-k}\right\}. \tag{6.23}$$

Klammert man aus der geschwungenen Klammer $\varkappa^2$ aus und entwickelt den verbleibenden Ausdruck nach $\left(\frac{k}{\varkappa}\right) \ll 1$, so überzeugen wir uns davon, daß das erste von Null verschiedene Glied von der Ordnung $\left(\frac{k}{\varkappa}\right)^3$ ist, so daß der Ausdruck in der geschwungenen Klammer

$$\frac{4}{3} \frac{k^3}{\varkappa} \tag{6.23a}$$

wird. Berücksichtigt man, daß $\frac{V}{N} = 2\,a^3$, so erhalten wir für die Relaxationszeit

$$\tau = \frac{3\sqrt{2}}{4\,\pi} \frac{M\,a^3(\hbar\,\omega_0)^{3/2}}{Z^2\,e^4\,m^{*1/2}}\, e^{\frac{\hbar\,\omega_0}{k_0\,T}}. \tag{6.24}$$

Eine strengere Theorie, wie sie oben erwähnt wurde, gibt für die Relaxationszeit eine dreimal kleinere Größe. Bemerken wir noch, daß die Relaxationszeit (6.24) nicht von der Energie des Elektrons abhängt und exponentiell mit der Temperatur geht.

Die freie Weglänge ist

$$l = \tau\,v = \tau\sqrt{\frac{2\,\varepsilon}{m^*}} = \frac{3\,a}{2\,\pi}\left(\frac{M}{m^*}\right)\left(\frac{\hbar\,\omega_0}{Z\,e^2/a}\right)^2 e^{\frac{\hbar\omega_0}{k_0\,T}} \sqrt{\frac{\varepsilon}{\hbar\,\omega_0}}. \tag{6.24a}$$

In diesem Falle ist bei hinreichend niedrigen Temperaturen wegen des Faktors $\exp\,(\hbar\,\omega_0/k_0\,T)$ immer $l \gg a$.

§ 7. Streuung von Leitfähigkeitselektronen an geladenen und neutralen Störstellenatomen

1. Am Ende des § 1 untersuchten wir vom Standpunkt der klassischen Physik aus die Streuung von Ladungsträgern an Störstellenionen. Als streuendes Potential wurde das Coulomb-Potential im Medium mit der Dielektrizitätskonstanten $\varkappa$ angenommen (1.17). Um die Konvergenz des Integrals (1.23), welches die Relaxationszeit bestimmt, zu gewährleisten, wurde die Integration über θ bei einem gewissen $\theta_{\min}$ begonnen, entsprechend dem maximalen Streuparameter $b_{\max} = \frac{1}{2} n_I^{-1/3}$. n_I ist die Konzentration der Störstellenionen. Wir hatten damals festgestellt, daß die Begrenzung des Streuparameters durch eine Größe, die gleich dem mittleren halben Abstand zwischen benachbarten Störstellenionen ist, der Vorstellung über die Abschirmung der Ionenladungen durch die entgegengesetzte Ladung der Ladungsträger entspricht. In diesem Paragraphen wollen wir diese Abschirmung folgerichtiger berücksichtigen.

n sei die mittlere (homogene) Konzentration freier Elektronen im Kristall, $n'(\mathfrak{r})$ ihre Konzentration im Feld des Störstellenions. Wenn φ das Potential ist, das durch eine im Koordinatenursprung gelegene positive Punktladung $+e$ und die Ladung $-e\,(n'-n)$ der überschüssigen Elektronen hervorgerufen wird, dann hat die POISSON-Gleichung die Form

$$\nabla^2 \varphi = \frac{4\pi e}{\varkappa}(n'-n); \tag{7.1}$$

$\varkappa$ ist die Dielektrizitätskonstante, und es ist

$$\lim_{r\to 0} \varphi = \frac{e}{\varkappa r}, \tag{7.1a}$$

da sich im Koordinatenursprung die Ladung $+e$ befindet.

Gemäß (VI. 2.5) ist

$$n = \frac{(2m^* k_0 T)^{3/2}}{2\pi^2 \hbar^3} \mathcal{F}_{1/2}(z); \tag{7.2}$$

hier ist $\mathcal{F}_{1/2}(z)$ das FERMI-Integral (VI. 2.6) mit dem Index $\frac{1}{2}$ und $z = \frac{\zeta}{k_0 T}$ (ζ ist das chemische Potential). Wenn sich das Feld φ glatt ändert (V. § 1), dann addiert sich die potentielle Energie $(-e\varphi)$ des Elektrons zu seiner Energie $\varepsilon = \frac{\hbar^2 k^2}{2m^*}$ in der Verteilungsfunktion, so daß sich

$$f_0 = \left[\exp\left(\frac{\varepsilon - e\varphi - \zeta}{k_0 T}\right) + 1\right]^{-1} \tag{7.3}$$

ergibt. Letzteres ist einer Ersetzung von ζ durch $\zeta + e\varphi$ äquivalent, deshalb ist

$$n' = \frac{(2m^* k_0 T)^{3/2}}{2\pi^2 \hbar^3} \mathcal{F}_{1/2}(z+u), \tag{7.4}$$

wobei $u = \frac{e\varphi}{k_0 T}$.

Wenn $e\varphi \ll \zeta$ (was mitunter schlecht erfüllt ist), so kann man (7.4) in eine Potenzreihe nach Potenzen von u zerlegen und sich auf das erste Glied beschränken. Dann ist

$$n' = n + \frac{(2m^* k_0 T)^{3/2}}{2\pi^2 \hbar^3} \mathcal{F}'_{1/2}(z)\, u, \tag{7.5}$$

wobei

$$\mathcal{F}'_{1/2}(z) \equiv \frac{\partial \mathcal{F}_{1/2}(z)}{\partial z}.$$

Einsetzen dieses Ausdrucks in (7.1) gibt

$$\nabla^2 \varphi = q^2 \varphi; \tag{7.6}$$

dabei ist

$$q^2 = \frac{4\sqrt{2}}{\pi} \frac{e^2 m^{*3/2} (k_0 T)^{1/2}}{\varkappa \hbar^3} \mathcal{F}'_{1/2}\left(\frac{\zeta}{k_0 T}\right). \tag{7.6a}$$

Die Lösung der kugelsymmetrischen und bedingt die Formel (7.1a) erfüllenden Gleichung (7.6) hat die Form

$$\varphi = \frac{e}{\varkappa r} e^{-q r} . \tag{7.6b}$$

Man kann sich davon leicht durch Einsetzen von (7.6b) in (7.6) überzeugen, wenn man noch berücksichtigt, daß im kugelsymmetrischen Falle

$$\nabla^2 \varphi = \frac{1}{r^2} \frac{d}{dr}\left(r^2 \frac{d\varphi}{dr}\right).$$

Bei $r \approx \frac{1}{q} = r_0$ ist das Potential schon merklich kleiner [wie man aus (7.6b) sieht, gerade um das e-fache], deshalb nennt man r_0 den *Abschirmradius*.

Wir bestimmen jetzt r_0 im Falle starker und schwacher Entartung der Elektronen.

A. *Nichtentartete Elektronen* (VI. § 2.3).

In diesem Falle ist

$$\mathcal{F}'_{1/2}(z) = \frac{d}{dz} \int\limits_0^\infty e^{z-x} x^{1/2}\, dx = \frac{\sqrt{\pi}}{2} e^z , \tag{7.7}$$

$$e^z = e^{\zeta/k_0 T} = \frac{4 \pi^3 n \hbar^3}{(2 \pi m^* k_0 T)^{3/2}} . \tag{7.7a}$$

Aus (7.6a) und (7.7) folgt, daß der Abschirmradius

$$r_0 = \frac{1}{q} = \sqrt{\frac{\varkappa k_0 T}{4 \pi e^2 n}} \tag{7.8}$$

mit dem Debye-Radius (VI. 7.4a) übereinstimmt. Schreibt man (7.8) in der Form

$$\frac{r_0}{d} = \sqrt{\frac{k_0 T}{4 \pi e^2/\varkappa d}} , \tag{7.8a}$$

wo $d = n^{-1/3}$ der mittlere Abstand zwischen den Elektronen ist, so sehen wir, daß das Verhältnis r_0/d der Größenordnung nach gleich ist der Quadratwurzel aus dem Verhältnis von thermischer Energie des Elektrons zu Coulomb-Energie der Wechselwirkung eines Paares von Elektronen, die sich im Abstand d voneinander befinden.

B. *Entartete Elektronen* (VI. § 2.2).

In diesem Falle ist

$$\mathcal{F}'_{1/2}(z) = z^{1/2} = \frac{\pi \hbar}{(2 m^* k_0 T)^{1/2}} \left(\frac{3 n}{\pi}\right)^{1/3} . \tag{7.9}$$

Setzen wir (7.9) in (7.6a) ein, so erhalten wir für den Abschirmradius

$$r_0 = \frac{1}{q} = \left[\frac{\varkappa \hbar^2}{4 m^* e^2} \left(\frac{\pi}{3 n}\right)^{1/3}\right]^{1/2} . \tag{7.10}$$

Der Abschirmradius wird also größenordnungsmäßig durch die Bedingung

$$\frac{\hbar^2}{2\,m^*\,r_0^2} \approx \frac{e^2}{\varkappa\,d} \tag{7.11}$$

bestimmt, d. h., die Quantenenergie des Elektrons im Gebiet mit den linearen Ausmaßen r_0 ist von der Größenordnung der COULOMBschen Wechselwirkung zweier Elektronen, die sich im mittleren Abstand d voneinander befinden.

2. Gemäß (1.23a) ist die Relaxationszeit gegeben durch

$$\frac{1}{\tau} = 2\,\pi\,v\,n_I \int \sigma(\theta)\,(1 - \cos\theta)\sin\theta\,d\theta; \tag{7.12}$$

hier ist v die Geschwindigkeit des Elektrons, $\sigma(\theta)$ der differentielle Wirkungsquerschnitt und n_I die Konzentration der ionisierten Störstellen.

Für die Bestimmung von $\sigma(\theta)$ verwenden wir die BORNsche Näherung[1]) aus der quantenmechanischen Streutheorie. Bei der BORNschen Methode wird das Elektron als frei betrachtet und die Streuung wird als kleine Störung behandelt. Das bedeutet, daß die BORNsche Methode nur auf Elektronen mit genügend hoher Geschwindigkeit anwendbar ist. Bei der Streuung an einem Potential der Form (7.6b) ändert sich der Wellenvektor k des freien Elektrons um einen Wert der Größenordnung q, deshalb ist die BORNsche Näherung nur im Falle $q \ll k$ anwendbar. Man sieht leicht, daß für Elektronen mit einer Energie $\frac{\hbar^2\,k^2}{2\,m^*} \approx k_0\,T$ und einem q, das sich aus den Gleichungen (7.8) und (7.10) ergibt, die BORNsche Methode nur bei hinreichend hohen Temperaturen brauchbar ist.

Es ist nicht schwer zu zeigen, daß in der BORNschen Näherung der Wirkungsquerschnitt für Streuung am Potential (7.6b) durch[2])

$$\sigma(\theta) = \left[\frac{e^2/\varkappa}{m^*\,v^2\,(1 - \cos\theta) + \dfrac{\hbar^2\,q^2}{2\,m^*}}\right]^2 \tag{7.13}$$

gegeben ist. Bei $q = 0$ geht das Potential (7.6b) in ein rein COULOMBsches Potential über und der Wirkungsquerschnitt (7.13) in die RUTHERFORDsche Formel (1.20). Setzt man (7.13) in (7.12) ein und führt im Integral die neue Integrationsvariable $t = \cos\theta$ ($dt = -\sin\theta\,d\theta$) ein, so erhält man nach elementarer Integration

$$\tau = \frac{\varkappa^2\,m^{*2}\,v^3}{2\,\pi\,e^4\,n_I\,\Phi(\eta)} = \frac{\sqrt{2\,m^*}\,\varkappa^2\,\varepsilon^{3/2}}{\pi\,e^4\,n_I\,\Phi(\eta)}, \tag{7.14}$$

wobei die Energie durch $\varepsilon = \frac{m^*\,v^2}{2}$ gegeben ist und $\Phi(\eta)$ durch

$$\Phi(\eta) = \ln(1 + \eta) - \frac{\eta}{1 + \eta}. \tag{7.14a}$$

[1]) Siehe Fußnote [1]), § 78 auf Seite 32.

[2]) W. I. KOGAN und W. M. GALIZKI (В. И. Коган и В. М. Галицкий, Сборник задач по квантовой механике, Гостехиздат), Aufgabensammlung zur Quantenmechanik, Kapitel II, Aufgabe 1, Gostechisdat, Moskau 1956.

$\Phi(\eta)$ ist eine sich nur langsam ändernde Funktion des Arguments

$$\eta = \frac{4\, m^{*2} v^2}{\hbar^2 q^2} = \frac{8\, m^* \varepsilon}{\hbar^2 q^2}\,. \tag{7.14b}$$

Wegen der langsamen Änderung von $\Phi(\eta)$ kann man mit hinreichender Genauigkeit annehmen, daß $\tau \sim \varepsilon^{3/2}$, wie es auch schon in der CONWELL-WEISSKOPF-Formel (1.25) der Fall war.

3. Die Streuung der Ladungsträger an neutralen Störstellenatomen kann angenähert als Streuung langsamer Elektronen mit der Masse m^* an einem Wasserstoffatom betrachtet werden, das sich in einem Medium mit der Dielektrizitätskonstanten $\varkappa$ befindet.[1])

Wenn die Geschwindigkeit der gestreuten Elektronen klein ist, dann ist die Streuung kugelsymmetrisch und in den quantenmechanischen Formeln der Streutheorie reicht es aus, die Phase Null zu berücksichtigen. Wenn Effekte des Elektronenaustauschs und der Polarisation des streuenden Atoms berücksichtigt werden, kann die Berechnung des Wirkungsquerschnitts nur numerisch durchgeführt werden. Dabei erhält man für die Relaxationszeit

$$\frac{1}{\tau} = \frac{20\, \varkappa\, \hbar^3}{m^{*2} e^2}\, n_0\,; \tag{7.15}$$

n_0 ist hier die Konzentration der neutralen Störstellenatome.

Wir stellen fest, daß die Relaxationszeit für Streuung an neutralen Störstellen nicht von der Energie abhängt. Wie weiter unten gezeigt wird, folgt hieraus, daß die Beweglichkeit der Ladungsträger nicht von der Temperatur abhängt (natürlich nur, wenn n_0 unabhängig von der Temperatur ist). Man kann zeigen, daß in einigen Fällen die Streuung an neutralen Atomen mit der Streuung an ionisierten Störstellen vergleichbar wird.

4. Wir wollen jetzt die Frage untersuchen, wie sich die Relaxationszeit τ für den Fall berechnet, daß mehrere Streumechanismen gleichzeitig wirken.

Wir nehmen an, daß das Leitfähigkeitselektron eine Wahrscheinlichkeit $W_L(\mathfrak{k}, \mathfrak{k}')$ besitzt, in der Zeiteinheit infolge Wechselwirkung mit akustischen Schwingungen aus dem Zustand $\mathfrak{k}$ in den Zustand $\mathfrak{k}'$ überzugehen, und eine Wahrscheinlichkeit $W_I(\mathfrak{k}, \mathfrak{k}')$, an Störstellen gestreut zu werden. Wenn entweder der eine oder der andere Prozeß vor sich gehen kann, dann ist die Gesamtwahrscheinlichkeit für die Streuung pro Zeiteinheit durch $W = W_L + W_I$ gegeben. Wenn die Stöße elastisch sind, kann man eine Relaxationszeit gemäß Gleichung (2.12) einführen:

$$\frac{1}{\tau} = -\sum_{\mathfrak{k}'} W(\mathfrak{k}, \mathfrak{k}')\, \frac{\Delta k_\chi}{k_\chi} = -\sum_{\mathfrak{k}'} W_L(\mathfrak{k}, \mathfrak{k}')\, \frac{\Delta k_\chi}{k_\chi} - \sum_{\mathfrak{k}'} W_I(\mathfrak{k}, \mathfrak{k}')\, \frac{\Delta k_\chi}{k_\chi} = \frac{1}{\tau_L} + \frac{1}{\tau_I}\,. \tag{7.16}$$

---

[1]) C. ERGINSOY, Phys. Rev. **79** (1950) 1013.

Man sieht, daß bei gleichzeitiger Wirkung mehrerer Streumechanismen die resultierende reziproke Relaxationszeit (effektive Relaxationszeit) sich aus der Summe der reziproken Werte der Relaxationszeiten der Einzelmechanismen ergibt.

Im allgemeinen Falle ist

$$\frac{1}{\tau} = \sum_i \frac{1}{\tau_i}, \tag{7.17}$$

wo τ_i die Relaxationszeit des i-ten Streumechanismus ist. In allen Fällen, die in diesem Kapitel behandelt wurden, kann die Relaxationszeit in der Form

$$\tau = \tau_0 \, \varepsilon^r \tag{7.18}$$

ausgedrückt werden, wobei der Exponent r für verschiedene Streumechanismen verschiedene Werte annimmt. So ist beispielsweise für Streuung an akustischen Schwingungen und an ionisierten Störstellen

$$\left.\begin{aligned} \tau_L &= \frac{\tau_{0L}}{k_0 T} \varepsilon^{-1/2}, \\ \tau_I &= \tau_{0I} \, \varepsilon^{3/2}, \end{aligned}\right\} \tag{7.18a}$$

d. h. r gleich $-1/2$ bzw. $3/2$.

Aus (7.16) ergibt sich für die effektive Relaxationszeit bei Wirkung beider Mechanismen

$$\tau = \frac{\tau_{0L} \tau_{0I} \, \varepsilon^{3/2}}{\tau_{0L} + \tau_{0I}(k_0 T) \, \varepsilon^2} \tag{7.19}$$

und sie hat, wie wir sehen, schon nicht mehr die einfache Struktur (7.18).

Es sei noch bemerkt, daß bei Aufhören des Wirkens eines Streumechanismus seine Relaxationszeit gegen ∞ geht, $\tau \to \infty$. Ist beispielsweise die Streuung an ionisierten Störstellen unwesentlich, so ist $\tau_{0I} \to \infty$ und aus (7.19) folgt

$$\tau = \frac{\tau_{0L}}{k_0 T} \varepsilon^{-1/2} = \tau_L \,. \tag{7.19a}$$

KAPITEL VIII

Transporterscheinungen in Halbleitern

§ 1. Einführung

Die Transporterscheinungen, die durch Elektronen und Löcher in Halbleitern realisiert werden, sind überaus interessant sowohl vom theoretischen als auch vom praktischen Standpunkt.

Wie schon oben (VII. § 1) festgestellt wurde, hängen die Transporterscheinungen von den Wechselwirkungsmechanismen im System ab, während das beim Zustand des statistischen Gleichgewichts nicht der Fall war. Das macht die Theorie der Transporterscheinungen komplizierter und weniger zuverlässig als die Theorie von Systemen, die sich im Gleichgewicht befinden. Jedoch nur das Studium der Transporterscheinungen erlaubt uns die Untersuchung der Wechselwirkungsmechanismen im System und solcher seiner Struktureigenschaften, die sich durch das Studium des Systems im Gleichgewicht nicht erfassen lassen.

Andererseits gründet sich die praktische Anwendung der Halbleiter auf ihre Ausnutzung als Leiter eines Elektronen- oder Löcherstroms, d. h. auf die Ausnutzung von Transporterscheinungen. In modernen Apparaturen, in denen Halbleiter als Bauelemente Verwendung finden, werden neben elektrischen Feldern in großem Maße magnetische Felder angewandt, ferner Temperaturgefälle und Gradienten in der Ladungsträgerkonzentration; deshalb existiert die praktische Forderung nach dem Studium aller möglichen Transporterscheinungen: elektrische und Wärmeleitfähigkeit, thermoelektrische und galvanomagnetische Erscheinungen usw.

Beim Studium der Transporterscheinungen entsteht eine große Zahl von Spezialfällen, was auf den komplizierten Charakter der Bedingungen zurückzuführen ist, von denen sie abhängen.

Erstens ist schon die Zahl der einfachsten Transporterscheinungen sehr groß. Wir wollen nur die wichtigsten aufzählen: elektrische und Wärmeleitfähigkeit, Thermospannung, THOMSON- und PELTIER-Effekt, HALL-Effekt, Änderung des Widerstandes im Magnetfeld, longitudinaler und transversaler NERNST-Effekt.

Zweitens hat man es in einer Reihe von Fällen mit mehreren Sorten von Ladungsträgern zu tun (Elektronen, Löcher, leichte und schwere Löcher).

Drittens sind die verschiedenen Streumechanismen für die Ladungsträger zu berücksichtigen: Schwingungen des atomaren Gitters, ionisierte und neutrale Störstellen, Schwingungen des Ionengitters usw.

Viertens muß man zwischen entartetem und nichtentartetem Zustand des Elektronengases unterscheiden.

Fünftens ist von großer Bedeutung, in welcher Weise die Energie der Elektronen (Löcher) vom Wellenvektor $\mathfrak{k}$ abhängt. Flächen konstanter Energie können sein: Kugeln, Ellipsoide, gewellte Oberflächen (IV. § 8) (der englische Ausdruck „warped surfaces" wird häufiger gebraucht).

Wenn man dem noch das Problem des „drag"-Effekts der Phononen (Nichtgleichgewichtsverteilung der Phononen) in den thermoelektrischen und thermomagnetischen Erscheinungen und das Problem der „heißen" Elektronen (starke elektrische Felder) hinzufügt, so übersteigt die Zahl der Fälle, welche betrachtet werden können, weit die Hundert. Die Untersuchung aller theoretisch möglichen Fälle ist aber nicht nur unmöglich, sondern auch unzweckmäßig. Die Entwicklung der Physik der Halbleiter im Verlaufe der letzten 10 Jahre hat die außerordentliche Kompliziertheit und Vielfalt ihrer inneren Struktur gezeigt, deshalb ist es offensichtlich unnütz zu versuchen, alle zur Zeit bekannten und in Zukunft möglichen Fälle zu beschreiben.

Wir untersuchen die Transporterscheinungen in Halbleitern nach folgendem Programm:

1. Transporterscheinungen in nichtentarteten, atomaren Halbleitern mit gemischter Leitfähigkeit und einfacher Bänderstruktur (die Energie der Ladungsträger ist proportional dem Quadrat des Wellenvektors: $\varepsilon \sim k^2$);
2. Transporterscheinungen in nichtentarteten Halbleitern mit einfacher Bänderstruktur für verschiedene Streumechanismen;
3. Transporterscheinungen in Halbleitern mit einfacher Bänderstruktur unter Berücksichtigung der Entartung der Ladungsträger;
4. die wichtigsten Transporterscheinungen in Halbleitern mit komplizierter Bänderstruktur (Modell mit mehreren Ellipsoiden);
5. den „drag"-Effekt der Phononen.

§ 2. Die Bestimmung der Nichtgleichgewichtsverteilungsfunktion der Leitfähigkeitselektronen im Falle sphärischer Form der Flächen konstanter Energie. Elektrische Leitfähigkeit atomarer nichtentarteter Halbleiter

1. Wir bestimmen die Nichtlgeichgewichtskorrektur zur Gleichgewichtsverteilungsfunktion der Leitfähigkeitselektronen unter der Voraussetzung, daß die Energie des Elektrons durch

$$\varepsilon = \frac{\hbar^2 k^2}{2 m^*} \tag{2.1}$$

gegeben ist, wobei $\mathfrak{k}$ der Wellenvektor und m^* die skalare effektive Masse ist. In diesem Falle wird die Geschwindigkeit des Elektrons gleich

$$\mathfrak{v} = \frac{1}{\hbar} \frac{\partial \varepsilon}{\partial \mathfrak{k}} = \frac{\hbar}{m^*} \mathfrak{k}\,, \tag{2.1a}$$

d. h., $\mathfrak{v}$ unterscheidet sich von $\mathfrak{k}$ nur durch einen konstanten Faktor $\hbar/m^*$.

Wir setzen die Nichtgleichgewichtsverteilungsfunktion für die Elektronen wie folgt an:

$$f(\mathfrak{k}) = f_0(\varepsilon) + f_1(\mathfrak{k}) \quad \text{mit} \quad f_1(\mathfrak{k}) = -\frac{\partial f_0}{\partial \varepsilon} \vec{\chi}(\varepsilon)\, \mathfrak{k}\,; \tag{2.2}$$

dabei ist die Gleichgewichtsverteilungsfunktion durch

$$f_0(\varepsilon) = \frac{1}{e^{\frac{\varepsilon - \zeta}{k_0 T}} + 1} \tag{2.2a}$$

gegeben. Die Transportgleichung (VII. 2.6) für die Elektronen hat bei Berücksichtigung von (VII. 2.11a) die Form

$$\mathfrak{v}\, \nabla_{\mathfrak{r}} f - \frac{e}{\hbar}\left(\mathfrak{E} + \frac{1}{c}[\mathfrak{v}, \mathfrak{H}]\right) \nabla_{\mathfrak{k}} f = \left(\frac{\partial f}{\partial t}\right)_{\mathrm{St}} = -\frac{f_1(\mathfrak{k})}{\tau}\,. \tag{2.3}$$

Um die linke Seite der Transportgleichung bis zu Gliedern erster Ordnung in f_1 zu berechnen, genügt es, $f = f_0$ zu setzen (in allen Summanden, die nicht das magnetische Feld $\mathfrak{H}$ enthalten), da die dabei entstehenden Glieder selbst von der Größenordnung f_1 sind:

$$\nabla_{\mathfrak{r}} f \approx \nabla_{\mathfrak{r}} f_0 = \frac{\partial f_0}{\partial \varepsilon}\left\{\frac{\zeta - \varepsilon}{T} \nabla T - \nabla \zeta\right\}. \tag{2.4}$$

Hier wurde berücksichtigt, daß

$$\frac{\partial f_0}{\partial \varepsilon} = -\frac{1}{k_0 T}\left[e^{\frac{\varepsilon - \zeta}{k_0 T}} + 1\right]^{-2} e^{\frac{\varepsilon - \zeta}{k_0 T}} \tag{2.4 a}$$

ist und $\nabla_{\mathfrak{r}}$ im allgemeinen von den Größen T und ζ gebildet wird, da beide von den Raumkoordinaten abhängen.

Verwendet man (2.1a), so erhält man

$$\nabla_{\mathfrak{k}} f \approx \nabla_{\mathfrak{k}} f_0 = \frac{\partial f_0}{\partial \varepsilon} \hbar\, \mathfrak{v}\,. \tag{2.5}$$

Hieraus ist ersichtlich, daß in der Näherung $f \approx f_0$ die Summanden der linken Seite von (2.3), die das magnetische Feld enthalten, wegen $([\mathfrak{v}\, \mathfrak{H}]\, \mathfrak{v}) \equiv 0$ wegfallen. Deshalb muß man für den das magnetische Feld enthaltenden Summanden der linken Seite von (2.3) das $\nabla_{\mathfrak{k}} f$ in folgender Näherung berechnen:

$$\nabla_{\mathfrak{k}} f_1 = -\nabla_{\mathfrak{k}}\left\{\frac{\partial f_0}{\partial \varepsilon} \vec{\chi}(\varepsilon)\, \mathfrak{k}\right\} = -\frac{\partial f_0}{\partial \varepsilon} \vec{\chi}(\varepsilon) - \left(\hbar\, \mathfrak{k} \frac{\partial}{\partial \varepsilon}\left\{\frac{\partial f_0}{\partial \varepsilon} \vec{\chi}\right\}\right) \mathfrak{v}$$

$\left(\text{man setzt } \frac{\partial f_0}{\partial \varepsilon} \cdot \vec{\chi}(\varepsilon) = \mathfrak{A}(\varepsilon) \text{ und berechnet } \operatorname{grad}_{\mathfrak{k}} (\mathfrak{A}(\varepsilon), \mathfrak{k})\right)$.

Somit ergibt sich für den Summanden mit magnetischem Feld

$$\frac{e}{\hbar c}([\mathfrak{v}, \mathfrak{H}]\vec{\chi})\frac{\partial f_0}{\partial \varepsilon} = \frac{e}{\hbar c}\frac{\partial f_0}{\partial \varepsilon}[\mathfrak{H}, \vec{\chi}]\,\mathfrak{v}\,, \tag{2.6}$$

wobei die zyklische Eigenschaft des Volumenprodukts verwendet wurde.[1])

Benutzt man den Ausdruck (2.2) für $f_1(\mathfrak{k})$ und bestimmt ihn aus (2.3), so erhält man

$$f_1(\mathfrak{k}) = -\frac{\partial f_0}{\partial \varepsilon}\vec{\chi}(\varepsilon)\,\mathfrak{k} = -\frac{m^*}{\hbar}\frac{\partial f_0}{\partial \varepsilon}\vec{\chi}(\varepsilon)\,\mathfrak{v}$$

$$= -\tau(\mathfrak{k})\frac{\partial f_0}{\partial \varepsilon}\left\{\frac{\zeta - \varepsilon}{T}\nabla T + \nabla(\zeta - e\varphi) + \frac{e}{\hbar c}[\mathfrak{H}, \vec{\chi}]\right\}\mathfrak{v}\,; \tag{2.7}$$

hier ist $\mathfrak{E} = -\nabla\varphi$ (φ ist das elektrostatische Potential). Dabei haben wir Gebrauch gemacht von den Beziehungen (2.1 a), (2.4), (2.5) und (2.6). Der gewonnene Ausdruck rechtfertigt den Ansatz für $f_1(\mathfrak{k})$, wie er in (2.2) vorgeschlagen wurde. Aus (2.7) folgt

$$\vec{\chi}_n(\varepsilon) = -\frac{\hbar}{m_n}\tau_n(k)\left\{\frac{\varepsilon - \zeta}{T}\nabla T + \nabla(\zeta - e\varphi) - \frac{e}{\hbar c}[\mathfrak{H}, \vec{\chi}_n]\right\}, \tag{2.8}$$

wobei der Index n hier und im weiteren bedeutet, daß sich die entsprechenden Größen auf Elektronen beziehen.

In (VI. § 2.4) sahen wir, daß das statistische Verhalten der Löcher dem Verhalten der Elektronen vollkommen äquivalent ist, wenn man den Löchern eine Energie ε' und ein chemisches Potential ζ' zuschreibt, die durch

$$\varepsilon' = \frac{\hbar^2 k'^2}{2\,m_p}\,, \tag{2.9}$$

$$\zeta' = -\varepsilon_G - \zeta \tag{2.9a}$$

gegeben sind, ε_G ist dabei die Breite des verbotenen Bandes. Dann erhält man für Löcher anstelle von (2.8)

$$\vec{\chi}_p(\varepsilon') = -\frac{\hbar}{m_p}\tau_p(k')\left\{\frac{\varepsilon' + \varepsilon_G + \zeta}{T}\nabla T - \nabla(\zeta - e\varphi) + \frac{e}{\hbar c}[\mathfrak{H}, \vec{\chi}_p]\right\}, \tag{2.10}$$

wobei im Vergleich zu (2.8) für die positiven Löcher das Vorzeichen der Ladung gewechselt ist. Der Index p weist darauf hin, daß die entsprechenden Größen die positiven Löcher charakterisieren.

Damit (2.8) und (2.10) tatsächlich die Nichtgleichgewichtsverteilungsfunktion der Elektronen und Löcher bestimmen, müssen die Relaxationszeiten τ_n und τ_p bedeutend kleiner sein als die mittlere Lebensdauer der Elektronen und Löcher in bezug auf Rekombinationsprozesse.

Wenn das magnetische Feld verschwindet, d. h. $\mathfrak{H} = 0$, dann bestimmen (2.8) und (2.10) unmittelbar $\vec{\chi}_n$ und $\vec{\chi}_p$; bei $\mathfrak{H} \neq 0$ müssen die entsprechenden Gleichungen bezüglich $\vec{\chi}_n$ und $\vec{\chi}_p$ gelöst werden. Man kann zeigen (siehe Anhang

[1]) Siehe Fußnote [1]), § 105 auf Seite 1.

XXIII), daß im allgemeinen Falle

$$\vec{\chi}_n(\varepsilon) = -\frac{\hbar \tau_n}{m_n}$$

$$\left[\frac{\left\{\frac{\varepsilon - \zeta}{T} \nabla T + \nabla (\zeta - e\varphi)\right\} + \left(\frac{e\tau_n}{c\, m_n}\right)\left[\mathfrak{H}, \left\{\frac{\varepsilon - \zeta}{T} \nabla T + \nabla (\zeta - e\varphi)\right\}\right]}{1 + \left(\frac{e\tau_n \mathfrak{H}}{c\, m_n}\right)^2}\right.$$

$$\left. + \frac{\left(\frac{e\tau_n}{c\, m_n}\right)^2 \left(\mathfrak{H}\left\{\frac{\varepsilon - \zeta}{T} \nabla T + \nabla (\zeta - e\varphi)\right\}\right)\mathfrak{H}}{1 + \left(\frac{e\tau_n \mathfrak{H}}{c\, m_n}\right)^2}\right] \tag{2.11}$$

und

$$\vec{\chi}_p(\varepsilon') = -\frac{\hbar \tau_p}{m_p}$$

$$\left[\frac{\left\{\frac{\varepsilon' + \varepsilon_G + \zeta}{T} \nabla T - \nabla (\zeta - e\varphi)\right\} - \left(\frac{e\tau_p}{c\, m_p}\right)\left[\mathfrak{H}, \left\{\frac{\varepsilon' + \varepsilon_G + \zeta}{T} \nabla T - \nabla (\zeta - e\varphi)\right\}\right]}{1 + \left(\frac{e\tau_p H}{c\, m_p}\right)^2}\right.$$

$$\left. + \frac{\left(\frac{e\tau_p}{c\, m_p}\right)^2 \left(\mathfrak{H}\left\{\frac{\varepsilon' + \varepsilon_G + \zeta}{T} \nabla T - \nabla (\zeta - e\varphi)\right\}\right)\mathfrak{H}}{1 + \left(\frac{e\tau_p H}{c\, m_p}\right)^2}\right]. \tag{2.12}$$

Wie wir weiter unten sehen werden, vereinfachen sich diese komplizierten Ausdrücke in den Spezialfällen beträchtlich, wo das magnetische Feld entweder verschwindet, d. h. $\mathfrak{H} = 0$, oder schwach ist (eine genaue Definition dafür, was man unter einem schwachen Magnetfeld zu verstehen hat, wird weiter unten gegeben), wo der Temperaturgradient gleich Null ist, d. h. $\nabla T = 0$, usw.

Bei Anwesenheit von Elektronen und Löchern wird der elektrische Gesamtstrom gemäß (VII. 2.14) gleich

$$\mathfrak{j} = -e \int f_1^{(n)}(\mathfrak{k})\, \mathfrak{v}_n \frac{d^3 k}{4\pi^3} + e \int f_1^{(p)}(\mathfrak{k}')\, \mathfrak{v}_p \frac{d^3 k'}{4\pi^3}. \tag{2.13}$$

2. Im Falle des nichtentarteten Halbleiters ist die Nichtgleichgewichtskorrektur zur Verteilungsfunktion der Elektronen und Löcher gemäß (2.2) und (VI. 2.11a) durch

$$f_1^{(n)}(\mathfrak{k}) = \left(-\frac{\partial f_0}{\partial \varepsilon}\right)(\vec{\chi}_n \mathfrak{k}) = \frac{1}{k_0 T} \frac{4\pi^3 n \hbar^3}{(2\pi m_n k_0 T)^{3/2}} e^{-\frac{\hbar^2 k^2}{2 m_n k_0 T}} (\vec{\chi}_n \mathfrak{k}), \tag{2.13a}$$

$$f_1^{(p)}(\mathfrak{k}') = \left(-\frac{\partial f_0'}{\partial \varepsilon'}\right)(\vec{\chi}_p \mathfrak{k}') = \frac{1}{k_0 T} \frac{4\pi^3 p \hbar^3}{(2\pi m_p k_0 T)^{3/2}} e^{-\frac{\hbar^2 k'^2}{2 m_p k_0 T}} (\vec{\chi}_p \mathfrak{k}') \tag{2.13b}$$

gegeben. Hier sind n und p die Konzentrationen der Elektronen und Löcher und f_0 und f_0' die entsprechenden Verteilungsfunktionen.

Bei dem einfachen Dispersionsgesetz (2.1) sind die Geschwindigkeiten der Elektronen und Löcher gleich

$$\mathfrak{v}_n = \frac{\hbar \mathfrak{k}}{m_n}, \quad \mathfrak{v}_p = \frac{\hbar \mathfrak{k}'}{m_p}. \tag{2.13c}$$

Setzt man (2.13a, b, c) in (2.13) ein, so erhält man

$$\begin{aligned} \mathfrak{j} = &- \frac{1}{(2\pi)^{3/2}} \frac{n e \hbar^4}{(m_n k_0 T)^{5/2}} \int e^{-\frac{\hbar^2 k^2}{2 m_n k_0 T}} (\vec{\chi}_n \mathfrak{k}) \mathfrak{k}\, d^3k \\ &+ \frac{1}{(2\pi)^{3/2}} \frac{p e \hbar^4}{(m_p k_0 T)^{5/2}} \int e^{-\frac{\hbar^2 k^2}{2 m_p k_0 T}} (\vec{\chi}_p \mathfrak{k}) \mathfrak{k}\, d^3k, \end{aligned} \tag{2.14}$$

wobei wir im zweiten (bestimmten) Integral die Integrationsvariable $\mathfrak{k}'$ durch $\mathfrak{k}$ ersetzt haben. Da $\vec{\chi}_n$ (und analog $\vec{\chi}_p$) im allgemeinen Falle aus einer Summe von Produkten verschiedener skalarer Funktionen von k mit von $\mathfrak{k}$ unabhängigen Vektoren besteht, erhalten wir nach dem Einsetzen von $\vec{\chi}_n$ und $\vec{\chi}_p$ in (2.14) Dreifachintegrale, die nach der Formel

$$\int \mathcal{F}(k)\, (\mathfrak{a}\, \mathfrak{k})\, \mathfrak{k}\, d^3k = \frac{4\pi}{3} \mathfrak{a} \int_0^\infty \mathcal{F}(k)\, k^4\, dk \tag{2.15}$$

transformiert werden können, deren Beweis im Anhang XXIV gegeben ist. Das einfache Integral über k auf der rechten Seite von (2.15) kann oft auf eines der im Anhang VI tabulierten Integrale zurückgeführt werden. In diesem Falle stellt die Berechnung des Stromes nach Formel (2.14) keine Schwierigkeit dar.

Wir bestimmen jetzt die elektrische Leitfähigkeit eines homogenen Halbleiters bei Fehlen eines Temperaturgradienten ($\nabla \zeta = \nabla T = 0$) und eines magnetischen Feldes ($\mathfrak{H} = 0$). Für diesen Fall folgt aus den Formeln (2.11) und (2.12)

$$\vec{\chi}_n = - \frac{e \hbar \tau_n}{m_n} \mathfrak{E}, \tag{2.16}$$

$$\vec{\chi}_p = \frac{e \hbar \tau_p}{m_p} \mathfrak{E}. \tag{2.16a}$$

Setzt man die Ausdrücke (2.16), (2.16a), (VII. 4.11) in (2.14) ein und verwendet noch (2.15) und (A 6.5), so erhält man

$$\mathfrak{j} = \frac{4 n e^2 l_n}{3 \sqrt{2\pi m_n k_0 T}} \mathfrak{E} + \frac{4 p e^2 l_p}{3 \sqrt{2\pi m_p k_0 T}} \mathfrak{E}, \tag{2.17}$$

wo l_n und l_p die freien Weglängen (VII. 4.12) der Elektronen und Löcher sind, welche nicht von der Energie abhängen.

In den weiteren Rechnungen lassen wir in den Ausdrücken, die in gleicher Weise für Elektronen im Leitungsband und Löcher im Valenzband gelten, den Index n weg.

Die elektrische Leitfähigkeit σ und die Beweglichkeit μ werden bei einer Sorte von Ladungsträgern durch die Beziehung

$$\mathfrak{j} = \sigma \mathfrak{E} = e n \mu \mathfrak{E} \tag{2.18}$$

bestimmt, woraus sich sofort

$$\sigma = e\, n\, \mu \tag{2.18a}$$

ergibt. Vergleicht man den ersten Summanden in (2.17) mit (2.18), so erhält man für die Beweglichkeit

$$\mu = \frac{4\, e\, l}{3\sqrt{2\,\pi\, m^*\, k_0\, T}} = \frac{4}{3\sqrt{2\,\pi}}\, \frac{e\,\hbar}{m^{*\,3/2}}\, \frac{\tau_{0\,k}}{\sqrt{k_0\, T}}\,, \tag{2.19}$$

wenn man (VII. 4.11a) berücksichtigt. Wir führen eine mittlere Driftgeschwindigkeit $\mathfrak{v}_{\mathrm{Dr}}$ der Ladungsträger ein gemäß der Definition

$$\mathfrak{j} = e\, n\, \mathfrak{v}_{\mathrm{Dr}}\,; \tag{2.20}$$

dann folgt aus den Gleichungen (2.20) und (2.18)

$$\mu = \frac{v_{\mathrm{Dr}}}{E}\,, \tag{2.21}$$

d. h., die Beweglichkeit ist zahlenmäßig gleich der mittleren Driftgeschwindigkeit (hat aber nicht die Dimension einer Geschwindigkeit) bei der Einheit des elektrischen Feldes.

Der Ausdruck (2.17) kann in der Form

$$\mathfrak{j} = e(n\,\mu_n + p\,\mu_p)\,\mathfrak{E} = \sigma\,\mathfrak{E} \tag{2.22}$$

geschrieben werden, μ_n und μ_p sind dabei die Beweglichkeiten der Elektronen bzw. der Löcher.

Setzt man in (2.19) die freie Weglänge (VII. 4.12) ein, so ergibt sich

$$\mu = 3\sqrt{\frac{\pi}{2}}\, \frac{e\,\varrho\, v_0^2\, \hbar^4}{C^2\, m^{*\,5/2}\,(k_0\, T)^{3/2}}\,; \tag{2.23}$$

$\varrho = M/\Omega_0$ ist die Dichte. Die Konstante C (VII. 3.10b), die die Wechselwirkung der Ladungsträger mit den Gitterschwingungen charakterisiert, hat nicht nur unterschiedliche Werte für verschiedene Stoffe, sondern unterscheidet sich auch für Elektronen und Löcher in einem Kristall.

Es wäre nicht richtig anzunehmen, daß bei gegebener Temperatur die Beweglichkeit in verschiedenen Stoffen proportional $(m^*)^{5/2}$ ist, da sich C für verschiedene Materialien stark unterscheiden kann. Jedoch dürfte man mit der Annahme nicht fehlgehen, daß eine große Beweglichkeit μ oft mit einer kleinen effektiven Masse m^* der Ladungsträger verknüpft ist. Andrerseits hängen die Größen ϱ, v_0, C und m^* schwach von der Temperatur ab, deshalb folgt aus (2.23), daß die Beweglichkeit in atomaren Halbleitern umgekehrt proportional $T^{3/2}$ ist. Die Messung der Temperaturabhängigkeit der Beweglichkeit in Kristallen mit kovalenten Bindungen zeigte, daß in einer Reihe von Fällen (n-Ge, n-InSb, Te) das $T^{3/2}$-Gesetz hinreichend gut erfüllt ist, jedoch wird oft eine merkliche Abweichung von ihm beobachtet. So ist beispielsweise im p-Germanium $\mu_p \sim T^{-2,3}$.

§ 3. Thermoelektrische Erscheinungen in nichtentarteten atomaren Halbleitern mit einfacher Bänderstruktur

1. Bei Vorhandensein eines Temperaturgradienten ∇T in Halbleitern entsteht in ihnen eine Reihe neuer Erscheinungen, die die Bezeichnung „thermoelektrische Erscheinungen" erhielten. Da die mittlere Energie und oft auch die Zahl der Ladungsträger bei Temperaturerhöhung wächst, ruft ein Temperaturgradient einen Fluß freier Ladungen in Richtung $(-\nabla T)$ hervor. In einem offenen Stromkreis ist im stationären Zustand die Stromdichte in allen Punkten gleich Null; das bedeutet aber, daß das sich ausbildende elektrische Feld $\mathfrak{E}$ in jedem Punkt des Halbleiters einen Strom hervorruft, der den Ladungsträgerfluß kompensiert, der durch den Temperaturgradienten verursacht wird und proportional ∇T ist. Die dabei im Stromkreis entstehende elektromotorische Kraft nennt man „Thermospannung". Da sowohl die Elektronen als auch die Löcher vom heißen zum kalten Ende des Halbleiters diffundieren, ist die Thermospannung in Eigenhalbleitern im allgemeinen kleiner als in Störstellenhalbleitern. In Metallen ist die Konzentration der Elektronen und praktisch auch ihre Energie unabhängig von der Temperatur; deshalb ist die Thermospannung in Metallen klein im Vergleich zu der in Halbleitern.

Man darf die Thermospannung zwischen den Punkten (1) und (2) nicht in der Form eines linearen Integrals berechnen:

$$\int_{(1)}^{(2)} E_s\, dS = -\int_{(1)}^{(2)} \nabla_s \varphi\, dS = \varphi_1 - \varphi_2\,; \tag{3.1}$$

φ ist das elektrostatische Potential. Das geht deshalb nicht, weil an der Grenze zwischen Metall und Halbleiter eine Kontaktpotentialdifferenz existiert, welche von der Temperatur abhängt. Der Ausschlag des Meßgerätes zeigt also auch die Differenz zwischen den Kontaktpotentialen der Punkte (1) und (2) an, da sie sich auf verschiedener Temperatur befinden. Um diesen Effekt zu berücksichtigen, darf man nicht das lineare Integral von $-\nabla\varphi$, wie in (3.1), berechnen, sondern von $\nabla\left(\frac{\zeta}{e} - \varphi\right)$, wo ζ das chemische Potential der Ladungsträger ist. Das gesamte chemische Potential $\zeta - e\varphi$, welches das äußere Feld berücksichtigt, ändert sich nämlich nicht beim Durchgang durch einen Kontakt, wenn man annimmt, daß die Temperatur von Halbleiter und Metall am Kontakt gleich sind und daß sie sich in der Nähe des Kontakts im statistischen Gleichgewicht befinden. In Abb. 83 gibt die Kurve a den Verlauf des elektrostatischen Potentials φ an für einen Kreis, der aus dem Halbleiter AB und metallischen Zuführungen OA und BC besteht. Der Spannungsabfall längs der Metallzuführungen ist praktisch gleich Null. Da sich die Kontakte A und B auf verschiedenen Temperaturen T_1 und T_2 befinden, sind die Kontaktpotentialsprünge an A und B verschieden. Deshalb wird der durch das Gerät gemessene Potentialunterschied $V_1 - V_2$ nicht gleich $\varphi_1 - \varphi_2$ sein.

Die Kurve b stellt den Verlauf der Größe $\varphi - \frac{\zeta}{e}$ dar, die in den Punkten A und B stetig ist. Da andrerseits ζ in den Abschnitten OA und BC gleich ist, wird die Differenz der Größe $\varphi - \frac{\zeta}{e}$ in den Punkten A und B gleich $V_1 - V_2$, gemessen mit dem Gerät.

Neben der Thermospannung sind noch zwei weitere thermoelektrische Effekte von besonderem Interesse. Bei Vorhandensein eines Temperaturgradienten in einem Leiter wird bei Stromdurchgang neben der JOULEschen Wärme, welche dem Quadrat der Stromstärke proportional ist, noch die THOMSON-Wärme abgegeben (oder absorbiert). Sie ist der Größe $(\mathfrak{j}, \nabla T)$ proportional. Schließlich findet bei Stromdurchgang durch einen inhomogenen Leiter sogar bei Fehlen eines Temperaturgradienten eine Abgabe oder Absorption von Wärme statt (PELTIER-Effekt). Diese Erscheinung tritt beispielsweise bei Stromdurchgang durch einen Halbleiter-Metall-Kontakt auf.

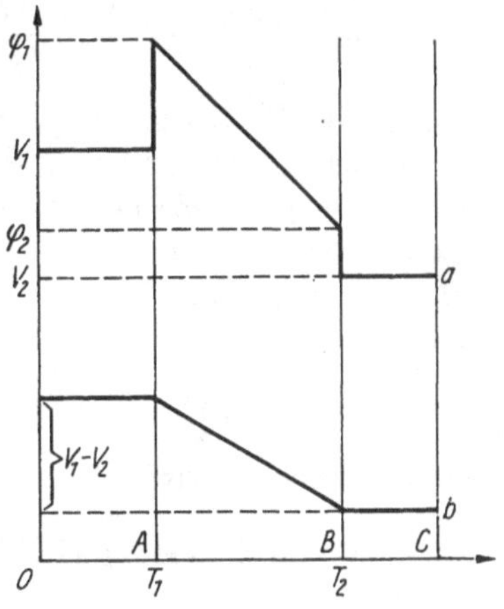

Abb. 83

2. Wir wollen jetzt die Theorie der thermoelektrischen Erscheinungen in einem atomaren Halbleiter mit einfacher Bänderstruktur untersuchen. Bei fehlendem Magnetfeld ($\mathfrak{H} = 0$) und vorhandenem Temperaturgradienten ($\nabla T \neq 0$, $\nabla \zeta \neq 0$) folgt aus (2.11) und (2.12)

$$\vec{\chi}_n(\varepsilon) = -\frac{\hbar}{m_n} \tau_n(k) \left\{\frac{\varepsilon - \zeta}{T} \nabla T + \nabla (\zeta - e\varphi)\right\} \tag{3.2}$$

und

$$\vec{\chi}_p(\varepsilon) = -\frac{\hbar}{m_p} \tau_p(k) \left\{\frac{\varepsilon' + (\zeta + \varepsilon_G)}{T} \nabla T - \nabla (\zeta - e\varphi)\right\}. \tag{3.3}$$

Bei der Berechnung des Stromes im elektrischen Feld nach der Formel (2.14) hatte die Funktion $\vec{\chi}_n$ die Form (2.16). Die Summanden in der geschwungenen Klammer von (3.2), die nicht von der Energie des Elektrons abhängen, geben im Ausdruck für den Strom Summanden analog zu (2.22), wenn man $\nabla (-e\varphi) = e\mathfrak{E}$ durch $\left(\frac{-\zeta}{T}\right) \nabla T + \nabla (\zeta - e\varphi)$ ersetzt. Es ist nicht schwer, den Teil des Stromes zu berechnen, der $\frac{\varepsilon}{T} \nabla T$ proportional ist. Wir drücken die Energie des Elektrons und die Relaxationszeit τ mit Hilfe der Formeln (2.1) und (VII. 4.11a) durch die Wellenzahl k aus und verwenden Formel (2.15) und Anhang VI. Ersetzt man noch die Konstante τ_{0k} gemäß Gleichung (2.19) durch die Beweglichkeit μ, so erhalten wir

$$\mathfrak{j}_n = n\mu_n\left\{\nabla (\zeta - e\varphi) + \left(2k_0 - \frac{\zeta}{T}\right) \nabla T\right\}. \tag{3.4}$$

Für den offenen Stromkreis ist $\mathfrak{j}_n = 0$ und

$$\nabla\left(\frac{\zeta}{e} - \varphi\right) = -\frac{k_0}{e}\left\{2 - \frac{\zeta}{k_0 T}\right\} \nabla T, \tag{3.5}$$

d. h., in jedem Punkt entsteht ein Feld $\nabla\left(\varphi - \frac{\zeta}{e}\right)$ parallel zu ∇T. Auf der linken Seite von (3.5) wirkt $\nabla \equiv$ grad nicht nur auf φ, sondern auch auf ζ, da das chemische Potential ζ von der Temperatur $T(\mathfrak{r})$ abhängt.

Die differentielle Thermospannung ist laut Definition gleich

$$\alpha = \frac{|\nabla(\varphi - \zeta/e)|}{|\nabla T|} = \frac{k_0}{e}\left\{2 - \frac{\zeta}{k_0 T}\right\} = \frac{k_0}{e}\left\{2 + \lg\frac{2(2\pi m_n k_0 T)^{3/2}}{n\hbar^3}\right\}, \tag{3.6}$$

wobei ζ aus (VI. 2.15b) entnommen wurde. Der Zahlenwert des ersten Summanden in der geschwungenen Klammer hängt wesentlich vom Charakter des Zusammenhangs zwischen τ_n und k ab. Formel (3.6) wurde zuerst von N. L. Pisarenko (1940) hergeleitet.

Bei analogem Vorgehen erhält man unter Anwendung von (3.3) für den Löcherstrom

$$\mathfrak{j}_p = p\mu_p\left\{\nabla(\zeta - e\varphi) - \left(2k_0 - \frac{\zeta + \varepsilon_G}{T}\right)\nabla T\right\}. \tag{3.7}$$

Der Gesamtstrom wird

$$\mathfrak{j} = \mathfrak{j}_n + \mathfrak{j}_p = n\mu_n\left\{\nabla(\zeta - e\varphi) + \left(2k_0 - \frac{\zeta}{T}\right)\nabla T\right\}$$
$$+ p\mu_p\left\{\nabla(\zeta - e\varphi) - \left(2k_0 - \frac{\zeta + \varepsilon_G}{T}\right)\nabla T\right\}. \tag{3.8}$$

Nimmt man einen Gesamtstrom $\mathfrak{j} = 0$ an, so ergibt sich für die differentielle Thermospannung des Eigenhalbleiters

$$\alpha = \frac{|\nabla(\varphi - \zeta/e)|}{|\nabla T|} = \frac{k_0}{e}\frac{1}{n\mu_n + p\mu_p}\left\{n\mu_n\left(2 - \frac{\zeta}{k_0 T}\right) - p\mu_p\left(2 - \frac{\zeta + \varepsilon_G}{k_0 T}\right)\right\}$$
$$= \frac{k_0}{e}\frac{1}{n\mu_n + p\mu_p}\left\{n\mu_n\left(2 + \lg\frac{2(2\pi m_n k_0 T)^{3/2}}{n\hbar^3}\right)\right.$$
$$\left. - p\mu_p\left(2 + \lg\frac{2(2\pi m_p k_0 T)^{3/2}}{p\hbar^3}\right)\right\}, \tag{3.9}$$

wobei die Ausdrücke (VI. 2.16b, c) verwendet wurden.

Wir sehen, daß die von den Elektronen und Löchern gelieferten Beiträge zur Thermospannung entgegengesetztes Vorzeichen haben. Das zeigt, daß die Thermospannung des Eigenhalbleiters im allgemeinen kleiner ist als die des Störstellenhalbleiters.

3. Für die Betrachtung anderer thermoelektrischer Erscheinungen berechnen wir die Dichte des Energieflusses, der durch die Elektronen und Löcher verursacht wird:

$$\mathfrak{w} = \int f_1^{(n)}(\mathfrak{k})\{\varepsilon - e\varphi\}\mathfrak{v}_n\frac{d^3k}{4\pi^3} + \int f_1^{(p)}(\mathfrak{k}')\{\varepsilon' + \varepsilon_G + e\varphi\}\mathfrak{v}_p\frac{d^3k'}{4\pi^3}. \tag{3.10}$$

Die Indizes n und p kennzeichnen wie immer Größen, die sich auf Elektronen und Löcher beziehen. Die Ausdrücke, die in (3.10) in Klammern stehen, berücksichtigen neben der kinetischen auch die potentielle Energie der Elektronen und Löcher; der Summand ε_G berücksichtigt, daß die Energie der Löcher nicht von der unteren Kante des Leitungsbandes, sondern von der oberen Kante des Valenzbandes aus gezählt wird.

Die Nichtgleichgewichtsanteile der Verteilungsfunktion im Fluß $\mathfrak{w}$ können mit den Ausdrücken (3.2) und (3.3) für $\vec{\chi}(\varepsilon)$ berechnet werden, so daß $\mathfrak{w}$ ohne Schwierigkeit bestimmt werden kann. Die Anteile in den geschwungenen Klammern von (3.10), die nicht von ε und ε' abhängen, geben in $\mathfrak{w}$ Summanden, welche proportional $\mathfrak{j}_n$ und $\mathfrak{j}_p$ sind. Anteile mit ε und ε' führen zu Integralen des Typs (II. 6.6) und (II. 6.7). Als Resultat erhalten wir

$$\mathfrak{w} = \varphi\,\mathfrak{j} + \frac{\varepsilon_G}{e}\mathfrak{j}_p - \frac{2\,k_0\,T}{e}\,n\,\mu_n\left[\nabla\,(\zeta - e\,\varphi) - \frac{\zeta - 3\,k_0\,T}{T}\,\nabla\,T\right]$$
$$+ \frac{2\,k_0\,T}{e}\,p\,\mu_p\left[\nabla\,(\zeta - e\,\varphi) - \frac{\zeta + \varepsilon_G + 3\,k_0\,T}{T}\,\nabla\,T\right], \tag{3.11}$$

wo $\mathfrak{j}_p$ durch Formel (3.7) ausgedrückt werden kann. Wir setzen jetzt hier (unter anderem auch in $\mathfrak{j}_p$) die Größe $\nabla\,(\zeta - e\,\varphi)$ aus (3.8) ein. Bringt man die erhaltenen Summanden auf einen Hauptnenner und faßt Glieder mit $n\,\mu_n$, $p\,\mu_p$ und dem Produkt aus beiden zusammen, so erhält man als Ergebnis langer, aber elementarer algebraischer Umformungen

$$\mathfrak{w} = \left(\varphi - \frac{\zeta}{e}\right)\mathfrak{j} - \Pi\,\mathfrak{j} - \varkappa\,\nabla\,T\,, \tag{3.12}$$

wobei

$$\Pi = T\,\frac{k_0}{e}\,\frac{1}{n\,\mu_n + p\,\mu_p}\left\{n\,\mu_n\left(2 - \frac{\zeta}{k_0\,T}\right) - p\,\mu_p\left(2 - \frac{\zeta + \varepsilon_G}{k_0\,T}\right)\right\} \tag{3.12a}$$

der Peltier-*Koeffizient* und

$$\varkappa = n\,\mu_n\,\frac{2\,k_0^2\,T}{e} + p\,\mu_p\,\frac{2\,k_0^2\,T}{e} + \frac{n\,\mu_n\,p\,\mu_p}{n\,\mu_n + p\,\mu_p}\,\frac{(\varepsilon_G + 4\,k_0\,T)^2}{e\,T} \tag{3.12b}$$

der *Wärmeleitungskoeffizient* ist. Aus (3.9) und (3.12a) folgt

$$\Pi = \alpha\,T\,. \tag{3.13}$$

Das ist die sog. Thomson*sche Beziehung*, die bei bedeutend allgemeineren Voraussetzungen als denen gültig ist, unter welchen sie hier abgeleitet wurde. Sie kann zur Berechnung eines thermoelektrischen Koeffizienten aus einem anderen dienen.

Im Falle der Störstellenleitung, d. h., es ist nur eine Sorte von Ladungsträgern vorhanden, folgt aus (3.12a) und (3.12b)

$$\Pi = \frac{2\,k_0\,T - \zeta}{e} \tag{3.14a}$$

und

$$\varkappa = n\,\mu\,\frac{2\,k_0^2\,T}{e}\,. \tag{3.14b}$$

Berücksichtigt man (2.18), so erhält man das WIEDEMANN-FRANZsche Gesetz

$$\frac{\varkappa}{\sigma} = 2\left(\frac{k_0}{e}\right)^2 T. \tag{3.15}$$

Es verknüpft die Wärmeleitfähigkeit $\varkappa$ mit der elektrischen Leitfähigkeit σ. Später werden wir sehen, daß die Beziehung (3.15) bis auf einen Zahlenfaktor auch bei anderen Streugesetzen und bei Entartung der Ladungsträger erhalten bleibt.

Aus (3.12b) ist ersichtlich, daß bei gemischter Leitfähigkeit neben der Wärme, die von Elektronen und Löchern übertragen wird und sich addiert, noch ein weiterer Anteil auftritt, der durch Elektron-Loch-Paare bedingt ist (der Summand in (3.12b), der proportional dem Produkt $n\,p$ ist). Die Wärmeübertragung erfolgt in diesem Falle auf Kosten der Energieabgabe bei Rekombination von Elektronen und Löchern am kalten Ende, wo ihre Gleichgewichtskonzentration niedriger ist als am erhitzten Teil des Halbleiters. Wenn Konzentration und Beweglichkeit der Elektronen und Löcher von einer Größenordnung sind und $\varepsilon_G \gg k_0 T$ ist, dann ist die durch Elektron-Loch-Paare verursachte Wärmeleitfähigkeit um $(\varepsilon_G/k_0 T)^2$-mal größer als die Wärmeleitfähigkeit infolge der Elektronen (Löcher).

In Halbleitern ist die Wärmeleitfähigkeit $\varkappa_0$ des Gitters nicht selten von derselben Größenordnung wie die durch Elektronen (Löcher) verursachte Wärmeleitfähigkeit. In diesem Falle müssen wir die rechte Seite von (3.12) durch ein Glied $-\varkappa_0 \nabla T$ ergänzen.

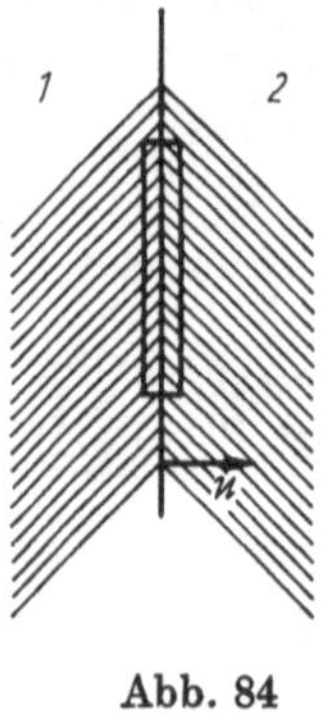

Abb. 84

Um aus (3.12) einige interessante Schlußfolgerungen ziehen zu können, bilden wir auf beiden Seiten von (3.12) die Divergenz und berücksichtigen, daß im stationären Zustand $\operatorname{div} \mathfrak{w} = \operatorname{div} \mathfrak{j} = 0$ ist. Dann ergibt sich

$$\operatorname{div}(-\varkappa \nabla T) = \mathfrak{j}\left(\nabla \Pi + \nabla\left(\frac{\zeta}{e} - \varphi\right)\right). \tag{3.16}$$

Dabei haben wir die Identität $\operatorname{div}(\psi\,\mathfrak{a}) = \psi \operatorname{div} \mathfrak{a} + \mathfrak{a} \nabla \psi$ ausgenutzt.[1]) Wenden wir den Ausdruck (3.16) auf einen unendlich kleinen Zylinder an, dessen Grundflächen parallel zur Grenzfläche zwischen den Leitern sind (Abb. 84), und machen Gebrauch vom GAUSSschen Theorem und der Integraltransformation des Gradienten [2]), dann erhalten wir

$$-\varkappa_1\left(\frac{\partial T}{\partial n}\right)_1 + \varkappa_2\left(\frac{\partial T}{\partial n}\right)_2 = (\Pi_1 - \Pi_2)\,j\,. \tag{3.17}$$

Hier ist $\mathfrak{n}$ die Normale auf der Grenzfläche und aus dem Leiter 1 in den Leiter 2 gerichtet. Es wird vorausgesetzt, daß $\mathfrak{j}$ parallel zu $\mathfrak{n}$ ist.

Bei der Herleitung von (3.17) muß man berücksichtigen, daß j und $\left(\frac{\zeta}{e} - \varphi\right)$ an der Grenzfläche zwischen den Leitern stetig sind.

---

[1]) Siehe Fußnote [1]), § 152 auf Seite 14.
[2]) Siehe Fußnote [1]), S. 143 und 155 auf Seite 14.

Wenn $\left(\frac{\partial T}{\partial n}\right)_1$ und $\left(\frac{\partial T}{\partial n}\right)_2$ verschiedenes Vorzeichen haben, dann steht auf der linken Seite von (3.17) die Summe zweier Wärmeströme, die in entgegengesetzten Richtungen von der Grenzfläche weg (oder zur Grenze hin) fließen, und auf der rechten Seite steht die Wärmemenge, die pro cm² und sec an der Grenzfläche abgegeben (oder absorbiert) wird.

Im Falle einer Grenzfläche zwischen Halbleiter und Metall kann man für das letztere den PELTIER-Koeffizienten vernachlässigen.

Somit bestimmt der Ausdruck $(\Pi_1 - \Pi_2)\, j$ die Wärmeabgabe (-absorption) pro sec an der Grenze zwischen zwei Leitern bei Durchgang eines elektrischen Stromes.

Aus (3.8) und (3.12a) finden wir

$$\mathfrak{j} = \sigma \nabla \left(\frac{\zeta}{e} - \varphi\right) + \frac{\sigma \Pi}{T} \nabla T\,. \tag{3.18}$$

Entnimmt man hieraus $\nabla \left(\frac{\zeta}{e} - \varphi\right)$ und setzt das in (3.16) ein, so erhält man

$$\operatorname{div}(-\varkappa \nabla T) = \frac{j^2}{\sigma} + \mathfrak{j}\left(\nabla \Pi - \frac{\Pi}{T} \nabla T\right) = \frac{\mathfrak{j}^2}{\sigma} + \tau_T (\nabla T\, \mathfrak{j})\,, \tag{3.19}$$

wo der THOMSON-Koeffizient τ_T in der Form

$$\tau_T = T \frac{d}{dT}\left(\frac{\Pi}{T}\right) = T \frac{d\alpha}{dT} \tag{3.19a}$$

dargestellt werden kann, wenn wir die Beziehung (3.13) verwenden.

Aus (3.19) folgt, daß die pro sec und Volumeneinheit abgegebene Wärmemenge (linke Seite von (3.19)) gleich der JOULEschen Wärme j^2/σ ist, welche dem Quadrat der Stromstärke proportional ist, und der THOMSON-Wärme $\tau_T(\nabla T, \mathfrak{j})$, die der ersten Potenz des Stromes proportional ist. Dabei kann die THOMSON-Wärme in Abhängigkeit von der gegenseitigen Orientierung von ∇T und $\mathfrak{j}$ sowohl abgegeben als auch absorbiert werden.

Die Beziehungen (3.13) und (3.19a) folgen aus der allgemeinen thermodynamischen Theorie der irreversiblen Prozesse und dem ONSAGERscher Prinzip der Symmetrie kinetischer Koeffizienten.[1]) Die Beziehung (3.13) wurde erstmalig von THOMSON auf der Grundlage nicht allzu strenger thermodynamischer Vorstellungen hergeleitet.

4. Die thermoelektrischen Erscheinungen liefern die Möglichkeit der unmittelbaren technischen Umwandlung von Wärmeenergie in elektrische Energie (Thermospannung) und die Möglichkeit der Kühlung mittels Stromdurchgang durch den Kontakt zweier Leiter (PELTIER-Effekt).

Die Thermospannung von Metallen ist klein, im günstigsten Falle einige Zehntel Mikrovolt pro Grad. Deshalb entstand die Möglichkeit der technischen Anwen-

---

[1]) A. G. SAMOJLOWITSCH und L. L. KORENBLIT, (А. Г. Самойлович и Л. Л. Коренблит, УФН) Usp. fiz. Nauk **49** (1953) H. 2, 3.

dung von Thermoelementen als wirksame Thermogeneratoren für elektrischen Strom erst zu dem Zeitpunkt, als festgestellt wurde, daß die Thermospannung in Halbleitern Werte von einigen Hundert Mikrovolt pro Grad erreichen kann.

Erstmals wies A. F. JOFFÉ im Jahre 1929 auf die Perspektiven der Anwendung von Halbleitern für technische Thermogeneratoren hin. Schon vor dem Krieg gelang es A. F. JOFFÉ und seinen Mitarbeitern, Thermoelemente mit einem Wirkungsgrad von etwa 3% zu erhalten.

In der Nachkriegsperiode entwickelten sich die Arbeiten zur technischen Anwendung der Thermoelektrizität unter der Leitung von A. F. JOFFÉ in größerem Maßstabe. Gegenwärtig werden solche Arbeiten in der ganzen Welt durchgeführt, vor allem aber in der UdSSR, in den USA und in England.

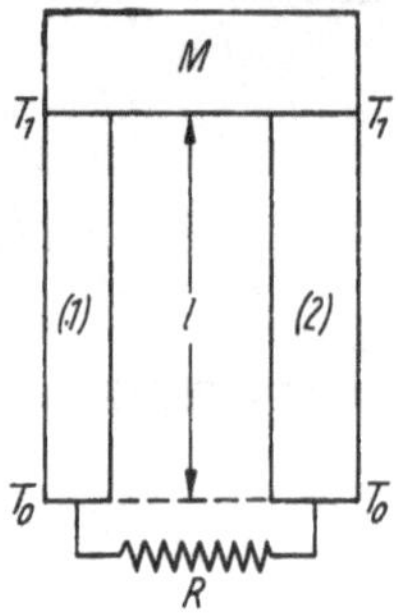

Abb. 85

Es ist nicht unsere Aufgabe, die Fragen der technischen Anwendung der thermoelektrischen Erscheinungen darzulegen. Der interessierte Leser sei deshalb auf die entsprechende Literatur verwiesen.[1])

Unten betrachten wir kurz die Frage des Wirkungsgrades eines Thermoelements, dabei stützen wir uns auf die im Buch von A. F. JOFFÉ gegebene Darstellung.

In Abb. 85 ist ein Thermoelement dargestellt, das aus zwei Halbleiterzweigen besteht: einem p-Halbleiter (1) und einem n-Halbleiter (2). Beide Zweige sind verbunden durch einen massiven Metallkontakt M und am unteren Ende geschlossen über einen Arbeitswiderstand R. Wenn die unteren Kontakte der Halbleiter auf der Temperatur T_0 gehalten werden, die oberen dagegen auf der höheren Temperatur T_1, so wird diese Vorrichtung als Thermoelement arbeiten. Die Thermospannungen beider Zweige addieren sich und es fließt ein Strom $\mathcal{J}$ im Kreis (1) — R — (2) — M in entgegengesetzter Uhrzeigerrichtung.

Der innere Widerstand des Thermoelements ist

$$r = \frac{l}{\sigma_1 S_1} + \frac{l}{\sigma_2 S_2}\,; \tag{3.20}$$

dabei ist l die Länge der Halbleiterzweige, S_1, σ_1, S_2 und σ_2 sind die Querschnitte und spezifischen Leitfähigkeiten der Zweige (1) und (2).

Wenn der Temperaturunterschied $T_1 - T_0$ nicht sehr groß ist, wird

$$\mathcal{J} = \frac{\alpha(T_1 - T_0)}{R + r} = \frac{\alpha(T_1 - T_0)}{r(1 + m)}\,. \tag{3.21}$$

Hier ist $\alpha = \alpha_1 + \alpha_2$, d. h., die Summe der differentiellen Thermospannungen des p- und n-Zweiges, weiterhin ist $m = \frac{R}{r}$.

[1]) A. F. JOFFÉ, Halbleiter-Thermoelemente. Akademie-Verlag, Berlin 1957 sowie A. F. JOFFÉ, L. S. STILBANS, E. K. JORDANISCHWILI und T. S. STAWIZKAJA (А. Ф. Иоффе, Л. С. Стильбанс, Е. К. Иорданишвили и Т. С. Ставицкая, Термоэлектрическое охлаждение, Изд. АНСССР), Thermoelektrische Kühlung, Verlag der Akad. der Wiss. der UdSSR, Moskau/Leningrad 1956.

Die Wärmemenge, die pro sec dem mit dem Metallblock M verbundenen Wärmereservoir entnommen wird, ist gleich dem Wärmestrom, der mit der Wärmeleitfähigkeit der Zweige und mit der PELTIER-Wärme verknüpft ist, die an den oberen Kontakten Halbleiter-Metall absorbiert wird. Der mit der Wärmeleitfähigkeit der Zweige verbundene Wärmestrom ist gleich

$$w = \varkappa_1 S_1 \frac{T_1 - T_0}{l} + \varkappa_2 S_2 \frac{T_1 - T_0}{l} = K(T_1 - T_0), \tag{3.22}$$

wobei

$$K = \frac{\varkappa_1 S_1 + \varkappa_2 S_2}{l}. \tag{3.22a}$$

Dabei sind $\varkappa_1$ und $\varkappa_2$ die Wärmeleitfähigkeitskoeffizienten der Zweige (1) und (2). Die an den oberen Metall-Halbleiter-Kontakten absorbierte PELTIER-Wärme ist

$$Q = \Pi \mathcal{J} = \alpha T_1 \mathcal{J}, \tag{3.23}$$

wo (gemäß (3.13)) der PELTIER-Koeffizient durch $\Pi = \alpha T_1$ gegeben ist.

Wenn α schwach von der Temperatur abhängt, kann man die Abgabe der THOMSON-Wärme (3.19) vernachlässigen, da in diesem Falle $d\alpha/dT$ klein ist. Andrerseits läßt sich zeigen, daß die Berücksichtigung der THOMSON-Wärme dazu führt, daß man α durch seinen Mittelwert $\frac{1}{2}[\alpha(T_0) + \alpha(T_1)]$ zu ersetzen hat.

Von der JOULEschen Wärme $\mathcal{J}^2 r$, die innerhalb des Thermoelements abgegeben wird, geht die Hälfte wieder an das Wärmereservoir zurück.

Somit ist der gesamte Wärmeaufwand des Wärmereservoirs pro sec gleich

$$w + Q - \frac{1}{2}\mathcal{J}^2 r. \tag{3.24}$$

Die nutzbare Leistung, die im äußeren Kreis abgegeben wird, ist

$$\mathcal{J}^2 R = \alpha^2 (T_1 - T_0)^2 \frac{1}{r} \frac{m}{(1+m)^2}. \tag{3.25}$$

Laut Definition gilt für den Wirkungsgrad des Thermoelements

$$\eta = \frac{\mathcal{J}^2 R}{w + Q - 1/2\,\mathcal{J}^2 r} = \frac{T_1 - T_0}{T_1} \frac{\dfrac{m}{m+1}}{1 + \dfrac{K r}{\alpha^2} \dfrac{m+1}{T_1} - \dfrac{1}{2}(T_1 - T_0)\dfrac{1}{m+1}}. \tag{3.26}$$

Hier ist der erste Faktor $\frac{T_1 - T_0}{T_1}$ der Wirkungsgrad der reversiblen Wärmemaschine mit zwei Wärmereservoiren der Temperatur T_1 und T_0. Der zweite Faktor, der stets kleiner als 1 ist, berücksichtigt die Verringerung des Wirkungsgrades der idealen Wärmemaschine infolge der irreversiblen Prozesse der Wärmeleitfähigkeit und der Abgabe der JOULEschen Wärme.

Uns interessiert der maximale Wert des Wirkungsgrades in Abhängigkeit von einer Reihe von Parametern. Es ist offensichtlich, daß es für die Erhöhung von η günstig ist, daß die Größe $K r$, die nicht nur von den $\varkappa$ und σ der Zweige abhängt, sondern auch vom Verhältnis S_1/S_2 ihrer Querschnitte, den kleinstmöglichen Wert annimmt. Es läßt sich leicht zeigen, daß die Größe

$$K\,r = \left[\varkappa_1\left(\frac{S_1}{S_2}\right) + \varkappa_2\right]\left(\frac{1}{\sigma_1(S_1/S_2)} + \frac{1}{\sigma_2}\right) \tag{3.27}$$

den kleinsten Wert bei

$$S_1 : S_2 = \sqrt{\sigma_2\,\varkappa_2} : \sqrt{\sigma_1\,\varkappa_1} \tag{3.28}$$

hat, was unmittelbar aus (3.27) folgt, wenn man die Ableitung von $K\,r$ nach S_1/S_2 gleich Null setzt. Bei diesem Wert des Verhältnisses S_1/S_2 wird die Größe z

$$z \equiv \frac{\alpha^2}{K\,r} = \frac{\alpha^2}{(\sqrt{\varkappa_1/\sigma_1} + \sqrt{\varkappa_2/\sigma_2})^2}\,. \tag{3.29}$$

Es sei bemerkt, daß die von uns eingeführte Größe z nur noch von den Eigenschaften der Stoffe abhängt und die Dimension einer reziproken Temperatur hat. Wenn $\varkappa$, σ und α in beiden Zweigen gleiche Werte haben, wird

$$z = \frac{\alpha^2\,\sigma}{\varkappa}\,. \tag{3.29 a}$$

Wir untersuchen jetzt die Änderung des zweiten Faktors in Formel (3.26) in Abhängigkeit von m, dem Verhältnis von äußerem zu innerem Widerstand. Die maximale Leistungsabgabe im äußeren Kreis hat man hier wie auch bei anderen Stromquellen bei $m = 1$, d. h. bei $R = r$. Der maximale Wert für den Wirkungsgrad kann aus $\frac{\partial\eta}{\partial m} = 0$ erhalten werden. Es ist leicht zu zeigen, daß

$$m_0 = \left(\frac{R}{r}\right)_{\mathrm{opt}} = \sqrt{1 + 1/2\,z(T_0 + T_1)} \tag{3.30}$$

dem größten Wert von η entspricht. η wird in diesem Falle

$$\eta = \frac{T_1 - T_0}{T_1}\,\frac{m_0 - 1}{m_0 + \frac{T_0}{T_1}}\,. \tag{3.31}$$

Um eine Vorstellung von der Größenordnung der Werte zu geben, die bei der Berechnung des Wirkungsgrades auftreten, betrachten wir eines der gegenwärtig effektivsten Elemente, dessen positiver Zweig aus einer Legierung Bi_2Te_3—Sb_2Te_3 besteht, der negative Zweig dagegen aus einer Legierung der Art Bi_2Te_3—Bi_2Se_3. Im Temperaturintervall von $T_0 = 300$ °K bis $T_1 = 600$ °K ist der mittlere Wert von z gleich $z = 2 \cdot 10^{-3}$. In diesem Falle ist $m_0 = 1{,}38$ und der Wirkungsgrad $\eta \approx 10{,}1\%$. Natürlich hat man bei in Wirklichkeit arbeitenden Thermogeneratoren zusätzliche Verluste, die den Wirkungsgrad herabsetzen.

§ 4. Galvanomagnetische Erscheinungen in nichtentarteten atomaren Halbleitern mit einfacher Bänderstruktur

1. Unter galvanomagnetischen Erscheinungen versteht man kinetische Effekte, die bei Vorhandensein sowohl eines elektrischen als auch eines magnetischen Feldes auftreten. Bei vollkommener Wärmeisolation der Halbleiterprobe entsteht in ihr

ein Temperaturgradient. In diesem Falle heißen die entsprechenden galvanomagnetischen Koeffizienten *adiabatisch*. Wenn die Wärmeabgabe dagegen so reguliert wird, daß die Bedingung $\nabla T = 0$ erfüllt ist, spricht man von *isothermischen* galvanomagnetischen Koeffizienten. In diesem Paragraphen wollen wir voraussetzen, daß die Bedingung der Isothermie erfüllt ist; das ist bei normalen Versuchsbedingungen fast immer der Fall.

Wir untersuchen zunächst den HALL-Effekt im schwachen Magnetfeld. Ein Magnetfeld wollen wir als schwach bezeichnen, wenn für den dimensionslosen Parameter

$$\frac{e\tau H}{c\,m^*} \approx \frac{\mu H}{c} \ll 1 \tag{4.1}$$

gilt. Hier ist die Beweglichkeit $\mu \approx e\tau/m^*$, wo τ eine entsprechend gemittelte Relaxationszeit ist (oder einfach die Relaxationszeit, wenn sie nicht von der Energie abhängt).

Kriterium (4.1) kann in etwas anschaulicherer Form dargestellt werden. Berücksichtigt man, daß $e\,H/c\,m^* = \omega_c$ die Zyklotronfrequenz (VI. 6.1a), $v\tau = l$ die freie Weglänge und $\frac{c\,m^*\,v}{e\,H} = R$ der Radius der Kreisbahn ist, die das freie Elektron im Magnetfeld beschreibt, dann erhalten wir

$$\omega_c\tau = \frac{l}{R} \ll 1\,. \tag{4.1a}$$

Wir werden also das Magnetfeld als schwach bezeichnen, wenn die freie Weglänge l des Elektrons viel kleiner ist als der Radius seiner Kreisbahn im Magnetfeld, oder wenn die Zeit τ zwischen zwei Stößen viel kleiner ist als $\frac{1}{\omega_c} = \frac{T_c}{2\pi}$, wo T_c die Umlaufzeit des Elektrons auf dieser Bahn ist.

Entwickelt man (2.11) und (2.12) (bei $\nabla T = 0$) in eine Reihe nach dem Parameter (4.1) und beschränkt sich auf Glieder erster Ordnung, so ergibt sich

$$\vec{\chi}_n(\varepsilon) = -\frac{e\hbar\tau_n}{m_n}\left\{\mathfrak{E} + \left(\frac{e\tau_n}{c\,m_n}\right)[\mathfrak{H}, \mathfrak{E}]\right\}, \tag{4.2}$$

$$\vec{\chi}_p(\varepsilon) = \frac{e\hbar\tau_p}{m_p}\left\{\mathfrak{E} - \left(\frac{e\tau_p}{c\,m_p}\right)[\mathfrak{H}, \mathfrak{E}]\right\}, \tag{4.2a}$$

wobei $\mathfrak{E} = -\nabla\varphi$ ist.

Die Summanden, die dem Feld $\mathfrak{E}$ proportional sind, geben den Elektronen- bzw. Löcherstrom, wie er schon in § 2.2 berechnet wurde. Die dem Vektorprodukt $[\mathfrak{H}, \mathfrak{E}]$ proportionalen Summanden ergeben Ströme, die durch die LORENTZ-Kraft hervorgerufen werden, welche auf die sich im Magnetfeld bewegenden Elektronen und Löcher wirkt.

Verwendet man den Ausdruck (2.14) für den Strom und benutzt die Werte $\vec{\chi}_n$ und $\vec{\chi}_p$ aus (4.2) und (4.2a), so erhält man bei Beachtung der Formel (2.15) und der Formeln des Anhangs VI

$$\mathfrak{j} = e(n\,\mu_n + p\,\mu_p)\,\mathfrak{E} + \frac{3\pi e}{8c}(n\,\mu_n^2 - p\,\mu_p^2)\,[\mathfrak{H}, \mathfrak{E}]\,. \tag{4.3}$$

Dabei haben wir $\tau = \tau_{0k}/k$ gesetzt, und danach τ_{0k} nach Formel (2.19) durch die Beweglichkeit ausgedrückt.

Da bei der Berechnung des Elektronen- und Löcherstroms (4.2) und (4.2a) mit $-e$ bzw. $+e$ multipliziert werden, haben die dem Feld $\mathfrak{E}$ proportionalen Ströme gleiches Vorzeichen, die dem Vektorprodukt $[\mathfrak{H}, \mathfrak{E}]$ proportionalen Ströme dagegen entgegengesetztes Vorzeichen. Letzteres folgt aus der Vorstellung, daß Elektronen und Löcher, die sich aufeinander zu bewegen, im Magnetfeld nach derselben Seite abgelenkt werden. Aus (4.3) folgt, daß bei Anwesenheit eines Magnetfeldes die Richtung des Stromes $\mathfrak{j}$ nicht mehr mit der Richtung des elektrischen Feldes $\mathfrak{E}$ zusammenfällt. Der Strom möge in x-Richtung fließen ($j = j_x$), das Magnetfeld sei längs der z-Achse gerichtet ($H = H_z$); dann haben wir aus (4.3)

$$j_x = j = e(n\,\mu_n + p\,\mu_p)\,E_x - \frac{3\pi e}{8c}(n\,\mu_n^2 - p\,\mu_p^2)\,H\,E_y\,, \tag{4.4}$$

$$j_y = 0 = e(n\,\mu_n + p\,\mu_p)\,E_y + \frac{3\pi e}{8c}(n\,\mu_n^2 - p\,\mu_p^2)\,H\,E_x\,. \tag{4.4a}$$

Löst man diese Gleichungen nach E_y auf, so erhält man

$$E_y = \frac{3\pi}{8ce}\,\frac{p\,\mu_p^2 - n\,\mu_n^2}{(p\,\mu_p + n\,\mu_n)^2}\,j\,H = R\,j\,H\,. \tag{4.5}$$

R ist die HALL-Konstante und schreibt sich

$$R = \frac{3\pi}{8ce}\,\frac{p\,\mu_p^2 - n\,\mu_n^2}{(p\,\mu_p + n\,\mu_n)^2}\,. \tag{4.5a}$$

Zur experimentellen Bestimmung der HALL-Konstanten R wird die Probe, durch die ein Strom $I = j\,S$ fließt (S ist der Querschnitt der Probe senkrecht zur Stromrichtung), in ein Magnetfeld gebracht, dessen Richtung senkrecht zur Stromrichtung ist. Dann mißt man die Potentialdifferenz $\varphi_1 - \varphi_2 = E_y\,L$, wo L die Dimension der Probe in der Richtung senkrecht zu Strom $\mathfrak{J}$ und Magnetfeld $\mathfrak{H}$ ist.

Im Falle von Ladungsträgern nur eines Vorzeichens ist

$$R = \mp\frac{3\pi}{8ce}\,\frac{1}{n}\,, \tag{4.5b}$$

wobei das obere Vorzeichen Elektronen, das untere Vorzeichen Löchern entspricht. Aus (2.18a) und (4.5b) folgt

$$|R|\,\sigma = \frac{3\pi}{8c}\,\mu\,. \tag{4.6}$$

Man kann also durch Messung der elektrischen Leitfähigkeit σ und der HALL-Konstanten R in einem Störstellenhalbleiter die Beweglichkeit μ bestimmen.

Wir hatten schon festgestellt, daß bei Anwesenheit eines Magnetfeldes die Stromrichtung $\mathfrak{j}$ nicht mit der Richtung des Feldes $\mathfrak{E}$ zusammenfällt. Aus (4.4a) folgt, daß der Winkel zwischen den Richtungen $\mathfrak{E}$ und $\mathfrak{j}$

$$\theta \approx \operatorname{tg}\theta = \frac{E_y}{E_x} = R\,\sigma\,H \tag{4.7}$$

ist (der Winkel θ ist klein).

Für Ladungsträger nur eines Vorzeichens ist

$$\theta \approx \mp \frac{3\pi}{8c} \mu H , \tag{4.7a}$$

woraus man sieht, daß der Winkel θ (HALL-Winkel) tatsächlich klein ist (siehe (4.1)).

2. Wir betrachten jetzt die Frage der Änderung des elektrischen Widerstandes eines atomaren Halbleiters, wenn man ihn in ein Magnetfeld bringt. Bei fehlendem Magnetfeld, wenn Stromrichtung $\mathfrak{j}$ und Richtung des elektrischen Feldes $\mathfrak{E}$ zusammenfallen, ist der spezifische Widerstand

$$\varrho = \frac{1}{\sigma} = \frac{E}{j} . \tag{4.8}$$

Bei Vorhandensein eines Magnetfeldes fällt die Richtung von $\mathfrak{E}$ nicht mehr mit der Richtung von $\mathfrak{j}$ zusammen und in Formel (4.8) ist anstelle von E die Projektion E_j von $\mathfrak{E}$ auf $\mathfrak{j}$ einzusetzen. Dann wird

$$\varrho_H = \frac{E_j}{j} = \frac{(\mathfrak{E}\,\mathfrak{j})}{j^2} . \tag{4.9}$$

Mit den Ausdrücken für die elektrische Leitfähigkeit σ und die HALL-Konstante R schreiben wir (4.3) in der Form

$$\mathfrak{j} = \sigma\,\mathfrak{E} - R\,\sigma^2 [\mathfrak{H}, \mathfrak{E}] . \tag{4.10}$$

Da $(\mathfrak{E}[\mathfrak{H}, \mathfrak{E}]) = 0$, wird in linearer Näherung für das Magnetfeld

$$j^2 = (\sigma E)^2 . \tag{4.11}$$

Setzt man (4.10) und (4.11) in (4.9) ein, so ergibt sich

$$\varrho_H = \frac{\sigma E^2}{(\sigma E)^2} = \frac{1}{\sigma} = \varrho . \tag{4.12}$$

Man sieht hieraus, daß sich in linearer Näherung für das Magnetfeld der Widerstand des Halbleiters nicht ändert. Man muß also für die Berechnung der Widerstandsänderung des Halbleiters im Magnetfeld den Strom bis zu Gliedern mit H^2, d. h. in zweiter Näherung für das Magnetfeld berechnen. Zuerst untersuchen wir einen Halbleiter mit nur einer Sorte von Ladungsträgern, beispielsweise Elektronen. Wir entwickeln die Vektorfunktion $\vec{\chi}_n$ (2.11) in eine Reihe nach Potenzen von H mit einer Genauigkeit bis zu Gliedern der Größenordnung H^2. Dann erhalten wir, wenn wir der Einfachheit halber an allen Größen den Index n weglassen,

$$\begin{aligned} \vec{\chi} &= -\frac{e\hbar\tau}{m}\left\{\mathfrak{E} + \frac{e\tau}{mc}[\mathfrak{H}, \mathfrak{E}] + \left(\frac{e\tau}{mc}\right)^2 \left((\mathfrak{H}, \mathfrak{E})\,\mathfrak{H} - H^2\,\mathfrak{E}\right)\right\} \\ &= -\frac{e\hbar\tau}{m}\left\{\mathfrak{E} + \frac{e\tau}{mc}[\mathfrak{H}, \mathfrak{E}] + \left(\frac{e\tau}{mc}\right)^2 [\mathfrak{H}, [\mathfrak{H}, \mathfrak{E}]]\right\} ; \end{aligned} \tag{4.13}$$

es wurde dabei von der Formel für das doppelte Vektorprodukt Gebrauch gemacht.[1])

---

[1]) Siehe Fußnote [1]), § 105 auf Seite 1.

Der Ausdruck (4.13) enthält drei Summanden, die proportional τ, τ^2 und τ^3 sind. Mit Hilfe des Ausdrucks (4.13) und des Anhangs VI kann man leicht den Strom bis zu Gliedern der Ordnung $\mathfrak{H}^2$ bestimmen; es ergibt sich

$$\mathfrak{j} = \sigma\left\{\mathfrak{E} + \frac{3\pi}{8c}\mu[\mathfrak{H}, \mathfrak{E}] + \frac{9\pi}{16c^2}\mu^2[\mathfrak{H}, [\mathfrak{H}, \mathfrak{E}]]\right\}; \tag{4.14}$$

analog zu (4.3) wurde τ_{0k} wieder durch μ nach der Formel (2.19) ausgedrückt.

Wir lösen diese Gleichung nach $\mathfrak{E}$ auf, indem wir folgende Methode anwenden. Der unbekannte Vektor $\mathfrak{E}$ wird in drei Komponenten längs der nichtkomplanaren Richtungen $\mathfrak{j}$, $[\mathfrak{H}, \mathfrak{j}]$ und $\mathfrak{H}$ zerlegt:

$$\mathfrak{E} = \alpha\,\mathfrak{j} + \beta[\mathfrak{H}, \mathfrak{j}] + \gamma\,\mathfrak{H}; \tag{4.15}$$

α, β, und γ sind unbekannte skalare Faktoren.[1]) Setzt man (4.15) in (4.14) ein und vergleicht die Koeffizienten bei den Vektoren $\mathfrak{j}$, $[\mathfrak{H}, \mathfrak{j}]$ und $\mathfrak{H}$, so erhält man drei Gleichungen, aus denen sich α, β und γ leicht bestimmen lassen. Im Endergebnis erhält man mit einer Genauigkeit bis zu Gliedern mit H^2

$$\mathfrak{E} = \frac{1}{\sigma}\left\{\left[1 + \frac{9\pi}{16c^2}\mu^2\left(1 - \frac{\pi}{4}\right)H^2\right]\mathfrak{j} - \frac{3\pi}{8c}\mu[\mathfrak{H}, \mathfrak{j}] - \frac{9\pi}{16c^2}\left(1 - \frac{\pi}{4}\right)\mu^2(\mathfrak{j}\,\mathfrak{H})\,\mathfrak{H}\right\}. \tag{4.16}$$

Setzt man diesen Ausdruck in Formel (4.9) ein, so ergibt sich

$$\frac{\varrho_H - \varrho}{\varrho} = \frac{\Delta\varrho}{\varrho} = \frac{9\pi}{16c^2}\left(1 - \frac{\pi}{4}\right)\mu^2\left[H^2 - \frac{(\mathfrak{j}\,\mathfrak{H})^2}{j^2}\right] = \frac{9\pi}{16}\left(1 - \frac{\pi}{4}\right)\left(\frac{\mu H}{c}\right)^2\sin^2\alpha; \tag{4.17}$$

α ist der Winkel zwischen der Richtung des Magnetfeldes $\mathfrak{H}$ und der Stromrichtung $\mathfrak{j}\left((\mathfrak{j}\,\mathfrak{H})^2 = j^2 H^2\cos^2\alpha\right)$. Hieraus folgt, daß sich der Widerstand im Magnetfeld nicht verringert. Wenn $\mathfrak{H}$ parallel zu $\mathfrak{j}$ ist, dann ist $\sin\alpha = 0$ und folglich bei unserer Voraussetzung einfacher Bänderstruktur $\dfrac{\Delta\varrho}{\varrho} = 0$.

Analog kann man die Änderung des Widerstandes im Magnetfeld bei gemischter Leitfähigkeit des Halbleiters berechnen.

Bestimmt man $\vec{\chi}_p$ nach Formel (2.12) (bei $\nabla T = 0$) mit einer Genauigkeit bis zu Gliedern mit H^2, so erhält man einen zu (4.13) analogen Ausdruck, in dem nur im ersten und dritten Summanden der geschwungenen Klammer das entgegengesetzte Vorzeichen steht. Der gesamte elektrische Strom ist dann (4.18):

$$\mathfrak{j} = \mathfrak{j}_n + \mathfrak{j}_p = \sigma\left\{\mathfrak{E} + \frac{3\pi}{8c}\,\frac{n\mu_n^2 - p\mu_p^2}{n\mu_n + p\mu_p}[\mathfrak{H}, \mathfrak{E}] + \frac{9\pi}{16c^2}\,\frac{n\mu_n^3 + p\mu_p^3}{n\mu_n + p\mu_p}[\mathfrak{H}, [\mathfrak{H}, \mathfrak{E}]]\right\}. \tag{4.18}$$

Diese Vektorgleichung wird bezüglich $\mathfrak{E}$ genauso gelöst wie Gleichung (4.14), da

---

[1]) Wenn $\mathfrak{H}$ und $\mathfrak{j}$ parallel sind, entarten die drei Richtungen in eine einzige zu $\mathfrak{H}$ und $\mathfrak{j}$ parallele Richtung. In diesem Falle ist aus physikalischen Betrachtungen klar, daß auch $\mathfrak{E}$ dieser Richtung parallel ist.

sich beide Gleichungen nur in den skalaren Koeffizienten unterscheiden. Man erhält für $\mathfrak{E}$ einen Ausdruck ganz analog zu (4.16), der nach Einsetzen in (4.9)

$$\frac{\varrho_H - \varrho}{\varrho} = \frac{\Delta\varrho}{\varrho} = \frac{9\,\pi\,e}{16\,c^2}\,\frac{H^2}{\sigma}\left[(n\,\mu_n^3 + p\,\mu_p^3) - \frac{\pi}{4}\,\frac{(n\,\mu_n^2 - p\,\mu_p^2)^2}{n\,\mu_n + p\,\mu_p}\right]\sin^2\alpha \tag{4.19}$$

ergibt. α ist der Winkel zwischen Stromrichtung und Richtung das Magnetfeldes.

Für nur eine Sorte von Ladungsträgern geht der Ausdruck (4.19) in (4.17) über.

3. Wir betrachten jetzt den HALL-Effekt und die Änderung des Widerstandes im Magnetfeld bei starken Magnetfeldern, wenn also eine zu (4.1) entgegengesetzte Ungleichung gilt:

$$\frac{e\,\tau\,H}{m^*\,c} = \omega_c\,\tau \approx \frac{\mu\,H}{c} \gg 1\,. \tag{4.20}$$

In diesem Falle werden wir natürlich die Lösung durch Entwicklung nach dem kleinen Parameter

$$\eta = \frac{m^*\,c}{e\,\tau\,H} \ll 1 \tag{4.20a}$$

suchen. Es muß jedoch bemerkt werden, daß jegliche Entwicklung nach einem kleinen dimensionslosen Parameter nur dann sinnvoll ist, wenn die Aufgabe für verschwindenden Parameter lösbar ist. Im Falle des schwachen Magnetfeldes führte das auf die triviale Forderung, daß die Transportgleichung eine Lösung bei verschwindendem Magnetfeld hat. Im Falle (4.20a) wird gefordert, daß die Transportgleichung für $H \to \infty$ eine Lösung hat.[1])

Zunächst untersuchen wir den Fall, daß nur eine Sorte von Ladungsträgern (Elektronen) vorliegt. Wenn man im Zähler und Nenner des Ausdrucks (2.11) die Summanden mit der höchsten (quadratischen) Potenz von H beibehält, dann erhält man

$$\vec{\chi}(\varepsilon) = -\frac{e\,\hbar\,\tau}{m}\,\frac{(\mathfrak{H}\,\mathfrak{E})\,\mathfrak{H}}{H^2} = -\frac{e\,\hbar\,\tau}{m}\,(\mathfrak{e}_H\,\mathfrak{E})\,\mathfrak{e}_H = -\frac{e\,\hbar\,\tau}{m}\,\mathfrak{E}_H\,, \tag{4.21}$$

dabei ist $\mathfrak{e}_H = \frac{\mathfrak{H}}{H}$ der Einheitsvektor in Richtung des Magnetfeldes und $\mathfrak{E}_H$ die Komponente des elektrischen Feldes in Richtung des Magnetfeldes.

Der Ausdruck (4.21) unterscheidet sich von dem, der sich bei fehlendem Magnetfeld ergibt, dadurch, daß anstelle des Feldstärkevektors $\mathfrak{E}$ seine Komponente $\mathfrak{E}_H$ steht, deshalb wird der Strom

$$\mathfrak{j} = e\,n\,\mu\,\mathfrak{E}_H\,, \tag{4.22}$$

wo μ die gewöhnliche Beweglichkeit ist. Ist $\mathfrak{H}$ senkrecht zu $\mathfrak{E}$, dann ist der Strom (4.22) gleich Null.

---

[1]) Uns interessiert die formale Lösung der Transportgleichung für diesen Fall; dabei sehen wir davon ab, daß in sehr starken Feldern die Quantisierung der Elektronen wesentlich wird, so daß die Transportgleichung eigentlich nicht mehr anwendbar ist.

Wir entwickeln die Funktion $\vec{\chi}$ aus Formel (2.11) in eine Reihe nach dem Parameter und beschränken uns auf Glieder bis zur Ordnung η^2. Dann ist

$$\vec{\chi}(\varepsilon) = -\frac{e\hbar\tau}{m}\{(\mathfrak{e}_H\,\mathfrak{E})\,\mathfrak{e}_H + [\mathfrak{e}_H\,\mathfrak{E}]\,\eta + [\mathfrak{E} - (\mathfrak{e}_H\,\mathfrak{E})\,\mathfrak{e}_H]\,\eta^2\}\,. \tag{4.23}$$

Die Differenz

$$\mathfrak{E} - (\mathfrak{e}_H\,\mathfrak{E})\,\mathfrak{e}_H = \mathfrak{E} - \mathfrak{E}_H = \mathfrak{E}_\perp \tag{4.23a}$$

ist dabei gleich der Komponente $\mathfrak{E}_\perp$ des elektrischen Feldes, die senkrecht zum Magnetfeld ist. Nach Einsetzen von η erhält man endgültig

$$\vec{\chi} = -\frac{e\hbar\tau}{m}\mathfrak{E}_H - \frac{\hbar c}{H}[\mathfrak{e}_H\,\mathfrak{E}] - \frac{\hbar m c^2}{e\tau H^2}\mathfrak{E}_\perp\,. \tag{4.23b}$$

Für die Berechnung des Stromes setzen wir diesen Wert $\vec{\chi}$ in den Ausdruck

$$\mathfrak{j} = -e\int f_1\,\mathfrak{v}\,\frac{d^3k}{4\pi^3} = e\int\frac{\partial f_0}{\partial\varepsilon}(\vec{\chi}\,\mathfrak{k})\,\frac{\hbar\,\mathfrak{k}}{m}\,\frac{d^3k}{4\pi^3} \tag{4.24}$$

ein. Die sich ergebenden Integrale kann man mit Hilfe des Anhangs VI auswerten und es ergibt sich

$$\mathfrak{j} = e\,n\,\mu\,\mathfrak{E}_H + \frac{e\,n\,c}{H}[\mathfrak{e}_H\,\mathfrak{E}] + \frac{32\,c^2}{9\pi}\,\frac{e\,n}{\mu H^2}\mathfrak{E}_\perp\,. \tag{4.24a}$$

Der erste Summand der rechten Seite ist der Strom, der sich in nullter Näherung nach $1/H$ ergibt und schon oben betrachtet wurde. Der zweite Summand ist von der Ordnung $1/H$ und gibt einen Strom, der vom wirkenden Streumechanismus unabhängig und senkrecht zu $\mathfrak{E}$ und $\mathfrak{H}$ ist. Dieser Strom kann auch ohne Transportgleichung berechnet werden, indem man die Dynamik der Bewegung eines Elektrons im gekreuzten elektrischen und magnetischen Feld betrachtet. Der dritte Summand ist von der Ordnung $1/H^2$ und gibt einen Strom, der vom Streumechanismus abhängt und in Richung der zum Magnetfeld senkrechtstehenden Komponente von $\mathfrak{E}$ verläuft.

Aus (4.24a) bestimmen wir die Hall-Konstante und die Änderung des Widerstandes im Magnetfeld. Der Strom sei längs der x-Achse gerichtet, das Magnetfeld längs der z-Achse. Dann projizieren wir die Gleichung (4.24a) auf die x- und y-Achse. Dabei ergibt sich

$$\left.\begin{aligned} j_x = j &= -\frac{e\,n\,c}{H}E_y + \frac{32\,c^2}{9\pi}\,\frac{e\,n}{\mu H^2}E_x\,,\\ j_y = 0 &= \frac{e\,n\,c}{H}E_x + \frac{32\,c^2}{9\pi}\,\frac{e\,n}{\mu H^2}E_y\,. \end{aligned}\right\} \tag{4.25}$$

Dieses System löst man bis zu einer Genauigkeit von Gliedern mit $1/H^2$ nach E_x und E_y auf und erhält

$$\left.\begin{aligned} E_x &= \frac{32}{9\pi}\,\frac{1}{e\,n\,\mu}j\,,\\ E_y &= -\frac{1}{e\,c\,n}j\,H\,. \end{aligned}\right\} \tag{4.25a}$$

Mit den gewonnenen Ausdrücken für E_x und E_y und den Beziehungen (4.5) und (4.9) finden wir die HALL-Konstante und den Widerstand im Magnetfeld:

$$R = -\frac{1}{c\,e\,n}, \tag{4.26}$$

$$\varrho_H = \frac{(\mathfrak{E}\,\mathfrak{j})}{j^2} = \frac{32}{9\pi}\,\frac{1}{e\,n\,\mu} = \frac{32}{9\pi}\varrho, \tag{4.27}$$

oder

$$\frac{\Delta\varrho}{\varrho} = \frac{32}{9\pi} - 1 = 0{,}13\,. \tag{4.27a}$$

Für den Widerstand im Magnetfeld, und zwar im starken Magnetfeld, tritt also Sättigung ein, die einer Erhöhung des relativen Widerstandes um 13% entspricht.

Es ist nicht schwer, die oben gewonnenen Formeln auf einen Halbleiter mit gemischter Leitfähigkeit zu verallgemeinern. Die Gleichung (4.24a) wird bei Vorhandensein von Elektronen und Löchern

$$\mathfrak{j} = e(n\,\mu_n + p\,\mu_p)\,\mathfrak{E}_H + \frac{e\,c}{H}(n-p)\,[\mathfrak{e}_H, \mathfrak{E}] + \frac{32\,c^2}{9\,\pi}\,\frac{e}{H^2}\left(\frac{n}{\mu_n} + \frac{p}{\mu_p}\right). \tag{4.28}$$

Dieser Ausdruck folgt unmittelbar aus der Entwicklung der Funktion $\chi_p(\varepsilon)$ (2.12) nach dem Argument $1/H$ und aus dem Vergleich des Resultats mit (4.23b). Aus (4.28) erhalten wir eine zu (4.25) analoge Gleichung, nur mit anderen Koeffizienten bei E_x und E_y. Lösung dieser Gleichung gibt die (4.25a) entsprechendenen Ausdrücke und mit ihrer Hilfe findet man

$$R = \frac{1}{e\,c(p-n)}, \tag{4.29}$$

$$\varrho_H = \frac{32}{9\,\pi}\,\frac{\dfrac{n}{\mu_n} + \dfrac{p}{\mu_p}}{e(p-n)^2}\,. \tag{4.30}$$

Diese Ausdrücke gehen in (4.26) bzw. in (4.27) über, wenn nur eine Sorte von Ladungsträgern vorhanden ist.

Bei der Herleitung von (4.29) und (4.30) war vorausgesetzt worden, daß $p \neq n$, da sonst der zweite Summand in (4.28) verschwindet. Es läßt sich leicht zeigen, daß für $p = n$

$$R = 0\,, \qquad \frac{\Delta\varrho}{\varrho} = \frac{9\,\pi}{32}\left(\frac{\sqrt{\mu_n\,\mu_p}\,H}{c}\right)^2 - 1 \approx \frac{9\,\pi}{32}\left(\frac{\sqrt{\mu_n\,\mu_p}\,H}{c}\right)^2. \tag{4.31}$$

Hieraus und aus (4.19) sieht man, daß bei $p = n$ sowohl im schwachen als auch im starken Magnetfeld $\Delta\varrho/\varrho$ proportional H^2 wächst, die Koeffizienten für die quadratischen Abhängigkeiten sind aber verschieden. Oben hatten wir festgestellt, daß bei Anwesenheit nur einer Sorte von Ladungsträgern die Ungleichung (4.20) ($\mu\,H/c \gg 1$) das Kriterium für ein starkes Magnetfeld ist. Wenn wir bei Anwesenheit von Elektronen und Löchern mit annähernd gleicher Konzentration nur fordern würden, daß (4.20) einzeln für Elektronen und Löcher erfüllt ist, könnten wir aus (4.30) beliebig große ϱ_H erhalten, was natürlich nicht möglich ist.

G. E. Pikus[1]) hat gezeigt, daß beim Vorhandensein von Elektronen und Löchern und $p \approx n$ das Kriterium für ein starkes Magnetfeld die Form

$$\frac{(\mu_n + \mu_p) H}{c} \gg \frac{n}{|n - p|} \tag{4.32}$$

hat (einen unwesentlichen Zahlenfaktor haben wir weggelassen). Diese Bedingung bei $p \approx n$ ist bedeutend strenger als (4.20).

4. Im Falle sehr starker Magnetfelder und hinreichend niedriger Temperaturen ist die Bedingung (VI. 5.34) erfüllt:

$$k_0 T \leq 2 \mu^* H = \hbar \omega_c; \tag{4.33}$$

hier ist $\mu^* = \frac{e \hbar}{2 m^* c}$ das Bohrsche Magneton mit der effektiven Masse und $\omega_c = \frac{e H}{m^* c}$ die Zyklotronfrequenz.

Gewöhnlich entsprechen der Bedingung (4.33) höhere Magnetfelder und niedrigere Temperaturen als der Bedingung (4.20) ($\omega_c \tau \gg 1$) für ein starkes Magnetfeld.

Wie wir gesehen haben (siehe (VI. § 5)), beobachtet man bei Erfüllung der Bedingung (4.33) im entarteten Elektronengas Oszillationen der diamagnetischen Suszeptibilität, die eine direkte Folge der Quantisierung der Elektronen im Magnetfeld sind. Da die Transportgleichung sich auf die quasiklassische Beschreibung der Elektronen gründet, bei der dem Elektron gleichzeitig eine bestimmte Ortskoordinate $\mathfrak{r}$ und ein bestimmter Quasiimpuls $\mathfrak{p} = \hbar \mathfrak{k}$ zugeschrieben werden, ist bei Gültigkeit der Bedingung (4.33), wenn die thermische Energie der Elektronen mit der Diskretheit ihrer Energieniveaus vergleichbar wird, die Transportgleichung nicht mehr anwendbar.

Der erste Versuch einer Betrachtung der galvanomagnetischen Erscheinungen in Metallen unter Berücksichtigung der Quantisierung der Elektronen im Magnetfeld stammt von S. Titeica (1935). Die anschaulichen, aber nicht vollkommen strengen Betrachtungen von Titeica wurden vollständig bestätigt und in der Arbeit von E. N. Adams und T. D. Holstein begründet.

Wir werden diese interessanten, aber komplizierten Fragen hier nicht behandeln und verweisen den Leser auf die einschlägige Literatur.[2])

§ 5. Thermomagnetische Erscheinungen in nichtentarteten atomaren Halbleitern mit einfacher Bänderstruktur

1. Wir untersuchen jetzt Transportprozesse in atomaren Halbleitern bei gleichzeitigem Vorhandensein eines elektrischen und magnetischen Feldes und eines Temperaturgradienten. Aus den dabei gewonnenen Ausdrücken werden die Resultate der Paragraphen 2, 3 und 4 als Spezialfälle folgen. Wir beschränken uns auf

---

[1]) G. E. Pikus (Г. Е. Пикус, Журнал технической физики), J. techn. Phys. **26** (1956) 43.

[2]) S. Titeica, Ann. Phys. **22** (1935) 129; E. N. Adams and T. D. Holstein, J. Phys. Chem. Solids **10** (1959) 254.

die lineare Näherung bezüglich des Magnetfeldes, d. h., wir beschränken uns auf schwache Felder, bei denen Bedingung (4.1) erfüllt ist. Starke Felder, die die Bedingung (4.20) erfüllen, können analog zu § 4.3 betrachtet werden, unter Berücksichtigung des Temperaturgradienten ∇T. Teilweise wird das im nächsten Paragraphen getan.

Die Vektorfunktionen $\vec{\chi}_n(\varepsilon)$ und $\vec{\chi}_p(\varepsilon)$ sind gemäß (2.11) und (2.12) in linearer Näherung bezüglich des Magnetfeldes

$$\vec{\chi}_n = -\frac{\hbar \tau_n}{m_n}\left\{\frac{\varepsilon - \zeta}{T}\nabla T + \nabla(\zeta - e\varphi) + \left(\frac{e\tau_n}{c\, m_n}\right)\left[\mathfrak{H}, \frac{\varepsilon - \zeta}{T}\nabla T + \nabla(\zeta - e\varphi)\right]\right\}, \tag{5.1}$$

$$\vec{\chi}_p = -\frac{\hbar \tau_p}{m_p}\left\{\frac{\varepsilon' + \varepsilon_G + \zeta}{T}\nabla T - \nabla(\zeta - e\varphi) - \left(\frac{e\tau_p}{c\, m_p}\right)\left[\mathfrak{H}, \frac{\varepsilon' + \varepsilon_G + \zeta}{T}\nabla T - \nabla(\zeta - e\varphi)\right]\right\}. \tag{5.1a}$$

Multipliziert man die Vektorprodukte in (5.1) und (5.1a) aus, so sieht man, daß sich Produkte aus skalaren Funktionen, die von k (oder k') abhängen, mit den konstanten Vektoren $[\mathfrak{H}, \nabla T]$ und $[\mathfrak{H}, \nabla(\zeta - e\varphi)]$ ergeben. Berechnet man den Strom nach Formel (2.14) und verwendet dazu (2.15) und die Formeln des Anhangs VI, dann ergibt sich

$$\mathfrak{j} = (n\mu_n + p\mu_p)\nabla(\zeta - e\varphi) + \left[n\mu_n\frac{2k_0T - \zeta}{T} - p\mu_p\frac{2k_0T + \varepsilon_G + \zeta}{T}\right]\nabla T + \frac{3\pi}{8c}\left[n\mu_n^2\frac{\frac{3}{2}k_0T - \zeta}{T} + p\mu_p^2\frac{\frac{3}{2}k_0T + \varepsilon_G + \zeta}{T}\right][\mathfrak{H}, \nabla T] + \frac{3\pi}{8c}(n\mu_n^2 - p\mu_p^2)[\mathfrak{H}, \nabla(\zeta - e\varphi)]. \tag{5.2}$$

Wie gewöhnlich wurde τ_{0k} nach Gleichung (2.19) durch μ ausgedrückt.

Hieraus bestimmen wir in linearer Näherung bezüglich $\mathfrak{H}$ den Vektor

$$\nabla\left(\frac{\zeta}{e} - \varphi\right) = \frac{1}{e}\nabla(\zeta - e\varphi).$$

Verwenden wir Formel (A 23.4), so erhalten wir

$$\nabla\left(\frac{\zeta}{e} - \varphi\right) = \frac{\mathfrak{j}}{\sigma} - \alpha\nabla T + R[\mathfrak{H}, \mathfrak{j}] - Q[\mathfrak{H}, \nabla T], \tag{5.3}$$

wobei sich die elektrische Leitfähigkeit σ, die differentielle Thermospannung α und die Hall-Konstante R aus den Ausdrücken (2.22), (3.9) und (4.5a) ergeben; die Nernst-Ettinghausen-Konstante ist gleich

$$Q = \frac{3\pi}{8ce}\left[\frac{p\mu_p n\mu_n(\mu_p + \mu_n)}{(p\mu_p + n\mu_n)^2}\,\frac{\varepsilon_G + \frac{7}{2}k_0T}{T} - \frac{k_0}{2}\,\frac{p^2\mu_p^3 + n^2\mu_n^3}{(p\mu_p + n\mu_n)^2}\right]. \tag{5.4}$$

Sind nur Ladungsträger eines Vorzeichens vorhanden, so ist

$$Q = -\frac{3\pi}{16c}\frac{k_0}{e}\mu, \tag{5.4a}$$

d. h., die Nernst-Ettinghausen-Konstante stimmt bis auf einen konstanten Faktor mit der Beweglichkeit überein. Die Bestimmung der Beweglichkeit μ durch Messung der Konstanten Q stößt aber auf große Schwierigkeiten, da Q äußerst empfindlich ist gegenüber den Versuchsbedingungen, der Anwesenheit von Ladungsträgern anderen Vorzeichens usw.

Aus dem Ausdruck (5.3) folgen die schon bekannten Formeln der bereits betrachteten Spezialfälle.

Bei $\nabla T = 0$ und $\mathfrak{H} = 0$ folgt aus (5.3)

$$\mathfrak{j} = \sigma\,\mathfrak{E},$$

d. h., das gewöhnliche Ohmsche Gesetz (2.22).

Wenn $\mathfrak{H} = 0$ und $\mathfrak{j} = 0$, so ist

$$\nabla\left(\frac{\zeta}{e} - \varphi\right) = -\alpha\,\nabla T,$$

was mit (3.5) übereinstimmt.

Setzt man $\nabla T = 0$ und löst (5.3) in linearer Näherung von $\mathfrak{H}$, so ergibt sich

$$\mathfrak{j} = \sigma\,\mathfrak{E} - R\,\sigma^2[\mathfrak{H}, \mathfrak{E}],$$

was mit (4.3) übereinstimmt.

Bei $\mathfrak{j} = 0$ folgt aus (5.3)

$$\nabla\left(\frac{\zeta}{e} - \varphi\right) = -\alpha\,\nabla T - Q[\mathfrak{H}, \nabla T]. \tag{5.5}$$

Für die Messung von Q betrachten wir folgendes Schema. Wir richten die x-Achse längs des Temperaturgradienten $\left(\frac{\partial T}{\partial x} \equiv \nabla_x T \neq 0,\ \frac{\partial T}{\partial y} \equiv \nabla_y T = 0\right)$, die z-Achse in Richtung des Magnetfeldes ($H \equiv H_z$); dann folgt aus (5.5)

$$\nabla_y\left(\frac{\zeta}{e} - \varphi\right) = -\nabla_y\varphi = E_y = -Q\,H\,\nabla_x T. \tag{5.5a}$$

Mißt man jetzt E_y, so kann man Q aus der Formel

$$Q = \frac{E_y}{H(-\nabla_x T)} \tag{5.5b}$$

bestimmen.

2. Wir berechnen in linearer Näherung von $\mathfrak{H}$ den Energiefluß, der durch die freien Ladungen eines Vorzeichens übertragen wird. Man verwendet (5.1) für $\vec{\chi}_n$ und erhält analog zu (3.10) nach Anwendung von Formel (2.15) und der Integraltabelle des Anhangs VI

$$\mathfrak{w} = \varphi\,\mathfrak{j} - \frac{2k_0T}{e}n\mu\left[\nabla(\zeta - e\varphi) + \frac{3k_0T - \zeta}{T}\nabla T\right] - \frac{9\pi}{16c}\frac{k_0T}{e}\,\frac{\frac{5}{2}k_0T - \zeta}{T}$$
$$\times\, n\mu^2[\mathfrak{H}, \nabla T] - \frac{9\pi}{16c}\frac{k_0T}{e}n\mu^2[\mathfrak{H}, \nabla(\zeta - e\varphi)]. \tag{5.6}$$

Setzt man in diesen Ausdruck $\nabla(\zeta - e\varphi)$ (für Elektronen) aus der Gleichung (5.3) ein, so überzeugen wir uns davon, daß sich in linearer Näherung von H die Wärmeleitfähigkeit der Elektronen (3.14b) nicht ändert. Das Magnetfeld wirkt nur in der Näherung H^2 auf die Wärmeleitfähigkeit der Ladungsträger. Den Ausdruck (5.6) kann man für die Bestimmung der Konstanten Q und R in adiabatischer Näherung verwenden, d. h. für den Fall, wenn der Wärmestrom senkrecht zum Primärstrom und zum Magnetfeld gleich Null ist. Wir wollen den HALL-Effekt in einem Elektronenhalbleiter untersuchen und richten den Strom längs der x-Achse ($j \equiv j_x$) und das Magnetfeld längs der z-Achse ($H \equiv H_z$). Wir setzen voraus, daß adiabatische Bedingungen vorliegen, d. h., daß der gesamte Wärmestrom (5.6) in Richtung der y-Achse verschwindet ($w_y = 0$). Dann stellt sich längs der y-Achse ein Temperaturgradient $\nabla_y T \neq 0$ ein.

Berücksichtigt man, daß $j_x = j$, $H_z = H$ und $\nabla_y T$ von Null verschieden sind und projiziert (5.3) auf die x- und y-Achse, so erhält man

$$\nabla_x\left(\frac{\zeta}{e} - \varphi\right) = \frac{j}{\sigma} + Q H \nabla_y T, \tag{5.7}$$

$$\nabla_y\left(\frac{\zeta}{e} - \varphi\right) = -\alpha \nabla_y T + R j H. \tag{5.7a}$$

Projektion der Gleichung (5.6) auf die y-Achse gibt

$$w_y = 0 = -2 k_0 T n \mu \left[\nabla_y\left(\frac{\zeta}{e} - \varphi\right) + \frac{3 k_0 T - \zeta}{e T} \nabla_y T \right. \\ \left. - \frac{9\pi}{16 c} k_0 T n \mu^2 H \nabla_x\left(\frac{\zeta}{e} - \varphi\right)\right]. \tag{5.7b}$$

Die Gleichungen (5.7a, b) enthalten die drei unbekannten Größen $\nabla_x\left(\frac{\zeta}{e} - \varphi\right)$, $\Delta_y T$, $\nabla_y\left(\frac{\zeta}{e} - \varphi\right)$. Eliminiert man die beiden ersten, so erhält man

$$\nabla_y\left(\frac{\zeta}{e} - \varphi\right) = \frac{3\pi}{8 c e n}\left(1 + \frac{1}{4}\frac{e}{k_0}\alpha\right) j H; \tag{5.8}$$

α ist die differentielle Thermospannung. Bestimmt man auch im adiabatischen Falle die HALL-Konstante als Proportionalitätsfaktor in (5.8) bei $j H$, so ergibt sich

$$R_{\text{adiab}} = R_{\text{isoth}}\left(1 + \frac{1}{4}\frac{e}{k_0}\alpha\right). \tag{5.9}$$

Wenn man in den Wärmestrom $\mathfrak{w}$ den mit der Wärmeleitfähigkeit $\varkappa_0$ des Gitters verbundenen Wärmestrom $-\varkappa_0 \nabla T$ einschließt, dann nimmt Formel (5.9) das Aussehen

$$R_{\text{adiab}} = R_{\text{isoth}}\left(1 + \frac{\frac{1}{4}\frac{e}{k_0}\alpha}{1 + \frac{\varkappa_0}{\varkappa_e}}\right) \tag{5.9a}$$

an, wie man sich leicht überzeugen kann. $\varkappa_e$ ist die Wärmeleitfähigkeit der Elektronen und ist gleich

$$\varkappa_e = \frac{2\,k_0^2\,T}{e}\,n\,\mu\,. \tag{5.9b}$$

Setzt man beispielsweise für Tellur $n = 4 \cdot 10^{16}$ cm^{-3}, $\mu = 10^3$ cm^2/Vsec und $\varkappa_0 = 4 \cdot 10^{-3}$ cal/grad, so sehen wir, daß R_{adiab} um 0,4% größer ist als R_{isoth}, d. h., die Korrektur für den adiabatischen Zustand ist klein. Analog kann man den adiabatischen NERNST-ETTINGHAUSEN-Koeffizienten bestimmen ($w_y = 0$, $\nabla_y T \neq 0$); dabei zeigt sich, daß

$$Q_{\text{adiab}} = Q_{\text{isoth}}\left(1 + \frac{\frac{7}{4}\frac{e}{k_0}\alpha}{1 + \frac{\varkappa_0}{\varkappa_e}}\right), \tag{5.10}$$

d. h., die Korrektur ist hier siebenmal größer als im vorhergehenden Falle.

Auf dieselbe Weise kann man die HALL-Konstante und den NERNST-ETTINGHAUSEN-Koeffizienten für den adiabatischen Zustand bei gemischter Leitfähigkeit berechnen. Die sich dabei ergebenden Formeln sind jedoch äußerst kompliziert und unübersichtlich.

§ 6. Transporterscheinungen in nichtentarteten Halbleitern mit einfacher Bänderstruktur bei verschiedenen Streumechanismen

1. In den §§ 2—5 wurden Transporterscheinungen in atomaren Halbleitern untersucht, wenn die Relaxationszeit durch die Beziehung (VII. 4.11) bestimmt wurde.

Hier wollen wir Transporterscheinungen in nichtentarteten Halbleitern für den Fall untersuchen, daß die Relaxationszeit in beliebiger Weise von der Energie des Elektrons abhängt. Wie wir im vorangegangenen Kapitel sahen, hat diese Abhängigkeit für verschiedene Streumechanismen die Form

$$\tau = \tau_0\,\varepsilon^r = \tau_0 (k_0\,T)^r\,x^r\,, \tag{6.1}$$

wobei $x = \frac{\varepsilon}{k_0\,T}$ ist; τ_0 kann von der Temperatur abhängen. Für Streuung des Elektrons an akustischen Phononen, an Störstellenionen, an optischen Schwingungen eines Ionenkristalls oberhalb und unterhalb der DEBYE-Temperatur ist r gleich $-1/2$, $3/2$, $1/2$ und 0. Wenn gleichzeitig mehrere Mechanismen wirken, ergibt sich die Relaxationszeit aus Formel (VII. 7.17) und eine einfache Abhängigkeit der Form (6.1) ist nicht mehr vorhanden.

Wie bisher setzen wir voraus, daß die Energie des Elektrons proportional dem Quadrat seines Wellenvektors ist, d. h. die einfache Form (2.1) hat. Um die Formeln übersichtlich zu halten, beschränken wir uns auf die Betrachtung nur einer Sorte von Ladungsträgern (Elektronen mit der Ladung $-e$). Die notwendige Verallgemeinerung auf den Fall gemischter Leitfähigkeit stellt keine prinzipielle

Schwierigkeit dar. Wir schreiben uns zunächst die elektrische Stromdichte $\mathfrak{j}$ und die Dichte $\mathfrak{w}$ des Energieflusses für beliebige Relaxationszeit auf. Dazu schreiben wird den Ausdruck (2.11) für $\vec{\chi}(\varepsilon)$ in der folgenden Weise um:

$$\vec{\chi} = -\frac{\hbar e}{m^*}\vec{\chi}^* , \tag{6.2}$$

wobei

$$\vec{\chi}^* = \frac{\tau\,\mathfrak{P} + \gamma\,\tau^2[\mathfrak{H}, \mathfrak{P}] + \gamma^2\tau^3(\mathfrak{H}\,\mathfrak{P})\,\mathfrak{H}}{1 + (\gamma\,\tau\,H)^2} , \tag{6.2a}$$

$$\mathfrak{P} = \frac{\varepsilon - \zeta}{e\,T}\nabla T + \nabla\left(\frac{\zeta}{e} - \varphi\right), \tag{6.2b}$$

$$\gamma = \frac{e}{m^*\,c} . \tag{6.2c}$$

Der elektrische Strom ergibt sich aus Gleichung (2.14). Verwendet man Formel (A 24.4) und geht im Integral von der Veränderlichen k zur Veränderlichen $x = \frac{\varepsilon}{k_0\,T}$ über (nach Formel (2.1)), so erhält man

$$\mathfrak{j} = \frac{n\,e^2}{m^*}\frac{4}{3\sqrt{\pi}}\int\limits_0^\infty \vec{\chi}^*(x)\,x^{3/2}\,e^{-x}\,dx . \tag{6.3}$$

Es ist bequem, das folgende Symbol für die Mittelwertbildung einzuführen:

$$\langle \mathfrak{g} \rangle = \frac{4}{3\sqrt{\pi}}\int\limits_0^\infty \mathfrak{g}(x)\,x^{3/2}\,e^{-x}\,dx . \tag{6.4}$$

Dieses Symbol kann natürlich auch auf eine skalare Funktion $g(x)$ angewendet werden.

Wenn $\mathfrak{a} = \text{const}$ ist, dann wird

$$\langle \mathfrak{a} \rangle = \mathfrak{a} , \tag{6.4a}$$

da

$$\frac{4}{3\sqrt{\pi}}\int\limits_0^\infty x^{3/2}\,e^{-x}\,dx = \frac{4}{3\sqrt{\pi}}\,\Gamma(5/2) = 1 , \tag{6.4b}$$

wie aus Anhang XXV folgt.

Den Ausdruck (6.3) können wir jetzt in der Form

$$\mathfrak{j} = \frac{n\,e^2}{m^*}\langle \vec{\chi}^* \rangle \tag{6.5}$$

schreiben. Der Energiefluß $\mathfrak{w}$ unterscheidet sich gemäß (3.10) vom elektrischen Strom dadurch, daß man in dem Ausdruck für den letzteren unter dem Integralzeichen $(-e)$ durch $(\varepsilon - e\varphi) = k_0 T(x - e\varphi/k_0 T)$ ersetzen muß. Somit wird

$$\mathfrak{w} = -\frac{n e}{m^*} k_0 T \frac{4}{3\sqrt{\pi}} \int_0^\infty \vec{\chi}^*(x) \left(x - \frac{e\varphi}{k_0 T}\right) x^{3/2} e^{-x} \, dx$$

$$= -\frac{n e}{m^*} k_0 T \left\{ \langle \vec{\chi}^* x \rangle - \frac{e\varphi}{k_0 T} \langle \vec{\chi}^* \rangle \right\}. \tag{6.6}$$

2. Wir untersuchen jetzt die Beweglichkeit der Elektronen im elektrischen Feld. Es wird vorausgesetzt, daß $\nabla T = 0$ und $\mathfrak{H} = 0$; dann ist laut (6.2b) $\mathfrak{P} = \mathfrak{E}$, der elektrischen Feldstärke. In diesem Falle wird $\vec{\chi}^* = \tau \mathfrak{E}$. Die elektrische Leitfähigkeit ergibt sich nach (6.5) zu

$$\sigma = \frac{n e^2}{m^*} \langle \tau \rangle, \tag{6.7}$$

und hieraus für die Beweglichkeit

$$\mu = \frac{\sigma}{n e} = \frac{e}{m^*} \langle \tau \rangle. \tag{6.7a}$$

Es soll jetzt die Beweglichkeit für verschiedene Streumechanismen untersucht werden, wo also die Relaxationszeit unterschiedlich von der Temperatur und der Energie des Elektrons abhängt.

Gemäß (VII. 4.11), (VII. 7.14), (VII. 6.18) und (VII. 6.24) ist die Relaxationszeit τ für Streuung an akustischen Schwingungen, Störstellenionen und optischen Schwingungen in Ionenkristallen oberhalb und unterhalb der Debye-Temperatur gleich

$$\left.\begin{array}{lll}
\text{a)} & \tau = \dfrac{\tau_{0L}}{k_0 T} \varepsilon^{-1/2} = \dfrac{\tau_{0L}}{(k_0 T)^{3/2}} x^{-1/2} & \left(r = -\dfrac{1}{2}\right), \\
\text{b)} & \tau = \tau_{0I} \varepsilon^{3/2} = \tau_{0I} (k_0 T)^{3/2} x^{3/2} & \left(r = \dfrac{3}{2}\right), \\
\text{c)} & \tau = \dfrac{\tau_{0p}}{k_0 T} \varepsilon^{1/2} = \dfrac{\tau_{0p}}{(k_0 T)^{1/2}} x^{1/2} & \left(r = \dfrac{1}{2}\right), \\
\text{d)} & \tau = \tau_{0p}^{(0)} e^{\frac{\hbar \omega_0}{k_0 T}} & (r = 0),
\end{array}\right\} \tag{6.8}$$

wobei τ_{0L}, τ_{0I}, τ_{0p} und $\tau_{0p}^{(0)}$ nicht von der Energie und Temperatur abhängen und aus einem Vergleich mit den entsprechenden Ausdrücken für τ bestimmt werden können. So ergibt sich beispielsweise für die Streuung an akustischen Schwingungen aus einem Vergleich von (VII. 4.11a), (6.1) und (6.8)

$$\tau_{0k} \frac{\hbar}{\sqrt{2 m^*}} = \tau_0 = \frac{\tau_{0L}}{k_0 T}.$$

Setzt man (6.8) in (6.7a) ein und verwendet die Definition (6.4) und die Formeln des Anhangs XXV, so erhält man für die Beweglichkeiten

$$\text{a)}\quad \mu = \frac{4}{3\sqrt{\pi}} \frac{e}{m^*} \frac{\tau_{0L}}{(k_0 T)^{3/2}} \sim T^{-3/2}, \tag{6.9}$$

$$\text{b)}\quad \mu = \frac{8}{\sqrt{\pi}} \frac{e}{m^*} \tau_{0I} (k_0 T)^{3/2} \sim T^{3/2}, \tag{6.10}$$

$$\text{c)}\quad \mu = \frac{8}{3\sqrt{\pi}} \frac{e}{m^*} \frac{\tau_{0p}}{(k_0 T)^{1/2}} \sim T^{-1/2}, \tag{6.11}$$

$$\text{d)}\quad \mu = \frac{e}{m^*} \tau_{0p}^{(0)} \exp\left(\frac{\hbar\omega_0}{k_0 T}\right) \sim \exp\left(\frac{\hbar\omega_0}{k_0 T}\right). \tag{6.12}$$

3. Für die Bestimmung der Thermospannung setzen wir $\mathfrak{H} = 0$; dann ist

$$\vec{\chi}^* = \tau\,\mathfrak{P} = \tau\left\{\frac{\varepsilon - \zeta}{e T} \nabla T + \nabla\left(\frac{\zeta}{e} - \varphi\right)\right\}$$

$$= \frac{k_0}{e}\left[\tau\left(x - \frac{\zeta}{k_0 T}\right)\right] \nabla T + \tau \nabla\left(\frac{\zeta}{e} - \varphi\right). \tag{6.13}$$

Setzt man $\vec{\chi}^*$ in (6.5) ein, so erhält man

$$\mathfrak{j} = \frac{n e^2}{m^*}\left\{\frac{k_0}{e}\left[\langle\tau x\rangle - \frac{\zeta}{k_0 T}\langle\tau\rangle\right] \nabla T + \nabla\left(\frac{\zeta}{e} - \varphi\right)\langle\tau\rangle\right\}. \tag{6.14}$$

Bei $\mathfrak{j} = 0$ ergibt sich aus (6.14) für die differentielle Thermospannung

$$\alpha = \frac{\left|\nabla\left(\varphi - \frac{\zeta}{e}\right)\right|}{|\nabla T|} = \frac{k_0}{e}\left\{\frac{\langle\tau x\rangle}{\langle\tau\rangle} - \frac{\zeta}{k_0 T}\right\}. \tag{6.15}$$

Der erste Summand in der geschwungenen Klammer von (6.15) läßt sich berechnen, wenn τ in der Form (6.1) von der Energie abhängt. Verwendet man die Definition (6.4) und Anhang XXV, so erhält man

$$\frac{\langle\tau x\rangle}{\langle\tau\rangle} = r + \frac{5}{2}. \tag{6.16}$$

Für die verschiedenen Streumechanismen in (6.8) ergeben sich die folgenden Zahlenwerte für $r + \frac{5}{2}$:

$$\text{a) } 2;\quad \text{b) } 4;\quad \text{c) } 3;\quad \text{d) } 2{,}5\,. \tag{6.17}$$

Der Zahlenwert a) stimmt mit dem überein, der in (3.6) erhalten wurde.

4. Mit den Leitfähigkeitselektronen ist eine gewisse Wärmeleitfähigkeit verbunden, die wir jetzt untersuchen wollen. Bei der Messung der Wärmeleitfähigkeit ist gewöhnlich $\mathfrak{j} = 0$, d. h., der Ausdruck (6.5) verschwindet. Dann ist aber auch der zweite Summand im Wärmestrom (6.6) gleich Null und es folgt daraus

$$\mathfrak{w} = -\frac{n e}{m^*} k_0 T \langle\vec{\chi}^* x\rangle, \tag{6.18}$$

wo $\vec{\chi}^*$ gleich (6.13) ist. Bei $\mathfrak{j} = 0$ kann man $\nabla\left(\frac{\zeta}{e} - \varphi\right)$ gemäß (6.14) durch ∇T ausdrücken, so daß

$$\vec{\chi}^* = \frac{k_0}{e}\left\{\tau x - \frac{\langle \tau x\rangle}{\langle\tau\rangle}\tau\right\} \nabla T \tag{6.19}$$

ist. Setzt man (6.19) in (6.18) ein, dann erhält man einen Wärmestrom $\mathfrak{w}$ proportional $(-\nabla T)$; der Proportionalitätsfaktor oder die spezifische Wärmeleitfähigkeit ist gleich

$$\varkappa = \frac{n}{m^*} k_0^2 T \frac{\langle \tau x^2\rangle \langle\tau\rangle - \langle \tau x\rangle^2}{\langle\tau\rangle}. \tag{6.20}$$

Wenn die Elektronenkonzentration nicht von der Temperatur abhängt, dann hängt die Wärmeleitfähigkeit $\varkappa$ für die verschiedenen Fälle (6.8) in folgender Weise von der Temperatur ab: a) $\varkappa \sim T^{-1/2}$; b) $\varkappa \sim T^{5/2}$; c) $\varkappa \sim T^{1/2}$; d) $\varkappa \sim T$.

Aus (6.20) und (6.7) erhalten wir für den Fall, daß τ in Form einer Potenz von ε abhängt (6.1), das Wiedemann-Franz*sche Gesetz*

$$\frac{\varkappa}{\sigma} = L T. \tag{6.21}$$

L ist die Lorentz*sche Zahl* und gegeben durch

$$L = \left(r + \frac{5}{2}\right)\left(\frac{k_0}{e}\right)^2. \tag{6.21a}$$

Wir sehen, daß der Koeffizient $\left(r + \frac{5}{2}\right)$ in der Lorentzschen Zahl mit dem Summanden (6.16) in der Thermospannung α übereinstimmt.

5. Wir gehen jetzt zur Untersuchung der galvanomagnetischen Erscheinungen über, wobei $\nabla T = 0$ und $\mathfrak{H} \neq 0$ sind. Wir beschränken uns auf den Fall, wo $\mathfrak{H}$ senkrecht auf $\mathfrak{P} = \mathfrak{E}$ steht. In diesem Falle ist gemäß (6.2a)

$$\vec{\chi}^* = \frac{\tau\mathfrak{E} + \gamma\tau^2[\mathfrak{H}, \mathfrak{E}]}{1 + (\gamma\tau H)^2}. \tag{6.22}$$

Wenn das Magnetfeld längs der z-Achse gerichtet ist und das elektrische Feld $\mathfrak{E}$ in der $x\,y$-Ebene liegt, erhalten wir aus (6.22) und (6.5)

$$\left.\begin{aligned} j_x &= a_1 E_x - a_2 E_y, \\ j_y &= a_2 E_x + a_1 E_y, \end{aligned}\right\} \tag{6.23}$$

wobei

$$a_1 = \frac{n e^2}{m^*}\left\langle \frac{\tau}{1 + (\gamma\tau H)^2}\right\rangle, \tag{6.23a}$$

$$a_2 = \frac{n e^2}{m^*}(\gamma H)\left\langle \frac{\tau^2}{1 + (\gamma\tau H)^2}\right\rangle. \tag{6.23b}$$

Die paarweise Gleichheit der Koeffizienten in den Gleichungen (6.23) folgt aus Symmetrievorstellungen.

Der HALL-Effekt (§ 4) macht sich bekanntlich dadurch bemerkbar, daß senkrecht zum Strom und zum Magnetfeld ein elektrisches Feld entsteht. Dabei ist das Magnetfeld ebenfalls senkrecht zum Strom. Wenn der Strom längs der x-Achse fließt, so daß $j_x = j$ und $j_y = 0$ ist, dann erhält man nach Elimination von E_x aus Gleichung (6.23)

$$E_y = -\frac{a_2}{a_1^2 + a_2^2}\, j = R\,H\,j\,; \tag{6.24}$$

hier ist R laut Definition die HALL-*Konstante*. Somit ist

$$R = -\frac{a_2}{(a_1^2 + a_2^2)\,H}\,. \tag{6.24a}$$

Wenn der Strom längs der x-Achse fließt, ergibt sich für die Änderung des Widerstandes im zur Stromrichtung senkrecht stehenden Magnetfeld

$$\frac{\Delta\varrho}{\varrho} = \frac{\varrho_H - \varrho}{\varrho} = \frac{1}{\varrho}\,\frac{E_x}{j_x} - 1 = \frac{\sigma E_x}{j_x} - 1\,, \tag{6.25}$$

wobei $\sigma = \frac{1}{\varrho}$ die elektrische Leitfähigkeit bei fehlendem Magnetfeld ist. Setzt man in der Gleichung (6.23) $j_y = 0$ voraus und berechnet daraus E_x, so erhält man

$$\frac{\Delta\varrho}{\varrho} = \frac{\sigma\,a_1}{a_1^2 + a_2^2} - 1\,. \tag{6.25a}$$

Wenn τ nicht von der Energie abhängt, wie das z. B. in Ionenhalbleitern bei niedriger Temperatur der Fall ist, kann man das Mittelungssymbol $\langle\ \rangle$ in (6.23a) und (6.23b) weglassen. Es läßt sich leicht zeigen, daß in diesem Falle bei beliebigem Magnetfeld

$$\left.\begin{aligned} R &= -\frac{1}{\tau\,e\,n} \\ \text{und}\qquad & \\ \frac{\Delta\varrho}{\varrho} &= 0 \end{aligned}\right\} \tag{6.26}$$

ist. Für ein von der Energie abhängiges τ betrachten wir den Fall des schwachen und starken Magnetfeldes.

A. *Schwache Magnetfelder*: $\gamma\,\tau\,H \ll 1$ (Bedingung (4.1)).

In linearer Näherung bezüglich des Magnetfeldes, d. h., man behält in der Reihenentwicklung nur Glieder mit H bei und läßt alle mit höheren Potenzen in H weg, erhält man

$$a_1 = \frac{n\,e^2}{m^*}\langle\tau\rangle\,, \quad a_2 = \frac{n\,e^2}{m^*}(\gamma\,H)\,\langle\tau^2\rangle\,. \tag{6.27}$$

In quadratischer Näherung, d. h., bei Berücksichtigung von Gliedern mit H^2, haben wir

$$a_1 = \frac{n\,e^2}{m^*}\{\langle\tau\rangle - (\gamma\,H)^2\langle\tau^3\rangle\}\,, \quad a_2 = \frac{n\,e^2}{m^*}(\gamma\,H)\,\langle\tau^2\rangle\,. \tag{6.28}$$

Aus (6.24a) und (6.25a) folgt, daß R in linearer Näherung bezüglich H und $\frac{\Delta\varrho}{\varrho}$ in quadratischer Näherung bezüglich H [1] $\left(\text{in linearer Näherung ist } \frac{\Delta\varrho}{\varrho} = 0\right)$ sich zu

$$R = -\frac{\langle\tau^2\rangle}{\langle\tau\rangle^2}\frac{1}{e\,c\,n}, \tag{6.29}$$

$$\frac{\Delta\varrho}{\varrho} = \left(\frac{e\,H}{m^*\,c}\right)^2 \frac{\langle\tau^3\rangle\,\langle\tau\rangle - \langle\tau^2\rangle^2}{\langle\tau\rangle^2} \tag{6.30}$$

ergeben. Aus diesen Ausdrücken sieht man unmittelbar, daß R und $\frac{\Delta\varrho}{\varrho}$ gleich den in (6.26) gegebenen Ausdrücken sind, wenn τ nicht von der Energie abhängt.

Wenn τ nach (6.1) in der Form einer Potenz von der Energie ε abhängt, kann man durch Verwendung der Definition (6.4) leicht die numerischen Koeffizienten in den Gleichungen (6.29) und (6.30) finden. Für die verschiedenen Streumechanismen (6.8) erhalten wir

a) $$R = -\frac{3\pi}{8}\frac{1}{e\,c\,n}, \quad \frac{\Delta\varrho}{\varrho} = \left(\frac{e\,H}{m^*\,c}\right)^2 \frac{\tau_{0L}^2}{(k_0\,T)^3}\left[1 - \frac{\pi}{4}\right]$$
$$= \frac{9\pi}{16}\left[1 - \frac{\pi}{4}\right]\left(\frac{\mu\,H}{c}\right)^2, \tag{6.31}$$

b) $$R = -\frac{315\pi}{512}\frac{1}{e\,c\,n}, \quad \frac{\Delta\varrho}{\varrho} = \left(\frac{e\,H}{m^*\,c}\right)^2 \tau_{0I}^2\,(k_0\,T)^3\,120\left[1 - \frac{6615\,\pi}{32768}\right]$$
$$= \frac{15\pi}{8}\left[1 - \frac{6615\,\pi}{32768}\right]\left(\frac{\mu\,H}{c}\right)^2, \tag{6.32}$$

c) $$R = -\frac{45\pi}{128}\frac{1}{e\,c\,n}, \quad \frac{\Delta\varrho}{\varrho} = \left(\frac{e\,H}{m^*\,c}\right)^2 \frac{\tau_{0p}^2}{(k_0\,T)}\,3\left[1 - \frac{75\,\pi}{256}\right]$$
$$= \frac{27\pi}{64}\left[1 - \frac{75\,\pi}{256}\right]\left(\frac{\mu\,H}{c}\right)^2, \tag{6.33}$$

d) siehe (6.26).

Das Verhältnis $\frac{\Delta\varrho}{\varrho}$ haben wir durch die Beweglichkeiten (6.9)—(6.12) ausgedrückt. Jetzt sehen wir, daß (6.31) bei $\sin\alpha = 1$ mit (4.17) übereinstimmt.

B. *Starke Magnetfelder:* $\gamma\,\tau\,H \gg 1$ (§ 4.3).

Vernachlässigt man die 1 gegenüber $(\gamma\,\tau\,H)^2$, so erhält man aus (6.23a und b)

$$a_1 = \frac{n\,e^2}{m^*}\frac{1}{(\gamma\,H)^2}\left\langle\frac{1}{\tau}\right\rangle, \quad a_2 = \frac{n\,e^2}{m^*}\frac{1}{\gamma\,H}. \tag{6.34}$$

---

[1] Bei der Berechnung von $\Delta\varrho/\varrho$ muß man die Entwicklung

$$\frac{1}{a + b\,H^2} = \frac{1}{a}\frac{1}{1 + \frac{b}{a}H^2} \approx \frac{1}{a}\left(1 - \frac{b}{a}H^2\right)$$

verwenden.

Dabei ist $\frac{a_1}{a_2} = \left\langle \frac{1}{\tau} \right\rangle \frac{1}{\gamma H} \ll 1$, so daß $a_1^2 + a_2^2 \approx a_2^2$ ist. Aus (6.24a) und (6.25a) erhalten wir bei Verwendung von (6.34) die Ausdrücke

$$R = -\frac{1}{e c n}, \tag{6.35}$$

$$\frac{\Delta\varrho}{\varrho} = \langle\tau\rangle \left\langle \frac{1}{\tau} \right\rangle - 1. \tag{6.36}$$

Wir sehen, daß im Falle starker magnetischer Felder die Hall-Konstante nicht vom Streumechanismus abhängt und die Änderung des Widerstandes im Magnetfeld einen Sättigungswert erreicht.

Für die verschiedenen Streumechanismen (6.8) haben wir

$$\left.\begin{aligned} &\text{a)} \quad \frac{\Delta\varrho}{\varrho} = \frac{32}{9\pi} - 1, \quad \text{b)} \quad \frac{\Delta\varrho}{\varrho} = \frac{32}{3\pi} - 1, \\ &\text{c)} \quad \frac{\Delta\varrho}{\varrho} = \frac{32}{9\pi} - 1, \quad \text{d)} \quad \frac{\Delta\varrho}{\varrho} = 0. \end{aligned}\right\} \tag{6.37}$$

Im Falle a) fällt $\frac{\Delta\varrho}{\varrho}$ mit (4.27a) zusammen.

6. Es sollen jetzt die hauptsächlichen thermomagnetischen Erscheinungen betrachtet werden. In diesem Falle ist nicht nur $\mathfrak{H} \neq 0$, sondern auch $\nabla T \neq 0$. Wir werden jedoch wie früher voraussetzen, daß der Vektor $\mathfrak{P}$ (6.2b) senkrecht zu $\mathfrak{H}$ ist, d. h., der Temperaturgradient und das elektrische Feld liegen in einer zum Magnetfeld senkrechten Ebene. In diesem Falle hat $\vec{\chi}^*$ die Form (6.22), wo nur $\mathfrak{E}$ durch $\mathfrak{P}$ zu ersetzen ist. Wenn $\mathfrak{H}$ längs der z-Achse gerichtet ist, dann sind die Stromkomponenten in x- und y-Richtung gemäß (6.5) gleich

$$\left.\begin{aligned} j_x &= a_1 \nabla_x\left(\frac{\zeta}{e} - \varphi\right) + b_1 \nabla_x T - a_2 \nabla_y\left(\frac{\zeta}{e} - \varphi\right) - b_2 \nabla_y T, \\ j_y &= a_2 \nabla_x\left(\frac{\zeta}{e} - \varphi\right) + b_2 \nabla_x T + a_1 \nabla_y\left(\frac{\zeta}{e} - \varphi\right) + b_1 \nabla_y T, \end{aligned}\right\} \tag{6.38}$$

wobei a_1 und a_2 gleich den Ausdrücken (6.23a und b) sind und weiterhin

$$b_1 = \frac{n e^2}{m^*} \left\langle \frac{\left[\left(\frac{k_0}{e}\right) x - \frac{\zeta}{e T}\right] \tau}{1 + (\gamma \tau H)^2} \right\rangle, \tag{6.38a}$$

$$b_2 = \frac{n e^2}{m^*} (\gamma H) \left\langle \frac{\left[\left(\frac{k_0}{e}\right) x - \frac{\zeta}{e T}\right] \tau^2}{1 + (\gamma \tau H)^2} \right\rangle. \tag{6.38b}$$

Der Nernst-*Effekt*[1]) besteht darin, daß sich ein transversales Feld $\nabla_y\left(\frac{\zeta}{e} - \varphi\right)$ ausbildet, wenn der Wärmestrom längs der x-Achse ($\nabla_x T \neq 0$) fließt und das

[1]) Im weiteren nennen wir den transversalen Nernst-Ettinghausen-Effekt (§ 5) einfach Nernst-Effekt.

magnetische Feld längs der z-Achse gerichtet ist ($H = H_z$). Es wird vorausgesetzt, daß der elektrische Strom gleich Null ist, d. h. $\mathfrak{j} = 0$. Wir beschränken uns auf die Betrachtung des isothermischen NERNST-Effekts, bei welchem $\nabla_y T = 0$, so daß $\nabla_y \left(\frac{\zeta}{e} - \varphi\right) = - \nabla_y \varphi = E_y$ wird.

Eliminiert man aus (6.38) die Größe $\nabla_x\left(\frac{\zeta}{e} - \varphi\right)$, so erhält man

$$\nabla_y \left(\frac{\zeta}{e} - \varphi\right) = E_y = - \frac{a_1 b_2 - a_2 b_1}{a_1^2 + a_2^2} \nabla_x T = - Q H \nabla_y T ; \tag{6.39}$$

Q ist die NERNST-*Konstante* und ergibt sich zu

$$Q = \frac{a_1 b_2 - a_2 b_1}{(a_1^2 + a_2^2) H} . \tag{6.39a}$$

Mit Hilfe der Ausdrücke (6.23a, b) und (6.38a, b) für die Koeffizienten a_i und b_i läßt sich leicht zeigen, daß $Q = 0$, wenn die Relaxationszeit τ nicht von der Energie abhängt $\left(\text{es ist zu berücksichtigen, daß } \langle x \rangle = \frac{5}{2}\right)$. Wie wir weiter unten sehen werden, hängt das Vorzeichen von Q von dem Charakter der Energieabhängigkeit der Relaxationszeit τ ab. Der NERNST-Effekt ist somit ebenso wie die Änderung des Widerstandes im Magnetfeld abhängig vom Streumechanismus der Elektronen.

Wir untersuchen jetzt den NERNST-Effekt in schwachen und starken Magnetfeldern.

A. *Schwache Felder*: $\gamma \tau H \ll 1$.

In linearer Näherung bezüglich des Magnetfeldes sind die Koeffizienten a_1 und a_2 durch die Formeln (6.27) gegeben und die Koeffizienten b_1 und b_2 gemäß (6.38a, b) gleich

$$\left.\begin{aligned} b_1 &= \frac{n e^2}{m^*} \left\{\left(\frac{k_0}{e}\right) \langle \tau x \rangle - \frac{\zeta}{e T} \langle \tau \rangle\right\}, \\ b_2 &= \frac{n e^2}{m^*} (\gamma H) \left\{\left(\frac{k_0}{e}\right) \langle \tau^2 x \rangle - \frac{\zeta}{e T} \langle \tau^2 \rangle\right\}, \end{aligned}\right\} \tag{6.40}$$

woraus folgt

$$Q = \left(\frac{k_0}{e}\right) \frac{e}{m^* c} \frac{\langle \tau \rangle \langle \tau^2 x \rangle - \langle \tau^2 \rangle \langle \tau x \rangle}{\langle \tau \rangle^2} . \tag{6.41}$$

Wenn τ die Form (6.1) hat, wird

$$Q = \frac{k_0}{e} \frac{e}{m^* c} \tau_0 (k_0 T)^r r \frac{\Gamma\left(2r + \frac{5}{2}\right)}{\Gamma\left(r + \frac{5}{2}\right)} = \frac{3\sqrt{\pi}}{4c} \frac{\Gamma\left(2r + \frac{5}{2}\right)}{\Gamma^2\left(r + \frac{5}{2}\right)} r \left(\frac{k_0}{e}\right) \mu . \tag{6.41a}$$

Wir können jetzt die NERNST-Konstante für die verschiedenen Streumechanismen

(6.8) bestimmen:

$$\text{a)}\quad Q = -\frac{\sqrt{\pi}}{4}\left(\frac{k_0}{e}\right)\frac{e}{m^* c}\frac{\tau_{0L}}{(k_0 T)^{3/2}} = -\frac{3\pi}{16c}\left(\frac{k_0}{e}\right)\mu\,, \tag{6.42}$$

$$\text{b)}\quad Q = \frac{945\,\pi}{128}\left(\frac{k_0}{e}\right)\frac{e}{m^* c}\,\tau_{0I}(k_0 T)^{3/2} = \frac{945\,\pi}{1024\,c}\left(\frac{k_0}{e}\right)\mu\,, \tag{6.43}$$

$$\text{c)}\quad Q = \frac{15\sqrt{\pi}}{32}\left(\frac{k_0}{e}\right)\frac{e}{m^* c}\frac{\tau_{0p}}{(k_0 T)^{1/2}} = \frac{45\,\pi}{256\,c}\left(\frac{k_0}{e}\right)\mu\,, \tag{6.44}$$

$$\text{d)}\quad Q = 0\,. \tag{6.45}$$

Der Wert von (6.42) stimmt mit (5.4a) überein. Das Vorzeichen von Q stimmt mit dem Vorzeichen des Exponenten r in (6.1) überein. Deshalb kann Q sein Vorzeichen wechseln, wenn mit Änderung der Temperatur ein Streumechanismus durch einen anderen ersetzt wird.

B. *Starke Felder:* $\gamma\,\tau\,H \gg 1$.

Vernachlässigt man die 1 gegenüber $(\gamma\,\tau\,H)^2$, so erhalten wir aus (6.38a, b)

$$\left.\begin{aligned} b_1 &= \frac{n\,e^2}{m^*}\frac{1}{(\gamma H)^2}\left\{\left(\frac{k_0}{e}\right)\left\langle\frac{x}{\tau}\right\rangle - \frac{\zeta}{e\,T}\left\langle\frac{1}{\tau}\right\rangle\right\},\\ b_2 &= \frac{n\,e^2}{m^*}\frac{1}{(\gamma H)}\left\{\left(\frac{k_0}{e}\right)\langle x\rangle - \frac{\zeta}{e\,T}\right\}. \end{aligned}\right\} \tag{6.46}$$

Setzt man (6.46) und (6.34) in (6.39a) ein, so ergibt sich in der Näherung $1/H^2$

$$Q = \frac{1}{\gamma H^2}\left(\frac{k_0}{e}\right)\left\{\langle x\rangle\left\langle\frac{1}{\tau}\right\rangle - \left\langle\frac{x}{\tau}\right\rangle\right\}. \tag{6.47}$$

Wir stellen fest, daß aus (6.4) $\langle x\rangle = \dfrac{5}{2}$ folgt.

Es läßt sich leicht zeigen, daß bei Streuung der Elektronen an akustischen Schwingungen (6.8a)

$$Q = -\frac{4}{3\sqrt{\pi}}\left(\frac{k_0}{e}\right)\frac{m^* c}{e H^2}\frac{(k_0 T)^{3/2}}{\tau_{0L}} = -\frac{16}{9\pi}\frac{k_0}{e}\frac{c}{\mu H^2} \tag{6.48}$$

wird. Analog bestimmt man Q für die anderen Streumechanismen.

Wir werden jetzt die Änderung der Thermospannung im Magnetfeld untersuchen. Setzt man in den Gleichungen (6.38) wieder $j_x = j_y = 0$, $\nabla_y T = 0$, eliminiert jetzt aber $\nabla_y\left(\dfrac{\zeta}{e} - \varphi\right)$, so erhalten wir für die differentielle Thermospannung im Magnetfeld

$$\alpha_H = \frac{|\nabla_x(\varphi - \zeta/e)|}{|\nabla_x T|} = \frac{a_1 b_1 + a_2 b_2}{a_1^2 + a_2^2}\,. \tag{6.49}$$

Bei $H = 0$ ist $a_2 = b_2 = 0$ und die Thermospannung wird

$$\alpha_{H=0} = \left.\frac{b_1}{a_1}\right|_{H=0} = \frac{k_0}{e}\left\{\frac{\langle\tau\,x\rangle}{\langle\tau\rangle} - \frac{\zeta}{k_0 T}\right\} = \alpha\,. \tag{6.50}$$

Es läßt sich leicht zeigen, daß die Änderung der Thermospannung in linearer Näherung bezüglich des Magnetfeldes gleich $\Delta\alpha = \alpha_H - \alpha = 0$ ist. Man muß also für die Berechnung von $\Delta\alpha$ die Koeffizienten b_1 und b_2 in quadratischer Näherung bezüglich des Magnetfeldes bestimmen. Aus (6.38a, b) folgt

$$b_1 = \frac{n\,e^2}{m^*}\left\{\left(\frac{k_0}{e}\right)\langle\tau\,x\rangle - \frac{\zeta}{e\,T}\langle\tau\rangle - (\gamma\,H)^2\left[\left(\frac{k_0}{e}\right)\langle\tau^3\,x\rangle - \frac{\zeta}{e\,T}\langle\tau^3\rangle\right]\right\}, \quad (6.51)$$

$$b_2 = \frac{n\,e^2}{m^*}(\gamma\,H)\left\{\left(\frac{k_0}{e}\right)\langle\tau^2\,x\rangle - \frac{\zeta}{e\,T}\langle\tau^2\rangle\right\}. \quad (6.51\,a)$$

Aus (6.51), 6.51a), (6.28), (6.28a) und der Anmerkung auf Seite 312 ergibt sich in quadratischer Näherung bezüglich des Magnetfeldes

$$\Delta\alpha = \left(\frac{k_0}{e}\right)(\gamma\,H)^2\,\frac{\langle\tau\rangle\langle\tau^3\rangle\langle\tau\,x\rangle + \langle\tau\rangle\langle\tau^2\rangle\langle\tau^2\,x\rangle - \langle\tau\rangle^2\langle\tau^3\,x\rangle - \langle\tau^2\rangle^2\langle\tau\,x\rangle}{\langle\tau\rangle^3}. \quad (6.52)$$

Wenn τ nicht von der Energie des Elektrons abhängt, ist $\Delta\alpha = 0$ (das kann man für ein beliebiges Magnetfeld) zeigen.

Bei Wechselwirkung mit akustischen Schwingungen ist

$$\Delta\alpha = \left(\frac{k_0}{e}\right)\left(\frac{e\,H}{m^*\,c}\right)^2\frac{\tau_{0L}^2}{(k_0\,T)^3}\left(1 - \frac{\pi}{8}\right) = \frac{9\,\pi}{16}\left(1 - \frac{\pi}{8}\right)\left(\frac{k_0}{e}\right)\left(\frac{\mu\,H}{c}\right)^2. \quad (6.53)$$

Bei Streuung an Störstellenionen wird

$$\Delta\alpha = -\left(\frac{k_0}{e}\right)\left(\frac{e\,H}{m^*\,c}\right)^2\tau_{0I}^2(k_0\,T)^3\,340\left[1 - \frac{297\,675\,\pi}{2\,785\,280}\right]$$
$$\approx -50{,}0\left(\frac{k_0}{e}\right)\left(\frac{\mu\,H}{c}\right)^2. \quad (6.54)$$

Wir stellen fest, daß bei Vergrößerung des Magnetfeldes im Falle (6.53) $\Delta\alpha$ wächst, im Falle (6.54) dagegen fällt.

Im Falle starker magnetischer Felder, wo man die 1 gegenüber $(\gamma\,\tau\,H)^2$ vernachlässigen kann, sind die Koeffizienten a_i und b_i gleich den Ausdrücken (6.34) und (6.46). Setzt man diese Werte in (6.49) ein und vernachlässigt Größen mit $1/H^4$ gegenüber Größen mit $1/H^2$ und Größen mit $1/H^2$ gegenüber solchen, die nicht von H abhängen, so stellen wir fest, daß α bei $H \to \infty$ einen Sättigungswert erreicht:

$$\alpha_\infty = \left(\frac{k_0}{e}\right)\left\{\frac{5}{2} - \frac{\zeta}{k_0\,T}\right\}. \quad (6.55)$$

Die interessanteste Besonderheit der Größe α_∞ besteht darin, daß sie unabhängig vom Streumechanismus ist. Hieraus und aus (6.15) folgt, daß

$$\Delta\alpha = \alpha_\infty - \alpha = \left(\frac{k_0}{e}\right)\left\{\frac{5}{2} - \frac{\langle\tau\,x\rangle}{\langle\tau\rangle}\right\} \quad (5.56)$$

ist. Für die Wechselwirkung mit akustischen Phononen und mit Störstellenionen ist die maximale Änderung von α gleich

$$\Delta\alpha = \frac{1}{2}\left(\frac{k_0}{e}\right) \quad \text{und} \quad \Delta\alpha = -\frac{3}{2}\left(\frac{k_0}{e}\right). \quad (5.57)$$

Die allgemeinen Ausdrücke für die HALL-Konstante R (6.24a), die Änderung des Widerstandes im Magnetfeld $\Delta\varrho/\varrho$ (6.25a), die NERNST-Konstante Q (6.39a) und die Änderung der Thermospannung α_H im Magnetfeld (6.49) gelten bei beliebigem magnetischem Feld. Im Falle eines beliebigen Magnetfeldes läßt sich die Frage somit auf die Berechnung der Koeffizienten a_1, a_2, b_1 und b_2 aus den allgemeinen Formeln (6.23a, b) und (6.38a, b) zurückführen. Bei Streuung der Elektronen an akustischen Schwingungen führt die Berechnung der Koeffizienten a_1 und a_2 aus den Formeln (6.23a, b) auf die Auswertung von Integralen der Form

$$\int_0^\infty \frac{x^2 e^{-x} dx}{h + x} \quad \text{und} \quad \int_0^\infty \frac{x^{3/2} e^{-x} dx}{h + x}, \tag{6.58}$$

die von einem Parameter

$$h = \frac{\tau_{0L}^2}{(k_0 T)^3} \left(\frac{e H}{m^* c}\right)^2 \tag{6.58a}$$

abhängen, der seinerseits eine Funktion des magnetischen Feldes und der Temperatur ist.

Die Integrale (6.58) können durch transzendente Funktionen von h ausgedrückt werden (z. B. das Wahrscheinlichkeitsintegral). Es bereitet auch keine Schwierigkeit, die Abhängigkeit der Integrale vom Parameter h graphisch oder in einer Tabelle darzustellen.[1]) Analoge Integrale entstehen bei der Bestimmung der Koeffizienten b_1 und b_2, ebenso im Falle anderer Streumechanismen. Wenn uns die Abhängigkeit der Koeffizienten a_i und b_i von H und T bekannt ist, dann haben wir damit gleichzeitig die Abhängigkeit der Größen R, $\frac{\Delta\varrho}{\varrho}$, Q und α_H vom magnetischen Feld und der Temperatur.

7. In einigen Fällen sind gleichzeitig mehrere Streumechanismen wesentlich. Beispielsweise fällt die durch Wechselwirkung mit akustischen Schwingungen verursachte Beweglichkeit beim Anwachsen der Temperatur mit $T^{-3/2}$, während die mit der Streuung an Störstellenionen verknüpfte Beweglichkeit mit $T^{3/2}$ wächst. Deshalb kann man bei hohen bzw. niedrigen Temperaturen die Streuung an Ionen bzw. die Streuung an akustischen Schwingungen vernachlässigen. Im dazwischen liegenden Temperaturgebiet werden jedoch beide Streumechanismen wichtig sein. Die Herleitungen dieses Paragraphen sind gültig bei beliebiger Abhängigkeit der Relaxationszeit τ von der Energie ε, deshalb bleiben alle gewonnenen Formeln dieselben, wenn man anstelle von τ seinen effektiven Wert einsetzt, der sich aus (VII. 7.17) ergibt.

Die durch gleichzeitige Wechselwirkung der Elektronen mit akustischen Schwingungen und Störstellenionen bedingte Relaxationszeit ist gemäß (6.8) gleich

$$\tau = \frac{3\sqrt{\pi}}{4} \frac{m^*}{e} \mu_L \frac{x^{3/2}}{x^2 + \beta^2}, \tag{6.59}$$

[1]) V. A. JOHNSON and W. J. WHITESELL, Phys. Rev. 89 (1953) 941.

wo wie bisher $x = \frac{\varepsilon}{k_0 T}$ ist, β gegeben ist durch $\beta = \sqrt{6 \mu_L / \mu_I}$ und μ_L und μ_I die Beweglichkeiten (6.9) und (6.10) sind, die wir anstelle von τ_{0L} und τ_{0I} eingeführt haben. Für β gilt $\beta^2 \sim T^{-3}$. Die Relaxationszeit (6.59) kann in eine beliebige Formel dieses Paragraphen eingesetzt werden.

Aus (6.7a) und aus (6.59) folgt, daß die Beweglichkeit

$$\mu = \frac{3\sqrt{\pi}}{4} \mu_L \left\langle \frac{x^{3/2}}{x^2 + \beta^2} \right\rangle \tag{6.60}$$

ist, d. h. durch das Integral

$$\int_0^\infty \frac{x^3 e^{-x} dx}{x^2 + \beta^2} = J(\beta) \tag{6.60a}$$

bestimmt wird, welches von dem Parameter β abhängt.

Man kann zeigen¹), daß

$$J(\beta) = 1 + \beta^2 (\mathrm{Si}\,\beta \sin\beta + \mathrm{Ci}\,\beta \cos\beta) \tag{6.60b}$$

ist, wobei

$$\mathrm{Si}\,\beta = -\int_\beta^\infty \frac{\sin x}{x} dx, \qquad \mathrm{Ci}\,\beta = -\int_\beta^\infty \frac{\cos x}{x} dx \tag{6.60c}$$

der Integralsinus und der Integralkosinus sind.²)

Im Endergebnis kann die Beweglichkeit μ (6.60) als Funktion der Temperatur im gesamten Temperaturintervall dargestellt werden, angefangen bei hohen Temperaturen und herunter bis zu den niedrigsten Temperaturen. In den Grenzfällen $\mu_I \to \infty$ und $\mu_L \to \infty$ wird die Beweglichkeit μ gemäß (6.60) gleich $\mu = \mu_L$ bzw. $\mu = \mu_I$.

Analog kann man aus den Formeln (6.15) und (6.29) die differentielle Thermospannung α und die Hall-Konstante R berechnen. Die sich dabei ergebenden Integrale sind ähnlich dem in (6.60a) gegebenen und lassen sich durch den Integralsinus, den Integralkosinus und das Fresnelsche Integral ausdrücken.

Vollkommen analog lassen sich andere kinetische Koeffizienten und andere Streumechanismen betrachten. Die dabei auftretenden Integrale sind untersucht und tabuliert worden.³)

---

¹) A. I. Anselm und W. I. Kljatschkin (А. И. Ансельм и В. И. Клячкин, ЖЭТФ), J. exp. techn. Phys. 22 (1952) 297.

²) Tabellen findet man beispielsweise in Jahnke-Emde, Tafeln höherer Funktionen, 5. Auflage, B. G. Teubner Verlagsgesellschaft, Leipzig 1960.

³) R. B. Dingle, A. Doreen and S. K. Roy, Applied Scientific Research, Hague, B 6 (1956) 155.

§ 7. Transporterscheinungen in Halbleitern mit einfacher Bänderstruktur bei beliebiger Entartung der Ladungsträger

1. Wir verallgemeinern jetzt die im vorhergehenden Paragraphen erhaltenen Resultate auf den Fall beliebiger Entartung der Ladungsträger. Gemäß Formel (2.13) ist die elektrische Stromdichte (der Elektronen)

$$\mathfrak{j} = -e \int f_1(\mathfrak{k})\, \mathfrak{v} \frac{d^3 k}{4\pi^3} = \frac{2\sqrt{2}}{3\pi^2} \frac{m^{*1/2} e^2}{\hbar^3} \int_0^\infty \vec{\chi}^* \left(-\frac{\partial f_0}{\partial \varepsilon}\right) \varepsilon^{3/2}\, d\varepsilon\,, \tag{7.1}$$

wobei wir $f_1(\mathfrak{k})$ und $\mathfrak{v}$ durch die Ausdrücke (2.2) und (2.1a) versetzt haben und zur Integrationsvariablen ε übergegangen sind, indem wir vom Dispersionsgesetz (2.1) Gebrauch gemacht haben. Die Vektorfunktion $\vec{\chi}^*(\varepsilon)$ wird durch die Gleichung (6.2) bestimmt.

Ähnlich dem Ausdruck (6.5) schreiben wir (7.1) in der Form

$$\mathfrak{j} = \frac{n e^2}{m^*} \langle \vec{\chi}^* \rangle\,, \tag{7.1a}$$

dabei hat das Symbol $\langle\ \rangle$ jetzt folgende Bedeutung:

$$\langle \mathfrak{g} \rangle = \frac{(2m^*)^{3/2}}{3\pi^2 \hbar^3 n} \int_0^\infty \mathfrak{g}(\varepsilon) \left(-\frac{\partial f_0}{\partial \varepsilon}\right) \varepsilon^{3/2}\, d\varepsilon = \frac{1}{\zeta_0^{3/2}} \int_0^\infty \mathfrak{g}(\varepsilon) \left(-\frac{\partial f_0}{\partial \varepsilon}\right) \varepsilon^{3/2}\, d\varepsilon$$

$$= \frac{1}{z_0^{3/2}} \int_0^\infty \mathfrak{g}(x) \left(-\frac{\partial f_0}{\partial x}\right) x^{3/2}\, dx\,. \tag{7.1b}$$

Hier ist ζ_0 die Fermi-Energie (VI. 2.8a) und es ist $z_0 = \frac{\zeta_0}{k_0 T}$ und $x = \frac{\varepsilon}{k_0 T}$. Bei beliebiger Entartung ist die Gleichgewichtsverteilungsfunktion

$$f_0 = \frac{1}{e^{\frac{\varepsilon - \zeta}{k_0 T}} + 1} = \frac{1}{e^{x-z} + 1} \tag{7.1c}$$

und in diesem Sinne ist (7.1b) eine Verallgemeinerung des Ausdrucks (6.4). (7.1b) geht in (6.4) über, wenn man f_0 durch die Boltzmannsche Verteilung (VI. 2.11a) ersetzt.

Aus (7.1b) folgt für $\mathfrak{g} = \mathfrak{a} = \text{const}$

$$\langle \mathfrak{a} \rangle = \mathfrak{a}\,. \tag{7.1d}$$

Das kann einfach nachgewiesen werden, wenn man das Integral (7.1b) partiell integriert und die Normierungsbedingung (VI. 2.5) ausnutzt. Wenn τ von der Energie ε nach dem Gesetz (6.1) abhängt, und man nur die Grenzfälle eines schwachen oder starken Magnetfeldes betrachtet, dann führt Mittelung in (7.1a) immer zu einer Mittelung einer Potenz der Energie ε, d. h.

$$\langle \varepsilon^s \rangle = \zeta_0^{-3/2} \int_0^\infty \varepsilon^{s+3/2} \left(-\frac{\partial f_0}{\partial \varepsilon}\right) d\varepsilon \,, \tag{7.2}$$

$$\langle x^s \rangle = z_0^{-3/2} \int_0^\infty x^{s+3/2} \left(-\frac{\partial f_0}{\partial x}\right) dx \,. \tag{7.2a}$$

Wenn $k_0 T/\zeta_0 \ll 1$ ist, dann ist in erster (Näherung mit δ-Funktion) und zweiter Näherung bezüglich der Entartung (7.2) gegeben durch

$$\langle \varepsilon^s \rangle = \zeta_0^s \tag{7.2b}$$

bzw.

$$\langle \varepsilon^s \rangle = \zeta_0^s \left\{1 + \frac{\pi^2}{6} s \left(s + \frac{3}{2}\right) \left(\frac{k_0 T}{\zeta_0}\right)^2\right\} ; \tag{7.2c}$$

hier haben wir die Formel (A 18.5) und den Ausdruck für ζ (VI. 2.9) verwendet.

Führt man in (7.2a) eine partielle Integration aus, so ergibt sich

$$\langle x^s \rangle = z_0^{-3/2} \left(s + \frac{3}{2}\right) \mathcal{F}_{s+1/2}(z) \,, \tag{7.2d}$$

wo $z = \dfrac{\zeta}{k_0 T}$ ist, und das Fermi-Integral $\mathcal{F}_{s+1/2}$ durch die Gleichung (VI. 2.6) bestimmt wird.

Die Dichte des Energieflusses kann aus (7.1) berechnet werden, wenn man die Ladung des Elektrons $-e$ durch seine Gesamtenergie $\varepsilon - e\varphi$ ersetzt (unter dem Integralzeichen). φ ist das Potential des elektrischen Feldes, welches auf das Elektron wirkt. Die Dichte des Energieflusses wird somit

$$\mathfrak{w} = -\frac{n e}{m^*} \langle \vec{\chi}^* (\varepsilon - e\varphi) \rangle = -\frac{n e}{m^*} \langle \vec{\chi}^* \varepsilon \rangle + \varphi \mathfrak{j} \,. \tag{7.3}$$

Wenn bei den Meßbedingungen der elektrische Strom gleich Null ist, dann wird $\mathfrak{w}$ gleich dem ersten Summanden der rechten Seite von (7.3).

2. Bei Fehlen eines Temperaturgradienten und eines magnetischen Feldes ergibt sich der elektrische Strom aus der Gleichung (7.1a), wo $\vec{\chi}^*$ gemäß (6.2a) gleich $\tau \mathfrak{E}$ ist; damit wird

$$\mathfrak{j} = \frac{n e^2}{m^*} \langle \tau \rangle \mathfrak{E} \,, \tag{7.4}$$

woraus man für die elektrische Leitfähigkeit

$$\sigma = \frac{n e}{m^*} \langle \tau \rangle \tag{7.5}$$

erhält. Wenn τ gleich (6.1) ist, dann wird

$$\langle \tau \rangle = \tau_0 \langle \varepsilon^r \rangle = \tau_0 (k_0 T)^r \langle x^r \rangle \,. \tag{7.6}$$

Verwendet man (7.2d), so ergibt sich bei beliebiger Entartung

$$\sigma = \frac{2\sqrt{2}}{3\,\pi^2}\,\frac{e^2\,m^{*1/2}}{\hbar^3}\,\tau_0(k_0\,T)^{r+3/2}\left(r+\frac{3}{2}\right)\mathcal{F}_{r+1/2}(z)\,, \tag{7.7}$$

wobei man $z = \frac{\zeta}{k_0\,T}$ bei $n = \text{const}$ aus (VI. 2.5), bei Anwesenheit von Donatoren und Akzeptoren dagegen aus (VI. 2.15) erhält.

Bei starker Entartung reicht es aus, die erste Näherung (7.2b) zu verwenden; dann ist

$$\sigma = \frac{n\,e^2}{m^*}\,\tau(\zeta_0); \tag{7.8}$$

dabei ist $\tau(\zeta_0) = \tau(\varepsilon)|_{\varepsilon=\zeta_0}$.

Aus dem Ausdruck (7.1) ersieht man, daß wegen der Anwesenheit des Faktors $\left(-\frac{\partial f_0}{\partial \varepsilon}\right) \approx \delta(\varepsilon-\zeta_0)$ unter dem Integral am Strom nur solche Elektronen beteiligt sind, die in einer Schicht mit einer Dicke der Größenordnung $k_0\,T$ in der Nähe der Fermi-Fläche $\varepsilon = \zeta_0$ liegen. Für alle anderen Elektronen ist $\delta(\varepsilon-\zeta_0) \approx 0$. Aus diesem Grunde führt man bei Entartung auch keine Beweglichkeit der Elektronen, $\mu = \frac{\sigma}{n\,e}$, ein. Man stellt jedoch fest, daß die elektrische Leitfähigkeit (7.8) der Konzentration aller Elektronen proportional ist. Das ist damit verknüpft, daß bei Entartung das Integral (7.1) proportional der Größe $\varepsilon^{3/2}|_{\varepsilon=\zeta_0} = \zeta_0^{3/2} \sim n$ ist.

3. Der Ausdruck (6.15) für die differentielle Thermospannung wird bei Verwendung von (7.4)

$$\alpha = \left(\frac{k_0}{e}\right)\left\{\frac{\langle\tau\,x\rangle}{\langle\tau\rangle} - z\right\} = \left(\frac{k_0}{e}\right)\frac{1}{k_0\,T}\left\{\frac{\langle\tau\,\varepsilon\rangle}{\langle\tau\rangle} - \zeta\right\}. \tag{7.9}$$

Wenn τ gleich (6.1) ist, hat man bei beliebiger Entartung

$$\alpha = \left(\frac{k_0}{e}\right)\left\{\frac{\left(r+\frac{5}{2}\right)\mathcal{F}_{r+3/2}(z)}{\left(r+\frac{3}{2}\right)\mathcal{F}_{r+1/2}(z)} - z\right\}. \tag{7.10}$$

Aus (7.9) sieht man unmittelbar, daß $\alpha = 0$ ist in erster Näherung bezüglich der Entartung. Der erste Summand in der geschwungenen Klammer von (7.9) ist in der Näherung mit einer δ-Funktion gleich

$$\frac{\langle\tau\,\varepsilon\rangle}{\langle\tau\rangle} = \frac{\tau(\zeta_0)\,\zeta_0}{\tau(\zeta_0)} = \zeta_0$$

und hebt sich folglich mit dem zweiten Summanden auf. Wir verwenden (7.2d) und (VI. 2.9) und erhalten in zweiter Näherung[1])

$$\alpha = \frac{\pi^2}{3}\left(r+\frac{3}{2}\right)\left(\frac{k_0}{e}\right)\left(\frac{k_0\,T}{\zeta_0}\right). \tag{7.11}$$

[1]) Siehe Fußnote [1]) auf S. 322.

Für verschiedene Streumechanismen hat r verschiedene Werte (6.8). Für gute Metalle ist $r = 3/2$, wie aus (VII. 4.14) folgt.

Aus (7.11) sieht man sofort, daß α für Metalle wesentlich kleiner ist als für nichtentartete Halbleiter, da α bei starker Entartung den zusätzlichen Faktor $(k_0\,T/\zeta_0)$ hat, welcher für Metalle bei Zimmertemperatur von der Größenordnung $5 \cdot 10^{-3}$ ist.

4. Da der Ausdruck (7.3) für den Wärmestrom dasselbe Aussehen hat wie (6.6), ist der Wärmeleitungskoeffizient $\varkappa$ gemäß (6.20) gleich

$$\varkappa = \frac{n}{m^*} k_0^2\, T \,\frac{\langle\tau\rangle \langle\tau\, x^2\rangle - \langle\tau\, x\rangle^2}{\langle\tau\rangle} = \frac{n}{m^*}\frac{1}{T}\frac{\langle\tau\rangle \langle\tau\, \varepsilon^2\rangle - \langle\tau\, \varepsilon\rangle^2}{\langle\tau\rangle}\,. \tag{7.12}$$

Ganz analog zu α kann man auch jetzt leicht zeigen, daß $\varkappa$ in erster Näherung bezüglich der Entartung verschwindet. In zweiter Näherung wird mit τ gleich (6.1)

$$\varkappa = \frac{\pi^2}{3} k_0^2\, T \frac{n}{m^*} \tau(\zeta_0)\,, \tag{7.13}$$

wobei von der Entwicklung (7.2c) Gebrauch gemacht wurde. Hieraus und aus (7.8) folgt das Wiedemann-Franzsche Gesetz

$$\frac{\varkappa}{\sigma} = L\, T\,. \tag{7.14}$$

Im Falle starker Entartung hängt die Lorentzsche Zahl

$$L = \frac{\pi^2}{3}\left(\frac{k_0}{e}\right)^2 \tag{7.14a}$$

nicht vom Streumechanismus ab.

Bei im Zwischengebiet bzw. Übergangsgebiet liegender Entartung kann $\varkappa$ mit Hilfe von (7.2d) durch Fermi-Integrale ausgedrückt werden. Im allgemeinen Fall wird die Lorentzsche Zahl

$$L = \frac{\left(r + \frac{3}{2}\right)\left(r + \frac{7}{2}\right)\mathcal{F}_{r+1/2}\,\mathcal{F}_{r+5/2} - \left(r + \frac{5}{2}\right)^2 \mathcal{F}_{r+3/2}^2}{\left(r + \frac{3}{2}\right)^2 \mathcal{F}_{r+3/2}^2}\left(\frac{k_0}{e}\right)^2. \tag{7.15}$$

5. Wir betrachten jetzt die hauptsächlichen galvanomagnetischen Erscheinungen. Wenn das Magnetfeld senkrecht zum Vektor $\mathfrak{P} = \tau\,\mathfrak{E}$ ist, dann gelten die Gleichungen (6.23), (6.23a) und (6.23b). Natürlich müssen wir dabei unter dem Symbol $\langle\;\rangle$ die Mittelwertbildung (7.1b) verstehen. Damit bleiben die Formeln für die Hall-Konstante R und die Änderung des Widerstandes im

[1]) Dabei verwenden wir hier und im weiteren die Entwicklung ($x \ll 1$)

$$\frac{1 + a\, x^2}{1 + b\, x^2} \approx (1 + a\, x^2)\,(1 - b\, x^2) \approx 1 + (a - b)\, x^2$$

mit einer Genauigkeit bis zu Gliedern zweiten Grades x^2.

Magnetfeld $\Delta\varrho/\varrho$ erhalten, wie sie im vorhergehenden Paragraphen für schwache und starke Magnetfelder erhalten wurden, wenn man nur unter $\langle\ \rangle$ die Mittelung (7.1b) versteht.

A. *Schwache Felder:* $\gamma\tau H \ll 1$.

In diesem Falle ist gemäß (6.29)

$$R = -\frac{\langle\tau^2\rangle}{\langle\tau\rangle^2}\frac{1}{e c n}. \tag{7.16}$$

In erster Näherung bezüglich der Entartung ist

$$\frac{\langle\tau^2\rangle}{\langle\tau\rangle^2} = \frac{\tau^2(\zeta_0)}{[\tau(\zeta_0)]^2} = 1,$$

deshalb wird

$$R = -\frac{1}{e c n}. \tag{7.17}$$

Für den Fall, daß (6.1) gilt und mittlere Entartung vorliegt, kann man $\langle\tau^2\rangle/\langle\tau\rangle^2$ durch FERMI-Integrale ausdrücken.

Die Änderung des Widerstandes im Magnetfeld ist gemäß (6.30)

$$\frac{\Delta\varrho}{\varrho} = \left(\frac{e H}{m^* c}\right)^2 \frac{\langle\tau^3\rangle\langle\tau\rangle - \langle\tau^2\rangle^2}{\langle\tau\rangle^2}, \tag{7.18}$$

was in erster Näherung bezüglich der Entartung verschwindet. Das entspricht der allgemeinen Tatsache, daß eine Änderung des Widerstandes im magnetischen Feld nur dann auftritt, wenn Gruppen von Elektronen mit verschiedener Energie auftreten, die unterschiedlich gestreut werden.

In zweiter Näherung bezüglich der Entartung und bei einer Energieabhängigkeit der Relaxationszeit von der Form (6.1) erhalten wir

$$\frac{\Delta\varrho}{\varrho} = B_0 H^2, \tag{7.19}$$

wo

$$B_0 = \frac{\pi^2}{3} r^2 \left[\frac{e\,\tau(\zeta_0)}{m^* c}\right]^2 \left(\frac{k_0 T}{\zeta_0}\right)^2 \tag{7.19a}$$

ist. Im Falle mittlerer Entartung kann die Größe $\frac{\Delta\varrho}{\varrho}$ (7.18) durch FERMI-Integrale ausgedrückt werden.

Wir stellen fest, daß im schwachen Feld und starker Entartung $\Delta\varrho/\varrho$ in Metallen nicht von der Temperatur abhängt, da $\tau(\zeta_0)$ umgekehrt proportional der Temperatur ist (VII. 4.14).

B. *Starke Felder:* $\gamma\tau H \gg 1$.

Für starke Felder ist die HALL-Konstante R unabhängig vom Grad der Entartung gleich (7.17), wie aus den Herleitungen des vorhergehenden Paragraphen folgt. Gemäß (6.36) ist die Änderung des Widerstandes im magnetischen Feld

$$\frac{\Delta\varrho}{\varrho} = \langle\tau\rangle\left\langle\frac{1}{\tau}\right\rangle - 1. \tag{7.20}$$

In erster Näherung bezüglich der Entartung ist $\frac{\Delta\varrho}{\varrho} = 0$, da $\langle\tau\rangle\left\langle\frac{1}{\tau}\right\rangle = 1$. Im Falle von (6.1) wird in zweiter Näherung bezüglich der Entartung

$$\frac{\Delta\varrho}{\varrho} = \frac{\pi^2}{3} r^2 \left(\frac{k_0 T}{\zeta_0}\right)^2, \tag{7.21}$$

d. h., es tritt Sättigung ein bei $H \to \infty$. In starken Feldern und bei Entartung ist der Sättigungswert proportional T^2, $\frac{\Delta\varrho}{\varrho} \sim T^2$.

C. Im Falle *starker Entartung* kann $\frac{\Delta\varrho}{\varrho}$ für ein beliebiges magnetisches Feld berechnet werden. In zweiter Näherung bezüglich der Entartung ist

$$\frac{\Delta\varrho}{\varrho} = \frac{B_0 H^2}{1 + (R\sigma H)^2}. \tag{7.22}$$

Hier ist B_0 durch die Gleichung (7.19a) bestimmt und R und σ sind die Hall-Konstante (7.17) und die elektrische Leitfähigkeit (7.8). Aus (7.22) folgt für große Magnetfelder

$$\left(\frac{\Delta\varrho}{\varrho}\right)_{H\to\infty} = \frac{B_0}{(R\sigma)^2}, \tag{7.22a}$$

was mit (7.21) übereinstimmt.

Die experimentellen Ergebnisse für die Änderung des Widerstandes im magnetischen Feld bei Metallen stimmen schlecht mit der Formel (7.22) überein. Bei den kleinsten Feldern ist $\frac{\Delta\varrho}{\varrho}$ tatsächlich proportional H^2, weiter wird der Anstieg von $\frac{\Delta\varrho}{\varrho}$ aber proportional H und strebt nicht zu einem Sättigungswert. Außerdem sind die experimentell beobachteten Werte B_0 um einige Größenordnungen höher als die theoretischen Werte. Die von der Theorie vorausgesagte Temperaturabhängigkeit von $\frac{\Delta\varrho}{\varrho}$ wird durch den Versuch nicht bestätigt. Der Hauptgrund für alle diese Diskrepanzen zwischen Theorie und Experiment liegt offensichtlich in der komplizierten Struktur des energetischen Spektrums der Elektronen.

I. M. Lifschitz hat mit seinen Mitarbeitern[1]) eine Theorie der galvanomagnetischen Erscheinungen entwickelt, die die komplizierte Form der Fermi-Fläche ($\varepsilon = \zeta_0$) berücksichtigt. Sie konnten zeigen, daß das asymptotische Verhalten der Komponenten des galvanomagnetischen Tensors in starken Magnetfeldern wesentlich abhängt von der Gestalt der Fermi-Fläche, in erster Linie davon, ob die Fermi-Fläche offen oder geschlossen ist, d. h., ob sie stetig durch den ganzen $\mathfrak{k}$-Raum geht oder in geschlossene Flächen zerfällt, die sich im Raum des reziproken Gitters wiederholen.

[1]) I. M. Lifschitz, M. J. Asbel, M. I. Kaganow, J. exp. techn. Phys. **31** (1956) 63 (И. М. Лифшиц, М. Я. Азбель, М. И. Каганов, ЖЭТФ) und I. M. Lifschitz, W. G. Pestschanski, J. exp. techn. Phys. **35** (1958) 1251 (И. М. Лифшиц, В. Г. Песчанский, ЖЭТФ).

6. Von den thermomagnetischen Erscheinungen behandeln wir nur den transversalen NERNST-Effekt. Ebenso wie im Falle der galvanomagnetischen Erscheinungen bleibt die allgemeine Struktur der Gleichungen (6.38) und des Ausdrucks für die Koeffizienten b_1 und b_2 (6.38a, b) erhalten bei beliebigem Grad der Entartung, wenn man nur unter dem Symbol $\langle\,\rangle$ die Mittelung (7.1b) versteht. Das bedeutet, daß wir für die NERNST-Konstante Q den Ausdruck (6.39a) und die sich daraus ergebenden Formeln für schwache und starke Magnetfelder verwenden können.

A. *Schwache Felder:* $\gamma\tau H \ll 1$.

Aus (6.41) folgt, daß

$$Q = \left(\frac{k_0}{e}\right)\frac{e}{m^* c}\,\frac{\langle\tau\rangle\langle\tau^2 x\rangle - \langle\tau^2\rangle\langle\tau x\rangle}{\langle\tau\rangle^2} \tag{7.23}$$

ist. Hieraus sieht man unmittelbar, daß $Q = 0$ in erster Näherung bezüglich der Entartung ist. Das spiegelt die allgemeine Tatsache wider, daß für das Auftreten des NERNST-Effekts das Vorhandensein verschiedener Gruppen von Elektronen, welche unterschiedlich gestreut werden, Bedingung ist. Wenn τ nicht von ε abhängt, ist Q ebenfalls gleich Null. Im Falle (6.1) ist in zweiter Näherung bezüglich der Entartung

$$Q = \frac{\pi^2}{3}\,r\left(\frac{k_0}{e}\right)\left(\frac{e\,\tau(\zeta_0)}{m^* c}\right)\left(\frac{k_0 T}{\zeta_0}\right), \tag{7.24}$$

wobei der Ausdruck (7.2c) verwendet wurde.

Hieraus sieht man unter anderem, daß das Vorzeichen des Effektes mit dem Vorzeichen von r übereinstimmt. Das Vorhandensein des Faktors $k_0 T/\zeta_0$ bedingt die Kleinheit des Effektes. Bei mittlerer Entartung kann Q durch FERMI-Integrale ausgedrückt werden.

B. *Starke Felder:* $\gamma\tau H \gg 1$.

Aus dem Ausdruck (6.4) ersieht man, daß $Q = 0$ in erster Näherung bezüglich der Entartung ist. Wenn die Relaxationszeit in der Form (6.1) von der Energie abhängt, erhalten wir in zweiter Näherung bezüglich der Entartung

$$Q = \frac{\pi^2}{3}\,r\left(\frac{k_0}{e}\right)\frac{m^* c}{e\,\tau(\zeta_0)\,H^2}\left(\frac{k_0 T}{\zeta_0}\right). \tag{7.25}$$

Zu diesem Ausdruck kann man das sagen, was schon zu Formel (7.24) bemerkt wurde.

Die Änderung der Thermospannung α im Magnetfeld kann analog zum Vorhergegangenen behandelt werden.

§ 8. Transporterscheinungen in Halbleitern mit komplizierter Bänderstruktur

1. Wir behandeln die hauptsächlichen Transporterscheinungen in Halbleitern mit Ladungsträgern nur eines Vorzeichens (z. B. Elektronen), indem wir von der Voraussetzung sphärischer Form der Energieflächen absehen, auf welcher die gesamten Rechnungen der §§ 2—7 basierten.

Das Studium der Energiespektren der Elektronen und Löcher in Si, Ge, InSb, Bi_2Te_3 usw. zeigte, daß wir es fast niemals mit dem einfachen Dispersionsgesetz (2.1) für die Energie zu tun haben. Die Bänderstruktur des p- und n-Typs von Si und Ge wurde ausführlich im § 8 des IV. Kapitels betrachtet. Wie Untersuchungen der letzten Jahre zeigten, unterscheidet sich die FERMI-Fläche $\varepsilon = \zeta_0$ (ζ_0 ist das chemische Potential bei $T = 0$) auch in Metallen stark von der sphärischen Form.

Die Theorie der Transporterscheinungen im Falle nichtsphärischer Form der Energieflächen $\varepsilon(\mathfrak{k})$ ist äußerst kompliziert und bis heute unvollkommen. Besonders große Schwierigkeiten entstehen im Falle entarteter Bänderstruktur vom Typ des p-Germaniums.[1]) Die beim Vorhandensein komplizierter Bänderstruktur auftretenden Komplikationen sind nicht nur mit der Komplizierung der Ausdrücke für die kinetischen Koeffizienten verbunden, sondern auch damit, daß die Relaxationszeit, wenn sie überhaupt eingeführt werden kann, sich in einen Tensor verwandelt und nicht mehr eine skalare Größe ist.

Offenbar kann man aber auch bei komplizierter Bänderstruktur in vielen Fällen die Relaxationszeit der Elektronen als skalare Größe annehmen, welche von der Energie der Elektronen abhängt. In diesem Paragraphen wollen wir uns auf diese Näherung beschränken und betrachten zunächst den Fall, daß das energetische Spektrum der Elektronen aus einer Reihe äquivalenter Ellipsoide besteht, die im kubischen Kristall längs der Achsen $\langle 100 \rangle$ (Silizium) oder $\langle 111 \rangle$ (Germanium) liegen.

Da der Abstand zwischen äquivalenten Minima im $\mathfrak{k}$-Raum von der Größenordnung der Gitterkonstanten des reziproken Gitters ist, kann das Elektron bei der Absorption eines Phonons nur dann aus dem Gebiet eines Minimums in das Gebiet eines anderen Minimums übergehen, wenn es ein Phonon mit einem Wellenvektor $q \approx \frac{1}{a}$ absorbiert, wobei a die Gitterkonstante ist (Erhaltungssatz für den Wellenvektor).

Bei niedrigen Temperaturen werden solche Übergänge zwischen Ellipsoiden relativ selten sein, bei höheren Temperaturen können sie jedoch, wie C. HERRING zeigen konnte, in einigen Fällen die stärkere Temperaturabhängigkeit der Beweglichkeit erklären (es ist dann $\mu \sim T^{-n}$, wobei $n > 1{,}5$). Die Theorie der Übergänge zwischen Ellipsoiden ist noch recht wenig ausgearbeitet, deshalb wollen wir im weiteren diesen Typ der Streuung nicht behandeln. Bei Streuung der Elektronen innerhalb eines Ellipsoids summieren sich die Ströme aller äquivalenten Ellipsoide unabhängig.

2. Wenn man die Energie des Elektrons von einem Wert aus rechnet, der einem der äquivalenten Minima entspricht, und den Wellenvektor $\mathfrak{k}$ des Elektrons auf den Punkt des i-ten Minimums bezieht, dann wird in der Hauptachsen-

[1]) G. E. PIKUS und G. L. BIR haben eine Methode des Deformationspotentials für entartete Halbleiter entwickelt und eine Streutheorie für p-Ge konstruiert (siehe dazu Fizika Twerdogo Tela 2 (1962) 2287).

darstellung des i-ten Energieellipsoids

$$\varepsilon = \frac{\hbar^2}{2}\left[\frac{k_1^2}{m_1} + \frac{k_2^2}{m_2} + \frac{k_3^2}{m_3}\right] = \frac{\hbar^2}{2}\sum_{\alpha=1}^{3}\frac{k_\alpha^2}{m_\alpha}, \tag{8.1}$$

dabei sind die k_α die rechtwinkligen Komponenten des Wellenvektors $\mathfrak{k}$ und die m_α die Komponenten des Tensors der effektiven Masse (IV. 8.1). Im Falle des Germaniums und Siliziums richten wir die z-Achse ($\alpha = 3$) längs der Rotationsachse des Energieellipsoids und setzen $m_3 = m_\parallel$ gleich der *longitudinalen Masse*, $m_1 = m_2 = m_\perp$ gleich der *transversalen Masse*; dann erhalten wir

$$\varepsilon = \frac{\hbar^2}{2}\left[\frac{k_1^2 + k_2^2}{m_\perp} + \frac{k_3^2}{m_\parallel}\right]. \tag{8.1 a}$$

Für die weiteren Rechnungen ist es natürlich, die Variablen

$$w_\alpha = \frac{\hbar}{\sqrt{2\, m_\alpha}}\, k_\alpha \tag{8.2}$$

einzuführen, in welchen

$$\varepsilon = w_1^2 + w_2^2 + w_3^2 \tag{8.2 a}$$

ist. Die Geschwindigkeitskomponenten des Elektrons sind gemäß (2.1 a) gleich

$$v_\alpha = \frac{1}{\hbar}\frac{\partial \varepsilon}{\partial k_\alpha} = \frac{\hbar}{m_\alpha}\, k_\alpha = \sqrt{\frac{2}{m_\alpha}}\, w_\alpha . \tag{8.3}$$

Die Transportgleichung (VII. 2.6) behält ihre Gültigkeit auch im Falle komplizierter Bänderstruktur, deshalb ist

$$\mathfrak{v}\, \nabla_{\mathfrak{r}} f - \frac{e}{\hbar}\left\{\mathfrak{E} + \frac{1}{c}\,[\mathfrak{v}, \mathfrak{H}]\right\} \nabla_{\mathfrak{k}} f = -\frac{f - f_0}{\tau(\varepsilon)}. \tag{8.4}$$

Hier setzen wir, wie schon oben angedeutet, eine von der Energie abhängige Relaxationszeit voraus, so daß sich das Stoßglied

$$\left(\frac{\partial f}{\partial t}\right)_{\mathrm{St}} = -\frac{f - f_0}{\tau(\varepsilon)} \tag{8.4 a}$$

schreibt.

3. Wir behandeln jetzt die durch ein Energieellipsoid verursachte elektrische Leitfähigkeit bei Anwesenheit nur eines elektrischen Feldes ($\nabla T = 0$, $\mathfrak{H} = 0$). In diesem Falle hat die Transportgleichung die Form

$$\frac{e\tau}{\hbar}\, \mathfrak{E}\, \nabla_{\mathfrak{k}} f = f - f_0 . \tag{8.5}$$

Für die Nichtgleichgewichtsverteilungsfunktion machen wir den Ansatz

$$f = f_0 + \mathfrak{f}^{(10)}\, \mathfrak{E} = f_0 + \sum_{\mu=1}^{3} f_\mu^{(10)}\, E_\mu , \tag{8.6}$$

was man als eine Reihenentwicklung von f nach Potenzen des elektrischen Feldes E_μ unter Beibehaltung von Gliedern erster Ordnung betrachten kann.

Da die Nichtgleichgewichtskorrektur zur Verteilungsfunktion eine skalare Größe ist, wird $\mathfrak{f}^{(10)}$ ein Vektor, d. h., die $f_\mu^{(10)}$ sind Komponenten eines Tensors erster Ordnung (Anhang X). Setzt man (8.6) in (8.5) ein und vernachlässigt alle Glieder mit E^2, dann ergibt sich

$$\frac{e\tau}{\hbar}\mathfrak{E}\,\nabla_{\mathfrak{k}} f_0 = \mathfrak{E}\,\mathfrak{f}^{(10)}, \tag{8.7}$$

woraus sich

$$\mathfrak{f}^{(10)} = \frac{e\tau}{\hbar}\,\nabla_{\mathfrak{k}} f_0 \tag{8.8}$$

ergibt ($\mathfrak{E}$ kann beliebig gewählt werden). Da die Gleichgewichtsverteilungsfunktion nur über die Energie $\varepsilon(\mathfrak{k})$ vom Wellenvektor $\mathfrak{k}$ abhängt, ist

$$\nabla_{\mathfrak{k}} f_0 = \frac{\partial f_0}{\partial\varepsilon}\,\nabla_{\mathfrak{k}}\,\varepsilon = \frac{\partial f_0}{\partial\varepsilon}\,\hbar\,\mathfrak{v}, \tag{8.9}$$

so daß

$$\mathfrak{f}^{(10)} = e\,\tau(\varepsilon)\,\frac{\partial f_0}{\partial\varepsilon}\,\mathfrak{v} \tag{8.10}$$

oder

$$f_\mu^{(10)} = e\,\tau(\varepsilon)\,\frac{\partial f_0}{\partial\varepsilon}\,v_\mu \tag{8.10a}$$

wird. Der durch die Elektronen des i-ten Ellipsoids bedingte Strom ist

$$\mathfrak{j}^{(i)} = -e\sum_{(\mathfrak{k})} f\,\mathfrak{v} = e^2\sum_{(\mathfrak{k})}(\mathfrak{E}\,\mathfrak{v})\,\mathfrak{v}\,\tau(\varepsilon)\left(-\frac{\partial f_0}{\partial\varepsilon}\right), \tag{8.11}$$

da die Gleichgewichtsverteilungsfunktion f_0 keinen Strom gibt. Hier bedeutet

$$\sum_{(\mathfrak{k})} \equiv \frac{1}{4\pi^3}\int d^3k \tag{8.11a}$$

die Summation (Integration) über den Wellenvektor $\mathfrak{k}$. Die Stromkomponenten sind nach (8.11) gleich

$$j_\alpha^{(i)} = e^2\sum_{(\mathfrak{k})}\sum_{\beta}\tau(\varepsilon)\left(-\frac{\partial f_0}{\partial\varepsilon}\right)v_\alpha\,v_\beta\,E_\beta = \sum_\beta \sigma_{\alpha\beta}^{(i)}\,E_\beta, \tag{8.12}$$

wo

$$\sigma_{\alpha\beta}^{(i)} = e^2\sum_{(\mathfrak{k})}\tau(\varepsilon)\left(-\frac{\partial f_0}{\partial\varepsilon}\right)v_\alpha\,v_\beta \tag{8.12a}$$

die Komponente des Tensors der elektrischen Leitfähigkeit des i-ten Ellipsoids ist. Da $v_\alpha \sim k_\alpha$ und ε eine gerade Funktion von k_α ist, wird $\sigma_{\alpha\beta} = 0$, wenn $\alpha \neq \beta$, d. h., in der Hauptachsendarstellung des Ellipsoids hat der Tensor der elektrischen Leitfähigkeit nur von Null verschiedene Komponenten in der Hauptdiagonale. Somit ist

$$\sigma_{\alpha\alpha}^{(i)} = e^2\sum_{(\mathfrak{k})}\tau(\varepsilon)\left(-\frac{\partial f_0}{\partial\varepsilon}\right)v_\alpha^2 = e^2\sum_{(\mathfrak{w})}\tau(\varepsilon)\left(-\frac{\partial f_0}{\partial\varepsilon}\right)\frac{2}{m_\alpha}\,w_\alpha^2, \tag{8.12b}$$

wobei wir zur Summierung über $\mathfrak{w}$ übergegangen sind. Berücksichtigt man die isotrope Verknüpfung (8.2a) zwischen ε und w_α, dann läßt sich leicht zeigen, daß man die Summierung über $\mathfrak{w}$ auf eine Summierung über ε zurückführen kann, wenn man w_α^2 durch $\frac{1}{3}\varepsilon$ ersetzt. Dann ist

$$\sigma_{\alpha\alpha}^{(i)} = \frac{e^2}{m_\alpha}\frac{2}{3}\sum_{(\varepsilon)} \tau(\varepsilon)\left(-\frac{\partial f_0}{\partial \varepsilon}\right)\varepsilon . \tag{8.12c}$$

Verwendet man den Ausdruck (VI. 2.22) für die Zustandsdichte, so ergibt sich

$$\frac{2}{3}\sum_{(\varepsilon)} \tau(\varepsilon)\left(-\frac{\partial f_0}{\partial \varepsilon}\right)\varepsilon = \frac{2\sqrt{2}}{3\pi^2}\frac{(m_1 m_2 m_3)^{1/2}}{\hbar^3}\int_0^\infty \tau(\varepsilon)\left(-\frac{\partial f_0}{\partial \varepsilon}\right)\varepsilon^{3/2}\,d\varepsilon = n^{(i)}\langle\tau\rangle; \tag{8.13}$$

$n^{(i)}$ ist die Zahl der Elektronen in einem Ellipsoid und das Symbol $\langle\,\rangle$ ist die Verallgemeinerung des Ausdrucks (7.1b), in welchen es bei $m_1 = m_2 = m_3 = m^*$ übergeht. Somit wird

$$\sigma_{\alpha\alpha}^{(i)} = \frac{e^2 n^{(i)}}{m_\alpha}\langle\tau\rangle , \tag{8.14}$$

was eine gewisse Ähnlichkeit mit (7.5) hat.

Wir wählen jetzt ein rechtwinkliges Koordinatensystem aus, dessen Achsen längs der Würfelkanten der Elementarzelle des Kristalls gerichtet sind. Die Komponenten der gesamten elektrischen Leitfähigkeit (von allen Ellipsoiden) sind in diesem Koordinatensystem

$$\sigma_{\lambda\mu} = \sum_i \sigma_{\lambda\mu}^{(i)} , \tag{8.15}$$

wo $\sigma_{\lambda\mu}^{(i)}$ die Komponenten des Tensors (8.14) nach der Transformation auf das neue Koordinatensystem sind.

Im kubischen Kristall ist der Tensor der elektrischen Leitfähigkeit gleich der skalaren Größe σ.

Wir betrachten zunächst den einfachen Fall des Siliziums, dessen Energieminima auf den Richtungen $\langle 100\rangle$ liegen. Diesen Richtungen sind auch die Rotationsachsen der Energieellipsoide parallel (effektive Masse $m_\parallel$).

Damit sind im Falle des Siliziums die Hauptachsen der 6 Energieellipsoide parallel zu den Achsen des rechtwinkligen Koordinatensystems, welche mit den Würfelkanten der Elementarzelle zusammenfallen. Aus (8.15) und (8.14) folgt

$$\sigma = \sigma_{xx} = 2\frac{e^2 n^{(i)}}{m_\parallel}\langle\tau\rangle + 4\frac{e^2 n^{(i)}}{m_\perp}\langle\tau\rangle = \frac{e^2 n}{m'}\langle\tau\rangle , \tag{8.16}$$

wobei

$$n = N_c\, n^{(i)} = 6\, n^{(i)} \tag{8.16a}$$

die Konzentration der Elektronen ist (N_c ist die Zahl der äquivalenten Minima) und

$$\frac{1}{m'} = \frac{1}{3}\left(\frac{1}{m_\parallel} + \frac{2}{m_\perp}\right). \tag{8.16b}$$

Verwendet man die Transformationsformeln für die Komponenten eines Tensors (Anhang X), so läßt sich zeigen, daß die Gleichungen (8.16a, b) und (8.16) auch im Falle des Germaniums gültig sind, bei dem die Hauptachsen der Energieellipsoide den Würfelkanten nicht parallel sind.

Es sei noch bemerkt, daß der Ausdruck (8.16b) auch daraus folgt, daß $1/m'$ der skalaren Invarianten des Tensors der effektiven Masse proportional sein muß, d. h. seiner Spur $\sum_\alpha 1/m_\alpha$ (der Faktor 1/3 kann durch Betrachtung des Falls einer skalaren effektiven Masse begründet werden).

Die Beweglichkeit wird

$$\mu = \frac{\sigma}{e\,n} = \frac{e\langle\tau\rangle}{m'}, \tag{8.17}$$

was Ähnlichkeit mit dem Ausdruck (6.7a) hat.

4. Wir behandeln jetzt den HALL-Effekt im schwachen Magnetfeld. Dazu muß man die Transportgleichung (8.4) mit einer Genauigkeit bis zu Gliedern der Ordnung H lösen (mit $\nabla_{\mathfrak{r}} f = 0$). Man betrachtet wieder ein Ellipsoid und setzt in der Hauptachsendarstellung für die Verteilungsfunktion

$$f = f_0 + \sum_\mu f_\mu^{(10)} E_\mu + \sum_{\mu\nu} f_{\mu\nu}^{(11)} E_\mu H_\nu, \tag{8.18}$$

wobei $f_{\mu\nu}^{(11)}$ ein Tensor zweiter Ordnung ist (nur in diesem Falle ist die dem Magnetfeld H proportionale Korrektur eine skalare Größe). Setzt man (8.18) auf der linken und rechten Seite der Transportgleichung ein, so ergibt sich

$$\frac{e\tau}{\hbar}\left\{\mathfrak{E} + \frac{1}{c}[\mathfrak{v}, \mathfrak{H}]\right\} \nabla_{\mathfrak{k}}\left(f_0 + \sum_\mu f_\mu^{(10)} E_\mu + \sum_{\mu\nu} f_{\mu\nu}^{(11)} E_\mu H_\nu\right)$$
$$= \sum_\mu f_\mu^{(10)} E_\mu + \sum_{\mu\nu} f_{\mu\nu}^{(10)} E_\mu H_\nu. \tag{8.19}$$

Gemäß dem vorher Gesagten hebt sich der Ausdruck $\frac{e\tau}{\hbar}\mathfrak{E}\nabla_{\mathfrak{k}} f_0$ mit der ersten auf der rechten Seite stehenden Summe weg.

Da

$$[\mathfrak{v}\,\mathfrak{H}]\,\nabla_{\mathfrak{k}} f_0 = [\mathfrak{v}, \mathfrak{H}]\,\frac{\partial f_0}{\partial\varepsilon}\,\nabla_{\mathfrak{k}}\,\varepsilon \sim [\mathfrak{v}\,\mathfrak{H}]\,\mathfrak{v} = 0$$

ist, wird das in E und H lineare Glied auf der linken Seite gleich

$$\frac{e\tau}{\hbar c}[\mathfrak{v}, \mathfrak{H}]\,\nabla_{\mathfrak{k}}\left\{\sum_\mu f_\mu^{(10)} E_\mu\right\} = \frac{e\tau}{\hbar c}[\mathfrak{v}, \mathfrak{H}]\sum_\mu E_\mu \nabla_{\mathfrak{k}}\left(e\tau\frac{\partial f_0}{\partial\varepsilon} v_\mu\right)$$
$$= \frac{e^2\tau}{\hbar c}[\mathfrak{v}, \mathfrak{H}]\sum_\mu E_\mu\left\{v_\mu \nabla_{\mathfrak{k}}\left(\tau\frac{\partial f_0}{\partial\varepsilon}\right) + \tau\frac{\partial f_0}{\partial\varepsilon}\nabla_{\mathfrak{k}} v_\mu\right\}. \tag{8.20}$$

Da τ nur von der Energie ε abhängt, wird

$$\nabla_{\mathfrak{k}}\left(\tau\frac{\partial f_0}{\partial\varepsilon}\right) = \frac{\partial}{\partial\varepsilon}\left(\tau\frac{\partial f_0}{\partial\varepsilon}\right)\nabla_{\mathfrak{k}}\,\varepsilon = \frac{\partial}{\partial\varepsilon}\left(\tau\frac{\partial f_0}{\partial\varepsilon}\right)\hbar\,\mathfrak{v},$$

und das Produkt von $[\mathfrak{v}, \mathfrak{H}]$ mit dem ersten Summanden in der geschwungenen Klammer von (8.20) ist gleich Null. Andrerseits ist

$$\nabla_{\mathfrak{k}} v_\mu = \frac{\hbar}{m_\mu} \mathfrak{e}_\mu , \tag{8.21}$$

wenn man von (8.3) Gebrauch macht. Hier ist $\mathfrak{e}_\mu$ der Einheitsvektor in Richtung der Achse μ. Somit tritt in (8.20) das Skalarprodukt

$$[\mathfrak{v}, \mathfrak{H}]\, \mathfrak{e}_\mu = [\mathfrak{v}, \mathfrak{H}]_\mu = \sum_{\alpha\nu} \delta_{\mu\alpha\nu}\, v_\alpha H_\nu \tag{8.22}$$

auf, in welchem das Symbol $\delta_{\mu\alpha\nu}$ gleich $+1$ ist, wenn $\mu\,\alpha\,\nu$ eine gerade Zahl von Umstellungen der Indizes 1, 2, 3 angibt, gleich -1, wenn die Zahl der Umstellungen ungerade ist, und gleich Null in allen Fällen, in denen unter den Indizes $\mu\,\alpha\,\nu$ gleiche vorhanden sind.[1])

Aus (8.19) folgt dann

$$\frac{e^2\tau^2}{c}\frac{\partial f_0}{\partial \varepsilon} \sum_{\mu\alpha\nu} \delta_{\mu\alpha\nu} \frac{v_\alpha}{m_\mu} E_\mu H_\nu = \sum_{\mu\nu} f^{(11)}_{\mu\nu} E_\mu H_\nu . \tag{8.23}$$

Vergleicht man die Koeffizienten bei $E_\mu H_\nu$, so erhält man

$$f^{(11)}_{\mu\nu} = \frac{e^2\tau^2}{c}\frac{\partial f_0}{\partial \varepsilon}\frac{1}{m_\mu} \sum_\alpha \delta_{\mu\alpha\nu} v_\alpha = \frac{e^2\tau^2}{c}\left(-\frac{\partial f_0}{\partial \varepsilon}\right)\frac{1}{m_\mu} \sum_\alpha \delta_{\mu\nu\alpha} v_\alpha . \tag{8.24}$$

Der mit der Korrektur (8.23) zur Verteilungsfunktion verbundene Strom ist gleich

$$j^{(i)}_\lambda = -e \sum_{(\mathfrak{k})} \left\{ v_\lambda \sum_{\mu\nu} f^{(11)}_{\mu\nu} E_\mu H_\nu \right\} = \frac{e^3}{c} \sum_{\mu\nu\alpha} \delta_{\mu\nu\alpha} E_\mu H_\nu \sum_{(\mathfrak{k})} \tau^2 \frac{\partial f_0}{\partial \varepsilon} \frac{v_\alpha v_\lambda}{m_\mu} . \tag{8.25}$$

Analog zu (8.12a) ist der Ausdruck (8.25) nur bei $\alpha = \lambda$ von Null verschieden; in diesem Falle kann man die Integration über $\mathfrak{k}$ auf eine solche über ε zurückführen, ähnlich wie in (8.12c). Es ergibt sich

$$j^{(i)}_\lambda = -\frac{e^3}{c} \sum_{\mu\nu} \delta_{\mu\nu\lambda}\, n^{(i)} \langle\tau^2\rangle \frac{1}{m_\mu m_\lambda} E_\mu H_\nu = \sum_{\mu\nu} \sigma^{(i)}_{\lambda\mu\nu} E_\mu H_\nu , \tag{8.26}$$

wobei das Symbol $\langle\ \rangle$ in (8.13) definiert wurde. Der Tensor dritter Ordnung

$$\sigma^{(i)}_{\lambda\mu\nu} = -\frac{e^3}{c} n^{(i)} \langle\tau^2\rangle \frac{\delta_{\lambda\mu\nu}}{m_\lambda m_\mu} \tag{8.26a}$$

bestimmt den zusätzlichen Strom in der Richtung λ, der $E_\mu H_\nu$ proportional ist.[2]) Ohne Berücksichtigung der Übergänge zwischen Ellipsoiden ist der Gesamtstrom in dem mit den Kristallachsen verknüpften Koordinatensystem gleich

$$j_\lambda = \sum_i j^{(i)}_\lambda = \sum_{\mu\nu} \sigma_{\lambda\mu\nu} E_\mu H_\nu , \tag{8.27}$$

---

[1]) Anhang XXIV. Einige Autoren bezeichnen die Größe $\delta_{\mu\alpha\nu}$ mit $\varepsilon_{\mu\alpha\nu}$.

[2]) Natürlich hat $\sigma^{(i)}_{\lambda\mu\nu}$ nicht die Dimension einer spezifischen elektrischen Leitfähigkeit.

wobei

$$\sigma_{\lambda\mu\nu} = \sum_i \sigma^{(i)}_{\lambda\mu\nu} \tag{8.27a}$$

ist, und $\sigma^{(i)}_{\lambda\mu\nu}$ die Komponenten des Tensors (8.26a) sind, nachdem sie in das Koordinatensystem transformiert sind, welches mit den Kristallachsen verknüpft ist. In einem kubischen Kristall ändert zyklische Vertauschung der Indizes $\lambda\,\mu\,\nu$ nicht den Wert von $\sigma_{\lambda\mu\nu}$, außerdem wird im kubischen Kristall der Strom proportional $[\mathfrak{E}, \mathfrak{H}]$. Das bedeutet, daß

$$\sigma_{\lambda\mu\nu} = \eta\,\delta_{\lambda\mu\nu} \tag{8.28}$$

ist, wo η eine skalare Größe darstellt, welche sich durch die 27 Komponenten des Tensors $\sigma_{\lambda\mu\nu}$ ausdrücken läßt. Aus (8.28) und (8.27) folgt

$$\mathfrak{j} = \eta[\mathfrak{E}, \mathfrak{H}]\,. \tag{8.29}$$

Wir berechnen jetzt die Invariante (skalare Größe)

$$\sum_{\lambda\mu\nu} \sigma_{\lambda\mu\nu}\,\delta_{\lambda\mu\nu} = \sum_{\lambda\mu\nu} \eta\,\delta^2_{\lambda\mu\nu} = 6\,\eta \tag{8.30}$$

und drücken sie durch die $\sigma^{(i)}_{\lambda\mu\nu}$ aus:

$$6\,\eta = \sum_{\lambda\mu\nu}\sum_i \sigma^{(i)}_{\lambda\mu\nu}\,\delta_{\lambda\mu\nu} = \sum_i\sum_{\lambda\mu\nu} \sigma^{(i)}_{\lambda\mu\nu}\,\delta_{\lambda\mu\nu}\,. \tag{8.30a}$$

Da jede sich auf das i-te Ellipsoid beziehende Summe ebenfalls eine Invariante ist, kann sie in einem beliebigen Koordinatensystem berechnet werden, also auch im Hauptachsensystem des Tensors $\sigma^{(i)}_{\lambda\mu\nu}$. Verwendet man (8.26a), so erhält man

$$\begin{aligned}\sum_{\lambda\mu\nu} \sigma^{(i)}_{\lambda\mu\nu}\,\delta_{\lambda\mu\nu} &= -\frac{e^3}{c}\,n^{(i)}\,\langle\tau^2\rangle \sum_{\lambda\mu\nu} \frac{\delta^2_{\lambda\mu\nu}}{m_\lambda\,m_\mu} \\ &= -\frac{e^3}{c}\,n^{(i)}\,\langle\tau^2\rangle\,2\left[\frac{1}{m_1\,m_2} + \frac{1}{m_1\,m_3} + \frac{1}{m_2\,m_3}\right],\end{aligned} \tag{8.30b}$$

ein Ausdruck, der für alle Ellipsoide gleich ist.

Aus (8.30a, b) ergibt sich

$$\eta = -\frac{e^3}{c}\,n\,\langle\tau^2\rangle\,\frac{1}{m''^2}\,, \tag{8.31}$$

wo

$$\frac{1}{m''^2} = \frac{1}{3}\left[\frac{1}{m_1\,m_2} + \frac{1}{m_1\,m_3} + \frac{1}{m_2\,m_3}\right] \tag{8.31a}$$

ist, was für Germanium und Silizium gleich

$$\frac{1}{m''^2} = \frac{1}{3}\left[\frac{2}{m_\perp\,m_\parallel} + \frac{1}{m^2_\perp}\right] \tag{8.31b}$$

ist. Aus (8.16) und (8.29) folgt für den Gesamtstrom

$$\mathfrak{j} = \sigma\,\mathfrak{E} + \eta[\mathfrak{E}, \mathfrak{H}]\,. \tag{8.32}$$

Ein Vergleich mit (4.11) gibt für die HALL-Konstante

$$R = \frac{\eta}{\sigma^2} = -\frac{1}{e\,c\,n}\,\frac{\langle\tau^2\rangle}{\langle\tau\rangle^2}\left(\frac{m'}{m''}\right)^2, \tag{8.33}$$

was sich von (7.16) nur durch den Faktor $(m'/m'')^2$ unterscheidet.

5. Wir untersuchen jetzt die Änderung der Leitfähigkeit in schwachen magnetischen Feldern. Dazu entwickeln wir die Nichtgleichgewichtsverteilungsfunktion in eine Reihe nach Potenzen von H und beschränken uns auf Glieder mit H^2:

$$f = f_0 + \sum_{\mu} f_{\mu}^{(10)} E_{\mu} + \sum_{\mu\nu} f_{\mu\nu}^{(11)} E_{\mu} H_{\nu} + \sum_{\mu\nu\varrho} f_{\mu\nu\varrho}^{(12)} E_{\mu} H_{\nu} H_{\varrho}; \tag{8.34}$$

$f_{\mu\nu\varrho}^{(12)}$ ist ein Tensor dritter Ordnung.

Berücksichtigt man die Werte von $f_{\mu}^{(10)}$ und $f_{\mu\nu}^{(11)}$, so ist offensichtlich, daß man bei der Berechnung von $f_{\mu\nu\varrho}^{(12)}$ in die linke Seite der Transportgleichung

$$\sum_{\mu\nu} f_{\mu\nu}^{(11)} E_{\mu} H_{\nu}$$

einsetzen muß. Dabei erhalten wir eine Größe, die dem Wert

$$[\mathfrak{v}, \mathfrak{H}] \nabla_{\mathfrak{k}} f_{\mu\nu}^{(11)} = -\frac{e^2}{c\, m_{\mu}} [\mathfrak{v}, \mathfrak{H}] \nabla_{\mathfrak{k}} \left(\tau^2 \frac{\partial f_0}{\partial \varepsilon} \sum_{\alpha} \delta_{\mu\nu\alpha} v_{\alpha}\right) \tag{8.35}$$

proportional ist. Man führt eine zu (8.20), (8.21) und (8.22) analoge Transformation durch und erhält aus der Transportgleichung

$$-\frac{e^3}{c^2} \tau^3 \frac{\partial f_0}{\partial \varepsilon} \sum_{\mu\nu} \sum_{\alpha\beta\varrho} \frac{\delta_{\mu\nu\alpha}\, \delta_{\alpha\beta\varrho}}{m_{\alpha}\, m_{\mu}} v_{\beta} E_{\mu} H_{\nu} H_{\varrho} = \sum_{\mu\nu\varrho} f_{\mu\nu\varrho}^{(12)} E_{\mu} H_{\nu} H_{\varrho}, \tag{8.36}$$

woraus sich

$$f_{\mu\nu\varrho}^{(12)} = -\frac{e^3}{c^2} \sum_{\alpha\beta} \delta_{\mu\nu\alpha}\, \delta_{\alpha\beta\varrho}\, \tau^3 \frac{\partial f_0}{\partial \varepsilon} \frac{v_{\beta}}{m_{\alpha}\, m_{\mu}} \tag{8.37}$$

ergibt.

Wir bestimmen jetzt den Strom des i-ten Ellipsoids, der durch diese Korrektur zur Verteilungsfunktion verursacht wird:

$$j_{\lambda}^{(i)} = -e \sum_{(\mathfrak{k})} v_{\lambda} \sum_{\mu\nu\varrho} f_{\mu\nu\varrho}^{(12)} E_{\mu} H_{\nu} H_{\varrho} = \sum_{\mu\nu\varrho} \sigma_{\lambda\mu\nu\varrho}^{(i)} E_{\mu} H_{\nu} H_{\varrho}. \tag{8.38}$$

Hier ist $\sigma_{\lambda\mu\nu\varrho}^{(i)}$ ein Tensor vierter Ordnung und hat $3 \times 3 \times 3 \times 3 = 81$ Komponenten. Setzt man (8.36) in (8.38) ein, so ergibt sich

$$\sigma_{\lambda\mu\nu\varrho}^{(i)} = -\frac{e^4}{c^2} \sum_{(\mathfrak{k})} \sum_{\alpha\beta} \delta_{\mu\nu\alpha}\, \delta_{\alpha\beta\varrho}\, \tau^3 \left(-\frac{\partial f_0}{\partial \varepsilon}\right) \frac{v_{\lambda}\, v_{\beta}}{m_{\alpha}\, m_{\mu}}. \tag{8.39}$$

Ebenso wie in den vorangegangenen Fällen gibt auch hier die Integration über $\mathfrak{k}$ den Wert Null, wenn $\beta \neq \lambda$ ist. Wir können wieder von der Integration über $\mathfrak{k}$ zur Integration über ε übergehen und den Ausdruck (8.13) verwenden; dann ist

$$\sigma_{\lambda\mu\nu\varrho}^{(i)} = -\frac{e^4}{c^2} n^{(i)} \langle\tau^3\rangle \sum_{\alpha} \frac{\delta_{\alpha\mu\nu}\, \delta_{\alpha\lambda\varrho}}{m_{\alpha}\, m_{\mu}\, m_{\lambda}}. \tag{8.40}$$

Da die Vertauschung $\nu \rightleftarrows \varrho$ das Glied $E_{\mu} H_{\nu} H_{\varrho}$ nicht ändert, kann man $\sigma_{\lambda\mu\nu\varrho}^{(i)}$ in der Summe (8.38) symmetrisch machen, indem man den folgenden Ansatz macht:

$$(\sigma_{\lambda\mu\nu\varrho}^{(i)})_{\text{symm}} = 1/2\, (\sigma_{\lambda\mu\nu\varrho}^{(i)} + \sigma_{\lambda\mu\varrho\nu}^{(i)}). \tag{8.41}$$

In diesem Falle entspricht jedem Koeffizienten $(\sigma^{(i)}_{\lambda\mu\nu\varrho})_{\text{symm}}$ ein bestimmtes Produkt $E_\mu H_\nu H_\varrho$.

Im weiteren werden wir in (8.38) eine solche Symmetrie voraussetzen; dann kann man das Zeichen $(\quad)_{\text{symm}}$ weglassen und erhält anstelle von (8.40)

$$\sigma^{(i)}_{\lambda\mu\nu\varrho} = \frac{e^4}{c^2} n^{(i)} \langle\tau^3\rangle M^{(i)}_{\lambda\mu\nu\varrho} ; \tag{8.42}$$

hierbei ist

$$M^{(i)}_{\lambda\mu\nu\varrho} = -\frac{1}{2} \sum_\alpha \frac{1}{m_\alpha m_\lambda m_\mu} [\delta_{\alpha\mu\nu}\delta_{\alpha\lambda\varrho} + \delta_{\alpha\mu\varrho}\delta_{\alpha\lambda\nu}] . \tag{8.42a}$$

Hieraus folgt, daß

$$M^{(i)}_{\lambda\lambda\lambda\lambda} = 0 , \tag{8.43}$$

$$M^{(i)}_{\lambda\lambda\nu\nu} = -\frac{1}{m_\lambda^2 m_\alpha} \qquad (\alpha \neq \lambda, \nu) , \tag{8.43a}$$

$$M^{(i)}_{\lambda\mu\lambda\mu} = M^{(i)}_{\lambda\mu\mu\lambda} = \frac{1}{2 m_1 m_2 m_3} . \tag{8.43b}$$

Die Koeffizienten $\sigma^{(i)}_{\lambda\mu\nu\varrho}$ berücksichtigen die mit der Änderung des elektrischen Widerstandes im magnetischen Feld verbundene Änderung des Stromes. Aus (8.42) und (8.43) folgt, daß $\sigma^{(i)}_{\lambda\lambda\lambda\lambda} = 0$ ist; d. h., die Änderung des Widerstandes im Magnetfeld längs einer der Hauptachsen des Energieellipsoids ist gleich Null in dem Falle, in welchem die Richtung des magnetischen Feldes mit der Richtung des Stromes zusammenfällt. Dieses Resultat ist die Verallgemeinerung der Schlußfolgerungen über das Verschwinden der Änderung des Widerstandes im Magnetfeld im longitudinalen Fall, wenn sphärische Energieflächen angenommen werden (§ 4.2).

Für Germanium und Silizium sind die von Null verschiedenen und sich unterscheidenden Koeffizienten $M^{(i)}_{\lambda\mu\nu\varrho}$ gleich

$$\left.\begin{aligned} &M^{(i)}_{1122} = -\frac{1}{m_\perp^2 m_\parallel}, \qquad M^{(i)}_{1133} = M^{(i)}_{2233} = -\frac{1}{m_\perp^3}, \\ &M^{(i)}_{3311} = M^{(i)}_{3322} = -\frac{1}{m_\parallel^2 m_\perp}, \\ &M^{(i)}_{1212} = M^{(i)}_{1313} = M^{(i)}_{2323} = \frac{1}{2 m_\perp^2 m_\parallel} . \end{aligned}\right\} \tag{8.44}$$

Natürlich gelten alle Beziehungen der Form $M^{(i)}_{1122} = M^{(i)}_{2211}$ oder $M^{(i)}_{1212} = M^{(i)}_{1221}$ usw.

Im Germanium und Silizium befriedigt die Gesamtheit aller äquivalenten Minima in der ersten Brillouin-Zone die kubische Symmetrie des Kristalls. Wir unterscheiden zwei Fälle:

A. 6 Ellipsoide, die in der Richtung $\langle 100\rangle$ liegen (Silizium);

B. 4 Ellipsoide, die in der Richtung $\langle 111\rangle$ liegen.

Wir bezeichnen mit x_i ($i = 1, 2, 3$) die Achsen eines rechtwinkligen Koordinatensystems, dessen Achsen längs der Würfelkanten der Elementarzelle gerichtet sind, mit ξ_i ($i = 1, 2, 3$) die Hauptachsen eines der Energieellipsoide. Im Falle A ist für ein Paar von Ellipsoiden $\xi_1 \parallel x_1$, $\xi_2 \parallel x_2$, $\xi_3 \parallel x_3$, für das zweite Paar — $\xi_1 \parallel x_1$, $\xi_2 \parallel x_3$, $\xi_3 \parallel x_2$, für das dritte Paar — $\xi_1 \parallel x_3$, $\xi_2 \parallel x_2$, $\xi_3 \parallel x_1$.

Wenn sich die Ströme der einzelnen Ellipsoide einfach addieren, dann ist beispielsweise

$$\sigma_{1122} = \sum_i \sigma^{(i)}_{\lambda\mu\nu\varrho} = 2\,\sigma^{(i)}_{1122} + 2\,\sigma^{(i)}_{1133} + 2\,\sigma^{(i)}_{3322} = n\,\frac{e^4}{c^2}\,\langle\tau^3\rangle\,M_{1122}\,, \tag{8.45}$$

dabei ist $n = N_e\,n^{(i)}$ die Elektronenkonzentration, N_e die Zahl der äquivalenten Minima und M_{1122} ist gegeben durch

$$M_{1122} = \frac{1}{N_e}\sum_i M^{(i)}_{\lambda\mu\nu\varrho} = \frac{1}{3}\,[M^{(i)}_{1122} + M^{(i)}_{1133} + M^{(i)}_{3322}]$$
$$= -\frac{1}{3}\,\frac{m_\perp^2 + m_\perp m_\parallel + m_\parallel^2}{m_\perp^3\, m_\parallel}. \tag{8.45a}$$

Analog können alle von Null verschiedenen Koeffizienten $M_{\lambda\mu\nu\varrho}$ für die beiden Fälle A und B berechnet werden. Im Falle B kompliziert sich die Sache dadurch etwas, daß die Hauptachsen der Ellipsoide nicht zu den Würfelkanten der Elementarzelle parallel sind. Deshalb muß man für die Bestimmung der Komponenten des Tensors $M_{\lambda\mu\nu\varrho}$ aus den Komponenten des Tensors $M^{(i)}_{\lambda\mu\nu\varrho}$ die letzteren in das Koordinatensystem O transformieren, welches mit dem Kristall verbunden ist (siehe Anhang X).

Für den Vergleich der Theorie mit dem Experiment ist es bequemer, anstelle der Größen $M^{(i)}_{\lambda\mu\nu\varrho}$ dimensionslose Koeffizienten

$$F^{(i)}_{\lambda\mu\nu\varrho} = \frac{m''^4}{m'}\,M^{(i)}_{\lambda\mu\nu\varrho} \tag{8.46}$$

einzuführen, die nur vom Verhältnis der Komponenten des Tensors der effektiven Masse abhängen. Mit Hilfe von (8.16b), (8.31b) und (8.44) läßt sich leicht Tabelle 3 zusammenstellen. Die Komponenten des Tensors für die Änderung der

Tabelle 3

$F^{(i)}_{1122}$	$-\dfrac{3\,(m_\perp + 2\,m_\parallel)\,m_\perp}{(m_\parallel + 2\,m_\perp)^2}$
$F^{(i)}_{1133} = F^{(i)}_{2233}$	$-\dfrac{3\,(m_\perp + 2\,m_\parallel)\,m_\parallel}{(m_\parallel + 2\,m_\perp)^2}$
$F^{(i)}_{3311} = F^{(i)}_{3322}$	$-\dfrac{3\,(m_\perp + 2\,m_\parallel)\,m_\perp^2}{(m_\parallel + 2\,m_\perp)^2\,m_\parallel}$
$F^{(i)}_{1212} = F^{(i)}_{1313} = F^{(i)}_{2323}$	$\dfrac{3\,(m_\perp + 2\,m_\parallel)\,m_\perp}{2\,(m_\parallel + 2\,m_\perp)^2}$

Leitfähigkeit im Magnetfeld, $\sigma_{\lambda\mu\nu\varrho}$, sind in dem mit den Kristallachsen verbundenen Koordinatensystem gleich

$$\sigma_{\lambda\mu\nu\varrho} = \sum_i \sigma^{(i)}_{\lambda\mu\nu\varrho} = \frac{e^4}{c^2}\langle\tau^3\rangle\frac{m'}{m''^4}\sum_i n^{(i)} F^{(i)}_{\lambda\mu\nu\varrho}$$

$$= \frac{e^4}{c^2}\langle\tau^3\rangle\frac{m'}{m''^4} n \frac{1}{N_c}\sum_i F^{(i)}_{\lambda\mu\nu\varrho} = \frac{\langle\tau^3\rangle}{\langle\tau\rangle^3}\left(\sigma\frac{\mu^2}{c^2}\right)\left(\frac{m'}{m''}\right)^4 F_{\lambda\mu\nu\varrho}\,, \tag{8.47}$$

wobei über alle äquivalenten Minima der BRILLOUIN-Zone zu summieren ist. Hier sind σ und μ die elektrische Leitfähigkeit und die Beweglichkeit bei $\mathfrak{H} = 0$ [(8.16) und (8.17)], N_c ist die Zahl der äquivalenten Minima in der BRILLOUIN-Zone und es ist

$$F_{\lambda\mu\nu\varrho} = \frac{1}{N_c}\sum_i F^{(i)}_{\lambda\mu\nu\varrho}\,. \tag{8.47a}$$

Bei der Berechnung der $F_{\lambda\mu\nu\varrho}$ muß man genauso wie bei der Berechnung von $M_{\lambda\mu\nu\varrho}$ die Komponenten der Tensoren $F^{(i)}_{\lambda\mu\nu\varrho}$, die sich auf verschiedene Minima beziehen können, von den Hauptachsen der Energieellipsoide auf das mit den Kristallachsen verbundene Koordinatensystem transformieren. Im Fall A ist das elementar durchzuführen; im Fall B muß man eine Tabelle der Richtungskosinusse zwischen den Hauptachsen der Energieellipsoide und den mit den Würfelkanten der Elementarzelle zusammenfallenden Koordinatenachsen zusammenstellen. Die Resultate solcher Berechnungen zeigt Tabelle 4. Wir schreiben den elektrischen Strom, der einer Komponente des Tensors $\sigma_{\lambda\mu\nu\varrho}$ (8.47) entspricht, in der Form

$$\frac{\langle\tau^3\rangle}{\langle\tau\rangle^3}\times\left(\frac{m'}{m''}\right)^4 F_{\lambda\mu\nu\varrho}\times\left(\sigma E_\mu\frac{\mu H_\nu}{c}\frac{\mu H_\varrho}{c}\right). \tag{8.48}$$

Hier ist der erste dimensionslose Faktor von der Größenordnung 1 und ist mit der Energieabhängigkeit von τ verknüpft; wenn τ nicht von ε abhängt, ist der Faktor gleich 1. Der zweite dimensionslose Faktor hängt nur mit dem Verhältnis der Komponenten des Tensors der effektiven Masse und mit der Konfiguration der Energieellipsoide in der BRILLOUIN-Zone zusammen. Schließlich ist der dritte Faktor gleich dem Produkt aus dem OHMschen Strom $\sigma\mathfrak{E}_\mu$ und zwei dimensionslosen Faktoren, die dem Magnetfeld proportional sind.

Aus Tabelle 4 ersieht man, daß der symmetrische Tensor $\sigma_{\lambda\mu\nu\varrho}$ in einem kubischen Kristall durch die drei unabhängigen Größen

$$\sigma_{\lambda\lambda\lambda\lambda}\,,\qquad \sigma_{\lambda\lambda\mu\mu}\,,\qquad \sigma_{\lambda\mu\lambda\mu}+\sigma_{\lambda\mu\mu\lambda}$$

beschrieben wird. Der diesem Tensor entsprechende Strom, etwa in Richtung der Achse 1, ist gleich

$$j_1 = \sum_{\mu\nu\varrho}\sigma_{1\mu\nu\varrho}E_\mu H_\nu H_\varrho = \sigma_{1111}E_1H_1^2+\sigma_{1122}E_1H_2^2+\sigma_{1133}E_1H_3^2$$

$$+(\sigma_{1212}+\sigma_{1221})E_2H_1H_2+(\sigma_{1313}+\sigma_{1331})E_3H_1H_3\,. \tag{8.49}$$

Tabelle 4

	$F_{\lambda\lambda\lambda\lambda}$	$F_{\lambda\lambda\nu\nu}$	$F_{\lambda\mu\lambda\mu} = F_{\lambda\mu\mu\lambda}$
⟨100⟩	0	$-\dfrac{\left(1+2\dfrac{m_\parallel}{m_\perp}\right)\left[1+\dfrac{m_\parallel}{m_\perp}+\left(\dfrac{m_\parallel}{m_\perp}\right)^2\right]}{\dfrac{m_\parallel}{m_\perp}\left(2+\dfrac{m_\parallel}{m_\perp}\right)^2}$	$\dfrac{3\left(1+2\dfrac{m_\parallel}{m_\perp}\right)}{2\left(2+\dfrac{m_\parallel}{m_\perp}\right)^2}$
⟨111⟩	$-\dfrac{2\left(\dfrac{m_\parallel}{m_\perp}-1\right)^2\left(1+2\dfrac{m_\parallel}{m_\perp}\right)}{3\dfrac{m_\parallel}{m_\perp}\left(2+\dfrac{m_\parallel}{m_\perp}\right)^2}$	$-\dfrac{\left(1+2\dfrac{m_\parallel}{m_\perp}\right)\left[2+5\dfrac{m_\parallel}{m_\perp}+2\left(\dfrac{m_\parallel}{m_\perp}\right)^2\right]}{3\dfrac{m_\parallel}{m_\perp}\left(2+\dfrac{m_\parallel}{m_\perp}\right)^2}$	$\dfrac{\left(1+2\dfrac{m_\parallel}{m_\perp}\right)\left[2+5\dfrac{m_\parallel}{m_\perp}+2\left(\dfrac{m_\parallel}{m_\perp}\right)^2\right]}{6\dfrac{m_\parallel}{m_\perp}\left(2+\dfrac{m_\parallel}{m_\perp}\right)^2}$
	$\sigma_{\lambda\lambda\lambda\lambda}/\sigma$	$\sigma_{\lambda\lambda\nu\nu}/\sigma$	$\sigma_{\lambda\mu\lambda\mu}/\sigma = \sigma_{\lambda\mu\mu\lambda}/\sigma$
	$-(a+b+c)$	$-a-(R\sigma)^2$	$-\dfrac{1}{2}b+\dfrac{1}{2}(R\sigma)^2$

Ähnlich wie in (8.41) kann man die Koeffizienten symmetrisch machen und entsprechend bezeichnen. Dann ist

$$j_1 = \sigma_{1111} E_1 H_1^2 + \sigma_{1122} E_1^2 H_2^2 + \sigma_{1133} E_1 H_3^2 + 2\,\sigma_{1212} E_2 H_1 H_2 + 2\,\sigma_{1313} E_3 H_1 H_3 . \qquad (8.49\text{a})$$

Bezeichnet man

$$\sigma_{1111} = \gamma' , \qquad \sigma_{1212} = \sigma_{1313} = \alpha , \qquad 2\,\sigma_{1212} = 2\,\sigma_{1313} = \beta , \qquad (8.50)$$

dann läßt sich (8.49a) in der Form

$$j_1 = \alpha\, E_1 (H_1^2 + H_2^2 + H_3^2) + \beta\, H_1 (E_1 H_1 + E_2 H_2 + E_3 H_3) + \gamma\, E_1 H_1^2 \qquad (8.51)$$

schreiben, wobei

$$\gamma = \gamma' - \alpha - \beta \qquad (8.51\text{a})$$

ist. Aus dem Ausdruck (8.51) sieht man, daß die entsprechende Stromdichte durch

$$\mathfrak{j} = \alpha\, H^2\, \mathfrak{E} + \beta(\mathfrak{E}\,\mathfrak{H})\,\mathfrak{H} + \gamma\,\mathfrak{F} \qquad (8.52)$$

gegeben ist, der Vektor $\mathfrak{F}$ ist gegeben durch

$$\mathfrak{F}(E_1 H_1^2 , \quad E_2 H_2^2 , \quad E_3 H_3^2) \qquad (8.52\text{a})$$

und hat in der Richtung der Achse μ die Komponente $E_\mu H_\mu^2$.

Mit Berücksichtigung von (8.32) erhalten wir für den Gesamtstrom

$$\mathfrak{j} = \sigma\,\mathfrak{E} + \eta[\mathfrak{E}, \mathfrak{H}] + \alpha\, H^2\,\mathfrak{E} + \beta(\mathfrak{E}, \mathfrak{H})\,\mathfrak{H} + \gamma\,\mathfrak{F} , \qquad (8.53)$$

d. h., er wird charakterisiert durch die fünf Konstanten σ, η, α, β und γ. Im isotropen Falle, d. h., bei sphärischer Form der Energieflächen, ist

$$\alpha = \beta \qquad \text{und} \qquad \gamma = 0 , \qquad (8.53\text{a})$$

wie aus (4.14) folgt.

Die allgemeine Form (8.53) mit den unbestimmten Konstanten σ, η, α, β und γ kann für den kubischen Kristall aus Symmetriebetrachtungen allein gewonnen werden. Hieraus folgt, daß eine beliebige richtige Elektronentheorie für den Strom $\mathfrak{j}$ in der Näherung H^2 einen Ausdruck der Form (8.53) ergeben muß, wenn man es mit einem kubischen Kristall zu tun hat.

Beim experimentellen Studium der Änderung des Widerstandes im Magnetfeld untersucht man nicht die Abhängigkeit des Stromes $\mathfrak{j}$ von den Feldern $\mathfrak{E}$ und $\mathfrak{H}$, sondern die Potentialdifferenz (d. h. das elektrische Feld $\mathfrak{E}$) in Abhängigkeit von $\mathfrak{j}$ und $\mathfrak{H}$. Deshalb ist es wünschenswert, die Gleichung (8.53) nach $\mathfrak{E}$ aufzulösen. Das läßt sich analog zu der bei (4.14) durchgeführten Rechnung tun. Man kann jedoch allein aus Symmetrievorstellungen für den kubischen Kristall analog zu (8.53)

$$\mathfrak{E} = \varrho[\mathfrak{j} + g[\mathfrak{j}, \mathfrak{H}] + a\, H^2\,\mathfrak{j} + b(\mathfrak{j}\,\mathfrak{H})\,\mathfrak{H} + c\,\mathfrak{L}] \qquad (8.54)$$

erhalten, wobei ϱ, g, a, b, c Konstanten sind und der Vektor $\mathfrak{L}$ die Komponenten $j_1 H_1^2$, $j_2 H_2^2$, $j_3 H_3^2$ hat. Die Ausdrücke (8.53) und (8.54) haben analoge Struktur.

Setzt man (8.54) in (8.53) ein und berücksichtigt nur Glieder bis zur Ordnung H^2, dann erhält man aus einem Vergleich der Koeffizienten bei $\mathfrak{j}$, $[\mathfrak{j}, \mathfrak{H}]$, $H^2 \mathfrak{j}$, $(\mathfrak{j}\,\mathfrak{H})$ und $\mathfrak{L}$ ein einfaches Gleichungssystem für ϱ, g, a, b, c, woraus sich

$$\left.\begin{aligned} \varrho &= \frac{1}{\sigma}, \quad g = -\frac{\eta}{\sigma}, \quad a = -\frac{(\alpha + \eta^2/\sigma)}{\sigma}, \\ b &= -\frac{(\beta - \eta^2/\sigma)}{\sigma}, \quad c = -\frac{\gamma}{\sigma} \end{aligned}\right\} \tag{8.55}$$

ergibt. Mit (8.54) kann man nach (4.9) den Widerstand im magnetischen Feld berechnen:

$$\varrho_H = \frac{(\mathfrak{E}\,\mathfrak{j})}{j^2} = \varrho + \varrho\, a\, H^2 + \varrho\, b\, \frac{(\mathfrak{j}\,\mathfrak{H})^2}{j^2} + \varrho\, c\, \frac{\mathfrak{L}\,\mathfrak{j}}{j^2}. \tag{8.56}$$

Hieraus erhält man

$$\frac{\Delta\varrho}{\varrho} = \frac{\varrho_H - \varrho}{\varrho} = a\, H^2 + \frac{b\,(j_1 H_1 + j_2 H_2 + j_3 H_3)^2}{j^2} + c\,\frac{j_1^2 H_1^2 + j_2^2 H_2^2 + j_3^2 H_3^2}{j^2}. \tag{8.56a}$$

Die Größen a, b und c können aus dem Versuch ermittelt werden, sie sind durch die Gleichungen (8.55) mit σ, η (oder R), α, β und γ verknüpft, welche sich aus der Theorie berechnen lassen, wie weiter oben gezeigt wurde. In der Tabelle 4 ist das Verhältnis $\sigma_{\lambda\mu\nu\varrho}/\sigma$ durch die im Versuch meßbaren Konstanten a, b, c und $(R\,\sigma)$ ausgedrückt.

Aus dem Vorangegangenen sieht man, daß die Messung des Hall-Effekts und der Änderung des Widerstandes im magnetischen Feld in Halbleitereinkristallen bei verschiedenen Richtungen von Strom und Magnetfeld wichtige Informationen über die effektive Masse der Ladungsträger und über die Lage der Energieflächen in der Brillouin-Zone gibt. Derartige Messungen an n-Germanium und n-Silizium ergaben schon vor der Durchführung von Zyklotronresonanzmessungen ein richtiges Bild des energetischen Spektrums der Leitfähigkeitselektronen.

Wie oben festgestellt wurde, folgt aus (8.42) und (8.43), daß bei Parallelität des Stromes und des Magnetfeldes mit der Hauptachse des Energieellipsoids die longitudinale Änderung des Widerstandes im Magnetfeld Null wird, analog zum Fall sphärischer Energieflächen. Beim Studium der longitudinalen Änderung des Widerstandes im Magnetfeld bei Silizium wurde festgestellt, daß diese Änderung fast bis auf Null abfällt, wenn Strom und Magnetfeld mit der Richtung ⟨100⟩ zusammenfallen. Das Studium der longitudinalen Änderung des Widerstandes im Magnetfeld bei Germanium dagegen zeigte, daß es keine Richtung im Kristall gibt, längs welcher ein merklicher Abfall dieser Änderung zu verzeichnen wäre. Daraus wurde der Schluß gezogen, daß die äquivalenten Minima im Silizium in den Richtungen ⟨100⟩ liegen, im Germanium dagegen in den Richtungen ⟨111⟩.

Den Fall starker magnetischer Felder für ein Modell mit mehreren Ellipsoiden werden wir hier nicht behandeln, es sei nur auf die entsprechende Literatur verwiesen.[1] Wir bemerken nur, daß auch im Modell mit mehreren Ellipsoiden die

[1] B. Abeles and S. Meiboom, Phys. Rev. **95** (1954) 31; M. Shibuya, Phys. Rev. **95** (1954) 1385.

Hall-Konstante durch

$$R = -\frac{1}{c\,e\,n}$$

gegeben ist, ganz analog zu dem, was wir in allen Fällen eines isotropen Modells hatten [(4.26), (6.35), (7.17)]. Das hängt damit zusammen, daß im Falle starker Felder die Hall-Konstante nicht mit der Streuung der Elektronen verknüpft ist, sondern durch die freie Drift in der zu $\mathfrak{E}$ und $\mathfrak{H}$ senkrechten Richtung mit der Geschwindigkeit $(E/H)\,c$ bestimmt wird.

6. Zur Bestimmung der differentiellen Thermospannung muß man von der Gleichung (8.4) ausgehen, in welcher $\mathfrak{H} = 0$ zu setzen ist; dann wird

$$\mathfrak{v}\,\nabla_{\mathfrak{r}} f - \frac{e}{\hbar}\,\mathfrak{E}\,\nabla_{\mathfrak{k}} f = -\frac{f - f_0}{\tau(\varepsilon)}\,. \tag{8.57}$$

Bei einer Genauigkeit bis zu in $\mathfrak{E} = -\nabla\varphi$ (φ ist das elektrostatische Potential) und ∇T lineraren Gliedern kann man auf der linken Seite von (8.57) $f = f_0(\varepsilon)$ einsetzen; dann hat man

$$\nabla_{\mathfrak{r}} f \approx \nabla_{\mathfrak{r}} f_0 = \left(-\frac{\partial f_0}{\partial\varepsilon}\right)\left\{\frac{\varepsilon - \zeta}{T}\,\nabla T + \nabla\zeta\right\}, \tag{8.58}$$

da bei einem Temperaturgradienten nicht nur T, sondern auch $\zeta(T)$ von den Koordinaten abhängt.

Berücksichtigt man (8.58) und (8.9), dann ergibt sich aus der Gleichung (8.57)

$$\left(-\frac{\partial f_0}{\partial\varepsilon}\right)\mathfrak{v}\left[\frac{\varepsilon - \zeta}{T}\,\nabla T - e\,\nabla\left(\varphi - \frac{\zeta}{e}\right)\right] = -\frac{f - f_0}{\tau}\,. \tag{8.59}$$

Der elektrische Strom wird

$$\begin{aligned} \mathfrak{j} &= -e\sum_{(\mathfrak{k})}(f - f_0)\,\mathfrak{v} \\ &= e\sum_{(\mathfrak{k})}\left(-\frac{\partial f_0}{\partial\varepsilon}\right)\tau(\varepsilon)\left\{\mathfrak{v}\left[\frac{\varepsilon - \zeta}{T}\,\nabla T - e\,\nabla\left(\varphi - \frac{\zeta}{e}\right)\right]\right\}\mathfrak{v}\,. \end{aligned} \tag{8.60}$$

Die Summation $\sum_{(\mathfrak{k})}$ (bzw. die entsprechende Integration) ist über den Wellenvektor $\mathfrak{k}$ auszuführen. Für verschwindenden Strom $\mathfrak{j} = 0$ erhält man aus (8.60)

$$k_0\sum_{(\mathfrak{k})}\left(-\frac{\partial f_0}{\partial\varepsilon}\right)\tau(\varepsilon)\,\frac{\varepsilon - \zeta}{k_0\,T}\,(\mathfrak{v}\,\nabla\,T)\,\mathfrak{v} = e\sum_{(\mathfrak{k})}\left(-\frac{\partial f_0}{\partial\varepsilon}\right)\tau(\varepsilon)\left(\mathfrak{v}\,\nabla\left(\varphi - \frac{\zeta}{e}\right)\right)\mathfrak{v}\,. \tag{8.61}$$

Wenn ∇T parallel zur Achse μ ist, dann wird $\mathfrak{v}\,\nabla T = v_\mu\,\nabla_\mu T$ und der Ausdruck auf der linken Seite von (8.61) ist gleich

$$\begin{aligned} \nabla_\mu T\,k_0\sum_{(\mathfrak{k})}\left(-\frac{\partial f_0}{\partial\varepsilon}\right)\tau\,\frac{\varepsilon - \zeta}{k_0\,T}\,v_\mu^2 &= \nabla_\mu T\,k_0\,\frac{1}{m_\mu}\,\frac{2}{3}\sum_{(\varepsilon)}\left(-\frac{\partial f_0}{\partial\varepsilon}\right)\tau\,\frac{\varepsilon - \zeta}{k_0\,T}\,\varepsilon \\ &= \nabla_\mu T\,k_0\,\frac{1}{m_\mu}\left\{\frac{\langle\tau\,\varepsilon\rangle}{k_0\,T} - \frac{\langle\tau\zeta\rangle}{k_0\,T}\right\}, \end{aligned} \tag{8.62}$$

dabei haben wir Vorstellungen verwendet, die beim Übergang zu (8.12b), (8.12c) und (8.13) dargelegt wurden. Es ist offensichtlich, daß der Vektor der rechten Seite von (8.61) parallel zu $\nabla_\mu T$ sein muß, so daß die rechte Seite gleich

$$\frac{e}{m_\mu} \nabla_\mu \left(\varphi - \frac{\zeta}{e}\right) \langle\tau\rangle \tag{8.63}$$

ist. Aus (8.62) und (8.63) folgt für die differentielle Thermospannung

$$\alpha = \frac{\nabla_\mu\left(\varphi - \frac{\zeta}{e}\right)}{\nabla_\mu T} = \left(\frac{k_0}{e}\right)\left\{\frac{\langle\tau\,\varepsilon\rangle}{k_0\,T\,\langle\tau\rangle} - \frac{\zeta}{k_0\,T}\right\}. \tag{8.64}$$

Wir sehen, daß das erste Glied in der geschwungenen Klammer mit dem übereinstimmt, welches sich beim isotropen Modell (sphärische Energieflächen) ergab; was das chemische Potential betrifft, so folgt aus (VI. 2.12b) und (VI. 2.22a) für seinen Wert

$$\frac{\zeta}{k_0\,T} = \ln \frac{4\,\pi^3\,\hbar^3\,n}{(2\,\pi\,k_0\,T)^{3/2}\,(m_1\,m_2\,m_3)^{1/2}\,N_c}. \tag{8.64a}$$

7. Am Schluß dieses Paragraphen behandeln wir kurz eine vereinfachte Transporttheorie in Halbleitern vom Typ des p-Germaniums.

In (IV. § 8) haben wir die Struktur des Valenzbandes von p-Germanium und p-Silizium beschrieben. Das Wesentliche dabei war die zweifache Entartung des Energiespektrums der Löcher bei $\mathfrak{k} = 0$ und die damit verbundene Anwesenheit zweier Sorten von Löchern: schwerer und leichter. Es war festgestellt worden, daß sich bei isotroper Mittelung der Energie der Löcher über den $\mathfrak{k}$-Raum ein Wert proportional $|\mathfrak{k}|^2$ ergibt. Das Verhältnis der skalaren effektiven Massen der schweren und leichten Löcher in Germanium ist gleich $\frac{m_1}{m_2} = 7{,}9$.

Mit dieser isotropen Näherung für die Energie und mit der Voraussetzung, daß die Relaxationszeiten für die schweren und leichten Löcher von ihrer Energie abhängen, kann man leicht alle kinetischen Koeffizienten berechnen.

Ein Vergleich der Theorie mit dem Experiment zeigt, daß für Germanium das Verhältnis der Beweglichkeiten der leichten und schweren Löcher etwa gleich dem reziproken Verhältnis ihrer effektiven Massen ist:[1])

$$\frac{\mu_2}{\mu_1} \approx \frac{m_1}{m_2} = 7{,}9\,. \tag{8.65}$$

Wenn die Relaxationszeiten τ_1 und τ_2 viel kleiner wären als die Zeiten für einen Übergang aus dem Zustand der schweren Löcher in den Zustand der leichten Löcher, dann könnte man die Relaxationszeiten in der üblichen Weise berechnen, d. h. ohne Berücksichtigung der Übergänge zwischen den Bändern. In diesem Falle ist gemäß (VII. 4.11) für die Wechselwirkung mit akustischen Schwingungen $\frac{\langle\tau_1\rangle}{\langle\tau_2\rangle} = \left(\frac{m_2}{m_1}\right)^{3/2}$. Dabei setzen wir voraus, daß die Konstante $\mathscr{E}_1$ des

[1]) R. K. Willardson, T. C. Harman and A. C. Beer, Phys. Rev. **96** (1954) 1512.

Deformationspotentials (oder die Wechselwirkungskonstante C) gleich ist für leichte und schwere Löcher. Letzteres kann damit begründet werden, daß $\mathcal{E}_1$ gemäß (VII. 5.4) gleich der Verschiebung des Randes des Valenzbandes ist, bezogen auf die relative Volumenänderung bei gleichmäßigem Zusammendrücken des Kristalls. Da bei gleichmäßigem Zusammendrücken die Entartung nicht aufgehoben wird, ist der Wert von $\mathcal{E}_1$ gleich für beide Sorten von Löchern.

Verwendet man die übliche Formel (6.7a) für die Beweglichkeit, so findet man $\frac{\mu_2}{\mu_1} = \left(\frac{m_1}{m_2}\right)^{5/2}$, was im Widerspruch zu (8.65) steht. Das zeigt, daß bei der Streuung die Übergänge zwischen den Bändern eine wesentliche Rolle spielen. Aus (8.65) folgt, daß die Relaxationszeiten für schwere und leichte Löcher gleich sein müssen.

Wir bestimmen jetzt die Relaxationszeit beispielsweise für die schweren Löcher mit Berücksichtigung der Übergänge zwischen den Bändern bei der vereinfachenden Voraussetzung, daß die Übergangswahrscheinlichkeit für Streuung an akustischen Schwingungen auch im Falle eines entarteten Valenzbandes eine einfache isotrope Form (VII. 3.11a, b) hat.[1])

Wenn man die Stöße mit Phononen als elastisch betrachtet und $N_\mathfrak{q}$ und $N_\mathfrak{q} + 1$ durch $k_0\, T/\hbar\, \omega_\mathfrak{q}$ ersetzt, weiterhin $\omega_\mathfrak{q} = v_0\, q$ (v_0 ist die Geschwindigkeit longitudinaler Wellen) annimmt, erhält man sowohl für Emission als auch für Absorption eines Phonons dieselbe Wahrscheinlichkeit

$$W(\mathfrak{k}, \mathfrak{k}') = W_0\, \delta(\varepsilon_{\mathfrak{k}'} - \varepsilon_\mathfrak{k})\,, \tag{8.66}$$

wobei

$$W_0 = \frac{4\,\pi\, C^2\, k_0\, T}{9\, N\, M\, \hbar\, v_0^2} \tag{8.66a}$$

ist. Bezeichnen wir die Verteilungsfunktionen der schweren und leichten Löcher mit $f_1(\mathfrak{k})$ und $f_2(\mathfrak{k})$, dann ist die Änderung von f_1 infolge von Stößen gemäß (VII. 2.8) gleich

$$\left(\frac{\partial f_1}{\partial t}\right)_{\mathrm{St}} = -\, W_0 \sum_{\mathfrak{k}'} \{[f_1(\mathfrak{k}) - f_1(\mathfrak{k}')]\, \delta[\varepsilon_1(\mathfrak{k}) - \varepsilon_1(\mathfrak{k}')] + [f_1(\mathfrak{k}) - f_2(\mathfrak{k}')]\, \delta[\varepsilon_1(\mathfrak{k}) - \varepsilon_2(\mathfrak{k}')]\}\,, \tag{8.67}$$

wo

$$\varepsilon_1(\mathfrak{k}) = \frac{\hbar^2\, k^2}{2\, m_1}\,, \qquad \varepsilon_2(\mathfrak{k}) = \frac{\hbar^2\, k^2}{2\, m_2} \tag{8.67a}$$

die Energien der schweren und leichten Löcher sind.

Die erste quadratische Klammer in (8.67) berücksichtigt die Übergänge schwerer Löcher in schwere (aus dem Zustand $\mathfrak{k}$ in den Zustand $\mathfrak{k}'$), der zweite Summand die Übergänge schwerer Löcher in leichte.

---

[1]) G. E. Pikus (Г. Е. Пикус, Журнал технической физики), J. techn. Phys. 27 (1957) 1606.

Wir setzen wie gewöhnlich

$$\left.\begin{aligned} f_1(\mathfrak{k}) &= f_{10}(\varepsilon) + \mathfrak{g}_1(\varepsilon)\,\mathfrak{k}\,, \\ f_2(\mathfrak{k}) &= f_{20}(\varepsilon) + \mathfrak{g}_2(\varepsilon)\,\mathfrak{k} \end{aligned}\right\} \tag{8.68}$$

an. Setzt man $f_1(\mathfrak{k})$ in die erste quadratische Klammer von (8.67) ein und führt die Integration über $\mathfrak{k}'$ aus, dann erhält man ein mit (VII. § 4) übereinstimmendes Resultat:

$$\left(\frac{\partial f_1}{\partial t}\right)_{\mathrm{St}}^{(11)} = -\frac{W_0(2\,\varepsilon)^{1/2}}{\pi^2\,\hbar^3}\,m_1^{3/2}\,(\mathfrak{g}_1\,\mathfrak{k}) = -\frac{(\mathfrak{g}_1\,\mathfrak{k})}{\tau_{11}}\,; \tag{8.69}$$

τ_{11} ist die Relaxationszeit für die schweren Löcher, bedingt durch Übergänge im selben Band.

Es sei noch bemerkt, daß

$$f_{10}(\varepsilon) = f_{20}(\varepsilon) = e^{\frac{\zeta-\varepsilon}{k_0 T}}\,, \tag{8.70}$$

da im Gleichgewicht das chemische Potential für schwere und leichte Löcher gleich ist.

Setzt man $f_1(\mathfrak{k})$ und $f_2(\mathfrak{k})$ in die zweite quadratische Klammer von (8.67) ein und berücksichtigt (8.70), so überzeugt man sich leicht davon, daß bei Integration über $\mathfrak{k}'$ das Glied, welches $\mathfrak{g}_2(\varepsilon)\,\mathfrak{k}'$ proportional ist, verschwindet. Deshalb wird

$$\left(\frac{\partial f_1}{\partial t}\right)_{\mathrm{St}}^{(12)} = -\frac{W_0(2\,\varepsilon)^{1/2}}{\pi^2\,\hbar^3}\,m_2^{3/2}\,(\mathfrak{g}_1\,\mathfrak{k}) = -\frac{(\mathfrak{g}_1\,\mathfrak{k})}{\tau_{12}}\,, \tag{8.71}$$

wobei τ_{12} die Relaxationszeit für den Übergang von schweren zu leichten Löchern ist. Die gesamte Relaxationszeit für die schweren Löcher wird somit

$$\frac{1}{\tau_1} = \frac{1}{\tau_{11}} + \frac{1}{\tau_{12}} = \frac{W_0(2\,\varepsilon)^{1/2}}{\pi^2\,\hbar^3}\,(m_1^{3/2} + m_2^{3/2})\,. \tag{8.72}$$

Man sieht leicht, daß eine analoge Rechnung für leichte Löcher für die reziproke Relaxationszeit $1/\tau_2$ einen Ausdruck gibt, der mit (8.72) übereinstimmt.

Somit sind in der von uns angenommenen Näherung isotroper Streuwahrscheinlichkeit (8.66) und sphärischer Form der Energieflächen (8.67a) die Relaxationszeiten für schwere und leichte Löcher gleich, d. h.

$$\tau_1 = \tau_2\,, \tag{8.73}$$

woraus unmittelbar die Beziehung (8.65) folgt.

Gemäß (6.7) ist die durch beide Sorten von Löchern verursachte elektrische Leitfähigkeit gleich

$$\sigma = \frac{n_1\,e^2}{m_1}\langle\tau_1\rangle + \frac{n_2\,e^2}{m_2}\langle\tau_2\rangle = n_1\,e\,\mu_1 + n_2\,e\,\mu_2\,. \tag{8.74}$$

Hier sind n_i und μ_i die Konzentrationen und Beweglichkeiten der schweren und leichten Löcher.

Für die Bestimmung der HALL-Konstanten und der Änderung des Widerstandes im Magnetfeld verwenden wir die Gleichungen (6.23), wo a_1 und a_2 sowohl durch den Strom schwerer als auch den Strom leichter Löcher bestimmt werden:

$$\left.\begin{aligned} a_1 &= \frac{n_1 e^2}{m_1}\left\langle \frac{\tau_1}{1+(\gamma_1 \tau_1 H)^2}\right\rangle + \frac{n_2 e^2}{m_2}\left\langle \frac{\tau_2}{1+(\gamma_2 \tau_2 H)^2}\right\rangle, \\ a_2 &= -\frac{n_1 e^2}{m_1}(\gamma_1 H)\left\langle \frac{\tau_1^2}{1+(\gamma_1 \tau_1 H)^2}\right\rangle - \frac{n_2 e^2}{m_2}(\gamma_2 H)\left\langle \frac{\tau_2^2}{1+(\gamma_2 \tau_2 H)^2}\right\rangle. \end{aligned}\right\} \tag{8.75}$$

Hier sind beide Summanden in a_2 negativ, da wie früher $\gamma_1 = e/m_1 c > 0$ und $\gamma_2 = e/m_2 c > 0$ sind, für Elektronen ist a_2 in (6.23b) positiv.

Wenn wir für a_1 und a_2 (8.75) eine lineare Näherung bezüglich H verwenden, dann erhalten wir nach Formel (6.24a) für die Hall-Konstante

$$R = \frac{1}{c\, e\, n_1} \frac{\langle\tau_1^2\rangle + \left(\frac{n_2}{n_1}\right)\left(\frac{m_1}{m_2}\right)^2 \langle\tau_2^2\rangle}{\left[\langle\tau_1\rangle + \left(\frac{n_2}{n_1}\right)\left(\frac{m_1}{m_2}\right)\langle\tau_2\rangle\right]^2}. \tag{8.76}$$

Setzen wir voraus, daß die Energieabhängigkeit von τ_1 und τ_2 durch den Ausdruck (6.8a)[1]) bestimmt wird, dann läßt sich leicht zeigen, daß

$$\langle\tau^2\rangle = \frac{3\pi}{8}\left(\frac{m^*}{e}\right)\mu^2 \tag{8.77}$$

ist, wo μ die Beweglichkeit darstellt.

Aus (8.76), (8.77) und dem Ausdruck (6.7a) für die Beweglichkeit erhalten wir

$$R = \frac{3\pi}{8}\frac{1}{c\, e\, n_1}\frac{1+(n_2/n_1)\,(\mu_2/\mu_1)^2}{[1+(n_2/n_1)\,(\mu_2/\mu_1)]^2}. \tag{8.76a}$$

Verwendet man für a_1 und a_2 eine quadratische Näherung der Form (6.28), so kann man die Änderung des Widerstandes im magnetischen Feld bei schwachen Feldern berechnen. Nimmt man an, daß die Löcher eine Relaxationszeit (6.8a) haben, so erhält man als Resultat einer analogen Rechnung

$$\frac{\Delta\varrho}{\varrho} = \frac{9\pi}{16}\left(\frac{\mu_1 H}{c}\right)^2\left[\frac{1+(n_2/n_1)\,(\mu_2/\mu_1)^3}{1+(n_2/n_1)\,(\mu_2/\mu_1)} - \frac{\pi}{4}\left(\frac{1+(n_2/n_1)\,(\mu_2/\mu_1)^2}{1+(n_2/n_1)\,(\mu_2/\mu_1)}\right)^2\right]. \tag{8.78}$$

Nimmt man für die Konzentration der leichten Löcher $n_2 = 0$ an, so ergibt sich aus (8.76a) und (8.78) der Ausdruck (6.31).[2])

Das Verhältnis der Beweglichkeiten der leichten und schweren Löcher kann man mit guter Näherung gleich dem umgekehrten Verhältnis ihrer effektiven Massen annehmen (8.65). Wir sehen, daß die drei Ausdrücke (8.74), (8.76a) und (8.78) die drei Unbekannten n_1, μ_1 und n_2/n_1 enthalten. Deshalb sind Messungen der elektrischen Leitfähigkeit, des Hall-Effekts und der Änderung des

---

[1]) Obwohl Germanium ein typischer atomarer Halbleiter ist, darf man diese Voraussetzung nicht als begründet betrachten, da die Temperaturabhängigkeit der Beweglichkeit nicht dem Gesetz (6.9) folgt.

[2]) Natürlich kann man dasselbe Resultat erhalten, wenn man die Konzentration der schweren Löcher gleich Null setzt, $n_1 = 0$; dazu muß man jedoch (8.76a) und (8.78) umformen.

Widerstandes im magnetischen Feld ausreichend für die Bestimmung der Konzentrationen und Beweglichkeiten der leichten und schweren Löcher. In Wirklichkeit verwendet man für den Vergleich zwischen Theorie und Experiment[1]) nicht nur experimentelle Daten und theoretische Formeln für schwache Felder, sondern auch für mittlere und starke Felder. Dabei zeigt es sich, daß die beste Übereinstimmung zwischen Theorie und Experiment vorhanden ist, wenn das Verhältnis der Konzentration $\frac{n_2}{n_1} = 0{,}02$ beträgt, was sich aber im Widerspruch mit den Daten über die effektiven Massen befindet, die sich aus Zyklotronresonanzmessungen ergeben, denn gemäß (VI. 2.12) ist

$$\frac{n_2}{n_1} = \left(\frac{m_2}{m_1}\right)^{3/2} = (7.9)^{-3/2} = 0{,}04\,.$$

Dieser Widerspruch ist vermutlich auf eine Reihe von vereinfachenden Voraussetzungen der Theorie zurückzuführen und hängt mit der zweifelhaften Voraussetzung über die Energieabhängigkeit der Relaxationszeit zusammen (siehe dazu die Fußnote [1]) auf Seite 344).

§ 9. „Drag“-Effekt der Phononen in Halbleitern

1. In allen vorangegangenen Paragraphen dieses Kapitels wurde vorausgesetzt, daß sich die Phononen im Zustand des statistischen Gleichgewichts befinden, d. h., die Besetzungszahl N_q der Phononen wird durch die PLANCKsche Funktion (VII. 4.10) bestimmt. Gleichzeitig ist es offensichtlich, daß bei Anwesenheit eines elektrischen Stromes und Streuung der Elektronen an Phononen der gerichtete Impuls der Elektronen an die Phononen übergeben wird, infolgedessen kann die Verteilung der Phononen nicht mehr isotrop bleiben.

Dieser Umstand wurde in den vorangegangenen Formeln nicht berücksichtigt, es ist jedoch klar, daß die Rückwirkung der sich nicht im Gleichgewicht befindlichen Verteilung der Phononen auf die sich nicht im Gleichgewicht befindliche Verteilung der Elektronen ein kleiner Effekt zweiter Ordnung ist, den man praktisch vernachlässigen kann. Jedoch ist eine Abweichung der Verteilungsfunktion der Phononen vom Gleichgewicht bei Anwesenheit eines Temperaturgradienten im Kristall möglich.

Wie zuerst von L. E. GUREWITSCH gezeigt wurde, kann die durch das Vorhandensein eines Temperaturgradienten verursachte Nichtgleichgewichtsverteilung der Phononen unter bestimmten Bedingungen bei thermoelektrischen Erscheinungen in Metallen eine wesentliche Rolle spielen. Diese Erscheinung erhielt die Bezeichnung „drag“-Effekt der Phononen.

Die interessantesten Erscheinungen werden beim „drag“-Effekt der Phononen in Halbleitern beobachtet. Im Jahre 1953 beobachtete FREDERICKS und unabhängig von ihm GEBALLE eine beträchtliche Erhöhung der Thermospannung α

[1]) Siehe Fußnote [1]) auf Seite 341.

bei Temperaturerniedrigung, welche durch die gewöhnliche Theorie nicht vorausgesagt wurde.

Herring und Fredericks interpretierten diesen Effekt richtig als „drag"-Effekt der Phononen für die Löcher im Germanium. Tatsächlich ruft der Temperaturgradient einen Phononenfluß vom heißen zum kalten Ende der Probe hervor, welcher Ladungsträger mit sich zieht und damit eine Vergrößerung des thermoelektrischen Stromes verursacht. Wie wir weiter unten sehen werden, muß man für die richtige Abschätzung der Größe des Effekts berücksichtigen, daß die Elektronen bei der Streuung an akustischen Schwingungen wegen der Erfüllung der Erhaltungssätze nur mit solchen Phononen in Wechselwirkung treten können, deren Wellenvektor q von der Größenordnung des Wellenvektors der Elektronen k ist. Deshalb ist die Relaxationszeit der Phononen, die in die Formeln für den „drag"-Effekt eingeht, nicht in Übereinstimmung mit der, die sich aus der Wärmeleitfähigkeit des Gitters ermitteln läßt. Wir behandeln den „drag"-Effekt der Phononen in Halbleitern mit einer Sorte von Ladungsträgern, bei fehlender Entartung und bei einfacher Bänderstruktur (2.1).

2. Die quantitative Theorie des „drag"-Effekts der Phononen gründet sich auf die Transportgleichung.[1]) Wie wir weiter unten sehen werden, ist der „drag"-Effekt der Phononen in gewissem Sinne mit der Nichtelastizität der Streuung der Elektronen an akustischen Schwingungen verknüpft, welche wir gewöhnlich vernachlässigen. Somit müssen wir für die Bestimmung von $(\partial f/\partial t)_{St}$ von dem allgemeinen Ausdruck (VII. 2.7) ausgehen:

$$\left[\frac{\partial f(\mathfrak{k})}{\partial t}\right]_{St} = \sum_{\mathfrak{k}'} \{W(\mathfrak{k}', \mathfrak{k})\, f(\mathfrak{k}') - W(\mathfrak{k}, \mathfrak{k}')\, f(\mathfrak{k})\}\,. \tag{9.1}$$

Das Pauli-Prinzip berücksichtigen wir nicht, da sich die Elektronen im nichtentarteten Zustand befinden. $W(\mathfrak{k}, \mathfrak{k}')$ ist die Wahrscheinlichkeit des Übergangs aus dem Zustand $\mathfrak{k}$ in den Zustand $\mathfrak{k}'$.

Aus dem Erhaltungssatz für den Wellenvektor folgt für die Wechselwirkung mit einem Phonon

$$\mathfrak{k}' = \mathfrak{k} \pm \mathfrak{q}\,, \tag{9.2}$$

wenn man Prozesse unberücksichtigt läßt, die zum Übergang des Phonons in eine andere Brillouin-Zone führen. Das Zeichen + bedeutet Absorption, das Zeichen − Emission eines Phonons. Dementsprechend erhalten wir unter dem Summenzeichen von (9.1) vier Summanden:

$$\left[\frac{\partial f(\mathfrak{k})}{\partial t}\right]_{St} = \sum_{\mathfrak{q}} \{W^-(\mathfrak{k} + \mathfrak{q}, \mathfrak{k})\, f(\mathfrak{k} + \mathfrak{q}) + W^+(\mathfrak{k} - \mathfrak{q}, \mathfrak{k})\, f(\mathfrak{k} - \mathfrak{q})$$
$$- W^+(\mathfrak{k}, \mathfrak{k} + \mathfrak{q})\, f(\mathfrak{k}) - W^-(\mathfrak{k}, \mathfrak{k} - \mathfrak{q})\, f(\mathfrak{k})\}\,. \tag{9.3}$$

W^+ und W^- sind die Wahrscheinlichkeiten für die Absorption und Emission akustischer Phononen. Beispielsweise ist $W^-(\mathfrak{k} + \mathfrak{q}, \mathfrak{k})$ die Wahrscheinlichkeit

[1]) Unten folgen wir der Herleitung, wie sie von J. N. Obraszow vorgeschlagen wurde.

des Übergangs $\mathfrak{k} + \mathfrak{q} \to \mathfrak{k}$ bei gleichzeitiger Emission eines Phonons mit dem Wellenvektor $\mathfrak{q}$.

Mit (VII. 3.11a, b, c) läßt sich (9.3) in der Form

$$\left(\frac{\partial f}{\partial t}\right)_{\mathrm{St}} = \sum_{\mathfrak{q}} w(q) \{f(\mathfrak{k} + \mathfrak{q}) (N_{\mathfrak{q}} + 1) \delta(\varepsilon_{\mathfrak{k}} - \varepsilon_{\mathfrak{k}+\mathfrak{q}} + \hbar \omega_{\mathfrak{q}})$$
$$+ f(\mathfrak{k} - \mathfrak{q}) N_{\mathfrak{q}} \delta(\varepsilon_{\mathfrak{k}} - \varepsilon_{\mathfrak{k}-\mathfrak{q}} - \hbar \omega_{\mathfrak{q}}) - f(\mathfrak{k}) N_{\mathfrak{q}} \delta(\varepsilon_{\mathfrak{k}+\mathfrak{q}} - \varepsilon_{\mathfrak{k}} - \hbar \omega_{\mathfrak{q}})$$
$$- f(\mathfrak{k}) (N_{\mathfrak{q}} + 1) \delta(\varepsilon_{\mathfrak{k}-\mathfrak{q}} - \varepsilon_{\mathfrak{k}} + \hbar \omega_{\mathfrak{q}})\} \tag{9.4}$$

schreiben. Ersetzt man bei der Summation im zweiten und vierten Summanden $\mathfrak{q}$ durch $-\mathfrak{q}$ und berücksichtigt, daß die δ-Funktion eine gerade Funktion ist, dann erhält man

$$\left(\frac{\partial f}{\partial t}\right)_{\mathrm{St}} = \sum_{\mathfrak{q}} w(q) \{[f(\mathfrak{k} + \mathfrak{q}) (N_{\mathfrak{q}} + 1) - f(\mathfrak{k}) N_{\mathfrak{q}}] \delta(\varepsilon_{\mathfrak{k}+\mathfrak{q}} - \varepsilon_{\mathfrak{k}} - \hbar \omega_{\mathfrak{q}})$$
$$+ [f(\mathfrak{k} + \mathfrak{q}) N_{-\mathfrak{q}} - f(\mathfrak{k}) (N_{-\mathfrak{q}} + 1)] \delta(\varepsilon_{\mathfrak{k}+\mathfrak{q}} - \varepsilon_{\mathfrak{k}} + \hbar \omega_{\mathfrak{q}})\}\,. \tag{9.5}$$

Bis jetzt haben wir immer vorausgesetzt, daß sich die Verteilung der Phononen im Gleichgewicht befindet und in diesem Falle ist $N_{-\mathfrak{q}} = N_{\mathfrak{q}}$. Im Nichtgleichgewichtsfalle machen wir den Ansatz

$$N_{\mathfrak{q}} = N_{\mathfrak{q}}^{(0)} + N'_{\mathfrak{q}}\,, \tag{9.6}$$

wobei $N_{\mathfrak{q}}^{(0)}$ die Gleichgewichtsverteilungsfunktion der Phononen ist.

Wie wir jetzt zeigen werden, befriedigt die Nichtgleichgewichtskorrektur zur Verteilungsfunktion der Phononen die Bedingung

$$N'_{-\mathfrak{q}} = -N'_{\mathfrak{q}}\,. \tag{9.6a}$$

Die Nichtgleichgewichtskorrektur wird aus den Beziehungen

$$\left(\frac{\partial N'_{\mathfrak{q}}}{\partial t}\right)_{\mathrm{St}} = -\frac{N'_{\mathfrak{q}}}{\tau_{\Phi}} \tag{9.7}$$

und

$$\left(\frac{\partial N'_{\mathfrak{q}}}{\partial t}\right)_{\mathrm{Feld}} + \left(\frac{\partial N'_{\mathfrak{q}}}{\partial t}\right)_{\mathrm{St}} = 0 \tag{9.7a}$$

bestimmt. $\tau_{\Phi}(q)$ ist die Relaxationszeit für die langwelligen longitudinalen akustischen Phononen, und das Feldglied ist

$$\left(\frac{\partial N'_{\mathfrak{q}}}{\partial t}\right)_{\mathrm{Feld}} = \mathfrak{v}_g \nabla_{\mathfrak{r}} N_{\mathfrak{q}}^{(0)}\,. \tag{9.7b}$$

Hier ist $\mathfrak{v}_g$ die Gruppengeschwindigkeit der langwelligen Phononen und gleich $v_0 \frac{\mathfrak{q}}{q}$, wobei v_0 die Geschwindigkeit der longitudinalen Schallwellen ist. Weiterhin ist

$$\nabla_{\mathfrak{r}} N_{\mathfrak{q}}^{(0)} = \frac{dN_{\mathfrak{q}}^{(0)}}{dT} \nabla T = \frac{k_0}{\hbar v_0 q} \nabla T\,, \tag{9.7c}$$

da für langwellige Phononen $N_{\mathfrak{q}}^{(0)} \approx \frac{k_0 T}{\hbar v_0 q}$ gilt. Aus (9.7a, b, c) erhalten wir

$$N'_{\mathfrak{q}} = \tau_\Phi \left(\frac{\partial N'_{\mathfrak{q}}}{\partial t}\right)_{\text{Feld}} = \frac{k_0 \tau_\Phi}{\hbar q}\left(\frac{\mathfrak{q}}{q} \nabla T\right), \tag{9.8}$$

woraus sich (9.6a) ergibt.

Die Untersuchungen von C. Herring zur Wärmeleitfähigkeit von Kristallen, auf die wir hier nicht eingehen können, zeigen, daß man bei Berücksichtigung der elastischen Anisotropie der Kristalle, welche die Divergenz der Wärmeleitfähigkeit der Kristalle bei $q \to 0$ beseitigt, für die longitudinalen langwelligen Phononen in Kristallen kubischer Symmetrie eine Relaxationszeit

$$\tau_\Phi(q) = \frac{1}{A_l T^3 q^2} \tag{9.9}$$

für die Wechselwirkung mit anderen Phononen erhält. Dabei erlaubt die Berücksichtigung der elastischen Anisotropie der Kristalle die Beschränkung auf Dreiphononenstöße.

Wenn wir in (9.5) für $f(\mathfrak{k})$ und $N_{\mathfrak{q}}$ ihre Gleichgewichtswerte einsetzen, dann wird $\sum_{\mathfrak{q}} \{\ \} = 0$. Früher wurde immer vorausgesetzt, daß $N_{\mathfrak{q}} = N_{\mathfrak{q}}^{(0)}$ ist, aber

$$f(\mathfrak{k}) = f_0(\varepsilon_{\mathfrak{k}}) + f_1(\mathfrak{k}) \tag{9.10}$$

gilt, wobei $f_1(\mathfrak{k}) \neq 0$ war und durch $(\partial f/\partial t)_{\text{St}}$ bestimmt wurde. Bei Existenz einer Relaxationszeit erwies sich $(\partial f/\partial t)_{\text{St}}$ proportional zu $f_1(\mathfrak{k})$. Setzen wir (9.10) und (9.6) in (9.5) ein, so erhalten wir neben dem gewöhnlichen $f_1(\mathfrak{k})$ proportionalen Glied einen zusätzlichen Summanden auf Grund der Tatsache, daß $N'_{\mathfrak{q}} \neq 0$, was den „drag"-Effekt der Phononen verursacht. Da wir in allen Summanden nur Glieder bis zu einer bestimmten Größenordnung berücksichtigen, können wir in dem „drag"-Effekt-Glied für die Verteilungsfunktion der Elektronen ihren Gleichgewichtswert einsetzen.

Somit wird das mit dem „drag"-Effekt der Phononen verknüpfte Glied

$$\left(\frac{\partial f}{\partial t}\right)_{\text{St}}^{\Phi} = \sum_{(\mathfrak{q})} w(q)\, N'_{\mathfrak{q}} \{[f_0(\varepsilon_{\mathfrak{k}+\mathfrak{q}}) - f_0(\varepsilon_{\mathfrak{k}})]\, \delta(\varepsilon_{\mathfrak{k}+\mathfrak{q}} - \varepsilon_{\mathfrak{k}} - \hbar\, \omega_{\mathfrak{q}}) - [f_0(\varepsilon_{\mathfrak{k}+\mathfrak{q}}) - f_0(\varepsilon_{\mathfrak{k}})]\, \delta(\varepsilon_{\mathfrak{k}+\mathfrak{q}} - \varepsilon_{\mathfrak{k}} + \hbar\, \omega_{\mathfrak{q}})\}, \tag{9.11}$$

wobei (9.6a) verwendet wurde. Wenn man in diesem Ausdruck die Nichtelastizität der Streuung vernachlässigt, d. h., den Summanden $\hbar\, \omega_{\mathfrak{q}}$ im Argument der δ-Funktion wegläßt, werden die quadratischen Klammern gleich und der ganze Ausdruck wird Null. In diesem Sinne muß man beim „drag"-Effekt die Nichtelastizität bei der Absorption und Emission der Phononen berücksichtigen.

Da die Änderung der Energie des Elektrons bei der Absorption oder Emission eines Phonons klein ist, kann man

$$f_0(\varepsilon_{\mathfrak{k}+\mathfrak{q}}) - f_0(\varepsilon_{\mathfrak{k}}) = \frac{\partial f_0}{\partial \varepsilon}(\varepsilon_{\mathfrak{k}+\mathfrak{q}} - \varepsilon_{\mathfrak{k}}) \tag{9.12}$$

schreiben, wobei die Differenz $\varepsilon_{\mathfrak{k}+\mathfrak{q}} - \varepsilon_{\mathfrak{k}}$ für die erste quadratische Klammer in (9.11) gleich $\hbar\,\omega_{\mathfrak{q}}$, für die zweite Klammer gleich $-\hbar\,\omega_{\mathfrak{q}}$ ist. Schließlich wird

$$\left(\frac{\partial f}{\partial t}\right)_{\mathrm{St}}^{\Phi} = \sum_{(\mathfrak{q})} 2\,w(q)\,N'_{\mathfrak{q}}\,\frac{\partial f_0}{\partial \varepsilon}\,\hbar\,\omega_{\mathfrak{q}}\,\delta(\varepsilon_{\mathfrak{k}+\mathfrak{q}} - \varepsilon_{\mathfrak{k}})\;; \tag{9.13}$$

im Argument der δ-Funktion wurde die Nichtelastizität nicht berücksichtigt, da die Summe selbst von der Größenordnung $\hbar\,\omega_{\mathfrak{q}} = \hbar\,v_0\,q$ ist.

Im $\mathfrak{q}$-Raum wählt man eine Polarachse in Richtung $\mathfrak{k}$ und geht von der Summation zur Integration über. Dann wird

$$\left(\frac{\partial f}{\partial t}\right)_{\mathrm{St}}^{\Phi} = \frac{V}{(2\,\pi)^3}\int\limits_{q_{\min}}^{q_{\max}} q^2\,dq\int\limits_0^{\pi}\sin\vartheta\,d\vartheta$$
$$\times\int\limits_0^{2\pi} d\varphi\left\{2\,w(q)\,N'_{\mathfrak{q}}\,\frac{\partial f_0}{\partial\varepsilon}\,\hbar\,v_0\,q\,\delta(\varepsilon_{\mathfrak{k}+\mathfrak{q}} - \varepsilon_{\mathfrak{k}})\right\}, \tag{9.14}$$

V ist das Volumen des Grundgebiets des Kristalls. Setzt man hierin anstelle von $w(q)$ und $N'_{\mathfrak{q}}$ die Ausdrücke (VII. 3.11 c) und (9.8) und führt eine zu (VII. § 4.1) analoge Integration durch, dann erhält man

$$\left(\frac{\partial f}{\partial t}\right)_{\mathrm{St}}^{\Phi} = \frac{C^2\,\Omega_0\,k_0\,m^*}{9\,\pi\,M(\hbar\,k)^3}\,\frac{\partial f_0}{\partial\varepsilon}\,(\hbar\,\mathfrak{k}\,\nabla\,T)\int\limits_0^{2k}\tau_\Phi(q)\,q^3\,dq\,. \tag{9.15}$$

$\Omega_0 = \frac{V}{N}$ ist das Volumen der Elementarzelle.

Drückt man C^2 mittels (VII. 4.11) durch die Relaxationszeit τ' aus, welche mit der Wechselwirkung des Elektrons mit akustischen Schwingungen verknüpft ist, und führt eine Mittelung der Form

$$\tilde{\tau}_\Phi = \frac{1}{4\,k^4}\int\limits_0^{2k}\tau_\Phi(q)\,q^3\,dq \tag{9.16}$$

ein, dann ergibt sich

$$\left(\frac{\partial f}{\partial t}\right)_{\mathrm{St}}^{\Phi} = \frac{v_0^2}{T}\,\frac{\tilde{\tau}_\Phi}{\tau'}\,(\hbar\,\mathfrak{k}\,\nabla\,T)\,\frac{\partial f_0}{\partial\varepsilon}\,. \tag{9.17}$$

Im Falle (9.9) ist

$$\tilde{\tau}_\Phi = \frac{1}{2\,A_l\,T^3\,k^2} = \frac{\hbar^2}{4\,A_l\,m^*\,T^3\,\varepsilon}\,, \tag{9.18}$$

wo $\varepsilon = \frac{\hbar^2\,k^2}{2\,m^*}$ die Energie des Elektrons ist.

Bei Berücksichtigung des „drag"-Effekts hat die Transportgleichung in der Näherung skalarer effektiver Masse die Form

$$\frac{\hbar\,\mathfrak{k}}{m^*}\,\nabla_{\mathfrak{r}} f + \frac{1}{\hbar}\,\mathfrak{F}\,\nabla_{\mathfrak{k}} f = \left(\frac{\partial f}{\partial t}\right)_{\mathrm{St}} + \left(\frac{\partial f}{\partial t}\right)_{\mathrm{St}}^{\Phi}\;; \tag{9.19}$$

dabei ist $\frac{\hbar \mathfrak{k}}{m^*} = \mathfrak{v}$ die Geschwindigkeit des Elektrons, $\mathfrak{F}$ die auf das Elektron wirkende Kraft und $(\partial f/\partial t)_{St}$ das gewöhnliche Stoßglied, das mit der Nichtgleichgewichtsverteilungsfunktion f der Elektronen zusammenhängt.

Auf der linken Seite von (9.19) kann man (mit Ausnahme des Gliedes, welches dem Magnetfeld $\mathfrak{H}$ proportional ist) die Gleichgewichtsverteilungsfunktion einsetzen und es wird analog zu (2.4)

$$\nabla_{\mathfrak{r}} f = \nabla_{\mathfrak{r}} f_0 = \frac{\partial f_0}{\partial T} \nabla T = -\frac{\partial f_0}{\partial \varepsilon}\left[\frac{\varepsilon - \zeta}{T} + \frac{\partial \zeta}{\partial T}\right] \nabla T . \tag{9.20}$$

Setzt man (9.17) und (9.20) in (9.19) ein, so erhält man

$$-\frac{\partial f_0}{\partial \varepsilon}\left[\frac{\varepsilon + m^* v_0^2(\tilde{\tau}_\Phi/\tau') - \zeta}{T} + \frac{\partial \zeta}{\partial T}\right]\left(\frac{\hbar \mathfrak{k}}{m^*} \nabla T\right) + \frac{1}{\hbar} \mathfrak{F} \nabla_{\mathfrak{k}} f = \left(\frac{\partial f}{\partial t}\right)_{St} = -\frac{f - f_0}{\tau}, \tag{9.21}$$

hier ist τ die Gesamtrelaxationszeit der Elektronen, die sich nicht nur durch die Wechselwirkung mit akustischen Schwingungen bestimmt, sondern auch durch andere Streumechanismen, z. B. Streuung an Störstellenionen.

Aus (9.21) ersieht man, daß bei den von uns gemachten Voraussetzungen die Berücksichtigung des „drag"-Effekts dazu führt, daß in dem ∇T proportionalen Glied der Transportgleichung ein zusätzlicher Summand in der Energie auftritt, der gleich $m^* v_0^2(\tilde{\tau}_\Phi/\tau')$ ist und von der Energie abhängt.

Letztere Tatsache erlaubte es, in den Transporterscheinungen auf einfache Weise die additiven Glieder zu bestimmen, die dem „drag"-Effekt entsprechen.

3. Wir bestimmen jetzt den Beitrag, der durch den „drag"-Effekt zum Nernst-Effekt und zur Thermospannung geliefert wird.

Aus (6.13) sieht man, daß der „drag"-Effekt einen zusätzlichen Vektor

$$\vec{\chi}_\Phi^* = \frac{k_0}{e} \tau \frac{m^* v_0^2}{k_0 T} \frac{\tilde{\tau}_\Phi}{\tau'} \nabla T \tag{9.22}$$

bestimmt, welcher gemäß (6.5) zu einem zusätzlichen Strom

$$\mathfrak{j}_\Phi = \frac{n e^2}{m^*} \langle \vec{\chi}_\Phi^* \rangle = \frac{n e^2}{m^*}\left(\frac{k_0}{e}\right) \frac{m^* v_0^2}{k_0 T} \left\langle \frac{\tau \tilde{\tau}_\Phi}{\tau'} \right\rangle \nabla T \tag{9.23}$$

führt. Hieraus und aus (6.14) folgt für den Phononenanteil der Thermospannung

$$\alpha_\Phi = \left(\frac{k_0}{e}\right) \frac{m^* v_0^2}{k_0 T} \frac{\langle \tau \tilde{\tau}_\Phi/\tau' \rangle}{\langle \tau \rangle} . \tag{9.24}$$

Wenn als einziger wesentlicher Streumechanismus für die Elektronen akustische Phononen in Frage kommen, dann ist $\tau = \tau'$, und es wird

$$\alpha_\Phi = \left(\frac{k_0}{e}\right) \frac{m^* v_0^2}{k_0 T} \frac{\langle \tilde{\tau}_\Phi \rangle}{\langle \tau \rangle} . \tag{9.24a}$$

Aus (9.18) folgt, daß $\langle\tilde{\tau}_\Phi\rangle \sim T^{-4}$ ist und da außerdem $\langle\tau\rangle \sim T^{-3/2}$ gilt, wird

$$\alpha_\Phi \sim T^{-7/2}\,, \tag{9.24b}$$

d. h., α_Φ wächst rasch bei Erniedrigung der Temperatur.

Analog kann man α_Φ für andere Streumechanismen untersuchen, wo dann $\tau \neq \tau'$.

Um den Einfluß des „drag"-Effekts auf den NERNST-Effekt zu ermitteln, untersuchen wir die Struktur der Konstanten Q (6.39a). Wir betrachten den Fall eines schwachen Magnetfeldes, in dem die Koeffizienten a_i und b_i in linearer Näherung bezüglich H gleich (6.27) und (6.40) sind. Gemäß dem Vorangegangenen geht der mit dem „drag"-Effekt verbundene Zusatz $m^* v_0^2(\tilde{\tau}_\Phi/\tau')$ additiv in die Energie ε in b_1 und b_2 ein, da diese Koeffizienten in (6.39) vor $\nabla_x T$ stehen ($\nabla_y T = 0$!). Somit wird in linearer Näherung bezüglich H

$$Q_\Phi = \frac{a_1 b_2^\Phi - a_2 b_1^\Phi}{a_1^2 H} = \left(\frac{k_0}{e}\right)\frac{m^* v_0^2}{k_0 T}\frac{e}{m^* c}\,\frac{\langle\tau\rangle\left\langle\frac{\tilde{\tau}_\Phi}{\tau'}\tau^2\right\rangle - \langle\tau^2\rangle\left\langle\frac{\tilde{\tau}_\Phi}{\tau'}\tau\right\rangle}{\langle\tau\rangle^2}\,. \tag{9.25}$$

Wenn die Elektronen nur an longitudinalen akustischen Schwingungen gestreut werden, dann ist $\tau = \tau'$ und

$$Q_\Phi = \left(\frac{k_0}{e}\right)\frac{m^* v_0^2}{k_0 T}\frac{e}{m^* c}\,\frac{\langle\tau\rangle\langle\tilde{\tau}_\Phi \tau\rangle - \langle\tau^2\rangle\langle\tilde{\tau}_\Phi\rangle}{\langle\tau\rangle^2}\,. \tag{9.25a}$$

Wenn τ_Φ durch den Ausdruck (9.18) bestimmt wird, so daß $\langle\tilde{\tau}_\Phi\rangle \sim T^{-4}$ und $\langle\tau\rangle \sim T^{-3/2}$, dann ist

$$Q_\Phi \sim T^{-5}\,, \tag{9.25b}$$

d. h., Q wächst schnell mit fallender Temperatur. Es ist interessant zu bemerken, daß $Q_\Phi = 0$ wird, wenn $\tau_\Phi \sim 1/q$ wäre (und nicht $\sim 1/q^2$).

Aus (9.24a), (6.15), (9.25a) und (6.41) folgt, daß größenordnungsmäßig

$$\frac{Q_\Phi/Q}{\alpha_\Phi/\alpha} \approx \frac{\langle\tau\, x\rangle}{\langle\tau\rangle} - \frac{\zeta}{k_0 T} \tag{9.26}$$

gilt.

Für nichtentartete Halbleiter ist $\left(-\frac{\zeta}{k_0 T}\right) \gg 1$, deshalb macht sich in ihnen der „drag"-Effekt in der NERNSTschen Erscheinung stärker bemerkbar als in der Thermospannung.

Der „drag"-Effekt der Phononen in thermomagnetischen Erscheinungen wurde zuerst experimentell in p-Germanium von I. W. MOTSCHAN, J. N. OBRASZOW und T. W. KRYLOWA[1]) und unabhängig davon von C. HERRING und T. H. GEBALLE beobachtet.[2])

[1]) I. W. MOTSCHAN, J. N. OBRASZOW und T. W. KRYLOWA (И. В. Мочан, Ю. Н. Образцов и Т. В. Крылова, ЖТФ), J. techn. Phys. 27 (1957) 242.

[2]) C. HERRING and T. H. GEBALLE, Bull. Amer. Phys. Soc., Ser. II, 1 (1956) 117.

Wir haben nur die Grundlagen der Theorie des „drag"-Effekts der Phononen in einem Halbleiter dargelegt. Die im Experiment beobachteten Erscheinungen werden durch eine Reihe von Umständen kompliziert.

Erstens wächst mit Erniedrigung der Temperatur die freie Weglänge $l_\Phi = v_0 \tau_\Phi$ der Phononen [siehe (9.18)] sehr schnell an und wird von der Größenordnung der Ausmaße L der untersuchten Probe. Dann ist $\tau_\Phi = \frac{L}{v_0}$ und hängt nicht von T und q ab. Es ist offensichtlich, daß sich dabei die Temperaturabhängigkeit von α_Φ und Q_Φ, wie sie oben erhalten wurde, ändert.

Zweitens haben wir vorausgesetzt, daß man die Rückwirkung der freien Elektronen auf die wegen des Temperaturgradienten sich nicht im Gleichgewicht befindliche Verteilung der Phononen vernachlässigen kann. Wenn die Wärmeleitfähigkeit der Phononen wegen der Streuung der Phononen an freien Elektronen merklich abnimmt, dann vermindert sich der Nichtgleichgewichtscharakter der Verteilungsfunktion der Phononen und der „drag"-Effekt fällt. Dieser Effekt wird sowohl bei Erhöhung der Ladungsträgerkonzentration als auch bei Temperaturerniedrigung beobachtet. Deshalb beobachtet man bei Temperaturverminderung im „drag"-Effekt eine Sättigung.

Drittens entstehen neue und interessante Erscheinungen beim Studium des „drag"-Effekts in Halbleitern mit komplizierter Bänderstruktur, besonders vom Typ des p-Germaniums, wo man gleichzeitig schwere und leichte Löcher hat.[1])

Bezüglich all dieser Fragen empfiehlt es sich, die Spezialliteratur zu studieren, insbesondere den zusammenfassenden Artikel von C. HERRING.[2])

Die Berücksichtigung des „drag"-Effekts in anderen nichtisothermischen Erscheinungen erfolgt ganz analog dem bisher Gesagten.

---

[1]) Siehe Fußnote [1]) auf Seite 351.

[2]) Halbleiter und Phosphore. Herausgegeben von M. SCHÖN und H. WELKER, Akademie-Verlag, Berlin 1958, S. 184.

Anhang I

Wir betrachten schiefwinklige Koordinaten in der Ebene. Die Verallgemeinerung auf den dreidimensionalen Fall bereitet keine Schwierigkeiten.

In Abb. A1 sind die Achsen ξ_1 und ξ_2 eines schiefwinkligen und die Achsen x_1 und x_2 eines rechtwinkligen Koordinatensystems eingezeichnet. Ohne Einschränkung der Allgemeinheit setzen wir voraus, daß die Koordinatenursprünge beider Systeme im Punkt O zusammenfallen und die Achse ξ_1 längs der x_1-Achse gerichtet ist. Die Lage eines beliebigen Punktes M wird im schiefwinkligen System durch die Koordinaten $\xi_1' = \overline{OA} = \overline{BM}$ und $\xi_2' = \overline{OB} = \overline{AM}$ bestimmt, im rechtwinkligen System durch die Koordinaten $x_1' = \overline{OC} = \overline{DM}$ und $x_2' = \overline{OD} = \overline{CM}$. Betrachtet man $\overline{OC} = x_1'$ als Tangente an die geknickte Kurve $\overline{OAMC}$ und projiziert sie einmal auf die Achse x_1, zum anderen auf die Achse x_2, so erhalten wir

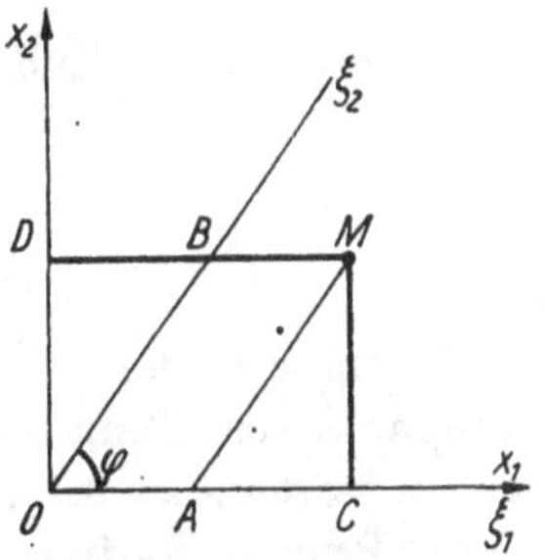

Abb. A1

$$\left.\begin{aligned} x_1' &= \xi_1' + \xi_2' \cos\varphi\,, \\ x_2' &= \xi_2' \sin\varphi\,, \end{aligned}\right\} \qquad \text{(A 1.1)}$$

wobei φ der Winkel zwischen den Achsen ξ_1 und ξ_2 ist. Löst man das inhomogene lineare Gleichungssystem (A 1.1) nach den Unbekannten ξ_1' und ξ_2' auf, so erhält man

$$\left.\begin{aligned} \xi_1' &= \alpha_{11} x_1' + \alpha_{12} x_2' = x_1' - \operatorname{ctg}\varphi\, x_2'\,, \\ \xi_2' &= \alpha_{21} x_1' + \alpha_{22} x_2' = \operatorname{cosec}\varphi\, x_2'\,. \end{aligned}\right\} \qquad \text{(A 1.2)}$$

In unserem Spezialfall ist die Achse ξ_1 längs der Achse x_1 gerichtet. Das führt zu

$$\left.\begin{aligned} \alpha_{11} &= 1\,, & \alpha_{12} &= -\operatorname{ctg}\varphi\,, \\ \alpha_{21} &= 0\,, & \alpha_{22} &= \operatorname{cosec}\varphi\,. \end{aligned}\right\} \qquad \text{(A 1.3)}$$

Analog sind im Falle des dreidimensionalen schiefwinkligen Koordinatensystems, dessen Ursprung mit dem des kartesischen Systems zusammenfällt, die Koordinaten ξ_i' homogene lineare Funktionen der kartesischen Koordinaten x_k':

$$\left.\begin{aligned} \xi_1' &= \alpha_{11} x_1' + \alpha_{12} x_2' + \alpha_{13} x_3'\,, \\ \xi_2' &= \alpha_{21} x_1' + \alpha_{22} x_2' + \alpha_{23} x_3'\,, \\ \xi_3' &= \alpha_{31} x_1' + \alpha_{32} x_2' + \alpha_{33} x_3'\,, \end{aligned}\right\} \qquad \text{(A 1.4)}$$

wo die α_{ik} von den Winkeln abhängen, die die Achsen ξ_i mit den Achsen x_k bilden.

Anhang II

Für die Lösung der Gleichung (3.7) zerlegen wir den unbekannten Vektor in drei nichtkomplanare Vektoren $[\mathfrak{a}_1\,\mathfrak{a}_2]$, $[\mathfrak{a}_2\,\mathfrak{a}_3]$, $[\mathfrak{a}_3\,\mathfrak{a}_1]$:

$$\mathfrak{b} = \alpha[\mathfrak{a}_1, \mathfrak{a}_2] + \beta[\mathfrak{a}_2, \mathfrak{a}_3] + \gamma\,[\mathfrak{a}_3, \mathfrak{a}_1]\,. \tag{A 2.1}$$

Eine solche Zerlegung ist immer möglich und eindeutig.[1]) Hier sind α, β und γ skalare Faktoren, die bestimmt werden müssen. Einsetzen von (A 2.1) in (3.7) gibt

$$\mathfrak{b}\,\mathfrak{a}_1 = \beta(\mathfrak{a}_1[\mathfrak{a}_2\,\mathfrak{a}_3]) = g_1\,,$$
$$\mathfrak{b}\,\mathfrak{a}_2 = \gamma(\mathfrak{a}_2[\mathfrak{a}_3\,\mathfrak{a}_1]) = g_2\,,$$
$$\mathfrak{b}\,\mathfrak{a}_3 = \alpha(\mathfrak{a}_3[\mathfrak{a}_3\,\mathfrak{a}_2]) = g_3\,,$$

woraus

$$\alpha = \frac{g_3}{\Omega_0}\,, \qquad \beta = \frac{g_1}{\Omega_0}\,, \qquad \gamma = \frac{g_2}{\Omega_0} \tag{A 2.2}$$

folgt. Aus (A 2.1) und (A 2.2) ergibt sich (3.8).

Anhang III

Wir untersuchen die Eigenschaften eines idealen FERMI-Gases am absoluten Nullpunkt der Temperatur (J. FRENKEL). Im Volumen ΔV mögen ΔN Elektronen vorhanden sein, die sich im niedrigsten Energiezustand befinden. Das PAULI-Prinzip fordert, daß die Elementarzelle des Phasenraumes $\Delta x\,\Delta y\,\Delta z \times \Delta p_x\,\Delta p_y\,\Delta p_z = (2\,\pi\,\hbar)^3$ nicht mehr als zwei Elektronen enthält (mit entgegengesetzt gerichteten Spins).

Wenn sich die ΔN Elektronen im niedrigsten Energiezustand befinden, dann füllen sie im Impulsraum eine Kugel mit dem Radius p_0 aus. Der Radius läßt sich aus der folgenden Bedingung bestimmen:

$$2\,\frac{\text{gesamtes Phasenvolumen}}{(2\,\pi\,\hbar)^3} = 2\,\frac{\Delta V\,\frac{4\,\pi}{3}\,p_0^3}{(2\,\pi\,\hbar)^3} = \Delta N\,; \tag{A 3.1}$$

hieraus ergibt sich

$$p_0 = 2\,\pi\,\hbar\left(\frac{3\,n}{8\,\pi}\right)^{1/3}, \tag{A 3.2}$$

wobei $n = \dfrac{\Delta N}{\Delta V}$ die Konzentration der Elektronen ist. Die maximale kinetische Energie der Elektronen in einem Punkt mit der Konzentration n ist gleich

$$\varepsilon_0 = \frac{1}{2\,m}\,p_0^2 = \frac{(2\,\pi\,\hbar)^2}{2\,m}\left(\frac{3\,n}{8\,\pi}\right)^{2/3}. \tag{A 3.3}$$

---

[1]) Siehe Fußnote [1]), § 102 auf Seite 1.

Die Zahl der Quantenzustände (statistisches Gewicht) in 1 cm³ im Impulsintervall von p bis $p + dp$ oder für kinetische Energien zwischen ε und $\varepsilon + d\varepsilon$ ist

$$\left.\begin{aligned} d_p n &= 2\,\frac{1\ \text{cm}^3 \times \text{Volumen der Kugelschicht } dp}{(2\pi\hbar)^3} = \frac{8\pi p^2\,dp}{(2\pi\hbar)^3}\,, \\ d_\varepsilon n &= \frac{8\sqrt{2}\,\pi\, m^{3/2}}{(2\pi\hbar)^3}\sqrt{\varepsilon}\,d\varepsilon\,. \end{aligned}\right\} \quad \text{(A 3.4)}$$

Hier ist $\varepsilon = \dfrac{p^2}{2m}$. Abb. A2 zeigt die Dichte der Elektronenverteilung (der Quantenzustände) pro Einheitsintervall des Impulses und der Energie.

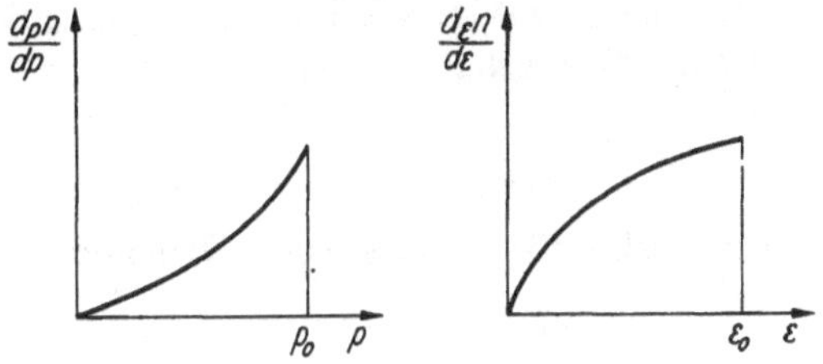

Abb. A2

Wir berechnen noch die Dichte der kinetischen Energie der Elektronen (d. h. die kinetische Energie pro cm³):

$$\mathcal{E}_k = \int \frac{1}{2m} p^2\, d_p n = \frac{8\pi}{2m\,(2\pi\hbar)^3}\int\limits_0^{p_0} p^4\,dp = \frac{3^{5/3}\,\pi^{4/3}\,\hbar^2}{10}\, n^{5/3}\,. \quad \text{(A 3.5)}$$

Anhang IV

Der Begriff der Normal- oder Hauptkoordinaten eines mechanischen Systems. Wir untersuchen ein einfaches mechanisches System mit zwei Freiheitsgraden, an dessen Beispiel der Begriff der *Normal-* oder *Hauptkoordinaten* anschaulich erläutert werden kann. Wir stellen uns zwei Teilchen mit gleicher Masse m (der einfacheren Rechnung wegen) vor, die sich längs der x-Achse bewegen können. Auf das erste und zweite Teilchen wirken quasielastische Kräfte $-\beta u_1$ und $-\beta u_2$, die sie in die Gleichgewichtslage zurückzuziehen versuchen (Gleichgewichtslagen O_1 und O_2). u_1 und u_2 sind die Auslenkungen der Teilchen aus den Zentren O_1 und O_2. Außerdem wirken die Teilchen aufeinander mit der quasielastischen Kraft $\pm\gamma(u_1 - u_2)$. Die Bewegungsgleichungen haben dann folgendes Aussehen:

$$\left.\begin{aligned} m\ddot{u}_1 &= -\beta u_1 - \gamma(u_1 - u_2)\,, \\ m\ddot{u}_2 &= -\beta u_2 - \gamma(u_2 - u_1)\,. \end{aligned}\right\} \quad \text{(A 4.1)}$$

Wir suchen die Lösung dieses Systems von Differentialgleichungen in der komplexen Form

$$u_1 = A_1 e^{i\omega t}, \qquad u_2 = A_2 e^{i\omega t}. \tag{A 4.2}$$

Setzt man (A 4.2) in (A 4.1) ein und kürzt in beiden Teilen der Gleichungen den Faktor $e^{i\omega t}$, so erhalten wir ein homogenes lineares Gleichungssystem für die Amplituden A_1 und A_2:

$$\left.\begin{aligned} (\omega_A^2 - \omega^2) A_1 - \omega_B^2 A_2 &= 0, \\ -\omega_B^2 A_1 + (\omega_A^2 - \omega^2) A_2 &= 0, \end{aligned}\right\} \tag{A 4.3}$$

wobei $m\,\omega_A^2 = \beta + \gamma$ und $m\,\omega_B^2 = \gamma$ ist.

Wie wir für einen analogen Fall im § 2.2 sahen, bestimmt das System (A 4.3) nur das Verhältnis A_1/A_2. Man erhält aus (A 4.3)

$$\frac{A_1}{A_2} = \frac{\omega_B^2}{\omega_A^2 - \omega^2} = \frac{\omega_A^2 - \omega^2}{\omega_B^2}. \tag{A 4.4}$$

Löst man diese quadratische charakteristische Gleichung nach ω^2, so ergeben sich zwei Wurzeln:

$$\left.\begin{aligned} \omega_1^2 &= \omega_A^2 + \omega_B^2 = \frac{\beta + 2\gamma}{m}, \\ \omega_2^2 &= \omega_A^2 - \omega_B^2 = \frac{\beta}{m}. \end{aligned}\right\} \tag{A 4.5}$$

Aus (A 4.4) folgt, daß jede dieser Wurzeln für das Verhältnis A_1/A_2 folgendes liefert:

$$\left(\frac{A_1}{A_2}\right)_{\omega=\omega_1} = -1, \quad \text{d. h.} \quad A_1^{(1)} = -A_2^{(1)} \equiv c_1,$$

$$\left(\frac{A_1}{A_2}\right)_{\omega=\omega_2} = +1, \quad \text{d. h.} \quad A_1^{(2)} = +A_2^{(2)} \equiv c_2.$$

Hieraus und aus der Linearität der Gleichungen (A 4.1) folgt, daß die allgemeine Lösung das Aussehen

$$\left.\begin{aligned} u_1 &= c_1 e^{i\omega_1 t} + c_2 e^{i\omega_2 t}, \\ u_2 &= -c_1 e^{i\omega_1 t} + c_2 e^{i\omega_2 t} \end{aligned}\right\} \tag{A 4.6}$$

hat.

Wir sehen, daß die Koordinaten u_1 und u_2 aus Summen bestehen, wobei sich jeder Summand harmonisch mit der Zeit ändert und seine eigene Frequenz hat. Es erhebt sich die Frage, ob man nicht im System solche Koordinaten auswählen kann, die harmonisch von der Zeit abhängen (Normalkoordinaten). Im gegebenen Falle läßt sich das sehr einfach durchführen. Aus (A 4.6) sieht man unmittelbar, daß $(u_1 + u_2) \sim e^{i\omega_2 t}$ und $(u_1 - u_2) \sim e^{i\omega_1 t}$; wir definieren die Normalkoordinaten, indem wir

$$q_1 = \frac{u_1 - u_2}{\sqrt{2}}, \quad q_2 = \frac{u_1 + u_2}{\sqrt{2}} \tag{A 4.7}$$

setzen (der konstante Faktor $\sqrt{2}$ ist der Bequemlichkeit wegen eingeführt worden). Löst man (A 4.7) nach u_1 und u_2 auf, so erhält man

$$u_1 = \frac{\sqrt{2}}{2}(q_1 + q_2)\,, \qquad u_2 = \frac{\sqrt{2}}{2}(q_2 - q_1)\,. \tag{A 4.8}$$

Wir drücken jetzt die kinetische Energie $\mathcal{T}$ und die potentielle Energie Φ durch die Normalkoordinaten q_1 und q_2 und die verallgemeinerten Geschwindigkeiten $\dot{q}_1$ und $\dot{q}_2$ aus. Die kinetische Energie wird

$$\mathcal{T} = \frac{m}{2}(\dot{u}_1^2 + \dot{u}_2^2) = \frac{m}{2}(\dot{q}_1^2 + \dot{q}_2^2)\,. \tag{A 4.9}$$

Für die potentielle Energie erhält man

$$\Phi = \frac{1}{2}\{\beta(u_1^2 + u_2^2) + \gamma(u_1 - u_2)^2\} = \frac{1}{2}\{(\beta + \gamma)(u_1^2 + u_2^2) - 2\gamma\, u_1 u_2\}\,.$$

Man überzeugt sich leicht davon, indem man die Kräfte $-\frac{\partial \Phi}{\partial u_1}$ und $-\frac{\partial \Phi}{\partial u_2}$ berechnet, die auf die Teilchen wirken. Setzt man in Φ die Normalkoordinaten nach Gleichung (A 4.8) ein, so erhält man

$$\Phi = \frac{m}{2}(\omega_1^2 q_1^2 + \omega_2^2 q_2^2)\,. \tag{A 4.10}$$

Die LAGRANGE-Funktion wird somit

$$\mathcal{L} = \mathcal{T} - \Phi = \frac{m}{2}(\dot{q}_1^2 + \dot{q}_2^2) - \frac{m}{2}(\omega_1^2 q_1^2 + \omega_2^2 q_2^2)\,. \tag{A 4.11}$$

Wir sehen, daß sich $\mathcal{L}$ in Normalkoordinaten q_i und den entsprechenden verallgemeinerten Geschwindigkeiten $\dot{q}_i$ auf eine Summe von Quadraten reduziert ($\mathcal{L}$ enthält keine gemischten Glieder mehr, die etwa $q_1 q_2$ proportional sind). Man sieht leicht, daß diese Bedingung hinreichend und notwendig dafür ist, daß jede der Koordinaten q_i harmonisch von der Zeit abhängt. Die LAGRANGE-Gleichungen zweiter Art für die LAGRANGE-Funktion $\mathcal{L}$ (A 4.11) lauten $\frac{d}{dt}\frac{\partial \mathcal{L}}{\partial \dot{q}_i} - \frac{\partial \mathcal{L}}{\partial q_i} = 0$. Wir haben $\frac{d}{dt}\frac{\partial \mathcal{L}}{\partial \dot{q}_i} = m_i \ddot{q}_i$ und $\frac{\partial \mathcal{L}}{\partial q_i} = -m\,\omega_i^2 q_i$, woraus sich

$$\ddot{q}_i + \omega_i^2 q_i = 0 \qquad (i = 1, 2) \tag{A 4.12}$$

ergibt. Wir sehen, daß $q_i \sim e^{i\omega_i t}$, in Übereinstimmung mit dem, was wir oben erhalten hatten. Da Φ und folglich auch die Funktion $\mathcal{L} = \mathcal{T} - \Phi$ in den Variablen u_i ein gemischtes Glied $(-2\gamma\, u_1 u_2)$ enthalten, lassen sich in den Bewegungsgleichungen (A 4.1) die Veränderlichen u_1 und u_2 nicht eliminieren. Deshalb hängt jede der Koordinaten u_i nicht harmonisch, sondern komplizierter von der Zeit ab.

Man kann verallgemeinerte Impulse entsprechend den Normalkoordinaten q_i einführen: $p_i = \frac{\partial \mathcal{L}}{\partial \dot{q}_i} = m\,\dot{q}_i$. Die HAMILTON-Funktion unseres Systems ist

$$\mathcal{H}(q, p) = \mathcal{T} + \Phi = \frac{1}{2m}(p_1^2 + p_2^2) + \frac{1}{2m}(\omega_1^2 q_1^2 + \omega_2^2 q_2^2)\,, \tag{A 4.13}$$

d. h., sie enthält ebenfalls nur Quadrate der kanonischen Variablen q und p. Man kann sagen, daß die Aufgabe der Bestimmung der Normalkoordinaten eines Systems darin besteht, die HAMILTON-Funktion in eine Summe von Quadraten der kanonischen Veränderlichen q und p überzuführen.

Anhang V

A. Wir schreiben uns zunächst die Gleichung (4.10) für den j-ten Zweig der Schwingungen und das diesem Ausdruck konjugiert komplexe für den j'-ten Zweig auf:

$$m_k \omega_j^2 A_{j\alpha}^k = \sum_{k'\beta} B_{\alpha\beta}^{k k'} A_{j\beta}^{k'}, \tag{A 5.1}$$

$$m_k \omega_{j'}^2 A_{j'\alpha}^{*k} = \sum_{k'\beta} B_{\alpha\beta}^{*k k'} A_{j'\beta}^{*k'}. \tag{A 5.1 a}$$

Man multipliziert nun die erste Gleichung mit $A_{j'\alpha}^{*k}$, die zweite mit $A_{j\alpha}^k$ und zieht dann die zweite Gleichung von der ersten ab. Summiert man noch über k und α, so ergibt sich

$$(\omega_j^2 - \omega_{j'}^2) \sum_{k\alpha} m_k A_{j\alpha}^k A_{j'\alpha}^{*k} = \sum_{k k'\alpha\beta} B_{\alpha\beta}^{k k'} A_{j\beta}^{k'} A_{j'\alpha}^{*k} - \sum_{k k'\alpha\beta} B_{\alpha\beta}^{*k k'} A_{j'\beta}^{*k'} A_{j\alpha}^k. \tag{A 5.2}$$

Die zweite Summe der rechten Seite wird umgeformt, indem man die Indizes $\alpha \rightleftarrows \beta$ und $k \rightleftarrows k'$ vertauscht; dann ist bei Berücksichtigung von (4.11b)

$$\sum_{k k'\alpha\beta} B_{\beta\alpha}^{*k' k} A_{j'\alpha}^{*k} A_{j\beta}^{k'} = \sum_{k k'\alpha\beta} B_{\alpha\beta}^{k k'} A_{j\beta}^{k'} A_{j'\alpha}^{*k},$$

was mit der ersten Summe der rechten Seite übereinstimmt. Somit ist die rechte Seite von (A 5.2) Null. Wenn $\omega_j^2 - \omega_{j'}^2 \neq 0$, was im allgemeinen bei $j \neq j'$ der Fall ist, so erhält man

$$\sum_{k\alpha} m_k A_{j\alpha}^k A_{j'\alpha}^{*k} = 0 \qquad (j \neq j').$$

B. Multipliziert man beide Seiten von (5.5) mit $m_k \{A_{j'\alpha}^k e^{i\mathfrak{q}'\mathfrak{a}_\mathfrak{n}}\}^*$, summiert über $\mathfrak{n}$, k und α und macht von der Orthogonalitätsbeziehung (5.3) Gebrauch, dann erhält man

$$\sum_{\mathfrak{n}\alpha k} u_{\mathfrak{n}\alpha}^k m_k \{A_{j'\alpha}^k e^{i\mathfrak{q}'\mathfrak{a}_\mathfrak{n}}\}^* = \frac{1}{G^{3/2}} \sum_{\mathfrak{q}j} \sum_{\mathfrak{n}\alpha k} a_j(\mathfrak{q}) A_{j\alpha}^k(\mathfrak{q}) e^{i\mathfrak{q}\mathfrak{a}_\mathfrak{n}}$$

$$\times m_k \{A_{j'\alpha}^k e^{i\mathfrak{q}'\mathfrak{a}_\mathfrak{n}}\}^* = \frac{1}{G^{3/2}} \sum_{\mathfrak{q}j} a_j(\mathfrak{q}) G^3 M \delta(\mathfrak{q} - \mathfrak{q}') \delta_{jj'} = G^{3/2} M a_{j'}(\mathfrak{q}'),$$

was mit (5.6) übereinstimmt.

C. Einsetzen von (5.4) in (5.6) liefert

$$u_{\mathfrak{n}\alpha}^k = \frac{1}{G^{3/2}} \sum_{\mathfrak{q}j} A_{j\alpha}^k e^{i\mathfrak{q}\mathfrak{a}_\mathfrak{n}} \frac{1}{G^{3/2} M} \sum_{\mathfrak{n}'k'\beta} m_{k'} \{A_{j\beta}^{k'} e^{i\mathfrak{q}\mathfrak{a}_{\mathfrak{n}'}}\}^* u_{\mathfrak{n}'\beta}^{k'}$$

$$= \sum_{\mathfrak{n}'k'\beta} u_{\mathfrak{n}'\beta}^{k'} \left[\frac{1}{G^3 M} \sum_{\mathfrak{q}j} m_{k'} \{A_{j\alpha}^k e^{i\mathfrak{q}\mathfrak{a}_\mathfrak{n}}\} \{A_{j\beta}^{k'} e^{i\mathfrak{q}\mathfrak{a}_{\mathfrak{n}'}}\}^*\right].$$

Damit die rechte Seite identisch in $u_{\mathfrak{n}\alpha}^{k}$ übergeht, muß die eckige Klammer gleich $\delta_{\mathfrak{n}\mathfrak{n}'}\,\delta_{\alpha\beta}\,\delta_{kk'}$ sein, was mit (5.7) übereinstimmt.

D. Setzt man in den Ausdruck (5.9) für die potentielle Energie die Verschiebungen der Atome ein, die durch (5.4) gegeben sind, so erhält man

$$\Phi = \frac{1}{2\,G^3} \sum_{\mathfrak{n}\mathfrak{n}' k k' \alpha\beta} \Phi_{\alpha\beta}\begin{pmatrix} k\,k' \\ \mathfrak{n}\,\mathfrak{n}' \end{pmatrix} \sum_{\mathfrak{q}j} a_j^*(\mathfrak{q}) \{A_{j\alpha}^{k}(\mathfrak{q})\, e^{i\mathfrak{q}\mathfrak{a}_\mathfrak{n}}\}^*$$

$$\times \sum_{\mathfrak{q}'j'} a_{j'}(\mathfrak{q}') \{A_{j'\beta}^{k'}(\mathfrak{q}')\, e^{i\mathfrak{q}'\mathfrak{a}_{\mathfrak{n}'}}\}\,,$$

wo die reelle Größe $u_{\mathfrak{n}\alpha}^{k}$ zur Vereinfachung der Rechnungen formal durch das Konjugiert-komplexe der rechten Seite von (5.4) ersetzt worden war. Wir haben

$$\Phi = \frac{1}{2\,G^3} \sum_{\mathfrak{q}\mathfrak{q}'jj'} a_j^*(\mathfrak{q})\, a_{j'}(\mathfrak{q}') \sum_{kk'\alpha\beta} A_{j\alpha}^{*k} A_{j'\beta}^{k'} \sum_{\mathfrak{n}\mathfrak{n}'} \Phi_{\alpha\beta}\begin{pmatrix} k\,k' \\ \mathfrak{n}\,\mathfrak{n}' \end{pmatrix} e^{-i\mathfrak{q}\mathfrak{a}_\mathfrak{n} + i\mathfrak{q}'\mathfrak{a}_{\mathfrak{n}'}}\,.$$

Die Summe über $\mathfrak{n}$ und $\mathfrak{n}'$ schreiben wir in der Form

$$\sum_{\mathfrak{n}\mathfrak{n}'} = \sum_{\mathfrak{n}} e^{i(\mathfrak{q}'-\mathfrak{q})\mathfrak{a}_\mathfrak{n}} \sum_{\mathfrak{n}'} \Phi_{\alpha\beta}\begin{pmatrix} k\,k' \\ \mathfrak{n}\,\mathfrak{n}' \end{pmatrix} e^{i\mathfrak{q}'(\mathfrak{a}_{\mathfrak{n}'}-\mathfrak{a}_\mathfrak{n})}\,.$$

Verwendet man die Gleichungen (5.1) und (4.10a), so erhält man

$$\sum_{\mathfrak{n}\mathfrak{n}'} = B_{\alpha\beta}^{kk'}\, G^3\, \delta(\mathfrak{q}'-\mathfrak{q})\,.$$

Folglich ergibt sich

$$\Phi = \frac{1}{2} \sum_{\mathfrak{q}\mathfrak{q}'jj'} a_j^*(\mathfrak{q})\, a_{j'}(\mathfrak{q}')\, \delta(\mathfrak{q}'-\mathfrak{q}) \sum_{kk'\alpha\beta} A_{j\alpha}^{*k} B_{\alpha\beta}^{kk'} A_{j'\beta}^{k'}\,.$$

Summation über k' und β auf der Grundlage von (4.10) liefert

$$\Phi = \frac{1}{2} \sum_{\mathfrak{q}\mathfrak{q}'jj'} a_j^*(\mathfrak{q})\, a_{j'}(\mathfrak{q}')\, \delta(\mathfrak{q}'-\mathfrak{q}) \sum_{k\alpha} \omega_{j'}^2\, m_k A_{j\alpha}^{*k} A_{j'\alpha}^{k'}\,.$$

Da die Summe über k und α gemäß (5.2) nur von Null verschieden und gleich M ist bei $j = j'$ und $k = k'$, erhält man endgültig

$$\Phi = \frac{1}{2} M \sum_{\mathfrak{q}j} \omega_j^2(\mathfrak{q})\, |a_j(\mathfrak{q})|^2\,.$$

Anhang VI

In der statistischen Physik trifft man häufig die folgenden bestimmten Integrale an:

$$\int_{-\infty}^{+\infty} e^{-\alpha x^2} dx = 2\int_0^\infty e^{-\alpha x^2} dx = \frac{\sqrt{\pi}}{\alpha^{1/2}}\,, \tag{A 6.1}$$

$$\int_{-\infty}^{+\infty} e^{-\alpha x^2} x^2\, dx = 2\int_0^\infty e^{-\alpha x^2} x^2\, dx = \frac{1}{2}\,\frac{\sqrt{\pi}}{\alpha^{3/2}}, \tag{A 6.2}$$

$$\int_{-\infty}^{+\infty} e^{-\alpha x^2} x^4\, dx = 2 \int_0^{\infty} e^{-\alpha x^2} x^4\, dx = \frac{3}{4} \frac{\sqrt{\pi}}{\alpha^{5/2}}, \tag{A 6.3}$$

$$\int_0^{\infty} e^{-\alpha x^2} x\, dx = \frac{1}{2\alpha}, \tag{A 6.4}$$

$$\int_0^{\infty} e^{-\alpha x^2} x^3\, dx = \frac{1}{2\alpha^2}, \tag{A 6.5}$$

$$\int_0^{\infty} e^{-\alpha x^2} x^5\, dx = \frac{1}{\alpha^3}, \tag{A 6.6}$$

$$\int_0^{\infty} e^{-\alpha x^2} x^7\, dx = \frac{3}{\alpha^4}. \tag{A 6.7}$$

Die Herleitung dieser Formeln kann man etwa bei SMIRNOW, Lehrbuch der höheren Mathematik, finden.

Anhang VII

A. Um die Rechnungen zu vereinfachen, leiten wir die Formel (2.9) her, d. h., wir berechnen die Energie $\mathscr{E}$ für ein System, das aus $N = 2$ Elektronen besteht. Die Verallgemeinerung auf den Fall einer beliebigen Zahl N von Elektronen bereitet keine prinzipiellen Schwierigkeiten, man muß dazu nur einige allgemein bekannte Eigenschaften von Determinanten verwenden.

Benutzt man die Wellenfunktion (2.8) und den HAMILTON-Operator (2.1 a) für ein System aus zwei Elektronen, so erhält man

$$\mathscr{E} = \int \Phi^* \hat{\mathscr{H}} \Phi\, d\tau_1\, d\tau_2 = \frac{1}{2} \int [\varphi_1^*(1)\, \varphi_2^*(2) - \varphi_1^*(2)\, \varphi_2^*(1)] \times \left\{\hat{\mathscr{H}}_1 + \hat{\mathscr{H}}_2 + \frac{e^2}{r_{12}}\right\} [\varphi_1(1)\, \varphi_2(2) - \varphi_1(2)\, \varphi_2(1)]\, d\tau_1\, d\tau_2, \tag{A 7.1}$$

wobei $\hat{\mathscr{H}}_i$ $(i = 1, 2, 3)$ durch den Ausdruck (2.1b) bestimmt wird.

Ausmultiplikation der Klammern unter dem Integral gibt

$$\begin{aligned}\mathscr{E} = \frac{1}{2}\Big\{&\int \varphi_1^*(1)\, \hat{\mathscr{H}}_1\, \varphi_1(1)\, d\tau_1 + \int \varphi_1^*(2)\, \hat{\mathscr{H}}_2\, \varphi_1(2)\, d\tau_2 \\ &+ \int \varphi_2^*(1)\, \hat{\mathscr{H}}_1\, \varphi_2(1)\, d\tau_1 + \int \varphi_2^*(2)\, \hat{\mathscr{H}}_2\, \varphi_2(2)\, d\tau_2 \\ &+ \int |\varphi_1(1)|^2 \frac{e^2}{r_{12}} |\varphi_2(2)|^2\, d\tau_1\, d\tau_2 + \int |\varphi_1(2)|^2 \frac{e^2}{r_{12}} |\varphi_2(1)|^2\, d\tau_1\, d\tau_2 \\ &- \int \varphi_1^*(1)\, \varphi_2(1) \frac{e^2}{r_{12}} \varphi_1(2)\, \varphi_2^*(2)\, d\tau_1\, d\tau_2 - \int \varphi_1^*(2)\, \varphi_2(2) \frac{e^2}{r_{12}} \\ &\times \varphi_1(1)\, \varphi_2^*(1)\, d\tau_1\, d\tau_2\Big\}.\end{aligned}$$

Hier ist das erste Integral gleich dem zweiten, das dritte gleich dem vierten, das fünfte gleich dem sechsten und das siebente gleich dem achten, weil diese Paare von Integralen sich nur in den Integrationsvariablen unterscheiden, der Wert eines bestimmten Integrals aber nicht von der Integrationsvariablen abhängt.

Somit wird

$$\mathscr{E} = \sum_{i}^{1,2} \int \varphi_i^*(1)\, \hat{\mathscr{H}}_1\, \varphi_i(1)\, d\tau_1 + \frac{1}{2} \sum_{i \neq j}^{1,2} \int |\varphi_i(1)|^2 \frac{e^2}{r_{12}} |\varphi_j(2)|^2\, d\tau_1\, d\tau_2$$
$$- \frac{1}{2} \sum_{i \neq j}^{1,2} \int \varphi_i^*(1)\, \varphi_j(1) \frac{e^2}{r_{12}} \varphi_i(2)\, \varphi_j^*(2)\, d\tau_1\, d\tau_2, \tag{A 7.2}$$

was mit (2.9) für den Fall $N = 2$ übereinstimmt.

B. Aus (2.9a) folgt

$$\delta\mathscr{E} = \sum_{i}^{1,N} \int d\mathfrak{r}_1\, \delta\psi_{n_i}^*(\mathfrak{r}_1) \left\{ \hat{\mathscr{H}}_1\, \psi_{n_i}(\mathfrak{r}_1) + \left[\sum_j{}' \int \frac{e^2 |\psi_{n_j}(\mathfrak{r}_2)|^2\, d\mathfrak{r}_2}{r_{12}} \right.\right.$$
$$\left.\left. \times\, \psi_{n_i}(\mathfrak{r}_1) - \sum_{\text{(über parallele Spins)}}{}' \left(\int \frac{e^2\, \psi_{n_i}(\mathfrak{r}_2)\, \psi_{n_j}^*(\mathfrak{r}_2)}{r_{12}} \right) \psi_{n_j}(\mathfrak{r}_1) \right] \right\}. \tag{A 7.3}$$

Der Faktor 1/2 vor den zweifachen Summen in (2.9a) verschwindet, weil bei Variation der Funktionen $\psi_{n_i}^*$ die Funktion mit gegebenen n_i zweimal auftritt; einmal bei der Summierung über i, andrerseits bei der Summierung über j. Die zusätzliche Bedingung (2.10a) berücksichtigten wir mit Hilfe der Methode der unbestimmten LAGRANGEschen Multiplikatoren. Zu diesem Zwecke multiplizieren wir (2.10a) mit λ_{ij}, summieren über i und j, addieren den gewonnenen Ausdruck zu (A 7.3) und setzen alles gleich Null:

$$\sum_{i}^{1,N} \int d\mathfrak{r}_1\, \delta\psi_{n_i}^*(\mathfrak{r}_1) \left\{ \hat{\mathscr{H}}_1\, \psi_{n_i}(\mathfrak{r}_1) + \cdots - \sum_j \lambda_{ij}\, \psi_{n_j}(\mathfrak{r}_1) \right\} = 0\,. \tag{A 7.4}$$

Da die Variationen $\delta\psi_{n_i}^*$ unabhängig voneinander sind, verschwindet die geschwungene Klammer in (A 7.4) für alle Werte von i. Man kann zeigen, daß die Lösungen immer so ausgewählt werden können, daß die Matrix λ_{ij} eine Diagonalmatrix ist. Bezeichnet man $\lambda_{ii} = \mathscr{E}_{n_i}$, so ergibt sich Gleichung (2.11).

Anhang VIIII

Setzt man in den Ausdruck (2.11b) für $\mathscr{U}_{\text{eff}}$ die BLOCHschen Funktionen (2.1) ein und nimmt $n_i \equiv \mathfrak{k}$ und $n_j \equiv \mathfrak{k}'$ an, dann erhält man

$$\mathscr{U}_{\text{eff}}(\mathfrak{r}_1) = \sum_{\mathfrak{k}'} \int \frac{e^2 |u_{\mathfrak{k}'}(\mathfrak{r}_2)|^2}{|\mathfrak{r}_2 - \mathfrak{r}_1|} d\mathfrak{r}_2 - \sum \frac{u_{\mathfrak{k}'}(\mathfrak{r}_1)\, e^{i \mathfrak{k}' \mathfrak{r}_1}}{u_{\mathfrak{k}}(\mathfrak{r}_1)\, e^{i \mathfrak{k} \mathfrak{r}_1}}$$
$$\times \int \frac{e^2\, u_{\mathfrak{k}}(\mathfrak{r}_2)\, e^{i \mathfrak{k} \mathfrak{r}_2}\, u_{\mathfrak{k}'}^*(\mathfrak{r}_2)\, e^{-i \mathfrak{k}' \mathfrak{r}_2}}{|\mathfrak{r}_2 - \mathfrak{r}_1|} d\mathfrak{r}_2\,.$$

Ersetzt man in diesem Ausdruck $\mathfrak{r}_1$ durch $\mathfrak{r}_1 + \mathfrak{a}_n$ und $\mathfrak{r}_2$ durch $\mathfrak{r}_2 + \mathfrak{a}_n$, so führt das zu einer Änderung der Integrationsvariablen. Macht man von den Periodizitätseigenschaften von (3.1a) für die Funktionen $u_{\mathfrak{k}}$ und $u_{\mathfrak{k}'}$ Gebrauch und kürzt in der zweiten Summe der rechten Seite den Faktor $e^{i(\mathfrak{k}'-\mathfrak{k})\mathfrak{a}_n}$, so zeigt sich, daß $\mathcal{U}_{\text{eff}}(\mathfrak{r}_1 + \mathfrak{a}_n)$ gleich dem Ausdruck für $\mathcal{U}_{\text{eff}}(\mathfrak{r}_1)$ ist, von dem wir ausgegangen waren. Wir haben damit die Gleichung (3.2) bewiesen.

Anhang IX

Bei Einsetzen von (4.1) in die Schrödinger-Gleichung (3.4) müssen wir den Laplace-Operator $\nabla^2 \equiv \operatorname{div}\operatorname{grad} \equiv \frac{\partial^2}{\partial x^2} + \frac{\partial^2}{\partial y^2} + \frac{\partial^2}{\partial z^2}$ für das Produkt $u_{\mathfrak{k}}(\mathfrak{r})\, e^{i\mathfrak{k}\mathfrak{r}}$ zweier Funktionen berechnen, die von $\mathfrak{r}(\equiv x, y, z)$ abhängen. Man überzeugt sich leicht von der Richtigkeit der folgenden Formel:

$$\nabla^2 \{f(\mathfrak{r})\,\varphi(\mathfrak{r})\} = \operatorname{div}\operatorname{grad}(f\varphi) = f\,\nabla^2\varphi + \varphi\,\nabla^2 f + 2\,(\operatorname{grad} f, \operatorname{grad}\varphi)\,. \quad \text{(A 9.1)}$$

Setzt man $f = u_{\mathfrak{k}}(\mathfrak{r})$ und $\varphi = e^{i\mathfrak{k}\mathfrak{r}}$, so haben wir

$$\operatorname{grad} f = \operatorname{grad} u_{\mathfrak{k}}\,, \qquad \operatorname{grad}\varphi = i\,\mathfrak{k}\,e^{i\mathfrak{k}\mathfrak{r}}\,,$$
$$\nabla^2 f = \nabla^2 u_{\mathfrak{k}}\,, \qquad \nabla^2\varphi = -\,k^2 e^{i\mathfrak{k}\mathfrak{r}}\,.$$

Einsetzen dieser Werte in Formel (A 9.1) gibt

$$\nabla^2 (f\varphi) = \nabla^2 (u_{\mathfrak{k}}\,e^{i\mathfrak{k}\mathfrak{r}}) = \{\nabla^2 u_{\mathfrak{k}} + 2\,i\,(\mathfrak{k}\operatorname{grad} u_{\mathfrak{k}}) - k^2 u_{\mathfrak{k}}\}\,e^{i\mathfrak{k}\mathfrak{r}}\,. \quad \text{(A 9.2)}$$

Bei Verwendung dieses Ausdrucks erhält man leicht die Gleichung (4.2).

Anhang X

1. Wir untersuchen zunächst die einfachsten Eigenschaften, die mit dem Begriff des Tensors verknüpft sind. Einen Vektor definiert man gewöhnlich als eine Größe, welche im Unterschied zum Skalar nicht nur durch ihren Zahlenwert charakterisiert ist, sondern auch durch ihre Richtung im Raum. Einfachste Beispiele für eine skalare Größe und einen Vektor sind die Masse des Teilchens m und der Radiusvektor $\mathfrak{r}$, der seine Lage im Raum bestimmt. Wie wir jetzt zeigen werden, bedarf die Definition des Vektors einer Präzisierung, welche uns gleichzeitig erlaubt, den Tensor zu definieren.

Wir betrachten zwei rechtwinklige Koordinatensysteme (x_1, x_2, x_3) und (x_1', x_2', x_3'), die den gemeinsamen Koordinatenursprung O haben. Die Kosinus der Winkel zwischen den Achsen beider Systeme bezeichnen wir mit $\alpha_{ik} = \cos(\sphericalangle x_i\, x_k')$, wobei i und k unabhängig voneinander die Werte 1, 2 und 3 durchlaufen. Es ist bekannt, daß

$$\sum_{i=1}^{3} \alpha_{ik}\,\alpha_{il} = \sum_{i=1}^{3} \alpha_{ki}\,\alpha_{li} = \delta_{kl}\,. \quad \text{(A 10.1)}$$

Für $k = l$ ($\delta_{kl} = 1$) drückt diese Gleichung die Tatsache aus, daß die Summe der Quadrate der Richtungskosinusse gleich 1 ist, $k \neq l$ dagegen gibt die Bedingung für die Orthogonalität der Achsen x_k und x_l (oder x'_k und x'_l).

Man kann sich die Frage stellen, ob die Projektion des Radiusvektors $\mathfrak{r}$ auf irgendeine Achse x_i ein Skalar ist. Einerseits wird die Projektion x_i nur durch einen bestimmten Zahlenwert charakterisiert, andrerseits ist beim Übergang zum gestrichenen Koordinatensystem $x'_i \neq x_i$, während etwa die skalare Masse gleich ist in beiden Systemen.

Aus der analytischen Geometrie ist bekannt[1]), daß die Projektionen des Radiusvektors $\mathfrak{r}$ in beiden Systemen durch die Beziehungen

$$\left.\begin{aligned} x'_1 &= x_1\,\alpha_{11} + x_2\,\alpha_{12} + x_3\,\alpha_{13}\,, \\ x'_2 &= x_1\,\alpha_{21} + x_2\,\alpha_{22} + x_3\,\alpha_{23}\,, \\ x'_3 &= x_1\,\alpha_{31} + x_2\,\alpha_{32} + x_3\,\alpha_{33} \end{aligned}\right\} \tag{A 10.2}$$

oder kürzer

$$x'_i = \sum_{k=1}^{3} \alpha_{ik}\, x_k \qquad (i = 1, 2, 3) \tag{A 10.2a}$$

verknüpft sind. Analog gilt

$$x_i = \sum_{k=1}^{3} \alpha_{ki}\, x'_k \qquad (i = 1, 2, 3)\,. \tag{A 10.2b}$$

Wir geben jetzt die strenge Definition des Vektorbegriffs. Unter einem Vektor soll die Gesamtheit dreier Größen A_i ($i = 1, 2, 3$) verstanden werden, die sich beim Übergang von einem Koordinatensystem zum anderen gemäß den Gesetzen (A 10.2a) und (A 10.2b) transformieren, d. h.

$$A'_i = \sum_k \alpha_{ik}\, A_k\,, \qquad A_i = \sum_k \alpha_{ki}\, A'_k\,. \tag{A 10.2c}$$

2. Es soll jetzt untersucht werden, nach welchem Gesetz sich Produkte der Form $A_i\, B_k = T_{ik}$ aus den Komponenten zweier Vektoren $\mathfrak{A}$ und $\mathfrak{B}$ beim Übergang von einem Koordinatensystem zum anderen transformieren.

Es ist offensichtlich, daß

$$T'_{ik} = A'_i\, B'_k = \sum_l \alpha_{il}\, A_l \sum_m \alpha_{km}\, B_m = \sum_{l,m} \alpha_{il}\, \alpha_{km}\, A_l\, B_m\,,$$

d. h.

$$T'_{ik} = \sum_{l,m} \alpha_{il}\, \alpha_{km}\, T_{lm}\,. \tag{A 10.3}$$

Jede Gesamtheit von neun Größen

$$(T_{ik}) = \begin{pmatrix} T_{11} & T_{12} & T_{13} \\ T_{21} & T_{22} & T_{23} \\ T_{31} & T_{32} & T_{33} \end{pmatrix}, \tag{A 10.4}$$

[1]) Siehe z. B. Fußnote [1]), § 4 auf Seite 14.

die sich nach dem Gesetz (A 10.3) transformiert, heißt Tensor zweiter Ordnung. Von diesem Standpunkt aus kann man Vektor und Skalar als Tensoren erster und nullter Ordnung bezeichnen. Analog sind Tensoren dritter Ordnung gegeben durch eine Gesamtheit von 27 Größen T_{ikl}, die sich nach dem Gesetz

$$T'_{ikl} = \sum_{m,n,p} \alpha_{im} \alpha_{kn} \alpha_{lp} T_{mnp} \tag{A 10.5}$$

transformieren.

3. Folglich ist ein Tensor nicht einfach eine Gesamtheit skalarer Größen, die konstant bleiben beim Übergang zu einem neuen Koordinatensystem, sondern eine Gesamtheit von Größen, die sich dabei nach einem bestimmten Gesetz transformieren.

In der Physik treten Tensoren gewöhnlich als Koeffizienten in Beziehungen auf, die Komponenten verschiedener Vektoren und Skalare mit Vektoren verknüpfen. Wir wollen einige Beispiele von Tensoren untersuchen. In einem isotropen Medium hat das differentielle OHMsche Gesetz die Form

$$\mathfrak{j} = \sigma \mathfrak{E}, \tag{A 10.6}$$

wobei $\mathfrak{j}$ der Stromdichtevektor und $\mathfrak{E}$ der Vektor des elektrischen Feldes ist. σ gibt die spezifische elektrische Leitfähigkeit in einem bestimmten Punkte an. Bei Projektion auf rechtwinklige Koordinatenachsen haben wir

$$j_x = \sigma E_x, \qquad j_y = \sigma E_y, \qquad j_z = \sigma E_z. \tag{A 10.6a}$$

Im Falle eines anisotropen Mediums wird (A 10.6a) durch die natürliche Voraussetzung verallgemeinert, daß jede Stromdichtekomponente eine homogene lineare Funktion aller Komponenten des elektrischen Feldes ist, d. h.

$$\left.\begin{aligned} j_x &= \sigma_{xx} E_x + \sigma_{xy} E_y + \sigma_{xz} E_z, \\ j_y &= \sigma_{yx} E_x + \sigma_{yy} E_y + \sigma_{yz} E_z, \\ j_z &= \sigma_{zx} E_x + \sigma_{zy} E_y + \sigma_{zz} E_z \end{aligned}\right\} \tag{A 10.7}$$

oder kürzer

$$j_i = \sum_k \sigma_{ik} E_k, \tag{A 10.7a}$$

wobei die Indizes i und k die Werte x, y und z oder entsprechend 1, 2 und 3 annehmen.

Beim Übergang zum gestrichenen Koordinatensystem transformieren sich die Vektoren j_i und E_k nach dem Gesetz (A 10.2c). Man kann zeigen, daß sich die Größen σ_{ik} dabei nach dem Gesetz (A 10.3) transformieren, d. h. einen Tensor zweiter Ordnung bilden.

Aus (A 10.7a) und (A 10.2c) folgt

$$\sum_l \alpha_{li} j'_l = \sum_k \sigma_{ik} \sum_m \alpha_{mk} E'_m .$$

Multipliziert man beide Seiten mit α_{ni} und summiert über i, so erhält man

$$\sum_l \left(\sum_i \alpha_{li} \alpha_{ni}\right) j'_l = \sum_m \left(\sum_{i,k} \alpha_{ni} \alpha_{mk} \sigma_{ik}\right) E'_m .$$

Verwendet man für die linke Seite den Ausdruck (A 10.1), dann ergibt sich

$$j'_n = \sum_m \sigma'_{nm} E'_m , \tag{A 10.7b}$$

wobei

$$\sigma'_{nm} = \sum_{i,k} \alpha_{ni} \alpha_{mk} \sigma_{ik} . \tag{A 10.7c}$$

Aus einem Vergleich von (A 10.7c) mit (A 10.3) sieht man, daß die Koeffizienten in (A 10.7) Komponenten eines Tensors zweiter Ordnung sind.

Man kann zeigen, daß der Tensor der elektrischen Leitfähigkeit

$$(\sigma_{ik}) = \begin{pmatrix} \sigma_{xx} & \sigma_{xy} & \sigma_{xz} \\ \sigma_{yx} & \sigma_{yy} & \sigma_{yz} \\ \sigma_{zx} & \sigma_{zy} & \sigma_{zz} \end{pmatrix} \tag{A 10.8}$$

ein *symmetrischer Tensor* ist, d. h.

$$\sigma_{ik} = \sigma_{ki} . \tag{A 10.9}$$

Die symmetrisch zur *Hauptdiagonalen* des Tensors σ_{ik} gelegenen Komponenten sind somit gleich.

In isotropen Dielektrika existiert die folgende Verknüpfung zwischen der elektrischen Feldstärke $\mathfrak{E}$ und dem Vektor der Verschiebungsdichte $\mathfrak{D}$:

$$\mathfrak{D} = \varepsilon \mathfrak{E} , \tag{A 10.10}$$

wo ε die Dielektrizitätskonstante ist. Für anisotrope Medien (Kristalle) verallgemeinert sich diese Beziehung wie folgt:

$$D_i = \sum_k \varepsilon_{ik} E_k . \tag{A 10.10a}$$

Dabei ist ε_{ik} der symmetrische Tensor der Dielektrizitätskonstanten.

In einem Kristall ist die Energie der Elektronen in der Nähe ihres Extremalwertes gemäß (4.10) durch

$$\varepsilon(\mathfrak{k}) - \varepsilon(\mathfrak{k}_0) = \Delta\varepsilon = \frac{1}{2} \sum_{i,l} m_{il}^{-1} p_i p_l \tag{A 10.11}$$

gegeben, wobei p_i und p_l die Komponenten des Quasiimpulsvektors der Elektronen sind, und die m_{il}^{-1} Größen, die durch die Gleichung (4.11) bestimmt werden. i und l stellen Indizes dar, welche die Werte x, y und z (bzw. 1, 2 und 3) annehmen. Beim Übergang zu einem neuen Koordinatensystem (gestrichen) ändert sich der Wert der Energie nicht, die Komponenten des Vektors $\mathfrak{p}$ transformieren sich dagegen gemäß den Formeln (A 10.2c):

$$p_i = \sum_n \alpha_{ni} p'_n , \qquad p_l = \sum_s \alpha_{sl} p'_s .$$

Somit wird

$$(\Delta\varepsilon)' = \frac{1}{2} \sum_{n,s} (m_{ns}^{-1})' p'_n p'_s , \tag{A 10.11a}$$

wobei

$$(m_{ns}^{-1})' = \sum_{i,l} \alpha_{ni}\, \alpha_{sl}\, m_{il}^{-1} \,. \qquad \text{(A 10.11b)}$$

Aus der letzten Formel sieht man, daß sich die Größen m_{il}^{-1} beim Übergang zum neuen Koordinatensystem nach dem Gesetz (A 10.3) transformieren, d. h. wie Komponenten eines Tensors zweiter Ordnung. Aus (4.11) ist ersichtlich, daß der Tensor der reziproken effektiven Masse (m_{il}^{-1}) symmetrisch ist, d. h. $m_{il}^{-1} = m_{li}^{-1}$.

Ein Vektor, d. h., ein Tensor erster Ordnung, kann durch einen gerichteten Abschnitt (Pfeil) dargestellt werden. Analog kann man den symmetrischen Tensor zweiter Ordnung durch eine Fläche zweiter Ordnung darstellen:

$$\sum_{i,k} T_{ik}\, x_i\, x_k = 1\,; \qquad \text{(A 10.12)}$$

oder ausführlicher:

$$T_{11}\, x_1^2 + T_{22}\, x_2^2 + T_{33}\, x_3^2 + 2\, T_{12}\, x_1\, x_2 + 2\, T_{13}\, x_1\, x_3 + 2\, T_{23}\, x_2\, x_3 = 1\,. \qquad \text{(A 1.012 a)}$$

Es läßt sich zeigen, daß bei $T_{ii} > 0$ diese Fläche ein Ellipsoid ist, das sog. *Tensorellipsoid.*

4. Die Komponenten eines Tensors ändern sich beim Übergang von einem Koordinatensystem zum anderen. Man kann nachweisen, daß man für einen symmetrischen Tensor zweiter Ordnung stets ein solches Koordinatensystem auswählen kann, in welchem der Tensor Diagonalform annimmt, d. h. nur die Komponenten T_{ii} des Tensors, die längs der Hauptdiagonalen angeordnet sind, unterscheiden sich von Null. In diesem Falle nimmt das Tensorellipsoid die folgende Form an:

$$T_{11}\, x_1^2 + T_{22}\, x_2^2 + T_{33}\, x_3^2 = 1\,. \qquad \text{(A 10.12b)}$$

Wir sehen, daß vom Standpunkt der analytischen Geometrie gesehen die Wahl eines solchen Koordinatensystems bedeutet, daß das Tensorellipsoid auf die Hauptachsenform gebracht wird.

Die Tensoren der elektrischen Leitfähigkeit und der reziproken effektiven Masse haben in der Hauptachsenform folgendes Aussehen:

$$(\sigma_{ik}) = \begin{pmatrix} \sigma_1 & 0 & 0 \\ 0 & \sigma_2 & 0 \\ 0 & 0 & \sigma_3 \end{pmatrix}, \qquad (m_{ik}^{-1}) = \begin{pmatrix} m_1^{-1} & 0 & 0 \\ 0 & m_2^{-1} & 0 \\ 0 & 0 & m_3^{-1} \end{pmatrix}. \qquad \text{(A 10.13)}$$

Die Größe $1 : m_i^{-1}$, von uns mit m_i bezeichnet, ist nicht Komponente eines Tensors, d. h., sie transformiert sich nicht nach dem Gesetz (A 10.3); sie hat die Dimension einer Masse und heißt effektive Masse des Elektrons im Kristall.

Da die Tensoren der elektrischen Leitfähigkeit und der reziproken effektiven Masse Materialkonstanten des Kristalls sind, sind ihre Hauptachsen in bestimmter Weise bezüglich der Symmetrieachsen des Kristalls orientiert (z. B. sind im Falle eines Kristalls des rhombischen Systems die Hauptachsen parallel zu den Kanten der Elementarzelle). Im allgemeinen werden die Hauptachsen der Tensoren der Materialkonstanten eines Kristalls, etwa der Dielektrizitätskonstanten und der reziproken effektiven Masse, nicht zusammenfallen. Eine Antwort auf diese Frage kann nur die mikroskopische Theorie dieser Tensoren geben. Wenn der Kristall eine solche Symmetrie besitzt, daß die Hauptachsen x_1 und x_2 des Tensors physikalisch äquivalent sind, dann ist offensichtlich $\sigma_1 = \sigma_2$ und $m_1 = m_2$. Im kubischen Kristall sind alle drei Hauptachsen der Tensoren äquivalent (parallel zu den Würfelkanten), deshalb gilt für den Tensor der elektrischen Leitfähigkeit

$$(\sigma_{ik}) = \begin{pmatrix} \sigma & 0 & 0 \\ 0 & \sigma & 0 \\ 0 & 0 & \sigma \end{pmatrix}, \tag{A 10.13a}$$

und das Gesetz (A 10.7) geht folglich in die Beziehung für ein isotropes Medium (A 10.6a) über. Man kann sagen, daß der Tensor zweiter Ordnung in Kristallen kubischer Symmetrie zu einem Skalar entartet.

Anhang XI

Der periodische Faktor $u_{\mathfrak{k}}(\mathfrak{r})$ in der Blochschen Wellenfunktion genügt der Gleichung (4.2), welche in der Form

$$\nabla^2 u + 2\,i(\mathfrak{k}\;\nabla u) + \left[\frac{2\,m}{\hbar^2}(\varepsilon - V) - k^2\right] u = 0 \tag{A 11.1}$$

geschrieben werden kann, wo der Kürze halber die Indizes $\mathfrak{k}$ bei $u_{\mathfrak{k}}$ und $\varepsilon_{\mathfrak{k}}$ weggelassen wurden.

Ändert sich der Vektor $\mathfrak{k}$ um die kleine Größe $\delta\mathfrak{k}$, so ändern sich u und ε entsprechend um δu und $\delta\varepsilon$, und (A 11.1) nimmt die Form

$$\begin{aligned} &\nabla^2 (u + \delta u) + 2\,i\big(\mathfrak{k} + \delta\mathfrak{k}\,,\ \nabla (u + \delta u)\big) \\ &\quad + \left[\frac{2\,m}{\hbar^2}(\varepsilon + \delta\varepsilon - V) - (\mathfrak{k} + \delta\mathfrak{k})^2\right](u + \delta u) = 0 \end{aligned} \tag{A 11.2}$$

an. Führt man die Multiplikation aus und vernachlässigt quadratische Glieder in den Änderungen, so erhält man

$$\begin{aligned} &\nabla^2 u + 2\,i(\mathfrak{k}, \nabla u) + \left[\frac{2\,m}{\hbar^2}(\varepsilon - V) - k^2\right] u \\ &\quad + \nabla^2(\delta u) + 2\,i(\mathfrak{k}, \nabla\,\delta u) + \left[\frac{2\,m}{\hbar^2}(\varepsilon - V) - k^2\right]\delta u \\ &= 2\,(\mathfrak{k}\,\delta\mathfrak{k})\,u - 2\,i(\delta\mathfrak{k}, \nabla u) - \frac{2\,m}{\hbar^2}\,\delta\varepsilon\,u\,. \end{aligned} \tag{A 11.3}$$

Hier ist die erste Zeile gleich Null wegen (A 11.1), die zweite Zeile ein homogener linearer Ausdruck bezüglich δu, und schließlich kann die dritte Zeile als inhomogenes Glied einer Gleichung für die unbekannte Funktion δu betrachtet werden.

Entsprechend einem bekannten mathematischen Theorem muß das inhomogene Glied orthogonal sein zum Konjugiert-komplexen der Lösung der homogenen Gleichung, d. h. zu u^*. Somit ist

$$2\,(\mathfrak{k}, \delta\mathfrak{k}) \int u\, u^*\, d\tau - 2\, i \left(\delta\mathfrak{k} \int u^* \nabla u\, d\tau\right) - \frac{2\, m}{\hbar^2} (\nabla_{\mathfrak{k}}\, \varepsilon\, \delta\mathfrak{k}) \int u\, u^*\, d\tau = 0\,, \tag{A 11.4}$$

wobei über das Grundgebiet des Kristalls zu integrieren ist und außerdem $\delta\varepsilon = \nabla_{\mathfrak{k}}\, \varepsilon \cdot \delta\mathfrak{k}$ gesetzt wurde.

Da $\delta\mathfrak{k}$ willkürlich gewählt werden kann und die Wellenfunktion normiert ist, erhalten wir aus (A 11.4)

$$2\,\mathfrak{k} - 2\, i \int u^* \nabla u\, d\tau - \frac{2\, m}{\hbar^2} \nabla_{\mathfrak{k}}\, \varepsilon = 0\,, \tag{A 11.5}$$

woraus unmittelbar der uns interessierende Ausdruck $\int u^* \nabla u\, d\tau$ folgt.

Anhang XII

In Abb. A3 ist ein Würfel und ein rechtwinkliges Koordinatensystem dargestellt, dessen Achsen x, y und z längs der Würfelkanten gerichtet sind. Der dunkle Kreis ● stellt ein Atom im Zentrum des Würfels dar, die hellen Kreise ○ sind Atome in seinen Flächen. Wenn a die Kantenlänge des Würfels ist und $\mathfrak{i}_0$, $\mathfrak{j}_0$ und $\mathfrak{k}_0$ die Einheitsvektoren in Richtung der Koordinatenachsen darstellen, so können die Grundvektoren des kubisch-flächenzentrierten Gitters in folgender Weise gewählt werden:

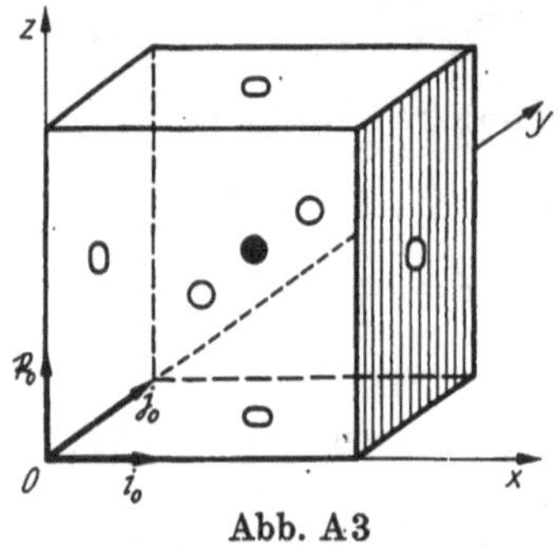

Abb. A3

$$\left.\begin{aligned} \mathfrak{a}_1 &= \frac{a}{2} (\mathfrak{i}_0 + \mathfrak{k}_0)\,, \\ \mathfrak{a}_2 &= \frac{a}{2} (\mathfrak{i}_0 + \mathfrak{j}_0)\,, \\ \mathfrak{a}_3 &= \frac{a}{2} (\mathfrak{j}_0 + \mathfrak{k}_0)\,. \end{aligned}\right\} \tag{A 12.1}$$

Die Vektoren $\mathfrak{a}_1$, $\mathfrak{a}_2$ und $\mathfrak{a}_3$ gehen vom Koordinatenursprung zu den nächstgelegenen ○-Atomen.

Aus (A 12.1) folgt unmittelbar

$$[\mathfrak{a}_2, \mathfrak{a}_3] = \frac{a^2}{4} (\mathfrak{i}_0 - \mathfrak{j}_0 + \mathfrak{k}_0) \tag{A 12.1a}$$

und folglich für das Volumen der Elementarzelle

$$\Omega_0 = (\mathfrak{a}_1\, [\mathfrak{a}_2, \mathfrak{a}_3]) = \frac{a^3}{4}\,, \tag{A 12.1b}$$

d. h., das Volumen der Elementarzelle beträgt 1/4 des Würfelvolumens.

Für das Gitter mit raumzentriertem Würfel lassen sich die Grundvektoren am günstigsten in folgender Art auswählen:

$$\left.\begin{aligned} \mathfrak{a}_1' &= \frac{a}{2}(\mathfrak{i}_0 - \mathfrak{j}_0 + \mathfrak{k}_0)\,, \\ \mathfrak{a}_2' &= \frac{a}{2}(\mathfrak{i}_0 + \mathfrak{j}_0 - \mathfrak{k}_0)\,, \\ \mathfrak{a}_3' &= \frac{a}{2}(-\mathfrak{i}_0 + \mathfrak{j}_0 + \mathfrak{k}_0)\,, \end{aligned}\right\} \tag{A 12.2}$$

d. h., man richtet sie vom Koordinatenursprung aus zu den zentralen ●-Atomen des Würfels. Analog wurden die Grundvektoren in Abb. 6b gewählt.

Aus (A 12.2) erhält man

$$[\mathfrak{a}_2', \mathfrak{a}_3'] = \frac{a^2}{2}(\mathfrak{i}_0 + \mathfrak{k}_0)\,. \tag{A 12.2a}$$

Das Volumen der Elementarzelle wird

$$\Omega_0' = (\mathfrak{a}_1' [\mathfrak{a}_2', \mathfrak{a}_3']) = \frac{1}{2} a^3\,, \tag{A 12.2b}$$

d. h. gleich der Hälfte des Würfelvolumens.

Es ist jetzt nicht schwer, für beide Fälle das reziproke Gitter zu konstruieren. Für das kubisch-flächenzentrierte Gitter ergibt sich aus (A 12.1a) und (A 12.1b)

$$\mathfrak{b}_1 = \frac{1}{\Omega_0}[\mathfrak{a}_2, \mathfrak{a}_3] = \frac{1}{a}[\mathfrak{i}_0 - \mathfrak{j}_0 + \mathfrak{k}_0]$$

und analog

$$\left.\begin{aligned} \mathfrak{b}_2 &= \frac{1}{\Omega_0}[\mathfrak{a}_3, \mathfrak{a}_1] = \frac{1}{a}(\mathfrak{i}_0 + \mathfrak{j}_0 - \mathfrak{k}_0]\,, \\ \mathfrak{b}_3 &= \frac{1}{\Omega_0}[\mathfrak{a}_1, \mathfrak{a}_2] = \frac{1}{a}(-\mathfrak{i}_0 + \mathfrak{j}_0 + \mathfrak{k}_0)\,. \end{aligned}\right\} \tag{A 12.3}$$

Für das kubisch-raumzentrierte Gitter folgt analog aus (A 12.2a) und (A 12.2b)

$$\left.\begin{aligned} \mathfrak{b}_1' &= \frac{1}{\Omega_0'}[\mathfrak{a}_2', \mathfrak{a}_3'] = \frac{1}{a}(\mathfrak{i}_0 + \mathfrak{k}_0)\,, \\ \mathfrak{b}_2' &= \frac{1}{\Omega_0'}[\mathfrak{a}_3', \mathfrak{a}_1'] = \frac{1}{a}(\mathfrak{i}_0 + \mathfrak{j}_0)\,, \\ \mathfrak{b}_3' &= \frac{1}{\Omega_0'}[\mathfrak{a}_1', \mathfrak{a}_2'] = \frac{1}{a}(\mathfrak{j}_0 + \mathfrak{k}_0)\,. \end{aligned}\right\} \tag{A 12.4}$$

Vergleicht man (A 12.3) mit (A 12.2) und (A 12.4) mit (A 12.1), so sieht man, daß das reziproke Gitter des kubisch-flächenzentrierten Gitters ein raumzentrierter Würfel ist und umgekehrt.

Anhang XIII

Bei der Berechnung der Summe $\sum\limits_{n_0}^{1,8} e^{i\mathfrak{k}\mathfrak{a}_{n_0}}$ im Falle des kubisch-raumzentrierten Gitters beziehen wir uns auf Abb. A3. Für den Vektor $\mathfrak{a}_{n_0}$ gilt $\mathfrak{a}_{n_0} = \mathfrak{a}_1$. Das Atom im Zentrum des Würfels der Abb. A3 ist durch den Vektor

$$\mathfrak{a}_1 = \frac{a}{2}(\mathfrak{i}_0 + \mathfrak{j}_0 + \mathfrak{k}_0) \tag{A 13.1}$$

bestimmt. Analog erhält man für die restlichen sieben Atome

$$\left.\begin{aligned} \mathfrak{a}_2 &= \frac{a}{2}(-\mathfrak{i}_0 + \mathfrak{j}_0 + \mathfrak{k}_0)\,, & \mathfrak{a}_3 &= \frac{a}{2}(-\mathfrak{i}_0 - \mathfrak{j}_0 + \mathfrak{k}_0)\,, \\ \mathfrak{a}_4 &= \frac{a}{2}(\mathfrak{i}_0 - \mathfrak{j}_0 + \mathfrak{k}_0)\,, & \mathfrak{a}_5 &= \frac{a}{2}(\mathfrak{i}_0 + \mathfrak{j}_0 - \mathfrak{k}_0)\,, \\ \mathfrak{a}_6 &= \frac{a}{2}(-\mathfrak{i}_0 + \mathfrak{j}_0 - \mathfrak{k}_0)\,, & \mathfrak{a}_7 &= \frac{a}{2}(-\mathfrak{i}_0 - \mathfrak{j}_0 - \mathfrak{k}_0)\,, \\ \mathfrak{a}_8 &= \frac{a}{2}(\mathfrak{i}_0 - \mathfrak{j}_0 - \mathfrak{k}_0)\,. \end{aligned}\right\} \tag{A 13.1a}$$

Aus (A 13.1) folgt

$$\mathfrak{k}\,\mathfrak{a}_1 = \frac{a}{2}(k_x + k_y + k_z)$$

sowie analoge Ausdrücke für die Produkte $\mathfrak{k}\,\mathfrak{a}_i$ ($i = 2, 3, \ldots, 8$) aus (A 13.1a). Somit wird

$$\begin{aligned} \sum_{n_0}^{1,8} e^{i\mathfrak{k}\mathfrak{a}_{n_0}} = {} & e^{\frac{ia}{2}(k_x + k_y + k_z)} + e^{\frac{ia}{2}(-k_x + k_y + k_z)} + e^{\frac{ia}{2}(-k_x - k_y + k_z)} \\ & + e^{\frac{ia}{2}(k_x - k_y + k_z)} + e^{\frac{ia}{2}(k_x + k_y - k_z)} + e^{\frac{ia}{2}(-k_x + k_y - k_z)} \\ & + e^{\frac{ia}{2}(-k_x - k_y - k_z)} + e^{\frac{ia}{2}(k_x - k_y - k_z)}\,. \end{aligned}$$

Klammert man im ersten und fünften Summanden den gemeinsamen Faktor $e^{\frac{ia}{2}(k_x + k_y)}$ aus, so erhält man

$$e^{\frac{ia}{2}(k_x + k_y)}\left[e^{\frac{iak_z}{2}} + e^{-\frac{iak_z}{2}}\right] = 2\,e^{\frac{ia}{2}(k_x + k_y)}\cos\frac{a\,k_z}{2}\,.$$

Durchführung einer analogen Operation für den zweiten und sechsten, dritten und siebenten und vierten und achten Summanden liefert einen Ausdruck, der jeweils den Faktor $2\cos\frac{a\,k_z}{2}$ enthält. Wir klammern diesen Faktor aus und formen den verbleibenden Ausdruck in analoger Weise um. Im Endresultat erhalten wir die Formel (7.10b).

Anhang XIV

Wir setzen die Wellenfunktionen (7.17) eines Elektrons im Kristall in die entsprechende SCHRÖDINGER-Gleichung (7.3) ein:

$$\sum_{\mathfrak{n}} e^{i\,\mathfrak{k}\,\mathfrak{a}_{\mathfrak{n}}} \left[-\frac{\hbar^2}{2\,m}\nabla^2 + V(\mathfrak{r}) - \varepsilon\right]$$
$$\times \{\alpha\,\psi_x(\mathfrak{r}-\mathfrak{a}_{\mathfrak{n}}) + \beta\,\psi_y(\mathfrak{r}-\mathfrak{a}_{\mathfrak{n}}) + \gamma\,\psi_z(\mathfrak{r}-\mathfrak{a}_{\mathfrak{n}})\} = 0\,. \qquad \text{(A 14.1)}$$

Da ψ_x, ψ_y, ψ_z die Wellenfunktionen des Elektrons im isolierten Atom sind, erfüllen sie die Gleichung

$$-\frac{\hbar^2}{2\,m}\nabla^2\psi_\mu(\mathfrak{r}-\mathfrak{a}_{\mathfrak{n}}) + [\mathcal{U}(|\mathfrak{r}-\mathfrak{a}_{\mathfrak{n}}|) - \varepsilon_0]\,\psi_\mu(\mathfrak{r}-\mathfrak{a}_{\mathfrak{n}}) = 0\,, \qquad \text{(A 14.2)}$$

wo $\mu = x$, y oder z ist, ε_0 die Energie des p-Elektrons darstellt und $\mathcal{U}(|\mathfrak{r}-\mathfrak{a}_{\mathfrak{n}}|)$ seine potentielle Energie im Feld des isolierten $\mathfrak{n}$-ten Gitterpunktes angibt.

Ersetzt man in (A 14.1) die Größen $-\frac{\hbar^2}{2\,m}\nabla^2\psi_\mu$ gemäß Gleichung (A 14.2), so erhält man

$$\sum_{\mathfrak{n}} e^{i\,\mathfrak{k}\,\mathfrak{a}_{\mathfrak{n}}}(\varepsilon-\varepsilon_0)\,[\alpha\,\psi_x(\mathfrak{r}-\mathfrak{a}_{\mathfrak{n}}) + \beta\,\psi_y(\mathfrak{r}-\mathfrak{a}_{\mathfrak{n}}) + \gamma\,\psi_z(\mathfrak{r}-\mathfrak{a}_{\mathfrak{n}})]$$
$$= \sum_{\mathfrak{n}} e^{i\,\mathfrak{k}\,\mathfrak{a}_{\mathfrak{n}}}[V(\mathfrak{r}) - \mathcal{U}(|\mathfrak{r}-\mathfrak{a}_{\mathfrak{n}}|)]$$
$$\times \{\alpha\,\psi_x(\mathfrak{r}-\mathfrak{a}_{\mathfrak{n}}) + \beta\,\psi_y(\mathfrak{r}-\mathfrak{a}_{\mathfrak{n}}) + \gamma\,\psi_z(\mathfrak{r}-\mathfrak{a}_{\mathfrak{n}})\}\,. \qquad \text{(A 14.3)}$$

Wir multiplizieren jetzt beide Seiten dieser Gleichung mit der Wellenfunktion $\psi_x(\mathfrak{r})$ des nullten Gitterpunktes[1]) und integrieren über das Grundgebiet des Kristalls. Setzt man die Wellenfunktionen ψ_μ als orthonormiert voraus, d. h.

$$\int \psi_\mu(\mathfrak{r})\,\psi_\nu(\mathfrak{r})\,d\tau = \delta_{\mu\nu} \qquad (\mu \text{ und } \nu = x, y, z)\,, \qquad \text{(A 14.4)}$$

und vernachlässigt das Überlappungsintegral der Wellenfunktionen verschiedener Gitterpunkte, so erhält man für die linke Seite von (A 14.3)

$$\alpha\,(\varepsilon-\varepsilon_0)\,. \qquad \text{(A 14.5)}$$

Für $\mathfrak{n} = 0$ enthält die rechte Seite von (A 14.3) Integrale der Form

$$\mathcal{J}_{x\nu} = \int \psi_x(\mathfrak{r})\,[V(\mathfrak{r}) - \mathcal{U}(\mathfrak{r})]\,\psi_\nu(\mathfrak{r})\,d\tau \qquad (\nu = x, y, z)\,. \qquad \text{(A 14.6)}$$

Bei $\nu = x$ ist das Integral

$$\mathcal{J}_{xx} = \int \psi_x^2(\mathfrak{r})\,[V(\mathfrak{r}) - \mathcal{U}(\mathfrak{r})]\,d\tau = -\,C < 0 \qquad \text{(A 14.7)}$$

analog dem Ausdruck (7.7). Für $\nu = y$ oder z ergibt sich

$$\mathcal{J}_{xy} = \mathcal{J}_{xz} = 0\,. \qquad \text{(A 14.8)}$$

Von letzterem kann man sich überzeugen, indem man das Koordinatensystem so um die z-Achse dreht, daß die x-Achse mit der y-Achse und die y-Achse mit

---

[1]) Es ist offensichtlich, daß im Hinblick auf die Summe $\sum_{\mathfrak{n}}$, die in (A 14.3) über alle Gitterpunkte des Kristalls zu nehmen ist, der nullte Gitterpunkt einem beliebigen Gitterpunkt $\mathfrak{n}'$ äquivalent ist; man könnte auch (A 14.3) mit $\psi(\mathfrak{r}-\mathfrak{a}_{\mathfrak{n}'})$ multiplizieren.

der negativen x-Achse zusammenfällt. Dabei geht gemäß (7.16) ψ_x in ψ_y über und ψ_y in $-\psi_x$. Da $[V(\mathfrak{r}) - \mathcal{U}(\mathfrak{r})]$ bei einer solchen Koordinatentransformation wegen der kubischen Symmetrie des Feldes des Kristalls unverändert bleibt, ändert das gesamte Integral sein Vorzeichen. Andrerseits ist der Wert des Integrals bei beliebiger Koordinatentransformation konstant, somit ist $\mathcal{J}_{xy} = -\mathcal{J}_{yx}$, woraus unmittelbar (A 14.8) folgt. Aus denselben Vorstellungen über die kubische Symmetrie des Kristallfeldes folgt

$$\mathcal{J}_{xx} = \mathcal{J}_{yy} = \mathcal{J}_{zz} = -C\,. \tag{A 14.7a}$$

Wir berücksichtigen auf der rechten Seite von (A 14.3) die erstnächsten Nachbarn des nullten Gitterpunktes, d. h. Glieder mit $\mathfrak{a}_\mathfrak{n} = \pm a\,\mathfrak{i}_0, \pm a\,\mathfrak{j}_0, \pm a\,\mathfrak{k}_0$, wobei $\mathfrak{i}_0, \mathfrak{j}_0, \mathfrak{k}_0$ die Einheitsvektoren in Richtung der Achsen x, y und z sind. Ihnen entsprechen Integrale der Form

$$\mathcal{J}_{x\nu}(\mathfrak{a}_{\mathfrak{n}_0}) = \int \psi_x(\mathfrak{r})\,[V(\mathfrak{r}) - \mathcal{U}(|\mathfrak{r} - \mathfrak{a}_{\mathfrak{n}_0}|)]\,\psi_\nu\,(\mathfrak{r} - \mathfrak{a}_{\mathfrak{n}_0})\,d\tau\,, \tag{A 14.9}$$

wo $\nu = x$, y oder z.

Wir untersuchen zunächst den Fall $\nu = y$ oder z. Es wird das benachbarte Atom $\mathfrak{n}_0$ in Richtung der z-Achse betrachtet[1]), d. h. wir setzen $\mathfrak{a}_{\mathfrak{n}_0} = a\,\mathfrak{k}_0$. Berücksichtigt man nur das Feld, welches durch den nullten Gitterpunkt und das von uns ausgewählte Nachbaratom auf der z-Achse geschaffen wird (das ist richtig in dem Gebiet, wo die Wellenfunktionen in (A 14.9) sich wesentlich von Null unterscheiden), dann hängt $[V(\mathfrak{r}) - \mathcal{U}\,(\mathfrak{r} - a\,\mathfrak{k}_0)]$ nicht vom Azimutwinkel φ ab. Da $\psi_x \sim \cos\varphi$, $\psi_y \sim \sin\varphi$ und ψ_z unabhängig von φ ist, sieht man leicht, daß das Integral (A 14.9) bei Integration über φ in den Fällen $\nu = y$ oder z verschwindet. Es muß jedoch gesagt werden, daß im Falle $\nu = x$, wo das Integral (A 14.9) von Null verschieden ist, sein Wert davon abhängen wird, ob das Nachbaratom auf der x-Achse oder auf der y- bzw. z-Achse liegt. Im ersten Falle haben die Wellenfunktionen $\psi_x(\mathfrak{r})$ und $\psi_x(\mathfrak{r} - a\,\mathfrak{i}_0)$, die ihr Vorzeichen beim Durchgang durch die zur x-Achse senkrechten Ebenen, wie sie in Abb. A 4 dargestellt sind, ändern, verschiedenes Vorzeichen in ihrem Überlappungsgebiet, und da $[V(\mathfrak{r}) - \mathcal{U}(|\mathfrak{r} \pm a\,\mathfrak{i}_0|)] < 0$, kann man sich vorstellen, daß das Integral (A 14.9) in diesem Falle positiv wird, d. h.

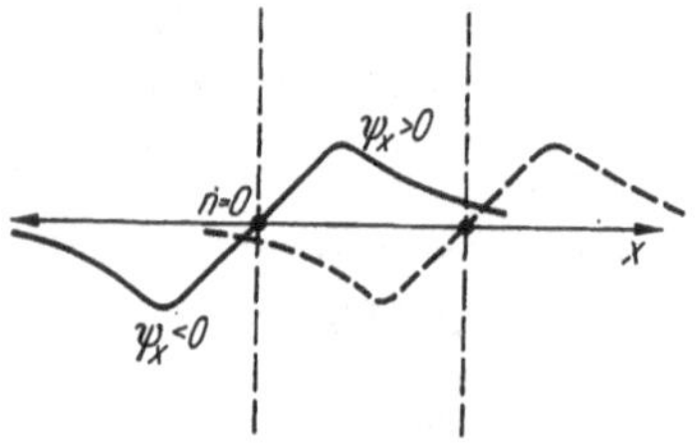

Abb. A4

$$\mathcal{J}_{xx}(\pm a\,\mathfrak{i}_0) = \int \psi_x(\mathfrak{r})\,[V(\mathfrak{r}) - \mathcal{U}(|\mathfrak{r} \mp a\,\mathfrak{i}_0|)]\,\psi_x(\mathfrak{r} \mp a\,\mathfrak{i}_0)\,d\tau = A > 0\,. \tag{A 14.10}$$

Im zweiten Falle wird das Integral einen anderen Wert haben und eine Aussage über sein Vorzeichen ist schwierig. Wir führen folgende Bezeichnung ein:

$$\mathcal{J}_{xx}(\pm a\,\mathfrak{j}_0) = \mathcal{J}_{xx}(\pm a\,\mathfrak{k}_0) = \int \psi_x(\mathfrak{r})\,[V(\mathfrak{r}) - \mathcal{U}(|\mathfrak{r} \mp a\,\mathfrak{j}_0|)] \times \psi_x(\mathfrak{r} \mp a\,\mathfrak{j}_0)\,d\tau = -B\,. \tag{A 14.11}$$

[1]) Wir wählen ein Nachbaratom auf der z-Achse deshalb aus, damit man das wie üblich orientierte System sphärischer Koordinaten verwenden kann.

Berücksichtigt man die sechs erstnächsten Nachbarn des einfachen kubischen Gitters, so erhält man für die rechte Seite von (A 14.3)

$$\alpha[-C + A(e^{i k_x a} + e^{-i k_x a}) - B(e^{i k_y a} + e^{-i k_y a} + e^{i k_z a} + e^{-i k_z a})]$$
$$= \alpha[-C + 2A \cos a k_x - 2B(\cos a k_y + \cos a k_z)]\,. \qquad \text{(A 14.12)}$$

Aus (A 14.3), (A 14.5) und (A 14.12) folgt

$$\alpha[\varepsilon - \varepsilon_0 + C - 2A \cos a k_x + 2B(\cos a k_y + \cos a k_z)] = 0\,. \qquad \text{(A 14.13)}$$

Wenn wir (A 14.3) mit $\psi_y(\mathfrak{r})$ oder $\psi_z(\mathfrak{r})$ multiplizieren und über das Volumen des Grundgebietes des Kristalls integrieren, erhalten wir anstelle von (A 14.13) zwei andere Gleichungen, welche aus (A 14.13) durch zyklische Vertauschung von x, y und z und α, β und γ gewonnen werden können, d. h.

$$\beta[\varepsilon - \varepsilon_0 + C - 2A \cos a k_y + 2B(\cos a k_z + \cos a k_x)] = 0\,, \qquad \text{(A 14.13a)}$$

$$\gamma[\varepsilon - \varepsilon_0 + C - 2A \cos a k_z + 2B(\cos a k_x + \cos a k_y)] = 0\,. \qquad \text{(A 14.13b)}$$

Die Gleichungen (A 14.13, a, b) können auf triviale Weise gleichzeitig befriedigt werden, wenn man $\alpha = \beta = \gamma = 0$ setzt. Das ist aber nicht von Interesse, da dabei die Wellenfunktion (7.17) identisch Null ist. Wenn $\alpha \neq 0$, so folgt aus (A 14.13)

$$\varepsilon = \varepsilon_0 - C + 2A \cos a k_x - 2B(\cos a k_y + \cos a k_z) \qquad \text{(A 14.14)}$$

und folglich $\beta = \gamma = 0$, da im entgegengesetzten Falle ε nicht gemäß (A 14.14) von k_x, k_y und k_z abhängen wird, sondern so, wie es für $\beta \neq 0$ und $\gamma \neq 0$ aus (A 14.13, a, b) folgt. Somit sehen wir, daß drei Fälle möglich sind: 1. $\alpha \neq 0$, $\beta = \gamma = 0$; 2. $\beta \neq 0$, $\alpha = \gamma = 0$; 3. $\gamma \neq 0$, $\alpha = \beta = 0$, die den Dispersionsgesetzen (7.18, a, b) entsprechen.

Anhang XV

Wir multiplizieren beide Seiten von (1.2) mit $e^{i \mathfrak{k}' \mathfrak{a}_\mathfrak{n}}$ und summieren über $\mathfrak{n}$:

$$\sum_\mathfrak{n} e^{i \mathfrak{k}' \mathfrak{a}_\mathfrak{n}} \varphi(\mathfrak{r} - \mathfrak{a}_\mathfrak{n}) = \frac{1}{\sqrt{N}} \sum_\mathfrak{k} \psi_\mathfrak{k} \sum_\mathfrak{n} e^{i (\mathfrak{k}' - \mathfrak{k}) \mathfrak{a}_\mathfrak{n}}\,. \qquad \text{(A 15.1)}$$

Gemäß (III. 5.1) ist

$$\sum_\mathfrak{n} e^{i(\mathfrak{k}' - \mathfrak{k}) \mathfrak{a}_\mathfrak{n}} = \begin{cases} 0\,, & \mathfrak{k}' \neq \mathfrak{k}\,, \\ N\,, & \mathfrak{k}' = \mathfrak{k}\,. \end{cases} \qquad \text{(A 15.2)}$$

Aus (A 15.1) und (A 15.2) folgt unmittelbar (1.3).

Verwendet man (1.2) und berücksichtigt, daß die Blochschen Funktionen orthonomiert sind, so erhält man

$$\int \varphi^* (\mathfrak{r} - \mathfrak{a}_\mathfrak{n}) \varphi (\mathfrak{r} - \mathfrak{a}_{\mathfrak{n}'}) \, d\tau = \frac{1}{N} \int \Big[\sum_\mathfrak{k} e^{i \mathfrak{k} \mathfrak{a}_\mathfrak{n}} \psi_\mathfrak{k}^*(\mathfrak{r})$$
$$\times \sum_{\mathfrak{k}'} e^{-i \mathfrak{k}' \mathfrak{a}_{\mathfrak{n}'}} \psi_{\mathfrak{k}'}(\mathfrak{r}) \Big] d\tau = \frac{1}{N} \sum_\mathfrak{k} \sum_{\mathfrak{k}'} e^{i (\mathfrak{k} \mathfrak{a}_\mathfrak{n} - \mathfrak{k}' \mathfrak{a}_{\mathfrak{n}'})} \int \psi_\mathfrak{k}^*(\mathfrak{r}) \, \psi_{\mathfrak{k}'}(\mathfrak{r}) \, d\tau$$
$$= \frac{1}{N} \sum_\mathfrak{k} \sum_{\mathfrak{k}'} e^{i (\mathfrak{k} \mathfrak{a}_\mathfrak{n} - \mathfrak{k}' \mathfrak{a}_{\mathfrak{n}'})} \delta_{\mathfrak{k}\mathfrak{k}'} = \frac{1}{N} \sum_\mathfrak{k} e^{i \mathfrak{k}(\mathfrak{a}_\mathfrak{n} - \mathfrak{a}_{\mathfrak{n}'})}\,. \qquad \text{(A 15.3)}$$

Analog zu (A 15.2) ergibt sich

$$\sum_{\mathfrak{k}} e^{i\,\mathfrak{k}(\mathfrak{a}_\mathfrak{n} - \mathfrak{a}_{\mathfrak{n}'})} = \begin{cases} 0, & \mathfrak{n} \neq \mathfrak{n}', \\ N, & \mathfrak{n} = \mathfrak{n}'. \end{cases} \tag{A 15.4}$$

woraus folgt, daß die WANNIER-Funktionen orthonomiert sind.

Wir setzen (1.5) in (1.1) ein (nachdem der Summierungsindex in (1.5) in $\mathfrak{n}'$ umbenannt wurde), multiplizieren von links mit $\varphi^*(\mathfrak{r} - \mathfrak{a}_\mathfrak{n})$ und integrieren über die Koordinaten des Elektrons:

$$\sum_{\mathfrak{n}'} f_i(\mathfrak{a}_{\mathfrak{n}'}) \int \varphi^*(\mathfrak{r} - \mathfrak{a}_\mathfrak{n}) \left[-\frac{\hbar^2}{2m} \nabla^2 + V(\mathfrak{r}) + \mathcal{U}(\mathfrak{r}) - \mathcal{E}_i\right] \times \varphi(\mathfrak{r} - \mathfrak{a}_{\mathfrak{n}'})\, d\tau = 0\,. \tag{A 15.5}$$

Es sollen jetzt nacheinander die einzelnen Summanden des HAMILTON-Operators untersucht werden, der in der eckigen Klammer steht.

Infolge der Orthogonalität der WANNIER-Funktionen haben wir

$$\sum_{\mathfrak{n}'} f_i(\mathfrak{a}_{\mathfrak{n}'}) \int \psi^*(\mathfrak{r} - \mathfrak{a}_\mathfrak{n})\, \mathcal{E}_i\, \varphi(\mathfrak{r} - \mathfrak{a}_{\mathfrak{n}'})\, d\tau = \mathcal{E}_i \sum_{\mathfrak{n}'} f_i(\mathfrak{a}_{\mathfrak{n}'})\, \delta_{\mathfrak{n}\mathfrak{n}'} = \mathcal{E}_i\, f_i(\mathfrak{a}_\mathfrak{n})\,. \tag{A 15.6}$$

Wenn sich das zusätzliche Feld $\mathcal{U}(\mathfrak{r})$ im Abstand der Gitterkonstanten langsam ändert, so kann $\mathcal{U}(\mathfrak{r})$ in (A 15.5) bei $\mathfrak{r} \approx \mathfrak{a}_\mathfrak{n}$ aus dem Integralzeichen herausgenommen werden, so daß

$$\sum_{\mathfrak{n}'} f_i(\mathfrak{a}_{\mathfrak{n}'}) \int \varphi^*(\mathfrak{r} - \mathfrak{a}_\mathfrak{n})\, \mathcal{U}(\mathfrak{r})\, \varphi(\mathfrak{r} - \mathfrak{a}_{\mathfrak{n}'})\, d\tau = \sum_{\mathfrak{n}'} f_i(\mathfrak{a}_{\mathfrak{n}'})\, \mathcal{U}(\mathfrak{a}_\mathfrak{n})\, \delta_{\mathfrak{n}\mathfrak{n}'} = \mathcal{U}(\mathfrak{a}_\mathfrak{n})\, f_i(\mathfrak{a}_\mathfrak{n})\,. \tag{A 15.7}$$

Geht man in (A 15.5) von den WANNIER-Funktionen zu den BLOCHschen Funktionen über, dann erhält man für den ungestörten Teil des HAMILTON-Operators

$$\frac{1}{N} \sum_{\mathfrak{n}'} f_i(\mathfrak{a}_{\mathfrak{n}'}) \int d\tau \left\{\sum_{\mathfrak{k}} e^{i\,\mathfrak{k}\,\mathfrak{a}_\mathfrak{n}}\, \psi_\mathfrak{k}^*(\mathfrak{r}) \left[-\frac{\hbar^2}{2m} \nabla^2 + V(\mathfrak{r})\right] \times \sum_{\mathfrak{k}'} e^{-i\,\mathfrak{k}'\,\mathfrak{a}_{\mathfrak{n}'}}\, \psi_{\mathfrak{k}'}(\mathfrak{r})\right\} = \frac{1}{N} \sum_{\mathfrak{n}'} \sum_{\mathfrak{k}} \sum_{\mathfrak{k}'} f_i(\mathfrak{a}_{\mathfrak{n}'}) \times e^{i\,(\mathfrak{k}\,\mathfrak{a}_\mathfrak{n} - \mathfrak{k}'\,\mathfrak{a}_{\mathfrak{n}'})}\, \varepsilon(\mathfrak{k}') \int \psi_\mathfrak{k}^*\, \psi_{\mathfrak{k}'}\, d\tau\,, \tag{A 15.8}$$

weil

$$\left[-\frac{\hbar^2}{2m} \nabla^2 + V(\mathfrak{r})\right] \psi_{\mathfrak{k}'} = \varepsilon(\mathfrak{k}')\, \psi_{\mathfrak{k}'}\,.$$

Berücksichtigung der Orthonormiertheit der BLOCHschen Funktionen ergibt aus (A 15.8) nach Summierung über $\mathfrak{k}'$

$$\frac{1}{N} \sum_{\mathfrak{n}'} \sum_{\mathfrak{k}} f_i(\mathfrak{a}_{\mathfrak{n}'})\, e^{i\,\mathfrak{k}\,(\mathfrak{a}_\mathfrak{n} - \mathfrak{a}_{\mathfrak{n}'})}\, \varepsilon(\mathfrak{k}) = \frac{1}{N} \sum_{\mathfrak{l}} \sum_{\mathfrak{k}} f_i(\mathfrak{a}_\mathfrak{n} - \mathfrak{a}_\mathfrak{l})\, e^{i\,\mathfrak{k}\,\mathfrak{a}_\mathfrak{l}}\, \varepsilon(\mathfrak{k})\,, \tag{A 15.9}$$

wo wir $\mathfrak{a}_\mathfrak{n} - \mathfrak{a}_{\mathfrak{n}'}$ durch $\mathfrak{a}_\mathfrak{l}$ ersetzt haben.

Die glatte Funktion $f_i(\mathfrak{a}_n - \mathfrak{r})$ wird in der Nähe von $\mathfrak{a}_n$ in eine TAYLOR-Reihe zerlegt:

$$f_i(\mathfrak{a}_n - \mathfrak{r}) = f_i(\mathfrak{a}_n) - \mathfrak{r} \nabla f_i(\mathfrak{a}_n) + \frac{1}{2!} \mathfrak{r}\,\mathfrak{r} \nabla \nabla f_i(\mathfrak{a}_n) + \cdots, \qquad \text{(A 15.10)}$$

wobei die folgenden Bezeichnungen eingeführt wurden:

$$f_i(\mathfrak{a}_n) \equiv f_i(\mathfrak{r})\,|_{\mathfrak{r}=\mathfrak{a}_n}\,; \qquad \mathfrak{r} \nabla f_i(\mathfrak{a}_n) \equiv x\left(\frac{\partial f_i(\mathfrak{r})}{\partial x}\right)_0 + y\left(\frac{\partial f_i(\mathfrak{r})}{\partial y}\right)_0 + z\left(\frac{\partial f_i(\mathfrak{r})}{\partial z}\right)_0;$$

$$\frac{1}{2!}\mathfrak{r}\,\mathfrak{r} \nabla \nabla f_i(\mathfrak{a}_n) = \frac{1}{2}\left\{x^2\left(\frac{\partial^2 f_i(\mathfrak{r})}{\partial x^2}\right)_0 + y^2\left(\frac{\partial^2 f_i(\mathfrak{r})}{\partial y^2}\right)_0 \right.$$

$$\left. + z^2\left(\frac{\partial^2 f_i(\mathfrak{r})}{\partial z^2}\right)_0 + 2\,x\,y\left(\frac{\partial^2 f_i(\mathfrak{r})}{\partial x\,\partial y}\right)_0 + 2\,x\,z\left(\frac{\partial^2 f_i(\mathfrak{r})}{\partial x\,\partial z}\right)_0 + 2\,y\,z\left(\frac{\partial^2 f_i(\mathfrak{r})}{\partial y\,\partial z}\right)_0\right\}.$$

(A 15.11)

Hier bedeutet der Index Null an den Ableitungen, daß sie am Punkt $\mathfrak{r} = \mathfrak{a}_n$ zu nehmen sind.

Wir setzen in (A 15.10) $\mathfrak{r} = \mathfrak{a}_l$ und stellen die rechte Seite als Operator in Form einer unendlichen Reihe dar. Dieser Operator wirkt auf die Funktion $f_i(\mathfrak{r})$:

$$f_i(\mathfrak{a}_n - \mathfrak{a}_l) = \left[1 - \mathfrak{a}_l \nabla + \frac{1}{2!}\mathfrak{a}_l\,\mathfrak{a}_l \nabla \nabla + \cdots\right] f_i(\mathfrak{a}_n). \qquad \text{(A 15.12)}$$

Der in der eckigen Klammer stehende Operator kann formal als Reihenzerlegung der Funktion $\exp(-\mathfrak{a}_l \nabla)$ betrachtet werden. Wir können schreiben

$$f_i(\mathfrak{a}_n - \mathfrak{a}_l) = [\exp(-\mathfrak{a}_l \nabla)]\, f_i(\mathfrak{a}_n), \qquad \text{(A 15.13)}$$

da wir der transzendenten Funktion eines Operators nur diese Bedeutung geben.

Es sei jetzt daran erinnert, daß die Energie des Elektrons im periodischen Feld, $\varepsilon(\mathfrak{k})$, eine periodische Funktion (IV. 4.9) im $\mathfrak{k}$-Raum ist und demzufolge in eine FOURIER-Reihe zerlegt werden kann:

$$\varepsilon(\mathfrak{k}) = \sum_{\mathfrak{l}'} \varepsilon_{\mathfrak{l}'}\, e^{-i\,\mathfrak{k}\,\mathfrak{a}_{\mathfrak{l}'}}. \qquad \text{(A 15.14)}$$

Wie man sieht, ergibt sich bei Hinzufügung eines Summanden $2\pi\,\mathfrak{b}_g$ zu $\mathfrak{k}$ auf der rechten Seite von (A 15.14) ein zusätzlicher Faktor $\exp(-i\,2\pi\,\mathfrak{b}_g\,\mathfrak{a}_l) = \exp(-i\,2\pi \times \text{ganze Zahl}) = 1$. Multipliziert man beide Seiten der Gleichung (A 15.14) mit $e^{i\,\mathfrak{k}\,\mathfrak{a}_l}$ und summiert über $\mathfrak{k}$, so erhält man

$$\sum_{\mathfrak{k}} \varepsilon(\mathfrak{k})\, e^{i\,\mathfrak{k}\,\mathfrak{a}_l} = N\,\varepsilon_l. \qquad \text{(A 15.15)}$$

Einsetzen von (A 15.13) und (A 15.15) in (A 15.9) ergibt

$$\sum_{\mathfrak{l}} \varepsilon_l [\exp(-\mathfrak{a}_l \nabla)]\, f_i(\mathfrak{a}_n). \qquad \text{(A 15.16)}$$

Ein Vergleich von (A 15.14) mit (A 15.16) zeigt, daß der auf die Funktion $f_i(\mathfrak{r})$ wirkende Operator im letzten Ausdruck erhalten werden kann, wenn man in den Ausdruck für die Energie $\varepsilon(\mathfrak{k})$ des Elektrons anstelle des Wellenvektors $\mathfrak{k}$ den Operator $(-i\nabla)$ einsetzt. Somit erhalten wir anstelle von (A 15.16)

$$\varepsilon(-i\nabla)\, f_i(\mathfrak{a}_n). \qquad \text{(A 15.17)}$$

Faßt man (A 15.16), (A 15.7) und (A 15.17) zusammen, so ergibt sich

$$\varepsilon(-i\,\nabla)\, f_i(\mathfrak{a}_n) + \mathcal{U}(\mathfrak{a}_n)\, f_i(\mathfrak{a}_n) = \mathcal{E}_i\, f_i(\mathfrak{a}_n)\,, \tag{A 15.18}$$

was für die „glatte“ Funktion $f_i(\mathfrak{r})$ in die Gleichung (1.6) übergeht.

Anhang XVI

Die Projektionen der Vektoren $\mathfrak{r}_n$, $\mathfrak{r}_p$, $\mathfrak{R}$ und $\vec{\varrho}$ auf die x-Achse werden mit r_n, r_p, R und ϱ bezeichnet. Da (3.2) und (3.2a) auch für die Projektionen vorhanden sind, gelten sie für r_n, r_p, R und ϱ.

Wir berechnen jetzt $\dfrac{\partial^2\psi}{\partial r_n^2}$:

$$\frac{\partial\psi}{\partial r_n} = \frac{\partial\psi}{\partial R}\frac{\partial R}{\partial r_n} + \frac{\partial\psi}{\partial\varrho}\frac{\partial\varrho}{\partial r_n} = \frac{m_n}{M}\frac{\partial\psi}{\partial R} + \frac{\partial\psi}{\partial\varrho}\,,$$

$$\frac{\partial^2\psi}{\partial r_n^2} = \left(\frac{m_n}{M}\frac{\partial^2\psi}{\partial R^2} + \frac{\partial^2\psi}{\partial\varrho\,\partial R}\right)\frac{m_n}{M} + \left(\frac{m_n}{M}\frac{\partial^2\psi}{\partial R\,\partial\varrho} + \frac{\partial^2\psi}{\partial\varrho^2}\right)$$

$$= \left(\frac{m_n}{M}\right)^2\frac{\partial^2\psi}{\partial R^2} + 2\frac{m_n}{M}\frac{\partial^2\psi}{\partial\varrho\,\partial R} + \frac{\partial^2\psi}{\partial\varrho^2}\,.$$

Analog ist

$$\frac{\partial^2\psi}{\partial r_p^2} = \left(\frac{m_p}{M}\right)^2\frac{\partial^2\psi}{\partial R^2} - 2\frac{m_p}{M}\frac{\partial^2\psi}{\partial\varrho\,\partial R} + \frac{\partial^2\psi}{\partial\varrho^2}\,,$$

woraus sich

$$\frac{1}{m_n}\frac{\partial^2\psi}{\partial r_n^2} + \frac{1}{m_p}\frac{\partial^2\psi}{\partial r_p^2} = \frac{1}{M}\frac{\partial^2\psi}{\partial R^2} + \frac{1}{\mu}\frac{\partial^2\psi}{\partial\varrho^2}$$

ergibt. Da für die Projektionen auf die y- und z-Achse analoge Formeln gelten, folgt hieraus unmittelbar (3.3).

Anhang XVII

Die Fermi-Dirac-Verteilungsfunktion (2.1) kann mit Hilfe der Kombinatorik hergeleitet werden.[1]) Wir gewinnen sie, indem wir die kanonische Gibbssche Verteilung für ein System mit veränderlicher Teilchenzahl verwenden. Das gestattet uns, mit der gleichen Methode die interessante Frage über die Statistik von lokalisierten Störstellenniveaus zu untersuchen.

Als kanonisches Untersystem wählen wir einen kleinen Teil eines großen Wärmereservoirs und halten sein Volumen V konstant. In diesem Falle fluktuiert nicht nur die Energie des Untersystems, sondern auch die Teilchenzahl in ihm. Die Wahrscheinlichkeit dafür, daß das Untersystem im statistischen Gleichgewicht n Teilchen enthält und die Energie $\mathcal{E}_{nk}$ besitzt (k ist die Gesamtheit der Quantenzahlen, die den Energieeigenwert eines Systems bestimmen, welches

---

[1]) Eine gute Herleitung ist gegeben in H. Bethe und A. Sommerfeld, Handbuch der Physik 24/II (1933) 333.

n Teilchen enthält), ist gleich[1])

$$W_{nk} = e^{\frac{\Omega + n\zeta - \mathcal{E}_{nk}}{k_0 T}}\,, \tag{A 17.1}$$

wobei ζ das chemische Potential ist, bezogen auf ein Teilchen, T die absolute Temperatur angibt, und das thermodynamische Potential durch

$$\Omega = F - \bar{n}\,\zeta \tag{A 17.2}$$

gegeben ist. Dabei ist F die freie Energie des Untersystems und $\bar{n}$ die mittlere Teilchenzahl in ihm. Das Potential Ω wird durch die Normierungsbedingung für die Wahrscheinlichkeit bestimmt:

$$\sum_{n,k} W_{nk} = e^{\frac{\Omega}{k_0 T}} \sum_n e^{\frac{\zeta n}{k_0 T}} \left(\sum_k e^{-\frac{\mathcal{E}_{nk}}{k_0 T}} \right) = 1\,, \tag{A 17.3}$$

woraus sich

$$\Omega = -k_0 T \ln \sum_n e^{\frac{\zeta n}{k_0 T}} \left(\sum_k e^{-\frac{\mathcal{E}_{nk}}{k_0 T}} \right) \tag{A 17.4}$$

ergibt. Man kann zeigen, daß sich die mittlere Teilchenzahl zu

$$\bar{n} = -\left(\frac{\partial \Omega}{\partial \zeta}\right)_{T,V} \tag{A 17.5}$$

ergibt. Man sieht leicht ein, daß aus (A 17.4)

$$-\left(\frac{\partial \Omega}{\partial \zeta}\right)_{T,V} = k_0 T \frac{\sum\limits_{n,k} \frac{n}{k_0 T} e^{\frac{\zeta n - \mathcal{E}_{nk}}{k_0 T}}}{\sum\limits_{n,k} e^{\frac{\zeta n - \mathcal{E}_{nk}}{k_0 T}}} = \frac{\sum\limits_{n,k} n\, e^{\frac{\Omega + \zeta n - \mathcal{E}_{nk}}{k_0 T}}}{\sum\limits_{n,k} e^{\frac{\Omega + \zeta n - \mathcal{E}_{nk}}{k_0 T}}} = \sum_{n,k} n\, W_{nk}\,,$$

folgt, was laut Definition gleich $\bar{n}$ ist.

Wir wollen ein ideales Gas untersuchen, das aus n identischen Teilchen besteht. Da eine Wechselwirkung zwischen den Teilchen nicht berücksichtigt wird, kann man vom k-ten Quantenzustand und der Energie ε_k eines einzelnen Teilchens sprechen. Als Untersystem wählen wir die Gesamtheit der Teilchen aus, die sich im k-ten Quantenzustand befinden. Die Energie dieses Untersystems ist $\mathcal{E}_{nk} = \varepsilon_k n_k$ und sein Potential gegeben durch

$$\Omega_k = -k_0 T \ln \sum_{n_k} e^{\frac{\zeta n_k}{k_0 T}} e^{-\frac{\varepsilon_k n_k}{k_0 T}} = -k_0 T \ln \sum_{n_k} \left(e^{\frac{\zeta - \varepsilon_k}{k_0 T}} \right)^{n_k}\,, \tag{A 17.6}$$

da bei solcher Wahl des Untersystems die Summation über k entfällt. Wenn sich das ideale Gas aus Teilchen mit halbzahligem Spin zusammensetzt, unterliegt es dem PAULI-Prinzip. Das bedeutet, daß n_k nur die Werte 0 und 1 annehmen

[1]) L. D. LANDAU und E. M. LIFSCHITZ, Lehrbuch der theoretischen Physik, Band V, Statistische Physik, Akademie-Verlag, Berlin, in Vorbereitung.

kann, demzufolge

$$\Omega_k = -k_0 T \ln\left(1 + e^{\frac{\zeta - \varepsilon_k}{k_0 T}}\right). \qquad \text{(A 17.7)}$$

Nach Formel (A 17.5) ist

$$\bar{n}_k = -\left(\frac{\partial \Omega_k}{\partial \zeta}\right)_{V,T} = \frac{1}{e^{\frac{\varepsilon_k - \zeta}{k_0 T}} + 1}, \qquad \text{(A 17.8)}$$

was mit der FERMI-DIRAC-Verteilungsfunktion übereinstimmt (2.1).

Da im idealen Gas eine Wechselwirkung zwischen den Gruppen verschiedener k-Teilchen fehlt, ist das gesamte Ω-Potential des Gases gleich

$$\Omega = -k_0 T \sum_k \ln\left(1 + e^{\frac{\zeta - \varepsilon_k}{k_0 T}}\right). \qquad \text{(A 17.9)}$$

Aus (A 17.2) folgt, daß die freie Energie des FERMI-Gases durch

$$F = \bar{n}\zeta + \Omega = \bar{n}\zeta - k_0 T \sum_k \ln\left(1 + e^{\frac{\zeta - \varepsilon_k}{k_0 T}}\right) \qquad \text{(A 17.10)}$$

gegeben ist. Nebenbei wollen wir noch die BOSE-EINSTEIN-Verteilungsfunktion herleiten. Ihr gehorchen Teilchen mit ganzzahligem Spin, insbesondere Phononen und Photonen. In diesem Falle kann n_k beliebige Werte 0, 1, 2, . . . annehmen; somit folgt aus (A 17.6)

$$\Omega_k = -k_0 T \ln\left\{1 + e^{\frac{\zeta - \varepsilon_k}{k_0 T}} + \left(e^{\frac{\zeta - \varepsilon_k}{k_0 T}}\right)^2 + \left(e^{\frac{\zeta - \varepsilon_k}{k_0 T}}\right)^3 + \cdots\right\}.$$

Für den Fall $\zeta \leqq 0$ ist der in der geschwungenen Klammer stehende Ausdruck eine unendliche geometrische Reihe mit dem Koeffizienten $\exp\left(\frac{\zeta - \varepsilon_k}{k_0 T}\right)$, deshalb

$$\Omega_k = -k_0 T \ln \frac{1}{1 - e^{\frac{\zeta - \varepsilon_k}{k_0 T}}} = k_0 T \ln\left(1 - e^{\frac{\zeta - \varepsilon_k}{k_0 T}}\right). \qquad \text{(A 17.11)}$$

Die mittlere Teilchenzahl im k-ten Zustand ist

$$\bar{n}_k = -\left(\frac{\partial \Omega_k}{\partial \zeta}\right)_{T,V} = \frac{1}{e^{\frac{\varepsilon_k - \zeta}{k_0 T}} - 1}, \qquad \text{(A 17.12)}$$

was bei $\zeta = 0$ und $\varepsilon_k = \hbar\,\omega$ in die PLANCKsche Verteilung übergeht (III. 8.3).

Die Wellenfunktionen der Elektronen (Löcher) im Leitungsband (Valenzband) breiten sich im ganzen Volumen des Kristalls aus, deshalb stehen die Elektronen, die sich auf einem „Energieniveau" befinden, nicht miteinander in Wechselwirkung und können als ideales Gas betrachtet werden, auf welches sich die Verteilung (A 17.8) anwenden läßt. Anders liegt die Sache bei den Elektronen in lokalen Störstellenzentren. Nachdem sich an das entartete Niveau des Störstellenzentrums das erste Elektron angelagert hat, kann das zweite Elektron gewöhnlich nicht mehr angelagert werden, da sich wegen der starken elektrostatischen Abstoßung der Elektronen die Energie des Systems so weit erhöhen würde, daß es instabil wird.

Diese Aufgabenstellung wird unter Verwendung einer GIBBSschen Verteilung mit veränderlicher Teilchenzahl untersucht.[1]) Als Untersystem wählen wir ein einzelnes Störstellenzentrum. Das setzt voraus, daß die Elektronen dieses Zentrums in starker Wechselwirkung miteinander stehen, mit den restlichen Elektronen dagegen schwache Wechselwirkung zeigen.

Wir betrachten Zustände, bei denen das Störstellenzentrum $n = 0, 1, 2, \ldots$ Elektronen besitzen kann. Die entsprechenden Energien des Untersystems sind $\varepsilon_0, \varepsilon_1, \varepsilon_2, \ldots$. Ohne Einschränkung der Allgemeinheit kann man annehmen, daß bei vollständigem Fehlen von Elektronen die Energie des Zentrums $\varepsilon_0 = 0$ ist. Bezeichnet man die Entartung des Systems für die Zustände $n = 0, 1, 2, \ldots$ mit $g_0, g_1, g_2, \ldots$, so folgt aus (A 17.4)

$$\Omega = -k_0 T \ln\left\{g_0 + g_1 e^{\frac{\zeta - \varepsilon_1}{k_0 T}} + g_2 e^{\frac{2\zeta - \varepsilon_2}{k_0 T}} + \cdots\right\}.$$

Wie oben schon bemerkt wurde, ist die Energie des Systems bei $n = 2, 3, \ldots$ um soviel größer als die Energie ε_1, daß man in der geschwungenen Klammer den dritten und alle darauffolgenden Summanden vernachlässigen kann. Dann ist

$$\Omega = -k_0 T \ln\left\{g_0 + g_1 e^{\frac{\zeta - \varepsilon_1}{k_0 T}}\right\}. \tag{A 17.13}$$

Die mittlere Teilchenzahl auf dem Störstellenzentrum ist gleich

$$n = -\left(\frac{\partial \Omega}{\partial \zeta}\right)_{T,\,V} = \frac{1}{\frac{g_0}{g_1} e^{\frac{\varepsilon_1 - \zeta}{k_0 T}} + 1} \tag{A 17.14}$$

anstelle von (A 17.8).

Wenn die Entartung des Niveaus ε_1 nur mit dem Spin des Elektrons verbunden ist, dann ist $g_1 = 2$. Der Zustand eines Zentrums ohne Elektronen kann gewöhnlich als nichtentartet angenommen werden: $g_0 = 1$. Somit wird

$$n = \frac{1}{\frac{1}{2} e^{\frac{\varepsilon_1 - \zeta}{k_0 T}} + 1}. \tag{A 17.15}$$

Vergleichen wir das mit dem zweiten Summanden der linken Seite von (2.15), wo für den Akzeptor $\varepsilon_1 = -\varepsilon_A$ gilt, so sehen wir, daß die genauere Untersuchung der Statistik lokalisierter Niveaus einer effektiven Erniedrigung des Akzeptorniveaus ε_A um die unbedeutende Größe $k_0 T \ln 2 = 0{,}7\, k_0 T$ äquivalent ist.

Anhang XVIII

Für die Berechnung des Integrals I (2.7) in nächster Näherung führen wir die Veränderliche $\eta = \frac{\varepsilon - \zeta}{k_0 T}$ ein und zerlegen die Funktion $\varphi(\varepsilon) = \psi(\eta)$ in eine Reihe nach Potenzen von η. Wegen des deltaartigen Charakters der Funktion

---

[1]) G. E. PIKUS, Einfluß der Oberflächenzustände auf die elektrischen Eigenschaften von Halbleitern, Dissertation am Halbleiterinstitut der Akad. der Wiss. der UdSSR, Leningrad 1954.

$\left(-\frac{\partial f_0}{\partial \varepsilon}\right)$ spielen nur solche Energiewerte ε eine Rolle, die nahe ζ liegen, d. h. kleine η:

$$\psi(\eta) = \psi(0) + \psi'(0)\,\eta + \frac{1}{2}\psi''(0)\,\eta^2 + \cdots. \tag{A 18.1}$$

Weiter ist

$$-\frac{\partial f_0}{\partial \varepsilon}d\varepsilon = -\frac{\partial f_0}{\partial \eta}d\eta = -\frac{\partial}{\partial \eta}\left(\frac{1}{e^\eta + 1}\right)d\eta = \frac{e^{-\eta}}{(1+e^{-\eta})^2}d\eta\,. \tag{A 18.2}$$

Ersetzt man die untere Grenze des Integrals I, die für die Veränderliche η gleich $-z$ ist, durch $-\infty$, was wegen $z \gg 1$ erlaubt ist, so erhalten wir

$$I = \int\limits_{-\infty}^{+\infty} \psi(\eta)\left(-\frac{\partial f_0}{\partial \eta}\right)d\eta = \psi(0)\int\limits_{-\infty}^{+\infty}\left(-\frac{\partial f_0}{\partial \eta}\right)d\eta$$

$$+ \psi'(0)\int\limits_{-\infty}^{+\infty}\frac{\eta\, e^{-\eta}}{(1+e^{-\eta})^2}d\eta + \frac{1}{2}\psi''(0)\int\limits_{-\infty}^{+\infty}\frac{\eta^2 e^{-\eta}}{(1+e^{-\eta})^2}d\eta\,. \tag{A 18.3}$$

Das erste Integral der rechten Seite ist gleich 1, das zweite Integral wegen des ungeraden Integranden gleich Null, das dritte Integral gleich

$$\frac{1}{2}\int\limits_{-\infty}^{+\infty}\frac{\eta^2 e^{-\eta}}{(1+e^{-\eta})^2}d\eta = \int\limits_0^\infty \frac{\eta^2 e^{-\eta}}{(1+e^{-\eta})^2}d\eta$$

$$= \int\limits_0^\infty \eta^2\left[e^{-\eta} - 2\,e^{-2\eta} + 3\,e^{-3\eta} - \cdots\right]d\eta$$

$$= 2\left(1 - \frac{1}{2^2} + \frac{1}{3^2} - \frac{1}{4^2} + \cdots\right) = 2\frac{\pi^2}{12} = \frac{\pi^2}{6}\,. \tag{A 18.4}$$

Bei der Berechnung des letzten Integrals haben wir den Faktor $(1+e^{-\eta})^{-2}$ des Integranden in eine Reihe nach Potenzen von $e^{-\eta}$ entwickelt und die Formel für die Summe einer Reihe benutzt, welche alterniert und deren Glieder durch die reziproken Quadrate der natürlichen Zahlenreihe gegeben sind.[1])

Als Endresultat erhalten wir

$$I = \psi(0) + \frac{\pi^2}{6}\psi''(0)\,. \tag{A 18.5}$$

Im Falle (2.5) ist

$$\psi(\eta) = \frac{\sqrt{2}}{\pi^2}\frac{m^{*3/2}}{\hbar^3}\frac{2}{3}(\zeta + k_0\,T\,\eta)^{3/2}\,. \tag{A 18.6}$$

Verwendet man (A 18.5) und (A 18.6), so erhält man für (2.5)

$$n = \frac{(2\,m^*)^{3/2}}{3\,\pi^2\,\hbar^3}\zeta^{3/2}\left[1 + \frac{\pi^2}{8}\left(\frac{k_0\,T}{\zeta}\right)^2\right].$$

---

[1]) Siehe Fußnote [1]), § 144 auf Seite 1.

Nimmt man an, daß man im Korrekturglied in der eckigen Klammer $\zeta = \zeta_0$ setzen kann, und löst die entstehende Gleichung nach ζ auf, welches im Faktor vor der eckigen Klammer steht, so ergibt sich

$$\zeta = \frac{\hbar^2}{2\, m*} (3\, \pi^2\, n)^{2/3} \left[1 + \frac{\pi^2}{8} \left(\frac{k_0\, T}{\zeta_0}\right)^2\right]^{-2/3}.$$

Entwickelt man die eckige Klammer in eine Reihe nach Potenzen $(k_0\, T/\zeta_0)$ und beschränkt sich auf die ersten zwei Glieder, so erhält man die Formel (2.9) des Textes.

Anhang XIX

1. Wir machen von der POISSONschen Formel[1]) Gebrauch:

$$\sum_{N=-\infty}^{\infty} \varphi(2\, \pi\, N + t) = \frac{1}{2\, \pi} \sum_{l=-\infty}^{\infty} e^{i\, l\, t} \int_{-\infty}^{+\infty} \varphi(\tau)\, e^{-i\, l\, \tau}\, d\tau\,. \qquad \text{(A 19.1)}$$

In unserem Falle ist

$$\varphi(2\, \pi\, N + t) = \frac{1}{(2\, \pi)^{3/2}} (2\, \pi\, N + t)^{3/2}\,, \qquad \text{(A 19.2)}$$

wobei

$$t = 2\, \pi\, \varepsilon - \pi\,, \qquad \text{(A 19.3)}$$

wenn wir den Summationsindex N durch $-N$ ersetzen.

Da φ reell ist, haben wir in unserem Falle

$$-\left[\varepsilon - \frac{1}{2}\right] \leqq N \leqq 0\,, \qquad \text{(A 19.4)}$$

wobei $[x]$ die größte ganze Zahl bedeutet, die in das Gebiet der Größe x eingeschlossen werden kann. Das Argument der Funktion φ ändert sich dabei innerhalb der Grenzen 0 bis t. Deshalb müssen wir annehmen, daß in Formel (A 19.1) außerhalb dieser Grenzen φ gleich 0 ist. Das bestimmt die Integrationsgrenzen der rechten Seite von (A 19.1). Verwendet man (A 19.1), so erhält man

$$\sum_N \left(\varepsilon - N - \frac{1}{2}\right)^{3/2} = \sum_{-\left[\varepsilon - \frac{1}{2}\right] \leqq N \leqq 0} \frac{1}{(2\, \pi)^{3/2}} (2\, \pi\, N + 2\, \pi\, \varepsilon - \pi)^{3/2}$$

$$= \frac{1}{2\, \pi} \sum_{l=-\infty}^{\infty} e^{i\, l (2\, \pi\, \varepsilon - \pi)} \int \frac{1}{(2\, \pi)^{3/2}} \tau^{3/2}\, e^{-i\, l\, \tau}\, d\tau$$

$$= \sum_{l=-\infty}^{\infty} e^{-i\, l\, \pi} \int \left(\frac{\tau}{2\, \pi}\right)^{3/2} e^{2\, \pi\, i\, l \left(\varepsilon - \frac{\tau}{2\, \pi}\right)}\, d\left(\frac{\tau}{2\, \pi}\right). \qquad \text{(A 19.5)}$$

[1]) R. COURANT und D. HILBERT, Methoden der mathematischen Physik, Bd. 1, Springer-Verlag, Berlin 1924.

Berücksichtigt man, daß $\exp(-i l \pi) = (-1)^l$ und ersetzt die Integrationsvariable durch $x = \varepsilon - \frac{\tau}{2\pi}$, so erhalten wir die Formel (5.26) des Textes. Dabei müssen wir beachten, daß das Integrationsgebiet für τ gleich $(0, t)$ ist, da außerhalb dieser Grenzen $\varphi = 0$ ist. Das entspricht für x einem Integrationsgebiet von 1/2 bis ε; da aber $\varepsilon \gg 1$ ist, kann man die untere Grenze gleich 0 setzen.

2. Für die Berechnung des Integrals (5.26) verändern wir die Integrationsvariable, indem wir

$$(\varepsilon - x)^{1/2} = y$$

setzen; dann ist

$$\int_0^\varepsilon (\varepsilon - x)^{3/2} e^{2\pi i l x} dx = 2 e^{2\pi i l \varepsilon} \int_0^{\sqrt{\varepsilon}} y^4 e^{-2\pi i l y^2} dy . \tag{A 19.6}$$

Zweifache partielle Integration des letzten Integrals gibt

$$\int_0^{\sqrt{\varepsilon}} y^4 e^{-2\pi i l y^2} dy = -\frac{1}{4\pi i l} \int_0^{\sqrt{\varepsilon}} y^3 de^{-2\pi i l y^2} dy = -\frac{1}{4\pi i l} \varepsilon^{3/2} e^{-2\pi i l \varepsilon}$$

$$+ \frac{3}{4\pi i l} \int_0^{\sqrt{\varepsilon}} y^2 e^{-2\pi i l y^2} dy = -\frac{1}{4\pi i l} \varepsilon^{3/2} e^{-2\pi i l \varepsilon} + \frac{3}{16\pi^2 l^2} \int_0^{\sqrt{\varepsilon}} y\, de^{-2\pi i l y^2} dy$$

$$= -\frac{1}{4\pi i l} \varepsilon^{3/2} e^{-2\pi i l \varepsilon} + \frac{3}{16\pi^2 l^2} \varepsilon^{1/2} e^{-2\pi i l \varepsilon} - \frac{3}{16\pi^2 l^2} \int_0^{\sqrt{\varepsilon}} e^{-2\pi i l y^2} dy .$$

Setzt man das in (A 19.6) ein, so erhält man die Formel (5.26a) des Textes.

Anhang XX

Wir schreiben das Matrixelement (3.7a) ausführlicher unter Benutzung von (3.1) und (3.3):

$$\langle \mathfrak{k}', N'_{\mathfrak{q}j} | \Delta V | \mathfrak{k}, N_{\mathfrak{q}j} \rangle = -\frac{1}{\sqrt{N}} \int \Big[\psi^*_{\mathfrak{k}'}(\mathfrak{r}) \prod_{\mathfrak{q}j} \psi^*_{N'_{\mathfrak{q}j}}(Q_{\mathfrak{q}j})$$

$$\times \operatorname{grad} V \sum_{\mathfrak{q}j} e_{\mathfrak{q}j} (a_{\mathfrak{q}j} e^{i\mathfrak{q}\mathfrak{r}} + a^*_{\mathfrak{q}j} e^{-i\mathfrak{q}\mathfrak{r}}) \psi_{\mathfrak{k}}(\mathfrak{r}) \prod_{\mathfrak{q}j} \psi_{N_{\mathfrak{q}j}}(Q_{\mathfrak{q}j}) \Big] d\tau \prod_{\mathfrak{q}j} dQ_{\mathfrak{q}j} . \tag{A 20.1}$$

Vertauschen wir die Reihenfolge von Integration und Summation und teilen die Integrale nach Elektronenkoordinaten und Normalschwingungen des Gitters auf, so ergibt sich

$$- \frac{1}{\sqrt{N}} \sum_{\mathfrak{q}j} \left\{ \left[\mathfrak{e}_{\mathfrak{q}j} \frac{1}{N} \int \operatorname{grad} V \, e^{i(\mathfrak{k}+\mathfrak{q}-\mathfrak{k}')\mathfrak{r}} \, u_{\mathfrak{k}}(\mathfrak{r}) \, u_{\mathfrak{k}'}^{*}(\mathfrak{r}) \, d\tau \right] \right.$$
$$\times \left[\int \prod_{\mathfrak{q}j} \psi_{N'_{\mathfrak{q}j}}^{*}(Q_{\mathfrak{q}j}) \, a_{\mathfrak{q}j} \prod_{\mathfrak{q}j} \psi_{N_{\mathfrak{q}j}}(Q_{\mathfrak{q}j}) \, (dQ_{\mathfrak{q}j}) \right]$$
$$+ \left[e_{\mathfrak{q}j} \frac{1}{N} \int \operatorname{grad} V \, e^{i(\mathfrak{k}-\mathfrak{q}-\mathfrak{k}')\mathfrak{r}} \, u_{\mathfrak{k}}(\mathfrak{r}) \, u_{\mathfrak{k}'}^{*}(\mathfrak{r}) \, d\tau \right]$$
$$\left. \times \left[\int \prod_{\mathfrak{q}j} \psi_{N'_{\mathfrak{q}j}}^{*}(Q_{\mathfrak{q}j}) \, a_{\mathfrak{q}j}^{*} \prod_{\mathfrak{q}j} \psi_{N_{\mathfrak{q}j}}(Q_{\mathfrak{q}j}) \, (dQ_{\mathfrak{q}j}) \right] \right\}, \qquad \text{(A 20.2)}$$

wobei $(dQ_{\mathfrak{q}j}) = \prod_{\mathfrak{q}j} dQ_{\mathfrak{q}j}$ ist.

Die erste, zweite, dritte und vierte eckige Klammer in (A 20.2) bezeichnen wir in derselben Reihenfolge mit K^{+}, L, K^{-} und L^{*}. Untersuchen wir zunächst L. Die Integrale aller Paare $\psi_{N'_{\mathfrak{q}j}}^{*}(Q_{\mathfrak{q}j}) \, \psi_{N_{\mathfrak{q}j}}(Q_{\mathfrak{q}j})$ für solche $Q_{\mathfrak{q}j}$, die keinen $a_{\mathfrak{q}j}$ entsprechen, sind gleich 1, wenn $N'_{\mathfrak{q}j} = N_{\mathfrak{q}j}$ ist, und gleich Null in allen anderen Fällen. Das Matrixelement von $a_{\mathfrak{q}j}$ ist gemäß (III. 5.31 a) nur bei $N'_{\mathfrak{q}j} = N_{\mathfrak{q}j} - 1$ von Null verschieden und in diesem Falle ergibt sich

$$L = \langle N_{\mathfrak{q}j} - 1 \, | a_{\mathfrak{q}j} | \, N_{\mathfrak{q}j} \rangle = \sqrt{\frac{\hbar \, N_{\mathfrak{q}j}}{2 \, M \, \omega_{\mathfrak{q}j}}} \, . \qquad \text{(A 20.3)}$$

Dabei ist $L^{*} = 0$. Durch eine analoge Betrachtung überzeugen wir uns davon, daß L^{*} bei $N'_{\mathfrak{q}j} = N_{\mathfrak{q}j} + 1$ von Null verschieden ist, und in diesem Falle ergibt sich

$$L^{*} = \langle N_{\mathfrak{q}j} + 1 \, | a_{\mathfrak{q}j}^{*} | \, N_{\mathfrak{q}j} \rangle = \sqrt{\frac{\hbar \, (N_{\mathfrak{q}j} + 1)}{2 \, M \, \omega_{\mathfrak{q}j}}} \, . \qquad \text{(A 20.3a)}$$

Bei der Wechselwirkung von Elektronen mit Schwingungen werden also nur solche Übergänge realisiert, bei denen sich die Zahl der Phononen einer Sorte entweder um Eins vermindert oder erhöht, während die Zahl der restlichen Phononen unverändert bleibt.

Jetzt soll das Integral K^{+} über die Elektronenkoordinaten $\mathfrak{r}$ untersucht werden. Dazu ersetzen wir in K^{+} $\mathfrak{r}$ durch $\mathfrak{a}_{\mathfrak{n}} + \mathfrak{r}'$, wobei sich $\mathfrak{r}'$ innerhalb einer Elementarzelle ändert. Berücksichtigen wir, daß $V(\mathfrak{r})$, $u_{\mathfrak{k}}(\mathfrak{r})$ und $u_{\mathfrak{k}'}^{*}(\mathfrak{r})$ dreidimensional periodisch sind mit den Perioden des Gitters, so erhalten wir

$$K^{+} = \frac{1}{N} \sum_{\mathfrak{n}} e^{i(\mathfrak{k}+\mathfrak{q}-\mathfrak{k}')\mathfrak{a}_{\mathfrak{n}}} \int e^{i(\mathfrak{k}+\mathfrak{q}-\mathfrak{k}')\mathfrak{r}} \, \mathfrak{e}_{\mathfrak{q}j} \operatorname{grad} V(\mathfrak{r}) \, u_{\mathfrak{k}}(\mathfrak{r}) \, u_{\mathfrak{k}'}^{*}(\mathfrak{r}) \, d\tau_{0} \, , \qquad \text{(A 20.4)}$$

wo das Integral über die Elementarzelle zu nehmen ist, und wir den Strich an der Veränderlichen $\mathfrak{r}'$ unter dem Integralzeichen weggelassen haben. Gemäß (III. 5.1) ist die Summe über $\mathfrak{n}$ von Null verschieden und gleich N, wenn

$$\mathfrak{k}' = \mathfrak{k} + \mathfrak{q} \, . \qquad \text{(A 20.4a)}$$

Jedoch muß im vorliegenden Falle die folgende Möglichkeit berücksichtigt werden. Die Summe der Vektoren $\mathfrak{k} + \mathfrak{q}$ braucht nicht einem Punkt in der ersten BRILLOUIN-Zone zu entsprechen. Um den Vektor $\mathfrak{k}'$ so umzuformen, daß er in die erste BRILLOUIN-Zone fällt, muß man in diesem Falle

$$\mathfrak{k}' = \mathfrak{k} + \mathfrak{q} + 2\pi\,\mathfrak{b}_g \tag{A 20.4b}$$

setzen, wo $\mathfrak{b}_g$ ein Vektor des reziproken Gitters ist. Dabei ist die Summe über $\mathfrak{n}$ in (A 20.4) ebenfalls von Null verschieden.

Die der Formel (A 20.4b) entsprechende Streuung nennt man *Umklapp-Prozeß*; sie spielt bei der Einstellung des Wärmegleichgewichts im Gitter eine wesentliche Rolle (R. E. PEIERLS).

In den im weiteren betrachteten Transporterscheinungen spielen Umklapp-Prozesse keine Rolle, deshalb werden wir sie im folgenden ignorieren.

Für den Fall (A 20.4a) wird

$$\begin{aligned} K^+ &= \int \mathfrak{e}_{\mathfrak{q}j}\,\mathrm{grad}\,V\,u_{\mathfrak{k}}(\mathfrak{r})\,u^*_{\mathfrak{k}'}(\mathfrak{r})\,d\tau_0 = \int u_{\mathfrak{k}}\,u^*_{\mathfrak{k}'}\,\frac{\partial V}{\partial s}\,d\tau_0 \\ &= \int \frac{\partial}{\partial s}(u_{\mathfrak{k}}\,u^*_{\mathfrak{k}'}\,V)\,d\tau_0 - \int V\,\frac{\partial}{\partial s}(u_{\mathfrak{k}}\,u^*_{\mathfrak{k}'})\,d\tau_0\,, \end{aligned} \tag{A 20.5}$$

wo $\mathfrak{k}' = \mathfrak{k} + \mathfrak{q}$ und $\partial/\partial s$ Differentiation in Richtung $\mathfrak{e}_{\mathfrak{q}j}$ bedeutet. Das erste Integral der rechten Seite von (A 20.5) kann in ein Oberflächenintegral umgeformt werden:[1])

$$\int \frac{\partial}{\partial s}(u_{\mathfrak{k}}\,u^*_{\mathfrak{k}'}\,V)\,d\tau_0 = \mathfrak{e}_{\mathfrak{q}j}\int \mathrm{grad}\,(u_{\mathfrak{k}}\,u^*_{\mathfrak{k}'}\,V)\,d\tau_0 = \mathfrak{e}_{\mathfrak{q}j}\oint \vec{\nu}\,u_{\mathfrak{k}}\,u^*_{\mathfrak{k}'}\,V\,d\sigma_0\,, \tag{A 20.5a}$$

wobei $\vec{\nu}$ die nach außen gerichtete Normale auf der Oberfläche der Elementarzelle ist. Da in entsprechenden Punkten der gegenüberliegenden Flächen der Elementarzelle die Größe $u_{\mathfrak{k}}\,u^*_{\mathfrak{k}'}\,V$ gleich ist und $\mathfrak{e}_{\mathfrak{q}j}\vec{\nu} = \cos(\vec{\nu}, \mathfrak{e}_{\mathfrak{q}j})$ gleichen Betrag, aber entgegengesetztes Vorzeichen hat, ist das gesamte Integral (A 20.5a) gleich Null.

Folglich wird

$$K^+ = -\int V\,\frac{\partial}{\partial s}(u_{\mathfrak{k}}\,u^*_{\mathfrak{k}'})\,d\tau_0\,. \tag{A 20.5b}$$

Die Funktionen $u_{\mathfrak{k}}$ und $u^*_{\mathfrak{k}'}$ befriedigen die Gleichung (IV. 4.2):

$$\begin{aligned} &-\frac{\hbar^2}{2m}\nabla^2 u_{\mathfrak{k}} + V(\mathfrak{r})\,u_{\mathfrak{k}} - \frac{i\hbar^2}{m}(\mathfrak{k}\,\mathrm{grad}\,u_{\mathfrak{k}}) = \left(\varepsilon_{\mathfrak{k}} - \frac{\hbar^2 k^2}{2m}\right)u_{\mathfrak{k}}\,, \\ &-\frac{\hbar^2}{2m}\nabla^2 u^*_{\mathfrak{k}'} + V(\mathfrak{r})\,u^*_{\mathfrak{k}'} + \frac{i\hbar^2}{m}(\mathfrak{k}'\,\mathrm{grad}\,u^*_{\mathfrak{k}'}) = \left(\varepsilon_{\mathfrak{k}'} - \frac{\hbar^2 k'^2}{2m}\right)u^*_{\mathfrak{k}'}\,. \end{aligned} \tag{A 20.5c}$$

---

[1]) Siehe Fußnote [1]), § 111 auf Seite 1.

Multipliziert man die erste Gleichung mit $\frac{\partial u_{\mathfrak{k}'}^*}{\partial s}$, die zweite mit $\frac{\partial u_{\mathfrak{k}}}{\partial s}$, summiert und integriert dann über die Elementarzelle, so erhält man

$$
\begin{aligned}
-\int V \frac{\partial}{\partial s}(u_{\mathfrak{k}} u_{\mathfrak{k}'}^*)\,d\tau_0 = \int \Big\{ &-\frac{\hbar^2}{2m}\left[\frac{\partial u_{\mathfrak{k}'}^*}{\partial s}\nabla^2 u_{\mathfrak{k}} + \frac{\partial u_{\mathfrak{k}}}{\partial s}\nabla^2 u_{\mathfrak{k}'}^*\right] \\
&- \frac{i\hbar^2}{m}\left[\frac{\partial u_{\mathfrak{k}'}^*}{\partial s}(\mathfrak{k}\,\mathrm{grad}\,u_{\mathfrak{k}}) - \frac{\partial u_{\mathfrak{k}}}{\partial s}(\mathfrak{k}'\,\mathrm{grad}\,u_{\mathfrak{k}'}^*)\right] - \left[\left(\varepsilon_{\mathfrak{k}} - \frac{\hbar^2 k^2}{2m}\right)u_{\mathfrak{k}}\frac{\partial u_{\mathfrak{k}'}^*}{\partial s}\right. \\
&\left. + \left(\varepsilon_{\mathfrak{k}'} - \frac{\hbar^2 k'^2}{2m}\right)u_{\mathfrak{k}'}^*\frac{\partial u_{\mathfrak{k}}}{\partial s}\right]\Big\}\,d\tau_0\,. \qquad \text{(A 20.6)}
\end{aligned}
$$

Wir formen die zweiten Summanden in jeder eckigen Klammer um, indem wir beachten, daß die Operatoren ∇^2 und $i\,\nabla$ selbstkonjugiert sind und Integrale der Form (A 20.5a) verschwinden:

$$
\left.
\begin{aligned}
1.\ \int \frac{\partial u_{\mathfrak{k}}}{\partial s}\nabla^2 u_{\mathfrak{k}'}^*\,d\tau_0 &= \int u_{\mathfrak{k}'}^*\,\nabla^2\left(\frac{\partial u_{\mathfrak{k}}}{\partial s}\right)d\tau_0 = \int u_{\mathfrak{k}'}^*\frac{\partial}{\partial s}(\nabla^2 u_{\mathfrak{k}})\,d\tau_0 \\
&= \int \frac{\partial}{\partial s}(u_{\mathfrak{k}'}^*\,\nabla^2 u_{\mathfrak{k}})\,d\tau_0 - \int \frac{\partial u_{\mathfrak{k}'}^*}{\partial s}\nabla^2 u_{\mathfrak{k}}\,d\tau_0 \\
&= -\int \frac{\partial u_{\mathfrak{k}'}^*}{\partial s}\nabla^2 u_{\mathfrak{k}}\,d\tau_0, \\
2.\ -\int \frac{\partial u_{\mathfrak{k}}}{\partial s}\,i\,\nabla\,u_{\mathfrak{k}'}^*\,d\tau_0 &= \int u_{\mathfrak{k}'}^*\,(+i)\,\nabla\,\frac{\partial u_{\mathfrak{k}}}{\partial s}\,d\tau_0 \\
&= \int u_{\mathfrak{k}'}^*\frac{\partial}{\partial s}(+i\,\nabla\,u_{\mathfrak{k}})\,d\tau_0 = \int \frac{\partial}{\partial s}[u_{\mathfrak{k}'}^*\,(+i)\,\nabla\,u_{\mathfrak{k}}]\,d\tau_0 \\
&- \int \frac{\partial u_{\mathfrak{k}'}^*}{\partial s}\,i\,\nabla\,u_{\mathfrak{k}}\,d\tau_0 = -\int \frac{\partial u_{\mathfrak{k}'}^*}{\partial s}\,i\,\nabla\,u_{\mathfrak{k}}\,d\tau_0, \\
3.\ \int u_{\mathfrak{k}'}^*\frac{\partial u_{\mathfrak{k}}}{\partial s}\,d\tau_0 &= \int \frac{\partial}{\partial s}(u_{\mathfrak{k}'}^*\,u_{\mathfrak{k}})\,d\tau_0 - \int u_{\mathfrak{k}}\frac{\partial u_{\mathfrak{k}'}^*}{\partial s}\,d\tau_0 \\
&= -\int u_{\mathfrak{k}}\frac{\partial u_{\mathfrak{k}'}^*}{\partial s}\,d\tau_0\,.
\end{aligned}
\right\}\text{(A 20.6a)}
$$

Unter Ausnutzung dieser drei Gleichungen erhalten wir aus (A 20.5b) und (A 20.6)

$$
\begin{aligned}
K^+ = &-\frac{\hbar^2 i}{m}\left[(\mathfrak{k} - \mathfrak{k}')\int \mathrm{grad}\,u_{\mathfrak{k}}\frac{\partial u_{\mathfrak{k}'}^*}{\partial s}\,d\tau_0\right] \\
&- \left[\varepsilon_{\mathfrak{k}} - \varepsilon_{\mathfrak{k}'} - \left(\frac{\hbar^2 k^2}{2m} - \frac{\hbar^2 k'^2}{2m}\right)\right]\int u_{\mathfrak{k}}\frac{\partial u_{\mathfrak{k}'}^*}{\partial s}\,d\tau_0\,. \qquad \text{(A 20.7)}
\end{aligned}
$$

Wenn die effektive Masse m^* gleich der Masse m des Elektrons ist, dann wird die eckige Klammer im zweiten Summanden gleich Null, da $\varepsilon_{\mathfrak{k}} = \frac{\hbar^2 k^2}{2m}$ und $\varepsilon_{\mathfrak{k}'}^* = \frac{\hbar^2 k'^2}{2m}$. Wenn die effektive Masse von der Größenordnung m ist, dann ist diese eckige Klammer von der Größenordnung $\frac{\hbar^2 k^2}{2m}$. Das Integral in der eckigen Klammer des ersten Summanden ist von der Größenordnung

$$\int \operatorname{grad} u_{\mathfrak{k}} \frac{\partial u_{\mathfrak{k}'}^*}{\partial s} d\tau_0 \approx \frac{1}{a} \int u_{\mathfrak{k}} \frac{\partial u_{\mathfrak{k}'}^*}{\partial s} d\tau_0 ,$$

wo a die Gitterkonstante ist. Deshalb ist das Verhältnis des zweiten Summanden zum ersten von der Größenordnung

$$\frac{\hbar^2 k^2}{m} : \frac{\hbar^2 k}{m a} = a k ,$$

was für Halbleiter bedeutend kleiner als 1 ist.

Diese Abschätzung ist richtig, wenn sich das Extremum der Energie des Elektrons im Zentrum der BRILLOUIN-Zone bei $\mathfrak{k} = 0$ befindet.

Vernachlässigt man den zweiten Summanden in (A 20.7) und verwendet (A 20.4), so erhält man

$$K^+ = \frac{\hbar^2 i}{m} \mathfrak{q} \int \operatorname{grad} u_{\mathfrak{k}} \frac{\partial u_{\mathfrak{k}'}^*}{\partial s} d\tau_0 = \frac{\hbar^2 i}{m} \sum_{\alpha, \beta} q_\alpha e_\beta \int \frac{\partial u_{\mathfrak{k}}}{\partial x_\alpha} \frac{\partial u_{\mathfrak{k}'}^*}{\partial x_\beta} d\tau_0 , \qquad \text{(A 20.8)}$$

wo e_β die rechtwinklige Komponente des Polarisationsvektors $\mathfrak{e}_{\mathfrak{q} j}$ ist. Hier wurde

$$\frac{\partial u_{\mathfrak{k}'}^*}{\partial s} = \mathfrak{e}_{\mathfrak{q} j} \operatorname{grad} u_{\mathfrak{k}'}^*$$

benutzt. Im kubischen Kristall ist $u_{\mathfrak{k}}$ entweder eine gerade oder ungerade Funktion von x_α, deshalb ist $\frac{\partial u_{\mathfrak{k}}}{\partial x_\alpha}$ im ersten Falle eine ungerade, im zweiten Falle eine gerade Funktion von x_α. Bei der Integration in (A 20.8) über x_α von $-\frac{a}{2}$ bis $+\frac{a}{2}$ (a ist die Gitterkonstante) wird das Integral für $\beta \neq \alpha$ gleich Null, deshalb

$$K^+ = \frac{\hbar^2 i}{m} \sum_{\alpha} q_\alpha e_\alpha \int \frac{\partial u_{\mathfrak{k}}}{\partial x_\alpha} \frac{\partial u_{\mathfrak{k}'}^*}{\partial x_\alpha} d\tau_0 .$$

Man kann zeigen, daß $u_{\mathfrak{k}}$ schwach von $\mathfrak{k}$ abhängt, so daß $u_{\mathfrak{k}} \approx u_{\mathfrak{k}'} \equiv u$. Da alle drei rechtwinkligen Achsen im kubischen Kristall äquivalent sind, wird

$$\int \frac{\partial u_{\mathfrak{k}}}{\partial x_\alpha} \frac{\partial u_{\mathfrak{k}'}}{\partial x_\alpha} d\tau_0 \approx \int \left|\frac{\partial u}{\partial x_\alpha}\right|^2 d\tau_0 = \frac{1}{3} \int |\operatorname{grad} u|^2 d\tau_0$$

für alle α.

Somit wird

$$K^+ = \frac{\hbar^2 i}{m} \frac{1}{3} \int |\operatorname{grad} u|^2 d\tau_0 (\mathfrak{q}\, \mathfrak{e}_{\mathfrak{q} j}) . \qquad \text{(A 20.8a)}$$

Wenn man drei Schwingungszweige betrachtet, einen longitudinalen ($j = 1$) $\mathfrak{e}_{\mathfrak{q}1} \parallel \mathfrak{q}$ und zwei transversale ($j = 2, 3$) $\mathfrak{e}_{\mathfrak{q}2}$ und $\mathfrak{e}_{\mathfrak{q}3} \perp \mathfrak{q}$, so sehen wir, daß bei den gemachten Voraussetzungen und Näherungen nur longitudinale Schwingungen mit dem Elektron in Wechselwirkung treten.

Als Endresultat erhält man für (A 20.8a)

$$K^+ = i\,\frac{2}{3}\,q\,C\,, \tag{A 20.8b}$$

wobei

$$C = \frac{\hbar^2}{2\,m}\int |\text{grad}\,u|^2\,d\tau_0\,. \tag{A 20.8c}$$

Faßt man (A 20.3) und (A 20.8b) zusammen, so ergibt sich der Ausdruck (3.10) des Textes, der gleich dem Matrixelement ist, welches mit der Absorption eines Phonons verknüpft ist.

Betrachtet man den Fall $L^* \neq 0$ und gleich (A 20.3a), d. h., die Emission eines Phonons durch das Elektron, so sieht man leicht, daß der ganze Unterschied bei der Berechnung von K^- gegenüber von K^+ darin besteht, daß in diesem Falle

$$\mathfrak{k}' = \mathfrak{k} - \mathfrak{q} \tag{A 20.9}$$

anstelle von (A 20.4a). Im Endergebnis unterscheidet sich K^- von K^+ nur durch das Vorzeichen. Zusammenfassung von (A 20.3a) mit dem Ausdruck für K^- liefert die Formel (3.10a) des Textes.

Anhang XXI

Wir bezeichnen das Matrixelement des Übergangs eines Systems aus einem Anfangsstadium „1" in ein Endstadium „2" mit V_{12} und den Energieunterschied des Systems im End- und Anfangsstadium mit $\varepsilon_2 - \varepsilon_1 \equiv \hbar\,\omega$. Wenn $C_2(t)$ der Koeffizient ist, der die Wahrscheinlichkeitsamplitude des Zustands „2" im Moment t angibt, dann ist in erster Näherung der Störungsrechnung[1])

$$i\,\hbar\,\frac{dC_2}{dt} = V_{12}\,e^{i\,\omega\,t}\,. \tag{A 21.1}$$

Wenn V_{12} nicht von der Zeit abhängt, gibt Integration von (A 21.1) mit der Anfangsbedingung $C_2(0) = 0$

$$i\,\hbar\,C_2(t) = V_{12}\int\limits_0^t e^{i\,\omega\,t}\,dt = V_{12}\,\frac{e^{i\,\omega\,t} - 1}{i\,\omega}\,, \tag{A 21.2}$$

woraus man die Wahrscheinlichkeit für den Übergang im Zeitpunkt t erhält:

$$|C_2(t)|^2 = \frac{1}{\hbar^2}\,|V_{12}|^2\,\frac{2\,(1 - \cos\omega\,t)}{\omega^2} = \frac{2\,\pi}{\hbar^2}\,|V_{12}|^2\left[\frac{t}{2\,\pi}\,\frac{\sin^2(\omega\,t/2)}{(\omega\,t/2)^2}\right]t\,. \tag{A 21.3}$$

Wir zeigen jetzt, daß sich der Ausdruck in der eckigen Klammer der Formel (A 21.3) bei $t \gg \frac{1}{\omega}$ wie $\delta(\omega)$ verhält, d. h. wie die Deltafunktion. In Abb. A5

[1]) Siehe Fußnote [1]), § 29 auf Seite 76.

ist der Faktor $\sin^2\left(\frac{\omega t}{2}\right)\cdot\frac{1}{\omega^2}$ als Funktion von ω dargestellt. Bei $\omega = 0$ ist die eckige Klammer gleich $t/2\pi$, d. h. in Einheiten $1/\omega$ sehr groß. Andrerseits ist die Halbwertsbreite des zentralen Maximums, außerhalb dessen die eckige Klammer praktisch verschwindet, sehr klein, weil $\omega = \frac{2\pi}{t}$ ist. Es bleibt noch zu zeigen, daß das Integral über die eckige Klammer nach $d\omega$ gleich 1 ist:

$$\int_{-\infty}^{+\infty}\left[\frac{t}{2\pi}\,\frac{\sin^2(\omega t/2)}{(\omega t/2)^2}\right]d\omega = \frac{1}{\pi}\int_{-\infty}^{+\infty}\frac{\sin^2 x}{x^2}\,dx = 1\,, \tag{A 21.4}$$

weil das letzte Integral gleich π ist.[1])

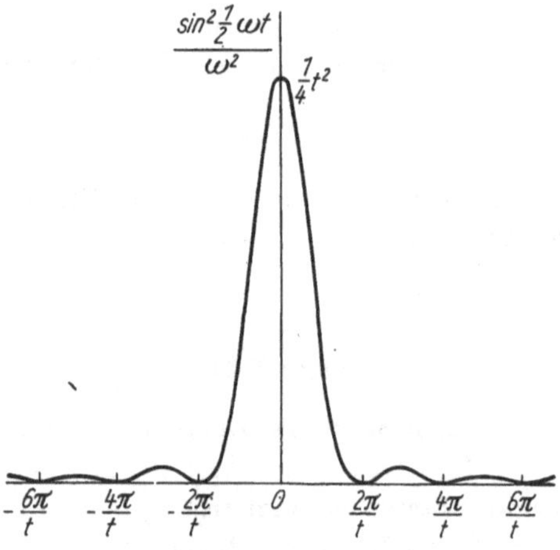

Abb. A5

Die Wahrscheinlichkeit des Übergangs des Systems pro Zeiteinheit wird somit

$$W(1,2) = \frac{|C_2(t)|^2}{t} = \frac{2\pi}{\hbar^2}\,|V_{12}|^2\,\delta(\omega)\,. \tag{A 21.5}$$

Da $\delta(\varepsilon_2 - \varepsilon_1) = \delta(\hbar\,\omega) = \frac{1}{\hbar}\,\delta(\omega)$[2]), ergibt sich

$$W(1,2) = \frac{2\pi}{\hbar}\,|V_{12}|^2\,\delta(\varepsilon_2 - \varepsilon_1)\,, \tag{A 21.5a}$$

was mit der Formel (3.11) des Textes übereinstimmt.

---

[1]) Siehe Fußnote [1]) auf Seite 1. Für den Übergang vom Integral (A 21.4) zum Dirichletschen Integral setzt man

$$\sin^2 x = \frac{1}{2}\,(1 - \cos 2x) \quad \text{und} \quad dx/x^2 = -\,d(1/x)$$

und integriert partiell.

[2]) Siehe Fußnote [1]) auf Seite 76.

Anhang XXII[1])

Wir beweisen die Beziehung (5.15), indem wir unmittelbar aus der Quantenmechanik die Energieänderung des Elektrons am Boden des Leitungsbandes berechnen, wenn Deformation vorliegt.

Bei allseitigem homogenem Zug an einem kubischen Kristall ist die Gitterkonstante

$$a = a_0(1 + \varepsilon)\,, \tag{A 22.1}$$

wo a_0 die Gitterkonstante des undeformierten Kristalls ist und $\varepsilon = \varepsilon_{ii} = \dfrac{\partial u_i}{\partial x_i}$.

Wenn $\Delta\mathscr{E}$ die mit diesem Zug verbundene Absenkung des Bodens des Leitungsbandes ist, dann ist laut Definition (5.4)

$$\mathscr{E}_1 = -\frac{\Delta\mathscr{E}}{3\,\varepsilon}\,. \tag{A 22.2}$$

Im homogen deformierten Kristall wird das Leitfähigkeitselektron ebenso wie im nichtdeformierten Kristall durch eine Blochsche Funktion beschrieben,

$$\psi_{\mathfrak{k}}(\mathfrak{r}) = u_{\mathfrak{k}}(\mathfrak{r})\, e^{i\,\mathfrak{k}\,\mathfrak{r}}\,, \tag{A 22.3}$$

wobei $u_{\mathfrak{k}}(\mathfrak{r})$ eine dreidimensional periodische Funktion mit der Periode a ist. Am Boden des Leitungsbandes bei $\mathfrak{k} = 0$ erfüllt die modulierende Funktion $u_{\mathfrak{k}=0} = u_0$ die Gleichung (IV. 4.3)

$$-\frac{\hbar^2}{2\,m}\nabla^2 u_0 + V(\mathfrak{r})\, u_0 = \mathscr{E}\, u_0\,; \tag{A 22.4}$$

dabei ist $V(\mathfrak{r})$ das auf das Elektron wirkende periodische Potential und $\mathscr{E}$ die Energie des Bodens des Leitungsbandes im deformierten Kristall.

Für die Anwendung der Störungstheorie ist es notwendig, daß die gestörte und die ungestörte Wellenfunktion dieselben Randbedingungen erfüllen, welche bei der Funktion u_0 durch die Periodizitätsbedingungen ersetzt sind. Um zu gewährleisten, daß u_0 im deformierten und nichtdeformierten Kristall dieselben Periodizitätsbedingungen erfüllt, führen wir dimensionslose Koordinaten ein:

$$x' = \frac{x}{a} = \frac{x}{a_0(1 + \varepsilon)} \tag{A 22.5}$$

und analog für y' und z'. Es ist offensichtlich, daß sich bei Vergrößerung von x um $a = a_0(1 + \varepsilon)$ sowohl im deformierten ($\varepsilon \neq 0$) als auch im nichtdeformierten ($\varepsilon = 0$) Kristall die Koordinate x' um 1 ändert, deshalb ist u_0 in dimensionslosen Einheiten x' in beiden Fällen dasselbe und gleich 1. Geht man zu dimensionslosen Koordinaten $\mathfrak{r}' = \dfrac{\mathfrak{r}}{a}$ über, so haben wir anstelle von (A 22.4)

$$-\frac{\hbar^2}{2\,m}\, a^{-2}\, \nabla^2_{\mathfrak{r}'} u_0 + V(a\,\mathfrak{r}')\, u_0 = \mathscr{E}\, u_0\,. \tag{A 22.6}$$

[1]) G. E. Pikus (Г. Е. Пикус, Журнал технической физикаи), J. techn. Phys. 28 (1958) 2390.

Bezeichnet man mit V_0 und $\mathcal{E}_0$ das periodische Potential und die Energie des Elektrons im undeformierten Kristall, erhalten wir analog zu (A 22.6)

$$-\frac{\hbar^2}{2m} a_0^{-2} \nabla_{\mathfrak{r}'}^2 u_0 + V_0(a_0 \mathfrak{r}') u_0 = \mathcal{E}_0 u_0 , \qquad \text{(A 22.7)}$$

wo $\mathfrak{r}' = \frac{\mathfrak{r}}{a_0}$.

In allen realen Fällen ist die Deformation $\varepsilon \ll 1$, deshalb berechnen wir die Verschiebung der unteren Kante des Leitungsbandes nach der Störungstheorie in erster Ordnung für ε, d. h., wir vernachlässigen alle Korrekturen der Größenordnung ε^2 und höher.

Aus der quantenmechanischen Störungstheorie ist bekannt, daß es für die Bestimmung der Störungsenergie in erster Näherung ausreicht, die Wellenfunktionen nullter Näherung zu verwenden. Das bedeutet, daß man u_0 in (A 22.6) und (A 22.7) als gleich annehmen kann. Multipliziert man (A 22.6) und (A 22.7) von links mit $u_0^*\left(\frac{\mathfrak{r}}{a_0}\right)$, subtrahiert die erhaltenen Gleichungen gliedweise und integriert über $d\tau' = \frac{d\tau}{a_0^3}$, so erhält man

$$(\mathcal{E} - \mathcal{E}_0) \int u_0^* u_0 \, d\tau' = \int u_0^* \Big\{ -\frac{\hbar^2}{2m} a_0^{-2} (1+\varepsilon)^{-2} \nabla_{\mathfrak{r}'}^2 + V[a_0(1+\varepsilon)\mathfrak{r}'] + \frac{\hbar^2}{2m} a_0^{-2} \nabla_{\mathfrak{r}'}^2 - V_0(a_0 \mathfrak{r}') \Big\} u_0 \, d\tau' . \qquad \text{(A 22.8)}$$

Wenn man die Blochsche Funktion (A 22.3) gemäß (IV. 4.6c) normiert, dann ist

$$\int u_0^* u_0 \, d\tau' = \frac{1}{a_0^3} \int |u_0|^2 \, d\tau = \frac{1}{a_0^3} . \qquad \text{(A 22.9)}$$

Wir entwickeln den ersten Summanden in der geschwungenen Klammer der Formel (A 22.8) in eine Reihe nach ε und beschränken uns auf Glieder nullter und erster Ordnung; der dritte Summand in der geschwungenen Klammer und das Glied nullter Ordnung heben sich weg. Gehen wir wieder zurück zu der Veränderlichen $\mathfrak{r} = \mathfrak{r}' a_0$ und verwenden dann noch (A 22.9), so ergibt sich aus (A 22.8)

$$\mathcal{E} - \mathcal{E}_0 = \Delta \mathcal{E} = \varepsilon \frac{\hbar^2}{m} \int u_0^* \nabla^2 u_0 \, d\tau + \int u_0^* \{ V[(1+\varepsilon)\mathfrak{r}] - V_0(\mathfrak{r}) \} u_0 \, d\tau . \qquad \text{(A 22.10)}$$

Mit der Greenschen Formel[1]) wird

$$\int u_0^* \nabla^2 u_0 \, d\tau = - \int |\nabla u_0|^2 \, d\tau + \oint u_0^* (\nabla u_0 \, d\vec{\sigma}) , \qquad \text{(A 22.11)}$$

wobei das letzte Integral, genommen über die Oberfläche der Elementarzelle, gleich Null ist.

---

[1]) Siehe Fußnote [1]), § 193 auf Seite 1.

Aus der Hypothese der deformierbaren Ionen folgt $V[(1+\varepsilon)\mathfrak{r}] = V_0(\mathfrak{r})$; dann wird aber mit (A 22.10), (A 22.11) und (A 22.2), wenn man noch die Definition von C (3.10b) beachtet,

$$\mathscr{E}_1 = -\frac{\Delta\mathscr{E}}{3\,\varepsilon} = \frac{\hbar^2}{3\,m}\int |\nabla\, u_0|^2\, d\tau = \frac{2}{3}\,C\,, \qquad \text{(A 22.12)}$$

was mit (5.15) übereinstimmt.

Anhang XXIII

Die Bestimmung von $\vec{\chi}_n$ (oder $\vec{\chi}_p$) aus der Gleichung (2.8) (oder (2.10)) führt zur Lösung der Vektorgleichung

$$\mathfrak{x} = \mathfrak{a} + [\mathfrak{b}, \mathfrak{x}] \qquad \text{(A 23.1)}$$

bezüglich des unbekannten Vektors $\mathfrak{x}$.

Wir stellen fest, daß aus (A 23.1)

$$\mathfrak{b}\,\mathfrak{x} = \mathfrak{b}\,\mathfrak{a} \qquad \text{(A 23.2)}$$

folgt, da $(\mathfrak{b}[\mathfrak{b}, \mathfrak{x}]) = 0$.

Anstelle von $\mathfrak{x}$ setzen wir auf der rechten Seite von (A 23.1) seinen Ausdruck $\mathfrak{a} + [\mathfrak{b}, \mathfrak{x}]$ ein, dann wird

$$\mathfrak{x} = \mathfrak{a} + [\mathfrak{b}, \mathfrak{a}] + [\mathfrak{b}[\mathfrak{b}, \mathfrak{x}]]\,. \qquad \text{(A 23.3)}$$

Verwendet man die identische Umformung[1])

$$[\mathfrak{b}[\mathfrak{b}, \mathfrak{x}]] = \mathfrak{b}(\mathfrak{b}\,\mathfrak{x}) - \mathfrak{x}\,\mathfrak{b}^2$$

und (A 23.2), so erhält man aus (A 23.3)

$$\mathfrak{x} = \mathfrak{a} + [\mathfrak{b}, \mathfrak{a}] + \mathfrak{b}(\mathfrak{b}\,\mathfrak{a}) - \mathfrak{x}\,\mathfrak{b}^2\,,$$

woraus sich

$$\mathfrak{x} = \frac{\mathfrak{a} + [\mathfrak{b}, \mathfrak{a}] + (\mathfrak{a}\,\mathfrak{b})\,\mathfrak{b}}{1 + b^2} \qquad \text{(A 23.4)}$$

ergibt. Anwendung dieses Ausdrucks liefert (2.11) und (2.12).

Anhang XXIV

Zur Berechnung des Integrals

$$\int F(k)\,\big(\mathfrak{a}(k)\,\mathfrak{k}\big)\,\mathfrak{k}\,d^3k\,, \qquad \text{(A 24.1)}$$

wo F und $\mathfrak{a}$ nur vom Betrag des Vektors $\mathfrak{k}$ abhängen, führen wir im $\mathfrak{k}$-Raum ein sphärisches Koordinatensystem ein, dessen Polarachse z längs des Vektors $\mathfrak{a}$ gerichtet ist.

---

[1]) Siehe Fußnote [1]), § 105 auf Seite 1.

In sphärischen Koordinaten k, ϑ, φ ist

$$k_x = k \sin\vartheta \cos\varphi\,, \qquad k_y = k \sin\vartheta \sin\varphi\,, \qquad k_z = k \cos\vartheta\,,$$
$$(\mathfrak{a}(k)\,\mathfrak{k}) = a(k)\,k \cos\vartheta\,, \qquad d^3k = k^2\,dk \sin\vartheta\,d\vartheta\,d\varphi\,. \quad \text{(A 24.2)}$$

Das Integral (A 24.1) kann in folgender Form geschrieben werden:

$$\int [\mathfrak{i}_0\,k \sin\vartheta \cos\varphi + \mathfrak{j}_0\,k \sin\vartheta \sin\varphi + \mathfrak{k}_0\,k \cos\vartheta]\,F(k)\,a(k)\,k^3\,dk \cos\vartheta \sin\vartheta\,d\vartheta\,d\varphi\,. \quad \text{(A 24.3)}$$

Dabei ist $[\ ] = \mathfrak{k}$; $\mathfrak{i}_0$, $\mathfrak{j}_0$, $\mathfrak{k}_0$ sind die Einheitsvektoren längs der x-, y- bzw. z-Achse. Bei der Integration über φ sind alle Summanden, die proportional k_x und k_y sind, gleich Null (weil sie einen Faktor $\cos\varphi$ und $\sin\varphi$ enthalten). Die Integration der k_z proportionalen Komponente über φ und ϑ gibt

$$\int_0^{2\pi} d\varphi \int_0^{\pi} \cos^2\vartheta \sin\vartheta\,d\vartheta = \frac{4\pi}{3}\,.$$

Im Endresultat ist das Integral gleich

$$\frac{4\pi}{3} \int \mathfrak{a}(k)\,F(k)\,k^4\,dk\,, \quad \text{(A 24.4)}$$

was für ein $\mathfrak{a}$, das nicht von k abhängt, zur Textformel (2.15) führt.

Anhang XXV

Wir definieren die Gammafunktion $\Gamma(z)$ mittels der Gleichung

$$\Gamma(z) = \int_0^\infty x^{z-1}\,e^{-x}\,dx\,. \quad \text{(A 25.1)}$$

Das bestimmte Integral der rechten Seite hängt von z als Parameter ab, während x Integrationsvariable ist. x ist eine reelle Veränderliche. Die Gleichung (A 25.1) definiert die Gammfunktion für beliebige komplexe Werte z mit positivem Realteil. Uns werden im weiteren jedoch nur reelle positive ganzzahlige und halbzahlige z interessieren.

Wir führen die wichtige Rekursionsformel ein, der die Gammafunktion gehorcht:

$$\Gamma(z+1) = z\,\Gamma(z)\,. \quad \text{(A 25.2)}$$

Partielle Integration gibt

$$\Gamma(z+1) = \int_0^\infty x^z\,e^{-x}\,dx = -\int_0^\infty x^z\,de^{-x} = -\,x^z\,e^{-x}\Big|_0^\infty + \int_0^\infty z\,x^{z-1}\,e^{-x}\,dx = z\int_0^\infty x^{z-1}\,e^{-x}\,dx = z\,\Gamma(z)\,.$$

Für $z = 1$ haben wir

$$\Gamma(1) = \int_0^\infty e^{-x}\,dx = 1\,. \quad \text{(A 25.3)}$$

Für $z = 1/2$ erhalten wir nach Einführung der Integrationsvariablen $t = x^{1/2}$

$$\Gamma\left(\frac{1}{2}\right) = \int_0^\infty x^{-1/2}\, e^{-x}\, dx = 2\int_0^\infty e^{-t^2}\, dt = \sqrt{\pi}\,. \qquad \text{(A 25.4)}$$

Unter Verwendung der Rekursionsformel und der Werte für $\Gamma(1)$ und $\Gamma\left(\frac{1}{2}\right)$ erhalten wir

$$\Gamma(2) = 1\,,\quad \Gamma(3) = 1\cdot 2\,,\quad \Gamma(4) = 1\cdot 2\cdot 3\,,\quad \Gamma(n) = (n-1)!\,, \qquad \text{(A 25.5)}$$

$$\left.\begin{aligned} &\Gamma\left(\frac{3}{2}\right) = \frac{1}{2}\sqrt{\pi}\,,\quad \Gamma\left(\frac{5}{2}\right) = \frac{3}{2}\,\frac{1}{2}\sqrt{\pi} = \frac{3\sqrt{\pi}}{4}\,,\\ &\Gamma\left(\frac{7}{2}\right) = \frac{5}{2}\,\frac{3}{2}\,\frac{1}{2}\sqrt{\pi} = \frac{15\sqrt{\pi}}{8}\,,\\ &\Gamma\left(\frac{2n+1}{2}\right) = \frac{(2n-1)!!}{2^n}\sqrt{\pi}\,, \end{aligned}\right\} \qquad \text{(A 25.6)}$$

wo $(2n-1)!!$ das Produkt der aufeinander folgenden ungeraden Zahlen von 1 bis $(2n-1)$ ist.

Anhang XXVI

Die Indizes μ, α und ν im Symbol $\delta_{\mu\alpha\nu}$ nehmen unabhängig voneinander die Werte 1, 2 und 3 an.

Betrachten wir alle möglichen Anordnungen der Zahlen 1, 2 und 3

$$(123)\,,\quad (231)\,,\quad (312)\,,\quad (132)\,,\quad (213)\,,\quad (321)\,, \qquad \text{(A 26.1)}$$

so sehen wir, daß es gerade $3! = 6$ Stück sind.

Von einer Unordnung in einem solchen Zahlentripel wollen wir dann sprechen, wenn die größere Zahl vor der kleineren steht. Wenn man die Unordnungen in (A 26.1) abzählt, so sieht man leicht, daß ihre Zahl gleich

$$0\,,\ 2\,,\ 2\,,\ 1\,,\ 1\,,\ 3 \qquad \text{(A 26.2)}$$

ist, d. h., für die ersten drei Tripel ist die Zahl der Unordnungen gerade, für die letzten drei Tripel ungerade.

Wenn wir jetzt setzen

$\delta_{\mu\alpha\nu} = +1$, wenn $(\mu\alpha\nu)$ eine gerade Zahl von Unordnungen bildet,

$\delta_{\mu\alpha\nu} = -1$, wenn $(\mu\alpha\nu)$ eine ungerade Zahl von Unordnungen bildet,

$\delta_{\mu\alpha\nu} = 0$, wenn unter den $(\mu\alpha\nu)$ gleiche Indizes vorhanden sind,

dann kann man sich unmittelbar davon überzeugen, daß das Vektorprodukt $[\mathfrak{v}, \mathfrak{H}]$ in der Form (8.22) mit Hilfe des Symbols $\delta_{\mu\alpha\nu}$ geschrieben werden kann.

Als Transposition wollen wir eine Operation bezeichnen, bei welcher in einem Tripel zwei Elemente ihre Plätze wechseln. Man kann sich leicht davon überzeugen, daß eine Transposition die Zahl der Unordnungen um eine ungerade

Zahl ändert. Somit gehen die Tripel mit einer geraden Zahl von Unordnungen über in solche mit einer ungeraden Zahl und umgekehrt, so daß man schreiben kann

$$\delta_{\mu\alpha\nu} = -\delta_{\alpha\mu\nu} \tag{A 26.3}$$

usw. Eine zyklische Vertauschung der Indizes ändert das Symbol $\delta_{\mu\alpha\nu}$ nicht.

Es ist offensichtlich, daß $\delta^2_{\mu\alpha\nu} = 1$ oder $= 0$ ist.

Man kann zeigen, daß $\delta_{\mu\alpha\nu}$ ein Tensor dritter Ordnung ist, aber nur sechs seiner 27 Komponenten sind verschieden von Null. Die oben dargelegten Begriffe und Resultate lassen sich leicht auf den Fall mit n Elementen verallgemeinern (W. I. Smirnow, Lehrbuch der höheren Mathematik, Band III/1).

Namenverzeichnis

Sachverzeichnis

Kolibri 360 GmbH
Ferdinand-Jühlke-Straße 7
99095 Erfurt, Deutschland
produktsicherheit@kolibri360.de